特种设备技术丛书

机电类特种设备无损检测

党林贵　李玉军　张海营　雷庆秋　编著

U0384804

黄河水利出版社
·郑州·

内 容 提 要

本书针对机电类特种设备行业特点,主要介绍了电梯、起重机械、客运索道、大型游乐设施、场(厂)内专用机动车辆的基础知识和射线、超声波、磁粉、渗透等无损检测的基本原理、操作方法、检测工艺、相关法规标准等内容。结合国内外无损检测技术的发展现状,重点论述了近年来在机电类特种设备检验中应用的新技术、新方法。

本书可供从事机电类特种设备制造、检验的工程技术和科研人员参考,也可作为特种设备无损检测人员的教学参考书。

图书在版编目(CIP)数据

机电类特种设备无损检测/党林贵等编著. —郑州:
黄河水利出版社,2012.7
特种设备技术丛书
ISBN 978-7-5509-0273-2

Ⅰ.①机… Ⅱ.①党… Ⅲ.①机电设备-无损检测
Ⅳ.①TM

中国版本图书馆 CIP 数据核字(2012)第 102925 号

组稿编辑:王路平   电话:0371-66022212   E-mail:hhslwlp@126.com

出 版 社:黄河水利出版社
　　　　　地址:河南省郑州市顺河路黄委会综合楼14层　　　邮政编码:450003
发行单位:黄河水利出版社
　　　　　发行部电话:0371-66026940、66020550、66028024、66022620(传真)
　　　　　E-mail: hhslcbs@126.com
承印单位:河南地质彩色印刷厂
开本:787 mm×1092 mm　1/16
印张:30.25
字数:700 千字　　　　　　　　　　　　印数:1—5 100
版次:2012 年 7 月第 1 版　　　　　　　印次:2012 年 7 月第 1 次印刷

定价:80.00 元

前　言

无损检测是建立在现代科学技术基础上的一门应用型技术学科。无损检测技术是利用物质的某些物理性质因存在缺陷或组织结构上的差异使其物理量发生变化这一现象，在不损伤被检物使用性能及形态的前提下，通过测量这些变化来了解和评价被检测的材料、产品和设备构件的性质、状态、质量或内部结构等的一种特殊的检测技术。无损检测技术的应用对于控制和改进生产过程和产品质量，保证材料、零件和产品的可靠性及提高生产率起着重要作用，在保证质量、保障安全、节约能源及资源、降低成本、提高成品率和劳动生产率方面起到积极的促进作用。

机电类特种设备是我国经济建设和人民生活中广泛使用的具有潜在危险的重要设备和设施，一旦发生事故，不仅毁坏设备，破坏生产，造成重大的经济损失，而且会造成人员伤亡和社会不安定，其后果十分严重。无损检测技术在确保机电类特种设备制造安装质量和安全运行中具有重要作用。本书针对机电类特种设备行业的技术特点，围绕电梯、起重机械、客运索道、大型游乐设施、场(厂)内专用机动车辆，按照第一篇"机电类特种设备"、第二篇"常规无损检测技术"、第三篇"机电类特种设备专用无损检测技术"分别论述和介绍了机电类特种设备基础知识和相关常规与专用无损检测技术。

第一篇主要介绍了电梯、起重机械、客运索道、大型游乐设施、场(厂)内专用机动车辆的基础知识和材料、焊接、常用紧固件形式、典型传动形式、电气技术等相关知识。

第二篇主要介绍了射线、超声波、磁粉、渗透等常规无损检测的基本原理、操作方法、检测工艺等内容。

第三篇主要结合国内外无损检测技术的发展现状，重点论述了近年来在机电类特种设备检验中应用的新技术、新方法。

第一篇第一至三章由党林贵、雷庆秋编写，第四至六章由张海营、朱磊编写，第七至八章由陈国喜、卢丽芳、谢曙光编写，第九至十一章由雷庆秋、胡卫星、李冀编写；第二篇第一章由李玉军、孔祥夷、赵彦杰编写，第二章由李玉军、薛永盛、苗澍编写，第三至四章由李玉军、秦金良、王彤编写；第三篇第一章由党林贵、刘群安编写，第二至三章由段庆儒、郭素琴编写，第四章由雷庆秋、尹献德编写，第五章由雷庆秋、齐晓冰编写。全书由党林贵、李玉军统稿。

本书编写过程中得到了河南省安特无损检测公司、北京科海恒生科技有限公司、丹东市无损检测设备有限公司、南通友联数码技术开发有限公司、无锡市捷成检测设备制造有限公司、济宁科电检测仪器有限公司等单位的大力支持和帮助，特此致谢。

由于水平所限，加上编写时间仓促，书中难免存在不当之处，敬请批评指正。

作　者

2012 年 3 月

目　录

第二篇　常规无损检测技术

第一篇　机电类特种设备

第一章　概　述

第一节　机电类特种设备及其用途

一、定义

(一)特种设备

国务院颁布的《特种设备安全监察条例》规定,特种设备是指涉及生命安全、危险性较大的锅炉、压力容器(含气瓶)、压力管道、电梯、起重机械、客运索道、大型游乐设施和场(厂)内专用机动车辆。

(二)机电类特种设备

电梯、起重机械、客运索道、大型游乐设施和场(厂)内专用机动车辆为机电类特种设备。锅炉、压力容器(含气瓶)、压力管道为承压类特种设备。

(1)电梯:是指动力驱动,利用沿刚性导轨运行的箱体或者沿固定线路运行的梯级(踏步),进行升降或者平行运送人、货物的机电设备,包括载人(货)电梯、自动扶梯、自动人行道等。

(2)起重机械:是指用于垂直升降或者垂直升降并水平移动重物的机电设备,其范围规定为额定起重量大于或者等于 0.5 t 的升降机;额定起重量大于或者等于 1 t,且提升高度大于或者等于 2 m 的起重机和承重形式固定的电动葫芦等。

(3)客运索道:是指动力驱动,利用柔性绳索牵引箱体等运载工具运送人员的机电设备,包括客运架空索道、客运缆车、客运拖牵索道等。

(4)大型游乐设施:是指用于经营目的,承载乘客游乐的设施,其范围规定为设计最大运行线速度大于或者等于 2 m/s,或者运行高度距地面高于或者等于 2 m 的载人大型游乐设施。

(5)场(厂)内专用机动车辆:是指除道路交通、农用车辆外仅在工厂厂区、旅游景区、游乐场所等特定区域使用的专用机动车辆。

二、机电类特种设备的用途

（一）电梯的用途

电梯的主要用途是垂直或倾斜、水平输送人和物。随着当今现代化城市的高速发展，为节约城市用地和适应生产与生活相对集中发展的需要，一幢幢高楼大厦拔地而起。为了输送大量人员及物资，每幢楼宇需要配备电梯这种垂直运输系统。电梯已经成为人民群众工作生活中必需的交通工具之一。

在服务性或生产性部门，如医院、商场、仓库、车站、机场等，也需要大量的病床电梯、载货电梯、自动扶梯和自动人行道。随着经济和技术的不断发展，电梯的使用领域将越来越广。

（二）起重机械的用途

起重机械的主要用途是垂直升降重物，并可兼使重物作短距离的水平移动，以满足装卸、转载、安装等作业要求。起重机械是现代化生产必不可少的重要机械设备。高层建筑的施工、上万吨级和几十万吨级大型船舶的制造、火箭和导弹的发射、大型电站的施工和安装等，都离不开起重机械。

（三）客运索道的用途

客运索道包括客运架空索道、客运拖牵索道、客运缆车。其中客运架空索道是利用架空的绳索承载工具运送乘客，运载工具在运行中是悬空的。架空索道能适应复杂地形，跨越山川，克服地面障碍物，实现直线运输。客运拖牵索道是利用雪面、冰面、水面承载运载工具运送乘客，乘客在运行中不脱离地面，利用钢丝绳拖动乘客行走，下行侧不载人。客运拖牵索道主要用于滑雪、滑水等体育娱乐活动中。客运缆车是利用地面轨道承载运载工具运送乘客，运载工具（一般为客车）沿固定的轨道（多为钢轨）依靠钢丝绳的牵引运行。

（四）大型游乐设施的用途

大型游乐设施的主要用途是载人娱乐和满足乘客在娱乐过程中对动感和惊险的感受度的需求。

（五）场（厂）内专用机动车辆的用途

场（厂）内专用机动车辆包括专用机动工业车辆和专用旅游观光车辆。场（厂）内专用机动工业车辆兼有运输、搬运及工程施工作业功能，并可配备各种可拆换的工作装置与专用属具，能机动灵活地适应多变的物料搬运作业场合，经济高效地满足各种短距离的物料搬运作业的需要。场（厂）内专用旅游观光车辆则以电动机或内燃机驱动，以休闲、观光、游览为主要用途，适合在旅游风景区域运行。

第二节　机电类特种设备的特殊性和发生事故的危害性

机电类特种设备是经济建设和人民生活中使用的具有潜在危险的重要设备和设施，随着我国经济的发展和人民生活水平的提高，机电类特种设备数量迅猛增长，使用领域日益广泛。实践证明，这是一类事故率高、事故危害严重的特殊设备。

一、机电类特种设备的特殊性

机电类特种设备均为机电(甚至包含液压和气压)一体结构的特殊设备,一般具有以下特点:

(1)结构复杂,由多种机械零件和电子、电气、液压、气压等元件组成。

(2)部分器件承受交变载荷和处于摩擦运行状态。

(3)随着作业时间的增加,因零部件磨损、腐蚀、疲劳、变形、老化和偶然性损伤等,会造成设备技术状态变坏,从而导致失效,并发生严重事故。一旦发生事故,易造成群死群伤,社会影响恶劣。

表1-1-1为机电类特种设备主要失效方式和潜在危险。

表1-1-1 机电类特种设备主要失效方式和潜在危险

序号	设备名称	主要失效方式和潜在危险
1	电梯	剪切
		挤压
		坠落
		撞击
		被困
		火灾
		电击
		由下列原因引起的材料失效: ①机械损伤 ②磨损 ③锈蚀
2	起重机械	吊物坠落
		挤压碰撞
		触电
		机体倾翻
		由下列原因引起的材料失效: ①磨损 ②腐蚀 ③疲劳 ④变形 ⑤机械损伤

续表1-1-1

序号	设备名称	主要失效方式和潜在危险
3	客运索道	吊具在站台上撞人
		断索
		张紧索松脱
		脱索、索缠绕
		吊人
		闸制动失灵造成飞车
		吊具与支架相撞
		设备损坏等
		由于下列原因引起的材料失效: ①磨损 ②腐蚀 ③机械损伤
4	大型游乐设施	由于乘人部分导致的危险: ①超载荷运行导致的对设施结构的塑性破坏、疲劳破坏 ②设备控制部分安全保护失效
		由于主要构件导致的危险: ①没有按设计规定进行维护和规定使用期内的更换,导致主要构件的塑性破坏、脆性破坏、疲劳破坏、腐蚀破坏、蠕变破坏 ②没有实施必要的监测和检测措施,使主构件的破坏程度由于安全临界点的失效产生瞬间的扩大 ③由于部件的失效产生关联性的机械伤害
		由于动力部件、传动件及制动件(器)导致的危险: ①机械能量的累积释放造成机械装置和机械安全装置的破坏 ②对处于提升段和靠惯性滑行的游乐设施(如滑行车),由于动力部件和(或)传动部件所做的功不能累积所必需的能量,使得设计所需的累积机械能丧失
		由于金属结构导致的危险: ①在机械力和机械应力的作用下导致塑性破坏、脆性破坏、疲劳破坏 ②没有按规定进行金属结构表面维护而导致腐蚀破坏
		由于安全装置、安全网、安全防护罩导致的危险: ①没有按设计规定进行维护和规定使用期内的更换,导致安全装置、安全网、安全防护罩的塑性破坏、脆性破坏、疲劳破坏、腐蚀破坏、蠕变破坏 ②没有实施必要的监测和检测措施,使安全装置、安全网、安全防护罩的破坏程度由于安全临界点的失效产生瞬间的扩大 ③由于部件的失效产生关联性的机械伤害

续表 1-1-1

序号	设备名称	主要失效方式和潜在危险
4	大型游乐设施	由于液压和气动系统导致的危险： ①没有按设计规定进行维护和规定使用期内的更换,导致系统元件和系统保护装置的疲劳破坏、腐蚀破坏、蠕变破坏 ②没有实施必要的监测和检测措施,使系统元件和系统保护装置的破坏程度由于安全临界点的失效产生瞬间的扩大 ③由于部件的失效产生关联性的机械伤害
		由于电气系统和电气操作控制装置导致的危险： ①动力源失效 ②控制电路失效 ③设定错误 ④电气短路产生电击伤害
		由于水上设施的水池、水滑梯、碰碰船等专用船只导致的危险： ①腐蚀破坏 ②蠕变破坏
		由于基础、站台、栏杆和安全通道导致的危险： 腐蚀破坏
		由于安全警示及标志导致的危险： 人的不安全行为
		由于设施构造和防护功能未考虑不同年龄层乘客的行为特征导致的危险（如儿童游乐设施）： 决策失误
5	场(厂)内专用机动车辆	物体坠落
		翻车
		坠车
		碾轧、碰伤

二、机电类特种设备发生事故的危害性

(一)电梯

根据国家质检总局公布的 2010 年度统计数据,我国在用电梯 162.85 万台,占在用特种设备的比重达到 25.14%,而 2010 年电梯事故占特种设备事故总数的 14.86%,居于八类特种设备的第二位。

2002 年 2 月 10 日,吉林省白山市市场经营开发总公司山货市场分公司发生一起电梯重大事故,造成 3 人死亡。事故原因系维修期间钢丝绳丝扣断裂,导致轿厢坠落,维修人员无资质。

2002 年 11 月 21 日 22 时 40 分,湖南省郴州市宜章县兴中大酒店发生一起电梯事故,造成 2 人死亡。

2011 年 7 月 5 日 9 时 36 分,北京地铁四号线动物园站 A 口自动扶梯上行时发生溜梯故障,导致正在搭乘电梯的部分乘客摔倒,造成 1 名少年死亡,20 多人受伤。

（二）起重机械

2010 年我国在用起重机械已达到 150.00 万台,占在用特种设备的比重达到 23.16%,2008 年我国起重机械事故占特种设备事故总数的 26.69%,是特种设备中安全事故最集中的领域。

2000 年 9 月,长江三峡工地发生一起塔带机倒塌事故,造成 3 人死亡,20 人重伤。事故直接原因是设备存在严重缺陷,操作人员无证上岗。

2001 年 7 月 17 日上午,在沪东中华造船(集团)有限公司船坞工地,由上海电力建筑工程公司等单位承担安装的 600 t×170 m 龙门起重机在吊装主梁过程中发生倒塌事故,造成 36 人死亡,3 人受伤,事故造成经济损失约 1 亿元,其中直接经济损失 8 000 多万元。

2001 年 12 月 24 日 14 时 25 分,甘肃省天水市建三小学发生起重机械倒塌重大事故,造成 5 人死亡,19 人受伤,其中重伤 2 人。事故原因系非法安装,安装人员无资质。

2005 年 9 月 27 日 16 时 20 分,郑州市郑东新区热电厂一期工程使用中的一台门式起重机在雨中进行装卸作业时发生倒塌,造成正在门式起重机作业区域范围内一工具库房避雨的 5 名职工中 3 人当场死亡,司机 1 人受伤的较大事故。该事故的直接原因:门式起重机金属结构焊接质量及制造存在严重缺陷,同时门式起重机大车轨道存在基础滑移和沉降现象。

2007 年 4 月 18 日 7 时 53 分,辽宁省铁岭市清河特殊钢有限责任公司炼钢车间一台 60 t 钢水包在吊运过程中倾覆,钢水涌向一个工作间,造成正在开班前会的 32 人死亡,6 人重伤,直接经济损失 866.2 万元。经调查认定,辽宁省铁岭市清河特殊钢有限责任公司"4·18"钢水包倾覆特别重大事故是一起责任事故。此次事故的直接原因:电气系统存在设计缺陷,制动器未能自动抱闸,导致钢水包失控下坠,钢水包撞击浇注台车后落地倾覆,钢水涌向被错误选定为班前会地点的工具间。

（三）客运索道

2010 年在用客运索道为 860 条。

1999 年 10 月 3 日,贵州省黔西南州兴义市马岭河风景区发生客运架空索道重大伤亡事故,造成 14 人死亡,22 人受伤。事故直接原因是设计严重违反安全规范,运行管理混乱。

（四）大型游乐设施

2010 年在用大型游乐设施为 1.58 万台(套)。

1994 年 11 月,重庆科普中心内"飞毯"将一男一女抛出,两人当场死亡。

1995 年 5 月 1 日,南京玄武湖公园"太空飞车"第三节脱离车架坠地,一个 5 岁男孩死亡,其父重伤。

2010 年 6 月 29 日 16 时 45 分,深圳东部华侨城"太空迷航"发生重大安全事故,造成 6 人死亡,10 人受伤。

（五）场（厂）内专用机动车辆

2010 年在用场（厂）内专用机动车辆（简称厂车）为 38.79 万台。

2006 年 2 月 9 日，通州市海通钢绳厂沈阳经营部发生一起厂车事故，造成 1 人死亡。该厂沈阳经营部孟某在铁西区北一西路的物资局钢材仓库内操作叉车时，头部被挤在起升机构和上部车架间，当场死亡。

2007 年 2 月 3 日，湖北省十堰市张湾区双星东风轮胎有限公司发生一起厂车事故，造成 1 人死亡。事发时，该公司动力车间职工驾驶装载机在煤场清理煤渣，当时车子正处于上坡，司机挂倒挡，刹车失灵，车子向后滑，翻落在煤场下边的铁轨道坑上，司机当场死亡。

第三节　机电类特种设备安全监察和法规体系

基于机电类特种设备的上述特点，保证机电特种设备安全运行是至关重要的。一旦发生事故，不仅毁坏设备，破坏生产，造成重大的经济损失，而且会造成人员伤亡和社会不安定，其后果十分严重。因此，我国和世界上大多数国家都在政府部门设有专管机构，专门从事这类设备的安全监督和检验工作。

对特种设备，设计和制造单位要保证质量，设计和生产出安全可靠的产品；使用单位要加强安全管理，确保安全运行；特种设备安全监察部门代表国家依据有关法律法规对特种设备进行综合管理监察，即实行国家监察制度。

一、特种设备安全法律法规体系

特种设备安全法律法规体系是保证特种设备安全的法律保障。各级政府质检部门依法行政和加强特种设备安全监察，必须有完善的法律法规体系给予保证。我国特种设备安全法律法规体系经过几十年发展，基本形成了目前相对完善的体系。1982 年国务院发布的《锅炉压力容器安全监察暂行条例》为我国建立锅炉压力容器安全监察制度提供了法律依据，为安全监察工作的法制化、规范化奠定了坚实的基础。2003 年，国务院又以《特种设备安全监察条例》取代了施行 20 多年的暂行条例，并正在积极推进《特种设备安全法》立法工作。我国基本形成了中国特色的"法律—行政法规—行政规章—安全技术规范—引用标准"5 个层次的特种设备安全法律法规体系结构（见图 1-1-1）。

（一）法律

我国现行法律中，还没有一部专门用于特种设备安全管理的法律。拟定中的《特种设备安全法》已列入国家立法计划，正处于起草修改阶段。目前适用于特种设备安全工作的相关法律主要有《中华人民共和国安全生产法》、《中华人民共和国产品质量法》、《中华人民共和国进出口商品检验法》、《中华人民共和国行政许可法》。

（二）行政法规

1. 国务院颁布的行政法规

根据国务院《行政法规制定程序条例》，行政法规是国务院为领导和管理国家各项行政工作，根据宪法和法律，并且按照本条例的规定制定的政治、经济、教育、科技、文化、外

```
┌─────────────────────────────────────────────────────┐
│        第一层　法律：全国人大通过的法律                │
│ 拟定法律：《中华人民共和国特种设备安全法》              │
│ 相关法律：《中华人民共和国安全生产法》、《中华人民共和国产品质量法》、│
│ 《中华人民共和国进出口商品检验法》、《中华人民共和国行政许可法》      │
└─────────────────────────────────────────────────────┘
                          ↓
┌─────────────────────────────────────────────────────┐
│        第二层　行政法规：国务院批准的条例               │
│ 《特种设备安全监察条例》、《国务院关于特大安全事故行政责任追究的规定》 │
│        省、自治区、直辖市人大通过的条例                 │
│ 一些省级人大制定的劳动安全监察条例、特种设备安全监察条例或承压设备安 │
│ 全监察条例等                                          │
└─────────────────────────────────────────────────────┘
                          ↓
┌─────────────────────────────────────────────────────┐
│        第三层　行政规章                                │
│ 以国家质检总局令的形式颁布的部门规章以及省级政府规章     │
└─────────────────────────────────────────────────────┘
                          ↓
┌─────────────────────────────────────────────────────┐
│        第四层　安全技术规范                            │
│ 经过规定的起草、征求意见和审定等程序，由国家质检总局领导授权签署、以 │
│ 总局名义公布的，安全技术性内容较突出的规范性文件(规程、规则等)      │
└─────────────────────────────────────────────────────┘
                          ↓
┌─────────────────────────────────────────────────────┐
│        第五层　引用标准：安全技术规范引用的标准         │
└─────────────────────────────────────────────────────┘
```

图 1-1-1　特种设备安全法律法规体系结构

事等各项法规的总称。

我国 1982 年发布的《锅炉压力容器安全监察暂行条例》，是新中国成立以来制定的第一部关于锅炉压力容器安全监察工作方面的行政法规。而 2003 年国务院公布的《特种设备安全监察条例》是在原暂行条例的基础上，将安全监察管理范围从锅炉、压力容器扩大到压力管道、电梯、起重机械、客运索道、大型游乐设施等设备设施，并第一次从行政法规的角度正式将这些危险设备设施统一定义为"特种设备"。这个从 2003 年 6 月 1 日开始施行的条例是我国政府为了适应经济和社会发展，为切实保障安全而制定的一部全面规范八大类特种设备在生产、使用检验检测及其监督检查等过程中所涉及的安全方面活动的专门行政性法规。这项法规进一步明确了特种设备安全有关各方的职责、行为准则和相关法律责任，确立了特种设备行政许可、监督检查两大安全监察制度，塑造了我国在市场经济环境下"企业全面负责，部门依法监管，检验技术把关，政府督促协调，社会广泛监督"的特种设备安全管理新格局，是我国特种设备安全监察事业发展的一个极其重要的里程碑。2009 年 1 月 14 日国务院第 46 次常务会议通过的《国务院关于修改《特种设备安全监察条例》的决定》又将安全监察管理范围增加了场(厂)内专用机动车辆。

2. 地方性法规

除国务院颁布的行政法规外,许多省、自治区和直辖市为了保障本地区特种设备安全,通过省级人民代表大会立法,制定了地方性特种设备安全监察管理法规。

(三) 行政规章

法定意义上的行政规章,是指国务院主管部门和地方省级人民政府、省政府所在地的市级人民政府以及国务院批准为较大市的市政府,根据并且为了实施法律、行政法规、地方性法规,在自己的权限范围内依法制定的规范性行政管理文件。部门规章应当经部务会议或者委员会会议决定并由部门首长签署命令予以公布。部门规章签署公布后,必须在国务院公报或者部门公报和在全国范围内发行的报纸上刊登。在国务院公报或者部门公报和地方人民政府公报上刊登的规章文本为标准文本。

1. 国家质检总局颁发的行政规章

国家质检总局制定的特种设备安全方面的部门规章有《特种设备作业人员监督管理办法》(国家质检总局令第70号)、《起重机械安全监察规定》(国家质检总局令第92号)、《特种设备事故报告和调查处理规定》(国家质检总局令第115号)、《高耗能特种设备节能监督管理办法》(国家质检总局令第116号)等。

2. 省级地方政府颁发的规章

除国家行政管理部门规章外,很多省市地方政府也制定了由政府首长签发的地方性特种设备安全管理行政规章。

(四) 安全技术规范

以国家质检总局文件形式(而不是以令形式)颁布,与行政规章等效,侧重于某一方面特种设备具体安全技术方面要求的规范性文件(规程、规则、导则等),统称为特种设备安全技术规范。安全技术规范是国务院条例首次以行政法规形式在特种设备领域提出的概念。

(五) 引用标准

安全技术规范引用的标准或标准的部分内容,与安全技术规范具有同等效用。

二、机电类特种设备安全技术规范

我国特种设备安全技术规范从大的方面分为管理类和技术类两大类;从管理对象方面可分为综合、锅炉、压力容器、压力管道、电梯、起重机械、大型游乐设施、架空客运索道、场(厂)内专用机动车辆等九大类。特种设备安全技术规范管辖内容涉及单位(机构)和人员资格与管理规定、各类特种设备安全技术基本要求、管理和技术程序与方法规定等方面。

表1-1-2为与机电类特种设备相关的主要安全技术规范。

表 1-1-2   与机电类特种设备相关的主要安全技术规范

序号	标准名称	标准编号
1	TSG T7001—2009	电梯监督检验和定期检验规则——曳引与强制驱动电梯
2	TSG T7002—2011	电梯监督检验和定期检验规则——消防员电梯
3	TSG T7003—2011	电梯监督检验和定期检验规则——防爆电梯
4	TSG T7004—2012	电梯监督检验和定期检验规则——液压电梯
5	TSG T7005—2012	电梯监督检验和定期检验规则——自动扶梯与自动人行道
6	TSG T7006—2012	电梯监督检验和定期检验规则——杂物电梯
7	TSG T5001—2009	电梯使用管理与维护保养规则
8	TSG T6001—2007	电梯安全管理人员和作业人员考核大纲
9	TSG Q0002—2008	起重机械安全技术监察规程——桥式起重机
10	TSG Q7001—2006	起重机械制造监督检验规则
11	TSG Q7002—2007	桥式起重机型式试验细则
12	TSG Q7003—2007	门式起重机型式试验细则
13	TSG Q7004—2006	塔式起重机型式试验细则
14	TSG Q7005—2008	流动式起重机型式试验细则
15	TSG Q7006—2007	铁路起重机型式试验细则
16	TSG Q7007—2008	门座起重机型式试验细则
17	TSG Q7008—2007	升降机型式试验细则
18	TSG Q7009—2007	缆索起重机型式试验细则
19	TSG Q7010—2007	桅杆起重机型式试验细则
20	TSG Q7011—2007	旋臂起重机型式试验细则
21	TSG Q7012—2008	轻小型起重设备型式试验细则
22	TSG Q7013—2006	机械式停车设备型式试验细则
23	TSG Q7014—2008	安全保护装置型式试验细则
24	TSG Q7015—2008	起重机械定期检验规则
25	TSG Q7016—2008	起重机械安装改造重大维修监督检验规则
26	TSG Q5001—2009	起重机械使用管理规则
27	TSG Q6001—2009	起重机械安全管理人员及作业人员培训考核大纲
28	TSG S7001—2004	客运拖牵索道安装监督检验与定期检验规则
29	TSG S7002—2005	客运缆车安装监督检验与定期检验规则
30	国质检锅[2002]124 号	游乐设施监督检验规程(试行)
31	国质检锅[2003]34 号	游乐设施安全技术监察规程(试行)
32	国质检锅[2002]16 号	厂内机动车辆监督检验规程

第四节　机电类特种设备主要技术标准

（1）电梯主要标准（见表1-1-3）。

表1-1-3　电梯主要标准

序号	标准编号	标准名称
1	GB 7588—2003	电梯制造与安装安全规范
2	GB 8903—2005	电梯用钢丝绳
3	GB 10060—93	电梯安装验收规范
4	GB 16899—2011	自动扶梯和自动人行道的制造与安装安全规范
5	GB 21240—2007	液压电梯制造与安装安全规范
6	GB 24803.1—2009	电梯安全要求 第1部分:电梯基本安全要求
7	GB 24804—2009	提高在用电梯安全性的规范
8	GB 25194—2010	杂物电梯制造与安装安全规范
9	GB/T 7024—2008	电梯、自行扶梯、自动人行道术语
10	GB/T 10058—2009	电梯技术条件
11	GB/T 10059—2009	电梯试验方法
12	GB/T 18755—2009	电梯、自动扶梯和自动人行道维修规范
13	GB/T 22562—2008	电梯T型导轨
14	GB/T 24474—2009	电梯承运质量测量
15	GB/T 24475—2009	电梯远程报警系统
16	GB/T 24476—2009	电梯、自动扶梯和自动人行道数据监视和记录规范
17	GB/T 24477—2009	适用于残障人员的电梯附加要求
18	GB/T 24478—2009	电梯曳引机
19	GB/T 24479—2009	火灾情况下电梯的特性
20	GB/T 24480—2009	电梯层门耐火试验

（2）起重机械标准（见表1-1-4）。

表 1-1-4　起重机械标准

序号	标准编号	标准名称
1	GB 5144—2006	塔式起重机安全规程
2	GB 6067.1—2010	起重机械安全规程 第1部分:总则
3	GB 10055—2007	施工升降机安全规程
4	GB 12602—2009	起重机械超载保护装置
5	GB 17907—2010	机械式停车设备　通用安全要求
6	GB 26469—2011	架桥机安全规程
7	GB 50278—2010	起重设备安装工程施工及验收规范
8	GB/T 1955—2008	建筑卷扬机
9	GB/T 3811—2008	起重机设计规范
10	GB/T 5031—2008	塔式起重机
11	GB/T 6068—2008	汽车起重机和轮胎起重机试验规范
12	GB/T 6068.1—2005	汽车起重机和轮胎起重机试验规范 第1部分:一般要求
13	GB/T 6068.2—2005	汽车起重机和轮胎起重机试验规范 第2部分:合格试验
14	GB/T 6068.3—2005	汽车起重机和轮胎起重机试验规范 第3部分:结构试验
15	GB/T 6974.1—2008	起重机 术语 第1部分:通用术语
16	GB/T 6974.2—2010	起重机 术语 第2部分:流动式起重机
17	GB/T 6974.3—2008	起重机 术语 第3部分:塔式起重机
18	GB/T 6974.5—2008	起重机 术语 第5部分:桥式和门式起重机
19	GB/T 10054—2005	施工升降机
20	GB/T 13330—91	150 t 以下履带起重机性能试验方法
21	GB/T 14405—2011	通用桥式起重机
22	GB/T 14406—2011	通用门式起重机
23	GB/T 14560—93	150 t 以下履带起重机技术条件
24	GB/T 14734—2008	港口浮式起重机安全规程
25	GB/T 14743—93	港口轮胎起重机技术条件
26	GB/T 14744—93	港口轮胎起重机试验方法
27	GB/T 14783—2009	轮胎式集装箱门式起重机
28	GB/T 15360—94	岸边集装箱起重机试验方法
29	GB/T 15361—94	岸边集装箱起重机技术条件
30	GB/T 15362—94	轮胎式集装箱门式起重机试验方法
31	GB/T 17495—2009	港口门座起重机

续表 1-1-4

序号	标准编号	标准名称
32	GB/T 17992—2008	集装箱正面吊运起重机安全规程
33	GB/T 18224—2000	桥式抓斗卸船机安全规程
34	GB/T 19924—2005	流动式起重机 稳定性的确定
35	GB/T 19912—2005	轮胎式集装箱门式起重机安全规程
36	GB/T 19683—2005	轨道式集装箱门式起重机
37	GB/T 20304—2006	塔式起重机 稳定性要求
38	GB/T 20776—2006	起重机械分类
39	GB/T 21920—2008	岸边集装箱门式起重机安全规程
40	GB/T 22416.1—2008	起重机 维护 第 1 部分:总则
41	GB/T 23723.1—2009	起重机 安全使用 第 1 部分:总则
42	GB/T 23724.1—2009	起重机 检查 第 1 部分:总则
43	GB/T 24809.1—2009	起重机 对机构的要求 第 1 部分:总则
44	GB/T 24809.3—2009	起重机 对机构的要求 第 3 部分:塔式起重机
45	GB/T 24809.4—2009	起重机 对机构的要求 第 4 部分:臂架起重机
46	GB/T 24809.5—2009	起重机 对机构的要求 第 5 部分:桥式和门式起重机
47	GB/T 26470—2011	架桥机通用技术条件
48	JB/T 1306—2008	电动单梁起重机
49	JB/T 2603—2008	电动悬挂起重机
50	JB/T 3695—2008	电动葫芦桥式起重机
51	JB/T 5317—2007	环链电动葫芦
52	JB/T 5663—2008	电动葫芦门式起重机
53	JB/T 8906—1999	旋臂式起重机
54	JB/T 8909—1999	简易升降类机械式停车设备
55	JB/T 8910—1999	升降横移类机械式停车设备
56	JB/T 9008.1—2004	钢丝绳电动葫芦 第 1 部分:型式与基本参数、技术条件
57	JB/T 9008.2—2004	钢丝绳电动葫芦 第 2 部分:试验方法
58	JB/T 10215—2000	垂直循环类机械式停车设备
59	JB/T 10218—2000	平衡吊
60	JB/T 10474—2004	巷道堆垛类机械式停车设备
61	JB/T 10475—2004	垂直升降类机械式停车设备
62	JB/T 10545—2006	平面移动类机械式停车设备

续表 1-1-4

序号	标准编号	标准名称
63	JB/T 10546—2006	汽车专用升降机
64	TB/T 3081—2003	内燃铁路起重机技术条件
65	TB/T 3082—2003	内燃铁路起重机检查与试验方法

（3）游乐设施标准（见表 1-1-5）。

表 1-1-5 游乐设施标准

序号	标准编号	标准名称
1	GB 8408—2008	游乐设施安全规范
2	GB 18160—2000	陀螺类游艺机通用技术条件
3	GB 18161—2000	飞行塔类游艺机通用技术条件
4	GB 18164—2000	观览车类游艺机通用技术条件
5	GB 18167—2000	光电打靶类游艺机通用技术条件
6	GB 18168—2000	水上游乐设施通用技术条件
7	GB 18169—2000	碰碰车类游艺机通用技术条件
8	GB/T 16767—1997	游乐园（场）安全和服务质量
9	GB/T 18158—2008	转马类游艺机通用技术条件
10	GB/T 18159—2008	滑行类游艺机通用技术条件
11	GB/T 18162—2008	赛车类游艺机通用技术条件
12	GB/T 18163—2009	自控飞机类游艺机通用技术条件
13	GB/T 18165—2008	小火车类游艺机通用技术条件
14	GB/T 18166—2008	架空游览车类游艺机通用技术条件
15	GB/T 18170—2008	电池车类游艺机通用技术条件
16	GB/T 18878—2006	滑道设计规范
17	GB/T 20049—2006	游乐设施代号
18	GB/T 20050—2006	游乐设施检验验收
19	GB/T 20051—2006	无动力类游乐设施技术条件
20	GB/T 20306—2006	游乐设施术语

（4）客运索道标准（见表 1-1-6）。

表 1-1-6 客运索道标准

序号	标准编号	标准名称
1	GB 12352—2007	客运架空索道安全规范
2	GB/T 13588.1—94	双线循环式货运架空索道设计规范
3	GB/T 13588.2—94	单线循环式货运架空索道设计规范
4	GB 50127—2007	架空索道工程技术规范
5	GB/T 13678—92	单线脱挂抱索器客运架空索道设计规范
6	GB/T 19401—2003	客运拖牵索道技术规范
7	GB/T 19402—2003	客运地面缆车技术规范
8	GB/T 24729—2009	客运索道固定抱索器通用技术条件
9	GB/T 24730—2009	客运索道脱挂抱索器通用技术条件
10	GB/T 24731—2009	客运索道驱动装置通用技术条件
11	GB/T 24732—2009	客运索道托(压)索轮通用技术条件

(5)场(厂)内专用机动车辆标准(见表 1-1-7)。

表 1-1-7 场(厂)内专用机动车辆标准

序号	标准编号	标准名称
1	GB 4387—94	工业企业厂内铁路、道路运输安全规程
2	GB 7258—2004	机动车运行安全技术条件
3	GB 10827—1999	机动工业车辆安全规范
4	GB/T 5140—2005	叉车 挂钩型货叉 术语
5	GB/T 5141—2005	平衡重式叉车 稳定性试验
6	GB/T 5182—2008	叉车 货叉 技术要求和试验方法
7	GB/T 5183—2005	叉车 货叉 尺寸
8	GB/T 5184—2008	叉车 挂钩型货叉和货叉架 安装尺寸
9	GB/T 5143—2008	工业车辆 护顶架 技术要求和试验方法
10	GB/T 6104—2005	机动工业车辆 术语
11	GB/T 16178—1996	厂内机动车辆安全检验技术要求
12	GB/T 18332.1—2009	电动道路车辆用铅酸电池
13	GB/T 21268—2007	非公路用旅游观光车通用技术条件
14	GB/T 21467—2008	工业车辆在门架前倾的特定条件下堆垛作业 附加稳定性试验
15	JB/T 2391—2007	500 kg ~10 000 kg 平衡重式叉车技术条件

（6）相关无损检测标准（见表1-1-8）。

表1-1-8　相关无损检测标准

序号	标准编号	标准名称
1	GB/T 3323—2005	金属熔化焊焊接接头射线照相
2	JB/T 10559—2006	起重机械无损检测　钢焊缝超声检测
3	JB/T 6061—2007	无损检测　焊缝磁粉检测
4	JB/T 6062—2007	无损检测　焊缝渗透检测
5	JB 4730—2005	承压设备无损检测
6	GB/T 4162—2008	锻轧钢棒超声检测方法
7	GB/T 5972—2009	起重机　钢丝绳　保养、维护、安装、检验和报废
8	GB/T 9075—2008	索道用钢丝绳检验和报废规范
9	GB/T 21837—2008	铁磁性钢丝绳电磁检测方法
10	GB/T 18182—2000	金属压力容器声发射检测及结果评价方法

第二章　电　梯

第一节　电梯分类

一、按用途分类

(一)载人(货)电梯

载人(货)电梯是服务于规定楼层的固定式升降设备(见图1-2-1)。它具有一个轿厢,运行在至少两列垂直的或斜角小于15°的刚性导轨之间。轿厢尺寸与结构形式便于乘客出入或装卸货物,按其用途可细分为以下几类。

(1)乘客电梯:为运送乘客而设计的电梯。适用于高层住宅以及办公大楼、宾馆、饭店的电梯,用于运送乘客,要求安全舒适,装饰新颖美观,可以手动或自动控制操纵。常见的是有/无司机操纵两用。轿厢的顶部除吊灯外,大都设置排风机,在轿厢的侧壁上设有回风口,以加强通风效果。

(2)载货电梯:通常有人伴随,主要为运送货物而设计的电梯。要求结构牢固、安全性好。为节约动力装置的投资和保证良好的平层精度常取较低的额定速度,轿厢的容积通常比较宽大,一般轿厢深度大于宽度或两者相等。

(3)客货两用电梯:主要用做运送乘客,但也可运送货物的电梯。它与乘客电梯的区别在于轿厢内部装饰结构不同,常称此类电梯为服务电梯。

(4)病床电梯:为运送病床(包括病人)及医疗设备而设计的电梯。它的特点是轿厢窄而深,常要求前后贯通开门,对运行稳定性要求较高,运行中噪声应力求减小,一般有专职司机操作。

(5)住宅电梯:供居民住宅楼使用的电梯。主要运送乘客,也可运送家用物件或生活用品,多为有司机操作,额定载重时为400、630、1 000 kg等,其相应的载客人数为5、8、13人等,速度在低、快速之间。其中载重量630 kg的电梯,轿厢还允许运送残疾人员乘座的轮椅和童车;载重量达1 000 kg的电梯,轿厢还能运送"手把拆卸"的担架和家具。

(6)杂物电梯(服务电梯)(见图1-2-2):运送一些轻便的图书、文件、食品等,但不允许人员进入轿厢,由厅外按钮控制。

(7)船用电梯:固定安装在船舶上为乘客、船员或其他人员使用的提升设备,它能在船舶的摇晃中正常工作,速度一般小于等于≤1 m/s。

(8)观光电梯(见图1-2-3、图1-2-4):井道和轿壁至少有一侧透明,乘客可观看到轿厢外景物的电梯。

(9)车用电梯(即汽车电梯):用做运送车辆而设计的电梯。如高层或多层车库、立体仓库等处都有使用,这种电梯的轿厢面积都大,要与所装用的车辆相匹配,其构造则应充分牢固,有的无轿顶,升降速度一般都较低(小于 1 m/s)。

(10)其他电梯:用做专门用途的电梯,如冷库电梯、防爆电梯、矿井电梯、建筑工程电梯等。

(二)自动扶梯

带循环运动梯路向上或向下倾斜输送乘客的固定电力驱动设备(见图 1-2-5)。

(三)自动人行道

带有循环运行(板式或带式)走道,用于水平或倾斜角不超过 12°输送乘客的固定电力驱动设备(见图 1-2-6)。

图 1-2-1　电梯

图 1-2-2　杂物电梯

图 1-2-3　张家界百龙观光电梯

图 1-2-4　法国埃菲尔铁塔观光电梯

图 1-2-5　自动扶梯

图 1-2-6　自动人行道

二、按《特种设备目录》分类

《特种设备目录》(国质检锅[2004]31号)对电梯的分类如表1-2-1所示。

表1-2-1　《特种设备目录》对电梯的分类

序号	类别	品种
1	乘客电梯	曳引式客梯
		强制式客梯
		无机房客梯
		消防电梯
		观光电梯
		防爆客梯
		病床电梯
2	载货电梯	曳引式货梯
		强制式货梯
		无机房货梯
		汽车电梯
		防爆货梯
3	液压电梯	液压客梯
		防爆液压客梯
		液压货梯
		防爆液压货梯
4	杂物电梯	
5	自动扶梯	
6	自动人行道	

第二节　电梯的组成和结构特点

电梯是机械、电气、电子技术一体化的产品。机械部分如同人的身体,是执行机构;各种电气线路如同人的神经,是信号传感系统;控制系统则好比人的大脑,分析外来信号和自身状态,并发出指令让机械部分执行。各部分密切协同,使电梯能可靠运行。

一、载人(货)电梯的组成和结构特点

载人(货)电梯中最为典型的曳引驱动电梯由八大系统组成(见图1-2-7)。

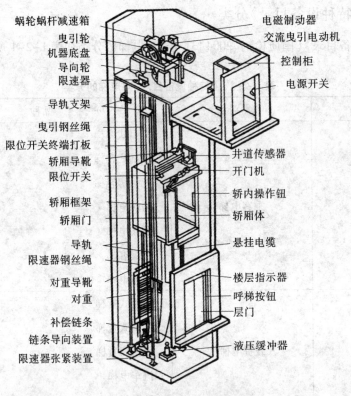

蜗轮蜗杆减速箱
曳引轮
机器底盘
导向轮
限速器

导轨支架

曳引钢丝绳
限位开关终端打板
轿厢导靴
限位开关

轿厢框架
轿厢门

导轨
限速器钢丝绳
对重导靴
对重

补偿链条
链条导向装置
限速器张紧装置

电磁制动器
交流曳引电动机

控制柜
电源开关

井道传感器
开门机
轿内操作钮
轿厢体

悬挂电缆

楼层指示器
呼梯按钮
层门

液压缓冲器

图1-2-7 曳引驱动电梯结构

(一)曳引驱动系统

功能:输出与传递动力,驱动电梯运行。

组成:曳引机(电动机、制动器、减速箱、曳引轮等)、曳引钢丝绳、导向轮、反绳轮等。

工作原理:电动机通过联轴器(制动轮)传递给减速箱蜗杆轴,蜗杆轴通过齿啮合带动蜗轮旋转,与蜗轮同轴装配的曳引轮亦旋转。由于轿厢与对重装置的重力使曳引钢丝绳与曳引轮绳槽间产生了摩擦力,该摩擦力就带动了钢丝绳使轿厢和对重作相对运动,使轿厢在井道中沿导轨上下运行。

(二)导向系统

功能:限制轿厢和对重的活动自由度,使其能沿着导轨作升降运动。

组成:导轨、导靴和导轨架。

(三)轿厢

功能:运送乘客和(或)货物,是电梯的工作部分。

组成:轿厢架(固定轿厢体的承重结构)和轿厢(轿厢底、轿厢壁、轿厢顶)。

(四)门系统

功能:封住层站入口和轿厢入口。运行时层门、轿厢门必须封闭,到站时才能打开。

组成:轿厢门、层门、开门机、门锁等。

工作原理:开门机安装在轿厢顶门口处,由电动机通过减速机构,再通过传动机构带动轿厢门开启或关闭。电梯到站时，安装在轿厢门上的门刀卡入层门上门锁从而锁往滚轮，轿厢门开启或关闭时通过门刀与门锁带动层门开启或关闭。开门时门刀拨动门锁滚轮使锁钩打开（解锁），关门时则通过弹簧等使锁钩啮合，以防止门在运行中打开。

（五）重量平衡装置

功能：相对平衡轿厢重量以及补偿高层电梯中曳引绳长度的影响。

组成：对重和重量补偿装置。

（六）电力拖动系统

功能：提供动力，对电梯实行速度控制。

组成：曳引电动机、供电系统、速度反馈装置、电动机调速装置等。

工作原理：电梯运行时，经历了加速起动、稳速运行、减速停靠等几个阶段。电力拖动系统除给电梯运行提供动力外，还对电梯的上述几个运行阶段起控制作用，以保证电梯的乘坐舒适、准确平层和可靠制动。

目前使用最多的是交流变压变频调速系统，即 VVVF（Variable Voltage Variable Frequency）系统。通过变频装置，对电源频率和电动机定子电压同时进行调节，即可使电梯平稳地加速和减速。采用这种调速方法，电梯运行平稳，舒适感好，能耗低，故障少。目前 VVVF 系统已成为电梯的主流调速系统。

（七）电气控制系统

功能：对电梯的运行实行操纵和控制。

组成：操纵装置、位置显示装置、控制屏（柜）、平层装置等。

工作原理：将操纵装置、平层装置、各种限位开关、光电开关、行程开关等发出的信号送入控制系统，由控制系统按照预先编制好的程序，对各种输入信号进行采集、分析，判断电梯的状态和服务需求，经过运算后，发出相应指令，使电梯按照自身状态（是否在运行，门是开还是关，是否已平层，目前在哪个楼层等）和服务需求（上召唤，下召唤，选层等）来作出相应反应。

（八）安全保护系统

功能：保证电梯安全使用，防止一切危及人身安全的事故发生。

组成：限速器—安全钳联动超速保护装置，缓冲器，超越上下极限位置时的保护装置，层门与轿厢门的电气联锁装置（包括：正常运行时不可能打开层门、门开着不能起动或继续运行，验证层门锁紧的电气安全装置，紧急开锁与层门自动关闭装置，自动门防夹装置），紧急操作和停止保护装置，轿厢顶检修装置，断、错相保护装置等。

超速保护装置的工作原理：限速器安装在机房，通过限速器钢丝绳与安装在轿厢两侧的安全钳拉杆相连，电梯的运行速度通过钢丝绳反映到限速器的转速上。电梯运行时，钢丝绳将电梯的垂直运动转化为限速器的旋转运动。当旋转速度超过极限值时，限速器就会使超速开关动作，切断控制电路，使电梯停止运行；如未能使电梯停止，电梯继续加速下行（例如制动器失效时），限速器进而卡住钢丝绳，使钢丝绳无法运动，由于电梯继续下行，钢丝绳将拉动安全钳拉杆使安全钳楔块向上运动，将轿厢卡在导轨上，同时安全钳联动开关动作，切断控制电路。这样就可防止电梯继续超速下行。

二、自动扶梯的组成和结构特点

自动扶梯由梯级、牵引链条、梯路导轨系统、驱动装置、张紧装置、扶手装置和金属结构等若干部件组成（见图1-2-8）。

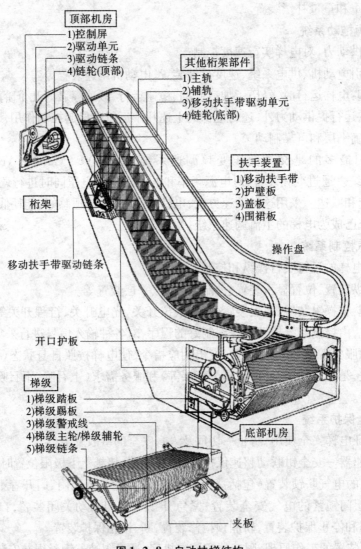

顶部机房
1)控制屏
2)驱动单元
3)驱动链条
4)链轮(顶部)

其他桁架部件
1)主轨
2)辅轨
3)移动扶手带驱动单元
4)链轮(底部)

扶手装置
1)移动扶手带
2)护壁板
3)盖板
4)围裙板

桁架

操作盘

移动扶手带驱动链条

开口护板

梯级
1)梯级踏板
2)梯级踢板
3)梯级警戒线
4)梯级主轮/梯级辅轮
5)梯级链条

底部机房

夹板

图1-2-8　自动扶梯结构

自动扶梯是连续工作的，输送能力高，所以在人流集中的公共场所，如商店、车站、机场、码头、地铁站等处广泛使用。自动扶梯比间歇工作的电梯具有如下优点：①输送能力大；②人流均匀，能连续运送人员；③停止运行时，可作普通楼梯使用。

三、自动人行道的组成和结构特点

踏板式自动人行道的结构与自动扶梯基本相同,由踏板、牵引链条(或输送带)、梯路导轨系统、驱动装置、张紧装置、扶手装置和金属结构组成(见图1-2-9)。

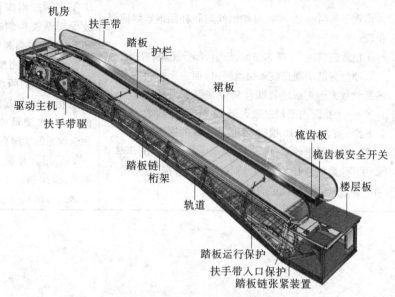

图1-2-9　自动人行道结构

自动人行道也是一种运载人员的连续输送机械,它与自动扶梯的不同之处在于:运动路面不是梯级,而是平坦的踏板或胶带。因此,自动人行道主要用于水平和微倾斜(≤12°)输送,且平坦的踏板或胶带适合于有行李或购物小车伴随的人员输送。

第三节　电梯无损检测要求

一、电梯金属结构制作和安装施工的无损检测要求

(1)悬挂钢丝绳的特性应符合 GB 8903《电梯钢丝绳的有关规定》。

(2)钢丝绳的公称直径不应小于 8 mm。曳引轮或滑轮的节圆直径与钢丝绳公称直径之比不应小于40。

二、电梯监督检验和定期检验的无损检测要求

检验要求符合 TSG T7001—2009《电梯监督检验和定期检验规则——曳引与强制驱动电梯》、TSG T7002—2011《电梯监督检验和定期检验规则——消防员电梯》、TSG T7003—2011《电梯监督检验和定期检验规则——防爆电梯》、TSG T7004—2012《电梯监督检验和定期检验规则——液压电梯》、TSG T7006—2012《电梯监督检验和定期检验规

则——杂物电梯》的规定,见表1-2-2。

表1-2-2　检验要求

项目	检验内容与要求	检验方法
悬挂装置、补偿装置的磨损、断丝、变形等情况	出现下列情况之一时,悬挂钢丝绳和补偿钢丝绳应当报废: ①出现笼状畸变、绳芯挤出、扭结、部分压扁、弯折 ②断丝分散出现在整条钢丝绳,任何一个捻距内单股的断丝数大于4根或者断丝集中在钢丝绳某一部位或一股,一个捻距内断丝总数大于12根(对于股数为6的钢丝绳)或者大于16根(对于股数为8的钢丝绳) ③磨损后的钢丝绳直径小于钢丝绳公称直径的90%。采用其他类型悬挂装置的,悬挂装置的磨损、变形等应当不超过制造单位设定的报废指标	①用钢丝绳探伤仪或者放大镜全长检测或者分段抽测,测量并判断钢丝绳直径变化情况。测量时,以相距至少1 m的两点进行,在每点相互垂直方向上测量两次,四次测量值平均,即为钢丝绳的实测直径 ②采用其他类型悬挂装置的,按照制造单位提供的方法进行检验

第三章　起重机械

第一节　起重机械分类

一、按照功能和结构特点分类

(一)轻小型起重设备

轻小型起重设备是构造紧凑,动作简单,作业范围投影以点、线为主的轻便起重机械。如千斤顶、滑车、起重葫芦、抱杆、卷扬机等。

(1)千斤顶:以刚性顶承件为工作装置,通过顶部托座或底部托爪在小行程内顶升重物的轻小起重设备。

(2)滑车:由定滑轮组、动滑轮组及依次绕过定滑轮组和动滑轮的起重绳组成的轻小起重设备。

(3)起重葫芦:由加装在公共吊架上的驱动装置、传动装置、制动装置以及挠性件卷放或夹持装置带动取物装置的轻小型起重设备。

①电动葫芦(见图1-3-1):由电动机驱动,经卷筒、星轮或有巢链轮卷放起重绳或起重链条,以带动取物装置升降的起重葫芦。

②气动葫芦:以压缩空气为动力,由动力驱动的卷筒通过挠性件(钢丝绳、链条)起升、运移重物的起重葫芦。

(4)抱杆(见图1-3-2):由杆及其附件组成,主要通过牵引机和钢丝绳起吊杆塔等的起吊机具。

图1-3-1　电动葫芦

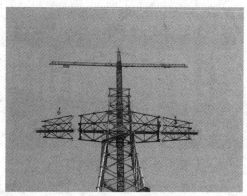

图1-3-2　输变电施工用抱杆

（5）卷扬机：由动力驱动的卷筒通过挠性件（钢丝绳、链条）起升、运移重物的起重装置。

（二）起重机

（1）桥架型起重机：取物装置悬挂在能沿桥架运行的起重小车、葫芦或臂架起重机上的起重机。

①梁式起重机。

②桥式起重机（见图1-3-3、图1-3-4）：桥架梁通过运行装置直接支承在轨道上的起重机。

图1-3-3　桥式起重机　　　　　　　图1-3-4　架桥机

③门式起重机（见图1-3-5、图1-3-6）：桥架梁通过支腿支承在轨道上的起重机。

图1-3-5　门式起重机　　　　　　　图1-3-6　造船门式起重机

④半门式起重机：桥架梁一端直接支承在轨道上，另一端通过支腿支承在轨道上的起重机。

⑤装卸桥(见图1-3-7)。

(2)臂架型起重机:取物装置悬挂在臂架上或沿臂架运行的小车上的起重机。

①固定式起重机。

②台架式起重机。

③门座起重机(见图1-3-8):安装在门座上,下方可通过铁路或公路车辆的移动式回转起重机。

图1-3-7　岸边集装箱起重机

图1-3-8　门座起重机

④塔式起重机(见图1-3-9):臂架安装在垂直塔身顶部的回转式臂架型起重机。

⑤流动式起重机(见图1-3-10、图1-3-11):带载或空载情况下,沿无轨路面运动,依靠自重保持稳定的臂架型起重机。主要包括轮式起重机(如轮胎式、汽车式)和履带式起重机。

图1-3-9　塔式起重机

图1-3-10　汽车起重机

⑥铁路起重机(见图1-3-12):安装在专用底架上沿铁路运行的起重机。

⑦浮式起重机:以自航或拖航的专用浮船船体作支承和运行装置的起重机。

⑧甲板起重机:安装在船舶甲板上,用于装卸船货的回转起重机。

⑨桅杆起重机(见图1-3-13):臂架铰接在上下两端均有支承的垂直桅杆下部的回转起重机。

⑩悬臂起重机(见图1-3-14)。

图1-3-11　履带式起重机

图1-3-12　铁路起重机

图1-3-13　桅杆起重机

图1-3-14　悬臂起重机

(3)缆索型起重机(见图1-3-15):挂有取物装置的起重小车沿固定在支架上的承载绳索运行的起重机。

①缆索起重机:以固定在支架顶部的承载索作为承载件的起重机。

②门式缆索起重机:承载索作为承载件固定于两支腿上的桥架两端的起重机。

(三)升降机

(1)升船机。

(2)启闭机。

(3)施工升降机(见图1-3-16)。

(4)举升机。

（四）工作平台

（1）桅杆爬升式升降工作平台。

（2）移动式升降工作平台。

图1-3-15　缆索型起重机　　　　　图1-3-16　施工升降机

（五）机械停车设备

德国 Wolfsburg 大众公司总部圆形机械式停车库如图1-3-17所示。机械停车设备如图1-3-18所示。

图1-3-17　德国 Wolfsburg 大众公司总部　　　图1-3-18　机械停车设备
　　　　　圆形机械式停车库

二、按照《特种设备目录》分类

《特种设备目录》（国质检锅［2004］31号）对起重机械的分类如表1-3-1所示。

表 1-3-1　《特种设备目录》对起重机械的分类

序号	类别	品种
1	桥式起重机	通用桥式起重机
		电站桥式起重机
		防爆桥式起重机
		绝缘桥式起重机
		冶金桥式起重机
		架桥机
		电动单梁起重机
		电动单梁悬挂起重机
		电动葫芦桥式起重机
		防爆梁式起重机
2	门式起重机	通用门式起重机
		水电站门式起重机
		轨道式集装箱门式起重机
		万能杠件拼装式龙门起重机
		岸边集装箱起重机
		造船门式起重机
		电动葫芦门式起重机
		装卸桥
3	塔式起重机	普通塔式起重机
		电站塔式起重机
		塔式皮带布料起重机
4	流动式起重机	轮胎起重机
		履带起重机
		全路面起重机
		集装箱正面吊运起重机
		集装箱侧面吊运起重机
		集装箱跨运车
		轮胎式集装箱门式起重机
		汽车起重机
		随车起重机

续表 1-3-1

序号	类别	品种
5	铁路起重机	蒸汽铁路起重机
		内燃铁路起重机
		电力铁路起重机
6	门座起重机	港口门座起重机
		船厂门座起重机
		带斗门座式起重机
		电站门座式起重机
		港口台架起重机
		固定式起重机
		液压折臂起重机
7	升降机	曲线施工升降机
		锅炉炉膛检修平台
		钢索式液压提升装置
		电站提滑模装置
		升船机
		施工升降机
		简易升降机
		升降作业平台
		高空作业车
8	缆索起重机	固定式缆索起重机
		摇摆式缆索起重机
		平移式缆索起重机
		辐射式缆索起重机
9	桅杆起重机	固定式桅杆起重机
		移动式桅杆起重机
10	旋臂起重机	柱式旋臂式起重机
		壁式旋臂式起重机
		平衡悬臂式起重机

续表 1-3-1

序号	类别	品种
11	轻小型起重设备	输变电施工用抱杆
		电站牵张设备
		钢丝绳电动葫芦
		防爆钢丝绳电动葫芦
		环链电动葫芦
		气动葫芦
		防爆气动葫芦
		带式电动葫芦
12	机械式停车设备	升降横移类机械式停车设备
		垂直循环类机械式停车设备
		多层循环类机械式停车设备
		平面移动类机械式停车设备
		巷道堆垛类机械式停车设备
		水平循环类机械式停车设备
		垂直升降类机械式停车设备
		简易升降类机械式停车设备
		汽车专用升降机类停车设备

第二节　起重机械的组成和结构特点

一、轻小型起重设备

(一)电动葫芦

电动葫芦是将电动机、减速机构、卷筒等紧凑集合为一体的起重机械,可以单独使用,也可方便地作为电动单轨起重机、电动单梁或双梁起重机,以及塔式、龙门式起重机的起重小车之用。

电动葫芦一般制成钢丝绳式,特殊情况下也有采用环链式(焊接链)与板链式(片式关节链)的。

(二)输变电施工用抱杆

抱杆及顶杆是一种人工立杆的专用工具,一般起立 4 m 以下的木质单电杆用顶杆。人工起立水泥电杆,一般用抱杆。

二、起重机

（一）典型起重机的组成及特点

1.桥式起重机

桥式起重机是取物装置悬挂在可沿桥架运行的起重小车或运行式葫芦上的起重机，属于桥架型起重机（见图1-3-19）。

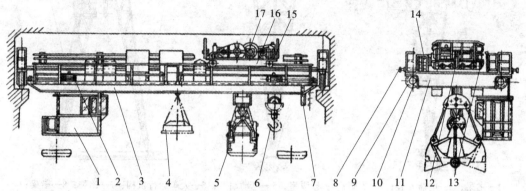

1—司机室；2—大车运行机构；3—桥架；4—电磁盘；5—抓斗；6—吊钩；7—大车导电架；8—缓冲器；
9—大车车轮；10—角形轴承箱；11—端梁；12—小车运行机构；13—小车行程限位器；14—小车滑线；
15—小车车轮；16—小车；17—卷筒

图1-3-19　桥式起重机结构

桥式起重机是使用广泛、拥有量最大的一种轨道运行式起重机，其额定起重量从几吨到几百吨。最基本的形式是通用吊钩桥式起重机，其他形式的桥式起重机基本上是在通用吊钩桥式起重机的基础上派生发展出来的。

桥架是桥式起重机的金属支承结构。典型的双梁桥式起重机桥架由两根主梁、两根端梁及走台和护栏等部件组成。桥架上安装小车导轨，并安置起升机构及小车行走机构，桥架下面安装大车车轮及其行走机构，这样便构成一台基本完整的双梁桥式起重机。单梁桥式起重机则是只有一根桥架，常用于电动葫芦式单梁起重机。主梁通常有箱形梁和桁架梁两种。现在生产的通用桥式起重机，多采用箱形梁结构，尤其是大吨位的桥式起重机。箱形梁结构又有许多种不同形式。如箱形单主梁、箱形双主梁、单主梁空腹、双主梁空腹结构。箱形梁的缺点是自重较大，动刚性比桁架梁差。

桥架的主梁是承受桥架及小车自重和起吊动、静载荷的构件，因此必须有足够的强度、静刚度和动刚度。此外，主梁应具有一定的上拱度，以此来抵消工作中主梁所产生的弹性变形，减轻小车的爬坡、下滑，并保障大车运行机构的传动性能。端梁一般采用箱形结构并与主梁成刚性连接，以保证桥架的刚度和稳定性。

2.门式起重机

门式起重机是桥架通过两侧支腿支承在地面轨道或地基上的桥架型起重机，又称龙门起重机（见图1-3-20）。桥架一侧直接支承在高架建筑物的轨道上，另一侧通过支腿支承在地面轨道或地基上的桥架型起重机为半门起重机。

门式起重机的门架,是指金属结构部分,主要包括主梁、支腿、下横梁、梯子平台、走台栏杆、小车轨道、小车导电支架、操纵室等,如图 1-3-20 所示。门架可分为单主梁门架和双主梁门架两种。

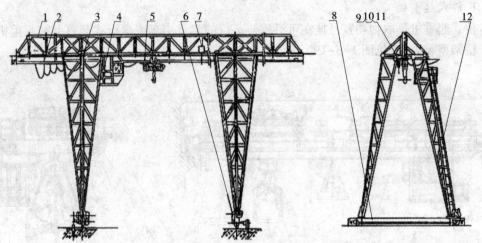

1—主梁;2—电器安装;3—支腿;4—操纵室;5—电动葫芦;6—大车运行机构;7—铭牌;8—横梁;
9—螺栓;10—螺母;11—垫圈;12—梯子

图 1-3-20　门式起重机结构

3. 塔式起重机

塔式起重机是臂架安置在垂直塔身顶部的可回转臂架型起重机(见图 1-3-21),具有适用范围广、回转半径大、起升高度大、效率高、操作简便等特点,在建筑安装工程中得到广泛的使用,成为一种主要的施工机械,特别是对高层建筑来说,是一种不可缺少的重要施工机械。

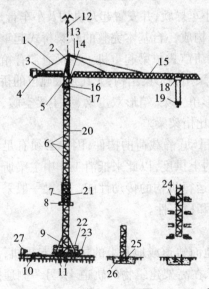

1—平衡臂拉杆;2—塔顶;3—平衡臂;
4—配重;5—司机室塔身节;6—塔身节;
7—顶升横梁;8—液压装置;9—底架;
10—行走限位器;11—行走平台;12—回转中心线;13—吊臂拉杆;14—回转平台;
15—吊臂;16—回转支承;17—固定支座;
18—变幅小车;19—吊钩组;20—塔身;
21—顶升套架;22—压重;23—电缆卷筒;
24—内爬框架;25—固定支脚;26—基础;
27—轨道止挡

图 1-3-21　塔式起重机结构

它的特点是:起重臂安装在塔身上部,因而起升有效高度和工作范围就比较大。这是各种不同类型塔式起重机的共同特点。

最近十几年来,我国根据建筑施工的特点自行设计和制造了一些不同类型的塔式起重机,以提高建筑施工机械化程度。

塔架是塔式起重机的塔身,其作用是提高起重机工作高度。自升塔式起重机的塔架还装设有液压油缸及其控制系统,组成顶升机构,可以自行顶升安装标准节来增加塔架高度。

4.流动式起重机

流动式起重机是指能在带载或空载情况下,沿无轨路面运动,依靠自重保持稳定的臂架型起重机。流动式起重机主要包括轮式起重机(如轮胎式、汽车式)和履带式起重机。这类起重机大多数由运行底盘与转盘式臂架起重机组成。它们的特点是机动性能好、负荷变化范围大、稳定性好、操纵简单方便、适应性能好,其起重量与工作幅度紧密相关。其中,轮式起重机使用普遍,履带式起重机一般用于工程施工场合,或适用于路面条件差、调动距离较短的情况。

起重臂架是流动式起重机最主要的承载构件。由于变幅方式和起重机类型的不同,流动式起重机的起重臂可分为桁架臂和伸缩臂两种。

桁架臂由只受轴向力的弦杆和腹杆组成,自重较轻。由于采用挠性的钢丝绳变幅机构,变幅拉力作用于起重臂前端,因此臂架主要受轴向压力,自重引起的弯矩很小。若桁架臂很长,又要转移作业场地,则须将吊臂拆成数节另行运输,到达新作业场地后又要再组装,需要较长的准备时间,不能立即投入使用。因此,这种起重臂多用于不经常转移作业场地的起重机,如轮胎起重机、履带起重机。

伸缩臂由多节箱形焊接板结构套装在一起而成。各节臂的横截面多为矩形、五边形或多边形。通过装在臂架内部的伸缩液压缸或由液压缸牵引的钢丝绳,使伸缩臂伸缩,从而改变起重臂长度。这种形式的起重臂既可以满足流动式起重机运行时臂长较小,保证起重机有很好的机动性的要求,又可尽量缩短起重机从运行状态进入作业状态的准备时间。伸缩臂的变幅机构采用变幅液压缸,从而使伸缩臂呈悬臂受力状态,这就要求这种臂架有很大的抗弯强度。

5.门座起重机

门座起重机是具有沿地面轨道运行、下方可通过铁路车辆或其他地面车辆的门形座架的可回转臂架型起重机,是臂架类回转起重机的一种典型机型。这类起重机由固定部分和回转部分构成,固定部分通过台车架支承在运行轨道上(固定式门座起重机则安装在基础上),回转部分通过回转支承装置安装在门架上。门座起重机的使用也很广泛,大量用于港口码头、车站、造船厂、电力建设工程工地、大型机电设备安装场所。按不同的作业对象,门座起重机取物装置,如吊钩、抓斗、电磁吸盘,集装箱吊具、吊梁等,来完成物料装卸和搬运。

20世纪90年代初,港口门座起重机仍以吊钩、抓斗两用的通用门座起重机机型为主。随着国际集装箱运输业的发展和国内专业化码头的兴建,多用途门座起重机和集装箱门座起重机得到进一步发展。造船用门座起重机也向大型、重型化方向发展。

各类门座起重机的额定起重能力范围很宽,额定起重量范围以 50～100 t 较为多见。造船用门座起重机的额定起重量则更大,目前已达到 150～300 t。

组成臂架(四连杆)多用途门座起重机的臂架结构较为复杂,一般要在象鼻梁下加装四连杆,用以保证变幅作业过程中吊具作水平位移,但这种结构臂架前端自重有所增加。

门座起重机的站架是其下方的门架。门座起重机的门架可以分为箱形结构、桁架结构、混合式结构。

6. 铁路起重机

铁路起重机(俗称轨道吊)是指能够在铁路线上行走,从事装卸作业及铁路事故救援的臂架型起重机。由于它结构紧凑、耐用、故障少、经济实惠、适合现场作业,因此被广泛地应用于铁路、冶金、化工、机械、水电及矿山等部门。

在铁路起重机中,目前以内燃铁路起重机数量最多,电力铁路起重机其次,蒸汽铁路起重机基本被淘汰。

铁路起重机回送时,需要编挂于列车中或单独由机车牵引,在铁路线上运行。因此,铁路起重机走行部必须达到铁道部关于车辆走行部的标准。如铁路起重机的走行部,主要包括车钩缓冲装置转向架及走行挂齿安全装置等。又如在回送状态时,伸腿油缸和支承油缸设置的机械式支腿回缩锁定装置;上车对中装置,上下车之间回送止摆装置。

7. 桅杆起重机

桅杆又称扒杆或抱杆,它与滑车组、卷扬机相配合构成桅杆式起重机。桅杆自重和起重能力的比例一般为 1∶4～1∶6。它具有制作简便、安装和拆除方便、起重量较大、对现场适应性较好的特点,因此得到广泛应用。

桅杆按材料分类有圆木桅杆和金属桅杆。

桅杆起重机由起重系统和稳定系统两个部分组成,其结构形式有独脚式桅杆、人字桅杆、系缆式桅杆和龙门桅杆等几种,它们均需配备相应的滑车组。

1)独脚式桅杆起重机

独脚式桅杆起重机由一根桅杆加滑车组、缆风绳及导向滑车等组成,当起重量不大,起重高度不高时,可采用木制桅杆,否则应采用管式桅杆或格构式桅杆。

独脚式桅杆有时需倾斜使用,此时可根据三角函数关系,求出一定长度桅杆在一定倾角时桅杆的垂直高度与水平距离。

2)系缆式桅杆起重机

系缆式桅杆起重机由主桅杆、回转桅杆、缆风绳、起伏滑车组、起重滑车组及底座等组成。

系缆式桅杆起重机的主桅杆上部用缆风绳固定在垂直位置,起重桅杆底部与主桅杆底部用铰链相连,不能移动,但可倾斜任意角度。大部分系缆式起重机的起重桅杆可与主桅杆一起旋转 360°,在桅杆臂长的有效范围内,能将重物在空间任意搬运。

系缆式桅杆起重机有管式动臂桅杆、回转动臂桅杆、半腰动臂桅杆等 3 种。

8. 旋臂起重机

旋臂起重机作业范围很窄,通常装设在某工艺装置的一旁,例如一台机床的旁边,以备装置工件之用。这种起重机的起升机构采用电动葫芦,小车运行及旋转机构用手动。

9.缆索起重机

缆索起重机又称起重滑车,它由两个直立桅杆或两个其他形式的固定支架,系结在两个桅杆(或支架)间的承重缆索,能沿承重缆索移动的起重跑车,悬挂在起重跑车上的滑车组以及起重走绳,牵引索和卷扬机构等组成,一般在立柱外侧还要设置缆风绳,以平衡承重缆索等对立柱的拉力。

(二)起重机的主要组成部件及吊索具

1.制动器

制动器是保证起重机正常工作的重要安全部件。该部件已被列入国家质检总局颁布的特种设备制造许可目录中。在吊运作业中,制动器用以防止悬吊的物品或吊臂下落。制动器也用来使运转着的机构降低速度,最后停止运转。制动器也能防止起重机在风力或坡道分力作用下滑动。起重机的各个工作机构均应装设制动器。制动器分为常闭式和常开式两种形式。起重机上多数采用常闭式制动器。常闭式制动器在机构不工作期间是闭合的,只有通过松闸装置将制动器的摩擦副分开,机构才可运转。制动器按其构造形式分为块式制动器、带式制动器、盘式制动器和圆锥式制动器等。起重机上较多采用块式制动器,其构造简单,制造、安装、调整都较方便,其制动鼓轮与联轴器制作成一体。

2.卷筒

卷筒的作用是在起升机构或牵引机构中用来卷绕钢丝绳,传递动力,并把旋转运动变为直线运动。卷筒按照缠绕钢丝绳层数,分单层绕和多层绕两种。桥式起重机多用单层绕卷筒,多层绕卷筒多用于起升高度很大或结构尺寸受限制的地方,如汽车起重机。钢丝绳层在卷筒上可以用压板固定或楔块固定。压板螺栓的防松装置可用防松弹簧垫圈或双螺母。采用楔块固定时,楔块与楔套的锥度应一致,使钢丝绳受力均匀。

卷筒上的钢丝绳工作时不能放尽,卷筒上的余留部分除固定绳尾的圈数外,至少还应缠绕2~3圈,以避免绳尾压板或楔套、楔块受力。

3.滑轮

滑轮用来改变钢丝绳的方向,可作为导向滑轮,更多地是用来组成滑轮组。它是起重机起升机构的重要组成部分。滑轮组由若干动滑轮与定滑轮组成。根据滑轮组的功用分为省力滑轮组和增速滑轮组。省力滑轮组是最常用的滑轮组。电动与手动起重机的起升机构都采用省力滑轮组,通过它可以用较小的绳索拉力吊起较重的货物。增速滑轮组的构造与省力滑轮组完全不一样,正好是它的反过来应用。

4.吊具

起重机必须通过吊具将起吊物品与起升机构联系起来,从而进行这些物品的装卸、吊运和安装等作业。吊具的种类繁多,如吊钩、吊环、扎具、夹钳、托爪、承梁。

吊钩是起重机中应用最广泛的吊具,通常与动滑轮组合成吊钩组,与起升机构挠性构件系在一起。吊钩断裂可能导致重大的人身及设备事故。中小起重量起重机的吊钩是锻造的,大起重量起重机的吊钩采用钢板铆合,称为片式吊钩。片式吊钩一般不会因突然断裂而破坏。目前不允许使用铸造方法制造吊钩,也不允许使用焊接方法制造和修复吊钩。锻造吊钩尾部的螺纹因应力集中容易产生裂纹,应予以注意。此外,为了防止系物绳脱钩,有的吊钩装有闭锁装置。轮船装卸用的吊钩常制成一定形状,突出的鼻状部分是为了防止吊钩在起升时挂住舱口。

5. 钢丝绳

钢丝绳是起重机的重要零件之一。钢丝绳具有强度高、挠性好、自重轻、运行平稳、极少突然断裂等优点,因而广泛用于起重机的起升机构、变幅机构、牵引机构,也可用于旋转机构。钢丝绳还用做捆绑物体的索绳、桅杆起重机的张紧绳、缆索起重机和架空索道的承载索等。

钢丝绳由一定数量的钢丝和绳芯经过捻制而成。首先将钢丝捻成股,然后将若干绳股围绕着绳芯制成绳。绳芯是被绳股所缠绕的挠性芯棒,起到支承和固定绳股的作用,并可以储存润滑油,增加钢丝绳的挠性。

按钢丝绳中股的数目分,有 4 股、6 股、8 股和 18 股钢丝绳等,目前起重机上多采用 6 股的钢丝绳;按钢丝绳的钢丝和绳股之间捻绕的方向分为顺绕绳、交绕绳、混绕绳;按股的接触状态分为点接触钢丝绳、线接触钢丝绳、面接触钢丝绳;按钢丝绳的绕向分为右绕绳、左绕绳。

钢丝绳使用时应注意如下事项:

钢丝绳的损坏主要是在长期使用中,钢丝绳的钢丝或绳芯由于磨损与疲劳,逐步折断。

钢丝绳的报废标准,应依据 GB/T 5972—2009《起重机 钢丝绳 保养、维护、安装、检验和报废》进行判定。有关项目包括断丝的性质和数量、绳股的折断情况、绳芯损坏而引起的绳径减小、弹性降低的程度、外部及内部磨损情况、外部及内部腐蚀情况、变形情况、由于热或电弧造成的损坏情况。钢丝绳应该由称职的技术人员判定是否报废。钢丝绳直径应用游标卡尺测量,使用正确的测量方法。

6. 索具

吊索是由一根链条或绳索通过端部配件把物品系在起重机械吊钩上的组合件。

吊索出厂时,在单根吊索上都标定一个额定起重量,也称最大工作载荷或极限工作载荷。垂直使用的吊索能起吊额定起重量,如果索肢与起吊方向形成一个角度,它的张力可能增大。因此,一般索肢与铅垂线的夹角不得超过 60°,确定吊索的工作载荷时,还要根据载荷是否对称,依不同情况进行计算。

还有用链条作为吊索等挠性构件的。起重机械中应用的链条有焊接链与片式关节链两种。

(三)起重机的机构

1. 起升机构

起升机构如图 1-3-22 所示,由电动机、联轴器、制动器、减速器、卷筒、钢丝绳、滑轮和吊具组成。常见的电动葫芦实际上是把上述起升机构和控制装置一体化;而常说的卷扬机由电动机、联轴器、制动器、减速器和卷筒组成(见图 1-3-23)。起升机构是起重机中最重要和最基本的部分,也是起重机不可缺少的部分。如果把起升机构架空,就成为一台简单的固定式起重机。

如果将起升机构安装在小车上,配上桥架和行走机构,就构成桥式起重机。

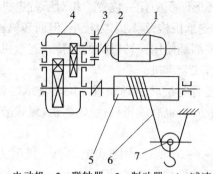

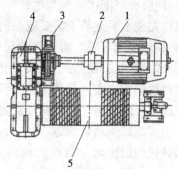

1—电动机；2—联轴器；3—制动器；4—减速器；
5—卷筒；6—钢丝绳；7—滑轮和吊具

图 1-3-22　起升机构

1—电动机；2—联轴器；3—制动器；
4—减速器；5—卷筒

图 1-3-23　卷扬机

2. 运行机构

运行机构主要由行走支承装置和行走驱动装置两大部分组成,有轨的行走机构支承装置由车轮和轨道组成,无轨的行走机构支承装置则是轮胎或履带装置。

桥式起重机运行机构承担着重物的横向运动,起升机构所在的小车可以沿着主梁左右行走,主梁下面装有轮子(也称大车),主梁也可以在导轨上来回行走,使起升机构可以到达工作面的任何位置上,并实现起重载荷的水平移动。

桥式起重机运行机构的驱动方案主要为电动机—联轴器—制动器—减速器,如图 1-3-24 所示为集中驱动,如图 1-3-25 所示为分别驱动。

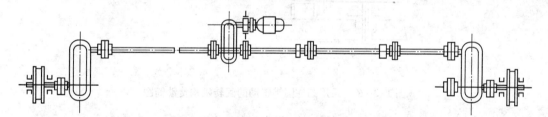

图 1-3-24　桥式起重机集中驱动运行机构

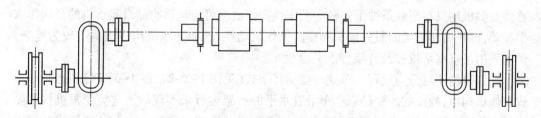

图 1-3-25　桥式起重机分别驱动运行机构

3. 回转机构

使起重机吊具沿一立轴旋转的机构称回转机构。起重机通过回转机构和变幅机构的配合,可使服务范围扩大到起重臂伸展到的环形面积中任一位置。相对于行走机构来说,回转机构完成水平运动不需要宠大的轨道和支承机构,运动阻力较小,但回转机构构造比较复杂,移动范围有限。所有移动起重机几乎都是使用回转机构的旋转式起重机,如汽车式、轮胎式、履带式、铁路式、浮式、门座式和塔式起重机。

　　回转机构主要由两部分组成:旋转支承装置与旋转驱动装置。旋转支承装置的作用是支承起重臂的载荷。旋转驱动装置多为电动机,也有液压马达、内燃机、复式液压油缸、绳索牵引式旋转驱动装置等。

　　回转机构的驱动方案形式较多,如图1-3-26所示为卧式电动机—极限力矩联轴器—制动器—圆柱齿轮减速器(或部分采用开式圆柱齿轮传动)—最后一级大齿轮(或针轮)传动驱动方案。

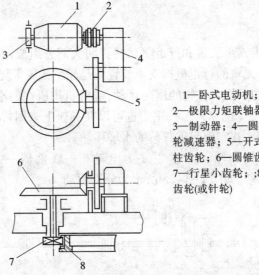

1—卧式电动机;
2—极限力矩联轴器;
3—制动器; 4—圆柱齿轮减速器; 5—开式圆柱齿轮; 6—圆锥齿轮;
7—行星小齿轮; ;8—大齿轮(或针轮)

图1-3-26　采用圆柱圆锥传动的回转机构传动简图

4. 变幅机构

　　根据工作性质的不同,变幅机构分为调整性的(或非工作性的)与工作性的两种。调整性变幅机构只在空载条件下变幅。工作性变幅机构可使起吊物品沿起重机的径向作水平移动,以扩大起重机的服务面积和提高工作机动性,这种变幅机构在构造上较为复杂,例如采用吊重水平位移及臂架自重平稳系统。

　　变幅机构还可分为运行小车式和摆动臂架式(见图1-3-27、图1-3-28)。运行小车式变幅机构中,幅度的改变是靠小车沿着水平的臂架运行来实现的。这类变幅机构主要用做工作性变幅机构,它常用于固定式旋转起重机和塔式起重机。在摆动臂架式变幅机构中,幅度的改变是靠动臂在垂直平面内绕其铰轴摆动来实现的。它被广泛用于各种类型的旋转起重机,如门座起重机、流动式起重机及部分塔式起重机等。液压驱动的起重机常用油缸改变臂架的倾角。为了增大幅度变化范围,近代汽车起重机的臂架制成可伸缩的,它用油缸驱动伸缩运动,这种变幅系统具有使用简便灵活的特点。

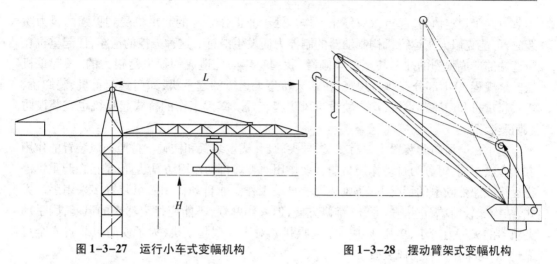

图 1-3-27　运行小车式变幅机构　　　　图 1-3-28　摆动臂架式变幅机构

（四）起重机安全装置

1. 位置限制与调整装置

1）起升高度位置限制器

当起升机构作上升运行,吊具超越工作高度范围仍不停止时,就会使吊具碰到上方支承结构,从而造成拉断钢丝绳并使吊具坠落事故。采用起升高度位置限制器并保持其有效,可防止这种常见的过卷扬事故。《起重机械安全规程　第 1 部分:总则》规定,凡是动力驱动的起重机,其起升机构(包括主、副起升机构)均应装设起升高度位置限制器,其常见的形式有重锤式和螺杆(或蜗轮蜗杆)式两种。重锤式起升高度位置限制器悬挂在吊具上方,当吊具超越工作高度碰到位置限制器后,触发一个电气开关,使系统停止工作。螺杆式起升高度位置限制器是由卷筒轴端连接,通过螺杆带动与螺母一起的撞头,去触发开关触点来断开电路。起升高度位置限制器已被国家质检总局列入颁布的特种设备制造许可目录中。

2）运行极限位置限制器

起重机小车或大车运行到行程终点时,应停止运行,否则车体将与轨端止挡和缓冲器碰撞,损坏起重机或轨道的支承系统,并可能造成设备和人身事故。所以,凡是动力驱动的起重机,其运行极限位置都装设运行极限位置限制器。运行极限位置限制器一般由一个行程开关和触发开关的安全尺构成。

3）缓冲器

起重机运行至行程终点附近时,有时因速度较大,越过行程开关后不立刻停止;或者当行程开关失灵而操作又失误时,起重机将会以原有的运行速度冲向行程终点;此外,如在同一跨厂房内装设两台或更多的桥式起重机,在工作中有很多相撞的机会。为了防止起重机碰撞中造成本身或支承结构损坏,必须装设缓冲装置。《起重机械安全规程　第 1 部分:总则》也要求,桥式起重机、门式起重机、装卸桥、门座起重机或升降机等都要装设缓冲器。起重机常用的缓冲器有实体式缓冲器、弹簧缓冲器和液压缓冲器。

2. 防风防爬装置

露天轨道上运行的起重机,一般均受自然风力影响,设计时考虑了所能承受的风力,当风力大于规定值时,起重机应停止工作。处于非工作状态的起重机受到更强的风力吹袭时,可能克服大车运行机构制动器的制停力而发生滑行。这种失控的滑车,使起重机在轨道端部造成强烈的冲击其至整体倾翻,我国每年因此造成的损失是很大的。《起重机械安全规程 第1部分:总则》规定,在露天轨道上运行的起重机,如门式起重机、装卸桥、塔式起重机和门座起重机,均应装设防风防爬装置。露天工作的桥式起重机也宜装设防风防爬装置。

起重机防风防爬装置主要有三类,即夹轨器、锚定装置和铁鞋。按照防风装置的作用方式方法不同,可分为自动作用与非自动作用两类。自动作用防风装置,是指在起重机停止运行或忽然断电的情况下,防风装置能自动工作。非自动作用防风装置多采用手动方式,结构比较简单、重量轻、紧凑,维修方便,但操作麻烦,不能应付突然来的风暴,因手动夹轨器的夹持力较小,多用于中小型起重机。对于大型起重机,为了使防风装置安全可靠,会同时采用几种防风装置。

3.安全钩、防后倾装置和回转锁定装置

1)安全钩

单主梁起重机,由于起吊重物是在主梁的一侧进行,重物等对小车产生一个倾翻力矩,由垂直反轨轮或水平反轨轮产生的抗倾翻力矩使小车保持平衡,不至于倾翻。但是,只靠这种方式不能保证在风灾、意外冲击、车轮破碎、检修等情况时的安全。因此,这种类型的起重机应安装安全钩。安全钩根据小车和导轨形式的不同,设计为不同的结构。

2)防后倾装置

用柔性钢丝绳牵引吊臂进行变幅的起重机,当遇到突然卸载等情况时,会产生使吊臂后倾的力,从而造成吊臂超过最小幅度,发生吊臂后倾的事故。《起重机械安全规程 第1部分:总则》明确规定,流动式起重机和动臂塔式起重机上应安装防后倾装置(液压变幅除外)。

防后倾装置先通过变幅限位开关限制变幅位置,再通过一个机械装置对吊臂进行止挡。保险绳和保险杆是两种常用的防后倾装置。保险绳是固定长度的钢丝绳,限定吊臂的倾角。保险杆的工作原理是将保险杆连接在吊臂和转台上,保险杆是一个套筒伸缩机构,套筒中安装有缓冲弹簧,对吊臂有缓冲、减振和限位作用。

3)回转锁定装置

回转锁定装置是指臂架起重机处于运输、行驶或非工作状态时,锁住回转部分,使之不能转动的装置。

回转锁定器常见类型有机械锁定器和液压锁定器两种。机械锁定器结构比较简单,通常是用锁销插入方法、压板顶压方法或螺栓固定方法等。液压锁定器通常用双作用活塞式油缸对转台进行锁定。

4.超载保护装置

超载作业是造成起重事故的主要原因之一,轻者损坏起重机零部件,使得电动机过载或结构变形;重者造成断梁、倒塔、折臂、整机倾覆等重大事故。使用灵敏可靠的超载保护装置是提高起重机安全性能、防止超载事故的有效措施。超载保护装置包括起重量限制器和起重力矩限制器。该装置已被列入国家质检总局颁布的特种设备制造许可目录中。

　　超载保护装置按其功能的不同,可分为自动停止型和综合型两种,按结构类型分,有电气型和机械型两种。

　　自动停止型是指当起升重量超过额定起重量时,能阻止起重机向不安全方向(起升、伸臂、降臂等)继续动作。综合型是指当起升重量达到额定起重量的90%左右时,能发出声响或灯光预警信号;起升重量超过额定起重量时,能阻止起重机向不安全方向继续动作,并发出声光报警信号。

　　电气型是把检测到的载荷等机械量转换成相应的电信号,再进行放大、比较、运算和处理。机械型是指通过杠杆、偏心轮、弹簧或液压系统检测载荷,由行程开关(控制阀)动作。

　　1)起重量限制器

　　起重量限制器主要用于桥架型起重机,其主导产品是电气型。电气型起重量限制器产品一般由载荷传感器和二次仪表两部分组成。载荷传感器使用电阻应变式或压磁式传感器,并根据安装位置配制专用安装附件。传感器的结构形式主要有压式、拉式和剪切梁式三种。

　　2)力矩限制器

　　力矩限制器分为动臂变幅力矩限制器和小车变幅力矩限制器。

　　动臂变幅的塔式起重机,一般是用起重量限制器和力矩限制器来共同实施超载保护。力矩限制器实际上是一个机械变形放大器。

　　近来由于计算机、传感器元件技术水平的提高,分别测取起重量和幅度信号进行运算与控制,具有较高寿命,抗干扰性强的电子式超载保护装置得到越来越广泛的应用。

　　先进的流动式起重机一般有一套完整的力矩限制器,包括主机、载荷检测器、角度检测器、长度检测器和起重机工况检测系统五个部分。检测信号送入主机,通过放大、运算、处理后,与预先存储的起重特性曲线进行比较,由控制单元对起重机实施相应控制。同时,主机可按需要显示相应的参数。

　　5.防碰撞装置

　　随着科学技术的发展,起重机械进一步趋向高速化、大型化、复杂化,且使用密度加大。在很多企业里,同层多台吊车作业比较普遍,也有上下两层甚至三层吊车作业的场所。在这种情况下,单凭安全尺、行程开关,或者单凭司机目测等传统方式来防止碰撞,已经不能保证安全。从20世纪60年代开始,一些工业发达国家研制出光线、超声波、微波等无触点式起重机防碰撞装置,这种全新的防碰撞装置具有探测距离远、可同时设定多个报警距离、精度高、功能全、环境适应性好的特点,很快形成了产品系列,在各类企业中得到广泛使用。

三、升降机

(一)施工升降机

　　施工升降机是一种可分层输送各种建筑材料和施工人员的起重机械。因其导轨架附着于建筑结构的外侧,它能随着建筑物的施工高度相应接高而不用缆风绳拉结,因而成为高层建筑中比较理想的垂直运输机械,它常与塔式起重机配套使用。

施工升降机主要由基础平台、围栏、导轨架、附墙架、吊笼及传动机构、对重装置、电缆导向装置、安装吊杆、电气设备等九大部分以及安全保护装置等组成。

1. 基础平台

基础平台由预埋底架、地脚螺栓和钢筋混凝土等组成,承受升降机的全部自重和载荷,并对导轨架起定位及固定作用。

2. 围栏

围栏主要由底门、门框、接长墙板、侧墙板、后墙板、缓冲弹簧、围栏门等组成。各墙板由钢板网拼装而成,依附在底架上。围栏门采用机械和电气联锁,使门锁住后不能打开,只有吊笼降至地面后才能开启;但门开启时会切断电源,使吊笼立即停止,只有在门关上时,吊笼才能走动。底架安置在基础平台上,用预埋地脚螺栓固定。

3. 导轨架

导轨架由若干标准节组装在底架标准节上,它既是升降机的主体构架,又是吊笼上下运行的轨道。一般采用无缝钢管为主立柱。对于超高层的导轨架,断面尺寸不变,只是主立柱管壁厚有 4 mm、6 mm、8 mm 之分,以适用于不同高度。

4. 附墙架

附墙架由一组支承杆组成,其一端用 U 形螺栓和标准节的框架相固结,另一端和建筑物结构中的预埋作用螺栓固定,每隔 1～2 个楼层设置一组,使升降机附着于建筑物的一侧,以增加其纵向稳定性。

5. 吊笼及传动机构

吊笼分为有驾驶室和无驾驶室两种。吊笼四壁用钢板网围成,四周装有安全护栏。吊笼立柱上装有 12 只导向滑轮,经调节后全部和导轨架上的立柱管相贴合,使吊笼沿导轨架运行时减少晃动。吊笼内侧上部装有作为传动机构的传动底板,底板上装有两套包括电动机、联轴器、蜗轮蜗杆减速器、制动器等的传动机构,当一套传动机构失效时,另一套仍有效,以保证升降机的安全可靠。当电动机驱动时,通过减速器输出轴上的齿轮沿与其啮合的齿条转动,从而带动吊笼作上、下运行。传动底板下侧还装有与导轨架齿条啮合的摩擦式限速器,当吊笼超出正常运行速度下坠时,限速器依靠离心力动作而使吊笼实现柔性制动,并切断控制电路。

6. 对重装置

对重装置用以平衡吊笼的自重,从而提高电动机功率利用率和吊笼的起重量,并可改善结构的受力情况。对重由钢丝绳通过导轨架顶部的天轮和吊笼对称悬挂。当吊笼运行时,对重装置沿吊笼对面的导轨架的主柱管反向运行。

7. 电缆导向装置

吊笼上、下运行时,其进线架和地面电缆筒之间拖挂随行电缆,依靠安装在导轨架上或外侧过道竖杆上的电缆导向和保护。有的也可用电缆滑车形式导向。

8. 安装吊杆

安装吊杆装配在吊笼顶上的插座中,在安装或拆卸导轨架时,用它起吊标准节或附墙架等部件。吊杆上的手摇卷扬机具有自锁功能,起吊重物时按顺时针方向转动摇把,停止转动后卷扬机即可制动。下放重物时按相反方向转动。升降机投入正常使用时,可将吊杆卸下,以减少吊笼荷重。

9. 电气设备

升降机的电气设备由电动机、电气控制箱、操纵箱或操作开关箱等组成。

(1)电动机。升降机一般采用带直流圆盘式制动器的交流笼形异步电动机,它的特点是:自重较轻,起动电流较小,自身配有圆盘式制动器。为了增加动力,提高吊笼的载重能力,升降机普遍采用双电动机驱动,以提高传动安全系数。

(2)电气控制箱。电气控制箱安装在吊笼内,其中装有接触器、继电器等各种电器元件。通过这些元件控制升降机的起动、制动和上、下运行等动作。

(3)操纵箱或操作开关箱。有驾驶室的升降机,操纵箱装在驾驶室内,其中装有操作开关、紧急电锁开关、电压表指示灯等电器,用来操纵升降机的起动、制动、上下运行及信号显示等。没有驾驶室的升降机,在吊笼内装有操作开关箱,其作用和操纵箱相似。

10. 安全保护装置

升降机属高空载人机械,除从结构设计上提高安全系数来保障机械安全运行外,还要设置多种安全保护装置。

(1)防坠安全器。它是齿轮齿条式升降机最重要的安全装置。当吊笼发生超速下滑时,安全器内的离心块克服弹簧拉力向外甩出,带动制动锥鼓旋转,与其相连的螺杆同时旋进,接触外壳,逐渐增加摩擦力,通过和齿条啮合的齿轮,使吊笼平缓制动。同时安全器内的微动开关动作,切断驱动装置的控制电路,从而防止吊笼下坠事故。防坠安全器已被列入国家质检总局颁布的特种设备制造许可目录中。

(2)安全钩。它是装在吊笼立柱上的钢制钩形组件。吊笼正常工作时,其弧面和导架立柱管保持一定间隙,当出现"冒顶"事故时,能防止吊笼脱离导架,避免吊笼倾翻。

(3)缓冲弹簧。它设在围栏内,在吊笼和对重底部相对应的位置上,当下限开关失灵,吊笼下行撞底时起缓冲作用。

(4)保护开关。吊笼的单、双门及顶部活板门都设有安全开关,任何门未关闭,吊笼都不能运行;各种限位开关能限制吊笼超越安全距离;断绳保护开关能在钢丝绳断裂时切断控制电路,刹住吊笼,使其不再下坠。

(二)简易升降机

简易升降机多用于民用建筑,常见的形式有三种,包括井字架(井架、竖井架)、门式架(门架、龙门架)和自立架。

井字架的提升导轨架截面为方形,由钢管、型钢焊接成的标准节组装而成。也有一些采用塔接(扣件式、螺栓连接)整体架设方式组装而成。特点是稳定性好,运输量大,可以架设较大高度,并随建筑物和升高而接高。近年来,井字架有了新的发展,除了设置内吊盘,井架两侧还增设一个或两个外吊盘,分别用两台或三台卷扬机驱动,同时运行。这样,运输量大大增加了,提高了使用效率。

门式架的提升导轨架,主要由两组组合式结构架或两根钢管立杆通过上横梁(天梁)和下横梁连接组合而成。组合式结构架由钢管、型钢或圆钢等相互焊接而成,组合式结构架的截面形式分为方形、三角形两种。特点是结构简单、制作容易、装拆方便,适用于中小型民用建筑工程,但刚度稳定性较差,一般为一次达到架设高度(整体架设),用缆风绳固定。

(三)机械式停车设备

在现代化的大城市中,汽车数量几乎每年增长,这样必然会产生一个停车空间增加的问题,为了不至于更多地占用道路,需要设置机械式停车设备。主要停车设备介绍如下。

1. 垂直循环机械式停车设备

该形式停车设备用一个垂直循环运动的车位系统存取停放车辆。一般用两根很长的索链间隔地悬吊约 20 组托板。工作时,在路面上把车辆送进托板,当下一辆车来到时,托板升降装车,否则托板就停在该位置上待命。一般每套装置有 20 个托板,当停的车辆很多时,可以并列设置三套这种装置。一般在路面 3.5 m 上设置主链轮,电动机经过减速箱带动主链轮旋转,由于机房的底面比路面高出 2 m 以上,所以车辆可以自由进出。

如果操纵方式是全自动的,则在路面存入口(或取出口)侧壁设置托板号码钥匙开关盘、空托板召唤按钮和托板满载指示灯。

存车时,若空托板正好在存入口处,则装入车辆,把该托板的钥匙交给存车人。若空托板不在存入口,可按空托板召唤按钮,机器根据空托板位置决定正反转,将空托板自动停到存入口。车辆进入以后,位置计数装置记忆下该托板。

取车时,存车人插入托板号码,这时,控制装置自动地决定正反转,托板经最短路程自动停到出入口。

2. 垂直升降机械式停车设备

该形式停车设备用提升机将车辆升降到指定层,并用存取机构存取车辆。这种形式的停车设备有纵入式和横入式之分。纵入式指汽车进入车位的方向与进入搬运器的方向一致,横入式指汽车进入搬运器的方向与进入车位的方向垂直,后者还须通过专用的搬动台车使汽车横行,因此搬运器结构比较复杂。

处于圆筒形停车设备中心的搬运器在井道内可旋转,实际上是一个水平回转台,停车设备呈圆形,这实际上是纵入式的一种特殊形式。

3. 巷道堆垛类机械式停车设备

该形式停车设备用巷道堆垛起重机械桥式起重机将进到搬运器上的车辆水平且垂直移动到存车位,并用存取机构存取车辆。

这种形式的装置主要用于大型的专用停车大楼。

一般搬运器内设有搬运台车,有司机操作时,司机只要操作搬运器内按钮就能将汽车搬入或搬出搬运器。搬运台车可以行走,平稳地运行在搬运器和停车空位之间。当采用全自动操纵时,管理人员只要在出入口处的操纵箱上按下停车空位的号码或者取车位置的号码,搬运器就会自动移位到指定位置,完成存取手续后自动返回到出入口。

4. 升降横移类机械式停车设备

该形式停车设备利用停车板的升降或(和)横向平移存取停放车辆。该类设备一般为无人方式,即人离开设备后移动汽车的方式。如果按载车板的运动方式可分为设有升降载车板和横移载车板及升降载车板兼作横移载车板。

升降横移类机械式停车设备一般由机构、液压系统、电气设备、出入口及本体构造、安装装置等组成。机构的特点是,升降牵引部件采用链条、链轮或钢丝绳。载车用的载车板应采用非燃烧材料制造,并应具有足够的强度和刚度;载车板上应设阻车装置。液压系统应设安全保护装置,防止因液压系统失压,致使载车板坠落。电气设备的特点是,应当设置由操作人员快速断开动力机构的主开关。紧急停止设置在明显位置,紧急时操作者能及时处理。出入口及本体构造的特点是,停车设备的出入口高度一般应不小于1 800 mm。停车空间:车位上限制汽车进出的最小空间宽度不小于存放汽车的全宽加150 mm;高度不小于存放汽车的车高加50 mm,且不小于1 600 mm;若有微升微降动作,也予以考虑。

安全装置的特点是,应当设紧急停止开关,防止超限运行装置,汽车长、宽、高限制装置,阻车装置,人车误入检出装置,载车板上汽车位置的检测装置,防止载车板坠落装置以及警示装置等。

5.简易升降类机械式停车设备

简易升降类机械式停车设备按其具体构造或配置关系划分,有垂直升降地上两层、垂直升降半地下两层、垂直升降半地下三层、俯仰升降地上两层等。

该类设备按其驱动方式分,有机电驱动、液压驱动等。机电驱动又可分为链条传动、钢丝绳传动、滚珠丝杠传动等。该类设备的组成构造及有关安全装置与升降横移类机械式停车设备类同。

第三节　起重机械无损检测要求

一、起重机械金属结构制作和安装施工的无损检测要求

各项检测应符合 GB 6067.1—2010《起重机械安全规程 第 1 部分:总则》的要求。

(一)焊缝等级

全焊透熔化焊焊接接头的焊缝等级应符合 JB/T 10559—2006《起重机械无损检测钢焊缝超声检测》中焊缝等级 1、2、3 级的分级规定(见表 1-3-2)。

(二)焊缝内部缺陷的检验

焊缝内部缺陷的检验应符合下列要求:

(1)1 级焊缝应进行 100% 检验。采用超声波检验时其评定合格等级应达到 JB/T 10559 中 1 级焊缝的验收准则要求。采用射线检验时应达到 GB/T 3323 的规定,其评定合格等级不应低于Ⅱ级。

(2)2 级焊缝可根据具体情况进行抽检,采用超声波检验时其评定合格等级应达到 JB/T 10559 中 2 级焊缝的验收准则要求。采用射线检验时应达到 GB/T 3323 的规定,其评定合格等级不应低于Ⅲ级。

(3)3 级焊缝可根据具体情况进行抽检,采用超声波检验时其评定等级应达到 JB/T 10559 中 3 级焊缝的验收准则要求。射线探伤不作规定。

(三)表面探伤

有下列情况之一时应进行表面探伤:

(1)外观检查怀疑有裂纹。

（2）设计文件规定。

（3）检验员认为有必要时。

磁粉探伤应符合 JB/T 6061 的规定；渗透探伤应符合 JB/T 6062 的规定。

表 1-3-2　焊缝等级要求

母材厚度 T(mm)	焊缝等级	缺陷类型	最大缺陷回波所在的 DAC 曲线区域	缺陷所在的母材厚度区域	单个缺陷指示长度 L(mm)	评定结论
$6 \leqslant T \leqslant 20$	1、2、3	裂纹类	任何区域	任何区域	—	不合格
		非裂纹类	Ⅲ	任何区域	—	不合格
			Ⅱ$_A$、Ⅱ$_B$	任何区域	>20	不合格
					≤20	合格
			Ⅰ或以下	任何区域	—	合格
$20 < T \leqslant 100$	1、2、3	裂纹类	任何区域	任何区域	—	不合格
		非裂纹类	Ⅲ	任何区域	—	不合格
			Ⅱ$_A$	任何区域	>20	不合格
					≤20	合格
			Ⅱ$_B$	顶部和底部	>20	不合格
					≤20	合格
				中部	>50	不合格
					≤50	合格
		非裂纹类	Ⅰ或以下	任何区域	—	合格

注:1. 母材厚度不同时，以较薄侧板厚为准。

　　2. 位于Ⅱ区且同一深度的相邻缺陷，若间隔不大于 2L（L 为缺陷较大者长度），则视为一个缺陷，且缺陷间隔和缺陷长度总和视为一个缺陷长度。

　　3. 等级为 1 级和 2 级的焊缝，位于Ⅱ区域的缺陷距焊缝端部的距离至少为 2L。

　　4. 不合格部位经返修后，返修部位及热影响区须重新进行检测和验收评定。

（四）起重机无损检测

借助电磁技术的无损检验可作为外观检验的辅助检验，用以确定钢丝绳损坏的区域和程度。拟采用电磁方法以 NDT（无损检测）对外观检验效果进行复验时，应在钢丝绳安装之后尽快地进行初始的电磁 NDT（无损检测）。

（五）起重机钢丝绳报废标准

按 GB/T 5972—2009《起重机 钢丝绳 保养、维护、安装、检验和报废》中有关规定，钢丝绳的安全使用由下列各项标准来判定：

（1）断丝的性质和数量。

（2）绳端断丝。

（3）断丝的局部聚集。

（4）断丝的增加率。

（5）绳股断裂。

（6）绳径减小，包括由绳芯损坏所致的情况。

（7）弹性降低。

（8）外部和内部磨损。

（9）外部和内部锈蚀。

（10）变形。

（11）由于受热或电弧的作用引起的损坏。

（12）永久伸长率。

（六）用于特殊场合的钢丝绳的报废

用于特殊场合的钢丝绳，使用中产生以下情况时，应当予以报废：

（1）吊运炽热金属、熔融金属或者危险品的起重机械用钢丝绳的报废断丝数达到 GB/T 5972—2009《起重机 钢丝绳 保养、维护、安装、检验和报废》所规定钢丝绳断丝数的一半（包括钢丝绳表面腐蚀引起的折减）。

（2）防爆型起重机钢丝绳有断丝。

二、起重机械监督检验和定期检验的无损检测要求

（一）制造监督检验的无损检测要求

TSG Q7001—2006《起重机械制造监督检验规则》规定：

（1）制造厂所选用的无损检测方法、比例和合格等级应当符合设计文件和相关规范、标准。

（2）出具的无损检测报告或射线底片应当合法有效，并且符合相关标准。监检人员抽查底片数量的比例不小于该台产品射线检测数量的20%。

（二）安装、改造、维修监督检验的无损检测要求

TSG Q7016—2008《起重机械安装改造重大维修监督检验规则》规定：

主要受力构件分段制造现场组装，应当进行无损检测，检查记录应当包括无损检测报告。

（三）定期检验的无损检测要求

TSG Q7015—2008《起重机械定期检验规则》规定，用于特殊场合的钢丝绳，应当予以报废的情况同前。

第四章　客运索道

第一节　客运索道分类

一、按承载物的不同分类

(1)客运架空索道(见图1-4-1～图1-4-4):利用架空的绳索承载运载工具运送乘客,运载工具在运行中是悬空的。架空索道能适应复杂地形,跨越山川,克服地面障碍物,实现直线运输,经济而环保。在复杂地形条件下与修建公路等其他方式相比,修建客运架空索道是最佳有效的运输方式。

图1-4-1　客运架空索道

图1-4-2　重庆过江客运架空索道

图1-4-3　张家界天门山客运架空索道

图1-4-4　王屋山客运架空索道

客运架空索道一般分为往复式客运架空索道和循环式客运架空索道两类。往复式是指运载工具在线路上作往复运行。循环式是指运载工具在线路上作循环运行。

（2）客运缆车（见图1-4-5）：利用地面轨道承载运载工具运送乘客,运载工具（一般为客车）沿固定的轨道（多为钢轨）依靠钢丝绳的牵引运行。

（3）客运拖牵索道（见图1-4-6）：利用拖牵器在雪面、冰面、水面承载运送乘客。乘客在运行中不脱离地面,利用钢丝绳拖动乘客行走,下行侧不载人。主要用于滑雪、滑冰等体育娱乐活动中。近年来,随着滑雪运动的兴起,客运拖牵索道得到迅速发展。

图1-4-5　客运缆车　　　　　　　　　图1-4-6　客运拖牵索道

二、按《特种设备目录》分类

《特种设备目录》（国质检锅〔2004〕31号）对客运索道的分类如表1-4-1所示。

表1-4-1　《特种设备目录》对客运索道的分类

序号	类别	品种
1	客运架空索道	往复式客运架空索道
		循环式客运架空索道
2	客运缆车	往复式客运缆车
		循环式客运缆车
3	客运拖牵索道	低位客运拖牵索道
		高位客运拖牵索道

第二节　客用索道的组成和结构特点

一、客运架空索道的组成

（一）组成

客运架空索道一般由钢索（索道用钢丝绳总称）、站房、线路构筑物、运载工具、通信设备、安全电路和信号系统等组成。

(二)特点

1. 单线循环固定抱索器吊具索道特点

(1)索道结构简单,投资少,维修方便。

(2)连续输送,不受长度的限制,单向小时运量可达900人。

(3)乘客上下车不停机,运行速度慢,一般不超过1.5 m/s,运行平稳,整个运行时间长,适合观光旅游。

(4)离地距离不能太大,一般不超过15 m,爬坡角不超过45°,跨距一般不超过200 m。在复杂地形情况下,限制使用。

(5)吊箱较多,维护工作量大,救护时间长;不适合大运量、大高差以及长度为2 500 m以上的索道线路。

2. 单线脉动循环固定抱索器索道特点

(1)跨度可达400 m以上,能够适应比较复杂的地形,如地势起伏比较大的山川,可跨越江河。

(2)站内低速运行,可以方便乘客上下车;吊厢数目比连续循环式索道的少,救护时间短。

(3)设备少,结构简单,维护方便,投资省。

(4)运输能力与路线的长度有关,一般单向小时运量300~500人,较脱挂式索道和连续循环式索道的运输能力低。

3. 单线连续循环脱挂抱索器索道特点

(1)线路上高速运行(最高达到6 m/s),站内低速运行(一般0.3 m/s),运行时间短,乘客上下车方便。

(2)吊厢少,负荷轻,可以满足大运量、长距离、大跨度要求。新型的脱挂索道如FUNI-TOR系统,单向小时运量可达3 000人。

(3)设备较为复杂,安全控制装置齐全,维护工作要求较高。

(4)技术水平高,目前国内还不能生产,进口设备投资较大。

4. 双线往复式索道特点

(1)可以满足大跨度(最大可达2 000 m)、大爬坡角(60°)要求,距地面距离可以在100 m以上,适合在地形最复杂的条件下使用。

(2)运行速度高(最大12 m/s),运行时间短;客车大,可以运载大型的物品。

(3)设备非常复杂,土建工程量庞大,投资大,维护难度大。

(4)运输能力与长度成反比,运量一般不大,长度不宜过长。

5. 双线往复车组式索道特点

(1)一般采用单承载单牵引,不用客车制动器,采用卧式驱动机,结构较一般往复式索道简单。

(2)单个车厢乘人较少,游览性较好。

(3)站口要采用偏斜鞍座,支架较一般往复式索道多。

二、客运缆车的组成和结构特点

(一)组成

类似双线往复式索道,不同的是,承载物采用地面轨道(一般为钢轨)。带有车轮的客车在地面轨道上由牵引索带动运行。

(二)特点

(1)适应性好,隐蔽性好,抗风能力强。

(2)运量大,站内结构简单,维护方便。

(3)乘坐舒适,安全性能高,可以转弯。

(4)线路对地形条件要求较高,线路基础工程量大,投资大。

三、客运拖牵索道的组成和结构特点

(一)组成

一条闭合的钢丝绳(运载索)套在索道两端的驱动轮及迂回轮上,线路中间设有支架,支架上装有托索轮或压索轮组,随地形变化将钢丝绳托起或压下,按一定间距将拖牵器用抱索器固结在钢丝绳上,乘客骑乘在拖牵器 T 形、盘形杆上,驱动轮驱动钢丝绳,带动乘客在冰、雪、水面上滑行。乘客在终端轮前必须下车。

(二)特点

(1)乘客不离开地面,安全性较高。

(2)设备结构简单,安装方便,有的滑雪场每年移装设备。

(3)对乘客要求较高,线路上一般要有工作人员监护。

第三节　客运索道无损检测要求

一、客运索道金属结构制作或安装施工的无损检测要求

(一)固定抱索器、内外抱卡

GB/T 24729—2009《客运索道固定抱索器通用技术条件》规定:

应进行无损探伤检查,探伤方法应符合 JB/T 4730 的规定,检测质量等级应不低于Ⅱ级。

(二)脱挂抱索器

GB/T 24730—2009《客运索道脱挂抱索器通用技术条件》规定:

(1)抱卡最终热处理后应进行探伤检查,探伤方法应符合 JB/T 4730 的规定,检验质量等级应不低于Ⅱ级。

(2)主轴应按 JB/T 4730 的Ⅱ级标准进行内部和表面探伤检测。

(三)托(压)索轮

GB/T 24732—2009《客运索道托(压)索轮通用技术条件》规定:

(1)制造轮体应进行无损探伤,探伤应符合 JB/T 4730 的规定,检验质量等级应不低

于Ⅱ级。

（2）轴应进行无损探伤，探伤应符合 JB/T 4730 的规定，检验等级应不低于Ⅱ级。

（四）驱动装置主轴、从动轴

GB/T 24731—2009《客运索道驱动装置通用技术条件》规定：

调质对现后应进行无损探伤，探伤方法应符合 JB/T 4730 的规定，检验质量等级应不低于Ⅱ级。

（五）客运架空索道钢丝绳

GB 12352—2007《客运架空索道安全规范》规定：

（1）客运索道用钢丝绳应进行无损探伤检查。第一次检查应在钢丝绳安装后的 18 个月内进行，将检查结果作为以后检查的基础。第二次及以后检查周期由安全监督检验机构决定。检查结果应做记录并归档。

（2）客运索道承载索审绳后应进行无损探伤。

（3）无客车制动器的往复式索道牵引索的检测要求如下：

①应每年用探伤仪对牵引索进行全面检查。

②停止运行 3 个月以上，在重新投入运行前用探伤仪检查牵引索。

③牵引索被雷击或受到机械损伤后应及时用探伤仪进行检查。

④对牵引索的夹持段进行探伤检查时，如发现牵引索的损伤达到规定指标的一半，对夹索器的移位和探伤检查的间隔时间还应缩短。

（六）客运架空索道钢丝绳

客运架空索道钢丝绳的报废或局部更换由下列项目判定：

（1）断面的缩小值。

（2）断丝的局部聚集。

（3）绳股断裂。

（4）断线的增加率。

1. 金属断面的缩小

（1）在相关长度（d 的倍数）内，钢丝绳金属断面缩小值（钢丝绳金属断面缩小量与新钢丝绳金属断面的比值，以百分比计）不得超过表 1-4-2 中的数值。

表 1-4-2　钢丝绳金属断面缩小值

钢丝绳结构	最大允许的金属断面缩小值	相关长度
密封钢丝绳	10%	200d
	8%	30d
	5%	6d
股捻钢丝绳	20%	200d
	10%	30d
	6%	6d

（2）在确定金属断面缩小值时应考虑：

①断丝数；

②内部及外部的磨损；

③由于其他原因造成的损坏。

（3）钢丝绳张紧后，测量编接处钢丝绳直径，若小于钢丝绳公称直径的 90%，应予以报废。

2. 断丝数

（1）在钢丝绳无任何其他缺陷时所允许的外部断丝数，应根据金属断面所允许的缩小值及外部钢丝断面确定。

（2）在相关长度内由于局部的硬化（马氏体构成）钢丝中出现细的发状裂纹，也应视为断丝。

（3）如果在表 1-4-2 相关长度 30d 范围内由于断丝造成的断面缩小值超过最大允许断面缩小值的 2/3，就应采用无损探伤仪协助评定钢丝绳的状况。

（4）如果由于特殊原因，钢丝绳的钢丝状态恶化，断丝数不得超过表 1-4-3 规定的值。

表 1-4-3　断丝数规定值

钢丝绳结构	相关长度			
	交互捻		同向捻	
	6d	30d	30d	6d
6×7	2	4	2	3
6×19	3	6	3	4
6×36	7	14	4	7
8×19	5	10	3	5
8×36	12	24	—	—

（5）对张紧索的报废应按以下规定：

由于可见的外部断丝造成的最大金属断面缩小值不得超过表 1-4-2 中数值的 50%；在 6 年或 18 000 工作小时后不考虑钢丝绳好坏都应予以报废。

3. 磨损

磨损导致钢丝绳的断面缩小、强度降低，其断面缩小值不得超过表 1-4-2 规定的值。

4. 其他原因造成的损坏

钢丝绳由于其他原因造成钢丝和绳股松散、结构变更而使钢丝绳性能减弱，其断面缩小值不得超过表 1-4-2 及表 1-4-3 的数值。

5. 断丝的局部聚焦

（1）密封钢丝绳（承载索为相邻异形钢丝）在 18d 长度内如有两处断裂，其断面缩小值虽未超出表1-4-2的数值也应报废。

（2）运动索（牵引索、平衡索、运载索）在一绳股中如在6d长度内有大于35%断面的断丝，应予以报废。

（3）若钢丝绳整根绳股断裂，必须报废。

6. 断丝的增加率

为了判定断丝的增加率，应仔细检查并记录断丝增加情况，找出其中规律，并确定钢丝绳报废或局部更换的日期。

7. 固定末端处的钢丝绳

（1）在接近合金或树脂浇铸套钢丝绳断面处有任何断丝或明显的腐蚀情况都应报废。

（2）对于缠绕在锚固筒上的钢丝绳，断丝数造成的最大允许金属断面缩小值不得超过表1-4-2所规定值的2倍。

二、客运索道安装监督检验、定期检验的无损检测要求

（一）客运架空索道安装监督检验、定期检验的无损检测要求
客运架空索道监督检验规程（试行）规定：

（1）必备检测仪器表包括测厚仪、磁粉、探伤仪、钢丝绳探伤仪。

（2）相关检测项目包括运载索、钢丝绳状态、支架结构及驱动迂回轮焊缝检测等。

（二）客运缆车安装监督检验与定期检验的无损检测要求
TSG S7002—2005《客运缆车安装监督检验与定期检验规则》中的相关规定见表1-4-4。

表1-4-4　客运缆车安装监督检验与定期检验的无损检测要求

检验项目		检验内容与要求	检验方法
牵引索、平衡索	钢丝绳状态	钢丝绳状态符合使用要求，钢丝绳的损伤不应达到《架空索道用钢丝绳检验和报废规范》所规定的报废标准	以低于0.5 m/s的速度运行，宏观检查钢丝绳一周，发现异常，停机检验，必要时，可对钢丝绳进行无损探伤
站房及驱动迂回设备	驱动迂回轮	驱动轮与迂回轮水平布置（驱动轴垂直布置）时，有防止钢丝绳滑出轮槽的措施，其焊缝无裂纹，螺栓无松动，闸盘无变形，运转无异常噪声，轮衬应完整，磨损不超限	①宏观检查轮衬、焊缝、螺栓；②在不同速度下听运转噪声；③必要时对焊缝进行磁粉检测，用水准仪测闸盘变形情况

（三）客运拖牵索道安装监督检验与定期检验的无损检测要求
TSG S7001—2004《客运拖牵索道安装监督检验与定期检验规则》中的相关规定见表1-4-5。

表 1-4-5　客运拖牵索道安装监督检验与定期检验的无损检测要求

项目	检验内容与要求	检验方法
站房及驱动迁回设备	驱动轮和迁回轮上的焊缝无裂纹,螺栓无松动,运转无异常噪声,轮衬完整,磨损不超限	检查焊缝、螺栓,在不同速度下听运转噪声,必要时可对焊缝探伤
支架和托压索轮	支架结构: 　支架宜采用钢结构,不宜采用钢筋混凝土结构,不允许采用木结构;支架采用型钢时,其壁厚不得小于 5 mm,采用闭口型钢时,其壁厚不得小于 2.5 mm;支架材料及焊缝不应当有裂纹等缺陷	查材质证明及设计图纸,检查支架表面及焊缝,必要时用金属测厚仪测量
	支架应当有防锈措施,不应当有严重锈蚀;型钢锈蚀允许值应当小于原厚度的 20%,钢管锈蚀允许值应当小于原钢管壁厚度的 15%,有积水现象的结构应当有排水孔	目测检查,必要时用金属测厚仪测量
运载索	钢丝绳状态: 　钢丝绳损伤不应达到《架空索道用钢丝绳检验和报废规范》所规定的报废标准	以低于 0.5 m/s 的速度目测,必要时可进行无损探伤

第五章　大型游乐设施

第一节　游乐设施分类

游乐设施是一个总的定义,对于具体到某一台设备或设施名称的命名上没有严格的界定,其称谓一般是以其设备的形态和娱乐特征来确定的。因而,在游乐园(场)往往可以看到以各种名称命名的游乐设施,从名称上是很难直观地判定其类别的。然而,从技术规范和安全管理方面对游乐设施一般可以按下述两个方面进行分类。

一、按游乐设施的运动特点和娱乐特征分类

(1)旋转运动的游乐设施(见表1-5-1及图1-5-1~图1-5-5)。

表1-5-1　旋转运动的游乐设施

序号	类别	运动特点	举例	
			基本型	类似型
1	转马类	乘人部分绕垂直轴或倾斜轴转动	转马、旋风	小飞机、浪卷珍珠
2	观览车类	乘人部分绕水平轴转动或摆动	观览车 龙船、太空船	— 大风车
3	自控飞机	乘人部分绕中心轴转动和升降运动	自控飞机、自控飞碟 波浪秋千	金鱼戏水、章鱼 —
4	陀螺类	乘人部分在可变倾角的轴上旋转	陀螺 勇敢者转盘	双人飞天 飞身靠臂
5	飞行塔类	乘人部分用挠性件吊挂,绕垂直轴转动	飞行塔	空中转椅

图1-5-1　观览车

图1-5-2　双人飞天

图 1-5-3　飞行塔

图 1-5-4　转马

（2）沿轨道和地面运行的游乐设施（见表 1-5-2 及图 1-5-6～图 1-5-12）。

表 1-5-2　沿轨道和地面运行的游乐设施

序号	类别	运动特点	举例	
			基本型	类似型
1	滑行车类	提升到一定高度靠惯性滑行	过山车	疯狂老鼠、滑行龙
2	架空游览车类	沿架空轨道运行	空中列车	架空脚踏车
3	小火车类	沿地面轨道运行	儿童小火车	龙车
4	碰碰车类	在固定场地内运行碰撞	碰碰车	—
5	赛车类	沿地面固定线路运行	赛车	高卡车
6	电池车类	在固定的场地内运行	电池车	马拉车

图 1-5-5　自控飞行

图 1-5-6　过山车

图 1-5-7　空中列车

图 1-5-8　架空游览车

图 1-5-9　小火车

图 1-5-10　卡丁车

图 1-5-11　电池车

图 1-5-12　碰碰车

（3）具有特定娱乐功能的游乐设施（见图 1-5-13～图 1-5-16）。

具有特定娱乐功能的游乐设施有水上游乐设施、无动力游乐设施，如滑索、蹦极等。

图 1-5-13　激流勇进

图 1-5-14　水滑梯

图 1-5-15　水上自行车

图 1-5-16　弹射蹦极

二、针对危险、危害程度实施安全监察的分类

国家质检总局国质检锅〔2003〕34 号《游乐设施安全技术监察规程(试行)》对游乐设施根据其危险、危害程度,将规定纳入安全监察的游乐设施划分为 A、B、C 三级(见表 1-5-3)。

表 1-5-3　游乐设施分级表

主要运动特点	典型产品举例	主要参数		C 级
		A 级	B 级	
绕水平轴转动或摆动	观览车、飞毯、太空船、海盗船、流星锤	高度≥30 m 或摆角≥90°	高度≥30 m 或摆角≥45°,除 A 级外	符合规定的条件,除 A 级、B 级外的游乐设施
绕可变倾角的轴旋转	陀螺、三星转椅、飞身靠壁、勇敢者转盘等	倾角≥70°或回转直径≥10 m	倾角≥45°或回转直径 ≥ 8 m,除 A 级外	

续表 1-5-3

主要运动特点	典型产品举例	主要参数		C 级
		A 级	B 级	
沿架空轨道运行或提升后惯性滑行	滑行车（过山车）、矿山车、疯狂老鼠、弯月飞车、激流勇进（滑道、滑索属 A 级）	速度≥40 km/h 或轨道高度≥5 m	速度 ≥ 20 km/h 或轨道高度≥3 m，除 A 级外	符合规定的条件，除 A 级、B 级外的游乐设施
绕垂直轴旋转、升降	波浪秋千、超级秋千、转马、章鱼、自控飞机等	回转直径≥12 m 或运行高度≥5 m	回转直径≥10 m 或运行高度≥3 m，除 A 级外	
用挠性件悬吊并绕垂直轴旋转、升降	飞行塔、观览塔、豪华飞椅、波浪飞椅等	高度≥30 m 或运行高度≥3 m 且回转直径≥12 m	高度≥30 m 或运行高度≥3 m，除 A 级外	符合规定的条件，除 A 级、B 级外的游乐设施
在特定水域运行或滑行	直（曲）线滑梯、浪摆滑道等（峡谷河流属 A 级）	—	高度≥5 m 或速度≥30 km/h	
弹射或提升后自由坠落（摆动）	探空飞梭、蹦极、空中飞人等	高度≥20 m 或高差≥10 m	—	—

三、按《特种设备目录》分类

《特种设备目录》（国质检锅〔2004〕31 号）对大型游乐设施的分类如表 1-5-4 所示。

表 1-5-4　《特种设备目录》对大型游乐设施的分类

序号	分类	系列
1	观览车类	观览车系列
		飞毯系列
		太空船系列
		摩天轮系列
		海盗船系列
		组合式观览车系列

续表 1-5-4

序号	分类	系列
2	滑行车类	单车滑行车系列
		多车滑行车系列
		滑道系列
		激流勇进系列
		弯月飞行车系列
		组合式滑行车系列
3	架空游览车类	电力单轨列车系列
		电力双轨列车系列
		组合式架空游览车系列
		脚趾车系列
4	陀螺类	陀螺系列
		组合式陀螺系列
5	飞行塔类	旋转飞椅系列
		青蛙跳系列
		探空飞梭系列
		观览塔系列
		组合式飞行塔系列
6	转马类	转马系列
		荷花杯系列
		滚摆舱系列
		爱情快车系列
		组合式转马系列
7	自控飞机类	自控飞机系列
		章鱼系列
		组合式自控飞机系列
8	赛车类	场地赛车系列
		越野赛车系列
		组合式赛车系列
9	小火车类	内燃机驱动小火车系列
		电力驱动小火车系列

续表 1-5-4

序号	分类	系列
10	碰碰车类	碰碰车系列
11	电池车类	电池车系列
12	水上游乐设施	峡谷漂流系列
		水滑梯系列
		造浪机系列
		碰碰船系列
		水上自行车系列
		组合式水上游乐设施
13	无动力游乐设备	高空蹦极系列
		弹射蹦极系列
		小蹦极系列
		滑索系列
		空中飞人系列
		系留式观光气球系列
		组合式无动力游乐设施系列

第二节　游乐设施的组成和结构特点

一、游乐设施的组成

游乐设施种类繁多,一般主要由机械、结构、电气、液压和气动等部分组成。其中机械的作用是实现运动,结构是解决承载能力,电气起控制与拖动作用,液压和气动则是实现传动的一种方式。

游乐设施虽然结构和运动方式各异,规格大小不一,外观各式各样,但常见的游乐设施由以下部分组成:

基础部分,由地基、支脚、地脚等组成。

支承部分,由支柱、梁组成。

驱动部分,由电力、内燃机、人力等组成。

传动部分,由机械传动、液压传动、气动传动等组成。

运行部分,由座舱、轮系、转臂等组成。

操作部分,由操作室、操作台、操作手柄等组成。

控制部分,由控制装置、控制程序等组成。

装饰部分,由外观装饰、灯饰等组成。

转台部分,由乘客站台、乘客阶梯等组成。

隔离部分,由安全栅栏、过渡栅栏等组成。

二、特点

各种游乐设施由于结构和运动形式不同,分别具有不同的特点。

(一)转马类游艺机特点

(1)乘人部分绕垂直轴或倾斜轴回转的游乐设施,如转马、旋风、浪卷珍珠、荷花杯、登月火箭、咖啡杯、滚摆舱、浑天球、小飞机(座舱不升降)、小飞象(座舱不升降)及儿童游玩的各种小型旋转游乐设施等。

(2)乘人部分绕垂直轴转动同时有小幅摆动的游乐设施,如宇航车、大青虫、大苹果等。

(二)滑行车类游艺机特点

沿轨道运行,有惯性滑行特征。如过山车、疯狂老鼠、滑行龙、激流勇进、弯月飞车、矿山车等。

(三)陀螺类游艺机特点

座舱绕可变倾角的轴作回转运动,主轴大都安装在可升降的大臂上。如陀螺、双人飞天、勇敢者转盘、飞身靠壁、橄榄球等。

(四)飞行塔类游艺机特点

乘人部分用挠性件吊挂,边升降边绕垂直轴回转。如飞行塔、空中转椅、观览塔、青蛙跳、探空飞梭等。

(五)赛车类游艺机特点

沿地面指定线路运行。如赛车、小跑车、高速赛车。

(六)自控飞机类游艺机特点

乘人部分绕中心垂直轴回转并升降。如自控飞机、自控飞碟、金鱼戏水、章鱼、海陆空、波浪秋千。在这类游乐设施中,有的存在升降和摆动等多维运动,如时空穿梭机、动感电影平台。

(七)观览车类游艺机特点

乘人部分绕水平轴回转。如观览车、大风车、太空船、海盗船、飞毯、流星锤、遨游太空等。

(八)小火车类游艺机特点

沿地面轨道运行,适用于电力、内燃机驱动。如小火车、龙车、猴抬轿等。

(九)架空游览车类游艺机特点

沿架空轨道运行,适用于人力、内燃机和电力等驱动。如架空脚踏车、空中列车。

(十)水上游乐设施特点

借助于水域、水流或其他载体,达到娱乐的目的。如游乐池、水滑梯、造浪机、水上自行车、游船、水上漫游、峡谷漂流、碰碰船、水上滑索等。

（十一）碰碰车类游艺机特点

在固定的车场内运行，用电力、内燃机及人力动力驱动，车体可相互碰撞。如电力碰碰车、电池碰碰车等。

（十二）电池车类游艺机特点

在规定的车场或车道内运行，以蓄电池为电源，电动机驱动。如电池车、马拉车等。

（十三）无动力类游乐设施特点

游乐设施本身无动力，由乘客自行在其上操作和游乐。如各种摇摆机、人力驱动的转盘、翻斗乐、蹦床、充气弹跳、蹦极、滑索、观光气球等。

第三节　大型游乐设施无损检测要求

一、大型游乐设施金属结构制造与安装的无损检测要求

（一）游乐设施制造安装无损检测要求（GB 8408—2008《游乐设施安全规范》）

涉及人身安全的重要的轴、销轴，应进行100%的超声波与磁粉或渗透探伤。涉及人身安全的重要焊缝，应进行100%的磁粉或渗透探伤。超声波探伤按GB/T 4162有关规定执行，检验质量等级不低于A级。对于厚度大于250 mm的零件，超声波检验方法及质量评定按GB/T 6402有关规定执行，检验质量等级不低于Ⅱ级。磁粉探伤方法及质量评定按JB/T 4730有关规定执行，检验质量等级不低于Ⅲ级。渗透探伤方法及质量评定按JB/T 4730有关规定执行，检验质量等级不低于Ⅲ级。有必要进行焊缝射线探伤的，其探伤方法及质量评定按JB/T 4730有关规定执行，检验质量等级不低于Ⅱ级。

（二）转马类游艺机无损检验要求（GB/T 18158—2008《转马类游艺机通用技术条件》）

（1）转马中心支承轴、旋转座舱立轴和曲柄必须进行100%的超声波与磁粉或渗透探伤。

（2）重要焊缝必须进行100%的磁粉或渗透探伤。

（3）超声波探伤方法及质量评定按照GB/T 4162规定执行，检验质量等级不低于Ⅲ级。

（4）渗透探伤方法及质量评定按照JB 4730中有关规定执行，检验质量等级不低于Ⅲ级。

（三）滑行类游艺机无损检测要求（GB/T 18159—2008《滑行类游艺机通用技术条件》）

（1）滑行车的车轮轴、立轴、水平轴、车辆连接器和销轴等必须进行100%的超声波与磁粉（或渗透）探伤。

（2）当滑行车的车速不小于50 km/h时，轨道对接焊缝应进行100%的磁粉及不低于70%的射线探伤。

（3）当滑行车的车速小于50 km/h时，轨道对接焊缝应进行100%的磁粉或渗透探伤。

（4）超声波探伤方法及质量评定应按照GB/T 4162中有关规定执行，检验质量等级不低于A级。

（5）磁粉探伤方法及质量评定应按照 JB 4730 中有关规定执行，检验质量等级不低于Ⅲ级。

（6）渗透探伤方法及质量评定应按照 JB 4730 中有关规定执行，检验质量等级不低于Ⅲ级。

（7）射线探伤方法及质量评定应按照 JB 4730 中有关规定执行，检验质量等级不低于Ⅱ级。

（四）陀螺类游艺机无损检测要求（GB 18160—2000《陀螺类游艺机通用技术条件》）

（1）滑行车的车轮轴、立轴、水平轴、车辆连接器和销轴等必须进行 100% 的超声波与磁粉（或渗透）探伤。

（2）当滑行车的车速不小于 50 km/h 时，轨道对接焊缝应进行 100% 的磁粉及不低于 70% 的射线探伤。

（3）当滑行车的车速小于 50 km/h 时，轨道对接焊缝应进行 100% 的磁粉或渗透探伤。

（4）超声波探伤方法及质量评定应按照 GB/T 4162 中有关规定执行，检验质量等级不低于 A 级。

（5）磁粉探伤方法及质量评定应按照 JB 4730 中有关规定执行，检验质量等级不低于Ⅲ级。

（6）渗透探伤方法及质量评定应按照 JB 4730 中有关规定执行，检验质量等级不低于Ⅲ级。

（7）射线探伤方法及质量评定应按照 JB 4730 中有关规定执行，检验质量等级不低于Ⅱ级。

（五）飞行塔类游艺机无损检验要求（GB 18161—2000《飞行塔类游艺机通用技术条件》）

（1）飞行塔主轴和吊舱吊挂轴必须进行 100% 的超声波与磁粉（或渗透）探伤。

（2）吊舱挂耳的焊缝必须进行 100% 的磁粉探伤或渗透探伤。

（3）超声波探伤方法及质量评定应按照 GB/T 4162 中有关规定执行，检验质量等级不低于 A 级。

（4）磁粉探伤方法及质量评定应按照 JB 4730 中有关规定执行，检验质量等级不低于Ⅲ级。

（5）渗透探伤方法及质量评定应按照 JB 4730 中有关规定执行，检验质量等级不低于Ⅲ级。

（六）赛车类游艺机无损检测要求（GB/T 18162—2008《赛车类游艺机通用技术条件》）

（1）赛车车轮轴必须进行 100% 的超声波与磁粉（或渗透）探伤。

（2）重要焊缝必须进行 100% 的磁粉或渗透探伤。

（3）超声波探伤方法及质量评定应按照 GB/T 4162 中有关规定执行，检验质量等级不低于 A 级。

（4）磁粉探伤方法及质量评定应按照 JB 4730 中有关规定执行，检验质量等级不低于Ⅲ级。

（5）渗透探伤方法及质量评定应按照 JB 4730 中有关规定执行，检验质量等级不低于

Ⅲ级。

（七）自控飞机类游艺机无损检测要求（GB/T 18163—2008《自控飞机类游艺机通用技术条件》）

（1）自控飞机重要锁轴必须进行100%的超声波与磁粉（或渗透）探伤。

（2）支承臂与座舱相互连接的支承板等重要焊缝，必须进行100%的磁粉（或渗透）探伤检验。

（3）超声波探伤方法及质量评定应按照GB/T 4162中有关规定执行，检验质量等级不低于A级。

（4）磁粉探伤方法及质量评定应按照JB 4730中有关规定执行，检验质量等级不低于Ⅲ级。

（5）渗透探伤方法及质量评定应按照JB 4730中有关规定执行，检验质量等级不低于Ⅲ级。

（八）观览车类游艺机无损检测要求（GB 18164—2000《观览车类游艺机通用技术条件》）

（1）观览车主轴和吊厢挂轴必须进行100%的超声波与磁粉（或渗透）探伤。

（2）主轴及吊厢挂耳的焊缝必须进行100%的磁粉或渗透探伤。

（3）超声波探伤方法及质量评定应按照GB/T 4162中有关规定执行，检验质量等级不低于A级。

（4）磁粉探伤方法及质量评定应按照JB 4730中有关规定执行，检验质量等级不低于Ⅲ级。

（5）渗透探伤方法及质量评定应按照JB 4730中有关规定执行，检验质量等级不低于Ⅲ级。

（九）小火车类游艺机无损检测要求（GB/T 18165—2008《小火车类游艺机通用技术条件》）

（1）轨距不小于600 mm的小火车的车轴连接器销轴必须进行100%的超声波与磁粉（或渗透）探伤。

（2）轨距不小于600 mm的小火车的重要焊缝必须进行100%的磁粉探伤或渗透探伤。

（3）超声波探伤方法及质量评定应按照GB/T 4162中有关规定执行，检验质量等级不低于A级。

（4）磁粉探伤方法及质量评定应按照JB 4730中有关规定执行，检验质量等级不低于Ⅲ级。

（5）渗透探伤方法及质量评定应按照JB 4730中有关规定执行，检验质量等级不低于Ⅲ级。

（十）架空游览车类游艺机无损检测要求（GB/T 18166—2008《架空游览车类游艺机通用技术条件》）

（1）架空车的车轮轴、连接器必须进行100%的超声波与磁粉（或渗透）探伤。

（2）重要焊缝必须进行100%的磁粉或渗透探伤。

（3）超声波探伤方法及质量评定应按照 GB/T 4162 中有关规定执行，检验质量等级不低于 A 级。

（4）磁粉探伤方法及质量评定应按照 JB 4730 中有关规定执行，检验质量等级不低于Ⅲ级。

（5）渗透探伤方法及质量评定应按照 JB 4730 中有关规定执行，检验质量等级不低于Ⅲ级。

（十一）水上游乐设施无损检验要求（GB 18168—2000《水上游乐设施通用技术条件》）

（1）水上游乐设施的重要零部件必须进行 100% 的超声波与磁粉（或渗透）探伤。

（2）重要焊缝应进行 100% 的磁粉（或渗透）探伤。

（3）超声波探伤方法及质量评定应按照 GB/T 4162 中有关规定执行，检验质量等级不低于 A 级。

（4）磁粉探伤方法及质量评定应按照 JB 4730 中有关规定执行，检验质量等级不低于Ⅲ级。

（5）渗透探伤方法及质量评定应按照 JB 4730 中有关规定执行，检验质量等级不低于Ⅲ级。

二、大型游乐设施监督检验与定期检测的无损检测要求

《游乐设施监督检验规程（试行）》中的相关规定见表 1-5-5。

表 1-5-5　大型游乐设施监督检验与定期检测的无损检测要求

项目	检验内容与要求	检验方法
关键零部件和焊缝探伤报告	受检单位应提供符合标准要求的关键零部件及关键焊缝探伤报告	查阅关键零部件及关键焊缝的探伤报告
重要焊缝磁粉（或渗透）探伤	重要焊缝应进行不低于 20% 的磁粉（或渗透）探伤	磁粉（或渗透）探伤方法按照 JB 4730 标准相关规定进行，检验质量等级不低于Ⅲ级
重要轴、销轴超声波和磁粉（或渗透）探伤	滑行车的车轮轴、立轴、水平轴、车辆连接器的销轴、陀螺转盘油缸、吊厢等处的销轴、飞行塔吊舱挂轴、赛车车轮轴、自控飞机大臂、油缸、座舱处的销轴、观览车吊舱吊挂轴、单轨列车连接器销轴等每年应进行不低于 20% 的超声波与磁粉（或渗透）探伤。转马中心支承轴、旋转座舱立轴和曲柄轴、陀螺转盘主轴及大臂、飞行塔主轴、自控飞机主轴、轨距不小于 600 mm 的小火车车轮、连接器销轴、架空游览车的车轴、连接器等重要轴、销轴及水上游乐设施的重要零部件至少在大修时应探伤	超声波探伤方法按照 GB/T 4162 标准相关规定进行，缺陷等级评定不低于 A 级。磁粉（或渗透）探伤方法按照 JB 4730 标准相关规定进行，缺陷等级评定不低于Ⅲ级（验收检验、定期检验）

第六章　场(厂)内专用机动车辆

第一节　场(厂)内专用机动车辆分类

一、按作业场合分类

(一)场(厂)内专用机动工业车辆

按照作业方式又可分为以下几类(见图1-6-1～图1-6-4)。

图1-6-1　固定平台搬运车

图1-6-2　牵引车

图1-6-3　推顶车

图1-6-4　叉车

(1)固定平台搬运车:载货平台不能起升的搬运车辆。

(2)牵引车和推顶车:装有牵引连接装置,专门用来在地面上牵引其他车辆的工业车辆称为牵引车;车辆前端装有缓冲板,并且能在地面上或轨道上推动车辆运行的工业车辆称为推顶车。

（3）起升车辆：能够装载、起升和搬运货物的工业车辆，包括堆垛用车辆，如堆垛车、叉车；非堆垛用车辆，如搬运车、非堆垛跨车；拣选车等。

（二）场（厂）内专用旅游观光车辆

在指定区域内行驶，以电动机或内燃机驱动，具有四个或四个以上车轮的非轨道无架线的乘用车辆（见图1-6-5、图1-6-6）。该车型是以休闲、观光、游览为主要设计用途，适合在旅游风景区域运行的车辆。

图1-6-5　内燃观光车

图1-6-6　电动观光车

二、按《特种设备目录》分类

增补的《特种设备目录》（国质检特［2010］22号）对场（厂）内专用机动车辆的分类如表1-6-1所示。

表1-6-1　增补的《特种设备目录》对场（厂）内专用机动车辆的分类

序号	类别	品种
1	场（厂）内专用机动工业车辆	叉车 搬运车 牵引车 推顶车
2	场（厂）内专用旅游观光车辆	内燃观光车 蓄电池观光车

第二节　场(厂)内专用机动车辆的组成和结构特点

场(厂)车构造一般由五部分组成:动力装置、底盘、工作装置、液压系统和电气设备。

一、动力装置

动力装置的功用是供给车辆工作所需的能量,驱动车辆运行,驱动工作装置和动力转向系统的液压油泵,以及满足其他装置对能量的要求。目前场(厂)车用动力装置主要有内燃机和电动机两类。

(一)内燃机

按燃料的不同,内燃机分为汽油机和柴油机。按冷却方式可分为水冷式发动机和风冷式发动机。按工作循环可分为二冲程发动机和四冲程发动机。

内燃机是由许多机构和系统组成的复杂机器。尽管结构形式多样,但任何内燃机在工作时必须完成进气、压缩、做功、排气四个过程。因此,要保证内燃机工作可靠,除曲柄连杆机构外,还应有配气机构、燃料供给系、点火系(柴油机无)、润滑系、冷却系等协调工作。

(二)电动机

目前电动车辆得到了越来越广泛的应用,其原因是:第一,电动车辆在行驶中无废气排出,不会污染环境;第二,与内燃车辆相比,电动车辆能源利用效率较高;第三,电动车辆振动及噪声较小。

电动车辆的动力部分主要由充电机、蓄电池、调节器及电动机等组成。通过充电机将电能存储在蓄电池中,然后蓄电池经调节器向电动机供电。来自驾驶员操纵的加速踏板的信号输入调节器,通过调节器控制电动机输出的转速和转矩。电动机输出经车辆传动系统驱动车轮。

二、底盘

车辆底盘的功用是将动力装置的动力进行适当的转换和传递,使之适应车辆行驶和作业的要求,并保证车辆能在驾驶员的操纵下正常行驶。它是整机的基础,所有部件都安装在底盘上。底盘由传动系、行驶系、转向系和制动系等组成。

(一)传动系

车辆的动力装置和驱动轮之间的所有传动部件总称为传动系,它将动力按需要传给驱动轮和其他机构。主要有机械传动、液力机械传动、液压机械传动、液压传动、电传动五类。

(二)行驶系

行驶系的主要功用是:支承整车的重量和载荷并保证车辆行驶和进行各种作业。

场(厂)车普遍采用轮式行驶系,它由车架、车桥、车轮和悬架等组成。

(三)转向系

转向系的功用是:当左右转动方向盘时,通过转向联动机构带动转向轮,使车辆改变行驶方向。按照转向系能源的不同,转向系可分为机械转向系(人力转向系)、助力转向系和全液压转向系三种。转向系主要由转向操纵机构、转向器和转向传动机构组成。

由于场(厂)车工作时转向频繁,有时需要原地转向,为减轻驾驶员的劳动强度,吨位较大的车辆多采用动力转向——助力转向和全液压转向。采用动力转向时,驾驶员只需极小的操纵力来操纵控制元件,而快速克服转向阻力矩的能量则由动力装置来提供。

（四）制动系

制动系的功用是:使车辆迅速地减速以至停车;防止车辆在下长坡时超过一定的速度;使车辆稳定停放而不致溜滑。

整个制动系包括两个部分:制动器和制动驱动机构。车辆上一般要设置两套制动装置。一套为行车制动或称脚制动装置,它在驾驶员踩下制动踏板时起作用,放开踏板以后,制动作用即消失。还有一套停车制动装置,用它来保证车辆停驶后,即使驾驶员离开,车辆仍能保持原地,特别是能在坡道上停住。这套装置常用制动手柄操纵,并可锁止在制动位置,故也称手制动装置。

按照制动操纵能源分,制动系可分为人力制动系、伺服制动系和动力制动系三种;按制动能量的传递方式分,制动系可分为机械式、液压式、气压式和电磁式等。

三、工作装置

工作装置是场(厂)车进行各种作业的直接工作机构,货物的叉取、升降、堆垛等,都靠工作装置完成。

装载机是合理地改变叉车的工作装置,在其前端装备有动臂、铲斗和连杆,通过前后移动、动臂的提升和铲斗的翻转,进行装载、挖掘、运料和卸料作业的自行式机械。其工作装置主要由铲斗、动臂和用来转动铲斗、升降动臂的液压油缸、连杆机构、液压系统、阀操纵系统等部件组成。

此外,凿岩车、打桩车等都有为满足使用功能要求而设置的专用工作装置,如凿岩车的工作装置主要由液压锤和臂架组成,打桩车的工作装置主要由叉车的原工作装置(门架、滑轮、货叉)、抓脱机构、导架、伸缩油缸、重块、托架等组成。

四、液压系统

液压系统是利用工作液体传递能量的传动机构,各种车辆的液压传动是利用液压执行元件(工作缸和液压马达)产生的机械能,完成对货物的提升、装卸和搬运过程。液压传动的基本原理是帕斯卡原理。液压系统可以概括为四个基本组成部分。

动力机构:利用油泵把机械能传给液体,形成密闭在容器内的液压的压力能。

执行机构:包括油缸或液压马达,它们的功用是把工作液体的压力能转换为机械能。

控制元件:包括各种操纵阀,如方向控制阀、节流阀、溢流阀等。通过它们来控制和调节液体的压力、流量及方向,以满足机构工作性能的要求。

辅助元件:包括油箱、管接头、滤油器等。

五、电气设备

场(厂)车的类型复杂、品种繁多,但是总体来看,电气系统主要与车辆的驱动方式有关。对于内燃式,电气系统主要是用于车辆的起动和照明,因此这类电气装置所用的电气元件较少,构造相对简单;对于使用蓄电池—电动机驱动的车辆,如电瓶搬运车等,电气系统是车辆作业的控制中心和动力源,因此涉及的电气元件多,构造较复杂。

第三节　场(厂)内专用机动车辆无损检测要求

一、场(厂)内专用机动车辆金属结构制造的无损检测要求

叉车货叉无损检测(GB 5182—1996《叉车货叉技术要求与试验》)要求:

货叉制造厂应对批量生产(或疲劳试验后)的货叉进行全面的裂纹目测检查,特别是对叉根、所有焊缝、上下挂钩的焊接热影响区及上下挂钩与垂直段的连接部位进行无损裂纹检测。如发现裂纹,则货叉不得使用(建议裂纹的无损检测采用磁粉探伤法)。

二、场(厂)内专用机动车辆监督检验与定期检验的无损检测要求

根据《厂内机动车辆监督检验规程》中的相关规定,无损检测要求见表1-6-2。

表1-6-2　场(厂)内专用机动车辆监督检验与定期检验的无损检测要求

项目	检验内容	检验方法
工作装置	货叉不得有裂纹,如发现货叉表面有裂纹,应停止使用	目测检查,必要时使用仪器探伤
专用机械	各类自行专用机械的专用机具(叉、铲、斗、吊钩、滚、轮、链、轴、销)及结构件(门架、扩顶架、臂架、支承台架)应完整,无裂纹,无变形,磨损不超限,连接配合良好,工作灵敏可靠	目测检查,必要时使用仪器探伤

第七章　材　料

第一节　常用金属材料及分类

机电类特种设备常用材料有金属材料和非金属材料。金属材料有黑色金属材料和有色金属材料,非金属材料有橡胶、尼龙、聚氨酯、玻璃钢、塑料和硬木等。

一、金属材料的定义

金属材料是金属元素或以金属元素为主构成的具有金属特性的材料的统称,包括纯金属、合金、金属间化合物和特种金属材料等。

金属材料通常分为黑色金属、有色金属和特种金属材料。①黑色金属又称钢铁材料,包括含铁90%以上的工业纯铁,含碳量2%~4%的铸铁,含碳量0.03%~2%的碳钢,以及各种用途的结构钢、不锈钢、耐热钢、高温合金不锈钢、精密合金等。广义的黑色金属还包括铬、锰及其合金。②有色金属是指除铁、铬、锰外的所有金属及其合金,通常分为轻金属、重金属、贵金属、半金属、稀有金属和稀土金属等。有色合金的强度和硬度一般比纯金属高,并且电阻大、电阻温度系数小。③特种金属材料包括不同用途的结构金属材料和功能金属材料。其中有通过快速冷凝工艺获得的非晶态金属材料,以及准晶、微晶、纳米晶金属材料等;还有隐身、抗氢、超导、形状记忆、耐磨、减振阻尼等特殊功能合金,以及金属基复合材料等。

二、钢的分类

钢的分类方法很多,可按冶炼方法、钢的品质、化学成分、成形方法来分。

(一)按冶炼方法分类

(1)氧气转炉钢:镇静钢、半镇静钢、沸腾钢。

(2)平炉钢:酸性钢、碱性钢。

(3)电炉钢:主要是合金钢。按电炉种类不同又分为电弧炉钢、感应电炉钢、真空感应电炉钢和电渣炉钢四种。

(二)按钢的品质分类

(1)普通钢(含磷量≤0.045%,含硫量≤0.035%)。

(2)优质钢(含磷量≤0.035%,含硫量≤0.035%),又分为优质碳素钢和优质合金钢。

(3)高级优质钢(含磷量≤0.025%,含硫量≤0.025%)。

（三）按化学成分分类

1. 碳素钢

（1）普通碳素钢，按含碳量的高低分为：低碳钢≤0.25%，中碳钢0.25%~0.6%，高碳钢>0.6%。

（2）优质碳素钢，同样按含碳量的高低分为：低碳钢≤0.25%，中碳钢0.25%~0.6%，高碳钢>0.6%。

2. 合金钢

按合金元素含量分为：低合金钢，合金元素总含量≤5%；中合金钢，合金元素总含量5%~10%；高合金钢，合金元素总含量>10%。

（四）按成型方法分类

钢按成型方法不同分为锻钢、铸钢、热轧钢和冷拉钢四种。

三、铸铁分类

根据生铁中碳存在的形态不同又可分为以下几类。

（1）灰口铸铁：含碳量较高（2.7%~4.0%），碳主要以片状石墨形态存在，断口呈灰色，简称灰铁。熔点低（1 145~1 250 ℃），凝固时收缩量小，抗压强度和硬度接近碳素钢，减震性好。用于制造机床床身、汽缸、箱体等结构件。

（2）白口铸铁：碳、硅含量较低，碳主要以渗碳体形态存在，断口呈银白色。凝固时收缩大，易产生缩孔、裂纹。硬度高，脆性大，不能承受冲击载荷。多用做可锻铸铁的坯件和制作耐磨损的零部件。

（3）可锻铸铁：由白口铸铁退火处理后获得，石墨呈团絮状分布，简称韧铁。它的组织性能均匀，耐磨损，有良好的塑性和韧性。用于制造形状复杂、能承受强动载荷的零件。

（4）球墨铸铁：将灰口铸铁铁水经球化处理后获得，析出的石墨呈球状，简称球铁。比普通灰口铸铁有较高强度、较好韧性和塑性。用于制造内燃机、汽车零部件及农机具等。

（5）蠕墨铸铁：将灰口铸铁铁水经蠕化处理后获得，析出的石墨呈蠕虫状。力学性能与球墨铸铁相近，铸造性能介于灰口铸铁与球墨铸铁之间。用于制造汽车的零部件。

（6）合金铸铁：普通铸铁加入适量合金元素（如硅、锰、磷、镍、铬、钼、铜、铝、硼、钒、锡等）获得。合金元素使铸铁的基体组织发生变化，从而具有相应的耐热、耐磨、耐腐蚀、耐低温或无磁等特性。用于制造矿山、化工机械和仪器、仪表等的零部件。

四、铸钢的分类

对于强度、塑性和韧性要求更高的机器零件，需要采用铸钢件。铸钢件的产量仅次于铸铁，约占铸件总产量的15%。

按照化学成分，铸钢可分为碳素铸钢和合金铸钢两大类。其中以碳素铸钢应用最广，占铸钢总产量的80%以上。

（一）碳素铸钢

一般的，低碳钢ZG15的熔点较高，铸造性能差，仅用于制造电机零件或渗碳零件；中碳钢 ZG25~ZG45,具有高于各类铸铁的综合性能,即强度高,有优良的塑性和韧性,因此适于制造形状复杂、强度和韧性要求高的零件,如车轮、锻锤机架和砧座、轧辊和高压阀门等,是碳素铸钢中应用最多的一类;高碳钢 ZG55 的熔点低,其铸造性能较中碳钢的好,但其塑性和韧性较差,仅用于制造少数的耐磨件。

（二）合金铸钢

根据合金元素总量的多少,合金铸钢可分为低合金钢和高合金钢两大类。

（1）低合金铸钢:我国主要应用锰系、锰硅系及铬系等。如 ZG40Mn、ZG30MnSi1、ZG30Cr1MnSi1 等。用来制造齿轮、水压机工作缸和水轮机转子等零件。而 ZG40Cr1 常用来制造高强度齿轮和高强度轴等重要受力零件。

（2）高合金铸钢:具有耐磨、耐热或耐腐蚀等特殊性能。如高锰钢 ZGMn13,是一种抗磨钢,主要用于制造在干摩擦工作条件下使用的零件,如挖掘机的抓斗前壁和抓斗齿、履带起重机的履带等;铬镍不锈钢 ZG1Cr18Ni9 和铬不锈钢 ZG1Cr13 和 ZGCr28 等,对硝酸的耐腐蚀性很强,主要用于制造化工、石油、化纤和食品等设备上的零件。

第二节　金属材料的力学性能

金属材料在外力的作用下,表现出一系列的力学特性,如强度、刚度、塑性、韧性、弹性和硬度等,也包括在高低温、腐蚀情况、表面介质吸附、冲刷、磨损、氧化及其他机械能不同程度结合作用下的性能。力学性能反映了金属材料在各种形式外力作用下抵抗变形或破坏的某些能力,是选用金属材料的重要依据。对于合理地选择、使用材料,充分发挥材料的作用,制定合理的加工工艺,保证产品质量有着重要意义。

一、强度

金属材料在外力作用下,对塑性变形和断裂的抵抗能力,叫做强度。强度分抗拉强度、抗压强度、抗弯强度、抗剪强度与抗扭强度。它常用屈服点和抗拉强度来表示。屈服点是材料在外力作用下开始发生塑性变形时的应力值,用 σ_s 表示。抗拉强度是金属材料在受外力拉伸过程中发生断裂前的最大应力值,用 σ_b 表示。

二、刚度

金属材料抵抗弹性变形的能力叫做刚度。

材料刚度的大小在弹性变形范围内,可由弹性模数 E 来表征。E 愈大,材料在一定应力下发生弹性变形的量愈小,刚度就愈大。当温度升高时,材料 E 值减小,刚度也随之降低。

材料的弹性模数主要决定于金属本性,对金属及合金的纤维组织变化不敏感,所以热处理和少量合金化对 E 值的影响不大。

三、塑性

金属材料在外力作用下产生永久变形而不断裂的能力叫做塑性、塑性变形或范性变形。常用的塑性指标是延伸率(δ)和断面收缩率(ψ),单位为%。延伸率是金属材料受拉伸断裂后,其总的延长长度与原始长度的比值。断面收缩率是金属材料受拉伸断裂后,断口缩小面积与原截面积的比值。

四、韧性

金属材料抵抗冲力作用的能力叫做韧性。

冲击韧性是评定金属材料在动载荷下承受冲击抗力的机械性能指标。用一定尺寸和形状的试样,在规定类型的试验机上,用大能量一次冲击,将冲断试样所消耗的功 A_K(J)除以试样缺口处的原始截面积 F_o(cm^2),即为冲击韧性,用 α_K 表示,单位为 J/cm^2。试验证明,α_K 值对组织缺陷非常敏感,能够灵敏地反映出材料品质、宏观缺陷和纤维组织方面的微小变化。

五、弹性

金属材料在外力作用下发生变形,当去掉引起变形的外力后能恢复原来的形状、尺寸的能力,叫做弹性。

通常用弹性模数、弹性极限等指标衡量金属材料的刚度和弹性性能。当材料受外力作用发生弹性变形时,外力和变形成比例增长时的比例系数,叫做弹性模数。而材料能承受的、不产生永久变形的最大应力叫做弹性极限,它表示金属材料的最大弹性。

六、硬度

金属材料抵抗其他更硬物体的压力,其表面或者说材料对局部塑性变形的抗力,叫做硬度。

硬度是衡量材料软硬程度的一种性能指标,根据试验方法和试验原理的不同,常用的有布氏硬度(HB)、洛氏硬度(HRA、HRB、HRC)、维氏硬度(HV)等,均属于压入法硬度试验,其值表示材料表面抵抗更硬的物体压入的能力。而肖氏硬度(HS)则属于回跳法硬度试验,其值代表金属弹性变形功的大小。因此,硬度值不是一个单纯的物理量,而是反映材料的弹性、塑性、形变强化、强度和韧性等的综合性能指标。金属材料的各种硬度值之间,硬度值与强度值之间具有近似的相应关系,可以由对照表或换算公式进行换算。常用的硬度分别为布氏硬度(HB)、洛氏硬度(HR)和维氏硬度(HV)等。

七、疲劳强度

金属在无数次交变载荷作用下而不致引起断裂的最大应力,称为疲劳强度。

八、铸造性

金属浇注成铸件时反映出来的难易程度,叫做铸造性或可铸性。金属铸造性能包括流动性、收缩性、偏析性等。

九、可锻性

金属材料承受热压力加工时的成形能力,即在压力加工时,金属材料改变形状的难易程度和不产生裂纹的性能,叫做可锻性。金属材料的可锻性与温度的关系很大。

十、可焊性

可焊性又叫焊接性,是把两块金属局部加热并使其接缝部分迅速呈熔化或半熔化状态,从而使之牢固地连接起来,而不产生裂纹的性能。

第三节　化学元素对钢材的影响

一、对碳钢的影响

碳钢中的基本元素是碳,它对钢材的性能起决定作用。在碳钢中,除碳元素外,还含有少量的锰、硅、硫、磷等元素,现分别讨论它们对钢的性能的影响。

(一)锰(Mn)

锰具有一定的脱氧能力,能够清除钢中的氧化亚铁(FeO),能与硫化合成硫化锰(MnS),减轻硫的有害作用。含锰量适当,能提高钢的强度和硬度,增加钢的耐磨性,减少气孔,提高焊缝的抗热裂性能,但塑性和冲击值降低。当含锰量≤1%时将增加焊缝的强度和韧性。当含锰量>1%时,则焊缝易产生裂纹和夹渣。锰对碳钢的性能有良好的影响,是一种有益元素。

(二)硅(Si)

硅是强脱氧剂,能消除氧化亚铁(FeO)对钢的不良影响。硅能溶入铁素体中,提高钢的强度,能使焊缝致密均匀,但含量过大时易使焊缝中形成夹渣,同时降低抗弯角度和冲击韧性。

(三)硫(S)

硫是钢中的有害杂质,含硫量多时,晶界处存在低熔点组成相,在热加工过程中容易产生热裂现象,即热脆。焊接时容易导致焊缝热裂,在焊接过程中硫易与氧化合生成SO_2,造成焊缝中产生气孔和疏松。因此,应限制其含量。

(四)磷(P)

磷是钢中的有害杂质,磷能与铁化合,并析出脆性化合物Fe_3P,使钢的塑性、韧性,特别是冲击值明显下降。在低温时尤为显著,即出现冷脆现象。磷的存在使钢的可焊性变坏,焊接时易产生裂纹。

(五)碳(C)

碳是一种强化元素,随着含碳量的增加,钢的强度和硬度提高,但塑性、韧性降低。随着含碳量的增加,钢的可焊性变坏。

(六)氧(O)

氧是钢中的有害元素,随着含氧量的增加,钢的强度、塑性和韧性降低。因此,在炼钢时应尽量做到完全脱氧。

(七)氮(N)

氮也是钢中的有害元素,氮过饱和地溶解在铁素体中,加热时会发生氮化物的析出,使钢的硬度、强度提高,塑性降低。

(八)氢(H)

氢也是钢中的有害元素,特别是高温高压下氢对碳钢有严重的应力腐蚀作用,出现氢脆现象,使钢材产生裂纹、白点和氢脆。

二、对合金钢的影响

(一)锰(Mn)

钢中含锰量超过 1% 时,称为锰钢。锰对提高低碳钢的强度有显著的作用,但使钢的塑性、韧性下降,焊接性能变坏,耐腐蚀性能降低。因此,其含量要适当,一般控制在 1.10% ~1.64%。

(二)硅(Si)

硅能提高钢的抗腐蚀和抗氧化能力,其冷加工硬化程度的能力极强,但硅会使钢的焊接性能恶化。硅作为合金元素加入钢中,一般不应少于 0.40%。

(三)铬(Cr)

铬能提高钢的淬透性和强度,具有良好的抗氧化性和腐蚀能力。但其含量超过 10% 时会使塑性和可焊性明显降低。

(四)钼(Mo)

钼能大大提高钢的淬透性及热强性,也可以消除或降低钢的热脆性和回火脆性,可以改善钢在高温高压下抗氢腐蚀的能力。

(五)钒(V)

钒有较好的细化晶粒的作用,使钢的强度和韧性同时得到改善,提高钢的耐磨性及回火稳定性,改善钢的焊接性能。但其含量不宜过多,否则会降低钢的热稳性。

第四节　钢材的热处理

一、概述

改善钢的性能,通常可以通过两种途径来实现,即调整钢的化学成分和对钢进行热处理。

钢的热处理是指对钢在固态下加热、保温和冷却,以改变其内部组织结构,从而改变钢的性能的一种工艺方法。目的是充分发挥材料潜力,节约钢材。钢的热处理也是提高产品质量,延长使用寿命的手段。

根据不同的要求和目的,以及采取的加热、保温和冷却规范,可将钢的热处理分为退火、正火、淬火、回火、调质等。

二、常用热处理工艺

(一)退火

将钢件加热到某一适当温度(见图 1-7-1),保温一定时间,然后随炉冷却,从而得到近似平衡组织的热处理方法,称退火。退火的目的是降低硬度,细化晶粒,提高强度、塑性和韧性,消除内应力等。根据退火的目的不同,又可分为完全退火、消除应力退火等。

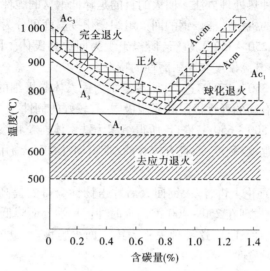

图1-7-1　各种退火、正火工艺的加热温度范围

(1)完全退火(又称重结晶退火):将钢加热到Ac_3以上20～40 ℃,使钢组织完全重结晶,可以细化晶粒,均匀组织,降低硬度。但随炉冷却时间长,生产率低。

(2)消除应力退火(又称低温退火):将钢加热到A_1以下,一般为500～650 ℃,保温缓冷到300 ℃空冷。主要用于消除焊接、热轧件、冷积压件等的内应力。钢无组织变化,残余应力是通过塑性变形或蠕变变形产生松弛而消除的。

(二)正火

正火是将钢加热到Ac_3或Ac_1以上40～60 ℃,保温后从炉中取出空冷的热处理方法。由于正火的冷却速度较退火快,因此所得到的珠光体组织较细,强度、硬度都有提高,具有较好的综合机械性能。

正火的目的与退火相似:

(1)对低碳钢正火处理,可细化晶粒,均匀组织,改善性能,而且工艺过程短,生产效率高,故对低碳钢不采用退火,而采用正火。

(2)对中碳钢正火处理,能提高强度、硬度。

(3)高碳钢正火处理,可以消除网状渗碳体。

(三)淬火

淬火是将钢材加热到临界温度以上(或Ac_1以上30～50 ℃),经过保温,使钢的组织全部转变为奥氏体,然后快速冷却(淬水或油),得到马氏体组织的一种热处理方法。

因冷却速度大于钢的临界冷却速度,故奥氏体将被过冷到240 ℃以下转变为马氏体组织。但含碳量小于0.25%的普通低碳钢,由于含碳量低,临界冷却速度很大,故不宜淬火而获得马氏体组织。

(四)回火

回火是将淬火后的钢材加热到 A_1(723 ℃)以下的某一温度,保温一段时间,然后在空气或油中冷却的一种热处理方法。回火的目的是降低钢材的脆性,消除内应力,稳定工件尺寸和获得所要求的机械性能。钢的回火组织变化按温度可分为以下几种。

(1)低温回火:在 250~350 ℃进行,所得组织为回火马氏体。回火后降低了淬火钢的内应力和脆性,保持其高硬度和高耐磨性的特点。

(2)中温回火:在 350~450 ℃进行,所得组织为铁素体与极细的粒状渗碳体,组成回火屈氏体。回火后具有高的弹性极限和屈服极限,有较好的韧性。

(3)高温回火:在 500~650 ℃进行,所得组织为铁素体与粒状渗碳体,组成回火索氏体。钢件具有一定的强度、硬度,而且有较好的塑性、韧性,工厂惯用淬火加高温回火,称调质处理。

(4)回火脆性:从理论上讲,淬火钢回火后冲击韧性会得到提高,在 400 ℃以上尤为显著,但在有些结构中发现在 250~400 ℃回火时冲击韧性反而降低,甚至比 150~200 ℃低温回火时的冲击韧性值还低,这种现象称为第一回火脆性。某些合金结构钢在 450~575 ℃出现第二次回火脆性。

(五)调质

通常将淬火加高温回火相结合的热处理工艺称为调质处理,简称调质。调质后获得回火索氏体组织,可使钢件得到强度与韧性相配合的良好的综合性能。与正火相比,在相同的硬度下,调质处理后的钢的强度、塑性和韧性较正火有明显的提高。

第五节　机电类特种设备常用金属材料

一、常用金属材料的基本要求

(1)优质碳素结构钢含碳量在 0.8% 以下,低合金钢的含碳量应小于 0.4%。机械零部件所用金属材料需考虑其力学性能、热处理性能、冲击韧性等方面的要求。焊接结构需用可焊性好的钢材。锻造件、铸造件及有色金属材料应满足国家标准或行业标准要求。

(2)以下情况的承重结构和构件不宜采用 Q235 沸腾钢。

①对于焊接结构:直接承受动力载荷或振动载荷且需要验算疲劳的结构;虽可以不计算疲劳但工作环境温度低于-20 ℃时的直接承受动载荷的结构以及受拉、受弯的重要承载结构;工作温度等于或低于-30 ℃的所有承载结构。

②对于非焊接结构:工作环境温度等于或低于-20 ℃的直接承受动载荷且需要计算疲劳的结构。

(3)承载结构件的钢材选择,应考虑结构的重要性、载荷特征、应力状态、连接方式和起重机工作环境温度及钢材厚度等因素。

金属结构的主要承载结构的构件,宜采用力学性能不低于 GB/T 700 中的 Q235 钢和 GB/T 699 中的 20 钢;当结构需要采用高强度钢材时,可采用力学性能不低于 GB/T 1591 中的 Q345、Q390、Q420 钢。

对厚度大于 50 mm 的钢板,当用做焊接承载构件时应慎重,当用做拉伸、弯曲等受力构件时,须增加横向取样的拉伸和冲击韧性的检验,应满足设计要求。

(4)在设计高强度钢材的结构构件时,应特别注意选择合理的焊接工艺并进行相应的焊接试验,以减小其制造内应力,防止焊缝开裂及控制高强度钢材结构的变形。

二、轴类常用材料

机电类特种设备所用的轴类零件大都属于重要零件,由于轴所受的载荷情况较为复杂,其截面上的应力多为交变应力,所以要求其材料具有良好的综合力学性能。

轴的材料常用优质碳素钢和合金钢。优质碳素钢比合金钢价格低廉,其强度也低一些,但优质碳素钢对应力集中的敏感性低。常用的优质碳素钢有 35、40、45 和 50 等牌号的优质碳素钢,其中以 45 钢最为常用。为保证材料的力学性能,通常都要进行调质或正火处理。对于重要的轴还要进行表面强化处理。

当对轴的强度和耐磨性要求较高时,或在高温或腐蚀性介质等条件下工作的轴,须采用合金钢。对耐磨性和韧性要求较高的轴,可选用 20Cr、20CrMnTi 等低碳合金钢,轴颈部位还要进行渗碳、淬火处理。对在高速和重载下工作的轴,可选用 38CrMoAl、40Cr、40CrNi 等合金钢。对于中碳合金钢,一般采用调质处理,以提高其综合力学性能。

第六节　机电类特种设备常用非金属材料

一、橡胶

橡胶是高弹性聚合物,橡胶按原料分为天然橡胶和合成橡胶。天然橡胶就是由三叶橡胶树割胶时流出的胶乳经凝固、干燥后而制得的。合成橡胶是由人工合成方法而制得的,采用不同的原料(单体)可以合成出不同种类的橡胶。橡胶在机电类特种设备中主要应用于轮胎、液压和气压系统中的胶管、电气系统中的电线、电缆、缓冲装置等。

使用橡胶材料时应注意充分考虑其耐候性、防腐性,以及有害物质含量的控制,还要根据具体使用情况定期更换橡胶零件。当作为驱动轮、支承轮时,其力学性能要符合表 1-7-1 及相关标准的要求。当采用橡胶充气轮胎时,充气压力应适度。

表 1-7-1　橡胶的力学性能指标

项目	单位	指标
抗拉强度	MPa	≥12
扯断伸长率	%	≥400
磨耗减量	cm³	≥0.9
橡胶与铁芯附着强度	MPa	≥1.30
硬度	邵尔 A 度(推荐值)	70~85

二、尼龙材料

聚酰胺俗称尼龙,英文名称 Polyamide(简称 PA),是分子主链上含有重复酰胺基团(NHCO)的热塑性树脂总称,也是一种韧性角状半透明或乳白色结晶性树脂。尼龙具有很高的机械强度,软化点高,耐热,摩擦系数小,耐磨损,有自润滑性、吸震性和消音性,耐油、耐弱酸、耐碱,电绝缘性好,以及有自熄性,无毒、无臭,耐候性好,染色性差等。缺点是吸水性大,影响尺寸稳定性和电气性能。尼龙与玻璃纤维亲合性十分良好,而玻璃纤维与尼龙结合,可降低树脂吸水率,增加强度,并使其能在高温、高湿条件下工作。尼龙材料的力学性能应符合表 1-7-2 的要求。

表 1-7-2   尼龙材料的力学性能指标

项目	单位	指标
抗拉强度	MPa	>73.6
抗弯强度	MPa	>138
冲击韧性	J/cm²	>39.2
硬度	HB	>21
热变形温度	℃	>70

三、聚氨酯材料

聚氨酯是一种新兴的有机高分子材料,被誉为"第五大塑料",因其卓越的性能而被广泛应用于国民经济众多领域。聚氨酯是一种很特别的聚合物,它由硬段和软段组成,硬段部分玻璃化转变温度很低,具有塑料的特性;软段部分玻璃化转变温度高于室温很多,具有橡胶的特性。在聚氨酯的合成过程中,通过控制聚合反应,可以调节聚合物的硬段和软段的比例,从而使聚氨酯表现为塑料或橡胶的特性。聚氨酯力学性能应符合表 1-7-3及相关标准的规定。

表 1-7-3   聚氨酯的力学性能指标

硬度 (邵尔 A 度)	300% 定伸强度 (MPa)	断裂强度 (MPa)	断裂伸长率 (%)	永久变形 (%)	剥离强度 (N/m)
80±5	≥10	≥35	≥450	≤15	$40×10^3$
90±5	≥12	≥40	≥450	≤20	$50×10^3$
≥90	≥14	≥45	≥400	≤30	$60×10^3$

四、玻璃钢材料

玻璃钢的学名是玻璃纤维增强塑料。它是一种以玻璃纤维及其制品(玻璃布、带、毡、纱等)作为增强材料,用合成树脂作基体材料的复合材料。

玻璃钢制件应不允许有浸渍不良、固化不良、气泡、切割面分层、厚度不均等缺陷;表面不允许有裂纹、破损、明显修补痕迹、布纹显露、皱纹、凸凹不平、色调不一致等缺陷,转角处过渡要圆滑,不得有毛刺;玻璃钢件与受力件直接连接时应有足够的强度,否则应预埋金属件。玻璃钢材料的力学性能应符合表1-7-4及相关标准的规定。

表1-7-4 玻璃钢材料的力学性能指标

项目	单位	指标
抗拉强度	MPa	≥ 78
抗弯强度	MPa	≥ 147
弹性模量	MPa	$\geq 7.3 \times 10^3$
冲击韧性	J/cm^2	≥ 11.7

五、塑料

塑料是具有塑性行为的材料。所谓塑性,是指受外力作用时发生形变,外力取消后仍能保持受力前的状态。塑料的弹性模量介于橡胶和纤维之间,受力能发生一定形变。软塑料接近橡胶,硬塑料接近纤维。塑料是一种单体原料以合成或缩合反应聚合而成的可以自由改变形体样式的高分子化合物。它由合成树脂及合成填料、增塑剂、稳定剂、润滑剂、色料等添加剂组成,主要成分是合成树脂。根据塑料的特性,通常将塑料分为通用塑料、工程塑料和特种塑料三种类型。机电类特种设备中主要用的是工程塑料,用于按钮、开关、仪表。

六、硬木材料

在机电类特种设备中,硬木主要用做地板和座椅材料、大型过山车的结构组件材料。

游乐设施使用木材时,应选用强度好、不易开裂的硬木,木材的含水率应小于18%,并且必须作阻燃和防腐处理。

第八章　焊　接

第一节　焊接定义及分类

一、焊接

焊接是利用原子之间的扩散与结合,使分离的金属材料牢固地连接起来,成为一个整体的过程。

二、焊接方法的分类

根据焊接过程的特点,习惯上把金属的焊接分为熔化焊、压力焊和钎焊三大类,常见焊接方法及分类如图 1-8-1 所示。

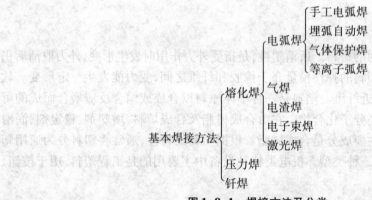

图 1-8-1　焊接方法及分类

第二节　常用的焊接方法及其特点

在机电类特种设备制造中,焊接方法占十分重要的地位,从某种意义上讲,焊接接头的质量反映了制造的质量,并直接影响结构的使用安全性。目前机电类特种设备普遍采用的焊接方法有手工电弧焊、埋弧自动焊和气体保护焊等。

一、手工电弧焊

(一)手工电弧焊的原理

焊接电弧的产生是利用具有一定电压的焊条与被焊工件之间瞬时接触而造成短路,

在短路时,短路电流集中在两个电极(焊条与工件)的几个接触点上,这几个接触点上的电流密度特别高,瞬时即把接触点加热到熔化状态并产生金属蒸气。

当焊条离开焊件,而保持较小的距离时,在电压的作用下,两极间气体电离,保证了电流通过两极的空间,阴极放出电子,这些电子正负离子分别奔向两极,即产生了焊接电弧。利用电弧所产生的热量将被焊金属和焊条金属熔化,并形成一种永久接头的过程,称为电弧焊。

手工电弧焊是用手工操作焊条进行焊接的电弧焊方法。在焊接过程中,焊条药皮熔化分解生成气体和熔渣,在气、渣的联合保护下,有效地排除了周围空气的有害影响,通过高温下熔化金属与熔渣间的冶金反应,还原与净化金属得到优质的焊缝。

手工电弧焊的过程如图1-8-2所示。电弧在焊条与焊件之间燃烧,电弧热使焊条和焊件同时熔化形成熔池,焊条金属熔滴借重力和电弧气体吹力向熔池过渡,当焊条向前移动时,焊条和焊件继续熔化汇成新的熔池,原先的熔池则不断冷却凝固构成连续的焊缝,覆盖在熔池表面的熔渣也随之凝固成渣壳。

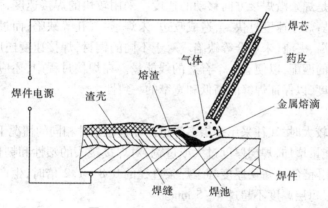

图1-8-2　手工电弧焊示意图

(二)手工电弧焊的特点

手工电弧焊能广泛应用,主要是因为它工艺灵活、适应性强,对各种位置、常用钢种、不同厚度的工件都能适用。特别是对不规则的焊缝、短焊缝、仰焊缝、高空和狭窄位置的焊缝,更显得机动灵活。采用手工电弧焊,还可以通过工艺调整,如跳焊、逆向焊、分段焊、对称焊等方法,来减少变形和改善应力分布。手工电弧焊的缺点是:生产效率低,焊接质量受焊工水平的影响,劳动强度大。

(三)手工电弧焊工艺参数及其对焊接质量的影响

手工电弧焊的焊接工艺参数主要是指焊条直径、焊接电流、电弧电压、焊接速度、焊接层数、电源种类和极性等。

1.焊条直径

焊条直径对焊接质量和生产效率影响很大,为了提高生产效率,应适当选用较大直径的焊条。但是,焊条过粗,在接头形式和坡口角度一定的情况下,将会造成未焊透和焊缝成形不良,因而影响焊接质量,特别是焊接对热输入量有要求的钢材和耐酸不锈钢时,不宜使用大直径的焊条;焊条过细,不但生产效率低,而且会影响焊接质量。实际上,焊条直径的选择主要取决于焊件的厚度、材质、接头形式、焊接位置以及焊接层数等。

2. 焊接电流

焊接电流过小,电弧不稳定,会造成未焊透和夹渣等缺陷,而且生产效率低。电流过大,则焊缝容易产生咬边和焊穿等缺陷,因此焊接电流大小要适当。焊接电流的选择,主要取决于焊条的类型、焊件材质、焊条直径、焊件厚度、接头形式、焊接位置以及焊接层次等。

3. 电弧电压

电弧电压也就是工作电压,它的大小由电弧长度来决定。电弧长,则电弧电压高;电弧短,则电弧电压低。在焊接过程中,电弧不宜过长,否则,不仅会出现电弧燃烧不稳定,增加金属飞溅,减少熔深,以及产生咬边等缺陷,而且还会由于空气中氧、氮的侵入,使焊缝产生气孔。因此,应尽量使用短弧,弧长最好不超过焊条的直径。

4. 焊接速度

焊接速度就是焊条沿焊接方向移动的速度。采用较快的焊接速度,可以获得较高的焊接生产率,但是,焊接速度过快,会造成咬边、未焊透、气孔等缺陷;而过慢的焊接速度,又会造成焊池漫溢、夹渣、未熔合等缺陷。对于不同的钢材,焊接速度还应与焊接电流及电弧电压有合适的匹配,以便有一个合适的线能量。在焊接过程中,还应根据具体情况,适当调整焊接速度,以保证焊缝的高低和宽窄的一致性。

5. 焊接层数

在焊件厚度较大时,往往采用多层多焊道。在其他条件相同的情况下,随焊层厚度或宽度的增加,线能量增加,焊层厚度过大或过宽,对焊接接头的塑性和韧性产生不良的影响。因此,根据实际经验,每层厚度等于焊条直径的 0.8 ~ 1.2 倍时,生产效率较高,且比较容易操作,一般每层厚度不超过 4 ~ 5 mm。

6. 电源种类和极性

电源的种类和极性主要取决于焊条的类型。直流电源的电弧燃烧稳定,焊接接头的质量容易保证,交流电源的电弧燃烧没有直流电源稳定,接头质量较难保证。

在机电类特种设备的实际焊接生产中,焊工应按照焊接工艺文件规定的焊接工艺参数施焊。

二、埋弧自动焊

(一)埋弧自动焊的原理

埋弧自动焊是电弧在焊剂层下燃烧的一种电弧焊方法。在焊剂层下,电弧在焊丝末端与焊件之间燃烧,使焊剂熔化、蒸发,形成气体,在电弧周围形成一个封闭空腔,电弧在这个空腔中稳定燃烧,焊丝不断送入,以熔滴状进入熔池,与熔化的母材金属混合,并受到熔化焊剂的还原、净化及合金化作用。随着焊接过程的进行,电弧向前移动,熔池冷却凝固后形成焊缝,较轻的熔渣浮在熔池的表面,有效地保护熔池金属,冷却后形成渣壳(见图 1-8-3)。

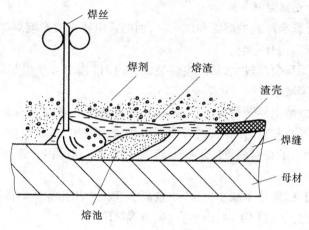

图 1-8-3　埋弧自动焊示意图

(二)埋弧自动焊的特点

1. 生产效率高

由于可以使用大电流,增大了单位时间内焊丝的熔化量,因此显著地提高了生产效率。若同手工电弧焊比较,板厚为 12 mm 时,效率就可提高 2 ~ 3 倍,特别是双丝(或多丝)以及带状电极的采用,更加提高了埋弧自动焊的生产效率。

2. 焊缝质量稳定,表面美观

焊缝的质量不受焊工的情绪及其疲劳程度的影响,焊缝的质量主要取决于自动焊机调整的优劣,以及原材料(即焊件、焊丝和焊剂)的质量。所以,在正确的工艺参数下,就可以获得化学成分均匀、表面光滑、平直的优质焊缝。

3. 节省焊接材料和电能

埋弧自动焊电弧熔透力强,对一定厚度的焊件,不开坡口也可以焊透,同时没有飞溅损失,从而减少了焊接材料和电能的消耗。

4. 改善了工人劳动条件

机械化的焊接改善了工人劳动强度。电弧在焊剂层下燃烧,消除了弧光及烟尘对焊工的有害影响。

5. 坡口精度要求高

由于是机械化焊接,对坡口精度、组对间隙等的要求就比较严格。

6. 应用范围比较窄

一般限于平焊位置、形状简单的长直焊缝。主要用于焊接碳钢、低合金高强度钢等。在机电类特种设备的制造中,埋弧自动焊得到了广泛的使用。

(三)埋弧自动焊的工艺参数及其对焊接质量的影响

埋弧自动焊的工艺参数,主要是指焊接电流、电弧电压、焊接速度、焊丝直径、焊丝伸出长度、电源种类和极性、焊剂种类以及焊件的坡口形式等。这些参数影响着焊缝的质量。

1. 焊接电流和电弧电压

焊接电流主要影响焊缝的熔深和加余高,而电弧电压主要影响焊缝的熔宽,焊接电流及电弧电压对焊缝形状有影响。

电流过大,熔深和余高过大,易产生热裂纹,焊接过程中甚至引起烧穿;电流过小,易产生未焊透、夹渣等缺陷。

电弧电压过大,熔宽显著增大,但是熔深和余高会减小,由于电弧过长,电弧燃烧就不稳定,易造成焊缝气孔和咬边缺陷,同时焊剂熔化量会增加,造成浪费;电弧电压过小,熔深和余高就加大。为了获得满意的焊缝形状,焊接电流与电弧电压应匹配好。

2. 焊接速度

焊接速度过快,熔宽显著减小,会产生余高小、咬边、气孔等缺陷;焊接速度过慢,熔池漫溢,会产生余高过大、成形粗糙、未熔合、夹渣等缺陷。

焊接速度对熔深有影响,随着焊接速度的变化,熔深也相应变化。当焊接速度较大时,熔深随焊接速度的增加而减小;当焊接速度较小时,随焊接速度的增加,熔深反而增加。这是因为焊接速度较小时,电弧的下部积聚着很厚的一层液态金属,随焊接速度的增加,电弧偏向后方,液态金属就排向熔池的后方,对熔池底部金属的加热量增加,从而使熔深加大。但是熔宽始终是随焊接速度的增加而减少的。

3. 焊丝直径与伸出长度

焊丝直径增大,弧柱直径随之增加,电弧加热的范围便扩大,这就使焊缝宽度增加,而熔深稍有下降;相反,则熔深增加,焊缝宽度减小。

采用埋弧自动焊时,焊丝的伸出长度一般为 30~40 mm。焊丝伸出长度越大,则受电阻热也越大,焊丝熔化越快,结果熔深减小,余高增加,这种现象对于细焊丝比较明显。伸出长度过大,在深坡口焊接时容易产生焊偏、未熔合、夹渣等缺陷。在焊接过程中,还应控制焊丝伸出长度的波动范围,一般不应超过 10 mm,否则影响焊缝的成形。

4. 电源种类和极性

不同的电源种类和极性,也影响焊缝的成形。采用直流反接时,与交流电源相比可以得到比较稳定的电弧和较大熔深。经验证明,在一定的条件下,采用相同的焊接规范,直流反接熔深可比交流时大 2.5~3 mm。

5. 焊剂种类

不同的焊剂具有不同的性能,如稳弧性影响电弧的长度,从而影响焊缝的熔宽和熔深;黏度、透气性、堆积密度影响焊缝表面质量和气孔产生的可能性。根据使用电流大小的不同,还应采用不同粒度的焊剂。小电流焊接时应采用粗颗粒焊剂,大电流焊接时应采用细颗粒焊剂。

6. 坡口形式和装配间隙

焊件的坡口形式以及装配间隙直接影响焊缝的熔合比。坡口及间隙越大,熔合比就越小,但是间隙过大容易穿透。厚板焊接时,坡口过小,容易产生未焊透、未熔合、夹渣、裂纹等缺陷,同时还会造成多层焊时的清渣困难。

三、气体保护焊

(一)气体保护焊的原理

气体保护焊是采用气体将空气和熔化金属机械地隔开,使熔化金属免受空气氧化与氮化的焊接方法,所用的保护气体应不对熔化金属起有害作用。常用的气体有氩气、氮气、二氧化碳(CO_2)等。

(二)气体保护焊的优点

气体保护焊与其他焊接方法比较有下列优点:

(1)它是明弧焊,电弧和弧池清晰可见,便于调整焊接参数,控制焊接质量。

(2)由于保护气流对弧柱有压缩作用,电弧热量集中,熔池小,结晶快,因此其焊接热影响区和焊接变形小,利于薄板焊接。

(3)焊接过程没有熔渣,便于实现机械化、自动化,同时降低了成本,减少了辅助劳动,提高了工效。

(4)采用氩、氮等惰性气体保护焊接活泼金属时,具有良好的焊接质量。

(三)二氧化碳气体保护焊

1. 二氧化碳气体保护焊的原理

CO_2气体保护焊是一种高效率的焊接方法,焊接时,在焊丝与焊件之间产生电弧来熔化金属,焊丝自动送进,被电弧熔化形成熔滴并进入熔池,CO_2气体经喷嘴喷出,包围电弧和熔池,起着隔离空气和保护焊接金属的作用。同时,CO_2气体还参与冶金反应,在高温下的氧化性有助于减少焊缝中的氢(见图1-8-4)。

2. 二氧化碳气体保护焊的特点

与其他焊接方法相比较,CO_2气体保护焊具有以下优点:

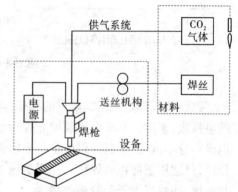

图1-8-4 二氧化碳气体保护焊示意图

(1)生产效率高。采用的电流密度大,穿透力强,熔深大,而且焊丝熔化率高,所以熔敷速度快,没有熔渣,节省了清渣时间,生产效率可比手工电弧焊高3倍。

(2)成本低。CO_2气体是工业副产品,价格相当于氩气的40%,故焊接成本低,CO_2气体保护焊的成本只有埋弧自动焊与手工电弧焊成本的40%~50%。

(3)耗能低。CO_2气体保护焊和手工电弧焊相比:3 mm厚钢板对接焊缝时,每米焊缝的用电量降低30%;25 mm厚钢板对接焊缝时,每米焊缝的用电量降低60%。

(4)抗裂性好。CO_2气体在高温时具有强烈的氧化性,可以减少金属熔池中游离态氢的含量,降低焊后出现冷裂纹的倾向。CO_2气体保护焊对锈污敏感性小,焊前对工件的清洁要求不高。

(5)适用范围宽。不论何种位置都可以进行焊接,薄板可焊到1 mm,最厚几乎不受限制(采用多层焊),而且焊接速度快,变形小。

（6）抗锈能力强。焊缝含氢量低,抗裂性能强。

（7）易于实现自动化。引弧操作便于监视和控制,有利于实现焊接过程机械化和自动化。

（四）氩弧焊

1. 氩弧焊的原理

氩弧焊是以氩气作为保护气体的一种电弧焊方法。

氩气从焊枪或焊炬的喷嘴喷出,在焊接区形成连续封闭的氩气层,对电极和焊接熔池起着机械保护的作用。

按所用电极不同,可分为非熔化极（钨极）氩弧焊和熔化极氩弧焊两种（见图1-8-5）。

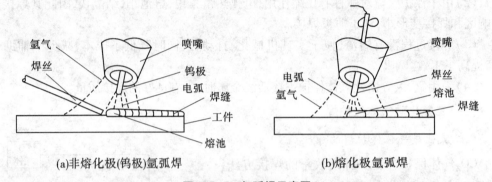

(a)非熔化极(钨极)氩弧焊　　　　　　　(b)熔化极氩弧焊

图1-8-5　氩弧焊示意图

钨极氩弧焊是采用高熔点的钨棒作为电极,在氩气的保护下,依靠钨棒和焊件间产生的电弧热,来熔化基本金属及填充焊丝的一种焊接方法,见图1-8-5（a）。钨极氩弧焊的电极本身不熔化,只起发射电子产生电弧的作用。因焊接电流受到钨棒的限制,电弧功率较小,只适用于薄板的焊接。在锅炉压力容器制造中,钨极氩弧焊广泛应用于管道环缝的封底焊、换热器管子和管板焊接等。

熔化极氩弧焊是采用连续送进的焊丝作为电极,在氩气的保护下,依靠焊丝和焊件间产生的电弧热,来熔化基本金属及焊丝的一种焊接方法,见图1-8-5（b）。由于可以采用较大的电流,电弧功率大,所以熔化极氩弧焊可用来焊接厚板。压力容器生产中熔化极氩弧焊常用于焊接铝及不锈钢。

2. 氩弧焊工艺参数及其对焊接质量的影响

氩弧焊焊接工艺参数主要是指焊接电流、电弧电压、焊接速度、钨极直径和形状、气体流量及喷嘴直径等。

焊接电流、电弧电压、焊接速度对焊缝形状的影响与手工电弧焊类似,在这里不加讨论,只简述喷嘴直径和氩气流量的影响。

1）喷嘴直径

喷嘴直径的大小,直接影响保护区的范围。如果喷嘴直径过大,不仅浪费氩气,而且妨碍操作,影响焊接质量;反之,则保护不良。

2)氩气流量

当氩气流量过大时,不仅浪费氩气,而且还会产生涡流,将空气卷入保护区,反而降低保护效果,导致电弧不稳定,焊缝产生气孔和氧化现象;反之,空气容易侵入熔池,保护不良,因此必须选择合适的氩气流量。

四、不同焊接方法焊缝外观成形特征

无损探伤人员在分析和判断各种焊接缺陷性质时,往往需要确定焊缝所采取的焊接方法。而通过观察焊缝外观成形的某些特征,可以帮助判断所采用的焊接方法。当然,影响焊缝成形的因素很复杂,既与材料的种类、焊材、焊接设备性能、工艺参数的选择有关,也与焊工技术水平、认真程度、思想状态有关。因此,我们在此只讨论对接焊缝常见的一些外观成形特征。

(一)手工电弧焊

手工电弧焊由于不受焊接位置的限制,所以应用极其广泛。焊缝外观成形的主要特征有:

(1)对接纵环焊缝有明显的多处搭接头(或修磨痕迹)。

(2)焊缝表面没有埋弧自动焊焊缝那样连续平直、光滑,局部边缘也不够整齐。表面焊瘤、凹陷等缺陷也较多。

(3)焊接位置不同,仔细观察发现,除平焊外,横、立、仰焊缝表面熔融金属有明显的由重力引起的向下侧流动的痕迹。焊瘤类缺陷更为明显。

(二)气体保护焊

气体保护焊焊缝外观成形的主要特征有:

(1)焊缝成形好,焊道平直整齐,焊缝表面光滑,表面缺陷极少。

(2)纵缝一般无明显搭接头,环缝一般只有一处搭接头(或修磨痕迹)。

(3)表面鱼鳞纹细腻清晰。

(三)埋弧自动焊

埋弧自动焊焊缝外观成形的主要特征有:

(1)焊缝表面光滑,焊道平直,边缘整齐。

(2)对纵缝无搭接头,环缝仅有一个搭接头(或搭接头修磨痕迹)。

(3)焊缝表面鱼鳞纹清晰整齐。

第三节　机电类特种设备常用金属材料的焊接

一、金属材料的焊接性能

金属材料的焊接性能又称为可焊性,是指金属材料在一定的条件下通过焊接形成优质接头的性能。如果一种材料用最普通、最简单的焊接工艺条件就可获得优质接头,则说明这种材料具有良好的可焊性;反之,如果一种金属材料要用特殊的复杂的焊接工艺条件才能获得优质接头,就说明它的可焊性差。

金属的可焊性通常分为工艺可焊性和使用可焊性两大类:

(1)工艺可焊性,主要指在一定的焊接条件下,焊接接头中出现各种裂纹及其他缺陷的可能性。

(2)使用可焊性,主要指在一定的焊接工艺条件下,焊接接头对使用要求的可靠性。包括焊接接头的机械性能(如强度、塑性、韧性、硬度以及抗裂缝扩展的能力等)和其他特殊性能(如耐热、耐腐蚀、耐低温、抗疲劳等)。

二、焊接接头的组织和性能

(一)焊接接头的形成

在焊接结构中,各零部件之间用焊接方法连接的部分称为焊接接头。焊接接头包括焊缝和热影响区两部分金属。

1. 焊缝的结晶

焊缝熔池的边缘是液态金属和母材金属的交界处,称为熔合线。此处的母材金属处于半熔化状态,焊缝的结晶就从熔合线的晶粒表面开始。因为熔合线是熔池中温度最低的部位,散热条件好,熔池金属就沿散热相反方向结晶,最后形成柱状晶粒。

2. 热影响区

在焊接热源的影响下,靠近熔池的一部分基本金属被加热到很高的温度,随后又迅速冷却。由于各点离焊缝的距离不同,所以各点所达到的最高温度也不同,又因为热传导需要一定的时间,所以各点是在不同时间达到最高温度的。

总的来看,在焊接过程中,各点都相当于受到了一次不同程度的热处理,因此必然会引起这部分金属相应的组织和性能的变化,故称这部分金属为热影响区。因为热影响区各点被加热的温度不同,所以它们的组织和性能也不同。

(二)影响焊接接头性能的主要因素

热影响区组织和性能的变化,以及焊接过程中引起的残余应力和变形等,都会影响焊接接头的性能。

1. 焊缝金属

影响焊缝金属的主要因素为焊缝金属的化学成分和固态时的冷却条件。

焊缝金属的化学成分对机械性能的影响如下。

碳(C):能提高焊缝金属的强度,但也是焊缝金属热裂纹的敏感元素。锅炉压力容器用钢含碳量应低于 0.25%。

锰(Mn):能提高焊缝金属的强度和硬度,增加钢的耐磨性,改善冲击韧性。当含锰量低于 2% 时可以细化晶粒,降低脆性转变温度,并有脱硫、降低对热裂纹的敏感性等作用,提高焊缝的抗热裂性能。

硅(Si):能提高焊缝金属的强度,含量不超过 0.25% ~ 0.5% 时,对冲击韧性影响不大。它也是良好的脱氧剂。硅能溶入铁素体中提高钢的强度,能使焊缝致密均匀,但含量过大时易使焊缝中形成夹渣,同时降低抗冲击韧性。

硫(S):钢中的有害杂质,含硫量多时,晶界处存在低熔点组成相,在热加工过程中容易产生热裂现象,即热脆。焊接时容易导致焊缝热裂,在焊接过程中硫易于氧化和生成

SO_2，造成焊缝中产生气孔和疏松。因此，应限制其含量。

磷(P)：钢中的有害杂质，磷能与碳化合，并析出脆性化合物 Fe_3P，使钢的塑性、韧性特别是冲击值明显下降。在低温时尤为显著，即出现冷脆。磷的含量高会使钢的塑性、韧性下降，使钢的可焊性变差，并导致焊缝及热影响区产生冷裂纹。

2. 热影响区

热影响区组织的变化会引起其性能的变化，其中主要是机械性能的变化。

(1)非热处理强化钢热影响区的强度、硬度有所提高，塑性、韧性有所下降，但总的来说变化不大。

(2)热处理强化钢热影响区金属强度、硬度下降较大，范围较宽，这部分称为软化区。而在熔合线处又会出现硬度、强度偏高的现象，且容易产生裂纹，这给焊接带来一些困难。同时，热循环还可能对接头产生腐蚀、氧化等。

(3)焊接热输入量是影响热影响区组织变化的主要因素。热输入量提高，则热影响区晶粒粗大，使韧性下降，故应对热输入量进行控制。

3. 焊后热处理

为了消除焊接残余应力，改善焊接接头的机械性能，把焊件加热到适当的温度，并保温，然后缓慢冷却，这一过程叫焊后热处理。可根据母材的化学成分、焊接性能、厚度、焊接接头的拘束度、使用条件和有关标准综合确定是否需要进行焊后热处理及热处理工艺。

三、低碳钢的焊接

低碳钢的焊接性能良好，不需要采用特殊的工艺措施就可以获得优质接头。只有在母材成分不合格(碳量偏高，硫、磷含量过高等)或施焊环境恶劣、焊件刚性过大等情况下，才有可能出现焊接裂纹。常用的钢材为 Q235 系列钢，它们的含碳量都在 0.2% 左右，并且含硫、磷量等都很低，所以可焊性良好。

(1)塑性好，淬硬倾向很小，焊缝和近缝区不易产生裂纹。

(2)镇静钢杂质少，偏析很少，对裂纹不敏感。

因此，对低碳钢焊接时一般焊前不需要预热，焊后不需要进行热处理；只有当壁厚大于一定程度时，焊后才进行热处理。

四、低合金钢的焊接

普通低合金钢是在低碳钢的基础上，通过添加少量多种合金元素(一般总量在 3.5% 以内)，以提高其强度或改善其使用性能。根据所加元素的不同，其强度等级相差很大。而且，由于强度等级不同，焊接性能差异也很大。

普通低合金钢的可焊性随其强度而异，强度等级低者可焊性良好，焊接时无须采用复杂的工艺措施即可获得满意的焊接接头。如 Q345 系列钢。

强度等级较高者可焊性较差，焊接时必须采取一定的工艺措施方能保证焊接质量。如 18MnMoNb，焊前必须预热，焊后立即进行热处理，自动焊时应控制一定的层间温度。

普通低合金钢在热影响区有淬硬倾向，应合理选择焊接工艺方法、焊接规范、焊口附近的起焊温度等工艺参数。

同时,随着钢材强度等级的提高,普通低合金钢在焊缝和热影响区,冷裂纹倾向也会加剧,冷裂纹一般主要发生在高强度钢的厚板中。应合理控制焊缝及热影响区的含氢量、热影响区的淬硬程度、焊接残余应力等。

第四节　机电类特种设备的焊接缺陷及防止措施

一、焊缝与接头形式

表1-8-1为常见的焊缝与接头形式。

表1-8-1　常见的焊缝与接头形式

序号	简图	坡口形式	接头形式	焊缝形式	序号	简图	坡口形式	接头形式	焊缝形式
1		I形	对接接头	对接焊缝(单面焊)	11		I形	对接接头	角焊缝
2		I形(有间隙,带垫板)	对接接头	对接焊缝	12		单边V形(带钝边)	对接接头	对接焊缝
3		I形	对接接头	对接焊缝(双面焊)	13		锁底接头		对接焊缝
4		V形(带钝边)	对接接头	对接焊缝	14		单边V形	T形接头	对接焊缝
5		V形(带垫板)	对接接头	对接焊缝	15		I形	T形接头	角焊缝
6		V形(带钝边)	对接接头	对接焊缝(有根部焊道)	16		K形(带钝边)	T形接头	对接焊缝
7		X形(带钝边)	对接接头	对接焊缝	17		塞焊搭接接头		塞焊缝
8		U形(带钝边)	对接接头	对接焊缝	18		单边V形(带钝边)	角接接头	对接焊缝

续表1-8-1

序号	简图	坡口形式	接头形式	焊缝形式	序号	简图	坡口形式	接头形式	焊缝形式
9		双U形（带钝边）	对接接头	对接焊缝	19	>30° <150°		角接接头	角焊缝
10		X形（带钝边）	对接接头	对接焊缝	20			角接接头	角焊缝

（一）焊缝形式

焊缝形式主要是指由坡口和接头的结构形式而形成的焊接连接方式。一般可分为对接焊缝、角焊缝、塞焊缝、端接焊缝、点焊缝(缝焊缝)。

(1)对接焊缝是在焊件的坡口面间或一焊件的坡口面与另一焊件表面间焊接的焊缝。对接焊缝可以在平板之间焊接形成。此类焊缝多用在结构的主要受力部位。

(2)角焊缝是沿两直交或近似直交焊件的交线所焊接的焊缝。角焊缝同样可以在板之间、型钢之间、型钢与板之间、管与板之间形成。

(3)塞焊缝是两焊件相叠,其中一块开有圆孔,然后在圆孔中焊接所形成的填满圆孔的焊缝。

（二）接头形式

接头形式主要是由相焊的两焊件的相对位置所决定的。一般可分为对接接头、角接接头、T形接头、搭接接头等。

(1)对接接头是两焊件端面相对平行的接头。

在对接接头中,还有一种较为特殊的形式,即锁底对接接头,这种接头是带垫板对接形式的改变,便于安装。

(2)角接接头是两焊件端面间构成大于30°、小于135°夹角的接头。

(3)T形接头是一焊件端面与另一焊件表面构成直角或近似直角的接头。

接头形式一般根据焊缝在结构中的受力状态及部位选择。对接接头和对接焊缝能承受较大的静载荷和动载荷,在结构中是常用的接头和焊缝形式;T形接头在焊接结构中也是较常用的,但是整个接头承受载荷,特别是承受动载荷的能力较对接接头差,一般在受力部位的T形接头多采用对接焊缝形式;角接接头一般用在不太重要的焊接结构或连接焊缝中;其他一些接头一般均在特殊情况下使用。

二、焊接接头的缺陷及防止措施

焊接接头质量的好坏,将直接影响到产品的使用寿命及安全性。如焊接质量不好,则有产生破坏事故的可能,造成生命和财产的严重损失。因此,必须认真分析焊接接头缺陷产生的原因和采取防止措施,以提高焊件质量。

（一）缺陷的分类

焊接接头缺陷的类型很多,按在接头中的位置可分为外部缺陷和内部缺陷两大类。

（1）外部缺陷:位于接头的表面,用肉眼或低倍放大镜就可看到,如咬边、焊瘤、弧坑（见图1-8-6～图1-8-8）,以及表面气孔和裂纹等。

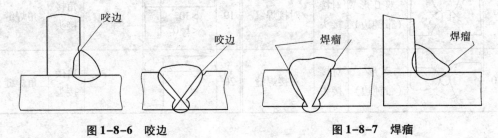

图1-8-6　咬边　　　　　　　　　　　　　　　图1-8-7　焊瘤

（2）内部缺陷:位于接头的内部,必须通过各种无损检测方法或破坏性试验才能发现。内部缺陷有未焊透、未熔合、夹渣、气孔、裂纹等,这些缺陷是无损探伤人员检查的主要对象。

图1-8-8　弧坑

（二）内部缺陷产生的原因及防止措施

1.未焊透

焊接时接头根部未完全熔透的现象叫未焊透（见图1-8-9）。

未焊透缺陷不仅降低了焊接接头的机械性能,而且在未焊透处的缺口和端部形成应力集中点,承载后往往会引起裂纹,是一种危险性缺陷。在锅炉压力容器的受压焊缝中,这类缺陷一般是不允许存在的。

产生原因:坡口钝边间隙太小,焊接电流太小或运条速度过快,坡口角度小,运条角度不对以及电弧偏吹等。

防止措施:合理选用坡口形式、装配间隙和采用正确的焊接工艺等。

2.未熔合

熔焊时焊道与母材之间或焊道与焊道之间未完全熔化结合的部分,点焊时母材与母材之间未完全熔化结合的部分（见图1-8-10）。

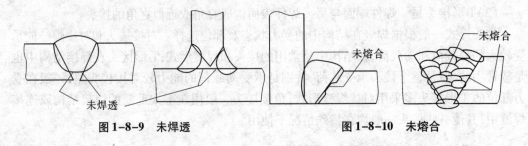

图1-8-9　未焊透　　　　　　　　　　　　　图1-8-10　未熔合

产生原因:坡口不干净,焊速太快,电流过小或过大,焊条角度不对,电弧偏吹等。

防止措施:正确选用坡口和焊接电流,坡口清理干净,正确操作,防止焊偏等。

3.夹渣

夹渣是指焊后残留在焊缝中的熔渣、金属氧化物夹杂等。

夹渣是焊缝常见的缺陷,其形状有条状和点状,外形不规则(见图1-8-11)。

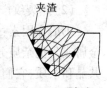

图1-8-11　夹渣

产生原因:焊接电流太小,速度过快,熔渣来不及浮起,焊接坡口和各层焊缝清理不净,基本金属和焊接材料化学成分不当,含硫、磷量较多等。

防止措施:正确选用焊接电流,焊接件的坡口角度不要太小,焊前必须把坡口清理干净。多层焊时必须层层清除焊渣,并合理选择运条角度和焊接速度等。

4. 气孔

气孔是在焊接过程中,由于焊缝内部存在的或外界侵入的气体在熔池金属凝固之前来不及逸出,而残留在焊缝金属内所形成的空穴。按其分布情况可分为单个气孔、密集气孔和链状气孔(见图1-8-12)。

单个气孔　　　　密集气孔　　　　链状气孔

图1-8-12　气孔

产生原因:焊材未按规定温度烘干,焊条药皮变质脱落,焊芯锈蚀,焊丝清理不干净,手工焊时电流过大,电弧过长;埋弧自动焊时电压过高或网路电压波动太大;气体保护焊时保护气体纯度低等,均易产生气孔。

焊缝中存在气孔,既破坏了焊缝金属的致密性,又使焊缝有效截面积减少,降低了机械性能,特别是存在链状气孔时,弯曲和冲击韧性会有比较明显的降低。

防止措施:不使用药皮开裂、剥落、变质及焊芯锈蚀的焊条,生锈的焊丝必须除锈后才能使用。所用焊接材料应按规定温度烘干,坡口及其两侧应清理干净,并要选用合适的焊接电流、电弧电压和焊接速度等。

5. 裂纹

裂纹是指在焊接过程中或焊后,在焊缝或热影响区中局部破裂的缝隙(见图1-8-13)。焊接裂纹是一种危害性最大的缺陷,它除降低焊接接头的强度外,还因裂纹的末端呈尖锐的缺口,焊件承载后,引起应力集中,成为结构断裂的起源。因此,在焊接结构中,不允许有裂纹存在。

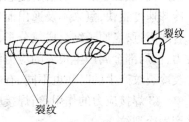

图1-8-13　裂纹

按照焊接裂纹产生的时间和温度的不同,一般可分为热裂纹、冷裂纹和再热裂纹。

1)热裂纹及其防止措施

(1)热裂纹的特征。

热裂纹又称结晶裂纹,产生在结晶时的冷却过程中,即焊缝金属有结晶开始一直到723 ℃以前所产生的裂纹。它主要发生在晶界,为沿晶界裂纹,具有晶间破坏性质,大多数产生在焊缝金属中心和弧坑处,纵向为多。当裂纹贯穿表面与外界空气相通时,断口有明显的氧化色,即蓝色或黑色。

（2）热裂纹产生的原因。

①冶金因素：焊接时熔池的冷却速度很快，很容易造成偏析（所谓偏析就是合金中纯金属或其他杂质分布不均匀的现象，杂质集中等）。被偏析出来的物质大多数为低熔点共晶和杂质，它们的熔点比焊缝金属低，在结晶过程中以"液态间层"存在。

②应力因素：当焊缝金属开始冷却时，体积要缩小，由于焊缝受热不均匀，周围冷金属势必阻止它的收缩，故必须产生拉应力，这种拉应力是在结晶尚未完毕，且有"液态间层"时呈现，就必然产生热裂纹。

（3）防止措施。

①限制母材和焊接材料中易偏析元素和有害杂质的含量，主要限制硫的含量，提高锰的含量。

②提高焊条或焊剂的碱度，以降低杂质含量，改善偏析程度。

2）冷裂纹及其防止措施

（1）冷裂纹的特征。

冷裂纹是焊后冷却到300 ℃以下产生的，有时在焊接后立即出现，有时在焊后几天、几周甚至更长的时间才出现，此种裂纹也称延迟裂纹或氢致裂纹。冷裂纹常产生在热影响区熔合线附近的过热区中，裂纹平行于熔合线，穿晶扩展。裂纹表面无明显氧化色，属脆性断口。

（2）冷裂纹产生的原因。

在焊缝热影响区的淬硬组织、焊接接头中的氢气和焊接应力三个因素的共同作用下，导致冷裂纹的产生。

①淬硬组织：被焊材料的淬硬倾向较大时，在冷却过程中，热影响区将产生马氏体组织转变，从而引起体积膨胀，金属的塑性下降、脆性增加，当受到大的焊接拉力作用时易裂开。

②氢的作用：在焊接高温作用下，氢以原子状态进入焊接熔池中，随着熔池温度的不断降低，氢在金属中的溶解度急剧下降；在金属发生相变时其溶解度将发生突变。焊接时冷却速度很快，氢来不及逸出而残留在焊缝中，过饱和的氢就向热影响区扩散，聚集在熔合线附近，氢原子结合成氢分子，以气体状态进入到金属的细微空隙中，并造成很大的压力，使局部金属产生很大的应力而形成冷裂纹。氢的扩散在不同材料中速度不同，因此这类冷裂纹产生的时间也不同，有的具有延迟性，这类焊接冷裂纹又称延迟裂纹。

③焊接应力的作用：当焊接应力为拉应力并与氢的析集和淬硬组织同时发生时，极易产生冷裂纹。

（3）防止冷裂纹的措施。

①焊前预热，焊后缓慢冷却，使热影响区的奥氏体分解能在足够高的温度区间内进行，避免淬硬组织的产生，同时也有减小焊接应力的作用。

②焊接后及时进行低温退火、去氢处理，消除焊接时产生的应力，并使氢及时扩散到外界去。

③选用低氢型焊条和碱性焊剂或奥氏体不锈钢焊条焊丝等，焊材按规定烘干，并严格清理坡口。

④加强焊接时的保护和被焊处表面的清理，避免氢的侵入。

⑤选用合理的焊接规范,采用合理的装焊程序,以改善焊件的应力状态。

3)再热裂纹及其防止措施

(1)再热裂纹的特征。

对于某些含有沉淀强化元素的钢类(如珠光体耐热钢、某些低合金高强度钢等)厚壁容器,在焊后并未发现裂纹,而在焊后热处理过程中却产生裂纹,或在 $500 \sim 600$ ℃条件下长期工作,也会产生裂纹,故称其为再热裂纹。

再热裂纹一般产生在焊缝热影响区的粗晶粒部位,沿晶界开裂。

(2)再热裂纹产生的原因。

①沉淀强化的影响:一些金属材料具有再热裂纹的敏感性,在热处理过程中,在焊接热影响区的粗晶粒部位,沉淀相析出,引起粗晶部位的塑性不足。

②应力作用:当焊接接头中存在较大残余应力,且有应力集中时才会产生再热裂纹。

③再热温度的作用:再热裂纹一般在 $550 \sim 650$ ℃最敏感,在热处理温度作用下,由于应力松弛而引起较大的附加变形,当粗晶粒部位的塑性不足以适应应力松弛所产生的附加变形时,则沿晶界发生开裂。

(3)防止再热裂纹的措施。

①选用低匹配的焊接材料,适当降低焊缝金属的强度,提高其塑性变形能力,降低焊接接头应力集中程度,可以降低再热裂纹的敏感性。

②选用合适的焊接接头形式,改善应力状态。

③预热可以有效地防止再热裂纹的产生。

④选用合理的焊接工艺,根据不同材料选用合适焊接线能量。

第九章　常用紧固件形式

所谓紧固件为将两个或两个以上零件(或构件)紧固连接成为一件整体时所采用的一类机械零件的总称。

在各种机械、设备、车辆、船舶、铁路、桥梁、建筑、结构、工具、仪器、仪表和用品等上面,都可以看到各式各样的紧固件。它的特点是品种规格繁多,性能用途各异,而且标准化、系列化、通用化的程度也极高。因此,也有人把已有国家标准的一类紧固件称为标准紧固件,或简称为标准件。

第一节　常用紧固件的种类

常用紧固件包括螺栓、螺柱、螺钉、螺母、自攻螺钉、木螺钉、垫圈、挡圈、销、铆钉、组合件和连接副、焊钉。

一、螺栓

螺栓是由头部和螺杆(带有外螺纹的圆柱体)两部分组成的一类紧固件,需与螺母配合,用于紧固连接两个带有通孔的零件。这种连接形式称螺栓连接。如把螺母从螺栓上旋下,则可以使这两个零件分开,故螺栓连接属于可拆卸连接。

螺栓的头部形状很多,但最常用的是六角头螺栓。六角头又分为标准六角头和小六角头两种。冷镦工艺生产的小六角头螺栓具有材料利用率高、生产成本低、机械性能好等优点,但由于头部尺寸较小,不宜用于经常装拆和强度低、易锈蚀的被连接件上。常用螺栓材料为 Q215、Q235、35、45 等碳素钢。对于要求强度高、尺寸小的螺栓可采用合金钢制成(见图 1-9-1)。

二、螺柱

螺柱是没有头部,两端均外带螺纹中部为光杆的一类紧固件。连接时,它的一端(称为座端)必须旋入带有内螺纹孔的零件中,另一端(称为螺母端)穿过带有通孔的零件中,然后旋上螺母,即使这两个零件紧固连接成一件整体。这种连接形式称为螺柱连接,也属于可拆卸连接。它主要用于被连接零件之一厚度较大、要求结构紧凑,或因拆卸频繁,不宜采用螺栓连接的场合。一般可分为 A 型和 B 型两种(见图 1-9-2、图 1-9-3)。

图 1-9-1　螺栓　　　　图 1-9-2　A 型双头螺柱　　　　图 1-9-3　B 型双头螺柱

三、螺钉

螺钉也是由头部和螺杆两部分构成的一类紧固件,按用途可以分为三类:机器螺钉、紧定螺钉和特殊用途螺钉。机器螺钉主要用于一个紧定螺纹孔的零件与一个带有通孔的零件之间的紧固连接,不需要螺母配合(这种连接形式称为螺钉连接,也属于可拆卸连接;也可以与螺母配合,用于两个带有通孔的零件之间的紧固连接)。紧定螺钉主要用于固定两个零件之间的相对位置。特殊用途螺钉如吊环螺钉等,供吊装零件用(见图1-9-4)。

图1-9-4 螺钉

螺钉与螺栓的不同之处在于螺钉的头部形状较多,必须留有按扳手或起子的位置,且用于连接时不必与螺母配合使用。紧定螺钉末端要顶住被连接件之一的表面或相应的凹坑,所以末端也具有各种形状。

四、螺母

螺母带有内螺纹孔,形状一般呈扁六角柱形,也有呈扁方柱形或扁圆柱形,配合螺栓、螺柱或机器螺钉,用于紧固连接两个零件,使之成为一件整体。

螺母的形状很多,常用的有六角螺母和圆螺母(见图1-9-5、图1-9-6)。六角螺母应用最广,按要求又有厚薄的不同,扁螺母用于尺寸受到限制的地方,厚螺母用于经常装拆易于磨损的场合。圆螺母一般尺寸较大,常用于轴上零件的轴向固定。

图1-9-5 六角螺母

图1-9-6 圆螺母

其他特殊类别的螺母有高强度自锁螺母和尼龙自锁螺母。高强度自锁螺母为自锁螺母的一个分类,具有强度高、可靠性强的特点。它主要是引进欧洲技术作为前提,用于筑路机械、矿山机械、振动机械设备等,目前国内生产该类产品的厂家甚少。尼龙自锁螺母则是一种新型高抗振防松紧固零件,能应用于温度-50～100 ℃的各种机械、电器产品中。目前,宇航设备、航空设备、坦克、矿山机械、汽车运输机械、农业机械、纺织机械、电器产品等对尼龙自锁螺母的需求量剧增,这是因为它的抗振防松性能大大高于其他各种防松装置,而且振动寿命要高几倍甚至几十倍。当前机械设备的事故有 80% 以上是由于紧固件的松动而造成的,特别在矿山机械中尤为严重,而使用尼龙自锁螺母就可以杜绝由于紧固件松脱所造成的重大事故。

五、自攻螺钉

自攻螺钉与机器螺钉相似,但螺杆上的螺纹为专用的自攻螺钉用螺纹。它用于紧固连接两个薄的金属构件,使之成为一件整体 ,构件上需要事先制出小孔。这种螺钉具有较高的硬度,可以直接旋入构件的孔中,使构件中形成相应的内螺纹。这种连接形式也是属于可拆卸连接。

六、木螺钉

木螺钉也与机器螺钉相似,但螺杆上的螺纹为专用的木螺钉用螺纹。它可以直接旋入木质构件(或零件)中,用于把一个带通孔的金属(或非金属)零件与一个木质构件紧固连接在一起。这种连接也属于可以拆卸连接。

七、垫圈

垫圈是形状呈扁圆环形的一类紧固件。它置于螺栓、螺钉或螺母的支撑面与连接零件表面之间,起着增大被连接零件接触表面面积、降低单位面积压力、遮盖被连接件不平的接触表面和保护被连接零件表面不被损坏的作用;另一类弹性垫圈,还能起着阻止螺母回松的作用。垫圈种类很多,常用的有平垫圈、斜垫圈、弹簧垫圈、止动垫圈和球面垫圈等(见图 1-9-7)。

(a)平垫圈　　　　　(b)斜垫圈　　　　　(c)弹簧垫圈

图 1-9-7　垫圈

八、挡圈

挡圈装在机器、设备的轴槽或孔槽中,起着阻止轴上或孔上的零件左右移动的作用。

九、销

销主要供零件定位用,有的也可供零件连接、固定零件、传递动力或锁定其他紧固件之用。

十、铆钉

铆钉是由头部和钉杆两部分构成的一类紧固件,用于紧固连接两个带通孔的零件(或构件),使之成为一件整体。这种连接形式称为铆钉连接,简称铆接。这种连接属于不可拆卸连接,因为要使连接在一起的两个零件分开,必须破坏零件上的铆钉。

十一、组合件和连接副

组合件是指组合供应的一类紧固件,如将某种机器螺钉(或螺栓、自攻螺钉)与平垫圈(或弹簧垫圈、锁紧垫圈)组合供应。连接副是指将某种专用螺栓、螺母和垫圈组合供应的一类紧固件,如钢结构用高强度大六角头螺栓连接副。

十二、焊钉

焊钉是由钉体、保护瓷环和引弧结构成的异类紧固件,用焊接方法把它固定连接在一个零件(或构件)上面,以便再与其他零件进行连接。

第二节 机电类特种设备典型连接形式

一、螺纹连接

(一)综述

螺纹连接是用螺纹件(或被连接件的螺纹部分)将被连接件连成一体的可拆卸连接方式,螺纹连接具有螺纹拧紧时能产生很大的轴向力、能方便地实现自锁、外形尺寸小、制造简单、能保持较高的精度等主要特点,因而被广泛用于机械或是结构的连接。常用螺纹的类型、特点及应用见表1-9-1。

常用的螺纹连接件有螺栓、螺柱、螺钉和紧定螺钉等,多为标准件。

(二)螺纹连接的基本类型

1.螺栓连接

采用螺栓连接时,无须在被连接件上切制螺纹,不受被连接件材料的限制,构造简单,装拆方便,但一般情况下需要在螺栓头部和螺母两边进行装配。螺栓连接是应用很广的连接方式,根据传力方式的不同,螺栓连接分为受拉连接和受剪连接。

受拉连接的结构特点是在被连接件上不必切制螺纹孔,螺栓杆和通孔间留有间隙(一般孔径比栓径大2~4 mm),故通孔的加工精度低,结构简单,装拆方便,成本低。螺栓预紧后,被连接件之间相应地产生正压力,横向载荷由接触面之间的摩擦力来承受。显然,连接的正常工作条件是被连接件之间不发生相对滑移,即螺栓预紧后,接触面的最大静摩擦力不小于横向载荷。使用受拉连接时不受被连接件材料的限制,因此它是最常用的一种连接形式(见图1-9-8)。

受剪连接大多采用铰制孔用螺栓,孔与螺栓杆多采用基孔制过渡配合(H7/m6、H7/n6)。这种连接能精确固定被连接件的相对位置,并能承受横向载荷,但孔的加工精度要求较高。铰制孔用螺栓连接是靠螺栓杆受剪切和挤压来承受横向载荷的。当工作时,螺栓在被连接件之间的接合面处受到剪切,螺栓杆与被连接件的孔壁相互挤压(见图1-9-9)。

表 1-9-1　常用螺纹的类型、特点及应用

类型	牙形图	特点及应用
三角螺纹	60°	牙形为等边三角形，牙形角 $\alpha = 60°$，牙根强度较高，自锁性能好，是最常用的连接螺纹。同一公称直径按螺距大小分为粗牙和细牙螺纹。一般情况下用粗牙螺纹，细牙螺纹常用于薄壁零件或变载荷的连接，也可用于微调机构的调整螺纹
矩形螺纹		牙形为正方形，牙形角 $\alpha = 0°$，牙厚为螺距的一半，尚未标准化。传动效率较其他螺纹高，故多用于传动。缺点是牙根强度较低，磨损后间隙难以补偿，传中精度较低
梯形螺纹	30°	牙形为等腰梯形，牙形角 $\alpha = 30°$。传动效率比矩形螺纹略低，但工艺性好，牙根强度高，避免了矩形螺纹的缺点，是最常用的传动螺纹
锯齿形螺纹	30° 3°	牙形为不等腰梯形，工作面牙形角为 3°，非工作面牙形角为 30°。它兼有矩形螺纹传动效率高和梯形螺纹牙根强度高的优点，但只能用于单方向的螺旋传动中
管螺纹	55°	牙形角 $\alpha = 55°$，连接紧密，内外螺纹无间隙。英制螺纹，常用于密封性要求较高的场合，如管道的连接，管子的内径为公称直径。

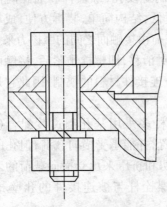

图 1-9-8　普通螺栓连接

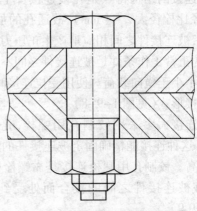

图 1-9-9　铰制孔用螺栓连接

普通螺栓连接是最早出现的连接形式,后来又出现如图1-9-10所示的高强度螺栓连接副。高强度螺栓连接副是靠连接件接触面间的摩擦力来阻止其相互滑移的,为使接触面有足够的摩擦力,就必须提高构件的夹紧力和增大构件接触面的摩擦系数。构件间的夹紧力是通过拧紧螺母对螺栓施加预拉力来实现的,所以高强度螺栓的螺杆、螺帽和垫圈都由高强度钢材料制造(45、40B、20MnTiB、35CrMoA等),并经热处理,就是希望预紧力大些,因而摩擦力也可以大一些,这也是称为高强度螺栓连接的原因。

高强度螺栓常用8.8级和10.9级两个强度等级,其中10.9级居多。而普通螺栓强度等级要低一些,一般为4.4级、4.8级、5.6级和8.8级。

为了保证连接有较大的摩擦力,应对构件接触表面进行喷砂、喷小铁丸和酸洗等除锈处理,最好再涂以无机富锌漆,以防止再生锈。

安装高强度螺栓时应设法保证各螺栓中的预拉力达到规定数值,避免超拉和欠拉。常用的拧紧方法有两种:一种是使用定扭矩扳手,在扭矩达到规定

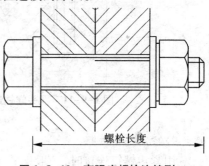

图1-9-10　高强度螺栓连接副

值时便发出响声或者自动停机;另一种是先由人力拧到相当紧的程度,再用冲击式扳手将螺母拧过半圈即可。

每个高强度螺栓要配用两个用高强度钢制造的垫圈,以防止钢板表面被螺栓头和螺帽压陷或磨伤。

我国目前生产供应的高强度螺栓没有摩擦型和承压型之分,只是在确定承载能力时区分摩擦型与承压型,即按设计准则来区分。摩擦型高强度螺栓不允许外剪力超过构件间的摩擦力,仅靠摩擦力传递外力,而承压型高强度螺栓允许外剪力超过构件接触面间的摩擦力而产生滑移,使栓杆抵住孔壁,通过摩擦与承压共同传力,故其承载能力比摩擦型高强度螺栓高50%以上。

美国开始应用高强度螺栓时,按完全靠摩擦传力设计。后来考虑到外力超过摩擦力而引起滑动,使栓身抵住孔壁,通过摩擦和承压的共同作用而传力。1969年后美国将高强度螺栓连接分为摩擦型和承压型两类,对于承受静力载荷且容许有较大的连接变形时,宜用承压型;对于承受动载荷又需有较小的连接变形时,则宜用摩擦型。起重机结构多用摩擦型高强度螺栓。

2. 双头螺柱连接

这种连接是利用双头螺柱的一端旋入较厚的被连接件中,另一端与螺母旋合,拆卸时只拧下螺母,不拧下螺柱。它一般适用于被连接件之一较厚不便穿孔,或由于结构限制必须采用盲孔的场合(见图1-9-11)。

3. 螺钉连接

螺钉连接不用螺母,直接拧入被连接件的螺纹孔中。这种连接在结构上比双头螺柱简单、紧凑,且有光整的外露表面,其用途和双头螺柱相似,但不宜经常装拆,以免损坏被连接件的螺孔(见图1-9-12)。

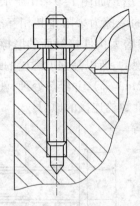

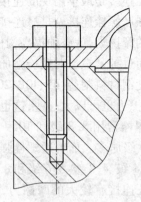

图 1-9-11　双头螺柱连接　　　　　　　图 1-9-12　螺钉连接

4. 紧定螺钉连接

用紧定螺钉连接时,一般把紧定螺钉旋入被连接件的螺孔中,其末端顶入另一被连接件的表面或凹坑中,以固定两零件的相对位置,并可传递不大的轴向力或转矩(见图 1-9-13)。

(三) 螺纹连接的防松

从理论上讲,螺纹连接都能满足自锁条件,在静载荷和温度变化不大时不会自行松脱。但是在交变、冲击和振动载荷作用下,连接仍可能失去自锁作用而松脱,使连接失效,造成事故。为了使连接安全可靠,必须采用有效的防松装置。

螺纹连接防松的根本问题在于防止螺旋副的相对转动。防松的方法很多,按工作原理不同可分为以下三类。

1. 摩擦防松

这类防松措施是使拧紧的螺纹之间不因外载荷变化而失

图 1-9-13　紧定螺钉连接

去压力,始终有摩擦力防止连接松脱。这种方法不十分可靠,故多用在冲击和振动不剧烈的场合。常用的有以下几种。

(1)对顶螺母:利用两螺母的对顶作用使螺栓始终受到附加拉力,而使螺纹间产生一定的附加摩擦力来防止螺母松动。它一般适用于平稳、低速和重载的固定装置上的连接(见图 1-9-14)。

(2)尼龙圈锁紧螺母:主要利用螺母末端嵌有的尼龙圈锁紧。当拧紧在螺栓上时,尼龙圈内孔被胀大,从横向压紧螺纹而箍紧螺栓。其防松作用很好,目前得到广泛应用(见图 1-9-15)。

(3)弹簧垫圈:是一个具有斜切口而两端错开的环形垫圈,通常用 65Mn 钢制成,经热处理后富有弹性。螺母拧紧后,因垫圈的弹性反力使螺纹间保持一定的摩擦阻力,从而防止螺母松脱。此外,垫圈斜口尖端的抵挡作用也有助于防松。其缺点是由于垫圈的弹力不均,在冲击、振动的工作条件下,防松效果较差,一般用于不太重要的连接(见图 1-9-16)。

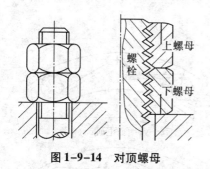

图 1-9-14　对顶螺母

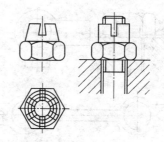

图 1-9-15　尼龙圈锁紧螺母

2.机械防松

这类防松装置是利用各种止动零件来阻止拧紧的螺纹零件相对转动。这类防松方法十分可靠,应用很广。

(1)开口销与槽形螺母:开口销穿过螺母上的槽和螺栓末端上的孔后,尾端掰开,使螺母与螺栓不能相对转动,从而达到防松的目的。这种防松装置常用于有振动的高速机械(见图 1-9-17)。

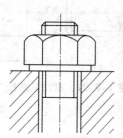

图 1-9-16　弹簧垫圈

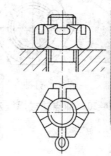

图 1-9-17　开口销与槽形螺母

(2)止动垫圈:螺母拧紧后,将单耳或双耳止动垫圈分别向螺母和被连接件的侧面折弯贴紧,即可将螺母锁住。若两个螺栓需要双联锁紧,可采用双联止动垫圈,使两个螺母相互制动(见图 1-9-18)。

(3)串联钢丝:用低碳钢丝穿入各螺钉头部的孔内,将各螺钉串联起来,使其相互制动。使用时必须注意钢丝的串联方向。一般适用于螺钉组连接,防松可靠,但装拆不便(见图 1-9-19)。

3.永久性防松

(1)冲点(焊接)法防松:螺母拧紧后,利用冲头在螺栓末端与螺母的旋合缝处打冲或在螺栓末端与螺母的旋合缝处焊接。这种防松方法可靠,但拆卸后连接件不能重复使用(见图 1-9-20)。

(2)黏结法防松:用黏合剂涂于螺纹旋合表面,拧紧螺母后黏合剂能自行固化,防松效果良好(见图 1-9-21)。

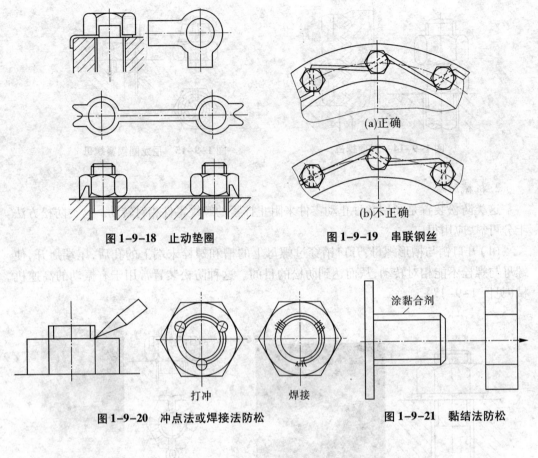

图1-9-18　止动垫圈　　　　　　图1-9-19　串联钢丝

图1-9-20　冲点法或焊接法防松　　　图1-9-21　黏结法防松

打冲　　　焊接

涂黏合剂

(a)正确

(b)不正确

二、销轴连接

销轴是一类标准化的紧固件,既可静态固定连接,亦可与被连接件做相对运动,主要用于两零件的铰接处,构成铰链连接。销轴通常用开口销锁定,其工作可靠,拆卸方便。

根据销轴连接的功能,销可分为定位销、连接销、安全销等;若按销轴的形状可分为圆柱销、圆锥销和开口销等。

(一)定位销

定位销用来固定两个零件之间的相对位置,它是组合加工和装配时的重要辅助零件。定位销通常不受载荷或只受很小的载荷,数目一般不少于两个,并安装在两个零件接合面的对角处,以加大两销之间的距离,增加定位的精度。销装入每一被连接件内的长度为销直径的1~2倍。

圆柱销利用过盈配合固定,多次拆卸会降低定位精度和可靠性;圆锥销常用的锥度为1:50,装配方便,定位精度高,多次拆卸不会影响定位精度(见图1-9-22、图1-9-23)。

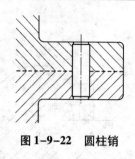　　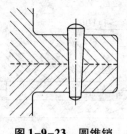

图 1-9-22　圆柱销　　　　　图 1-9-23　圆锥销

（二）连接销

用于连接的销称为连接销,可以用来传递不大的载荷。连接销的类型可根据工作要求选定,其尺寸可根据连接的结构特点按经验或规范确定,必要时再按剪切和挤压强度条件进行校核计算(见图 1-9-24)。

（三）安全销

销作为安全装置中的过载剪断元件时,称为安全销。安全销在机器过载时应被剪断,因此销的直径应按过载时被剪断的条件确定。为了确保安全销被剪断而不提前发生挤压破坏,通常可在安全销上加一个销套(见图 1-9-25)。

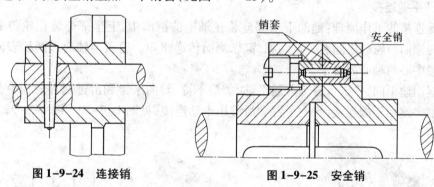

图 1-9-24　连接销　　　　　图 1-9-25　安全销

三、键连接

键是一种标准零件,通常用于轴与轮毂之间的周向固定以传递转矩,有的还能实现轴上零件的轴向固定或轴向移动导向。按键的结构形式,键的连接主要有:平键连接、半圆键连接、楔键连接和切向键连接(见图 1-9-26 ~ 图 1-9-29)。

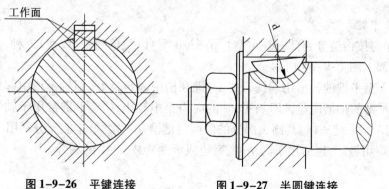

图 1-9-26　平键连接　　　　　图 1-9-27　半圆键连接

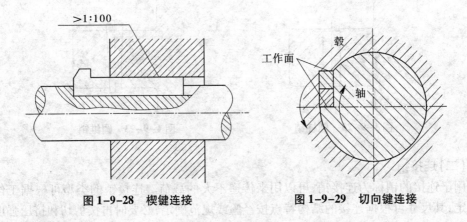

图 1-9-28　楔键连接　　　　　　　　图 1-9-29　切向键连接

平键连接和半圆键连接为松键连接,楔键连接和切向键连接为紧键连接。

松键连接中,键的两侧面是工作面,工作时,靠键与键槽侧面的挤压来传递转矩。键的上表面和轮毂的键槽底面间留有间隙,对中性好,装拆方便。

紧键连接用于静连接,键上、下面是工作面。

(一)平键连接

平键连接的工作原理:键的下半部分装在轴上的键槽中,上半部分装在轮毂的键槽中。键的顶面与轮毂之间有少量间隙,键靠侧面传递扭矩。轮毂与轴通过圆柱表面配合实现轮毂中心与轴心的对中。

根据用途不同,平键可分为普通平键、薄型平键、导向平键和滑键四种。其中普通平键和薄型平键用于静连接,导向平键和滑键用于动连接(见图 1-9-30 ~ 图 1-9-32)。

图 1-9-30　普通平键　　　　图 1-9-31　导向平键　　　　图 1-9-32　滑键

1. 普通平键

普通平键按构造分,有圆头(A 型)、平头(B 型)以及单圆头(C 型)三种,其结构形式如图 1-9-33 ~ 图 1-9-35 所示。

特点:A 型平键的轴槽用端铣刀加工,键在槽中固定良好,但轴上槽引起的应力集中较大;B 型平键的轴槽用盘铣刀加工,轴的应力集中较小;C 型平键常用于轴端与毂类零件连接,与 A 型平键一样,其圆头部分的侧面与键槽并不接触,未能充分利用。

用途:应用最广,也适用于高精度、高速或承受变载、冲击的场合。

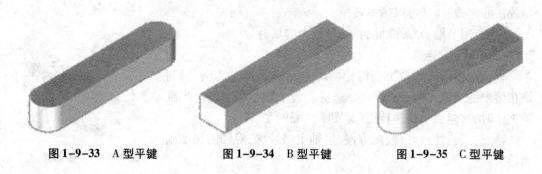

图 1-9-33　A 型平键　　　　图 1-9-34　B 型平键　　　　图 1-9-35　C 型平键

2.薄型平键

薄型平键与普通平键的主要区别在于,薄型平键的高度为普通平键的 60% ~ 70% ,结构形式相同,但传递转矩的能力较低。薄型平键主要用于薄壁结构、空心轴以及一些径向尺寸受限制的场合。

3.导向平键

当被连接的毂类零件在工作中必须在轴上作轴向移动时,则可采用导向平键。导向平键是一种较长的平键(见图 1-9-36、图 1-9-37)。

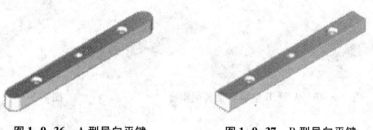

图 1-9-36　A 型导向平键　　　　图 1-9-37　B 型导向平键

特点:键用螺钉固定在轴上,键与轮毂键槽为间隙配合,轴上零件能作轴向移动。为了拆卸键的方便,键上设有起键螺钉孔,以便拧入螺钉使键退出键槽。

用途:用于轴上零件轴向移动量不大的场合,如变速箱中的滑移齿轮。

4.滑键

当零件需滑移的距离较大时,因所需导向平键的长度过大,制造困难,故宜采用滑键(见图 1-9-38)。

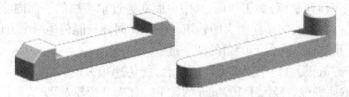

图 1-9-38　滑键

特点:滑键固定在轮毂上,轴上零件在轴上的键槽中作轴向移动。这样只需在轴上铣出较长的键槽,而键可以做得较短。

应用:用于轴上零件轴向移动量较大的场合。

(二)半圆键连接

轴上键槽用尺寸与半圆键相同的半圆键槽铣刀铣出,因而键在槽中能绕其几何中心摆动以适应轮毂中键槽的斜度。半圆键工作时,靠侧面来传递转矩(见图1-9-39)。

图1-9-39 半圆键

特点:工艺性较好,装配方便,但轴上槽较深,对轴的强度削弱较大。

用途:一般用于轻载静连接,适用于轴的锥形端部与轮毂的连接。

(三)楔键连接

键的上、下两面是工作面。键的上表面和毂槽的底面各有1:100的斜度,装配时需打入,使键的上、下表面与轮毂和轴上键槽的底面压紧,工作时靠工作面的楔紧作用产生的摩擦力传递转矩,并能承受单向轴向力和起轴向定位作用。按其结构形式可分为普通楔键和钩头楔键(见图1-9-40、图1-9-41)。

图1-9-40 A型、B型和C型普通楔键　　　图1-9-41 钩头楔键

特点:能轴向固定零件和传递单方向的轴向力,但使轴上零件与轴的配合产生偏心与偏斜。

用途:用于精度要求不高、转速较低时传递较大的、双向的或有振动的转矩。有钩头的用于不能从另一端将键打出的场合。钩头供拆卸用,应注意加保护罩。

(四)切向键连接

由一对斜度为1:100的楔键组成,装配时,两个键分别自轮毂两端楔入,装配后两个相互平行的窄面是工作面,工作时依靠工作面的挤压传递转矩。结构形式如图1-9-29所示。

特点:上、下两面(窄面)为工作面,其中一面在通过轴心线的平面内。工作面上的压力沿轴的切线方向作用,能传递很大的转矩。一个切向键只能传递一个方向的转矩,传递双向转矩时,须用互成120°~130°角的两个键。

用途:用于载荷很大、对中要求不严的场合,能传递很大的转矩。由于键槽对轴削弱较大,常用于重型机械直径大于100 mm的轴上。如大型带轮及飞轮,矿用大型绞车的卷筒及齿轮等与轴的连接。

四、花键连接

花键连接由具有周向均匀分布多个键齿的花键轴(又称内花键)和具有同样数目键槽的轮毂(称外花键)组成(见图1-9-42)。内、外花键均为多齿零件,在内圆柱表面上的花键为内花键,在外圆柱表面上的花键为外花键。显然,花键连接是平键连接在数目上的发展,齿的侧面为工作面。

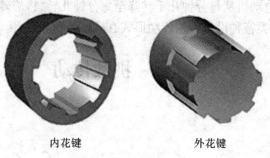

内花键　　　　　　　　　外花键

图1-9-42　花键连接

花键按齿形可分为矩形花键和渐开线花键。矩形花键齿形简单,易于制造,应用广泛;而渐开线花键齿根厚,强度高,加工工艺性好,适用于载荷较大及尺寸较大的连接。

特点:由于结构形式和制造工艺的不同,与平键连接比较,花键连接在强度、工艺和使用方面有许多特点。因为在轴上与毂孔上直接而均匀地制出较多的齿与槽,故连接受力较为均匀;因槽较浅,齿根处应力集中较小,轴与毂的强度削弱较少;齿数较多,总接触面积较大,因而可承受较大的载荷;轴上零件与轴的对中性好,这对高速及精密机器很重要;导向性好,这对动连接很重要;可用磨削的方法提高加工精度及连接质量;制造工艺较复杂,有时需要专门设备,成本较高。

用途:用于定心精度要求高、传递转矩大或经常滑移的连接。

第十章　典型传动形式

在机电类特种设备中,传动系统是必不可少的,也是整体设备中极为重要的组成部分,如将高速旋转的电动机从每分钟几千转降至每分钟几转,将旋转运动转变成各种所需形式的运动等。机电类特种设备常用传动形式有机械传动、液压传动、气压传动等。

第一节　机械传动

一、带传动

(一)传动原理

这是一种以张紧在至少两轮上的带传动作为传力媒介,靠带与轮接触间的摩擦力来传递运动与动力的装置。为了使带传动能够正常工作,套在大、小带轮外圆上的带在传动系统不工作时,要受到带轮的压力,使带被预紧,从而提供带传动工作时所需的摩擦力。当主动轮转动时,在带与带轮接触面间产生摩擦力的作用下,带两边的拉力发生变化,使带与两带轮同时运动,主动轮上的摩擦力的方向和主动轮运转方向相同,从动轮上摩擦力的方向与带传动方向相同(见图1-10-1)。

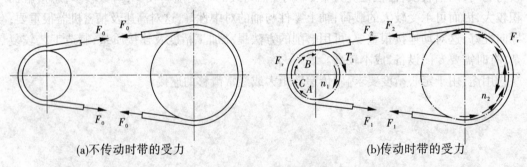

(a)不传动时带的受力　　　　　　　　　　(b)传动时带的受力

图1-10-1　平带传动

(二)特点

带传动靠带和轮之间的摩擦力来传递动力,而传力媒介带是挠动件,因此这种传动具有如下特点。

(1)优点:有过载保护作用、缓冲吸振作用,运行平稳,无噪声,适用于远距离传动(最大距离为15 m),制造、安装精度要求不高。

(2)缺点:有弹性滑动,使传动比不恒定,张紧力较大(与啮合传动相比)和轴上压力较大,结构尺寸较大,不紧凑,易打滑,使传动带寿命缩短,带与带轮间会产生摩擦放电现象,不适宜高温、易燃、易爆的场合。

（三）类型

带传动的类型非常多,但最常用的有平形带传动、V 形带传动、多楔带传动、同步带传动等。

二、齿轮传动

（一）特点

齿轮机构就是由圆周上均匀分布的某种轮廓曲面的齿轮组成的传动机构。齿轮机构是各种机械设备中应用最广泛、最多的一种机构,因而是最重要的一种传动机构。之所以成为最重要的传动机构,是因为其传动比恒定,传动效率高,圆周速度和所传递功率范围大,使用寿命较长,可以传递空间任意两轴之间的运动,结构紧凑。

齿轮机构的缺点是制造和安装的精度要求较高,成本较高。当精度低时,噪声较大。齿轮机构不适用于两轴距离较远时的传动,无过载保护作用。

（二）类型

齿轮传动一般根据两轴的相对位置和轮齿方向、齿轮传动工作条件、齿轮曲面等三种情况分类,如图 1-10-2 所示。

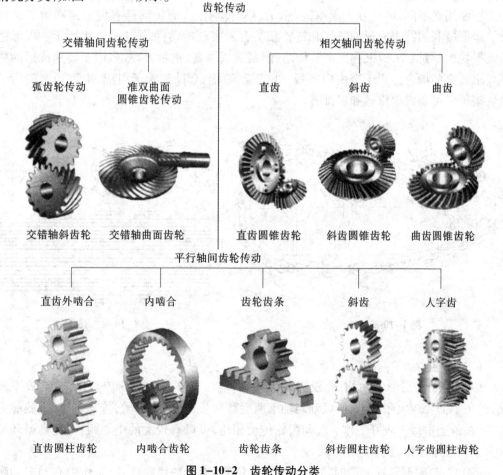

图 1-10-2　齿轮传动分类

（1）根据两轴相对位置分类：分为平行轴间齿轮传动、相交轴间齿轮传动、交错轴间齿轮传动。

（2）根据工作条件分类：分为开式齿轮传动（齿轮暴露在外，不能保证良好润滑）、半开式齿轮传动（齿轮浸入油池，有保护罩，但不封闭）、闭式齿轮传动（齿轮、轴和轴承等都装在封闭箱体内，润滑条件良好，灰尘不易进入，安装精确，齿轮传动有良好的工作条件）。

（3）根据齿廓曲面分类：分为渐开线齿轮（具有渐开线齿面，结构最简单、最基本，应用最广泛）、圆弧齿轮（具有圆弧曲面的齿面，承载能力高于渐开线齿轮，适用于高速重载的场合）、摆线齿轮（齿廓曲线为外摆线）和谐波齿轮（该齿轮传动中含有柔性轮，传动比较大，传递的功率较大）四种。

三、链传动

（一）类型

链传动是以链条为中间传动件的啮合传动，一般由主动链轮、从动链轮和绕在链轮上并与链轮啮合的链条三部分组成（见图1-10-3）。

按照用途不同，链可分为起重链、牵引链和传动链。而传动链有齿形链和滚子链两种。齿形链利用特定齿形的链片和链轮相啮合来实现传动，如图1-10-4所示。齿形链传动平稳，噪声很小，故又称无声链传动，但制造成本高，重量大，故多用于高速或运动精度要求较高的场合。滚子链由内链板、外链板、销轴、套筒和滚子组成，也称为套筒滚子链。滚子链可制成单排链和多排链。

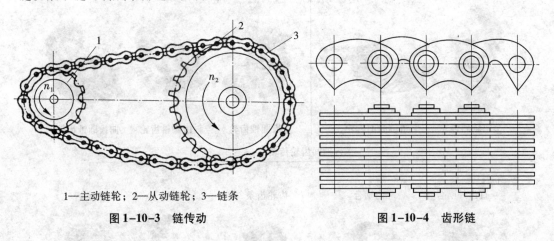

1—主动链轮；2—从动链轮；3—链条
图1-10-3　链传动　　　　　　　　　　图1-10-4　齿形链

（二）特点

（1）优点：①与带传动相比，没有弹性滑动，能保持准确的平均传动比，传动效率较高；链条不需要较大张紧力，所以轴与轴承所受载荷较小；不会打滑，传动可靠，过载能力强，能在低速重载下较好工作。②与齿轮传动相比，可以有较大的中心距，可在高温环境和多尘环境中工作，成本较低。

（2）缺点：瞬时链速和瞬时传动比都是变化的，传动平稳性较差，工作中有冲击和噪声,适合高速场合,不适用于转动方向频繁改变的情况。

四、蜗杆传动

蜗杆传动是用来传递空间两交错轴之间的运动和动力的一种方式,两轴夹角一般为90°。

(一)类型

蜗杆传动分锥面蜗杆传动、圆弧面蜗杆传动、圆柱蜗杆传动三大类。圆柱蜗杆传动又分为圆弧圆柱蜗杆传动和普通圆柱蜗杆传动两种。而普通圆柱蜗杆传动又有阿基米德蜗杆、渐开线蜗杆和法向直廓蜗杆三类(见图1-10-5)。

(二)特点

(1)优点:可以得到很大的传动比,比交错轴斜齿轮机构紧凑;两轮啮合齿面间为线接触,其承载能力大大高于交错斜轴斜齿轮机构;蜗杆传动相当于螺旋传动,为多齿啮合传动,故传动平稳,噪声很小;具有自锁性。当蜗杆的导程角小于啮合轮齿间的当量摩擦角时,机构具有自锁性,可实现反向自锁,即只能由蜗杆带动蜗轮,而不能由蜗轮带动蜗杆。

图1-10-5 蜗杆传动

(2)缺点:传动效率较低,磨损较严重。一方面,蜗轮蜗杆啮合传动时,啮合轮齿间的相对滑动速度大,故摩擦损耗大、效率低;另一方面,相对滑动速度大使齿面磨损严重、发热大。为了散热和减小磨损,常采用价格较为昂贵的减磨性与抗磨性较好的材料及良好的润滑装置,因而成本较高。另外,蜗杆轴向力较大。

第二节 液压传动

一、工作原理

液压传动是利用静压传递原理产生动力的工作方式。在大小缸体连通的密封容器中盛满液体,当小活塞在作用力 F 足够大时即形成下压,小缸体内的液体就会流入大缸体内,依靠液体压力推动大活塞,将重物 W 举升。这种力和运动的传递是通过容器内的液体来实现的。液压传动模型如图1-10-6所示。

二、系统的组成

液压传动系统主要由动力元件(油泵)、执行元件(油缸或液压马达)、控制元件(各类阀)、辅助元件和工作介质五部分组成。

(1)动力元件:利用液体把原动机的机械能转换成液压能,是液压传动中的动力部分。

(2)执行元件:是将液体的液压能转换成机械能。其中,油缸作直线运动,马达作旋转运动。

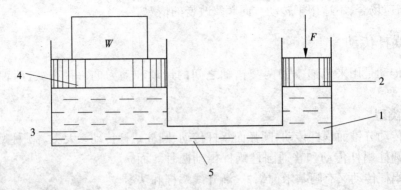

1,3—缸体；2,4—活塞；5—连通管

图1-10-6　液压传动模型

（3）控制元件：包括压力阀、流量阀和方向阀等。它们的作用是根据需要无级调速，并对液压系统中工作液体的压力、流量和流向进行调节控制。

（4）辅助元件：除上述三部分外的其他元件，包括蓄能装置、各种管件接头（扩口式、焊接式、卡套式）、快换接头、软管总成、测压接头、管夹等，它们同样十分重要。

（5）工作介质：是指各类液压传动中的液压油或乳化液，它能实现能量转换。

三、特点

（一）优点

（1）体积小，重量轻，惯性力较小，当突然过载或停车时，不会发生大的冲击。

（2）能在给定范围内平衡地自动调节牵引速度，并可实现无级调速，且调速范围最大可达到1：2 000（一般为1：100）。

（3）换向容易，在不改变电机旋转方向的情况下，可以较方便地实现工作机构旋转和直线往复运动转换。

（4）液压泵和液压马达之间用油管连接，在空间布置上彼此不受严格限制。

（5）工作介质为油液，元件相对运动表面间能自行润滑，磨损小，使用寿命长。

（6）操纵控制简便，自动化程度高。

（7）容易实现过载保护。

（8）液压元件实现了标准化、系列化、通用化，便于设计、制造和使用。

（二）缺点

（1）对系统的维护要求高，工作油要始终保持清洁。

（2）对液压元件制造精度要求高，工艺复杂，成本较高。

（3）液压元件维修较复杂，且需要较高的技术水平。

（4）液压传动对油温变化较敏感，这会影响它的工作稳定性。因此，液压传动不宜在很高或很低的温度下工作，一般工作温度在-15～60 ℃较合适。

（5）液压传动在能量转化的过程中，特别是在节流调速系统中的压力大，也就是损失大，故系统效率较低。

第三节　气压传动

一、工作原理

气压传动是以压缩气体为工作介质,靠气体的压力传递动力或信息的液体传动。传递动力的系统是将压缩空气经由管道和控制阀输送给气动执行元件,把压缩气体的压力能转换为机械能而做功;传递信息的系统是利用气动逻辑元件或射流元件以实现逻辑运算等功能,亦称气动控制系统。

二、系统组成

气压传动由气源、气动执行元件、气动控制阀和气动辅件组成。气源一般由压缩机提供。气动执行元件把压缩气体的压力能转换为机械能,用来驱动工作部件,包括汽缸和气动马达。气动控制阀用来调节气流的方向、压力和流量,因此气动控制阀也相应分为方向控制阀、压力控制阀和流量控制阀。气动辅件包括净化空气用的分水滤气器,改善空气润滑性能的油雾器,消除噪声的消声器,管子联件等。在气压传动系统中还有用来感受和传递各种信息的气动传感器。

三、特点

(一)优点

(1)空气随处可取,取之不尽,节省了购买、储存、运输介质的费用;用后的空气直接排入大气,对环境无污染,处理方便。不必设置回收管路,因而也不存在介质变质、补充和更换等问题。

(2)空气黏度小(约为液压油的万分之一),在管内流动阻力小,且压力损失小,便于集中供气和远距离输送。即使有泄漏,也不会像液压油一样污染环境。

(3)与液压油相比,气动反应快,动作迅速,维护简单,管路不易堵塞。

(4)气动元件结构简单、制造容易,便于实现标准化、系列化、通用化。

(5)气动系统对工作环境适应性好,特别是在易燃、易爆、多尘埃、强磁、辐射、振动等恶劣工作环境中工作时,安全可靠性优于液压、电子和电气系统。

(6)空气具有可压缩性,使气动系统能够实现过载自动保护,也便于储存能量,以备急需。

(7)排气时气体因膨胀而使温度降低,因而气动设备可以自动降温,长期运行也不会发生过热现象。

(二)缺点

(1)与液压系统相比,操作力较小。

(2)受负载变化的影响较大。

第十一章　电气技术

第一节　概　述

机电类特种设备的动作如起动、运转、换向和停止等均由电气或液压控制系统来完成,为了使设备运转动作平稳、准确、安全可靠,离不开电气有效的传动、控制与保护。

一、电气传动

对电气传动的要求有:调速、平稳或快速起制动、纠偏、保持同步、机构间的动作协调、吊重止摆等。其中调速常作为重要要求。

电气调速分为两大类:直流调速和交流调速。

(一)直流调速

直流调速具有过载能力大、调速比大、起制动性能好、适合频繁的起制动、事故率低等优点。缺点是系统结构复杂,价格昂贵,需要直流电源等。直流调速的特点是:

(1)固定电压供电的直流串激电动机,改变外串电阻和接法的直流调速。

(2)可控电压供电的直流发电机—电动机的直流调速。

(3)可控电压供电的晶闸管供电—直流电动机系统的直流调速。

(二)交流调速

交流调速分为三大类:变频、变极、变转差率。

(1)变频调速技术目前已大量地应用到起重机的无级调速作业当中,电子变压变频调速系统的主体——变频器已有系列产品供货。

(2)变极调速目前主要应用在葫芦式起重机的鼠笼式双绕组变极电动机上,采用改变电机极对数来实现调速。

(3)变转差率调速方式较多,如改变绕线式异步电动机外串电阻法、转子晶闸管脉冲调速法等。

除上述调速外,还有双电机调速、液力推动器调速、动力制动调速、转子脉冲调速、涡流制动器调速、定子调压调速等。

二、典型电气控制形式

(一)可编程序控制器

它采用可以编制程序的存储器,用来在其内部存储执行逻辑运算、顺序运算、计时、计数和算术运算等操作的指令,并能通过数字式或模拟式的输入和输出,控制各种类型的机械或生产过程。它具有可靠性高、抗干扰能力强、应用灵活、适用性强、易学易用、编程方便、功能强、扩展性好、系统开发周期短、维护方便、容易改造、体积小、重量轻、能耗低等特点。

(二)自动定位装置

起重机的自动定位一般是根据被控对象的使用环境、精度要求来确定装置的结构形式。自动定位装置通常使用各种检测元件与继电接触器或可编程序控制器,相互配合达到自动定位的目的。

(三)运行机构的纠偏和电气同步

纠偏分为人为纠偏和自动纠偏。人为纠偏是指当偏斜超过一定值后,偏斜信号发生器发出信号,司机断开超前侧的电动机,接通滞后侧的电动机进行调整。自动纠偏是指当偏斜超过一定值时,纠偏指令发生器发出指令,系统进行自动纠偏。

电气同步是指在交流传动中,常采用带有均衡电动机的电轴系统,实现电气同步。

(四)地面操纵、有线与无线遥控

地面操纵是用手动按钮开关,即通常所称的手电门,直接实现控制。

有线遥控是以专用的电缆或动力线作为载波体,对信号用调制解调传输方式,达到只用少通道即可实现控制的方法。

无线遥控是利用当代电子技术,将信息以电波或光波为通道形式传输达到控制的目的。

三、电气设备

(一)构成

不同类型的电气设备是多种多样的,主要由电动机(包括鼠笼式电动机、绕线式异步电动机、直流电动机等)、制动电磁铁(包括单相电磁铁、三相电磁铁、液压推动器和液压电磁铁等)、控制电器(包括控制器、接触器、控制屏和电阻器等)和保护电器(包括保护柜、控制屏、过电流继电器、行程限位、紧急开关、安全联锁开关及熔断器等)构成。

(二)电气设备的工作特点

电气设备的工作特点是:工作繁重,控制要求多,在移动中工作,工作环境较差。有些机电类设备是重复短时工作的(如起重机械),因此电气设备要经常地承受短时过载。机电类特种设备大多属于多电动机拖动,起动、反转、制动等要求较高,保护种类较多,使得控制比较复杂。电气设备随整机在移动中工作,又有滑动接触,并且在空中工作过程中,灰尘、烟尘多,温度变化大,在室外工作的还有日晒雨淋的危害,因此电气设备必须具有较高的可靠性。

四、电气回路

根据电气回路的具体作用,可分为主回路、控制回路和辅助回路(照明信号电路)等。

(一)主回路(动力电路)

主电路是指直接用来驱动电动机运转的那部分电气回路。它一般是由主滑触线开始,经保护柜刀开关、保护柜接触器主触头,再经过各机构控制器定子触头至各相应电动机,即由电动机外接电路和电动机绕组两部分组成。外接电路有外接定子回路和外接转子回路,简称定子回路(就是电动机定子与电源间的电路,主要控制电动机正反转)和转子回路(包括附加电阻元件与控制器连接的电路)。

(二)控制回路

控制回路又称为联锁保护回路,它控制整机总电源的接通与分断,从而实现各种安全保护。因此,总电源的接通与分断,就取决于主接触器主触头的接通与否,而控制回路就是控制主接触器主触头的接通与分断,也就是控制整机总电源的接通与分断,故这部分控制主回路通断的电路被称为控制回路。控制回路由零位保护部分、其他电气保护部分、安全限位部分、各种联锁保护部分、紧急断电保护部分等组成。

1.零位保护电路的原理

零位保护是指电路中各控制器零位触头任一个不闭合(即其控制器手柄置于工作位置),按下起动按钮,控制回路不能形成闭合回路,无法使接触器通电吸合,整机不能起动。这就避免了在控制器手柄置于工作位置时接通电源而发生危险动作所造成的危害与事故。

2.其他电气保护电路的原理

1)短路保护

短路保护是短路故障发生后的保护措施。当电气控制线路中的电器或配线绝缘遭到损坏、负载短路、接线错误时,都将产生短路故障。短路时产生的瞬时故障电流是额定电流的十几至几十倍。电器或配电线路因短路电流产生的强大电动力可能损坏、产生电弧,甚至引起火灾。短路保护要求在故障产生后的极短时间内切断电源,常用方法是在线路中串接熔断器或低压断路器。低压断路器动作电流整定为电动机起动电流的 1.2 倍。

2)过载保护

过载是指电动机运行电流超过其额定电流但小于 1.5 倍额定电流的运行状态,此运行状态在电流运行状态范围内。若电动机长期过载运行,其绕组温升将超过允许值而使绝缘老化或损坏。过载保护要求不受电动机短时过载冲击电流或短路电流的影响而瞬时动作,通常采用热继电器作为过载保护元件。只有当 6 倍以上额定电流通过热继电器时,经 5 s 后才动作,可能在热继电器动作前,热继电器的加热元件已烧坏,所以在使用热继电器作为过载保护时,必须同时装有熔断器或低压断路器等短路保护装置。

3)过电流保护

过电流是指电动机或电器元件超过其额定电流的运行状态,过电流一般比短路电流小,在 6 倍额定电流以内,但在电动机频繁起动和频繁正反转时,电气线路中发生过电流的可能性大于短路时的。在过电流的情况下,若能在达到最大允许温升之前电流值恢复正常,电器元件仍能正常工作,但是过电流造成的冲击电流会损坏电动机,所产生的瞬时电磁大转矩会损坏机械传动部件,因此要及时切断电源。过电流保护常采用过电流继电器实现。其原理是将过电流继电器线圈串接在被保护线路中,当电流达到其整定值,过电流继电器动作,其常闭触头串接在接触器线圈所在的支路中,使接触器线圈断电,再通过主电路中接触器的主触头断开,使电动机电源及时切断。

4)欠压保护

欠压保护是当电源停电或者由于某种原因电源电压降低过多(欠压)时,保护装置能使电动机自动从电源上切除。因为当失压或欠压时,接触器线圈电流将消失或减小,失去电磁力,或电磁力不足以吸住动铁芯,因而能断开主触头,切断电源。欠压保护的好处是当电源电压恢复时,如不重新按下起动按钮,电动机就不会自行转动(因自锁触头也是断开的),避免了事故发生。如果不是采用继电器接触控制,而是直接用闸刀开关进行控制,由于在停电时往往忽视断开电源开关,电源电压恢复时,电动机就会自行起动,会引发事故。欠压保护的好处是,可以保证异步电动机不在电压过低的情况下运行。

5)缺相保护

缺相就是在正常的三相电源中某一相断路。缺相时,原有的三相设备会降低输出功率,使其不能正常工作,或造成事故,因此对于一些重要的设备需要增加缺相保护装置。由于线路电源缺相时,会产生负序电流分量,导致三相电流不均衡或过大,从而引起电动机迅速烧毁事故,一般的电动机都装有缺相保护装置。

6)接地保护

电气设备的任何部分与土壤之间作良好的电气连接,称为接地。接地是利用大地为电力系统正常运行、发生故障和遭受雷击等情况时提供对地电流,构成回路,从而保证电力系统中各个环节(包括发电、变电、电气装置和人身、输电、配电和用电的电气设备)的安全。按其作用的不同,分为工作接地、保护接地、防雷接地、重复接地、保护接零等。

7)电击防护

触电分为直接接触和间接接触。直接接触和间接接触所造成的电击分别称为直接电击和间接电击。低压配电系统的电击防护一般采取直接接触防护、间接接触防护和两者兼有的防护三种措施。其中直接接触防护适用于正常工作时的电击防护或基本防护,间接接触防护适用于故障情况下的电击防护。

3.安全限位电路的原理

安全限位电路用来限制电动机所带动的机械越位,以免发生越位事故。当电动机带动机械运转到端点,碰撞到限位开关时,限位触点断开,相反方向的一条支路的限位触点已成断路,所以两条并联的小支路全部断路,整个安全限位线路断开。此时主接触器的吸引线圈断电停止工作,有关电动机停止运转,起到保护作用。

如起重机的起升机构吊钩上升,这时起升控制器上升方向联锁触头闭合(下降方向联锁触头断开),只串有上升限位器常闭触头的这一分支电路使主接触器通电闭合。当吊钩升至上极限位置而将上升限位器常闭触头撞开时,则控制回路断开而使主接触器线圈失电释放,导致主回路断电,电动机停止运转,吊钩停止上升,起到上升方向的限位保护作用。如欲使吊钩下降,重新工作,则必须将各机构控制器手柄复位回零,重新起动。起升控制器手柄扳向下降方向,吊钩下降,上升限位器释放而使其触头恢复常闭状态,以备吊钩再次上升时限位保护之用。同理可实现起重机下降,大车、小车相应各方向的行程端限位保护。

4.联锁保护电路的原理

整机工作时,只要安全联锁部分的某一开关或某一处断路都会使线路主要接触器失电而停止工作,从而起到了安全保护作用。如起重机中各种安全门开关联锁保护,在控制回路中,串有司机门联锁开关、舱口门开关、端梁门开关的常闭触头,这些门中任何一个打开,均会使控制回路分断而无法合闸,从而可实现对司机、检修人员的保护,免受起重机意外的突然起动所造成的危害。

5. 紧急断电保护的原理

紧急断电保护是指当遇有紧急情况而需要立即断电时,司机可顺手将置于其操作下方的紧急开关扳动即可打开其常闭触头,使主接触器失电释放,切断整机总电源,实现紧急断电保护。

(三)照明信号电路

起重机的照明信号电路包括整机工作照明、司机室照明及可携式照明灯、电源分合状况信号灯、各种警示灯(含工作状况指示灯)及电铃等。

照明信号电路为专用线路,其电源由起重机主断路器的进线端分接,当整机保护柜主刀开关拉开后,照明信号电路仍然有电供应,以确保停机检修的需要。照明信号电路由刀开关控制,并有熔断器作为短路保护之用。可携式照明灯用的是安全特低电压,常用电压为 36 V、48 V 和 50 V,以确保安全。照明变压器的次级绕组必须有可靠接地保护。

五、电源引入装置

起重机的电源引入装置分为三类:硬滑线供电、软电缆供电和滑环集电器。

硬滑线电源引入装置有裸角钢平面集电器、圆钢(或铜)滑轮集电器和内藏式滑触线集电器,可进行电源引入。

软电缆供电的电源引入装置是采用带有绝缘护套的多芯软电线制成的。软电缆有圆电缆和扁电缆两种形式,它们通过吊挂的供电跑车进行电源引入。

第二节　电动机

电动机就是把电能转换成机械能的设备,它的基本原理是通电线圈在电磁场中受力产生力矩而转动。电动机按使用电源不同分为直流电动机和交流电动机两种。直流电动机根据励磁方式的不同,又分为直流他励电动机、直流并励电动机、直流串励电动机和直流复励电动机等;而交流电动机按工作原理分为同步电动机和异步电动机。交流异步电动机按照转子结构又可分为鼠笼式异步电动机、绕线式异步电动机。

一、三相异步电动机工作原理

三相异步电动机的结构如图 1-11-1 所示。

当向三相定子绕组中通过对称的三相交流电时,就产生了一个以同步转速沿定子和转子内圆空间作顺时针方向旋转的旋转磁场。由于旋转磁场以同步转速旋转,转子导体开始是静止的,故转子导体将切割定子旋转磁场而产生感应电动势(感应电动势的方向用右手定则判定)。由于转子导体两端被短路环短接,在感应电动势的作用下,转子导体中将产生与感应电动势方向基本一致的感应电流。转子的载流导体在定子磁场中受到电磁力的作用(力的方向用左手定则判定)。电磁力对转子轴产生电磁转矩,驱动转子沿着旋转磁场方向旋转(见图 1-11-2)。

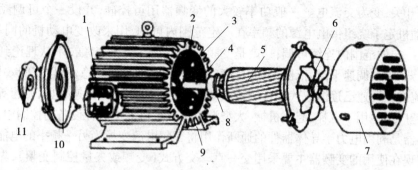

1—接线盒；2—定子铁芯；3—定子绕组；4—转轴；5—转子；
6—风扇；7—罩壳；8—轴承；9—机座；10—端盖；11—轴承盖

图 1-11-1　三相异步电动机的结构

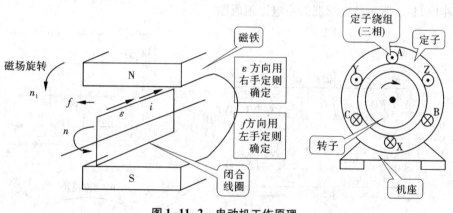

图 1-11-2　电动机工作原理

三相异步电动机的工作原理可以简单总结为：当电动机的三相定子绕组（各相差120°电角度）通入三相交流电后，将产生一个旋转磁场，该旋转磁场切割转子绕组，从而在转子绕组中产生感应电流（转子绕组是闭合通路）。载流的转子导体在定子旋转磁场作用下将产生电磁力，从而在电动机转轴上形成电磁转矩，驱动电动机旋转，并且电动机旋转方向与旋转磁场方向相同。只有两者转速有差异时，才能产生电磁转矩，驱使转子转动。可见，转子转速 n 总是略小于旋转磁场的转速 n_1。正是由于这种关系，这种电动机被称为异步电动机。异步电动机的定子和转子之间能量的传递是靠电磁感应作用，故异步电动机又称感应电动机。

二、变频电动机工作原理

变频电动机采用"专用变频感应电动机+变频器"的交流调速方式，使机械自动化程度和生产效率大为提高，设备小型化，舒适性增加，目前它正取代传统的机械调速和直流调速方案。

变频器实际上就是一个逆变器，它首先是将交流电变为直流电，然后用电子元件对直流电进行开关,变为交流电。一般功率较大的变频器用可控硅,并设一个可调频率的装置,使电动机定子绕组供电电源的频率在一定范围内可调,用来改变电动机的同步转速,使转速在一定的范围内连续可调,这就是变频调速原理。交流变频技术从理论到实际逐渐走向成熟,不仅调速平滑,范围大,效率高,起动电流小,运行平稳,而且节能效果明显。因此,交流变频调速已逐渐取代了传统滑差调速、变极调速、直流调速、电阻调速等调速系统,越来越广泛地用于电梯、起重机械、大型游乐设施等机电类特种设备的控制中。

　　变频器是利用电力半导体器件的通断作用将工频电源变换为另一频率的电能控制装置。我们现在使用的变频器主要采用交—直—交方式(变频或矢量控制变频),先把工频交流电源通过整流器转换成直流电源,然后再把直流电源转换成频率、电压均可控制的交流电源以供给电动机。变频器的电路一般由整流、中间直流环节、逆变和控制4个部分组成。整流部分为三相桥式不可控整流器,逆变部分为 IGBT 三相桥式逆变器,且输出为 SPWM 波形,中间直流环节为滤波、直流储能和缓冲无功功率。

　　图 1-11-3 所示是变频器的主电路组成图。

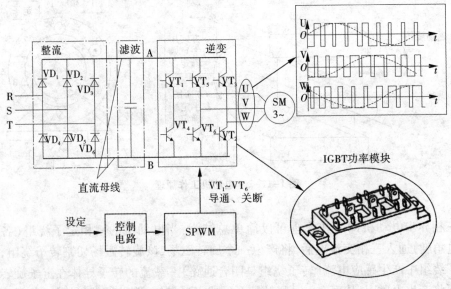

图 1-11-3　变频器的主电路

　　主电路左侧是桥式整流电路,将工频交流电变成直流电;中间是滤波环节,A、B 两条线路为直流母线;右侧是逆变器,用 $VT_1 \sim VT_6$ 六只大功率晶体管把直流电变成三相交流电 U、V、W。功率放大后的 U、V、W 是脉宽按正弦规律变化的等效正弦交流电,正是这种正弦波交流电保证了交流伺服电动机的运行。改变大功率晶体管的开关频率,可实现电动机的调整;改变大功率晶体管导通、截止的开关逻辑,可改变 U、V、W 三相相序,实现电动机的转向控制。

三、直流电动机的工作原理

　　直流电动机的结构如图 1-11-4 所示。直流电动机的构造分为两部分:定子与转子。

定子的作用是产生磁场、构成磁路,同时又是整个电动机的机械支撑;定子包括主磁极、机座、换向极、电刷装置等。转子的作用是通过它实现能量的转换,即由电能转换为机械能;转子包括电枢铁芯、电枢绕组、换向器、转轴等。

直流电动机的工作原理如图 1-11-5 所示。

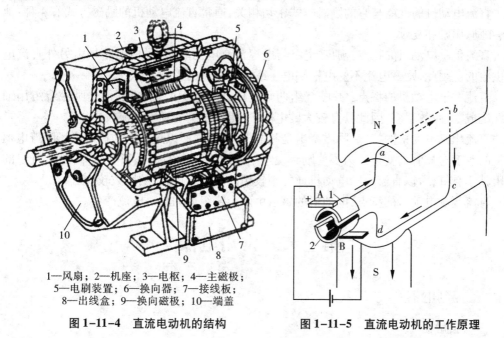

1—风扇;2—机座;3—电枢;4—主磁极;
5—电刷装置;6—换向器;7—接线板;
8—出线盒;9—换向磁极;10—端盖

图 1-11-4 直流电动机的结构　　**图 1-11-5 直流电动机的工作原理**

当一导体 abcd 两端相连的电刷 A、B 分别与两个半圆环接触,而把它接在电压为 U 的直流电源上,电刷 A 是正电位,B 是负电位,在磁场 N 极范围内的导体 ab 中的电流是从 a 流向 b,在 S 极范围内的导体 cd 中的电流是从 c 流向 d。由于载流导体在磁场中要受到电磁力的作用,因此 ab 和 cd 两导体都要受到电磁力的作用。根据磁场方向和导体中的电流方向,利用电动机左手定则判断,ab 边受力方向是向左,而 cd 边的受力方向则是向右。由于磁场是均匀的,导体中流过的又是相同的电流,所以 ab 边和 cd 边所受电磁力的大小相等。这样,线圈上就受到了电磁力的作用而按逆时针方向转动了。当线圈转到磁极的中性面上时,线圈中的电流等于零,电磁力等于零,但是由于惯性的作用,线圈继续转动。线圈转过半周之后,虽然 ab 与 cd 的位置调换了,ab 边转到 S 极范围内,cd 边转到 N 极范围内,但是,由于换向片和电刷的作用,转到 N 极下的 cd 边中的电流方向也变了,是从 d 流向 c,在 S 极下的 ab 边中的电流则是从 b 流向 a。因此,电磁力的方向仍然不变,线圈仍然受力按逆时针方向转动。可见,分别处在 N、S 极范围内的导体中的电流方向总是不变的,因此线圈两个边的受力方向也不变,这样,线圈就可以按照受力方向不停地旋转了,通过齿轮或皮带等机构的传动,便可以带动其他工作机械。

从以上的分析可以看到,要使线圈按照一定的方向旋转,关键问题是当导体从一个磁极范围内转到另一个异性磁极范围内时(也就是导体经过中性面后),导体中电流的方向也要同时改变。换向器和电刷就是完成这个任务的装置。在直流电动机中,则用换向器和电刷把输入的直流电变为线圈中的交流电。可见,换向器和电刷是直流电动机中不可缺少的关键性部件。当然,在实际的直流电动机中,不止有一个线圈,而是有许多个线圈牢固地嵌在转子铁芯槽中,当导体中通过电流、在磁场中因受力而转动时,就带动整个转子旋转。这就是直流电动机的基本工作原理。

直流电动机的性能与它的励磁方式密切相关,通常直流电动机的励磁方式有 4 种:他励、并励、串励和复励。

直流他励电动机的特点:励磁绕组与电枢没有电的联系,励磁电路是由另外直流电源供给的。因此,励磁电流不受电枢端电压或电枢电流的影响。

直流并励电动机的特点:并励绕组两端电压就是电枢两端电压,但是励磁绕组用细导线绕成,其匝数很多,因此具有较大的电阻,使得通过它的励磁电流较小。

直流串励电动机的特点:励磁绕组是和电枢串联的,所以这种电动机内磁场随着电枢电流的改变有显著的变化。为了使励磁绕组中不致引起大的损耗和电压降,励磁绕组的电阻越小越好,所以直流串励电动机通常用较粗的导线绕成,它的匝数较少。

直流复励电动机的特点:电动机的磁通由两个绕组内的励磁电流产生。

第三节　常用电器

一、控制电器

(一)接触器

接触器是一个电磁制动装置,用来接通和切断电源。它主要由磁铁、触头、框架等组成。通过它能用较小的功率控制较大功率的电路,用来控制电动机的起动、制动、停止与加速过渡,并实现自动保护。

接触器电磁铁的铁芯末端有铜环,称为短路环,其作用是使吸引线圈通过的交流电经过零值时,仍然能保证产生吸住衔铁的吸力,以减少噪声和振动。

在接触器主要触头上套有灭弧罩,它能将触头在切断负荷时产生的电弧迅速熄灭。

接触器本身具有失压保护作用,当电压过低或停电时,铁芯磁力过小,接触器掉闸;当电压恢复正常时,电动机就不会自行起动,这样就可以防止意外事故。

接触器动作要灵活,但动触头不能与灭弧罩相碰,动铁芯不能与线圈相碰。为防止动触头的引出线折断,软连接线应向下弯曲。在拧紧接线螺钉时,不要使软连接线与螺钉一起转,以免线间短路。另外,正常工作的接触器,不准强迫吸合,无灭弧罩的接触器不准工作。

(二)凸轮控制器

由于凸轮控制器的线路简单、维护方便,其普遍被用来直接控制小容量电动机的起动、制动、停止、换相;通过接入或切除转子电路中的电阻,可以改变和调节电动机的转速;可实现对起重机的零位保护和各机构安全限位的联锁保护。

凸轮控制器要求具有足够的容量和开闭能力,熄弧性能好,触头接触良好,操作应灵活、轻便,挡位清楚,零位手感明确,工作可靠,便于安装、检修和维护。

电阻器在起重机各机构中用于限制起动电流,实现平稳和调速。要求应有足够的导电能力,各部分连接必须可靠。

凸轮控制器的控制方法一般分为直接、半直接和间接控制三种。所谓直接控制法,就是通过凸轮控制本身触头的闭合与断开而直接控制电动机的起动、制动、停止、正反转以及调节电动机转速。

根据凸轮控制器各种触头在电路中的作用,凸轮控制器的触头可分为三种触头,即定子回路触头、转子回路触头和控制回路触头。

表示控制器在不同位置时触头闭合状况的图表称为控制器触头闭合顺序表,简称触头闭合表。分析电路工作状态和线路故障时,必须看懂触头闭合表。

(三)主令控制器

主令控制器用来控制电动机的起动、调速、换向和制动,一般与控制屏中相应的接触器配合,组成一个完整的控制系统。由于主令控制器线路复杂、使用元件多、体积大、成本高,故仅在下列场合采用:①电动机容量最大,凸轮控制器容量不够;②操作频率高,每小时通过断次在600次以上;③工作繁重,要求电器有较高的寿命;④机构多,要求降低司机劳动强度;⑤由于操作需要(如操纵抓斗机构),或者要求起重机工作时有较好的调速、点动性能。

各种形式的主令控制器中以凸轮型主令控制器应用最广。该控制器由一个转轴带动一串凸轮,凸轮上装有动触头,绝缘板上装有静触头。由于各个凸轮形状不同,手柄转动时使得很多触头按需要程序接通或切断。

(四)接触器

接触器是一种适用于远距离频繁接通和分断交直流主电路和控制电路的自动控制电器,它具有低电压释放保护功能,在电力拖动自动控制线路中被广泛应用。接触器有交流接触器和直流接触器两大类型。

接触器的控制原理:当线圈接通额定电压时,产生电磁力,克服弹簧反力,吸引动铁芯向下运动,动铁芯带动绝缘连杆和动触头向下运动,使常开触头闭合,常闭触头断开。当线圈失电或电压低于释放电压时,电磁力小于弹簧反力,常开触头断开,常闭触头闭合。

(五)时间继电器

时间继电器是电路中控制动作时间的继电器,是一种利用电磁原理或机械动作原理来实现触点延时接通或断开的控制电器。其种类很多,按动作原理可分为电磁式、空气阻尼式、电动式和电子式等;按延时方式可分为通电延时型和断电延时型。

(六)电阻器和频敏变阻器

1. 电阻器

电阻器常用来串接在电动机的转子回路中,供电动机的起动、制动和调速用。电动机在加速时,转矩要减小,为使机构维持加速,则必须逐级减小外接电阻,直到把全部电阻甩掉,电动机工作在自然机械特性曲线上。

常用的电阻器由铸铁片元件、康铜线绕制元件、铁铝合金带绕制元件、不锈钢绕制元件制成。

2. 频敏变阻器

频敏变阻器是一种无触点电磁元件,相当于一个等值阻抗。在电动机起动过程中,由于等值阻抗随转子电流频率减小而自动下降,因此只需一级变阻器就可以把电动机平稳地起动起来。

(七)控制屏

对于大容量的电动机,广泛采用控制屏与主令控制器相配合的电动机控制站,控制一台或多台电动机的起动、调速、换向和制动。控制屏分为交流和直流两种,而交流控制屏又可按控制回路电流性质分为交流控制回路和直流控制回路两种,交流控制回路的交流控制屏应用最广。

(八)制动电磁铁

制动电磁铁是驱动制动器工作的动力元件,各种制动器根据不同场合选用不同特点的电磁铁。

制动电磁铁的工作原理:制动电磁铁是与制动器联合使用的,一般制动电磁铁吸引线圈的引入线是从电动机的定子接线中引出来的,所以它随着电动机的断电而停止工作,随着电动机的通电而工作。当电动机断电停止运转时,在制动杆弹簧作用下,电磁铁复位,使制动器刹住电动机轴上的制动轮;当电动机在起动时,制动电磁铁带动联杆使制动器松开,电动机可按电阻切除和接入的情况自由运转,使机构动作。

制动电磁铁的种类较多,我们只介绍常用的两种:短行程制动电磁铁和长行程制动电磁铁。短行程制动电磁铁用于制动力矩小的制动器上,长行程制动电磁铁用于制动力矩大的制动器上。

二、保护电器

对于保护电器,要求保证动作灵敏、工作安全可靠,确保整机安全运转。

(一)熔断器

熔断器是常用短路保护元件。电动机和线路的短路故障会引起很大的短路电流,它将使输电线路过热,产生大幅度的电压降,短路电流流过电动机绕组时还会使绕组烧坏。因此,采用熔断器可在电动机发生故障时将主电路切断,使电动机脱离电源。

熔断器由熔断器管和熔体两部分组成,熔体是金属丝或金属片。将熔体串联在被保护电路中,当流过它的电流超过规定值时,熔体就自动熔断,直接切断电路,起到保护作用。

鼠笼式电动机常采用熔断器作为短路保护。

(二)低压断路器

低压断路器俗称自动开关或空气开关,用于低压配电电路中不频繁的通断控制。它的作用是在电路发生短路、过载或欠电压等故障时,能自动分断故障电路,因而也是一种控制兼保护电器。

断路器的种类很多,按其用途和结构特点可分为 DW 型万能式断路器、DZ 型塑料外壳式断路器、DS 型直流快速断路器、DWX 型和 DWZ 型限流断路器等。其中万能式断路器(俗称框架式断路器)主要用做配电线路的保护开关,而塑料外壳式断路器除可用做配电线路的保护开关外,还可用做电动机、照明电路及电热电路的控制开关。

(三)继电器

继电器是一种当输入量的变化达到规定值时,输出量将发生阶跃变化的开关电器。其输入量可以是电流、电压等电量,也可以是温度、时间、速度、压力等非电量,而输出则是触头的动作或者是电路参数的变化。继电器通常应用于自动控制电路中,是可用较小电流去控制较大电流的一种"自动开关"。因此,它在电路中起着安全保护、自动控制、转换电路等作用。

继电器的种类很多,按输入量可分为电压继电器、电流继电器、时间继电器、速度继电器、温度继电器和压力继电器等;按工作原理可分为电磁式继电器、感应式继电器、电动式继电器、热继电器和电子式继电器等;按用途可分为保护继电器和控制继电器等;按输入量变化形式可分为有触点继电器和无触点继电器。

1. 电流继电器

电流继电器常和接触器配合,作为电动机过载和短路保护用。其最大特点是:动作后,能自动恢复到原来状态,为电动机的操作提供了方便。

常使用的电流继电器有瞬时动作及反时限动作电流继电器两种。

瞬时动作电流继电器只能作为电动机的短路保护用。

反时限动作电流继电器在一般连续过载的情况下是延时动作,当严重过载时短路,是瞬时动作,所以可作为电动机的过载和短路保护用。

2. 热继电器

热继电器用于电动机的过载保护,允许电动机短时过载,又不致长时间过热,是一种能随过载程度而改变动作时间的电器。

它的动作原理是利用金属受热膨胀的性质,把发热元件串联在电动机的主电路中,发热元件产生的热量与负载电流的平方成正比。

热继电器的双金属片由两种不同热膨胀系数的金属片叠焊而成。下面的金属片膨胀系数大,当电流流经受热元件时,受热的双金属片向上挠曲,使触头脱开,控制电路断电,电动机和电网脱出,从而起保护作用。断电后,双金属片冷却,按动按钮连杆复位,触头重新闭合,以备下次再用。

(四)保护箱(柜)

保护箱由刀开关、接触器、过电流继电器等组成,用于控制和保护整机,实现对电动机的过载保护、短路保护以及失压、零位、安全、限位等保护。

第二篇　常规无损检测技术

第一章　射线检测

第一节　概　述

一、射线检测的概念

射线检测是工业无损检测的一个重要专业门类,属常规无损检测方法(射线检测、超声波检测、磁粉检测、渗透检测)之一。它最主要的应用是探测试件内部的宏观几何缺陷,也就是早期习惯所称的"探伤"。

按照不同特征(使用的射线种类、记录器材、工艺和技术特点等)可将射线检测分为多种不同的方法。射线种类包括 X 射线、γ 射线等;记录器材包括传统的胶片、显示器以及近年发展起来的电子记录数据硬盘、IP 记录板等;而根据工艺和技术特点又包括原材料检测、焊接接头检测等。

机电类特种设备的射线检测目前仍以较为传统的射线照相法为主,所以本章中重点介绍以 X 射线或 γ 射线作为射线源,以胶片作为记录信息的器材的射线检测方法,该方法也是最基本、应用最广泛的一种射线检测方法。

二、射线检测的原理

射线在穿透物体过程中会与物质发生相互作用,因吸收和散射而使其强度减弱,如果被透照物体(试件)的局部存在缺陷,且构成缺陷的物质的衰减系数又不同于试件,该局部区域的透过射线强度就会与周围产生差异。把胶片放在适当位置使其在透过射线的作用下感光,经暗室处理后得到底片,由于缺陷部位和完好部位透过的射线强度不同,底片上相应部位就会出现黑度差异。把底片放在观片灯光屏上借助透过光线观察,可以看到不同黑度的区域和不同形状的影像,评片人员据此判断缺陷情况并评价检测对象的质量。

第二节　射线检测的物理基础

作为常规无损检测方法之一,射线检测之所以能够实现,主要是利用了射线能够穿透可见光不能穿透的物质这一根本特性。那么,什么是射线呢?

　　根据主要特性,简言之,射线就是宏观上直线高速运动的微观粒子流。物理学上的射线又称辐射,由于射线具有电离作用,所以又称之为电离辐射。

　　在上述概念中,宏观描述的是射线的行进方式和速度,即沿直线高速传播;而微观描述的是射线本身的构成,即粒子束流,例如,α 射线、质子射线等属于质子束流,β 射线、阴极射线属于电子束流,中子射线属于中子束流,X 射线、γ 射线属于光子束流,不论是质子、电子、中子还是光子,在物理学中都属于粒子的范畴。

　　物理学中的粒子包括实物粒子和非实物粒子,除光子外,其他都是实物粒子。顾名思义,所谓实物粒子,也就是具有一定实体尺寸和静止质量的粒子,它们的数量级较小;光子属于非实物粒子,即没有实体尺寸和静止质量,它只是代表一份能量。

　　射线种类很多,其性质、产生原理、与物质作用时的行为也各不相同,有人为产生的射线,也有客观存在的射线。

一、射线的种类

(一)射线的分类

1. 按微观粒子是否带电来分

按微观粒子是否带电可分为带电射线和不带电射线两大类。

1)带电射线

带电射线种类很多。根据所带电荷性质不同又可把它们分为带正电荷的射线和带负电荷的射线。前者如 α 射线、质子射线等;后者如 β 射线(电子束)等。

2)不带电射线

不带电射线如 X 射线、γ 射线、中子射线等。这些微观粒子本身都不带电荷。

带电射线由于电离作用较强,穿透力小,几乎不可用于射线检测;不带电射线电离作用小,穿透力较强,可用于射线检测。

2. 按微观粒子是否具有实体尺寸和静止质量来分

按微观粒子是否具有实体尺寸和静止质量可分为实物粒子和非实物粒子两大类。

　　上述两类粒子在前面已作简要描述,此外,还有一个关键特性方面的区别,那就是实物粒子的速度远小于非实物粒子(光子)的速度(光速)。

　　通常工业射线检测采用的多是 X 射线、γ 射线,而中子射线和高能射线检测只在很小范围内使用,所以本章将 X 射线和 γ 射线作为重点进行介绍。

(二)射线的本质

　　X 射线、γ 射线和无线电、红外线、可见光、紫外线属于同一范畴,本质上都是电磁波,如图 2-1-1 所示 ,只是其波长及产生原理不同,X 射线、γ 射线属于能量极高的光子束流。

　　换言之,X 射线、γ 射线、无线电、红外线、可见光、紫外线都是一种能量形式,由于 X 射线、γ 射线波长较短,人的肉眼不可见。

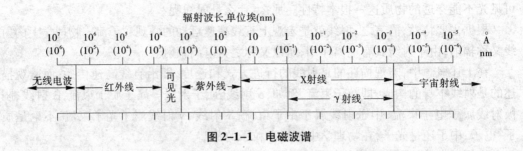

图 2-1-1　电磁波谱

因为 X 射线、γ 射线不带电荷，没有质量，所以它们不受电磁场的影响，在与物质作用时有较强的穿透力，能够穿透可见光不能穿透的物质，可用于射线检测。

二、射线的能量与强度

X 射线、γ 射线的能量是指单个的光子的能量或多个光子的能量的平均值。

X 射线、γ 射线的强度是指单位时间内通过单位面积的所有光子的能量和。

射线的能量（E）与频率（υ）、波长（λ）的关系可以通过下列公式表示

$$E = h\upsilon = hc/\lambda$$

式中　λ—— 射线的波长；

　　　c—— 射线传播速度；

　　　υ——射线频率；

　　　h——普朗克常数（$h = 6.625 \times 10^{-34}$）。

射线频率越高，波长越短，其能量越高。

在工业射线检测中，通常也用线质来描述射线能量的高低，射线的线质越硬，表示其波长越短，能量越高，穿透力越强。

对射线的能量分布（组成）特点，我们通常也用波谱（能谱）特征来加以描述。工业射线检测中常用的 X 射线、γ 射线的波谱（能谱）分为两种，一种是连续谱，另一种是线状谱。顾名思义，所谓连续谱，是指射线由很多种波长（能量）的射线组成，其能量组成呈连续分布的特征，而线状谱是指射线由几种波长（能量）的射线组成，其能量组成呈不连续分布的特征。

X 射线的波谱（能谱）属于连续谱，而 γ 射线的波谱（能谱）属于线状谱。

三、射线的产生

（一）X 射线的产生及其特点

1895 年德国物理学家伦琴在从事阴极射线研究时，偶然发现了一种能使某些荧光物质发光，又能穿透物质使胶片感光的射线，当时对这种射线的性质不甚了解，便称之为 X 射线，亦称伦琴射线。

1. X 射线的产生

根据经典的电磁理论，高速运动的带电粒子受阻时会产生电磁辐射，亦称韧致辐射。X 射线是从 X 射线管中产生的，如图 2-1-2 所示，在 X 射线管两极高电压的作用下，从阴

极发出的电子会得到加速,高速运动的电子在受到阳极靶的阻碍时将产生韧致辐射,使一部分能量转变成 X 射线,而绝大部分则以热能形式释放出来。

2. X 射线的能量

图 2-1-3 是 X 射线的波谱分布图,从图中可以看出,某些情况下 X 射线的波长(能量)呈连续分布状态,我们称之为连续谱,表示 X 射线由很多种波长(能量)的光子组成,其能量组成呈连续分布的特征;而某些情况下 X 射线的波长(能量)总体呈连续分布的状态,但其中伴有几种特殊的波长(能量),也就是我们所说的标志谱(亦称特征谱)。

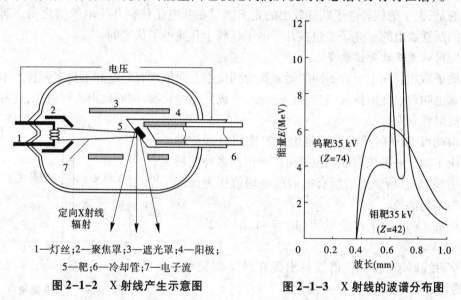

1—灯丝;2—聚焦罩;3—遮光罩;4—阳极;
5—靶;6—冷却管;7—电子流

图 2-1-2　X 射线产生示意图

图 2-1-3　X 射线的波谱分布图

1)连续谱的产生原理

在 X 射线管中,大量电子与靶相撞,减速过程各不相同,少量电子经一次减速就失去全部动能,而大多数电子经多次制动逐步丧失动能,这就使得能量转换过程中所发出的电磁辐射可以具有各种波长,因此 X 射线的能谱呈连续分布。

试验证明,X 射线总强度 I_T 与管电流 i、管电压 V、靶材料原子序数 Z 有以下关系:

$$I_T = K_i iZV^2$$

式中　K_i——比例常数,$K_i \approx (1.1 \sim 1.4) \times 10^9$。

从上式可以看出,管电流越大,表明单位时间撞击靶的电子数越多,X 射线总强度增大;管电压增加时,虽然电子数目未变,但每个电子所获得的能量增大,且碰撞发生的能量转换过程增加,X 射线总强度增大;靶材料的原子序数越高,核库仑场越强,韧致辐射作用越强,X 射线总强度越大,所以靶一般采用高原子序数的钨制作。

由于输入能量绝大部分转换为热能,所以 X 射线管必须有良好的冷却装置,以保证阳极不被烧坏。

2)标志谱的产生原理

当 X 射线管两端所加的电压超过某个临界值 V_K 时,波谱曲线上除连续谱外,还将在特定波长位置出现强度很大的线状谱,这种线状谱的波长只依赖于阳极靶面的材料,而与管电压和管电流无关,因此把这种标志靶材料特征的波谱称为标志谱。

标志 X 射线强度只占 X 射线总强度极少一部分,能量也很低,所以在工业射线检测中,标志谱不起什么作用。

(二)γ 射线的产生及其特点

γ 射线是放射性同位素经过 α 衰变或 β 衰变后,在激发态向稳定态过渡的过程中从原子核内发出的,这一过程称 γ 衰变,又称 γ 跃迁。γ 跃迁是核内能级之间的跃迁,与原子的核外电子的跃迁一样,都可以放出光子,光子的能量等于跃迁前后两能级能值之差。不同的是,原子的核外电子跃迁放出的光子能量在几电子伏到几千电子伏之间。而核内能级的跃迁放出的 γ 光子能量在几千电子伏到十几兆电子伏之间。

1. 同位素及放射性衰变

质子数相同而中子数不同的元素称为同位素。同位素有稳定和不稳定两种。不稳定同位素也叫放射性同位素,它会自发蜕变,变成另一种元素,同时放出各种射线,这种现象称为放射性衰变。

由此可见,γ 射线的能量是由放射性同位素的种类所决定的。一种放射性同位素可能放出许多种能量的 γ 射线,取其所辐射的所有能量的平均值作为该同位素的辐射能量。

例如 Co60 的平均能量为 $(1.17+1.33)/2 = 1.25$ MeV。

γ 射线属于线状谱,谱线只出现在特定波长(能量)的若干点上,如图 2-1-4 所示。

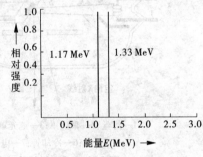

图 2-1-4 Co60 能量

2. 衰变规律及半衰期

放射性同位素的原子核衰变是自发进行的。对于任意一个放射性核,它何时衰变具有偶然性,不可预测,但对于足够多的放射性核的集合,它的衰变规律服从统计规律,是十分确定的。放射性同位素的衰变服从指数规律。

$$N = N_0 e^{-\lambda t}$$

式中 λ——比例系数,称为衰变常数;

N_0——初始时间($t=0$)时原子核的数目。

衰变常数 λ 反映了放射性物质的固有属性,λ 值越大,说明该物质越不稳定,衰变得越快。

放射性同位素衰变掉原有核数目一半所需时间,称为半衰期,用 $T_{1/2}$ 表示,当 $t = T_{1/2}$ 时,$N=N_0/2$,故

$$T_{1/2} = \ln2/\lambda = 0.693/\lambda$$

$T_{1/2}$ 也反映了放射性物质的固有属性,λ 值越大,$T_{1/2}$ 值越小。

3. 几种常用 γ 源

探伤常用的 γ 源目前多采用人工放射性同位素制造,通常所用 γ 源有 Co60(钴)、Cs137(铯)、Ir192(铱)、Se75(硒)、Tm170(铥)、Yb(镱)169 等,其特性与参数见表 2-1-1。

表 2-1-1 常见 γ 源的特性参数

γ 射线源		Co60	Cs137	Ir192	Se75	Tm170	Yb169
主要能量(MeV)		1.17,1.33	0.661	0.296,0.308,0.346,0.468	0.121,0.136,0.265,0.280	0.084,0.052	0.063 1,0.12,0.193,0.309
平均能量(MeV)		1.25	0.661	0.355	0.206	0.072	0.156
半衰期		5.27 年	33 年	74 天	120 天	128 天	32 天
K 常数	$R \cdot m^2/(h \cdot Ci)$	1.32	0.32	0.472	0.204	0.001 4	0.125
	$C \cdot m^2/(kg \cdot h \cdot Bq)$	9.2×10^{-15}	2.23×10^{-15}	3.29×10^{-15}	1.39×10^{-15}	$0.009\ 7 \times 10^{-15}$	0.87×10^{-15}
比活度		中	小	大	中	大	小
透照厚度(钢 mm)		40~200	15~100	10~100	5~40	3~20	3~15
价格		高	高	较低	较高	中	中

四、射线的性质及其应用比较

就射线种类而言,机电类特种设备的射线检测中,主要应用对象为 X 射线、γ 射线,本部分重点介绍这两类射线的基本性质及比较它们在实际应用中的特点。

(一)X 射线、γ 射线的性质

X 射线、γ 射线就其本质而言都是电磁波,正因它们是比可见光波长更短的电磁波,所以除具有一些可见光所具有的特性外,还有其特有的性质。概括起来,它们有如下性质:

(1)不可见,以光速直线传播。

(2)不带电荷,不受电磁场的干扰。

(3)能穿透金属等可见光不能穿透的物质。

(4)有反射、折射、衍射、干涉现象,但不太明显。

(5)能被物质吸收和散射。

(6)能使气体电离。

(7)能使某些物质发生荧光作用。

(8)能使胶片感光。

(9)能杀伤有生命的细胞。

(二)应用比较

X 射线、γ 射线的相同点是都属于电磁波,而不同之处在于它们的产生原理不同。X 射线是由于高速运动的电子被阻碍时的跃迁产生的,而 γ 射线是由于放射性同位素在自发衰变时原子核能级之间的跃迁产生的。正是由于它们的产生原理不同,所以它们在射线检测中就各有优缺点。

(1)X 射线可通过调节管电压、管电流透照在穿透情况下的任意厚度,而 γ 射线的能量只取决于源的种类,对同种源来讲射线能量和穿透能力一般是固定的。即使可以调换源的种类,造价也是昂贵的。

（2）γ射线与X射线相比，它的波长更短，穿透能力更强。但物质对γ射线的吸收要比X射线弱，所以用γ射线拍出的底片对比度小。又因为γ射线源的焦点就是放射性同位素的几何尺寸，所以往往焦点比X射线机焦点要大，所以得到底片的几何不清晰度较大。

（3）γ射线源发出的射线在整个空间中都有，而对X射线机，即使周向X射线机也只在一个环周上有射线的存在。所以，对于环形工件，γ射线可以一次透照整周，在这种情况下，它的效率要比X射线机的效率高。

（4）因为X射线机受电力支配，而γ射线源不需电源，不需冷却，所以对于缺少电源、缺少自来水的现场工地，γ射线源比X射线机更方便。又因为γ射线源比一般X射线机要小巧，所以对一些形状特殊的工件，γ射线探伤更显出其优越性。

（5）因为γ射线设备不能随意关闭，所以对环境有污染，操作方面十分麻烦，防护与管理上的要求也更高。又因为γ射线照相得到的射线底片的灵敏度和清晰度都远不及X射线照相，所以现在作为常规照相的仍然是X射线照相，而且随着高能射线的发展，X射线也能获得足够的射线能量，弥补了它原先的不足。

五、射线与物质的相互作用

射线穿过物质时，会与物质发生相互作用而强度减弱，这也是射线检测能够得以实现的一个重要原因。

射线强度减弱的原因可分为两类，即吸收和散射。吸收是一种能量转换，光子的能量被物质吸收后变为其他形式的能量；散射会使光子的运动方向改变，其能量发生部分转移。

在X射线和γ射线能量范围内，光子与物质作用的主要形式有：光电效应、康普顿效应、电子对效应，当光子能量较低时，还必须考虑瑞利散射。除此之外，还存在一些其他形式的相互作用，因其发生概率极小，可以忽略。

上面主要效应中，光电效应、电子对效应属于吸收效应，而康普顿效应、瑞利散射属于散射效应。

射线通过物质时的强度衰减遵循指数规律，衰减情况不仅与吸收物质的性质和厚度有关，而且还取决于射线自身的性质。

（一）光电效应

当光子与物质原子的束缚电子作用时，光子把全部能量转移给某个束缚电子，使之发射出去，而光子本身消失掉，这一过程称为光电效应，光电效应发射出的电子叫光电子，该过程如图2-1-5所示。

原子吸收了光子的全部能量，其中一部分消耗于光电子脱离原子束缚所需的电离能（电子在原子中的结合能），另一部分作为光电子的动能。

光电效应的发生概率与射线能量和物质原子序数有关，它随着光子能量的增大而减小，随着原子序数的增大而增大。

（二）康普顿效应

在康普顿效应中，光子与电子发生非弹性碰撞，一部分能量转移给电子，使它成为反冲电子,而散射光子的能量和运动方向发生变化,如图2-1-6所示,$h\upsilon$ 和 $h\upsilon'$ 为入射和散射光子能量,θ 为散射光子与入射光子方向间夹角,称为散射角,Φ 为反冲电子的反冲角。

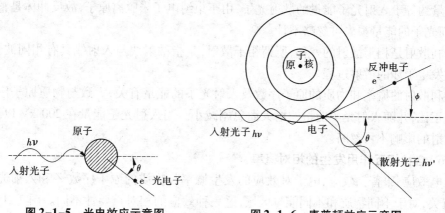

图2-1-5　光电效应示意图　　　图2-1-6　康普顿效应示意图

康普顿效应总是发生于自由电子或原子的束缚最松的外层电子上,入射光子的能量和动量在反冲电子和散射光子两者之间进行分配,散射角越大,散射光子的能量越小,当散射角 θ 为180°时,散射光子能量最小。

康普顿效应的发生概率大致与物质原子序数成正比,与光子能量成反比。

(三)电子对效应

当光子从原子核旁经过时,在原子核的库仑场作用下,光子转化为一个正电子和一个负电子,这种过程称为电子对效应,如图2-1-7所示。

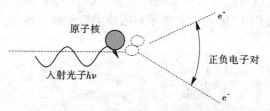

图2-1-7　电子对效应示意图

根据能量守恒定律,只有当入射光子能量 $h\upsilon$ 大于 $2m_0c^2$ 即 $h\upsilon>1.02$ MeV 时,才能发生电子对效应。入射光子的能量除一部分转变为正负电子对的静止质量(1.02 MeV)外,其余作为它们的动能。

与光电效应相似,电子对效应除涉及入射光子和电子对外,必须有一个第三者——原子核参加,才能满足动量和能量守恒。

电子对效应产生的快速正电子和电子一样,在吸收物质中通过电离损失和辐射损失消耗能量,很快被慢化,然后与吸收物质中一个电子相互转化为两个能量为0.51 MeV的光子,这种现象称电子对湮没。

(四) 瑞利散射

瑞利散射是入射光子和束缚较牢固的内层轨道电子发生的弹性散射过程(也称为电子的共振散射)。在此过程中,一个束缚电子吸收入射光子而跃迁到高能级,随即又放出一个能量约等于入射光子能量的散射光子,由于束缚电子未脱离原子,故反冲体是整个原子,从而光子的能量损失可忽略不计。

瑞利散射是相干散射的一种,所谓相干散射,是指散射线与入射线具有相同波长,从而能够发生干涉的散射过程。

瑞利散射的概率和物质的原子序数及入射光子的能量有关,大致与物质原子序数的平方成正比,并随入射光子能量的增大而急剧减小。当入射光子能量在 200 kV 以下时,瑞利散射的影响不可忽略。

(五) 各种相互作用发生的相对概率

光电效应、康普顿效应、电子对效应的发生概率与物质的原子序数 Z 和入射光子能量 E 有关,对于不同物质和不同能量区域,这三种效应的相对重要性不同。图 2-1-8 表示各种效应占优势的区域,可以看出:

(1)对于低能量射线和原子序数高的物质,光电效应占优势。

(2)对于中能量射线和原子序数低的物质,康普顿效应占优势。

(3)对于高能量射线和原子序数高的物质,电子对效应占优势。

图 2-1-9 表示射线与铁作用时各种效应的发生概率,由图中可看出:当光子能量为 10 keV 时,光电效应占优势,随着能量的增大,光电效应逐渐减小,而康普顿效应的作用却逐渐增大,稍过 100 keV 时,两种效应相等,瑞利散射在此能量附近发生概率达到最大,但也不超过 10%。在 1 MeV 左右,射线强度的衰减几乎都是康普顿效应造成的。光子能量继续增大,由电子对效应引起的吸收逐渐增大,在 10 MeV 左右,电子效应与康普顿效应作用大致相等。超过 10 MeV 以后,电子对效应的概率越来越大。

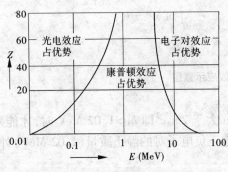

图 2-1-8　各种效应占优势的区域

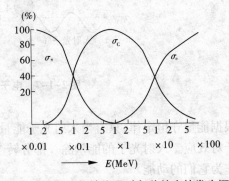

图 2-1-9　射线与铁作用时各种效应的发生概率

各种效应对射线检测质量产生不同的影响。例如,光电效应和电子对效应引起的吸收有利于提高射线照相对比度,而康普顿效应产生的散射则会降低对比度。对轻金属试件照相质量往往比重金属试件照相质量差。使用 1 MeV 左右能量的射线,其照相对比度往往不如较低能量射线或更高能量射线,这些都是康普顿效应的影响造成的。

六、射线在物质中的衰减

(一)射线在物质中的衰减规律

射线通过物质后,总强度衰减了,射线强度的衰减来自于两个方面——吸收和散射。当射线通过物质时,随着贯穿行程的增加,射线强度衰减增大。射线的衰减程度不仅与穿透物质的厚度有关,而且还与射线的线质(即能量)有关,与物质的密度和原子序数等也有关。

一般来说,射线的波长越短、能量越大,衰减就越小,物质的原子序数越大、密度越大,衰减就越大。但这并不是简单的直线关系,而是呈指数规律衰减。对于单色单束射线(一种频率或波长的平行射线束)它在物质中的衰减规律为

$$I = I_0 e^{-\mu T}$$

式中 I_0——入射线的初始强度值;

I——射线通过物质层以后的强度;

μ——物质对射线的衰减系数;

T——通过物质层的厚度;

e——自然对数的底。

在实际探伤工作中使用的 X 射线和 γ 射线,并非是理想的单色单束,X 射线为多色多束,而 γ 射线为单色多束,对于多色多束射线来说,它的衰减规律和单色单束射线在物质中的传播规律是有区别的。

首先,探伤时所使用的射线一般为连续射线,这就使得衰减系数 μ 实际上是个变量。在射线穿过物质的初始部分,μ 值较大,随着穿透层的深入,射线的线质逐渐变硬,衰减系数 μ 也就减小了。考虑到这种情况,衰减系数 μ 可取平均值。

实质上探伤时射线还是宽束的,这就必须考虑散射线的影响,因为散射线的作用结果使穿过物质后射线强度还应包括散射线成分。即实际通过物质层后,射线强度为垂直透过的射线强度 I_p 和散射线强度 I_s 的和,即

$$I = I_p + I_s$$

考虑了多束多色情况后(并引入散射比 n),表示射线在物质中衰减规律的公式可修正为

$$I = (1 + n) I_0 e^{-\mu T}$$

式中 n——散射比,它是散射占垂直透过射线强度的比,即 $n = I_s / I_p$。

(二)衰减系数与半价层

衰减系数 μ 的物理意义是单位射线强度在穿过单位物质厚度时的衰减量,也称它为线衰减系数。因为导致射线强度衰减的有吸收和散射效应,所以线衰减系数是三个效应对强度衰减的贡献之和,即

$$\mu = \mu_\tau + \mu_c + \mu_e$$

式中 μ_τ——光电效应对衰减系数的贡献;

μ_c——康普顿散射对衰减系数的贡献;

μ_e——电子对效应对衰减系数的贡献。

线衰减系数 μ 是入射光量子的能量$(h\upsilon)$和穿过物质的原子序数 Z 的函数。

$$\mu \propto K \cdot \lambda \cdot Z^3$$

式中　K——比例系数；

　　　λ——射线波长；

　　　Z——被透物质的原子序数。

射线能量越大,物质原子序数越小,线衰减系数就越小;相反,射线能量越低,穿过物质的原子序数越大,线衰减系数就越大。

半价层是射线在物质中传播时,强度衰减到原来的一半时穿过物质的厚度。如果用 $H_{1/2}$ 来表示半价层,它与线衰减系数关系如下:

$$H_{1/2}=0.693/\mu$$

即射线穿过物质的半价层与物质对这种射线的衰减系数的乘积为一常数。物质对射线的衰减系数越大,它的半价层就越小;相反,物质对射线的衰减系数越小,其半价层就越大。

第三节　射线检测的设备和器材

本节将重点介绍目前工业射线检测中使用较普遍的 X 射线机和 γ 射线机。随着现代科技的发展,一些新型、先进的射线检测设备不断涌现,但使用范围相对较小,在此仅作概要介绍。

一、射线机

(一)X 射线机

1. X 射线机的种类

随着技术的不断发展,X 射线机也在不断地得到发展和完善;同时,根据工业射线检测的需要,射线机的类型也越来越多。X 射线机的划分方法很多,根据不同的划分方法可划分出不同的类型。

1)按使用场合划分

(1)携带式 X 射线机:此类 X 射线机体积小,重量轻,适用于野外、高空作业。

(2)移动式 X 射线机:此类 X 射线机体积和重量较大,能量大,电流连续可调,工作效率高,适用于固定探伤室。

2)按使用性能划分

(1)定向 X 射线机:辐射角是 40°左右的圆锥角,一般用于定向局部拍片。

(2)周向 X 射线机:又分为周向锥靶机(辐射角 360°±12°)和周向平靶机(辐射角 360°±24°),主要用于环形工件。

(3)管道爬行器:为了解决人员无法到达或出入较困难的工件的检测(如管道)而设计生产的一种装在爬行装置上的 X 射线机。该机爬行时,用一根长电缆提供电力和传输控制信号,利用工件外放置的一个小同位素 γ 射线源确定位置,使 X 射线机在工件内爬行到预定位置进行检测(见图 2-1-10)。

图 2-1-10 管道爬行器

3）按绝缘方式划分

（1）油绝缘 X 射线机：使用变压器油绝缘，体积大，重量大，是一种已经被淘汰的机型。

（2）气绝缘 X 射线机：采用高压绝缘气体六氟化硫（SF_6）绝缘，体积小，重量轻，控制、保护功能齐全，是目前使用最多的机型。

4）按工作频率（即供给 X 射线管高压部分交流电的频率）划分

（1）工频机：工作频率 50 Hz，如油绝缘携带式 X 射线机。

（2）变频机：工作频率在 300～800 Hz 变化，是目前使用最为普遍的机型。

（3）恒频机：实现恒频有两种方式，一种是占空比、频率及脉宽均不变，灯丝加热用单独的一套电路，通过对管电流的跟踪取样检测，调整灯丝的加热电流，也能达到稳定管电流的目的。另一种是占空比改变，但频率不变。

携带式 X 射线机的发展方向是：

（1）射线机头小型化和轻量化。提高 X 射线机的工作频率，可以减小变压器的铁芯尺寸，使高压变压器的重量减轻，体积变小，同时提高其穿透能力。

（2）提高自动化程度和操作可靠性。将计算机技术应用于 X 射线机的操作，可进一步提高操作过程的自动化水平，如安装计算机操作系统，实现自动训机、间隙休息、按给定的曝光条件工作等多种功能。采用语言报警提示，各部分工作参数用中文、数字和波形显示，并能一机通用，自动识别不同型号的射线机头等。

2. X 射线机的基本结构

X 射线机的类型虽然较多，但其基本结构是一致的，都包括 X 射线发射装置、供给发射装置高压的高压装置、控制高压装置的控制装置。同时，由于 X 射线的形成过程中，电子能量的 99% 转化为热能，而只有 1% 的能量用于生成 X 射线，冷却装置也是必不可少的。本部分重点介绍实际检测中较为常用的两种 X 射线机。

1）便携式 X 射线机

便携式 X 射线机由 X 射线发生器、控制电缆、控制器、警示灯、控制器电源电缆等组成,如图 2-1-11 所示。

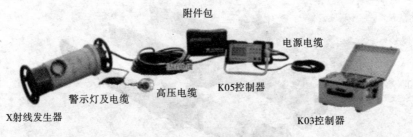

附件包

电源电缆

警示灯及电缆　　高压电缆　　K05控制器

X射线发生器

K03控制器

图 2-1-11　便携式 X 射线机

　　X 射线发生器(见图 2-1-12)是发射 X 射线的核心装置,其两端配置圆形、方形或带凹槽端环以便于人工搬运及放置,射线管、高压变压器被封闭在充满六氟化硫(SF_6)的密闭铝制筒体内。我国通行的便携式 X 射线机 X 射线发生器采用阳极接地的工作原理,因此阳极透出管筒直接与散热片相连,采用风机冷却散热片方式进行制冷,其结构如图 2-1-13所示。

图 2-1-12　X 射线发生器

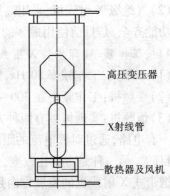

高压变压器

X射线管

散热器及风机

图 2-1-13　X 射线发生器结构

　　由于这种散热方式散热效率有限,很难充分对射线管进行散热,因此此种机型绝大部分不能连续工作,国内一般采取工作 5 min、休息 5 min 的 1∶1 工作方式。也有厂家对散热片进行特殊的处理,强化风冷效果,使工作时间在环境温度不是很高(一般要求环境温度不超过 20 ℃)的情况下可连续进行 20 min,或直接为散热器加入水冷机构使射线管能够连续工作(虽有应用但都不是十分普遍)。

　　变频气绝缘便携式射线探伤机由于其零部件能够 100% 国产,因而价格较为低廉,技术也十分成熟,是国内射线探伤领域应用最广泛的一种机型。

　　2)移动式探伤机和固定式探伤机

　　移动式探伤机与固定式探伤机的组成结构类似,仅是体积有所不同。其整机均由金属陶瓷 X 射线管、高压电缆及法兰、高压发生器、冷却器及水/油管、控制器组成,如图 2-1-14、图 2-1-15 所示。

图 2-1-14　移动式探伤机　　　　　　　　　图 2-1-15　固定式探伤机

3. X 射线机的使用与维护

X 射线机的日常使用、维护均有相应的技术要求,据此操作可以有效保证设备的正常使用,延长其使用寿命,现以便携式 X 射线机为例加以说明。

1)安装

(1)便携式 X 射线机的使用首先要确认供电电源,一般国产设备的供电电源为交流 220 V,很多新的操作人员,在初次使用时由于错接入 380 V 动力电而使控制器电源故障的情况时有发生。

(2)应确保控制器良好接地,并确认现场接地体合格有效。

(3)用连接电缆将控制器和 X 射线发生器连接起来,并保证接触良好。

(4)如需要可将报警灯接到 X 射线发生器上,以显示 X 射线的发生。

(5)使用 X 射线机应有 X 射线防护设施,如在野外使用,应用 2 mm 厚的铅板进行防护;无条件时,以 X 射线发生器焦点为中心,半径 20 m 内不得有人,方可透照。

(6)上述步骤完成后,还要认真检查 X 射线发生器的压力表,如压力表数值低于 0.35 MPa,严禁开机,以防损坏 X 射线发生器。

2)使用

(1)打开电源开关,控制器电源灯亮,数码管显示与拨码盘一致,约 30 s 后,准备灯亮。

(2)当电源电压正常时,调节电压值选择旋钮到所需要的值,并选择所需的曝光时间,然后可进行下一步骤。

(3)每天使用前都要进行简单的训机,应根据机器停用的时间来选定训机时间的长短,一般训机到最高电压值的时间应不少于 5 min。在机器停用超过一个星期的情况下,应按使用说明书进行训机。

(4)按高压开按钮,高压灯亮并闪烁,几秒后毫安灯也亮并闪烁,X 射线发生器开始工作,向外辐射 X 射线。

(5)当数码管显示0.0时,表明曝光时间结束,机器自动切断高压,蜂鸣器鸣响,数码管显示预选值,准备下一次曝光。这时准备灯灭,等到与上次工作时间相等时,准备灯亮。准备灯不亮,不能开高压。

(6)在机器工作期间,由于电源或其他故障引起断高压时,蜂鸣器鸣响,数码管显示相应的故障代码,6 s 后显示断高压时的时间。如果继续曝光,按高压开按钮即可。要使数码管显示预选值,可按高压关按钮。

3)训机

当机器停用超过一个星期时,应按使用说明书的要求逐渐提高电压值。

训机是非常重要的,在每次工作前都应进行训机,忽视训机将使 X 射线管损坏或减少 X 射线管的使用寿命。

4)使用注意事项

(1)通过压力表检查 X 射线发生器中的气压,低于 0.35 MPa 时禁止使用。

(2)应使控制器上的接地端子可靠接地,以保证安全。

(3)检查电缆是否接触良好,电缆插座是否清洁。

(4)机器工作时间与休息时间按 1:1 比例进行,在机器休息期间不能切断电源,以保证控制器和 X 射线发生器的冷却风扇正常工作。

(5)当电源电压在瞬间有较大的波动时,可能使保护电路动作,此时不属机器故障,可以继续使用。

(6)希望加长连接电缆使用时,电缆每芯导线的截面积应符合规定。

5)搬运

由于便携式 X 射线机采用气绝缘,内部器件由上至下单点直连,因此在搬运过程中应轻拿轻放,尽量减少颠簸。在维修中,很多外表有撞伤的 X 射线机,内部都存在器件错位或脱落等故障。

6)维护和检查

(1)当机器出现故障时,一般的控制器均会显示故障代码,一般为"欠流"、"过流"、"初压过高"、"过温",此时,应停止工作,检查原因。

(2)如打开电源开关,控制器电源灯不亮,则应检查电源电缆是否接触良好,电源灯损坏或 2 A(或 5 A)保险丝是否熔断。

(3)准备灯亮,但 X 射线机无法开启,这种情况下应检查是控制器还是 X 射线发生器的故障。

①控制器检查:拔掉控制器上的连接电缆,将电缆插座的温度继电器接头与地接头两孔短路。如果准备灯亮,可按高压开按钮,若高压灯也亮并闪烁,而且几秒后高压自动切断,则说明控制器正常。如果准备灯不亮,按高压开按钮又发出射线,则准备灯延时电路有故障,或电源电压太低。

②X 射线发生器检查:连接电缆插座的温度继电器接头与地接头两孔针接触不良;或 X 射线发生器温度过高,温度继电器动作,检查冷却风扇是否正常工作。

若上述检查均正常,则说明控制器或 X 射线发生器有较严重内部故障,则需更换内部器件,只能到专业维修部门进行维修。

(4)机器在正常工作期间不出现不正常响声,如果随着管电压的增加,控制器出现不正常响声,则很可能是 X 射线发生器中 X 射线管或高压变压器有故障,这时电源功率保护开关切断或 20 A 保险丝熔断。

(5)触摸机器时触电,则接地不良或绝缘不良。

(二)γ 射线机

1.γ 射线机的种类

按所装放射性同位素不同,可分为 Co60γ 射线机、Cs137γ 射线机、Ir192γ 射线机、Se75γ 射线机、Tm170γ 射线机及 Yb169γ 射线机。

按机体结构可分为直通道形式和 S 通道形式。

按使用方式可分为便携式、移动式、固定式及管道爬行器。

2.γ 射线机的结构

γ 射线机一般由射线源、屏蔽体、驱动缆、连接器和支持装置等组成。为了减少散射线,Ir192 和 Co60 产品附有各种钨合金光阑,可装在放射线源容器上或装在放射线源导管末端。按工作需要发射出定向、周向或球形射线场。源导管标准长度为 3 m,可根据需要延长。

Co60γ 射线机除可手动外,还可采用电控器,其主要作用是可以预置延迟时间和曝光时间。当采用电控器后,在预置延迟时间内,操作人员可以远离探伤地点,直到曝光时间结束,电控器把放射源自动收回到源容器中。

近几年来,这种 γ 射线探伤装置在现场实际应用中工作安全可靠,在无水无电源的场所也可以应用,功能齐全,并配有多种附件,用途广泛。随机配件主要有以下几类。

(1)光阑:可提供各种射线光束的光阑,有周向光阑和定向光阑,并且可以直接固定在设备上,也可以安装在源导管末端。

光阑的材料用钨(W)制成,仅允许有少量 γ 射线束穿过,起到控制作用。

(2)源导管:源导管标准长度为 3 m,与设备连接采用快速连接器。

(3)手、电控系统:在没有电源的情况下,可以使用手控器,其长度为 10 ~ 15 m。为了更加安全也可以采用电控器。其曝光时间为 1 s ~ 999 min。当曝光结束后,放射源可以自动收回。

3.γ 射线机的操作

1)γ 射线探伤装置的选择

选择 γ 射线探伤装置必须注意如下几点:

(1)应首先看它是否有足够的穿透能力,也就是能否满足检验所需的光子能量。

(2)要根据使用环境和场所,选择能够满足要求的半衰期,在穿透能力满足要求的前提下,应尽可能选择半衰期长的。

(3)选择蜕变后和蜕变中的产物不会污染周围环境的探伤装置。

(4)放射源易于安装、保存和处理。

(5)γ 射线探伤设备漏辐射越低越好,便于维护保养,便于携带及使用方便。

(6)为了提高拍片的灵敏度,尽可能选择尺寸小、辐射焦点小的辐射源。为了经济,选择易于制作、成本低廉的同位素。

2) 确定 γ 射线探伤作业的条件

利用 γ 射线探伤装置进行探伤作业时,曝光条件的确定主要包括辐射源的种类、辐射源的活度(剂量)、曝光时间和焦距四个方面。不同种类的辐射源,其辐射能量也不同,因而穿透被检工件的厚度也不相同,能量越高,穿透力越强。γ 射线源都有自己的固定能量(见表 2-1-1),它与 X 射线不一样,X 射线探伤可以根据被检工件的厚度改变射线机的管电流和管电压,以此达到改变能量的目的。

我国目前普遍采用的有钴(Co60)和铱(Ir192)两种辐射源,Co60 的能量为 1.17 MeV、1.33 MeV。铱(Ir192)的能量为 0.13 MeV、0.29 MeV、0.58 MeV、0.6 MeV,它们的能量是固定不变的。

为了达到一定检测灵敏度,根据被检验材料的性质和厚度,适当地选择 γ 射线源。具体限值范围依据相应标准规定。

3) 仪器维护及注意事项

(1) γ 射线机的传动机构应经常用机油擦洗或添加润滑剂。

(2) 输源管内应避免灰尘和沙砾,为此应经常擦洗。每次使用完应盖好两端的封盖。

(3) 在使用前应对输源管、操作机构、输源钢丝、储源罐以及各接头进行认真检查。严禁带病操作。

(4) 输源管在工作或运输中不得受挤压,且不得有 90° 及以下死角。

(5) 输源前应确认各道闭锁是否打开。

(6) 在使用 γ 射线机中如发现异常,应停止使用并立即报告。

(7) 储源罐使用后应及时放入射源库。

二、射线胶片

(一)射线照相胶片的结构与特点

工业射线胶片不同于一般的日常摄影用感光胶片。一般感光胶片具有胶片片基的一面涂布感光乳剂层,在片基的另一面涂布反光膜。射线胶片在胶片片基的两面均涂布感光乳剂层,增加卤化银含量以吸收较多的穿透能力很强的 X 射线和 γ 射线,从而提高胶片的感光速度,增加底片的黑度,其结构如图 2-1-16 所示,在 0.25 ~ 0.3 mm 的厚度中含有 7 层材料。

1—片基;2—结合层;
3—感光乳剂层;4—保护层

图 2-1-16 工业射线胶片的结构

1. 片基

片基是感光乳剂层的支持体,在胶片中起骨架作用,厚度 0.175 ~ 0.20 mm,大多数采用醋酸纤维或聚酯材料(涤纶)制作。聚酯片基较薄、韧性好、强度高,更适用于自动冲洗,为改善照明下的观察效果,通常射线胶片片基采用淡蓝色。

2. 结合层(又称黏合层或底膜)

结合层的作用是使感光乳剂层和片基牢固地黏结在一起,防止感光乳剂层在冲洗时从片基上脱下来,结合层由明胶、水、表面活性剂(润湿剂)、树脂(防静电剂)组成。

3. 感光乳剂层(又称感光药膜)

每层厚度 10～20 μm,通常由溴化银微粒在明胶中的混合体构成。乳剂中加入少量碘化银,可改善感光性能。碘化银含量按克分子量计,一般不大于 5%。卤化银颗粒大小一般为 1～5 μm。此外,乳剂中还加进防灰剂及棉胶、蛋白等稳定剂、坚膜剂。

4. 保护层(又称保护膜)

保护层是一层厚度为 1～2 μm,涂在感光乳剂层上的透明胶质,作用是防止感光剂层受到污损和摩擦,其主要成分是明胶、坚膜剂、防腐剂、防静电剂。为防止胶片粘连,有时在感光乳剂层上还涂布毛面剂。

(二)感光原理

胶片受到可见光、X 射线或 γ 射线的照射时,在感光乳剂层中会产生眼睛看不到的影像,即所谓潜影。

潜影的形成有四个阶段:

(1)光子($h\upsilon$)作用于 AgBr 晶体,将 Br^- 中的电子逐出。

(2)该电子在 AgBr 晶体上移动,陷入感光中心。

(3)带负电子的感光中心吸引 Ag^+。

(4)Ag^+ 与电子结合,构成潜影中心,由无数潜影中心组成潜影。

用化学方程式表示,即:

照射前　$AgBr = Ag^+ + Br^-$

照射后　$Br^- + h\upsilon \rightarrow Br + e$　　　　$Ag^+ + e \rightarrow Ag$

经过显影、定影化学处理后胶片上的潜影成为永久性的可见图像,称之为射线底片(简称底片)。

潜影形成后,如相隔很长时间才显影,得到的影像比及时冲洗得到的影像淡,此现象称为潜影衰退。潜影衰退实际上是构成潜影中心的银又被空气氧化而变成 Ag^+ 的逆变过程。胶片所处的环境温度越高,湿度越大,则氧化作用越加剧,潜影的衰减越厉害。

(三)射线胶片的特性

射线胶片的感光特性参数主要有感光度(S)、灰雾度(D_0)、对比度(γ)、宽容度(L)、最大密度(D_{max}),这些特性可在胶片特性曲线上定量表示。

1. 胶片特性曲线

胶片特性曲线是表示曝光量与底片黑度之间关系的曲线,在特性曲线图中横坐标表示 X 射线曝光量的对数值,纵坐标表示胶片显影后所得到的相应黑度。

1)增感型胶片特性曲线

增感型胶片特性曲线如图 2-1-17 所示,呈 S 形,由以下几个区段组成:

本底灰雾度区(D_0):特性曲线原点至纵轴 A 点的距离。胶片在未经曝光的条件下,经显影处理后也会有一定的黑度,此黑度值称灰雾度 D_0,通常所指的灰雾度也包括了片基本身的不透明度。

曝光迟钝区(AB):曝光量增加时,底片黑度不增加,又称不感光区。当曝曲线光量超过 B 点时,才使胶片感光,B 点称为曝光量的阈值。

曝光不足区(BC):曝光量增加时,底片黑度只缓慢增加。此区段不能正确表现被透照工件的厚度或密度差。

曝光正常区（CD）：黑度值随曝光量对数的增加而线性增大。这是射线检测时所要利用的区段。

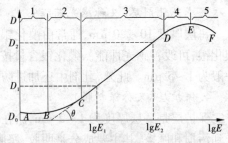

曝光过渡区（DE）：曝光量继续增加时，黑度增加较小，曲线斜率逐渐降低直至 E 点为零。

反转区（EF）：也称负感区。曝光极端过度时，黑度反而减小。

图 2-1-17　增感型胶片特性曲线

2）非增感型胶片特性曲线

如图 2-1-18 所示，因其曝光过渡区黑度在 4.0 以上，超过一般观光灯的观察范围，故通常不再描绘在特性曲线上。非增感型胶片无明显的负感区，其特性曲线在常用的黑度范围内呈 J 形。

2. 射线胶片感光特性参数

以下简述有关射线胶片感光特性参数的一些术语定义、计算方法及其影响因素。

1）感光度（S）

感光度是在特定的曝光、冲洗和图像测量条件下，照相材料对透照辐射能响应的一种定量测量。一般把射线底片上产生一定黑度所用曝光量的倒数定义为感光度。

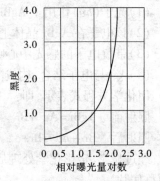

图 2-1-18　非增感型胶片特性曲线

胶片感光度与乳剂层中的含银量、明胶成分、增感剂含量以及银盐颗粒大小、形状有关，与射线波长、增感方式、暗室处理等也有关。同一类型胶片，银盐颗粒越粗，其感光度越高，一般感光度高的，底片影像的清晰度就低。

2）灰雾度（D_0）

未经曝光的胶片直接显影后也会有一定的黑度值即不透明度，这一黑度即称为胶片的灰雾度，也叫本底灰雾度。

灰雾度过大会影响照相质量，降低灵敏度。一般来讲，高感光度胶片要比低感光度胶片灰雾度大，同时灰雾度的大小还受保存条件、保存时间及暗室处理的影响。

3）对比度（γ）

胶片对比度也叫胶片衬度、反差系数、放大系数等，它是反映底片黑度随曝光量差异变化大小、快慢的量。在一定黑度下，它的大小可用在特性曲线上与该点相对应的一点的斜率来表示，如图 2-1-19 所示，即：

$$\gamma = \tan\alpha' = D_1 / (\lg E_1 - \lg E')$$

但是，我们通常所说的胶片对比度是用在一定黑度范围内连接两点所成直线所得平均对比度来表示的。即：

$$\gamma = (D_1 - D_2) / (\lg E_2 - \lg E_1)$$

射线胶片 γ 值的大小与增感方式和暗室处理都有关系，使用高反差显影液及采用金属增感屏或不使用增感屏都能使胶片对比度提高,适当延长显影时间也能使胶片对比度提高。

4)宽容度(L)

胶片宽容度是指在胶片特性曲线上曝光正常区所对应曝光量的对数差,或者说是底片上满足一定黑度要求(如 JB/T 4730.2—2005 中规定 AB 级照相黑度值为 2.0 ~ 4.0)时,胶片特性曲线上这两个黑度所对应的曝光量的对数差。即:

$$L = \lg E_{4.0} - \lg E_{2.0}$$

宽容度的大小决定了胶片可以充分记录工件厚度变化范围的大小。显然,对 γ 值小的胶片, L 值大,相反 γ 值大的, L 值小。

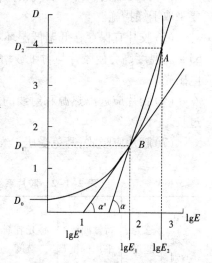

图 2-1-19　胶片反差系数

(四)卤化银粒度对胶片性能的影响

卤化银粒度,即感光乳剂层中卤化银晶体的平均尺寸,是由在感光乳剂层制备过程中的物理成熟工艺阶段确定的。工业射线胶片的卤化银颗粒尺寸大致在 0.5 ~ 10 μm。根据使用性能的要求,通过生产工艺条件控制不同类别的胶片具有不同的粒度。

粒度对胶片的感光特性具有重要的影响。如果其他条件不变,单纯考虑粒度变化的影响,则感光特性有以下变化:随着粒度的增大,胶片的感光度将提高,衬度将减小。

粒度对胶片的使用性能也具有重要影响。卤化银粒度直接影响显影后的底片粒度,从而影响分辨率和信噪比。

(五)射线胶片的分类

目前工业射线照相所使用的胶片有两大类型:增感型胶片和非增感型胶片。由前述可知,这两类胶片具有完全不同的感光特性。此外,它们的使用方法也不相同。增感型胶片适于与荧光增感屏配合使用,非增感型胶片适于与金属增感屏配合使用或在不同增感屏的条件下使用。由于前者的成像质量较差,所以当前工业射线照相所使用的绝大部分是非增感型胶片。

承压设备无损检测标准 JB/T 4730.2—2005 所引用的标准 GB/T 19384.1—2003 把射线胶片系统分成四类,即 T1、T2、T3、T4,如表 2-1-2 所示。

国家标准 GB/T 3323—2005 所引用的标准 ISO 11699—1:2008 把射线胶片系统分成六类,即 C1、C2、C3、C4、C5、C6,如表 2-1-3 所示。

(六)射线胶片的使用与保管

射线胶片使用和保存的注意事项如下:

(1)胶片不可接近氨、硫化氢、煤气、乙炔和酸等有害气体,否则会产生灰雾。

(2)裁片时不可把胶片上的衬纸取掉裁切,以防止裁切过程中将胶片划伤。不要多层胶片同时裁切,防止轧刀擦伤胶片。

(3)装片和取片时,胶片与增感屏应避免摩擦,否则会擦伤,显影后底片产生黑线。操作时还应避免胶片受曲、受压、受折,否则会在底片上出现新月形影像。

（4）开封后的胶片和装入暗盒的胶片要尽快使用,如工作量较小,一时不能用完,则要采取干燥措施。

（5）胶片宜保存在低温低湿环境中,通常以 10 ~ 15 ℃为好。室内湿度保持在 55% ~ 65% 。温度高会使胶片与衬纸或增感屏粘在一起,但空气过于干燥,也容易使胶片产生静电感光。

（6）胶片应远离热源和射线的影响,在暗室红灯下操作不宜距离过近,暴露时间不宜过长。

（7）胶片应竖放,避免受压。

表 2-1-2　胶片系统的主要特性指标(GB/T 19384.1—2003)

胶片系统类别	感光速度	特性曲线平均梯度	感光乳剂粒度	梯度最小值(G_{min})		粒度最大值(σ_D)$_{max}$	(梯度/粒度)最小值(G/σ_D)$_{min}$
				$D = 2.0$	$D = 4.0$	$D = 2.0$	$D = 2.0$
T1	低	高	微粒	4.3	7.4	0.018	270
T2	较低	较高	细粒	4.1	6.8	0.028	150
T3	中	中	中粒	3.8	6.4	0.032	120
T4	高	低	粗粒	3.5	5.0	0.039	100

注:表中的黑度均指不包括灰雾度的净黑度。

表 2-1-3　胶片系统的主要特性指标(ISO 11699—1 :2008)

胶片系统类别	梯度最小值(G_{min})		(梯度/粒度)最小值(G/σ_D)$_{min}$	粒度最大值(σ_D)$_{max}$
	$D = 2$ above D_0	$D = 4$ above D_0	$D = 2$ above D_0	$D = 2$ above D_0
C1	4.5	7.5	300	0.018
C2	4.3	7.4	230	0.020
C3	4.1	6.8	180	0.023
C4	4.1	6.8	150	0.028
C5	3.8	6.4	120	0.032
C6	3.5	5.0	100	0.039

三、射线检测其他辅助器材

（一）像质计

1. 像质计的作用与分类

像质计是用来检查和定量评价射线底片影像质量的工具,通常用与被检工件材质相同或对射线吸收性能相似的材料制作。像质计中设有一些人为的有厚度差的结构(如槽、孔、金属丝等),其尺寸与被检工件的厚度有一定的数值关系。射线底片上的像质计影像可以作为一种永久性的证据,表明射线透照检验是在适当条件下进行的。但像质计的指示数值并不等于被检工件中可以发现的自然缺陷的实际尺寸。这是因为后者就缺陷本身来说,是缺陷的几何形状、吸收系数和三维位置的综合函数。

工业射线照相用的像质计大致有金属丝型、孔型和槽型三种。中国、日本、德国等国家标准及国际标准采用金属丝型像质计,近年来英国、美国也补充使用金属丝型像质计。即使照相方法相同,当使用的像质计类型不同时,一般所得的像质计灵敏度也是不同的。

2. 金属丝型像质计

金属丝型像质计按金属丝的直径变化规律,分为等差数列、等比数列、等径、单丝等几种形式。我国最早使用等差数列像质计,目前世界上则以等比数列像质计应用最为普遍。等比数列像质计的线径比有两种:一种为 $10^{1/10}$(R10 系列),另一种为 $10^{1/20}$(R20 系列)。通常使用公比为 $10^{1/10}$ 系列像质计,其相邻金属丝的直径之比为 $10^{1/10} \approx 1.25$ 或者为 $1/10^{1/10} \approx 0.8$。表 2-1-4 给出了 R10 系列像质计的线号和对应的线径之间的对应关系(JB/T 7902—2006)。

表 2-1-4　R10 系列像质计的线号与线径

线　号	1	2	3	4	5	6	7	8	9	10
标称线径	3.20	2.50	2.00	1.60	1.25	1.00	0.80	0.63	0.50	0.40

线　号	11	12	13	14	15	16	17	18	19	
标称线径	0.32	0.25	0.20	0.16	0.125	0.100	0.080	0.063	0.050	

金属丝像质计的相对灵敏度按下式计算:

$$S = \frac{d_{\min}}{T_A} \times 100\%$$

式中　$d_{\min}$——底片上可识别的最小线径;

　　　T_A——透照厚度。

常用金属丝像质计的结构有两种:一种是以七根相连续不等径金属丝为一组的普通像质计,其型号如表 2-1-5 所示;另一种是以五根等径金属丝为一组的专用像质计,用材质和丝号表示。

不同线材像质计的适用材料范围如表 2-1-6 所示。

表 2-1-5　像质计型号

像质计型号	1	6	10	13
线号	1 ~ 7	6 ~ 12	10 ~ 16	13 ~ 19

表 2-1-6　不同线材像质计的适用材料范围

像质计线材代号/线的材料	Fe/碳素钢	Cu/铜	Al/铝	Ti/钛
适用材料范围	铁、镍	铜、锌、锡及锡合金	铝及铝合金	钛及钛合金

(二)增感屏

1. 增感屏的作用

射线底片上的影像主要是靠胶片乳剂层吸收射线产生光化学作用形成的。为了能吸收较多的射线,射线照相用的感光胶片采用了双面药膜、较厚的乳剂层,但即使如此通常也只有不到1%的射线被胶片所吸收,而99%以上的射线透射过胶片被浪费。使用增感屏可增强射线对胶片的感光作用,从而达到缩短曝光时间、提高工效的目的。所谓增感即增加感光。

增感屏的增感性能用增感系数 K 表示,亦称增感率、增感因子。所谓增感系数,是指胶片一定、线质一定、暗室处理条件一定时,到同一黑度底片,不用增感屏的曝光量 E_0 与使用增感屏时的曝光量 E 之间的比值,即:

$$K = \frac{E_0}{E}$$

通常我们用 mA·min 来表示 X 射线的曝光量,用 Ci·min 来表示 γ 射线的曝光量。如果管电流相同或源活度相同,那么曝光量取决于曝光时间,增感系数也可由曝光时间之比来表示,即:

$$K = \frac{t_0}{t}$$

式中　t_0——不用增感屏时的曝光时间;

　　　t——使用增感屏时的曝光时间。

2. 增感屏的类型

目前常用的增感屏有金属增感屏、金属荧光增感屏和荧光增感屏三种。其中以使用金属增感屏所得底片像质最佳,金属荧光增感屏次之,荧光增感屏最差,但增感屏系数以荧光增感屏最高,金属屏最低。

1)金属增感屏

金属增感屏一般是将薄薄的金属箔黏合在优质纸基或胶片片基(涤纶片基)上制成的。常用的金属箔材质有铅(Pb)、钨(W)、钽(Ta)、钼(Mo)、铜(Cu)、铁(Fe)等。考虑到价格、压延性、表面光洁度和柔顺性,应用最普遍的是用铅合金(加5%左右的锑和锡)制成的铅箔增感屏。

在射线照相中,与胶片直接接触的金属增感屏有两个基本效应。①增感效应——金属屏受透射射线激发产生二次电子和二次射线,二次电子与二次射线能量很低,极易被胶片吸收,从而能增加对胶片的感光作用;②吸收效应——对波长较长的散射线有吸收作用,从而减小散射线引起的灰雾度,提高影像对比度。金属增感屏的构造和作用如图2-1-20所示。

金属增感屏的选用依据相应射线检测执行标准。

2)金属荧光增感屏

这种增感屏兼有荧光增感屏的高增感特征和铅箔增感屏的散射线吸收作用。其构造和作用如图2-1-21所示。制造方法是将铅箔黏合在纸基下,再在铅箔上涂布荧光物质。金属荧光增感屏与非增感型胶片配合使用,其像质要优于荧光增感屏时的底片。但由于清晰度和分辨力的局限性,金属荧光屏还是不能用于质量要求高的工件的透照。JB/T 4730—2005 和 GB/T 3323—2005 标准规定仅限于 A 级照相时方可采用金属荧光增感屏。

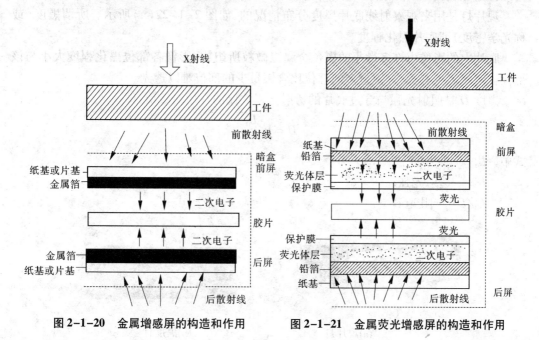

图 2-1-20　金属增感屏的构造和作用　　　图 2-1-21　金属荧光增感屏的构造和作用

3)荧光增感屏

荧光增感屏由荧光体层(常用钨酸钙)和优质纸基组成。其构造和作用与金属荧光增感屏类似。荧光增感屏与增感型胶片联用时,可大大缩短曝光时间,可用较低的管电压检查较厚的工件。

荧光增感屏在较低的管电压条件下有较大的增感系数,当管电压大于 200 kV 时,增感系数降低。由于荧光增感屏的荧光体颗粒粗,荧光的扩展和散乱传播,加之荧光体间不能截止散射线,故所得底片的影像模糊,清晰度差,灵敏度低,缺陷分辨力差,细小裂纹易漏检,因此在射线照相中的使用范围越来越小,为避免危险性缺陷漏检,透照焊缝一般不使用荧光增感屏。JB/T 4730—2005 和 GB/T 3323—2005 标准规定仅在 A 级照相时才可使用荧光增感屏。

4)使用增感屏的注意事项

目前,使用较普遍的是铅箔增感屏,使用中应注意以下几点:

(1)应保持表面光滑清洁,无污秽。铅箔表面有油污时,会吸收一次电子,形成减感现象,使底片上产生白影。对表面附着的污物,可用干净纱布蘸乙醚、四氯化碳擦去。

(2)应避免增感屏卷曲受折及划伤。卷曲受折会使增感屏与胶片接触不良,使底片影像模糊。划伤会在底片上产生增感黑影。对铅箔增感屏上比较轻微的折痕、划痕和黏合不良引起的鼓泡,可将增感屏放置在光滑的桌面上,用纱布将其抹平。

(3)避免沾染显定影液。铅箔易受显定影液的腐蚀,如不及时擦干,则会在增感屏表面产生严重的腐蚀斑痕,这种增感屏只能废弃不用。

（4）保存增感屏时，应注意防潮，防止有害气体的侵蚀。

（三）观片灯

观片灯是用来观察射线底片黑度分布情况的，如图 2-1-22（a）所示。所谓黑度（或称光学密度）即底片黑化程度。

底片上的影像由许多微小的黑色金属银微粒所组成，影像各部位黑化程度大小与该部位含银量多少有关，含银量多的部位比含银量少的部位难以透光。

黑度 D 是照射光强与穿过底片的透射光强之比的常用对数值，即：

$$D = \lg \frac{L_0}{L}$$

式中　L_0——照射光强；

　　　L——透射光强；

　　　L_0/L——阻光率。

(a)观片灯　　　　　　　　(b)黑度计

图 2-1-22　射线检测其他辅助器材

JB/T 4730—2005 及 GB/T 3323—2005 标准要求：A 级检测的射线底片黑度 $D = 1.5 \sim 4.0$，AB 级检测的射线底片黑度 $D = 2.0 \sim 4.0$，B 级检测的射线底片黑度 $D = 2.3 \sim 4.0$。

JB/T 4730.2—2005 规定：观片灯最大亮度不小于 100 000 cd/m²，且观察的漫射光亮度应可调。对不需要观察或透光量过强的部分应采用适当的遮光板屏蔽强光。经照射后的底片亮度应不小于 30 cd/m²。

（四）黑度计（黑白密度计）

射线照相底片的黑度是用透射式黑度计测量的，黑度计有两种：一种是光学直读式（指针式）黑度计，这种黑度计结构简单，但每次测量需进行零点调整、满度调整，使用不方便，误差较大，已被淘汰；另一种是数字式黑度计，如图 2-1-22（b）所示，它把由光电池接收的信号经过 A/D 转换等处理，用数字显示底片的黑度值，同时又增加了自动校准功能，操作方便，测量准确。

（五）暗袋

装胶片的暗袋可采用对射线吸收少而遮光性又很好的黑色塑料膜或合成革制作，要求材料薄、软、滑。用塑料膜制作的暗袋比较容易老化，天冷时发硬，热压合的暗袋边容易破裂。用合成革缝制的暗袋则可避免上述弊端，如采用在尼龙绸上涂布塑料的合成革缝制暗袋，由于暗袋内壁较为光滑，装片时，胶片、增感屏容易插入暗袋。

暗袋的尺寸，尤其宽度要与增感屏、胶片尺寸相匹配，既能方便地出片、装片，又能使胶片、增感屏、暗袋很好地贴合。暗袋的外面画上中心标记线,可以在贴片时方便地对准透照中心。暗袋背面还应贴上铅质"B"标记(高 13 mm,厚 1.6 mm),以此作为监测散射线的附件。由于暗袋经常接触工件,极易弄脏,因此要经常清理暗袋表面,如发现破损,应及时更换。

近年来,真空包装的胶片使用逐渐增多,这种真空包装胶片可直接用于拍片,其增感屏、暗袋只能一次性使用。由于真空包装,无论胶片是否弯曲,增感屏、暗袋受大气压始终密切地贴合胶片,且厚度很小,真空包装胶片的暗袋由铅箔、黑纸复合而成。

(六)屏蔽铅板

为屏蔽散射线,应制作一些与胶片暗袋尺寸相仿的屏蔽板及一些与胶片同宽但长度短些的屏蔽板。屏蔽板由 1 mm 厚的铅板制成。贴片时,将屏蔽铅板紧贴暗袋,以屏蔽后方散射线;特殊工件透照(如小径管双壁透照)时,在源侧射线直透胶片部分采用屏蔽铅板加以适当遮挡,以屏蔽前方散射线。

(七)中心指示器

射线机窗口应装设中心指示器。

中心指示器上装有约 6 mm 厚的铅光栏,可以有效地遮挡检测区的射线,以减少前方散射线;还装有可以拉伸、收缩的对焦杆,在对焦时,可将拉杆扳向前方,透照时则扳向侧面,利用中心指示器可以方便地指示射线方向,使射线束中心对准透照中心。

(八)其他小器材

射线照相辅助器材很多,除上述用品、设备、器材外,为方便工作,还应备齐一些小器件,如卷尺、榔头、照明行灯、电筒、各种尺寸的铅遮板、补偿泥、贴片磁钢、透明胶带、标记带、各式铅字、盛放铅字的字盘、画线尺、石笔、记号笔等。

第四节 射线检测的特点及影响因素

一、射线检测的特点

射线检测在特种设备的制造、安装、在役检验中得到广泛的应用,它的检测对象包括各种熔化焊接方法(电弧焊、气体保护焊、电渣焊、气焊等)的金属材料对接接头、铸钢件,特殊情况下也可用于检测角焊缝或其他一些特殊结构试件。一般不适宜钢板、钢管、锻件的检测,也较少用于钎焊、摩擦焊等焊接方法的接头检测。

射线照相法用底片作为记录介质,可以直接得到缺陷的直观图像,且可以长期保存。通过观察底片能够比较准确地判断出缺陷的性质、数量、尺寸和位置。

射线照相法容易检出那些形成局部厚度差的缺陷。对气孔和夹渣之类缺陷有很高的检出率,对裂纹类缺陷的检出率则受透照角度的影响。它不能检出垂直照射方向的薄层缺陷,例如钢板中的分层。

射线照相法所能检出的缺陷高度尺寸与透照厚度有关,可以达到透照厚度的 1%,甚至更小,所能检出的长度和宽度尺寸为毫米数量级甚至更小。

射线照相法检测薄工件没有困难,几乎不存在检测厚度下限,但检测厚度上限受射线穿透能力的限制。而穿透能力取决于射线光子能量。例:420 kV 的 X 射线机能穿透的钢厚度约 80 mm,Co60 γ 射线穿透的钢厚度约 150 mm,更大厚度的试件则需要使用特殊的设备——加速器,其最大穿透厚度可达到 400 mm 以上。

射线照相法几乎适用于所有材料,在钢、钛、铜、铝等金属材料上使用均能得到良好的效果。该方法对试件的形状、表面粗糙度没有严格要求,材料晶粒度对其不产生影响。

射线照相法检测成本相对较高,检测速度较慢。射线对人体有伤害,需要采取防护措施。

二、射线检测的影响因素

通常意义上的工业射线检测亦称射线照相,评价射线照相影像质量最重要的指标是射线照相灵敏度。所谓射线照相灵敏度,从定量方面来说,是指在射线底片上可以观察到的最小缺陷尺寸或最小细节尺寸,从定性方面来说,是指发现和识别细小影像的难易程度。

灵敏度有绝对与相对之分,在射线照相底片上所能发现的沿射线穿透方向的最小缺陷尺寸称为绝对灵敏度。此最小缺陷尺寸与射线透照厚度的百分比称为相对灵敏度。

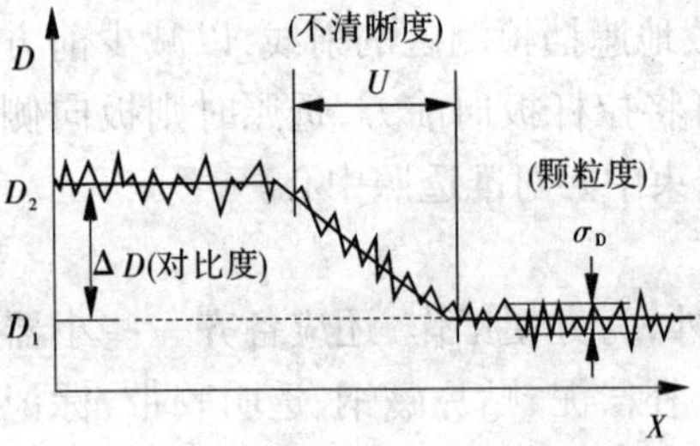

图 2-1-23　三大要素概念示意图

射线照相灵敏度是射线照相对比度(小缺陷或细节与其周围背景的黑度差)、不清晰度(影像轮廓边缘黑度过渡区的宽度)、颗粒度(影像黑度的不均匀程度)三大要素的综合结果,而三大要素的定义和区别可用图 2-1-23 表示。

影响射线照相灵敏度的因素可归纳为表 2-1-7。

表 2-1-7　影响射线照相灵敏度的因素

射线照相对比度 ΔD $\Delta D = 0.434\ \gamma\mu\Delta T/(1+n)$		射线照相不清晰度 U $U = (U_g^2 + U_i^2)^{1/2}$		射线照相颗粒度 G_r
主因对比度 $\Delta I/I = \mu\Delta T/(1+n)$	胶片对比度 $\gamma = \Delta D/\Delta\lg E$	几何不清晰度 $U_g = d_f L_2/L_1$	固有不清晰度 U_i	
取决于: (1)由缺陷造成的透照厚度差 ΔT(缺陷高度、形状透照方向) (2)射线的线质 μ(或 λ,kVp,MeV) (3)散射比 $n = (I_s/I_p)$	取决于: (1)胶片类型 (2)显影条件(配方、时间、活度、温度、搅动) (3)底片黑度 D ($\gamma \propto D$)	取决于: (1)焦点尺寸 d_f (2)焦点至工件表面距离 L_1 (3)工件表面至胶片距离 L_2	取决于: (1)射线的线质 μ(或 λ,kVp,MeV) (2)增感屏种类 (3)屏—胶片贴紧程度 (4)胶片银胶比	取决于: (1)胶片类型 (2)射线的线质 μ(或 λ,kVp,MeV) (3)显影条件(配方、时间、温度)

（一）射线照相对比度

1．射线照相对比度的概念

如果工件中存在厚度差，那么射线穿透工件后，不同厚度部位透过射线的强度就不同。用此射线曝光，经暗室处理得到的底片上不同部位就会产生不同的黑度。射线照相底片上的影像就是由不同黑度的阴影构成的，阴影和背景的黑度差使得影像能够被观察和识别。我们把底片某一小区域和相邻区域的黑度差称为底片对比度，又叫底片反差。显然，底片对比度越大，影像越容易被观察和识别清楚。因此，为检出较小的缺陷，获得较高的灵敏度，就必须设法提高底片对比度。但在提高对比度的同时，也会产生一些不利后果，例如试件能被检出的厚度范围（厚度宽容度）减小，底片上的有效评定区域缩小，曝光时间延长，检测速度下降，检测成本增大等。

射线强度差异是底片产生对比度的根本原因，所以把 $\Delta I/I$ 称为主因对比度，如图 2-1-24 所示。

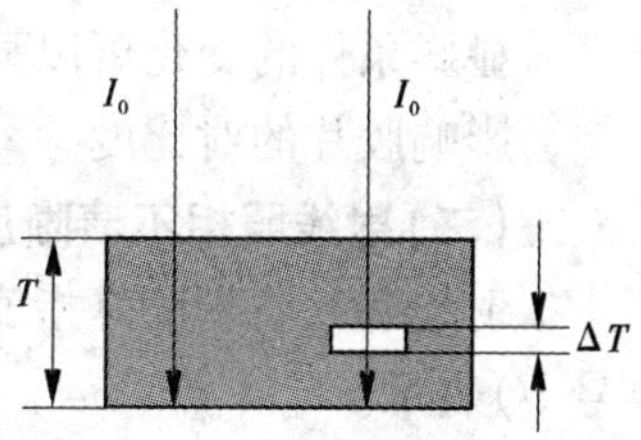

$$\frac{\Delta I}{I} = \frac{\mu \Delta T}{1+n}$$

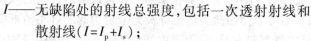

式中　ΔI——因试件中存在厚度为 ΔT 的缺陷而引起的透射射线强度之差（$\Delta I = I_{p'} - I_{p}$）；

　　　I——无缺陷处的射线总强度，包括一次透射射线和散射线（$I = I_p + I_s$）；

图 2-1-24　主因对比度

　　　μ——试件材料的线衰减系数；

　　　ΔT——缺陷在射线透照方向上的尺寸；

　　　n——散射比，散射线强度与一次透射强度之比（$n = I_s/I_p$）。

射线照相对比度（ΔD）由主因对比度和胶片对比度综合作用而形成

$$\Delta D = 0.434 \gamma \mu \Delta T / (1+n)$$

式中　γ——胶片对比度。

2．射线照相对比度的影响因素

射线照相对比度即射线底片对比度（ΔD）是主因对比度 $\Delta I/I$ 和胶片对比度 γ 共同作用的结果，主因对比度是构成底片对比度的根本原因，而胶片对比度可以看做是主因对比度的放大系数（通常这个系数为 3~6）。

1）影响主因对比度的因素

影响主因对比度的因素包括厚度差 ΔT、衰减系数 μ 和散射比 n。

ΔT 与缺陷尺寸有关，某些情况下还与透照方向有关。对于试件中具体存在的缺陷，它的几何尺寸是一定的，但在不同方向上形成的厚度差可能不同。对于具有方向性的面积型缺陷，如裂纹、未熔合等，透照方向与 ΔT 的关系特别明显。为提高照相对比度，就必须考虑选择适当的透照方向或控制一定的透照角度，以求得到较大的 ΔT。例如，为检出坡口未熔合缺陷，往往选择沿坡口透照方向，为保证裂纹的检出率，就必须控制射线束与工件表面法线的角度不得过大。

衰减系数 μ 与试件材质和射线能量有关。在试件材质给定的情况下，透照的射线能量越低，线质越软，μ 值越大，在保证射线穿透力的前提下，选择能量较低的射线进行照相,是增大对比度的常用方法。

减小散射比 n 可以提高对比度,因此透照时就必须采取有效措施控制和屏蔽散射线。

2)影响胶片对比度的因素

影响胶片对比度的因素包括胶片种类、底片黑度和显影条件。

不同类型的胶片,其对比度不同。通常,非增感型胶片的对比度比增感型胶片的大。非增感型胶片中不同种类的胶片,其对比度也不一样,要想提高射线照相对比度,可以选择对比度较大的胶片。

胶片对比度随底片黑度的增加而增大。为保证射线照相对比度,常对底片的最小黑度提出限制。为增大对比度,射线照相底片往往取较大的黑度值。这也是现行射线检测标准中底片黑度下限较早期标准有所提高的主要原因之一。

显影条件的变化可以显著改变胶片特性曲线的形状,显影时间、温度以及显影液活度都会影响胶片的对比度。

(二)射线照相不清晰度

射线底片清晰度是指底片上影像轮廓的明晰程度,通常用其反义术语不清晰度(符号 U)表示。

在实际工业射线照相中,底片影像不清晰有多种原因。如果排除试件或射线源移动、屏—胶片接触不良等偶然因素,不考虑使用盐类增感屏荧光散射引起的屏不清晰度,那么影响射线照相不清晰度的因素主要有两方面,即由于射线源有一定尺寸而引起的几何不清晰度 U_g 以及由于电子在胶片乳剂中散射而引起的固有不清晰度 U_i。

底片上总的不清晰度 U 是 U_g 和 U_i 的综合结果,即:

$$U = (U_g^2 + U_i^2)^{1/2}$$

如图 2-1-25 所示,两者不是简单的算术相加,而是由两者中较大值决定的。

1.几何不清晰度 U_g

由于 X 射线管焦点或 γ 射线源都有一定尺寸,所以透照工件时,工件表面轮廓或工件中的缺陷在底片上的影像的边缘会产生一定宽度的半影,这个半影的宽度就是几何不清晰度 U_g,如图 2-1-26 所示。U_g 的数值可用下式计算

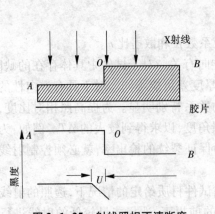

图 2-1-25　射线照相不清晰度

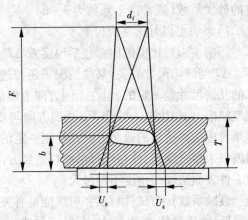

图 2-1-26　工件中缺陷的几何不清晰度

$$U_g = d_f b / (F-b)$$

式中　d_f——焦点尺寸；

　　　F——焦点至胶片的距离；

　　　b——缺陷至胶片的距离。

通常技术标准中所规定的射线照相必须满足的几何不清晰度，是指工件中可能产生的最大几何不清晰度 U_{gmax}，相当于射线源侧面缺陷或射线源侧放置的像质计金属丝所产生的几何不清晰度，如图 2-1-27 所示，其计算公式为

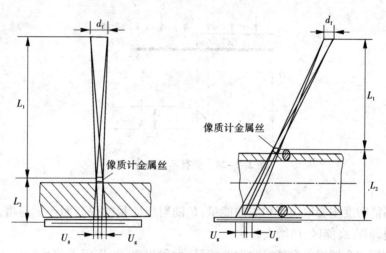

图 2-1-27　以像质计金属丝的 U_g 值作为被检焊缝的 U_{gmax} 值

$$U_{gmax} = d_f L_2 / (F-L_2) = d_f L_2 / L_1$$

式中　L_1——焦点至工件表面的距离；

　　　L_2——工件至胶片的距离。

由上式可知，几何不清晰度与焦点尺寸和工件厚度成正比，而与焦点至工件表面的距离成反比。在焦点尺寸和工件厚度给定的情况下，为获得较小的 U_g 值，透照时就需要取较大的焦距 F，但由于射线强度与距离的平方成反比，如果要保证底片黑度不变，在增大焦距的同时就必须延长曝光时间或提高管电压，所以对此要综合权衡考虑。

实际上，由于照相场内光学焦点从阴极到阳极一侧都是变化的，因此即使是平板对接接头照相，底片上各点的 U_g 值也是不同的。而曲面对接焊缝照相，由于距离、厚度的变化，故底片上各点的 U_g 值的变化更大、更复杂。

2. 固有不清晰度

在理想的、不存在几何不清晰度和散射线影响的情况下，物体或缺陷影像轮廓由射线能量、胶片和增感屏粒度等因素引起的模糊程度，称为固有不清晰度，用 U_i 表示。

固有不清晰度是由于照射到胶片上的射线在乳剂层中激发出的电子的散射而产生的：当光子穿过乳剂层时，与物质相互作用发生光电效应、康普顿效应以及电子对效应，所有这三种效应都能激发出电子。射线光子的能量越高，激发出来的电子的动能就越大，

在乳剂层中的射程也就越长。这些电子向各个方向散射,到达邻近的卤化银颗粒,动能较大的电子甚至可以穿透过许多卤化银颗粒。由于电子的作用,这些卤化银颗粒成为潜影,因此一个射线光子不只是影响一个卤化银颗粒,而是可能在乳剂层中产生一小块潜影银,其结果是不仅光子直接作用的点能被显影,而且该点附近区域也能被显影,这就造成了影像边界的扩散和轮廓的模糊。固有不清晰度的大小就是散射电子在胶片乳剂层中作用的平均距离。

假定不存在几何不清晰度 U_g,也不存在散射线 I_s,则底片上的影像边缘附近出现的两个黑度 a 和 b 之间的过渡区域,就是固有不清晰度 U_i,如图 2-1-28 所示。

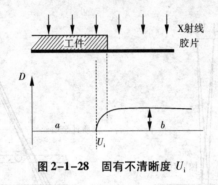

图 2-1-28　固有不清晰度 U_i

固有不清晰度主要取决于射线的能量,U_i 随射线能量的提高而连续递增,在低能区,U_i 增大较慢,但在高能区,U_i 增大较快。

通常使用的金属增感屏能吸收射线能量,发射出电子,作用于胶片的卤化银,增加感光。由增感屏发射出的电子,在乳剂层中也有一定的射程,同样产生固有不清晰度。

增感屏的材料种类、厚度,以及使用情况都会影响固有不清晰度。例如,在中低能量射线照相中,使用铅增感屏的底片比不使用铅增感屏的底片的固有不清晰度有所增大;随着铅增感屏厚度的变化,固有不清晰度也有所改变;在 γ 射线和高能 X 射线照相中,使用铜、钽、钨制作的增感屏可以得到比铅增感屏更小的固有不清晰度;在使用增感屏时,如果屏与胶片贴合得不紧,留有间隙,将使固有不清晰度明显增大。

(三) 射线照相颗粒度

颗粒性是指均匀曝光的射线底片上影像黑度分布不均匀的视觉印象。观察受到高能量射线照射的快速胶片,不用放大镜,颗粒性就很明显;而对受低能量射线照射的慢速胶片来说,可能要经中度放大才使颗粒性明显。

一般说来,颗粒性随胶片粒度和感光速度的增大而增大,随射线能量的增大而增大,随曝光量和底片黑度的增大而减小。

胶片乳剂层中感光银盐颗粒大小对颗粒性有直接影响,大颗粒银盐阻光性好,在底片上引起的黑度起伏显然更大一些。胶片速度会影响底片影像颗粒性,一般情况是慢速胶片中的溴化银晶体比快速胶片中的晶体小。因此,胶片粒度和感光速度对颗粒性的影响往往是加和性的。

同样也易于理解,射线照相的颗粒性随能量的提高而增大。因为在低能量下,吸收一个光子只使一个或几个溴化银颗粒感光,而在高能量下,一个光子能使许多颗粒感光,这样就使随机分布的黑度起伏变大,显示出颗粒增大的倾向。而曝光量增大和底片黑度增大都使得更多的光子到达胶片,大量光子的叠加作用将使黑度的随机性起伏降低,所以减小了颗粒性。

颗粒度限制了影像能够记录的细节的最小尺寸。一个尺寸很小的细节,在颗粒度较大的影像中,或者不能形成自己的影像,或者影像被黑度的起伏所掩盖,无法识别出来。

第五节　射线检测工艺方法及通用技术

一、概念

射线检测工艺是指为达到一定要求而对射线检测过程规定的方法、程序、技术参数和技术措施等,也泛指详细说明上述方法、程序、技术参数、技术措施等的书面文件。工艺条件是指工艺过程中的有关变量及其组合。检测工艺条件包括设备器材条件、透照几何条件、工艺参数条件、工艺措施条件等。

本节讨论一些主要的工艺条件对射线照相质量的影响及应用选择原则。

二、射线检测工艺条件的选择

了解射线检测工艺条件的选择前,首先要了解一下现行特种设备射线检测常用标准对射线检测技术的分级,因为一些工艺条件的选择与检测技术等级相关。

JB/T 4730.2—2005 将射线检测分为三个技术等级:A 级为低灵敏度技术;AB 级为中灵敏度技术;B 级为高灵敏度技术。

GB/T 3323—2005 将射线检测分为两个技术等级:A 级为普通级;B 级为优化级。

机电类特种设备射线检测一般选择 A 级或 AB 级检测技术等级。

(一)射线能量(射线源种类)的选择

选择射线源的首要因素是射线源所发出的射线对被检工件具有足够的穿透力。从保证射线照相灵敏度讲,射线能量增高,衰减系数减小,底片对比度降低,固有不清晰度增大,底片颗粒度也增大,其结果是射线照相灵敏度下降。但是,如果选择射线能量过低,穿透力不够,到达胶片的透照射线强度过小,则造成底片黑度不足,灰雾度增大。

对于 X 射线源来讲,穿透力取决于管电压。管电压越高则射线的质越硬,穿透厚度越大,在工件中的衰减系数越小,灵敏度下降。因此,X 射线能量(管电压)的选择,在目前机电类特种设备中常用的射线检测标准 JB/T 4730.2—2005 和 GB/T 3323—2005 中均规定了其选择上限,两个标准的规定是一致的,如图 2-1-29 所示。

对于 γ 射线源来讲,穿透力取决于射线源的种类。由于射线源发出的射线能量不可改变,因而用高能射线透照薄工件时,会出现灵敏度下降的现象。因此,前述两个常用射线检测标准对于射线源的选择不仅规定了透照厚度的上限,而且规定了透照厚度的下限。

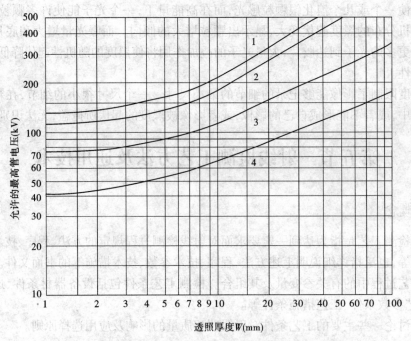

1—铜及铜合金；2—钢；3—钛及钛合金；4—铝及铝合金

图 2-1-29　不同透照厚度允许的 X 射线最高管电压

γ 射线源和能量 1 MeV 以上 X 射线设备的透照厚度范围(钢、不锈钢、镍合金等)见表 2-1-8。

表 2-1-8　γ 射线源和能量 1 MeV 以上 X 射线设备的透照厚度范围(钢、不锈钢、镍合金等)

射线源	透照厚度 W(mm)	
	A 级、AB 级(JB/T 4730.2—2005) A 级(GB/T 3323—2005)	B 级
Se75	$10 \leqslant W < 40$	$14 \leqslant W < 40$
Ir192	$20 \leqslant W < 100$	$20 \leqslant W < 90$
Co60	$40 \leqslant W < 200$	$60 \leqslant W < 150$
X 射线(1~4 MeV)	$30 \leqslant W < 200$	$50 \leqslant W < 180$
X 射线(4~12 MeV)	$W \geqslant 50$	$W \geqslant 80$
X 射线(>12 MeV)	$W \geqslant 80$	$W \geqslant 100$

通常情况下,射线能量的选择原则是:在保证穿透的前提下,选择能量较低的射线,以保证射线照相灵敏度。

选择能量较低的射线可以获得较高的对比度,却意味着较低的透照厚度宽容度,对于透照厚度差较大的工件将产生很大的底片黑度差,底片黑度值超出允许范围。因此,在透照厚度差较大的工件时,选择射线能量还必须考虑得到合适的透照厚度宽容度,即适当选择较高的射线能量。

(二)焦距的选择

焦距对照相灵敏度的影响主要表现在几何不清晰度上。由几何不清晰度定义($U_g = \dfrac{d_f L_2}{F-L_2}$ 或 $U_g = \dfrac{d_f L_2}{L_1}$)可知,焦距 F 越大,U_g 值越小,底片上的影像越清晰。因此,为保证射线照相的清晰度,标准对透照距离的最小值有限制,JB/T 4730.2—2005 和 GB/T 3323—2005 标准中规定透照距离 L_1(射线源至工件表面距离)与焦点尺寸 d_f 和透照厚度 L_2(工件表面至胶片距离)应满足表 2-1-9 的要求。

表 2-1-9　不同检测技术等级的要求

项目	检测技术等级	透照距离 L_1	几何不清晰度 U_g 值
JB/T 4730.2—2005、GB/T 3323—2005	A 级	$L_1 \geq 7.5 d_f L_2^{2/3}$	$U_g \leq 2/15\, L_2^{1/3}$
JB/T 4730.2—2005	AB 级	$L_1 \geq 10 d_f L_2^{2/3}$	$U_g \leq 1/10\, L_2^{1/3}$
JB/T 4730.2—2005、GB/T 3323—2005	B 级	$L_1 \geq 15 d_f L_2^{2/3}$	$U_g \leq 1/15\, L_2^{1/3}$

由于焦距 $F = L_1 + L_2$,所以上述关系式也就限制了 F 的最小值。L_1 可通过上列关系式计算,也可利用 JB/T 4730.2—2005 和 GB/T 3323—2005 标准中的诺模图查出。

实际透照时一般不采用最小焦距值,所用的焦距比最小焦距要大得多。这是因为透照场的大小与焦距相关。焦距增大后,匀强透照场范围增大,这样可以得到较大的有效透照长度,同时影像清晰度也进一步提高。

但是焦距也不能太大,因为焦距增大后,按原来的曝光参数透照得到的底片的黑度将变小。若保持底片黑度不变,就必须在增大焦距的同时增加曝光量或提高管电压,而前者降低了工作效率,后者将对灵敏度产生不利的影响。

焦距的选择有时也与试件的几何形状以及透照方式有关。例如,为得到较大的一次透照长度和较小的横裂检出角,在双壁单影法透照环向对接接头时,往往选择较小的焦距。

在几何布置中,除要考虑焦距 F 的最小要求外,同时也要考虑分段曝光时的一次透照长度,即焊接接头的透照厚度比 $K\left(K = \dfrac{T'}{T}\right)$,$K$ 值与横向裂纹检出角 θ 关系:$\theta = \arccos(1/K)$。按照现行标准规定,环缝的 A 级和 AB 级的 K 值不大于 1.1,B 级的 K 值不大于 1.06;纵缝的 A 级和 AB 级的 K 值不大于 1.03,B 级的 K 值不大于 1.01。

(三)曝光量的选择与修正

1.曝光量的选择

曝光量可定义为射线源发出的射线强度与照射时间的乘积。对于 X 射线来说,曝光量是指管电流 I 与照射时间 t 的乘积($E = It$);对于 γ 射线来说,曝光量是指放射源活度 A 与照射时间 t 的乘积($E = At$)。

曝光量是射线透照工艺中的一项重要参数。射线照相影像的黑度取决于胶片感光乳剂吸收的射线量,在透照时,如果固定试件尺寸,源、试件、胶片的相对位置,胶片和增感屏,给定了放射源或管电压,则底片黑度与曝光量有很好的对应关系。因此,可以通过改变曝光量来控制底片黑度。

曝光量不仅影响影像底片的黑度,而且影响影像的对比度和颗粒度以及信噪比,从而影响底片上可记录的最小细节尺寸,即影响射线照相灵敏度。为保证照相质量,曝光量应不低于某一个最小值。

按照 JB/T 4730.2—2005 及 GB/T 3323—2005 标准规定,X 射线照相,焦距 700 mm时,曝光量的推荐值为:A 级、AB 级不低于 15 mA·min,B 级不低于 20 mA·min;γ 射线照相,总的曝光时间不少于输送源往返所需时间的 10 倍,以防止用短焦距和高电压所引起的不良影响。

2. 曝光量的修正

1) 互易律

互易律是光化学反应的一条基本定律。它指出:决定光化学反应产物质量的条件,只与总的曝光量相关,即取决于辐射强度和时间的乘积,而与这两个因素的单独作用无关。互易律可引申为底片的黑度只与总的曝光量相关,而与辐射强度和时间分别作用无关。在射线照相中,采用铅箔或无增感的条件时,遵守互易律。而当采用荧光增感条件时,互易律失效。

互易律表达式:

$$E = It = I_1 t_1 = I_2 t_2 = \cdots$$

2) 平方反比定律

平方反比定律是物理学的一条基本定律。它指出:从一点源发出的辐射,强度 I 与距离 F 的平方成反比,即存在以下关系:$I_1/I_2 = (F_2/F_1)^2$。其原理为:在源的照射方向上任意立体角内取任意垂直截面,单位时间通过的光子总数是不变的,但由于截面积与到点源的距离平方成正比,所以单位面积的光子密度,即辐射强度与距离平方成反比,如图 2-1-30 所示。

3) 曝光因子

互易律给出了在底片黑度不变的前提下,射线强度与曝光时间相互变化的关系;平方反比定律给出了射线强度与距离之间的关系,将以上两个定律结合起来,可以得到曝光因子的表达式。

X 射线:

$$X = \frac{It}{F^2} = \frac{I_1 t_1}{F_1^2} = \frac{I_2 t_2}{F_2^2} = \cdots$$

γ 射线:

$$\gamma = \frac{At}{F^2} = \frac{A_1 t_1}{F_1^2} = \frac{A_2 t_2}{F_2^2} = \cdots$$

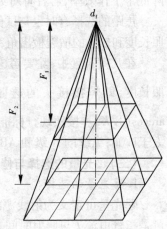

图 2-1-30　平方反比定律

4) 曝光量的修正

当焦距、胶片种类、底片黑度等某一要素改变时,可通过上述曝光因子对曝光量进行修正,如需进一步了解可查阅专业无损检测资料。

(四)透照方式的选择

对接接头射线检测的常用透照方式(布置)主要有 10 种,如图 2-1-31 所示。这些透照方式分别适用于不同的场合,其中单壁透照是最常用的透照方法,双壁透照一般用在射源或胶片无法进入内部的工件的透照,如双壁单影法适用于曲率半径较大(直径在 100 mm 以上)的环向对接接头的透照,双壁双影法一般只用于小径管(直径在 100 mm 以下)的环向对接接头的透照。

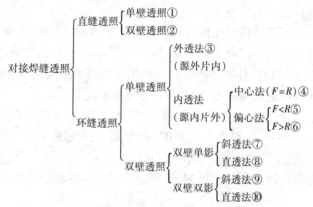

图 2-1-31　对接接头射线检测的常用透照方式

对于机电类特种设备的射线检测,常见的焊接接头形式主要包括起重机械中纵向对接接头、游乐设施中钢管环向对接接头等,因此常用透照方式有纵向对接接头单壁透照、环向对接接头单壁内(或外)透照、双壁单影透照、双壁双影透照,特殊情况下还可能涉及插入式管座焊缝的单壁单影、双壁单影透照等。

JB/T 4730.2—2005 适用于纵向对接接头单壁透照,环向对接接头单壁内(或外)透照、双壁单影透照、双壁双影透照;GB/T 3323—2005 除适用于上述接头形式外,还适用于管座焊缝、管座焊缝透照。

下面重点介绍纵向对接接头单壁透照、环向对接接头单壁内(或外)透照、双壁单影透照、双壁双影透照。

1.选择透照方式应考虑的因素

1)透照灵敏度

在透照灵敏度存在明显差异的情况下,应选择有利于提高灵敏度的透照方式。例如,单壁透照的灵敏度明显高于双壁透照,在两种方式都能使用的情况下无疑应选择前者。

2)缺陷检出特点

有些透照方式特别适合于检出某些种类的缺陷,可根据检出缺陷的要求的实际情况选择。

3)透照厚度差和横向裂纹检出角

较小的透照厚度和横向裂纹检出角有利于提高底片质量和裂纹检出率。环向对接接头透照时,在焦距和一次透照长度相同的情况下,源在内透照法比源在外透照法具有更小的透照厚度差和横裂检出角,从这一点看,前者比后者优越。

4)一次透照长度

各种透照方式的一次透照长度各不相同,选择一次透照长度较大的透照方式可以提高检测速度和工作效率。

5)操作方便性

对一般机电类特种设备透照,源在外的操作更方便一些,所以多数情况下采用外透法。

6)试件及探伤设备的具体情况

透照方式的选择还与试件及探伤设备情况有关。例如,当试件曲率半径过小时,源在内透照可能不能满足几何不清晰度的要求,因而不得不采用源在外的透照方式。使用移动式 X 射线机只能采用源在外的透照方式。使用 γ 射线源或周向 X 射线机时,选择源在内中心透照法对环向接头周向曝光,更能发挥设备的优点。

需要强调的是,在环向接头的各种透照方式中,以源在内中心透照周向曝光法为最佳。该方法透照厚度均一,横裂检出角为 0°,底片黑度、灵敏度俱佳,缺陷检出率高,且一次透照整条环向接头,工作效率高,应尽可能选用。

但对于机电类特种设备的射线检测,该种透照方式一般较少涉及,多用于承压类特种设备的射线检测。

2.透照方式选择原则

应根据工件特点和技术条件的要求选择适宜的透照方式。按照现行常用检测标准的规定,在可以实施的情况下应选用单壁透照方式,在单壁透照不能实施时才允许采用双壁透照方式。

透照时射线束中心一般应垂直指向透照区中心,需要时也可选用有利于发现缺陷的方向透照。

(五)一次透照长度的确定

一次透照长度,即焊接接头射线照相一次透照的有效检测长度,对照相质量和工作效率同时产生影响。显然,选择较大的一次透照长度可以提高效率,但在大多数情况下,透照厚度比和横向裂纹检出角随一次透照长度的增加而增大,这对射线照相质量是不利的。

实际工作中一次透照长度选取受两方面因素的限制:一个是射线源的有效照射场的范围,一次透照长度不可能大于有效照射场的尺寸;另一个是射线检测标准的有关透照厚度比 K 值的规定,间接限制了一次透照长度的大小。

标准规定了透照厚度比 K 值,以现行标准 JB/T 4730.2—2005 为例:纵缝 A 级和 AB 级检测,K 值不大于 1.03;纵缝 B 级检测,K 值不大于 1.01;环缝 A 级和 AB 级检测,K 值一般不大于 1.1,环缝 B 级检测,K 值不大于 1.06。K 值与横向裂纹检出角 θ 有关,由图 2-1-32 可见:$\theta = \arccos(1/K)$,而 θ 又与一次透照长度 L_3 有关,所以 L_3 的大小要按标准的规定通过计算求出。

透照方式不同,L_3 的计算公式也不同。前述各种透照方式中,双壁双影法的一次透照有效检出范围,主要由其他因素决定,一般无须计算。除此以外的各种透照方式的一次透照长度以及相关参数如搭接长度 ΔL、有效评定长度 L_{eff}、最少曝光次数 N 等均需计算得出。

下面以机电类特种设备射线检测中较为常用的一种透照方式——纵向对接接头单壁单影透照为例,介绍一次透照长度的确定方法。

纵向对接接头单壁单影透照布置如图 2-1-32 所示,按 JB/T 4730.2—2005 规定,A 级、AB 级检测技术等级:$K \leqslant 1.03$;B 级:$K \leqslant 1.01$。

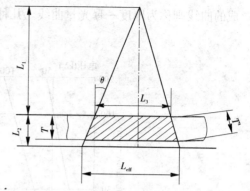

图 2-1-32 纵向对接接头单壁单影透照布置

$K = T'/T = 1/\cos\theta$ （对应 A 级、AB/B 级要求的 K 值:$\theta \leqslant 13.86/8.07$）

$$L_3 = 2L_1 \tan\theta$$

一次透照长度:

A 级、AB 级检测技术等级 $L_3 \leqslant 0.5L_1$

B 级检测技术等级 $L_3 \leqslant 0.3L_1$

搭接长度:

$\Delta L = L_2 L_3 / L_1$

A、AB 级 $\quad \Delta L \leqslant 0.5L_2$

B 级 $\quad \Delta L \leqslant 0.3L_2$

底片的有效评定长度:

$$L_{eff} = L_3 + \Delta L$$

其他较为常用的透照方式,如环向对接接头的透照,一次透照长度的确定方法将在后面射线检测典型工艺部分详细介绍。

三、曝光曲线的制作及应用

在实际工作中,通常根据工件的材质与厚度来选取射线能量、曝光量以及焦距等工艺参数,上述参数一般是通过查曝光曲线来确定的。曝光曲线是表示工件(材质、厚度)与工艺规范(管电压、管电流、曝光时间、焦距、暗室处理条件等)之间相关性的曲线图示。但通常只选择工件厚度、管电压和曝光量作为可变参数,其他条件必须相对固定。曝光曲线必须通过试验制作,且每台 X 射线机的曝光曲线各不相同,不能通用,因为即使管电压、管电流相同,如果不是同一台 X 射线机,其线质和照射率也是不同的。

此外,即使是同一台 X 射线机,随着使用时间的增加,管子的灯丝和靶也可能老化,从而引起射线照射率的变化。

因此,每台 X 射线机都应有曝光曲线,作为日常透照控制线质和照射率,即控制能量和曝光量的依据,并且在实际使用中还要根据具体情况作适当修正。

(一)曝光曲线的构成和使用条件

若横坐标表示工件的厚度,纵坐标表示管电压,曝光量为变化参数,则所构成的曲线称为厚度—管电压曝光曲线;若纵坐标用对数刻度表示曝光量,管电压为变化参数,所构成的曲线则称为厚度—曝光量曲线。几种典型的曝光曲线图例见图 2-1-33、图 2-1-34。

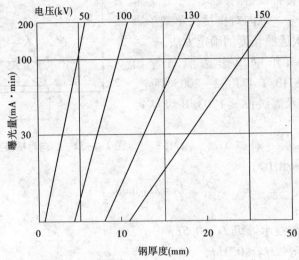

曝光曲线图例：90~150 kV射线，D7胶片，
焦距900 mm，D=2.0，铅箔增感

图 2-1-33 X 射线厚度—管电压曝光曲线

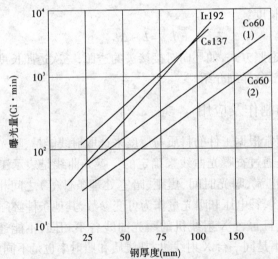

曝光曲线图例：γ 射线源，D7胶片，D=2.0，射源—胶片
距离500 mm，VC显影液，显影5 min，铅屏，射线源：
Ir192，Cs137，Co60(1)铅屏，Co60(2)铜屏

图 2-1-34 γ 射线厚度—曝光量曝光曲线

任何曝光曲线只适用于一组特定的条件,这些条件包括:

(1)所使用的 X 射线机(相关条件、高压发生线路及施加波形、射源焦点尺寸及固有滤波)。

(2)一定的焦距(常取 700 mm 或 800 mm)。

(3)一定的胶片类型(通常为微粒、高反差胶片)。

(4)一定的增感方式(屏型及前后屏厚度)。

(5)所使用的冲洗条件(显影配方、温度、时间)。

(6)基准黑度(通常取 2.0)。

上述条件必须在曝光曲线图上予以注明。

当实际拍片所使用的条件与制作曝光曲线的条件不一致时,必须对曝光量作相应修正。

这类曝光曲线一般只适用于透照厚度均匀的平板工件,而对厚度变化较大、形状复杂的工件,只能作为参考。

(二)曝光曲线的制作

曝光曲线是在机型、胶片、增感屏、焦距等条件一定的前提下,通过改变曝光参数(固定管电压、改变曝光量或固定曝光量、改变管电压)透照由不同厚度组成的钢阶梯试块(见图 2-1-35),根据给定冲洗条件洗出的底片所达到的某一基准黑度(如 2.0),来求得厚度、管电压、曝光量三者之间关系的曲线。所使用的阶梯试块面积不可太小,其最小尺寸应为阶梯试块厚度的 5 倍,否则散射线将明显不同于均匀厚度平板中的情况。另外,阶梯试块的尺寸应明显大于胶片尺寸,否则要作适当遮边。

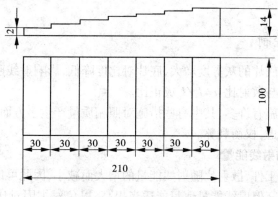

图 2-1-35　阶梯试块(单位:mm)

按有关透照结果绘制 $E-T$ 曝光曲线的过程如下。

1. 绘制 $D-T$ 曲线

采用较小曝光量、不同管电压拍摄阶梯试块,获得第一组底片,再采用较大曝光量、不同管电压拍摄阶梯试块,获得第二组底片,用黑度计测定获得透照厚度与对应黑度的两组数据,绘制出 $D-T$ 曲线图。

2. 绘制 $E-T$ 曲线

选定一基准黑度值,从两张 $D-T$ 曲线图中分别查出某一管电压下对应于该黑度的透照厚度值。在 $E-T$ 图上标出这两点,并以直线连线即得该管电压的曝光曲线。

（三）曝光曲线的使用

从 $E—T$ 曝光曲线上求取透照给定厚度所需要的曝光量，一般都应采用一点法，即按射线中心透照最大厚度确定与某一管电压相对应的 E，此时对透检区最小厚度所产生的黑度能否落在标准规定的范围未作考虑。

当需考虑厚度宽容度时，可用两点法或对角线法确定透照一定厚度范围达到规定黑度范围的曝光量，如图 2-1-36 所示。

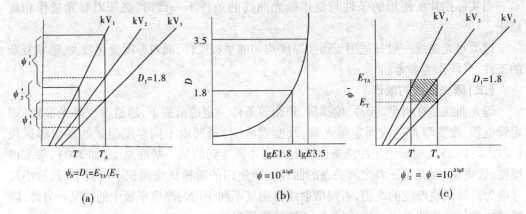

$$\psi_D=D_1=E_{TA}/E_T$$　　$$\psi=10^{\Delta \lg E}$$　　$$\psi_2'=\psi=10^{\Delta \lg E}$$

（a）　　　　　　　　（b）　　　　　　　　（c）

图 2-1-36　两点法确定管电压和曝光量

四、散射线的控制

散射线会使射线底片的灰雾度增大，底片对比度降低，影响射线照相质量。散射线对底片成像质量的影响与散射比 $n=I_s/I_p$ 成正比。

控制散射线的措施有许多，其中有些措施对照相质量产生多方面的影响。所以，选择技术措施时要综合考虑，权衡利弊。

（一）选择合适的射线能量

对厚度差较大的工件，散射比随射线能量的增大而减小，因此可以通过提高射线能量的方法来减少散射线。但射线能量值只能适当提高，以免对主因对比度和固有不清晰度产生不利的影响。

（二）使用铅箔增感屏

铅箔增感屏除具有增感作用外，还具有吸收低能散射线的作用，使用增感屏是减少散射线最方便、最经济、最常用的方法。选择较厚的铅箔增感屏减少散射线的效果较好，但会使增感效果降低，因此铅箔增感屏厚度也不能过大。实际使用的铅箔增感屏厚度与射线能量有关，而且后屏的厚度一般大于前屏。

（三）其他控制散射线的措施

应根据经济、方便、有效的原则选用措施，其中常用的措施有：

（1）背防护铅板：在胶片暗袋后加铅板，防止或减少背散射线。使用背防护铅板的同时仍须使用铅箔增感后屏，否则背防护铅板被射线照射时激发的二次射线有可能到达胶片，对照相质量产生不利影响。

(2)铅罩和光阑:使用铅罩和光阑可以减小照射场范围,从而在一定程度上减少散射线。

(3)厚度补偿物:在对厚度差较大的工件透照时,可采用厚度补偿措施来减少散射线。焊缝照相可使用厚度补偿块,形状不规则的小零件照相可使用流质吸收剂或金属粉末作为厚度补偿物。

(4)滤板:在对厚度差较大的工件透照时,可以在射线机窗口处加一金属薄板(称为滤板),可将 X 射线束中软射线吸收掉,使透过的射线波长均匀化,有效能量提高,从而减少边蚀散射。滤板可用黄铜、铅或钢制作。滤板厚度可通过计算或试验确定。

(5)遮蔽物:对试件小于胶片的,应使用遮蔽物,对直接被射线照射的那部分胶片进行遮蔽,以减少边蚀散射。遮蔽物一般用铅制作,其形状和大小视被检物的情况确定,也可使用钢铁和一些特殊材料(例如钡泥)制作遮蔽物。

(6)修磨工件:通过修整、打磨的方法减小工件厚度差,也可以视为减少散射线的一项措施。

五、暗室处理

射线检测一般需要三个工序过程,即射线穿透工件后对胶片进行曝光的过程,胶片的暗室处理过程以及底片的评定过程。胶片暗室处理不好,不仅直接影响底片质量以及底片的保存期,甚至会使透照工作前功尽弃,因为暗室处理是射线照相过程中的最后一个环节。此外,正确的暗室处理是透照工艺合理与否的信息反馈,为透照工艺的进一步改进提供依据。

胶片暗室处理按操作方式区分,有手工和自动之分。目前国内多数仍采用手工操作。处理程序主要包括显影、停显、定影、水洗和干燥五个过程。

(一)暗室条件要求

1.暗室设计

暗室是射线照相进行暗室处理的特殊房屋,是工业射线照相工作中不可缺少的设施。暗室设计应根据工作量的大小、显定影方式以及设施水平等具体条件统筹安排,但必须满足防辐射、不漏光、安全灯的安全可靠、室内机具布局合理、室内通风以及保持一定的温、湿度等要求。

2.暗室设备器材

暗室常用器材包括安全灯(三色灯)、温度计、天平、洗片槽、烘干箱等,有的还配有自动洗片机。

洗片机等设备的使用有专门的操作规程,其他设备使用时也有一些注意事项。

1)安全灯

不同种类胶片具有不同的感光波长范围,此特征称为感色性。工业射线胶片对可见光的蓝色部分最敏感,而对红色或橙色部分不敏感,因此胶片冲洗过程用的安全灯采用暗红色或暗橙色。为保证安全,对新购置的安全灯应进行测试,对长期使用的安全灯也应作定期测试。

2）药液配制器材

温度计用于配液和显影操作时测量药液温度,应选择量程大于 50 ℃,刻度为 1 ℃ 或 0.5 ℃ 的酒精玻璃温度计或半导体温度计;天平用于配液时称量药品,可采用称量精度为 0.1 g 的托盘天平,天平使用后应及时清洁,以防腐蚀造成称量失准;配液的容器应使用玻璃、搪瓷或塑料制品,也可用不锈钢制品,搅拌棒也应用上述材料制作,切忌使用铜、铁、铝制品,因为铜、铁、铝等金属离子对显影剂的氧化有催化作用。

3）胶片处理器材

胶片手工处理可分为盘式和槽式两种方式。其中盘式处理易产生伪缺陷,所以目前多采用槽式处理。洗片槽用不锈钢或塑料制成,其深度应超过底片长度的 20% 以上,使用时应将药液装满槽,并随时用盖将槽盖好,以减少药液氧化。槽应定期清洗,保持清洁。

（二）显影液

1. 显影液的组成、作用及配制

一般显影液中含有四种主要成分:显影剂、保护剂、促进剂和抑制剂,此外,有时还加入一些其他物质,例如坚膜剂和水质净化剂等。

显影液的作用是将已感光的卤化银还原为金属银。通过选择不同显影剂和不同的配方来调整显影性能。

显影液的配制应遵守下列规定:

（1）各种药品应按配方中规定的数量称重。

（2）溶剂水温应控制在 50 ℃ 左右。

（3）按配方中规定的顺序溶解药品。

（4）一定要在前一种药品完全溶解后,再加入下一种药品。

（5）新配显影液应经过滤,停放 24 h 后再使用。

（6）配制显影液的器皿应使用玻璃、搪瓷、塑料或不锈钢器皿,不可用黑色金属,以及含锌或铜的器皿。

显影液中虽然有亚硫酸钠起保护作用,但如长时间暴露在空气中,仍然会受氧化而失去显影能力。因此,显影液应密封保存,避免高温。槽中显影时应加盖保存,盘中显影时用毕应及时倒入瓶中密封保存,减少与空气接触时间,延长其使用寿命。

2. 显影操作

1）显影的目的及原理

显影的目的就是把胶片乳剂中已曝光形成的溴化银微晶体还原为金属银。

$$2Ag^+ + 显影剂（还原剂）\longrightarrow 2Ag + 显影剂的氧化物$$

然后,用定影剂把未曝光部分的溴化银溶解去除,使不可见的潜影变成由银粒所组成的可见影像。

经射线透照曝光后的胶片,不能存放过久,不然,影像可能变淡,这是由于形成潜影的银会再次被氧化,这种现象称为潜影衰退。

胶片乳剂颗粒愈细,存放环境的温度愈高,则衰退愈快。

显影在整个胶片暗室处理过程中占有特别重要的地位。显影条件对感光材料的性能有直接影响,即使是同一种胶片,由于显影液配方、显影温度以及显影时间等的不同,所得底片的反差和黑度也各不相同。

　　2) 显影操作要点

　　胶片显影是一种化学反应,胶片显影效果,如底片黑度、衬度、灰雾度、颗粒度等,与显影液配方、显影时间、温度、搅动次数以及药液浓度等因素有关。应当把这些影响因素控制在满足胶片感光特征所规定的条件范围,这样可以得到最佳显影效果。当不能满足最佳显影条件时,必须了解其因果关系,保证显影质量。

　　(1)显影时间。在其他条件固定的前提下,正确的显影时间能使底片获得黑度和衬度适中的影像。过分延长显影时间,胶片上被还原的金属银过多,影像黑度偏高,同时也使未曝光的溴化银粒子起作用,使底片灰雾度增大,并使银粒变粗,底片清晰度下降。显影时间过短,底片黑度下降,同样影响底片灵敏度。使用过分延长显影时间补救曝光不足或衰退的显影液使底片达到一定黑度的办法,或使用过分缩短显影时间补救曝光过度的胶片,都将影响底片灵敏度。当然,适当地延长和缩短显影时间,补救透照的曝光误差是允许的,但这是有限度的,常用普通胶片的显影时间一般为 3~8 min。优质底片只有曝光正确和显影正确才能获得。

　　(2)显影温度。显影温度过高或过低,将造成显影过度和显影不足。显影温度过高,会使影像过黑,反差增大,灰雾度增高,银粒变粗,且易使感光膜过度膨胀,容易擦伤。当温度超过 24 ℃ 时,感光膜便有溶化脱落的危险。显影温度过低,会造成影像淡薄、反差不足等问题,尤其是对显影剂对苯二酚的显影力影响较为明显。

　　显影液的温度通常控制在 18~20 ℃,在此温度下,显影速度适中,药液不致过快氧化,感光膜不致过分膨胀。

　　(3)搅动。搅动是指胶片显影中显影液的搅动或胶片的抖动(盘中显影为翻动)。其目的一是防止气泡附着乳剂表面使底片产生斑痕,二是去除乳剂膜面由于显影作用产生的显影液氧化物,使之与新鲜显影液接触,能得到均匀的显影。搅动对于潜影较多的部位尤为重要。如果显影时不搅动,可能由于胶片附着气泡产生白色斑点,或由于胶片表面存在显影生成的沉积物造成条纹状影像。显影时的搅动,加速显影作用,可以增大反差,缩短显影时间,一般以每分钟三次为宜。

　　(4)显影液浓度。显影液除不断与胶片的乳剂中的溴化银反应而消耗外,同时与空气接触氧化而浓度下降。显影液浓度过低,影像黑度及反差将明显下降,影响底片灵敏度。一般情况下,每平方米胶片消耗 300~400 mL 显影液。为了维持显影稳定性,可适当延长显影时间,弥补由于显影液浓度降低引起的影像黑度差。但延长显影时间是有限度的,当显影液浓度显著下降时,必须更换,否则将严重影响底片灵敏度。最好的办法是不断加入显影补充液,以维持显影液浓度稳定。每次添加的补充液最好不要超过槽中显影液总体积的 20% 或 30%,当加入的补充液达到原显影液体积的两倍时,药液必须废弃。

　　(三)定影液

　　1. 定影液的组成、作用及配制

　　定影液包含四种成分:定影剂、保护剂、坚膜剂、酸性剂,其作用是从乳剂层中除去感光的卤化银而溶解在定影液中。

　　配制定影液和配制显影液一样,需要遵循某些原则,否则会引起药品分解失效。

2. 定影操作

1）定影的目的及原理

定影的目的就是去除显影后胶片中没有还原成金属银的感光物质,同时不损害金属银影像,使底片呈现透明状态,把经显影后的图像固定下来。

曝光后的胶片经过显影和停影处理,乳剂膜中只有一部分感光的卤化银被还原成黑色金属银粒组成的可见图像,约占 70% 的不透明的卤化银残留在胶片乳剂膜中,它不仅影响底片的透明性,而且在光照下会继续与光线起光化作用,逐渐变成黑色,使显影中得到的图像遭受破坏。因此,显影后的胶片必须经过定影处理。

在定影处理中,多数采用硫酸钠来溶解卤化银。硫代硫酸钠与卤化银起化学反应,形成能溶于水的比较复杂的银的络合物,但与胶片中已还原的金属银却不起作用。

2）定影操作要点

影响定影的因素主要有定影时间、定影温度、定影液老化程度以及定影时的搅动。

（1）定影时间。定影过程中,胶片乳剂膜的乳黄色消失,变为透明的现象称为通透。从胶片放入定影液直至通透的这段时间称为通透时间。通透现象意味着显影的卤化银已被定影剂溶解,但要使被溶解的银盐从乳剂中渗出进入定影液,还需要附加时间。因此,定影时间明显多于通透时间。为保险起见,规定整个定影时间为通透时间的两倍。

定影速度因定影配方不同而异,同时还受以下因素影响:卤化银的成分、颗粒的大小、乳剂层厚度、定影温度、搅动以及定影液老化程度。在标准条件下,采用硫代硫酸钠配方的定影液,所需的定影时间一般不超过 15 min。如采用硫代硫酸铵作为定影剂,定影时间将大大缩短。

（2）定影温度。温度影响到定影速度,随着温度的升高,定影速度将加快。但如果温度过高,胶片乳剂膜过度膨胀,容易造成划伤或药膜脱落。因此,需要对定影温度作适当控制,通常规定为 16～24 ℃。

（3）定影液老化程度。定影液在使用过程中定影剂不断消耗,浓度变小,而银的络合物和卤化物不断积累,浓度增大,使得定影速度越来越慢,所需时间越来越长,此现象称为定影液的老化。老化的定影液在定影时会生成一些较难溶解的银络合物,虽经过水洗也难以除去,仍残留在乳剂层中,经过若干时间后,会分解出硫化银,使底片变黄。所以,对使用的定影液,当其需要的定影时间已长到新液所需时间的两倍时,即认为已经失效,需要换新液。

（4）定影时的搅动。搅动可以提高定影速度,并使定影均匀。在胶片刚放入定影液中时,应作多次抖动。在定影过程中,应适当搅动,一般每两分钟搅动一次。

（四）水洗及干燥

1. 水洗

胶片在定影后,应在流动的清水中冲洗 20～30 min,冲洗的目的是将胶片表面和乳剂膜内吸附的硫代硫酸钠以及银络合物清除掉,否则银络合物会分解产生硫化银、硫代硫酸钠也会缓慢地与空气中水分和二氧化碳作用,产生硫和硫化氢,最后与金属银作用生成硫化银。硫化银会使射线底片变黄,影像质量下降。为使射线底片具有稳定的质量,能够长期保存,必须进行充分的水洗。

推荐使用的条件是采用 16～22 ℃的流动清水冲洗底片。但由于冲洗用水大多使用自来水,水温往往超出上述范围,当水温较低时,应适当延长水洗时间;当水温较高时,应适当缩短水洗时间,同时应注意保护乳剂膜,避免损伤。

2. 干燥

干燥的目的是去除膨胀的乳剂层中的水分。

为防止干燥后的底片产生水迹,可在水洗后、干燥前进行润湿处理,即把水洗后的湿胶片放入润湿液(浓度为 0.3%的洗涤剂水溶液)中浸润约 1 min,然后取出使水从胶片表面流光,再进行干燥。

干燥的方法有自然干燥和烘箱干燥两种。

自然干燥是将胶片悬挂起来,在清洁通风的空间晾干。烘箱干燥是把胶片悬挂在烘箱内,用热风烘干,热风温度一般不应超过 40 ℃。

六、射线检测工艺

射线检测工艺有两种,一种称通用工艺,另一种称专用工艺。

通用工艺依照有关管理法规和技术标准,结合本单位具体情况编制而成。其内容除包括从试件准备直至资料归档的射线检测全过程外,还包括对人员、设备、材料的要求以及一些基本技术数据。

专用工艺的内容比较简明,主要是与透照有关的技术数据,用于指导给定试件的透照工作。因其通常用卡片形式填写,所以有时称为检测工艺卡。

下面分别介绍两种工艺的主要内容及编制方法。

(一)射线检测通用工艺

通用工艺是本单位射线检测的通用工艺要求,应涵盖本单位全部检测对象。按照《特种设备无损检测人员考核与监督管理规则》规定,通用工艺应由Ⅲ级检测人员编制,无损检测责任师审核,单位技术负责人批准。通用工艺主要包括以下部分。

1. 主题内容和适用范围

主题内容:通用工艺规程主要包括的检测对象、方法、人员资格、设备器材、检测工艺技术、质量分级等。

适用范围:适用范围内的材质、规格、检测方法和不适用的范围。

通用工艺的编制背景:依据什么标准编制,满足什么安全技术规范、标准要求。

工艺文件审批和修改程序,工艺卡的编制规则。

2. 通用工艺的编制依据(引用标准、法规)

依据被检对象选择现行的安全技术规范和标准,安全技术规范如《起重机械监督检验规程》等,标准包括产品标准如 GB 18159—2008《滑行类游艺机通用技术条件》、检测标准如 GB/T 3323—2005《金属熔化焊焊接接头射线照相》等。凡是被检对象涉及的规范、标准均应作为编制依据(引用标准)。

设计文件、合同、委托书等也应作为编制依据写入检测通用工艺中,并在检测通用工艺中得到严格执行。

3. 对检测人员的要求

检测通用工艺中应当明确对检测人员的持证要求以及各级持证人员的工作权限和职责，现行法规对检测人员的具体要求如下：

(1)检测人员应按照《特种设备无损检测人员考核与监督管理规则》的要求取得相应超声波检测资格。

(2)取得不同级别检测资格的检测人员只能从事与其资格相适应的检测工作并承担相应的技术责任。Ⅰ级检测人员可在Ⅱ、Ⅲ级检测人员的指导下进行检测操作、记录检测数据、整理检测资料；Ⅱ级检测人员可编制一般的检测程序，按照检测工艺规程或在Ⅲ级检测人员指导下编写检测工艺卡，并按检测工艺独立进行检测，评定检测结果，签发检测报告；Ⅲ级检测人员可根据标准编制检测工艺，审核或签发检测报告，协调Ⅱ级检测人员对检测结论的技术争议。

4. 设备、器材

列出本工艺适用范围内使用的所有设备、器材的产品名称、规格型号。

对设备、器材的质量、性能、检验要求应写入工艺中。

通用工艺应当明确在什么条件下使用什么样的设备、器材，明确所用的设备、器材在什么情况下应当如何校验。

5. 技术要求

通用工艺应明确检测的时机，并符合相关规范和标准的要求。例如，规范及标准一般规定检测时间原则上应在焊后 24 h。

通用工艺应该明确各部分的检测比例、验收级别、返修复检要求、扩检要求。这些技术要求有的可以放到专用工艺中。

6. 检测方法

按上述要求依据标准说明检测的方法，包括检测表面的制备、透照方式的选择原则、几何参数和透照参数的确定依据、缺陷的评定和记录、质量评定规则、复验要求等。

本项内容中的各项内容应当完整、具体，具有可操作性。

对检测中的工艺参数更要规定得具体详细或制成图表的形式供检测人员使用。

本项应结合检验单位和被检对象的实际情况编写，对未涉及或不具备条件的检测方法等内容不要写到工艺中。

7. 技术档案要求

通用工艺应当对检测中的技术档案作出规定，包括档案的格式要求、传递要求、保管要求。

格式要求：明确检测工艺卡、检测记录、检测报告的格式。

传递要求：明确各个档案的传递程序、时限、数量以及相关人员的职责与权限。

保管要求：工艺中应该规定技术档案的存档要求，不低于规范、标准关于保存期的要求，到期后若用户需要可转交用户保管的要求。

(二)射线检测专用工艺

专用工艺是通用工艺的补充，是针对特定的检测对象，明确检测过程中各项具体的技术参数。它一般由Ⅱ级或Ⅲ级检测人员编制，是用来指导检测人员进行检测工作的。当通用工艺未涵盖被检对象或用户有要求及检测对象重要时应编制专用工艺规程或工艺卡。

1. 射线检测专用工艺的主要内容

(1)工艺卡编号:按照检验检测机构的程序文件规定编制。

(2)工件(设备)原始数据:包括工件(设备)名称、材质、规格尺寸、焊接方法、坡口形式、表面及热处理状态、检测部位等。

(3)规范标准数据:包括工件(设备)制造安装标准和检测技术标准、检测技术等级、检测比例、底片质量要求、合格级别等。

(4)检测方法及技术要求:包括选定的检测设备器材、透照方式、射线能量、焦距和其他曝光参数等。

(5)特殊的技术措施及说明:对复杂的试件或特殊的工作条件,需要增加一些措施或说明。

(6)有关人员签字:专用工艺常用工艺卡的形式表现。

2. 射线检测专用工艺的编制

射线检测专用工艺的编制大致分为以下五个步骤:

(1)透照准备:明确试件的质量验收标准和射线照相标准,熟悉理解有关内容,了解和掌握试件的情况与有关技术数据。

(2)透照条件选择:根据试件的特点、有关技术要求和实际情况,选择设备、器材、透照方式、曝光参数,以及有关技术措施。透照条件必须满足标准规定的要求。在选择透照条件时,应尽量设法提高灵敏度,同时兼顾工作效率和成本因素。

(3)透照条件验证:对选择的透照条件,必要时应进行试验验证。

(4)透照工艺文件形成:根据选择的透照条件和验证结果,填写表卡,形成书面文件。

(5)审批:对编制出的文件,按规定完成审核、批准手续,即成为正式的工艺文件。

当产品设计资料、制造加工工艺规程、技术标准等发生更改,或者发现检测工艺卡本身有错误或漏洞,或检测工艺方法有改进等时,都要对检测工艺卡进行更改。更改时,需要履行更改签署手续,更改工作最好由原编制和审核人员进行。

具体工艺卡的示例见本章第七节。

(三)射线检测典型透照

对于机电类特种设备的射线检测较为常用的透照方式有纵向对接接头单壁透照和环向对接接头单壁透照、双壁单影透照、双壁双影透照,本部分以此为重点进行介绍。

不同用途的焊接接头有不同的质量要求,而不同检测技术等级的透照方法则要求选用不同的几何参数,检测技术等级的划分在本章第四节中已经介绍,在此不再赘述。

1. 纵向对接接头单壁透照

纵向对接接头单壁透照如图 2-1-37 所示,一次透照长度、搭接长度、底片的有效评定长度的计算在本章第四节有详细介绍,这里需要补充的是透照次数的确定方法。

按照本章第四节所述方法首先计算出一次透照长度 L_3,透照次数 $N = L/L_3$,根据计算结果取整,其中 L 是待检焊接接头的长度。

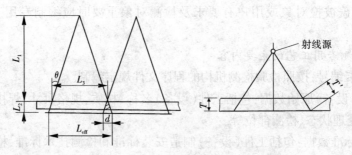

图 2-1-37　纵向对接接头单壁透照

2. 环向对接接头透照

JB/T 4730.2—2005 和 GB/T 3323—2005 规定：环缝透照厚度比 K 值，A 级和 AB 级不大于 1.1，B 级不大于 1.06。

1）单壁外照法

如图 2-1-38 所示，采用单壁外照法 100% 透照环缝时，满足一定厚度比 K 值要求的最少曝光次数 N 可由下式确定：

$$N = \frac{360°}{2\alpha} = \frac{180°}{\alpha}$$

式中
$$\alpha = \theta - \eta$$

$$\theta = \arccos\left[\frac{1 + (K^2 - 1)\,T/D_0}{K}\right]$$

$$\eta = \arcsin\left(\frac{D_0}{D_0 + 2L_1}\sin\theta\right)$$

式中　α——与 $AB/2$ 对应的圆心角；

　　　θ——最大失真角或横裂检出角；

　　　η——有效半辐射角；

　　　K——透照厚度比；

　　　T——工件厚度；

　　　D_0——容器外直径。

当 $D_0 \gg T$ 时，$\theta \approx \arccos K^{-1}$。

求出曝光次数后，进一步可求出射线源侧焊缝的一次透照长度 L_3 和胶片侧焊缝的等分长度 L_3'，以及底片上有效评定长度 L_{eff} 和相邻两片的搭接长度 ΔL。

$$L_3 = \pi D_0 / N$$

$$L_3' = \pi D_i \quad (D_i \text{为容器内直径})$$

$$L_{\mathrm{eff}} = \Delta L/2 + L_3 + \Delta L/2$$

$$\Delta L = 2T \cdot \tan\theta$$

实际透照时，如搭接标记放在射线源侧焊缝透照区两端，则底片上搭接标记之间的长度范围即有效评定长度 L_{eff} 无须计算。

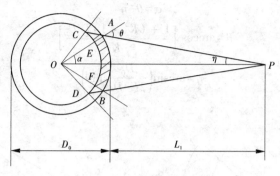

图 2-1-38 单壁外照法布置

2) 单壁内照法

（1）内照中心法。采用此法时，焦点位于圆心（$F \approx R$），胶片单张或逐张连接覆盖在环缝外壁上进行射线照相。这种透照布置透照厚度比 $K=1$，横向裂纹检出角 $\theta \approx 0°$，一次透照长度可为整条环缝长度。

（2）内照偏心法。

① 内照法。如图 2-1-39 所示，用 $F<R$ 的偏心法 100% 透照时，最少曝光次数 N 和一次透照长度 L_3 由下式确定：

$$N = \frac{180°}{\alpha}$$

式中

$$\alpha = \eta - \theta$$

$$\theta = \arccos\left[\frac{1 + (K^2 - 1)\, T/D_i}{K}\right]$$

$$\eta = \arcsin\left(\frac{D_i}{D_i - 2L_1}\sin\theta\right)$$

当 $D_0 \gg T$ 时：

$$\theta = \arccos K^{-1}$$

$$L_3 = \frac{\pi \cdot D_i}{N}$$

$$L'_3 = \frac{\pi \cdot D_0}{N}$$

$$\Delta L = 2T \cdot \tan\theta \quad (\Delta L/2 = T \cdot \tan\theta)$$

$$L_{\text{eff}} = L'_3 + \Delta L$$

当 $F<R$ 时，随着焦点偏离圆心距离的增大，即焦距 F 的缩短，若分段曝光的一次透照长度 L_3 一定，则透照厚度比 K 值增大，横裂检出角 θ 也增大；若 K 值、θ 值一定，则一次透照长度 L_3 缩短。

② 内照法（$F>R$）。如图 2-1-40 所示，应用 $F>R$ 的偏心法透检的最少曝光次数 N 和一次透照长度 L_3 按下列方法确定：

$$N = \frac{180°}{\alpha}$$

式中
$$\alpha = \theta - \eta$$
$$\theta = \arccos\left[\frac{1 + (K^2 - 1)T/D_0}{K}\right]$$
$$\eta = \arcsin\left(\frac{D_0}{2F - D_0}\sin\theta\right)$$

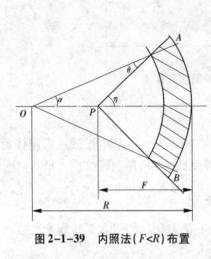

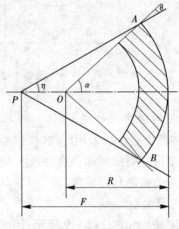

图 2-1-39　内照法($F<R$)布置　　　　图 2-1-40　内照法($F>R$)布置

当 $D_0 \gg T$ 时：
$$\theta = \arccos K^{-1}$$
$$L'_3 = \frac{\pi \cdot D_0}{N}$$
$$L_3 = \frac{\pi \cdot D_i}{N}$$
$$L_{\text{eff}} = L'_3$$

当 $F>R$ 时，焦点位置引起的相关几何参数也以圆心为基准。当焦点远离圆心，即 F 增大时，若 L_3 不变，则 K 增大，θ 增大。当 F 减小时，若 K、θ 不变，则 L_3 增大。

用内照偏心法时，在满足 U_g 的前提下，焦点靠近圆心位置能增加有效透照长度。

用内照偏心法时，如果使用普通的定向机照射，则一次可检范围取决于 X 射线最大辐射角内放射强度的均匀性，即应考虑靶的倾角效应产生的曝光量的不均匀性。

3) 双壁透照

(1) 双壁单影法。如图 2-1-41 所示，双壁单影法 100% 透检环缝时的最少曝光次数 N 和一次透照长度 L_3 可按下列方法确定：

$$N = \frac{180°}{\alpha}$$

式中
$$\alpha = \theta + \eta$$
$$\theta = \arccos D_{\text{eff}} = 2\sqrt{\frac{A}{\pi}}$$
$$\eta = \arcsin\left(\frac{D_0}{2F - D_0}\sin\theta\right)$$

当 $D_0 \gg T$ 时： $\theta = \arccos K^{-1}$

$$L_3 = \frac{\pi D_0}{N}$$

$$L_{\text{eff}} = L_3$$

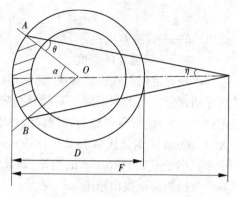

对双壁单影法中的拍片数量可作如下讨论：

当 $F \to D_0$ 时， $\alpha \to 2\theta$ ，由于 $N = 180°/\alpha$ ，取 $\theta = 15°$ ， $N_{\min} = 6$ ，即最少拍片数量为 6 张；当 $F \to \infty$ 时， $\alpha \to \theta$ ，由于 $N = 180°/\alpha$ ，取 $\theta = 15°$ ， $N_{\max} = 12$ ，最多拍片数量为 12 张。

环缝透照搭接标记的放置同其他标记放置，应距焊缝边缘至少 5 mm。在双壁单影或源在内

图 2-1-41　双壁单影法布置

（$F > R$）的透照方式下，应放在胶片侧，其余透照方式下应放在射线源侧。

像质计的放置按 JB/T 4730—2005 和 GB/T 3323—2005 标准要求。对于外径大于 100 mm 的钢管对接接头，像质计置于底片有效长度的 1/4 处。另外，对于环向对接接头透照，在满足几何不清晰度的要求前提下，焦距 F 与半径 R 的值越接近， $K(\theta)$ 值越小或一次透照长度越大。

（2）双壁双影法。双壁双影法主要用于外径小于或等于 100 mm 的钢管对接接头。按照被检接头在底片的影像特征，又分椭圆成像和重叠成像两种方法。一般情况下采用椭圆成像法，只有在特殊情况下，才使用重叠成像法。

①椭圆成像法透照布置。胶片暗袋平放，视线焦点偏离焊缝中心平面一定距离（称偏心距 S_0 ），以射线束的中心部分或边缘部分透照被检焊缝，如图 2-1-42 所示。偏心距应适当，可根据椭圆开口宽度 g 的大小确定：

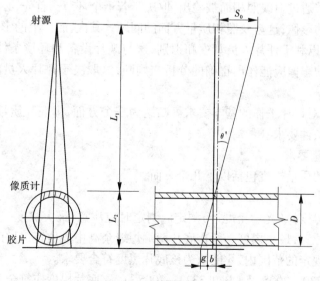

图 2-1-42　双壁双影法布置

$$S_0 = L_1 (b+g)/L_2$$

式中　　b——焊缝宽度；

　　　　g——椭圆开口宽度。

按现行常用射线检测标准,椭圆开口宽度通常取一倍焊缝宽度。偏心距的大小影响底片的评定。太大则根部缺陷(裂纹、未焊透等)可能漏检,或者因影像畸变过大难以评定;太小又会使源侧焊缝与片侧焊缝热影响区不易分开。用双壁双影法透照时,对于外径大于 76 mm 的钢管且小于或等于 89 mm 的钢管其焊缝至少分两次透照,两次间隔90°;对于外径小于或等于 76 mm 的钢管,如果现场条件不允许,也可允许椭圆一次成像,但应采取有效措施保证检出范围。

②重叠成像法。特殊情况下,为重点检测根部裂纹和未焊透,可使射线垂直透照焊缝,此时胶片宜弯曲贴合焊缝表面,以尽量减小缺陷到胶片的距离。当发现不合格缺陷后,由于不能分清缺陷是处于射源侧或胶片侧焊缝中,一般多作整圈返修处理。

③像质计的放置。双壁双影法透照时,当 $\Phi \leqslant 76$ mm 时,应采用 JB/T 4730—2005 标准附录 F 规定的 Ⅱ 型专用像质计,一般应放置在环缝上余高中心处。当 $\Phi \leqslant 89$ mm 时,其焊缝透照一般应采用 JB/T 4730 附录 F 规定的 Ⅰ 型专用像质计,一般放置在被检区一端的胶片与管表面之间,放置方向为金属丝与焊缝方向平行。

小径管透照时在源侧焊缝附近必须放置中心定位标记和片号等识别标记。

第六节　射线底片的评定

一、评片工作的基本要求

缺陷是否能够通过射线照相而被检出,取决于若干个环节。首先,必须使缺陷在底片上留下足以识别的影像,这涉及照相质量方面的问题。其次,底片上的影像应在适当条件下得以充分显示,以利于评片人员观察和识别,这与观片设备和环境条件有关。最后,评片人员对观察到的影像应能作出正确的分析与判断,这取决于评片人员的知识、经验、技术水平和责任心。

按以上所述,对评片工作的基本要求可归纳为三个方面,即底片质量要求、设备环境条件要求和人员条件要求。

(一)底片质量要求

通常对底片的质量检查包括以下几个方面。

1. 黑度

底片黑度用黑度计(光学密度计)测定。测定时应注意,最大黑度一般在底片中部焊接接头热影响区位置,最小黑度一般在底片两端焊缝余高中心位置,只有当有效评定区内各点的黑度均在规定的范围内,才能认为该底片黑度符合要求。

按照 JB/T 4730—2005 及 GB/T 3323—2005 标准,底片黑度应符合下列规定:A 级检测的射线底片黑度 $D=1.5\sim4.0$,AB 级检测的射线底片黑度 $D=2.0\sim4.0$,B 级检测的射线底片黑度 $D=2.3\sim4.0$。

由胶片特性曲线可知,胶片梯度随黑度的增加而增大,一方面,为保证底片具有足够的对比度,黑度不能太小,所以标准规定了黑度的下限值;另一方面,受观片灯亮度的限制,底片黑度又不能过大,黑度过大将造成透过光强不足,导致人眼观察识别能力下降,所以标准又规定了底片黑度的上限值。标准同时规定:如果计量检定证明观片灯亮度满足要求,对黑度 $D>4.0$ 的底片,也允许进行评定。

底片的黑度范围还影响照相宽容度,为扩大应用范围,标准还另作两条规定:

(1)用 X 射线透照小径管或其他截面厚度变化大的工件时,AB 级最低黑度允许降至1.5;B 级最低黑度可降至2.0。

(2)当采用多胶片方法时,A 级允许双片叠加观察。叠加观察时,单片的黑度不低于1.3。

2.灵敏度

灵敏度是射线照相质量诸多影响因素的综合结果。底片灵敏度用像质计测定,即根据底片上像质计的影像的可识别程度来定量评价灵敏度。灵敏度是射线照相底片质量的最重要指标之一,必须符合有关标准的要求。

对底片的灵敏度检查内容包括:底片上是否有像质计影像,像质计型号、规格、摆放位置是否正确,能够观察到的金属丝像质计丝号是多少,是否达到了标准规定的要求等。

3.标记

底片上标记的种类和数量应符合有关标准和工艺规定,如底片上所显示工件编号、焊缝编号、部位编号、中心定位标记、搭接标记。此外,有时还需使用返修标记、像质计放在胶片侧的区别标记以及人员代号、透照日期等。必须位置正确,类别齐全,数量足够,且不掩盖被检焊缝影像,距焊缝边缘应不少于5 mm。

4.不允许的假缺陷

在底片评定区域内不应有妨碍底片评定的假缺陷。如灰雾、水迹、化学污斑、暗室处理条纹、划痕、指纹、静电痕迹、黑点、撕裂和增感屏不好造成的假缺陷。

5."B"铅字显示

透照盒背后确实放置有"B"铅字,底片未显示"B"字或显示较黑的"B"字,不影响底片质量,若显示较淡的"B"字则是背散射线防护不够,该张底片应重新拍照。

6.底片及搭接情况

底片长度应不小于Leff加搭接长度。底片宽度应容纳下焊缝和热影响区的宽度及焊缝两边所放各种铅质符号。双壁单影透照纵焊缝的底片,其搭接标记以外应有附加长度,才能保证无漏检区。其他透照方式获得的底片,如果搭接标记按规定摆放,则底片上只要有搭接标记影像即可保证无漏检区。但如果因某些原因搭接标记未按规定摆放,则底片上搭接标记以外必须有附加长度,才能保证完全搭接。

7.相应检测技术等级的其他要求

相应检测技术等级的其他要求如胶片、增感屏等。

(二)设备环境条件

1.专用的评片室

评片应有专用的评片室。评片室的光线应稍暗一些,室内的照明不应在底片上产生反射光。评片室应宁静、卫生、通风良好。工作台上应能妥善放置观片灯、黑度计、评片尺、记录纸、相关标准等。

2. 观片灯的亮度

观片灯的亮度不小于 100 000 cd/m²，且所用的漫射光亮度应可调，窗口大小可调，遮光板灵活好用，散热良好无噪声。

3. 底片评定记录

评片应有原始记录，且要认真填写妥善保管。

（三）人员条件要求

评片、审片人员应取得质量技术监督部门射线Ⅱ级或Ⅱ级以上的资格证书，责任心强，坚持原则，实事求是，还应有良好的视力，善于总结，勤于学习，熟悉标准。

二、评片基本知识

观察底片的操作可分为两个阶段：通览底片和影像细节观察。

（一）通览底片

通览底片是获得焊接接头质量的总体印象，找出需要分析研究的可疑影像，通览底片时必须注意，评定区域不仅仅是焊缝，还包括焊缝两侧的热影响区，对这两部分区域都应仔细观察。由于余高的影响，焊缝和热影响区的黑度差异往往较大，有时需要调节观片灯亮度，在不同的光强下分别观察。

（二）影像细节观察

影像细节观察是为了做出正确的分析判断。因细节的尺寸和对比度极小，识别和分辨是比较困难的，为尽可能看清细节，常采用下列方法：

（1）调节观片灯亮度，寻找最适合观察的透过光强。

（2）用纸框等物体遮挡住细节部位邻近区域的透过光线，提高表观对比度。

（3）使用放大镜进行观察。

（4）移动底片，不断改变观察距离和角度。

三、底片影像分析

底片上影像千变万化，形态各异，但按其来源大致可分为三类：由缺陷造成的缺陷影像；由试件外观形状造成表面几何影像；由于材料、工艺条件或操作不当造成的伪缺陷影像。对于底片上的每一个影像，评片人员都应能够作出正确解释。影像分析和识别是评片工作的重要环节，也是评片人员的基本技能。

焊缝常见缺陷，按其在焊缝上的位置可分为焊缝内部缺陷和焊缝内表面和外表面缺陷。对于焊缝内外表面的缺陷，如焊瘤、咬边、焊穿、凹陷、填充未满、偏焊、错口等缺陷，大都能在内外表面上直观地检查到。由质检人员把关检查。对于焊缝内部缺陷，如裂纹、未熔合、未焊透、夹渣和气孔等则须由检测人员凭借射线检测方法来检查。

（一）裂纹

裂纹是焊缝中最危险的一种缺陷。按其方向和产生部位不同可分纵向裂纹、横向裂纹、根部裂纹、弧坑裂纹、熔合区裂纹和热影响区裂纹。按裂纹产生的温度和时间不同可分为热裂纹、冷裂纹和再热裂纹。

裂纹是三维空间的面积型缺陷。一般的裂纹宽度小、深度大。在射线照相时，裂纹能否被检查出与射线的透照方向有很大关系。当射线的透照方向和裂纹的深度方向一致时，裂纹很容易发现，当射线的透照方向与裂纹深度方向夹角较大时，裂纹就不容易发现，常常有漏检的可能。

裂纹在底片上显示的影像一般很清晰，黑度较大，影像的轮廓分明，常常呈略带弯曲的锯齿状细纹，两端尖锐，中间稍宽。较大的裂纹可能呈直线。裂纹有单个的，也有分支的。弧坑裂纹多呈龟裂状。

（二）未熔合

未熔合是指填充金属和母材金属没有熔合在一起，或多层焊接时填充金属之间没有熔合在一起的缺陷，是不允许存在的危险性缺陷。根据未熔合的存在部位可分为根部未熔合、坡口未熔合和层间未熔合，如图 2-1-43 所示。

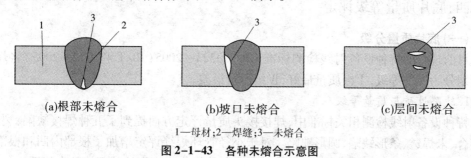

(a)根部未熔合　　　　(b)坡口未熔合　　　　(c)层间未熔合

1—母材；2—焊缝；3—未熔合

图 2-1-43　各种未熔合示意图

未熔合在底片上显示的位置往往偏离焊缝的中心，呈单个或断续分布的细线，在一条直线上。层间未熔合较小时，底片上不易发现，较大时内边常会有夹渣。区别于夹渣的方法是它的轮廓清晰、圆滑、黑度较大。根部未熔合在底片上呈细线条状，且一侧黑度高并且直线性好，另一侧黑度较小，轮廓线明晰呈圆滑的弯曲，多显示在焊缝的中间部位。坡口未熔合大都在焊缝中心到边缘的 1/2 处：一边较直，另一边圆滑，若有断续的也是在一直线上。

（三）未焊透

未焊透是指母材金属之间没有熔合在一起。此缺陷常发生在焊缝根部。单面焊是在焊缝的背面，双面焊是在板厚方向的中间。

未焊透在底片上的图像影像呈线状、黑度均匀、轮廓清晰，且位于焊缝宽度方向的中心。未焊透的影像宽度因坡口钝边处的间隙不同，但只要是机加工坡口，未焊透的宽度过渡很自然，并且两边都是直线的。未焊透的长短不一，也有断续分布的，但都在一直线上，未焊透处常伴生有气孔。

（四）夹渣

夹渣这里是指非金属夹杂物。在底片上显示有条状的和点状的两类，但它们的形状都不规则，轮廓不圆滑，有棱角，在焊缝上的位置不定。黑度较小。

（五）夹钨

夹钨是在钨极氩弧焊时，因钨极烧损，端部熔化而残存于焊缝中，或是钨极触及熔池，产生飞溅而存在于焊缝内外。

由于钨的密度比钢铁大,对射线的吸收比钢铁大得多,因而在射线底片夹钨的影像为轮廓清晰的透明白点状,形状不规则,多数在焊缝内,也有飞溅到焊缝外的。

(六)气孔

熔池中的气体来不及逸出凝固于焊缝中就形成了气孔。底片上气孔的黑度较大,外形轮廓圆滑明晰,可以是圆形、椭圆形、蝌蚪形、柱形。有单个的,也有成堆的。自动焊焊缝中气孔较大,圆形、椭圆形较多,黑度较大。手工焊焊缝中气孔较小,丛状的较多。带垫板的焊缝,有时在焊缝两侧有"人"字状孔。

气孔的影像一般中间较黑,边缘渐浅,轮廓光滑,图像清晰。

夹珠是大的气孔内含有小金属球,呈黑色气孔影像,内部伴有白色球形。夹珠按气孔评定。

四、底片质量等级评定

(一)底片质量分级

目前现行的特种设备射线检测标准 GB/T 3323—2005(JB/T 4730.2—2005)将焊缝质量划分为四个等级,Ⅰ级质量最好,Ⅳ级质量最差。

1.缺陷性质与质量等级

特种设备射线检测相关标准中,焊接接头质量评定方面提到了五种焊接缺陷:裂纹、未熔合、未焊透、条形缺陷、圆形缺陷。对于小径管环焊缝评定增加了根部内凹和根部咬边。至于其他焊接形状缺陷未提及,这是因为射线探伤应在焊缝外观检验合格后进行,形状缺陷应由外观目视检查发现,不属射线检测范畴,因此不做评级规定。但对于目视检查无法进行的场合或部位,包括小径管以及其他带垫板焊缝的根部缺陷,如内凹、烧穿、内咬边等应由射线检测检出并作评级规定。

标准有关缺陷性质的评级规定如下:

裂纹、未熔合、双面焊和加垫板单面焊的未焊透属不允许存在的缺陷,只要发生即评为Ⅳ级。

不加垫板单面焊允许未焊透存在(这取决于焊缝系数),但最高只能评Ⅲ级,其允许长度按条状夹渣Ⅲ级的有关规定。

对夹渣和气孔按长宽比重新分类:长宽比大于3的定义为条状夹渣,长宽比小于或等于3的定义为圆形缺陷,对两者分别制定控制指标,其中Ⅰ级焊缝不允许条状夹渣存在。

2.缺陷数量与质量等级

缺陷数量包括单个尺寸、总量和密集程度三个方面,定量的依据(包括缺陷长度和宽度尺寸以及间距)是底片上量得的尺寸,不考虑投影放大或畸变造成的影响。黑度不作为缺陷定级依据,特殊情况下需要考虑缺陷高度和黑度对焊缝质量影响时应另作规定。

标准允许圆形缺陷存在,根据母材厚度对缺陷数量加以限制。规定单个缺陷尺寸不得超过母材厚度的1/2;对缺陷总量采用点数换算,对缺陷密集程度采用评定区控制。各质量等级允许的缺陷点数都有明确规定。

标准对于条状缺陷,也是根据母材厚度来限制的,以单个条状缺陷、条状缺陷总长和间距三项指标分别对单个缺陷尺寸、总量、密集程度作出限制。此外,如果在圆形缺陷评定区内同时存在圆形缺陷和条状夹渣或单面焊的未焊透,则需要进行综合评级,这也属对缺陷密集程度限制的规定。

(二)评片原始记录的填写、审定

底片的初评、审定,必须分别由持质量技术监督部门射线Ⅱ级及Ⅱ级以上资格人员来进行。

评片人员应对射线检测结果及有关事项进行详细记录并出具报告,其主要内容包括:

(1)产品情况。工程名称、试件名称、规格尺寸、材质、设计制造规范、探伤比例部位、执行标准、验收、合格级别。

(2)透照工艺条件。射源种类、胶片型号、增感方式、透照布置、有效透照长度、曝光参数(管电压、管电流、焦距、时间)、显影条件(温度、时间)。

(3)底片评定结果。底片编号、像质情况(黑度、像质计丝号、标记、伪缺陷)、缺陷情况(缺陷性质、尺寸、数量、位置)、焊缝级别、返修情况、最终结论。

(4)评片人签字、日期。

(5)检测位置布片图。

第七节 辐射防护

一、概述

辐射效应的研究和应用,离不开对电离辐射的计量,需要规定各种辐射量的定义和单位,用以表征辐射的特征,描述辐射场的性质,度量电离辐射与物质相互作用时的能量传递及受照物质内部的变化程度和规律。

从放射防护角度出发,可将描述 X 射线和 γ 射线的辐射量分为电离辐射常用辐射量和辐射防护常用辐射量两类。前者包括照射量、比释动能、吸收剂量等;后者包括当量剂量、有效剂量等。

描述辐射量时经常使用剂量这一术语,所谓剂量,是指对某一对象所接受或"吸收"的辐射的一种量度。根据上下文,它可以指吸收剂量、剂量当量、器官剂量、当量剂量、有效剂量等。

剂量的单位采用国际单位制(SI)单位。

(一)照射量(x)

当 X(γ)射线通过空气后会在其路径上产生离子对,射线越强,产生的离子对就越多,为了度量 X 射线或 γ 射线对空气电离能力的大小,引入了照射量这一物理量。

照射量是 X 射线或 γ 射线通过单位质量的空气时所释放的所有电子(正电子和负电子),被完全阻止于空气中时,在空气中形成的一种符号(正电荷或负电荷)离子总电荷的绝对值。

照射量的国际单位是库仑/千克,专用单位是伦琴(R)。

$$1 \text{ 伦琴} = 3.33 \times 10^{-10} \text{ 库仑}/1.293 \times 10^{-6} \text{ 千克} = 2.58 \times 10^{-4} \text{ 库仑}/千克$$

伦琴这个单位在应用中显得太大,往往应用毫伦和微伦单位,它们的关系为:
$$1 \text{ 伦}(R) = 10^3 \text{毫伦}(mR) = 10^6 \text{微伦}(\mu R)$$

然而在实际工作中,我们关心的不仅是总的照射量的大小,有时更重要的是考虑单位时间内的照射量,即照射量率。所谓照射量率,是指单位时间内的照射量,单位伦琴/小时、毫伦/小时、微伦/小时及伦琴/秒等。

照射量这一概念,它只适用于 X 射线或 γ 射线对空气的效应,可我们所关心的又往往是人体组织对射线的吸收,所以我们引入了吸收剂量这一概念。

(二)吸收剂量(D)

当人体(或其他生物体)受到电离辐射时会吸收电离辐射(射线)的全部或部分能量,从而产生生物效应,生物效应的大小与吸收电离辐射的能量多少有密切关系。吸收剂量就是用来表征单位质量的受照物体吸收电离辐射(射线)能量大小的量。

吸收剂量不像照射量只适用于 X 射线、γ 射线,它适用于任何类型和任何能量的电离辐射,同时也适用于任何被照的物质。其大小取决于电离辐射的能量和被照物体本身的性质。因此,在提及吸收剂量时,必须说明是什么物质的吸收剂量。

吸收剂量的国际单位为戈瑞(Gr),1 戈瑞 = 1 焦耳/千克,专用单位是拉德(rad),所以有:
$$1 \text{ 拉德} = 10^{-2} \text{戈瑞},\text{或 } 1 \text{ 戈瑞} = 100 \text{ 拉德}$$

同样,在实际工作中经常要使用毫拉德(mrad)和微拉德(μrad),并引入了单位时间内的吸收剂量即吸收剂量率的概念。
$$1 \text{ 拉德/小时} = 10^3 \text{毫拉德/小时} = 10^6 \text{微拉德/小时}$$

(三)剂量当量(H)

虽然吸收剂量与生物效应有密切关系,但对于不同的辐射即使接收到了同样的吸收剂量也会产生不同的生物效应。所以,为了统一衡量和评价不同种类电离辐射源对生物效应的影响,引入了剂量当量的概念。

剂量当量就是以 X 射线或 γ 射线对生物体的影响与其他辐射源相比较来评价不同辐射源对生物效应的影响程度。不同辐射源对生物效应的影响程度用品质因素来表示。

剂量当量的专用单位是雷姆,1 雷姆(Ram)相当于吸收 1 拉德的 X 射线或 γ 射线引起的生物效应。所以,对于不同种类的辐射源不同照射类型时的剂量当量为
$$H = DQN$$

式中　H——吸收剂量当量;

　　　D——吸收剂量;

　　　Q——源品质因素;

　　　N——修正系数。

剂量当量的国际单位为希沃特(Sv),1 希沃特 = 1 焦耳/千克,所以有
$$1 \text{ 雷姆} = 10^{-2} \text{希沃特}$$

(四)照射量(x)与吸收剂量的关系

在实际工作中,我们用仪器测得的只是射线源的照射量,而人体组织对射线的吸收剂量不能用仪器直接测到。

不同被吸收体接收的剂量当量与照射量之间的关系为

$$H = fDQ$$

(五)照射量(x)与放射性强度的关系

在实际工作中,对 γ 射线源,给定一个源往往是给了它以居里或毫克镭当量为单位的放射性强度而不是照射量,那么它们之间有什么关系呢?

1. 照射量的试验测定

1 毫克镭当量的 γ 射线源在空气中距射线源 1 cm 处的照射量率为 8.4 R/h。因此,照射量和照射量率与毫克镭当量的关系为

$$x = \frac{M \times 8.40}{R^2} t \qquad\qquad P = \frac{M \times 8.4}{R^2}$$

式中　x——照射量,R;

　　　M——毫克镭当量,mgRa;

　　　R——到点源的距离,cm;

　　　P——照射量率;

　　　t——受照时间。

2. 照射量与毫居里的关系

试验证明照射量 x 与毫居里有如下关系:

$$x = T \times \frac{At}{R^2}$$

式中　A——以毫居里为单位的射线源强度,mci;

　　　T——γ 射线照射量率常数,不同源的 T 常数如表 2-1-9 所示。

3. 放射性强度单位间的关系

毫克镭当量与毫居里都是 γ 射线源放射性强度单位,毫克镭当量与毫居里之间的关系可表示为

$$毫克镭当量 = γ×毫居里$$

这里 γ 叫 γ 当量,它随源种类而变。几种常见的 γ 射线源的 T 常数和 γ 当量值如表 2-1-9 所示。

表 2-1-9　常见 γ 射线源的 T 常数和 γ 当量值

γ 射线源名称	半衰期	γ 射线源能量	$T[\text{R} \cdot \text{cm}^2/(\text{h} \cdot \text{mCi})]$	γ 当量(mgRa/mCi)
^{60}Co	5.3	1.25 MeV	13.2	1.57
^{137}Cs	30	0.662 MeV	3.28	0.59
^{192}Ir	75	0.31 MeV	4.72	0.56
^{179}Tm	130	0.884 MeV	0.013	0.002

二、辐射监测内容及分类

从事电离辐射的实践离不开对辐射的监测。辐射监测是放射防护的一项重要技术,

其主要目的是保护工作人员和居民免受辐射的有害影响。因此,辐射监测的内容应包括辐射测量和参照电离辐射防护及辐射源安全基本标准对测定结果进行卫生学评价两个方面。

工业射线检测一般使用的是 X 射线和 γ 射线。工作人员处于辐射场中工作,主要受外照射。因此,辐射监测的内容主要是防护监测,按监测的对象可分为工作场所辐射监测和个人剂量监测两大类。

辐射防护监测的实施包括辐射监测方案的制订、现场测量、照射场测量、数据处理、结果评价等。在监测方案中,应明确监测点位、监测周期、监测仪器与方法,以及质量保证措施等。辐射防护监测特别强调质量保证措施,监测人员应经考核持证上岗,监测仪器要定期送计量部门检定,对监测全过程要建立严格的质量控制程序。

(一)工作场所辐射监测

工作场所辐射监测包括透照室内辐射场测定和周围环境剂量场分布测定两部分。

1. 透照室内辐射场测定

在透照室内辐射场测定中,需测定不同射线源在不同条件下射线直接输出剂量、散射线量以及有散射体存在时剂量场的分布情况,以便及时发现潜在的高剂量区,从而采取必要的防护措施。根据剂量场的分布资料,可以计算工作人员的允许连续工作时间,估计工作者在给定条件下将受到的照射剂量。另外,还可测定增添防护设施后剂量场的改变情况,以便评定防护设施的性能。

2. 周围环境剂量场分布测定

周围环境剂量场分布测定包括透照室门口、窗口、走廊、楼上、楼下和其他相邻房间以及周围环境的照射量率,它可为改善防护条件提供有价值的信息,保证环境剂量水平符合放射卫生防护要求。

3. 控制区和监督区的界定

控制区和监督区剂量场分布测定现场透照时,应根据剂量水平划分控制区和监督(管理)区。作业场所启用时,应围绕控制区边界测量辐射水平,并按空气比释动能率不超过 40 NGy·h^{-1} 的要求进行调整。操作过程中,应进行辐射巡测,观察放射源的位置和状态。

控制区是指在辐射工作场所划分的一种区域,在该区域内要求采取专门的防护手段和安全措施,以便在正常工作条件下能有效控制照射剂量和防止潜在照射。监督(管理)区是指辐射工场所控制区以外、通常不需要采取专门防护手段和安全措施但要不断检查其职业照射条件的区域。

现行标准规定:以空气比释动能率低于 40 NGy·h^{-1} 作为控制区边界。对管理区的规定是:X 射线照相,控制区边界外空气比释动能率在 4 NGy·h^{-1} 以上的范围划为管理区;γ 射线照相,控制区边界外空气比释动能率在 2.5 NGy·h^{-1} 以上的范围划为监督区。

(二)个人剂量监测

个人剂量监测是测量被射线照射的个人所接收的剂量,这是一种控制性的测量。它可以告知在辐射场中工作的人员直到某一时刻,已经接收了多少照射量或吸收剂量,因此就可以控制以后的照射。如果被照射者接收了超剂量的照射,个人剂量监测不仅有助于分析超剂量的原因,还可以为医生治疗被照射者提供有价值的数据。当然,个人剂量监测和工作场所监测是相辅相成的。此外,个人剂量监测对加强管理、积累资料、研究剂量与效应的关系有很大的作用。

图 2-1-44 所示为射线检测中常用的个人剂量报警仪。

实际上并不是任何外照条件下都需要进行个人剂量监测。通常只有受照射剂量达到某一水平的地方或偶尔可能发生大剂量照射的地方,才需要进行个人剂量监测。

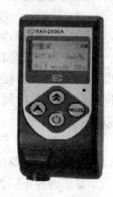

《电离辐射防护与辐射源安全基本标准》(GB 18871—2002)规定了个人剂量监测三种情况。

对于任何在控制区工作的工作人员,或有时进入控制区工作并可能受到显著职业照射的工作人员,或其职业照射剂量可能大于 5 mSv/a 的工作人员,均应进行个人监测。在进行个人监测不现实或不可行的情况下,经审管部门认可后可根据工作场所监测的结果和受照地点和时间的资料对工作人员的职业受照作出评价。

图 2-1-44　个人剂量报警仪

对在监督区或只偶尔进入控制区工作的工作人员,如果预计其职业照射剂量在 1～5 mSv/a 内,则应尽可能进行个人监测。应对这类人员的职业受照进行评价,这种评价应以个人监测或工作场所监测的结果为基础。

如果可能,对所有受到职业照射的人员均应进行个人监测。但对于受照剂量始终不可能大于 1 mSv/a 的工作人员,一般可不进行个人监测。

(三) 辐射防护的基本方法

射线防护原则是:人体所接收的射线剂量当量在安全剂量当量以内,确保人身安全。为了达到以上目的,通常我们采取以下三种措施使人体接收的射线剂量在安全剂量以下,即时间防护、距离防护和屏蔽防护。

1. 时间防护

因为在具有固定的剂量率(P)的区域里的工作人员,所接收的射线剂量(D)与他在该区域里停留时间(t)成正比,即

$$D = Pt$$

所以,在照射率不变的情况下,为了使工作人员所接收的剂量当量满足标准要求,可通过改变工作时间的长短来控制接收的射线剂量,在平均剂量率比较大的场合,可由多个人员来接替工作,以确保每个工作人员均能在安全剂量下完成操作,起到安全防护的目的。

2. 距离防护

因为工作时人员距离放射源都较远,可以把射线源看成是点源,对点源来说,在某点的射线强度与该点到源的距离平方成反比。如果有两点分别距源为 R_1 和 R_2,它们的剂量分别为 D_1 和 D_2

则它们之间关系

$$\frac{D_1}{D_2} = \frac{R_2^2}{R_1^2}$$

由此可见,当距离增大一倍时,射线剂量就减少到了原来的 1/4。所以,实际工作中,

在允许的条件下,往往通过增大到射线源之间的距离,以减少工作人员所接收的射线剂量,达到安全防护的目的。

3.屏蔽防护

射线通过物质后的衰减规律为

$$I = I_0 e^{-\mu T}$$

即穿过物质后射线的强度随工件厚度的增加呈指数规律衰减。

屏蔽防护就是在射线源与人体之间加上一层吸收系数比较大的屏蔽板来减少射线强度,从而减少人体接收的射线剂量。这在有些实际工作中,如果受场地的限制,人与源之间的距离过近,时间又受工程进度及工艺要求的限制时,屏蔽防护时非常有效的一种防护方法。

由此可见,对于同样的射线源,屏蔽层越厚,穿过屏蔽层后射线的强度就越小,所以可以通过选用不同厚度的屏蔽层来达到安全防护的目的。

对于两种不同的屏蔽层,如果

$$\mu_1 T_1 = \mu_2 T_2$$

则,它们会得到相同的防护效果。

第八节　射线检测在机电类特种设备中的应用

对于机电类特种设备的射线检测,涉及的焊接接头形式主要包括起重机械对接接头,游乐设施、索道钢架中钢管环向对接接头。因此,常用透照方式有纵向对接接头单壁透照,环向对接接头的单壁透照、双壁单影透照、双壁双影透照,特殊情况下还可能涉及插入式管座焊缝的单壁单影、双壁单影透照,角焊缝的透照。

本节以起重机械、游乐设施为例,介绍射线检测在机电类特种设备中的具体应用。

一、起重机械的射线检测

起重设备中较为典型的种类包括门式起重、桥式起重等,该类设备中,作为承重的主梁,其焊接接头形式包括对接接头、T形接头、角接接头,而射线检测主要适用于对接接头的检测,下面以此为重点介绍其具体应用。

通用桥式起重机是一种常见的起重设备,它的特点是起重量大,一般起重量在几十吨到几百吨,在使用过程中桥式起重机上、下盖板受力较大,上、下盖板对接接头是一个薄弱环节(见图2-1-45),通常采用射线或超声波检测其焊接接头的质量。

下面以桥式起重机上、下盖板对接接头为例,介绍射线检测在起重机械制造过程中的具体应用。

构件主体材质 Q235,规格尺寸如图 2-1-45 所示,焊接方法为埋弧自动焊,上、下盖板对接接头采用射线检测,执行标准 JB/T 4730.2—2005,检测技术等级 AB 级,检测比例 100%,合格级别Ⅱ级。

具体检测方案及工艺确定如下。

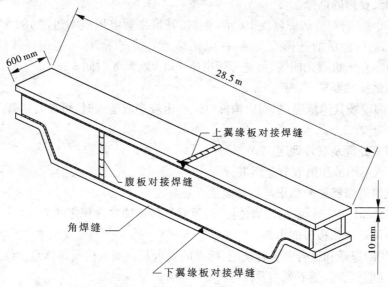

图 2-1-45　通用桥式起重机上、下盖板

(一)检测前的准备

1. 待检工件表面的清理

焊接接头检测区域的宽度应是焊缝本身再加上两侧各 10 mm 的区域,检测前应清除该区域内的飞溅、铁屑、油污及其他可能影响底片评定的杂物。

2. 设备器材的选择

本章第二、三节中已介绍了射线检测常用射线源种类、特点及相应设备器材,起重设备中多数规格构件的检测选用 X 射线机即满足检测要求,加之通常情况下采用 X 射线可以获得更好的像质,所以上述规格($T=10$)盖板对接接头的射线检测选用 2005 或 2505 规格系列的 X 射线机均可。

上述构件材质为普通碳钢,可焊性良好,不易产生裂纹类缺陷,所以胶片选择中粒、中速的 T3 类(JB/T 4730.2—2005)或 C5 类(GB/T 3323—2005)即可,胶片规格根据一次透照长度进行选择,即 360 mm×80 mm。

如第三节介绍,根据构件材质(Q235),像质计选择较为常用的 FE 系列,查 JB/T 标准,AB 级(A 级)检测技术等级,透照厚度 10 mm 时应显示的像质计线径为 0.20 mm(13号),所以像质计规格选择 FE10-16。

(二)检测时机

焊缝外观检查合格后方可进行射线检测,对裂纹敏感性材料,应在焊后 24 h 进行检测。

(三)透照方式及几何布置

按照构件制作程序,先拼接,检测合格后再组对,所以透照方式为直缝(纵缝)单壁透照,考虑满足标准要求兼顾检测效率因素,焦距选择为 600~700 mm,按 AB 级检测技术等级,考虑胶片规格因素,一次透照长度为 300~350 mm,焊缝总长 600 mm,所以透照次数为 2 次。

（四）曝光参数的选择

根据标准要求,对应透照厚度 10 mm 钢材,其最高管电压应不超过 180 kV,此外,如第四节介绍,射线能量的选择原则是:在保证穿透的情况下,尽可能选择较低的管电压（射线能量）。查随机曝光曲线,可选择管电压 160 kV,曝光时间 3 min。

（五）其他技术要求

根据透照现场具体情况,当周边构件可能产生较多散射线时,可在胶片背部用薄铅板进行必要的防护。

（六）暗室处理及底片评定

按照本章第四节和第五节介绍进行。

（七）缺陷返修部位的标识与返修复检

缺陷返修部位以记号笔加以清楚标注,返修部位按原文件规定的方法进行复检。

（八）检测记录和报告的出具

（1）采用的记录和报告要符合规范、标准的要求及检测单位质量体系文件的规定。

（2）记录应至少包括下列主要内容:

工件技术特性（包括工件名称、编号、材质、规格、焊工号、焊缝代号、坡口形式、表面情况等）、检测设备器材（包括射线胶片种类规格、像质计种类型号等）、透照方法（包括焦距、透照几何布置简图等）、布片图、曝光参数（管电压、管电流、曝光时间等）、底片评定结果（缺陷种类、数量、评定级别等）、检测时间、检测人员/底片评定人员。

（3）报告的签发。报告填写要详细清楚,并由Ⅱ级或Ⅲ级检测人员（RT）审核、签发。检测报告至少一式两份,一份交委托方,一份检测单位存档。

（4）记录和报告的存档。相关记录、报告、射线底片应妥善保存,保存期不低于技术规范和标准的规定。桥式起重机盖板对接接头射线检测工艺卡见表 2-1-10。

表 2-1-10　桥式起重机盖板对接接头射线检测工艺卡

工艺卡编号:HNAT-RT-2011-03

产品名称	通用桥式起重机	产品编号	20120216	检测部位	盖板对接接头
产品规格 （mm×mm×mm）	28 500×6 000×10	主体材质	Q235	焊接方法	埋弧自动焊
执行标准	JB/T 4730.2—2005	检测技术等级	AB	验收级别	Ⅱ
射线源	理学 2505	焦点尺寸(mm)	2×2	检测时机	焊后 24 h
胶片牌号	爱克发 D7	胶片规格 （mm×mm）	360×80	增感屏	前后 Pb 0.1 mm
像质计型号	FE-10/16	像质计灵敏度	12	底片黑度	2.0～3.0
显影液配方	天津套药	显影时间	5～8 min	显影温度	20±2 ℃

焊缝编号	焊缝长度（mm）	检测比例	透照方式	透照厚度（mm）	焦距（mm）	透照次数	一次透照长度（mm）	管电压或源活度	曝光时间（min）
SGB1	600	100%	单壁	10	700	2	300	180 kV	3
SGB2	600	100%	单壁	10	700	2	300	180 kV	3

续表 2-1-10

透照布置	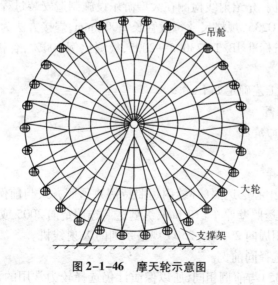
技术要求及说明	1. 防护要求:(1)应按 GB 18465(16357)规定设置控制区、监督区,设置警告标识; 　　　　　　(2)检测作业时测定控制区辐射水平,应在规定范围之内; 　　　　　　(3)检测作业人员佩戴个人剂量仪并携带报警仪。 2. 像质计摆放:像质计置于源侧,垂直横跨焊缝。 3. 标记摆放:(1)所有识别标记离焊缝边缘距离不小于 5 mm; 　　　　　　(2)所有标记的影像不应重叠且不干扰底片有效评定范围内的影像评定; 　　　　　　(3)标记应齐全(包括定位标记和识别标记)

二、大型游乐设施的射线检测

大型游乐设施中钢架通常采用钢管焊接制作,其中对接接头可采用射线检测的方法检查质量。

摩天轮是高空旋转设备的一种(见图 2-1-46),它能够把人们带到距地面几十米高的空中享受高瞻远瞩,但它也会给人们带来高空的危险,而摩天轮支撑架是其重要的承载构件,其结构及焊缝布置如图 2-1-47、图 2-1-48 所示。

图 2-1-46 摩天轮示意图

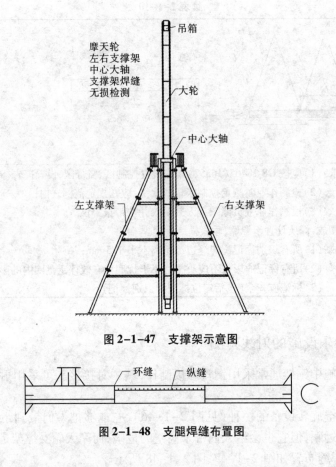

图 2-1-47　支撑架示意图

图 2-1-48　支腿焊缝布置图

下面以摩天轮为例,介绍射线检测在大型游乐设施制造安装过程中的具体应用。

该构件主体材质 Q235,规格尺寸每段管长 2 000 mm,焊接方法为手工焊,支腿对接接头采用射线检测,执行标准 JB/T 4730.2—2005,检测比例 100%,合格级别:纵缝 Ⅱ 级,环缝 Ⅲ 级。

具体检测方案及工艺确定如下。

(一)检测前的准备

1. 待检工件表面的清理

要求同前例。

2. 设备器材的选择

本构件焊缝采用中心法透照(环缝内透照特例),透照方式与前例不同,但能量(射线源)选择与前例类似,透照壁厚 $T = 12$ mm,纵缝透照选用定向 2005 或 2505 规格系列的 X 射线机,环缝透照选用周向 2005 或 2505 规格系列的 X 射线机。

胶片类型、规格选择同前例。

本构件材质(Q235)与前例相同,所以像质计仍选择较为常用的 FE 系列,查 JB/T 标准,AB 级(A 级)检测技术等级,透照厚度 12 mm 时应显示的像质计线径为 0.20 mm(13 号),所以像质计规格仍选择 FE10-16。

（二）检测时机

焊接接头外观检查合格后方可进行射线检测。

（三）透照方式及几何布置

按照构件制作程序，先纵向对接，检测合格后再环向对接，考虑管径650 mm，满足单壁透照布置，所以纵焊缝采用单壁外照法。

如本章第三节所述，环缝检测时，通过计算或查标准中诺模图，按 AB 级检测技术等级，射源至工件距离应不小于180 mm，该构件如果环焊缝采用中心透照法，射源至工件距离325−24＝301(mm)，满足要求。

几何条件方面，纵焊缝单壁外照法同前例，焦距选择为600～700 mm，按 AB 级检测技术等级，考虑胶片规格因素，一次透照长度为300～350 mm，透照次数为6次。

环焊缝中心透照法，因为射线源置于管中心，一次透照可完成整周环缝透照，所以焦距为325 mm，一次透照长度为环缝周长。

（四）曝光参数的选择

纵焊缝单壁外照法同前例。

环焊缝中心透照法，由于焦距较短，据第四节所述平方反比定律，曝光时间可相应缩短，管电压也可适当降低，通过计算并查曝光曲线，确定曝光参数为150 kV,2 min。

（五）其他技术要求

纵焊缝单壁外照法时散射线的防护要求同前例。

环焊缝中心透照法时，按照标准规定，应在周向均布3个像质计，由于一次透照长度等于有效评定长度，所以标记置于源侧或胶片侧均可。

暗室处理、底片评定、缺陷返修部位的标识与返修复检、检测记录和报告的出具同前例。摩天轮支腿焊接接头射线检测工艺卡见表2-1-11。

表2-1-11 摩天轮支腿焊接接头射线检测工艺卡

工艺卡编号：HNAT-RT-2011-07

设备名称	摩天轮	检测部位	支腿对接 纵环焊缝		主体材质	Q235
规　格	φ650 mm×12 mm	产品材质	Q235		焊接方法	手工焊
执行标准	GB/T 3323—2005	检测技术等级	AB		验收级别	纵Ⅱ环Ⅲ
射线源	X 射线	焦点尺寸(mm)	2×2		检测时机	焊后24 h
胶片牌号	爱克发 D7	胶片规格	360 mm×80 mm		增感屏	前后 Pb 0.1 mm
像质计型号	FE-10/16	像质计灵敏度值	12		底片黑度	2.0～3.0
显影液配方	天津套药	显影时间	5～8 min		显影温度	20±2 ℃

焊缝 编号	焊缝长度 （mm）	检测 比例	透照方式	透照厚度 （mm）	焦距 （mm）	透照 次数	一次透照长度 （mm）	管电压或 源活度	曝光时间 （min）
A1	2 000	100%	单壁外照	12	700	6	350	160	3
B1	2 041	100%	中心法	12	325	1	2 041	150	2

续表 2-1-11

透照布置	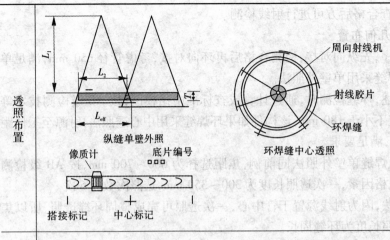 纵缝单壁外照　　　环焊缝中心透照　　周向射线机　射线胶片　环焊缝 底片编号 像质计　　　　　　　　　搭接标记　　中心标记
技术要求及说明	1. 防护要求:(1) 应按 GB 18465(16357)规定设置控制区、监督区,设置警告标识; 　　　　　　(2) 检测作业时测定控制区辐射水平,应在规定范围之内; 　　　　　　(3) 检测作业人员佩戴个人剂量仪并携带报警仪。 2. 像质计摆放:像质计置于源侧,垂直横跨焊缝。 3. 标记摆放:(1) 所有识别标记离焊缝边缘距离不小于 5 mm; 　　　　　　(2) 所有标记的影像不应重叠且不干扰底片有效评定范围内的影像评定; 　　　　　　(3) 标记应齐全(包括定位标记和识别标记)

第二章　超声波检测

第一节　概　述

一、引言

超声波检测是利用超声波在物质中的传播、反射和衰减等物理特性来发现缺陷的一种无损检测方法。同射线检测一样,也是工业无损检测的一个重要专业门类,属常规无损检测方法之一。其最主要的应用也是探测试件内部的宏观几何缺陷。

按照不同特征(使用的超声波种类、检测方法和技术特点等)可将超声波检测分为多种不同的方法。按超声波类型可分为纵波、横波和表面波等,按波源振动持续时间可分为连续波、脉冲波,按探头与工件的接触方式可分为直接接触法和液浸法,而根据检测对象和技术特点又包括原材料检测、焊接接头检测等。

机电类特种设备的超声波检测其主要检测对象为锻件和各类焊接接头,检测方法以较为传统的直接接触脉冲反射法为主,该方法是最基本、应用最广泛的一种超声波检测方法,这也是本章重点介绍的内容。

二、超声波检测原理

超声波检测是利用材料及其缺陷的声学性能差异,通过对超声波的反射、透射、衍射情况和能量变化情况的判定来检测材料的内部缺陷。

超声波换能器(探头)产生的超声波透入待检工件,在传播过程中会发生衰减,遇界面还会产生反射,如果其传播路径上存在缺陷,相当于不同介质间的交界面,超声波在交界面上将会发生反射、衍射等物理现象,反射、衍射的超声波信号又被换能器(探头)接收到并在超声波探伤仪显示屏幕中以波形形式显示出来,检测人员通过上述波形的位置、高度、形状等信息来进行缺陷判定和评级。

与射线检测相比,超声波检测具有灵敏度高、探测速度快、成本低、操作方便、探测厚度大、对人体和环境无害,特别是对裂纹、未熔合等危险性缺陷检测灵敏度高等优点,但也存在与操作者的水平和经验有关的缺点。实际应用中常与射线检测配合使用,以提高检测结果的可靠性。

第二节　超声波检测的物理基础

作为常规无损检测方法之一,超声波检测之所以能够实现,主要是利用了超声波具有较高频率(能量),能够在介质(物体)中远距离传播,遇界面或障碍物时会产生反射、衍射的特点。那么,什么是超声波呢?

声音在物理学中又称声波,它是与人类生活密切相关的一种自然现象,当声波的频率高到超过人耳的听力频率极限(20 000 Hz)时,人们就觉察不出声音的存在,因而称这种高频率的声波为"超声波",简言之,超声波就是频率高于 20 000 Hz 的声波,因其频率下限大约等于人的听觉上限而得名。

究其本质而言,超声波属于机械波,是机械振动在弹性介质中的传播过程,因此作为超声波检测的基础,首先要了解机械振动与机械波。

一、机械振动与机械波

(一)机械振动

物体沿直线或曲线在某一平衡位置附近作往复周期性的运动,称为机械振动。

常见的机械振动有弹簧振子运动、钟摆的运动、气缸中的活塞运动、声源发出的声音及超声波波源的运动等。

振动是往复、周期性的运动,振动的快慢通常用振动周期和振动频率两个物理量来描述。

物体或质点受到一定力的作用,离开平衡位置,产生一个位移,当该力失去后,它将回到其平衡位置,且还要超过平衡位置移动到相反方向的最大位移位置,然后回到平衡位置。这样一个运动过程我们称为一个"循环"或叫一次全振动。

周期:振动物体完成一次全振动所需的时间,用字母"T"来表示,常用单位为秒(s)。

频率:振动的物体在单位时间内完成的全振动次数,用字母"f"表示,常用单位为赫兹(Hz),1 Hz 表示 1 s 内完成 1 次全振动,即 1 Hz = 1 次/s,此外还有千赫(kHz),兆赫(MHz),1 kHz = 10^3 Hz,1 MHz = 10^6 Hz。

周期与频率互为倒数,即 $T = 1/f$。

超声波探头的频率为 2.5 MHz,表示晶片振动频率为 2.5×10^6 次/s,晶片振动的周期即为 $T = 1/f = 1/(2.5 \times 10^6) = 4 \times 10^{-7}$(s)。

(二)机械波

振动的传播过程称为波动。波动分为机械波和电磁波两大类。

机械波是机械振动在弹性介质中的传播过程。如水波、声波、超声波等。

电磁波是交变电磁场在空间的传播过程。如无线电波、红外线、可见光、紫外线、X 射线、γ 射线等。

由于这里研究的超声波是机械波,因此下面只讨论机械波。

为了简单说明机械波的产生和传播,我们建立如图 2-2-1 所示的弹性模型。图中质点间以小弹簧联系在一起,这种质点间以弹性力联系在一起的介质称为弹性介质。一般固体、液体、气体都可视为弹性介质。

当外力 F 作用于质点 A 时,A 就会离开平衡位置,这时 A 周围的质点将对 A 产生弹性力使 A 回到平衡位置。当 A 回到平衡位置时,具有一定的速度,由于惯性 A 不会停在平衡位置,而会继续向前运动,并沿相反方向离开平衡位置,这时 A 又会受到反向弹性力,使 A 又回到平衡位置,这样质点 A 在平衡位置往复运动,产生振动。与此同时,A 周围的质点也会受到大小相等方向相反的弹性力的作用,使它们离开平衡位置,并在各自的平衡位置附近振动。这样弹性介质中的一个质点的振动就会引起邻近质点的振动,邻近质点的振动又会引起较远质点的振动,于是振动就以一定的速度由近及远地向各个方向传播开来,从而就形成了机械波。

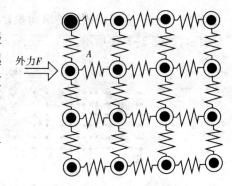

图 2-2-1 物质的弹性模型

由此可见,产生机械波必须具备以下两个条件:

(1)要有作机械振动的波源。

(2)要有能传播机械振动的弹性介质。

振动与波动是互相关联的,振动是产生波动的根源,波动是振动状态的传播。波动中介质各质点并不随波前进,只是以交变的振动速度在各自的平衡位置附近往复运动。

波动是振动状态的传播过程,也是振动能量的传播过程。这种能量的传播,不是靠质点的迁移来实现的,而是由各质点的位移连续变化来逐渐传播出去的。因此,机械波的传播不是物质的传播,而是振动状态和能量的传播。

(三)波长、频率和波速

(1)波长 λ:同一波线上相邻两振动相位相同的质点间的距离,称为波长,用 λ 表示。波源或介质中任意一质点完成一次全振动,波正好前进一个波长的距离。波长的常用单位为毫米(mm)和米(m)。

(2)频率 f:波动过程中,任意给定点在 1 s 内所通过的完整波的个数,称为波动频率。波动频率在数值上同振动频率,用 f 表示,单位为赫兹(Hz)。

(3)波速 c:波动中,波在单位时间内所传播的距离称为波速,用 c 表示。常用单位为米/秒(m/s)或千米/秒(km/s)。

由波速、波长和频率的定义可得:

$$c = \lambda f \quad 或 \lambda = \frac{c}{f} \tag{2-2-1}$$

由式(2-2-1)可知,波长与波速成正比,与频率成反比。当频率一定时,波速愈大,波长就愈长;当波速一定时,频率愈低,波长就愈长。

二、超声波的分类

超声波是指超过人耳能听到物体振动声音的频率范围的声波,超声波检测常用的频率范围是 0.5 ~ 10 MHz。

(一)按波形分类

超声波检测常用的波形有纵波(压缩波)、横波(剪切波)、表面波(瑞利波)和板波(兰姆波),其中机电类特种设备的超声波检测常用波形为纵波和横波。

1.纵波

质点的振动方向与波的传播方向相同(平行),这种波称为纵波。

当弹性介质受到交替变化的拉应力或压应力作用时,就会产生交替变化的伸长或压缩形变,质点产生疏密相间的纵向振动,并在介质中传播,所以又称压缩波或疏密波,常用 L 表示,如图 2-2-2 所示。

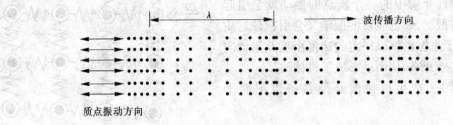

图 2-2-2　纵波

因为弹性力是由于弹性介质体积发生变化而产生的,所以纵波能够在任何弹性介质中传播(包括固体、液体和气体)。

2. 横波

质点的振动方向与波的传播方向相互垂直,这种波称为横波。

固体介质既具有体积弹性,又具有剪切弹性。当固体介质受到交变剪切应力作用时,将发生相应的剪切形变,介质质点产生具有波峰和波谷的横向振动,所以又称剪切波,常用 S 或 T 表示,如图 2-2-3 所示。

由于液体和气体(统称液体)中只具有体积弹性,而不具有剪切弹性,所以在流体中不能传播横波。

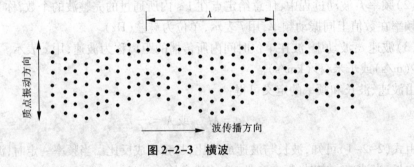

图 2-2-3　横波

3. 表面波

当介质表面受到交替变化的表面张力作用时,产生的沿介质表面传播的波,称为表面波,又称瑞利波,常用 R 表示。

表面波在介质表面传播时,介质表面质点作椭圆轨迹的振动,短轴平行于波的传播方向,长轴垂直于波的传播方向,椭圆运动可视为纵向振动与横向振动的合成,即纵波与横波的合成,如图 2-2-4 所示。因此,表面波同横波一样只能在固体介质中传播,不能在液体或气体介质中传播,超过一个波长的深度时,能量急剧下降。

(二)按波形分类

波的形状(波形)是指波阵面的形状。

波阵面:同一时刻,介质中振动相位相同的所有质点所连成的面称为波阵面。

波前:某一时刻,波动所到达的空间各点连成的面积称为波前。

波线:波的传播方向称为波线。

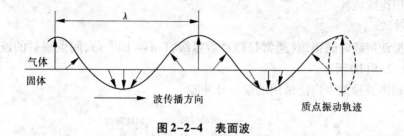

图 2-2-4　表面波

由以上定义可知,波前是最前面的波阵面。任意时刻,波前只有一个,而波阵面却有很多。在各向同性的介质中,波线恒垂直于波阵面或波前。

据波阵面形状不同,可以把不同波源发出的波分为平面波、柱面波和球面波。

1.平面波

波阵面为互相平行的平面的波称为平面波。平面波的波源为一个平面,如图 2-2-5 所示。尺寸远大于波长的刚性平面波源在各向同性的均匀介质中辐射的波可视为平面波。平面波波束不扩散,各质点振幅是一个常数,不随距离而变化。

2.柱面波

波阵面为同轴圆柱面的波称为柱面波。柱面波的波源为一条线,如图 2-2-6 所示。长度远大于波长的线状波源在各向同性的介质中辐射的波可视为柱面波。柱面波波束向四周扩散,柱面波各质点的振幅与距离平方根成反比。

3.球面波

波阵面为同心圆的波称为球面波。球面波的波源为一点,如图 2-2-7 所示。尺寸远小于波长的点波源在各向同性的介质中辐射的波可视为球面波。球面波波束向四面八方扩散,实际应用的超声波探头中的波源近似活塞振动,在各向同性的介质中辐射的波称为活塞波。当距离源的距离足够大时,活塞波类似于球面波。

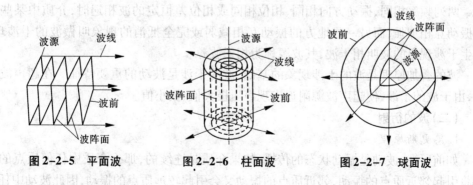

图 2-2-5　平面波　　　　图 2-2-6　柱面波　　　　图 2-2-7　球面波

(三)按振动的持续时间分类

根据波源振动的持续时间长短,将波动分为连续波和脉冲波。

1. 连续波

波源持续不断地振动所辐射的波称为连续波，如图 2-2-8(a) 所示。超声波穿透法检测常采用连续波。

2. 脉冲波

波源振动持续时间很短(通常是微秒数量级，$1\ \mu s = 10^{-6}\ s$)，间歇辐射的波称为脉冲波，如图 2-2-8(b) 所示。

目前超声波检测中广泛采用的就是脉冲波。

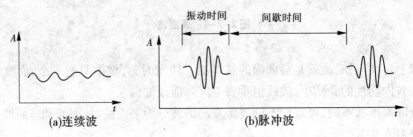

(a)连续波　　　　　　　(b)脉冲波

图 2-2-8　连续波与脉冲波

三、波的有关特性

(一) 波的叠加与干涉

1. 波的叠加原理

当几列波在同一介质中传播时，如果在空间某处相遇，则相遇处质点的振动是各列波引起振动的合成，在任意时刻该质点的位移是各列波引起位移的矢量和。几列波相遇后仍保持自己原有的频率、波长、振动方向等特性并按原来的传播方向继续前进，好像在各自的途中没有遇到其他波一样，这就是波的叠加原理，又称波的独立性原理。

波的叠加现象可以从许多现实中观察到，如两石子落水，可以看到两个以石子入水处为中心的圆形水波的叠加情况和相遇后的传播情况。又如乐队合奏或几个人谈话，人们可以分辨出各种乐器和每个人的声音，这些都可以说明波传播的独立性。

2. 波的干涉

两列频率相同、振动方向相同、相位相同或相位差恒定的波相遇时，介质中某些地方的振动互相加强，而另一些地方的振动互相减弱或完全抵消的现象叫做波的干涉现象。产生干涉现象的波叫相干波，其波源称为相干波源。

波的叠加原理是波的干涉现象的基础，波的干涉是波动的重要特征。在超声波检测中，由于波的干涉，使超声波源附近出现声压极大值、极小值。

(二) 波的衍射

1. 惠更斯原理

如前所述，波动是振动状态的传播，如果介质是连续的，那么介质中任何质点的振动都将引起邻近质点的振动，邻近质点的振动又会引起较远质点的振动，因此波动中任何质点都可以看做是新的波源。据此惠更斯于 1690 年提出了著名的惠更斯原理：介质中波动传播到的各点都可以看做是发射子波的波源，在其后任意时刻这些子波的包迹就决定新的波阵面。

利用惠更斯原理可以确定波前的几何形状和波的传播方向,如图 2-2-9 所示。

2.波的衍射(绕射)

波在传播过程中遇到与波长相当的障碍物时,能绕过障碍物边缘改变方向继续前进的现象,称为波的衍射或波的绕射。

如图 2-2-10 所示,超声波在介质中传播时,若遇到缺陷 AB,据惠更斯原理,缺陷边缘 A、B 可以看做是发射子波的波源,使波的传播方向改变,从而使缺陷背后的声影缩小,反射波降低。

波的绕射和障碍物尺寸 D_f 及波长 λ 的相对大小有关。当 $D_f \ll \lambda$ 时,波的绕射强,反射弱,缺陷反射波很低,容易漏检。一般认为 $D_f \leqslant \dfrac{\lambda}{2}$ 时,只绕射无反射。当 $D_f \gg \lambda$ 时,反射强,绕射弱,声波几乎全反射。

波的绕射对检测既有利又不利。由于波的绕射,使超声波产生晶粒绕射顺利地在介质中传播,这对检测是有利的。但同时由于波的绕射,使一些小缺陷反射波显著下降,以致造成漏检,这对检测不利。

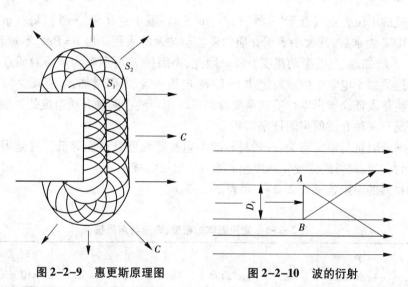

图 2-2-9　惠更斯原理图　　　　图 2-2-10　波的衍射

四、超声场

(一)超声场的概念

充满超声波的空间或超声振动所波及的部分介质,叫超声场。超声场具有一定的空间大小和形状,只有当缺陷位于超声场内时,才有可能被发现。

(二)超声场的特征值

描述超声场的特征值(即物理量)主要有声压、声阻抗、声强和分贝。

1.声压

超声场中某一点在某一时刻所具有的压强 P_1 与没有超声波存在时的静态压强 P_0 之

差,称为该点的声压,用 P 表示。

$$P = P_1 - P_0$$

声压单位:帕斯卡(Pa)、微帕斯卡(μPa)。

$$1 \ Pa = 1 \ N/m^2 \qquad\qquad 1 \ Pa = 10^6 \ \mu Pa$$

由波动方程可得出:超声场中某一点的声压随时间和该点至波源的距离按周期性变化。声压的幅值与介质的密度、波速和频率成正比。因为超声波的频率很高,因此超声波的声压远大于声波的声压。

超声波检测仪示波屏上的波高与回波声压成正比。

2.声阻抗

超声场中任一点的声压与该处质点振动速度之比称为声阻抗,常用 Z 表示

$$Z = P/u = \rho c u/u = \rho c \qquad\qquad (2-2-2)$$

式中　P——声压;

　　　u——质点的振动速度;

　　　ρ——介质的密度;

　　　c——波速。

声阻抗的单位为克/(厘米^2·秒)(g/(cm^2·s))或千克/(米^2·秒)(kg/(m^2·s))。

介质中 Z 为常数,其大小等于介质的密度与波速的乘积。由 $u = P/Z$ 不难看出,在同一声压下,Z 增加,质点的振动速度下降。因此,声阻抗 Z 可理解为介质对质点振动的阻碍作用。这类似于电学中的欧姆定律 $I = U/R$,电压一定,电阻增加,电流减少。

声阻抗是表征介质声学性质的重要物理量。超声波在两种介质组成的界面上的反射和透射情况与两种介质的声阻抗密切相关。

材料的声阻抗与温度有关,一般材料的声阻抗随温度升高而降低。这是因为声阻抗 $Z = \rho c$,而大多数材料的密度 ρ 和声速 c 随温度增加而减小。

常用材料的声阻抗见表 2-2-1 和表 2-2-2。

表 2-2-1　常见固体的密度、声速与声阻抗

种类	ρ (g/cm^3)	σ	c_{Lb} (m/s)	c_{L} (m/s)	c_{S} (m/s)	$Z = \rho c$ (×10^{6}g/(cm^2·s))
铝(Al)	2.7	0.34	5 040	6 260	3 080	1.69
铁(Fe)	7.8	0.28	5 180	5 850 ~ 5 900	3 230	4.50
铸铁	6.9 ~ 7.3			3 500 ~ 5 600	2 200 ~ 3 200	2.5 ~ 4.2
钢	7.8	0.28		5 880 ~ 5 950	3 230	4.53
铜(Cu)	8.9	0.35	3 710	4 700	2 260	4.18
有机玻璃	1.18	0.324		2 730	1 460	0.32
环氧树脂	1.1 ~ 1.25			2 400 ~ 2 900	1 100	0.27 ~ 0.36

表 2-2-2　常见液体、气体中的密度、声速与声阻抗

种类	ρ （g/cm^3）	c_L （m/s）	$Z=\rho c$ （×10^{6}g/（cm^2·s））
轻　油	0.810	1 324	0.107
变压器油	0.859	1 425	0.122
水（20 ℃）	0.997	1 480	0.148
甘　油：100%	1.270	1 880	0.238
水玻璃：100%	1.06	1 560	0.166
空气		340	

3. 声强

单位时间内垂直通过单位面积的声能称为声强,常用 I 表示。单位是瓦/厘米^2（W/cm^2）或 焦耳/（厘米^2·秒）（J/（cm^2·s））。

当超声波传播到介质中某处时,该处原来静止不动的质点开始振动因而具有动能。同时该处介质产生弹性变形,因而也具有弹性动能,其总量为二者之和。

其平均声强为

$$I=\frac{W}{\Delta t}=\frac{1}{2}\rho A^2\omega^2\frac{\mathrm{d}x}{\mathrm{d}t}=\frac{1}{2}\rho cA^2\omega^2 \qquad (2-2-3)$$

$$I=\frac{1}{2}Zu^2=\frac{P^2}{2Z} \qquad (2-2-4)$$

由以上公式可知：

（1）由于超声波的声强与频率平方成正比,而超声波的频率远大于可闻声波。因此,超声波的声强也远大于可闻声波的声强。这是超声波能用于检测的重要原因。

（2）在同一介质中,超声波的声强与声压的平方成正比。

4. 分贝

1）分贝的概念

在生产和科学试验中,所遇到的声强数量级往往相差悬殊,如引起听觉的声强范围为 $10^{-16}\sim10^{-4}$ W/cm^2,最大值和最小值相差 12 个数量级。显然,采用绝对量来度量是不方便的,但如果对其比值（相对量）取对数来比较计算则可大大简化运算。分贝就是两个同量纲的量之比取对数后的结果。

通常规定引起听觉的最弱声强为 $I_1=10^{-16}$ W/cm^2 作为声强的标准,另一声强 I_2 与标准声强 I_1 之比的常用对数称为声强级,结果为贝尔（BeL）。

$$\Delta=\lg(I_2/I_1) \quad（\text{BeL}）$$

实际应用贝尔太大,故取 1/10 贝尔即分贝（dB）来表示声强级。

$$\Delta=10\lg(I_2/I_1)=20\lg(P_2/P_1) \quad（\text{dB}）$$

通常说某处的噪声为多少分贝,就是以 10^{-16} W/cm^2 为标准利用上式计算得到的。

典型声音的分贝数比较：

引起听觉的声强　　　　　　　　　10^{-16} W/cm^2　 0 dB

谈话　　　　　　　　　　　　　　10^{-11} W/cm^2　50 dB

超声波　　　　　　　　　　　　　　　10^{+4} W/cm^2　　200 dB

在超声波检测中,当超声波探伤仪的垂直线性较好时,仪器示波屏上的波高与回波声压成正比。这时有

$$\Delta = 20\lg(P_2/P_1) = 20\lg(H_2/H_1) \quad (\text{dB})$$

这里声压基准 P_1 或波高基准 H_1 可以任意选取。

当 $H_2/H_1 = 1$ 时,$\Delta = 0$ dB,说明两波高相等时,二者的分贝差为零。

当 $H_2/H_1 = 2$ 时,$\Delta = 6$ dB,说明 H_2 为 H_1 的两倍时,H_2 比 H_1 高 6 dB。

当 $H_2/H_1 = 1/2$ 时,$\Delta = -6$ dB,说明 H_2 为 H_1 的 1/2 时,H_2 比 H_1 低 6 dB。

以 $\Delta = 20\lg(P_2/P_1) = 20\lg(H_2/H_1)$(dB)关系曲线来表示 H_2/H_1 或 P_2/P_1 与 dB 值的对应关系见图 2-2-11 曲线。

常用声压比(波高比)对应的分贝值列于表 2-2-3。

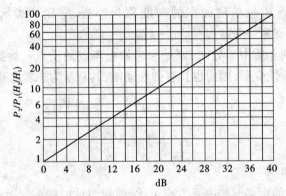

图 2-2-11　P_2/P_1 或 H_2/H_1 与 dB 值的换算图

表 2-2-3　常用声压比(波高比)对应的分贝值

P_2/P_1 或 H_2/H_1	10	4	2	1	1/2	1/4	1/10
dB	20	12	6	0	-6	-12	-20

2)分贝的应用

分贝用于表示两个相差很大的量之比显得很方便,特别是在超声波检测中应用更广泛。例如,示波屏上两波高的比较就常常用 dB 表示。

用分贝值表示反射波幅度的相互关系,不仅可以简化运算,而且在确定基准波高以后,可直接用仪器衰减器的读数表示缺陷波相对波高。因此,分贝概念的引用对超声检测有很重要的实用价值。

此外,在超声波的定量计算中和衰减系数的测定中也常常用到分贝。

五、超声波的传播

(一)超声波在不同介质中的传播速度

在波动过程中,振动传播的速度称为波速,它的大小与介质本身的性质有关,同时与

波长、频率也存在密切关系,在均匀介质中,同类振动是匀速传播的。

超声波在介质中单位时间内所传播的距离称为超声波的传播速度(简称声速)。

超声波、次声波和声波的实质一样,都是机械波。它们在同一介质中的传播速度相同。

超声波在介质中的传播速度与介质的弹性模量和密度有关。对特定的介质,弹性模量和密度为常数,故声速也是常数。不同的介质,有不同的声速。超声波波形不同时,介质弹性变形形式不同,声速也不一样。超声波在介质中的传播速度是表征介质声学特性的重要参数。

1. 固体介质中的声速

固体介质不仅能传播纵波,而且可以传播横波和表面波等,但它们的声速是不相同的。

此外,介质尺寸的大小对声速也有一定的影响,无限大介质与细长棒中的声速也不一样。

1) 无限大固体介质中的声速

无限大固体介质是相对于波长而言的,当介质的尺寸远大于波长时,就可以视为无限大介质。

纵波在无限大固体介质中的声速:$c_L \approx \sqrt{\dfrac{E}{\rho}}$

横波在无限大固体介质中的声速:$c_S \approx \sqrt{\dfrac{G}{\rho}}$

表面波在半无限大固体介质中的声速:$c_R \approx \sqrt{\dfrac{E}{\rho}}$ 或 $\sqrt{\dfrac{G}{\rho}}$

式中　E——介质的弹性模量;

　　　G——介质的切变模量;

　　　ρ——介质的密度。

由上述公式可知:

(1)固体介质中的声速与介质的密度和弹性模量等有关,不同的介质,声速不同;介质的弹性模量愈大,密度愈小,则声速愈大。

(2)声速还与波的类型有关,在同一固体介质中,纵波、横波和表面波的声速各不相同,并且相互之间有以下关系:

$$c_L > c_S > c_R$$

这表明,在同一种固体材料中,纵波声速大于横波声速,横波声速又大于表面波声速。

对于钢材,$\sigma \approx 0.28$ 时

$$c_L \approx 1.8c_S, \quad c_R \approx 0.9c_S, \quad c_L : c_S : c_R \approx 1.8 : 1 : 0.9$$

2) 细长棒中的纵波声速 c_{Lb}

在细长棒中(棒径 $d \leqslant \lambda$)轴向传播的纵波声速与无限大介质中纵波声速不同,细长棒中的纵波声速为

$$c_{Lb} = \sqrt{\frac{E}{\rho}}$$

常见固体介质的声速见表2-2-1。

3）固体介质中声速与温度、应力、均匀性的关系

固体介质中的声速与介质温度、应力、均匀性有关，一般固体中的声速随介质温度升高而降低。

固体介质的应力状况对声速有一定影响，一般应力增加，声速增加，但增加缓慢。

固体材料组织的均匀性对声速的影响在铸铁中较明显。铸铁表面与中心，由于冷却速度不同而具有不同的组织，表面冷却快，晶粒细，声速大，中心则反之。此外，铸铁中石墨含量和尺寸对声速也有影响，随石墨含量和尺寸增加，声速减小。

2. 液体、气体介质中的声速

常见液体介质的声速见表2-2-2。

1）介质密度（种类）对声速的影响

由于液体和气体只能承受压应力，不能承受剪切应力，因此液体和气体介质中只能传播纵波，不能传播横波和表面波。液体和气体中的纵波波速为

$$c = \sqrt{\frac{B}{\rho}} \tag{2-2-5}$$

式中　B——液体、气体介质的容变弹性模量，表示产生单位容积相对变化量所需压强；

　　　ρ——液体、气体介质的密度。

由式（2-2-5）可知，液体、气体介质中的纵波声速与其容变弹性模量和密度有关，介质的容变弹性模量愈大、密度愈小，声速就愈大。

2）液体介质中声速与温度的关系

几乎除水以外的所有液体，当温度升高时，容变弹性模量减小，声速降低。水在温度达到74 ℃左右时声速达到最大值，当温度高于该值时，声速随温度升高而降低。

（二）超声波入射界面的特征

超声波从一种介质传播到另一种介质时，在两种介质的分界面上，一部分能量反射回原介质内，称反射波；另一部分能量透过界面在另一种介质内传播，称透射波。在界面上声压、声强的分配和传播方向的变化都遵循一定的规律。

本节来看超声波垂直入射到平界面上的反射和透射情况，重点是声压、声强的分配规律。

1. 单一平界面的反射率和透射率

当超声波垂直入射到光滑平界面时，将在第一介质中产生一个与入射波方向相反的反射波，在第二介质中产生一个与入射波方向相同的透射波，如图2-2-12所示。入射波与透射波的声压（或声强）是按一定规律分配的。这个分配比例由声压发射率（或声强反射率）和透射率（或声强透射率）来表示。

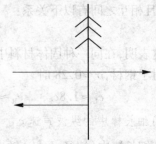

图2-2-12　垂直入射到单一平界面

常用界面的纵波声压反射率列于表 2-2-4 中。

表 2-2-4 常用物质界面的纵波声压反射率 r_B （%）

种类	声阻抗 Z ($\times 10^6$ g/(cm² · s))	空气 (24 ℃)	酒精	变压器油	水 (20 ℃)	甘油	环氧树脂	有机玻璃	铝	铜	钢
钢	4.53	100	95	94	94	90	87	86	45	4	0
铜	4.18	100	95	94	93	89	85	85	42	0	
铝	1.69	100	88	86	84	75	69	63	0		
有机玻璃	0.33	100	50	44	37	16	2	0			
甘油	0.24	100	37	30	23	0					
水 (20 ℃)	0.15	100	15	7	0	$r = \dfrac{Z_2 - Z_1}{Z_2 + Z_1} \times 100\%$					
空气 (24 ℃)	0.000 04	0									

以上讨论的超声波纵波垂直入射到第一平界面上的声压、声强反射率和透射率公式同样适用于横波入射的情况,但必须注意的是,在横波入射到固体/液体或固体/气体界面上,横波全反射。因为横波不能在液体和气体中传播。

2. 薄层界面的反射率与透射率

超声波检测时,经常遇到耦合层和缺陷薄层等问题,这些都可归结为超声波在薄层界面的反射、透射问题。此时,超声波是由声阻抗为 Z_1 的第一介质入射到 Z_1 和 Z_2 的界面,然后通过声阻抗为 Z_2 的第二介质薄层射到 Z_2 和 Z_3 的界面,最后进入声阻抗为 Z_3 的第三介质。

常用物质界面纵波声压往复透射率列于表 2-2-5 中。

表 2-2-5 常用物质界面纵波声压往复透射率 T （%）

种类	变压器油	水(20 ℃)	甘油	有机玻璃
钢	11	12.5	19	26
铜	12	13	22	29
铝	26	28	43	55
有机玻璃	80	84	98	100

声压往复透射率与界面两侧介质的声阻抗有关,与从何种介质入射到界面无关。界面两侧介质的声阻抗相差愈小,声压往复透射率就愈高,反之就愈低。

往复透射率高低直接影响检测灵敏度高低。往复透射率高,检测灵敏度高;反之,检测灵敏度低。

3. 超声波倾斜入射到界面时的反射和折射

1) 波形转换与反射、折射定律

如图 2-2-13 所示,当超声波倾斜入射到界面时,除产生同种类型的反射波和折射波外,还会产生不同类型的反射波和折射波,这种现象称为波形转换。

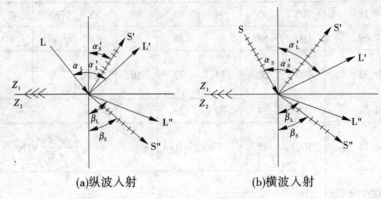

(a)纵波入射　　　　　　　　　　(b)横波入射

图 2-2-13　超声波倾斜入射

(1)纵波倾斜入射。

当纵波 L 倾斜入射到固/固界面时,除产生反射纵波 L′ 和折射纵波 L″ 外,还会产生反射横波 S′ 和折射横波 S″,如图 2-2-13(a)所示。各种反射波和折射波方向遵循反射、折射定律:

$$\frac{\sin\alpha_L}{c_{L1}} = \frac{\sin\alpha_L'}{c_{L1}} = \frac{\sin\alpha_S'}{c_{S1}} = \frac{\sin\beta_L}{c_{L2}} = \frac{\sin\beta_S}{c_{S2}}$$

式中　c_{L1}、c_{S1}——第一介质中的纵波、横波波速;

　　　c_{L2}、c_{S2}——第二介质中的纵波、横波波速;

　　　α_L、α_L'——纵波入射角、反射角;

　　　β_L、β_S——纵波、横波折射角;

　　　α_S'——横波反射角。

由于在同一介质中纵波波速不变,因此 $\alpha_L' = \alpha_L$。又由于在同一介质中纵波波速大于横波波速,因此 $\alpha_L' > \alpha_S'$,$\beta_L > \beta_S$。

①第一临界角 α_I: $\frac{\sin\alpha_L}{c_{L1}} = \frac{\sin\beta_L}{c_{L2}}$,当 $c_{L2} > c_{L1}$ 时,$\beta_L > \alpha_L$,随着 α_L 增加,β_L 也增加,当 α_L 增加到一定程度时,$\beta_L = 90°$,这时所对应的纵波入射角称为第一临界角,用 α_I 表示,如图 2-2-14(a)所示。

$$\alpha_I = \arcsin\frac{c_{L1}}{c_{L2}}$$

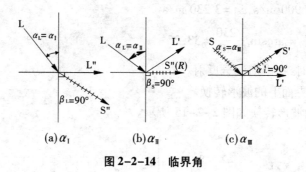

$$(a)\alpha_{I} \qquad\qquad (b)\alpha_{II} \qquad\qquad (c)\alpha_{III}$$

图 2-2-14　临界角

②第二临界角 α_{II}：$\dfrac{\sin\alpha_{L}}{c_{L1}} = \dfrac{\sin\beta_{S}}{c_{S2}}$，当 $c_{S2} > c_{L1}$ 时，$\beta_{S} > \alpha_{L}$，随着 α_{L} 增加，β_{S} 也增加，当 α_{L} 增加到一定程度时，$\beta_{S} = 90°$，这时所对应的纵波入射角称为第二临界角，用 α_{II} 表示，如图 2-2-14(b)所示。

$$\alpha_{II} = \arcsin\frac{c_{L1}}{c_{S2}}$$

由 α_{I} 和 α_{II} 的定义可知：

当 $\alpha_{L} < \alpha_{I}$ 时，第二介质中既有折射纵波 L''，又有折射横波 S''。

当 $\alpha_{L} < \alpha_{I} \sim \alpha_{II}$ 时，第二介质中只有折射横波 S''，没有折射纵波 L''，这就是常用横波探头的制作原理。

当 $\alpha_{L} \geqslant \alpha_{II}$ 时，第二介质中既无折射纵波 L''，又无折射横波 S''。这时在其介质的表面存在表面波 R，这就是常用表面波探头的制作原理。

例如，纵波倾斜入射到有机玻璃/钢界面时，有机玻璃中：$c_{L1} = 2\ 730$ m/s，钢中 $c_{L2} = 5\ 900$ m/s，$c_{S2} = 3\ 230$ m/s。则第一、二临界角分别为

$$\alpha_{I} = \arcsin\frac{c_{L1}}{c_{L2}} = \arcsin\frac{2\ 730}{5\ 900} = 27.6°$$

$$\alpha_{II} = \arcsin\frac{c_{L1}}{c_{S2}} = \arcsin\frac{2\ 730}{3\ 230} = 57.7°$$

由此可见有机玻璃横波探头 $\alpha_{L} = 27.6° \sim 57.7°$，有机玻璃表面波探头 $\alpha_{L} \geqslant 57.7°$。

(2)横波倾斜入射。

当横波倾斜入射到固/固界面时，同样会产生波形转换，如图 2-2-14(b)所示，各反射、折射波的方向遵循反射、折射定律：

$$\frac{\sin\alpha_{S}}{c_{S1}} = \frac{\sin\alpha'_{S}}{c_{S1}} = \frac{\sin\alpha'_{L}}{c_{L1}} = \frac{\sin\beta_{L}}{c_{L2}} = \frac{\sin\beta_{S}}{c_{S2}}$$

从上式可以看出，随 α_{S} 增加，α'_{L} 也增加，当 α_{S} 增加到一定程度时，$\alpha'_{L} = 90°$，这时所对应的横波入射角称为第三临界角，用 α_{III} 表示，如图 2-2-14(c)所示。

$$\alpha_{III} = \arcsin\frac{c_{S1}}{c_{L1}}$$

当 $\alpha_{S} \geqslant \alpha_{III}$ 时，第一介质中只有反射横波，没有反射纵波，即横波全反射。

对于钢：$c_{L1} = 5\ 900$ m/s，$c_{S1} = 3\ 230$ m/s

$$\alpha_{\mathrm{III}} = \arcsin\frac{c_{S1}}{c_{L1}} = \arcsin\frac{3\ 230}{5\ 900} = 33.2°$$

当 $\alpha_S \geqslant 33.2°$ 时，钢中横波全反射。

(3)其他不同界面上的波形转换。

不同界面上的波形转换如图 2-2-15 所示。

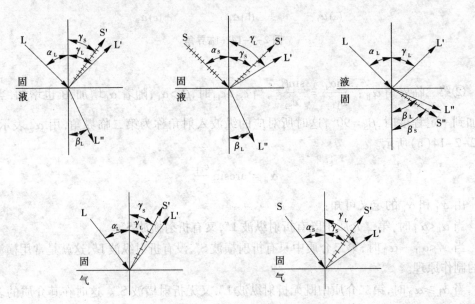

图 2-2-15　不同界面上的波形转换

2)声压反射率

超声波反射、折射定律只讨论了各种反射波、折射波的方向问题，未涉及声压反射率和透射率问题。由于倾斜入射时，声压反射率、透射率不仅与介质的声阻抗有关，而且与入射角有关，其理论计算公式十分复杂，因此这里只介绍由理论计算结果绘制的曲线图形。

(1)纵波倾斜入射到钢/空气界面的反射。

如图 2-2-16 所示，当纵波倾斜入射到钢/空气界面时，纵波声压反射率 r_{LL}（$r_{LL} = \dfrac{P_{rL}}{P_{oL}}$）与横波声压反射率 r_{LS}（$r_{LS} = \dfrac{P_{rS}}{P_{oL}}$）随入射角 α_L 而变化。当 $\alpha_L = 60°$ 左右时，r_{LL} 很低，r_{LS} 很高。原因是纵波倾斜入射，当 $\alpha_L = 60°$ 左右时产生一个较强的变型反射横波。

(2)横波倾斜入射到钢/空气界面的反射。

如图 2-2-17 所示，横波倾斜入射到钢/空气界面，横波声压反射率 r_{SS}（$r_{SS} = \dfrac{P_{rS}}{P_{oS}}$）与纵波声压反射率 r_{SL}（$r_{SL} = \dfrac{P_{rL}}{P_{oS}}$）随入射角 α_S 而变化。当 $\alpha_S = 30°$ 左右时，r_{SS} 很低，r_{SL} 较高。当 $\alpha_S = 33.2°$（α_{II}）时，$r_{SS} = 100\%$，即钢中横波全反射。

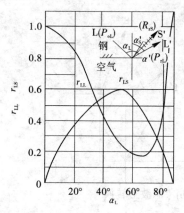

图 2-2-16　纵波倾斜入射到钢/空气界面

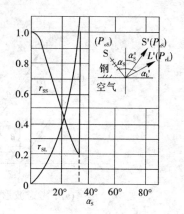

图 2-2-17　横波倾斜入射到钢/空气界面

3）声压往复透射率

超声波检测中,常常采用反射法检测,超声波往复透过同一检测面,因此声压往复透射率更具有实际意义。

以较为常用的斜探头为例,图 2-2-18 为纵波倾斜入射至有机玻璃/钢界面时往复透射率与入射角之间的关系曲线。当 $\alpha_L < 27.6°(\alpha_I)$ 时,折射纵波的往复透射率 T_{LL} 不超过小于25% ,折射横波的往复透射率 T_{LS} 小于10% 。当 $\alpha_L = 27.6° \sim 57.7°(\alpha_{II})$ 时,钢中只有折射横波,无折射纵波。折射横波的往复透射率 T_{LS} 最高不超过30% 。这时所对应的 $\alpha_L \approx 30°$,$\beta_S \approx 37°$。实际检测中有机玻璃横波探头检测钢材就属于这种情况。

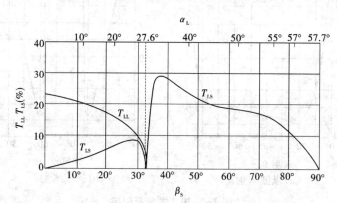

图 2-2-18　有机玻璃/钢界面上的声压往复透射率

4）端角反射

超声波在两个平面构成的直角内的反射叫做端角反射,如图 2-2-19 所示。在端角反射中,超声波经历了两次反射,当不考虑波形转换时,二次反射回波与入射波互相平行,即 $P_a /\!/ P_0$ 且 $\alpha + \beta = 90°$。

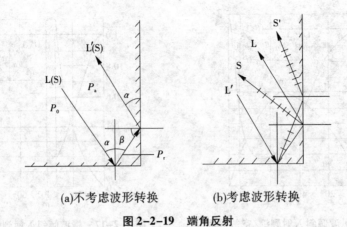

(a)不考虑波形转换　　　　(b)考虑波形转换

图 2-2-19　端角反射

回波声压 P_a 与入射波声压 P_0 之比称为端角反射率,用 $T_端$ 表示。

$$T_端 = \frac{P_a}{P_0}$$

图 2-2-20 为钢/空气界面上钢中的端角反射率。由图 2-2-20(a)可知,纵波入射时,端角反射率都很低,这是因为纵波在端角的两次反射中分离出较强的横波。

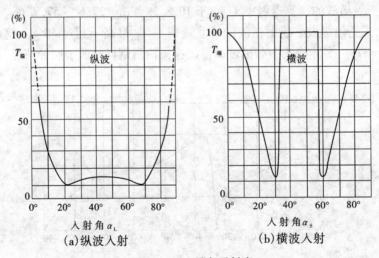

(a)纵波入射　　　　　　(b)横波入射

图 2-2-20　端角反射率

由图 2-2-20(b)可知,横波入射时,入射角 $\alpha_S = 30°$ 或 $60°$ 附近时,端角反射率最低。α_S 在 $35° \sim 55°$ 时端角反射率达 100%,实际工作中,横波检测焊缝单面焊根部未焊透的情况就类似于这种情况,当横波入射角 α_S(等于横波探头的折射角 β_S)= $35° \sim 55°$,即 $K = \tan\beta_S = 0.7 \sim 1.43$ 时,检测灵敏度最高。当 $\beta_S = 56°$,即 $K = 1.5$ 时,检测灵敏度较低,可能引起漏检。

(三)超声波的聚焦与发散

超声波是一种频率很高波长很短的机械波,当超声波入射到曲界面上时,与可见光入射到曲界面上的情况相似,具有聚焦和发散的特性。由于超声波在界面上会产生波形转换,因此超声波的聚焦与发散更为复杂。为了便于讨论,这里不考虑波形转换存在。超声波在遇到曲界面时的聚集与发散,与入射波的波形、曲界面两侧的声速等因素有关,存在多种可能性。下面就超声波检测中经常遇到的情况,以平面波入射为例作简单的介绍。

1. 平面波在曲界面上的反射

当平面波入射到曲界面上时,其反射波将发生聚焦或发散。平面波束与曲界面上各入射的法线成不同的夹角:入射角为 0° 的声束沿原方向返回,称为声轴,其余声线的反射则随着距声轴距离的增大,反射角逐渐增大。

当曲界面为凹球面时,反射线汇聚于一个焦点上;当曲界面为凹圆柱面时,反射线汇聚于一条焦线上。

2. 平面波在曲界面上的折射

平面波入射到曲界面上时,其折射波也将发生聚焦或发散。这时折射波的聚焦或发散不仅与曲面的凹凸有关。而且与界面两侧介质的波速有关。对于凹面,当 $c_1 < c_2$ 时聚焦,当 $c_1 > c_2$ 时发散;对于凸面,当 $c_1 > c_2$ 时聚焦,当 $c_1 < c_2$ 时发散。

(1)平面波入射到球面透镜时,其折射波可视为从焦点发出的球面波。

(2)平面波入射到柱面透镜时,其折射波可视为从焦轴发出的柱面波。

3. 声透镜

实际检测用的水浸聚焦探头就是根据平面波入射到 $c_1 > c_2$ 的凸透镜上,折射波发生聚焦的特点来设计的,压电晶片(波源)前加一声透镜即成为纵波声透镜。

(四)超声波的衰减

引起超声波衰减的主要原因是波束的扩散、晶粒散射和介质吸收。

1. 扩散衰减

超声波在传播过程中,由于波束的扩散,使超声波的声强随距离增加而逐渐减弱的现象称为扩散衰减。超声波的扩散衰减仅取决于波阵面的形状,与介质的性质无关。平面波波阵面为平面,波束不扩散,不存在扩散衰减。柱面波波阵面为同轴圆柱面。波束向四周扩散,存在扩散衰减,声压与距离的平方根成反比。球面波波阵面为同心球面,波束向四面八方扩散,存在扩散衰减,声压与距离成反比。

2. 散射衰减

超声波在介质中传播时,遇到晶粒间的界面——晶界时产生散乱反射引起衰减的现象,称为散射衰减。散射衰减与材质的晶粒密切相关,当材质晶粒粗大时,散射衰减严重,被衰减的超声波沿着复杂的路径传播到探头,在示波屏上引起林状回波(又叫草波),使信噪比下降,严重时噪声会湮没缺陷波,如图 2-2-21 所示。

3. 吸收衰减

超声波在介质中传播时,由于中质点间内摩擦(即黏滞性)和热传导引起超声波的衰减,称为吸收衰减或

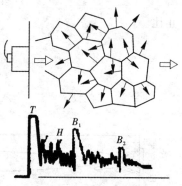

图 2-2-21　林状回波(草波)

黏滞衰减。

通常所说的介质衰减是指吸收衰减和散射衰减,不包括扩散衰减。

第三节　超声波发射声场与规则反射体的回波声压

超声波探头(波源)发射的超声场,具有特殊的结构。只有当缺陷位于超声场内时,才有可能被发现。

一、压电晶片发射的超声场

压电晶片在高频电场作用下产生振动,如在压电晶片和工件之间通过油(或水)耦合,工件表面产生振动并向工件材料内传播超声波。由圆形平面压电晶片发射的超声场示意图如图 2-2-22 所示。

压电晶片所发射的超声场特点:定向发射;有主瓣和副瓣之分;大部分能量集中在主瓣内;靠近声源(压电晶片)的区域声压分布不规则,在远离声源一定距离后,声压有规律地随距离增大而下降。

(一)纵波发射声场

1.圆盘波源辐射的纵波声场

1)波源轴线上声压分布

在不考虑介质衰减的条件下,图 2-2-23 所示的液体介质中圆盘源上一点波源 d_s 辐射的球面波在波源轴线上 Q 点引起的声压为

$$P \approx \frac{P_0 \pi R_S^2}{\lambda x} = \frac{P_0 F_S}{\lambda x} \qquad (2-2-6)$$

式中　P_0——波源面积;

　　　F_S——波源面积,$F_S = \pi R_S^2 = \pi D_S^2 / 4$;

　　　λ——波长;

　　　x——轴线上某点至波源的距离。

式(2-2-6)表明,当 $x \geqslant \dfrac{D^2}{4\lambda}$ 时,圆盘源轴线上的声压与距离成反比,与波源面积成正比。

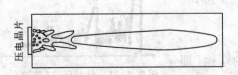

图 2-2-22　由圆形平面压电晶片发射的
　　　　　　超声场示意图

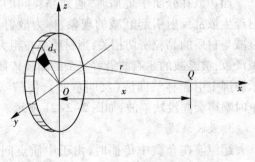

图 2-2-23　圆盘源轴线上的声压

圆盘源轴线上声压分布如图 2-2-24 所示。

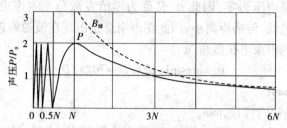

图 2-2-24　距离圆盘源轴线上声压分布

（1）近场区。波源附近由于波的干涉出现一系列声压极大值、极小值的区域，称为超声场的近场区，又叫菲涅耳区。

①近场区声压分布不均，是由于波源各点的子波源至轴线上各点的距离不同，波程差不同而互相干涉，使某些地方声压互相加强，另一些地方声压互相减弱，于是就出现声压极大值、极小值的点。

波源轴线上最后一个声压极大值至波源的距离称为近场区的长度，用 N 表示。

$$N = \frac{D_S^2 - \lambda^2}{4\lambda} \approx \frac{D_S^2}{4\lambda} = \frac{R_S^2}{\lambda} = \frac{F_S}{\pi\lambda} \qquad (2-2-7)$$

由式（2-2-7）可知，近场区长度与波源面积成正比，与波长成反比。

②近场区检测定量是不利的，处于声压极小值处的较大缺陷回波可能较低，而处于声压极大值处的较小缺陷回波可能较高，这样就容易引起误判，甚至漏检，应尽可能避免在近场区检测。

（2）远场区。波源轴线上至波源的距离 $x > N$ 的区域称为远场区，又叫富琅和费区。远场区轴线上的声压随距离增加单调减少。当 $x > 3N$ 时，声压与距离成反比，近似球面波的规律，$P = P_0 F_S / (\lambda x)$。这是因为距离足够大时，波源各点至轴线上某一点的波程差很小，引起的相位差也很小，这样干涉现象可略去不计。所以，远场区轴线上不会出现声压极大值、极小值。

2）波束指向性和半扩散角

（1）波束指向性。超声波探头定向辐射超声波的性质。指向性的优劣一般用半扩散角 θ_0 来表示。

θ_0 小，波束指向性好，超声波的能量集中，检测灵敏度高，分辨率好，对缺陷定位准确；

θ_0 大，波束指向性差，超声波的能量分散，检测灵敏度低，分辨率差，缺陷定位精度差。

（2）半扩散角 θ_0。半扩散角是指超声波定向辐射的锥角之半，即波束轴线与边缘之间的夹角，如图 2-2-25 所示。

①超声波的能量主要集中在 $2\theta_0$ 以内的锥形

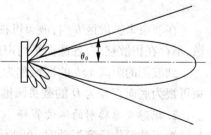

图 2-2-25　圆盘源波束指向性

区域,此区域称为主声束。

②主声束的边缘声压为零,因此 θ_0 又称为零值发散角。主声束旁的声束称为副声束。由于副声束能量低,传播距离小,因此副声束总是出现在波源附近。

③圆晶片辐射的声束半扩散角为

$$\theta_0 = \arcsin 1.12\lambda/D \approx 70°\lambda/D \tag{2-2-8}$$

式中　λ——波长,mm;

　　　D——波源晶片的直径,mm。

由 $\theta_0 = 70°\lambda/D$ 可知,增加探头直径 D,提高检测频率 f,半扩散角 θ_0 将减小,可以改善波束指向性,使超声波的能量更集中,有利于提高检测灵敏度。但由 $N = D^2/(4\lambda)$ 可知,增大 D 和 f,近场区长度 N 增加,对检测不利。因此,在实际检测中要综合考虑 D 和 f 对 θ_0 及 N 的影响,合理选择 D 和 f。一般是在保证检测灵敏度的前提下尽可能减小近场区长度。

3)波束未扩散区与扩散区

超声波波源辐射的超声波是以特定的角度向外扩散出去的,但并不是从波源开始扩散的,而是在波源附近存在一个未扩散区 b,其理想化的形状如图 2-2-26 所示。

由 $\sin\theta_0 = 1.22\dfrac{\lambda}{D_S} = \dfrac{D_S/2}{\sqrt{b^2 + (D_S/2)^2}}$ 可获知

$$b \approx \frac{D_S^2}{2.44\lambda} = 1.64N$$

式中　N——近场区长度。

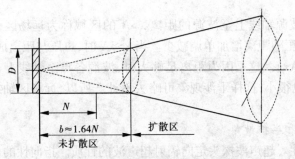

图 2-2-26　圆盘源辐射的理想化声场

在波束未扩散区 b 内,波束可视为直径为 D 的圆柱体,波阵面近似于平面,波束不扩散,不存在扩散衰减,各截面平均声压基本相同。因此,薄板试块前几次底波相差无几。

到波源的距离 $x > b$ 的区域称为扩散区,扩散区内波束扩散,存在扩散衰减,此时主声束可视为底面直径为 D 的截头圆锥体。当 $x \geq 3N$ 时,波束按球面波规律扩散衰减。

2. 矩形波源辐射的纵波声场

矩形波源作活塞振动时,在液体介质中辐射的纵波声场同样存在近场区和未扩散角等。与圆盘波源辐射的纵波声场基本类似。

设矩形波源的长边为 $2a$,宽边为 $2b$。因为超声波检测主要在远场区,主要考虑在 $3N$

以外矩形波源与圆盘波源的相同处与不同处。

（1）波束轴线上的声压。

$x \geqslant 3N$ 时：$P = P_0 F / (\lambda x)$

式中　F——矩形波源的面积，$F = ab$。

（2）矩形波源近场区的长度为

$$N = \frac{F}{\pi\lambda}$$

（3）矩形波源辐射的主声束为四棱锥形，如图 2-2-27 所示。

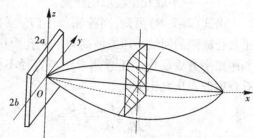

（4）矩形波源的半扩散角 θ_0。

①当 $a = b$ 时，波源为正方形，波束在 x 和 y 方向的半扩散角均为

$$\theta_0 = \arcsin\frac{\lambda}{2a} \approx 57° \frac{\lambda}{2a}$$

②当 $a \neq b$ 时，波源为长方形，波束在 x 和 y 方向的半扩散角不同：

图 2-2-27　矩形波源波束指向性

x 方向的半扩散角为　　　　$\theta_0 = \arcsin\dfrac{\lambda}{2a} \approx 57°\dfrac{\lambda}{2a}$

y 方向的半扩散角为　　　　$\theta_0 = \arcsin\dfrac{\lambda}{2b} \approx 57°\dfrac{\lambda}{2b}$

由以上论述可知，矩形波源辐射的纵波声场与圆盘波源辐射的声场不同，矩形波源有两个半扩散角，其声场横截面为矩形。

二、规则反射体的回波声压

前面讨论的是超声波发射声场中的声压分布情况，实际检测中常用反射法。反射法是根据缺陷反射波声压的高低来评价缺陷的大小。然而，工件中的缺陷形状性质各不相同，目前的检测技术还难以确定缺陷的真实大小和形状。反射波声压相同的缺陷的实际大小可能相差很大，为此特引用当量法。当量法是指在同样的检测条件下，当自然缺陷反射波与某人工规则反射体回波等高时，则该人工规则反射体的尺寸就是此自然缺陷的当量尺寸。自然缺陷的实际尺寸往往大于当量尺寸。

超声波检测中常用的规则反射体有平底孔、长横孔、短横孔、球孔和大平底面等，下面分别讨论以上各种规则反射体的回波声压。

（一）平底孔回波声压

如图 2-2-28 所示，在 $x \geqslant 3N$ 的圆盘波源轴线上存在一平底孔缺陷，设波束轴线垂直于平底孔，超声波在平底孔上全反射，平底孔直径较小，表面各点声压近似相等。根据惠更斯原理可以把平底孔当做一个新的圆盘源，其起始声压就是入射波在平底孔处的声压 $P_x = \dfrac{P_0 F_S}{\lambda x}$，探头接收的平底孔反射波声压（即回波声压）$P_f$ 为

$$P_f = \frac{P_x F_f}{\lambda x} = \frac{P_0 F_s F_f}{\lambda^2 x^2} \qquad (2-2-9)$$

式中　P_0——波源的起始声压；

　　　F_S——波源的面积，$F_S = \pi D_s^2 / 4$；

　　　F_f——平底孔缺陷的面积，$F_f = \pi D_f^2 / 4$；

　　　λ——波长；

　　　x——平底孔至波源的距离。

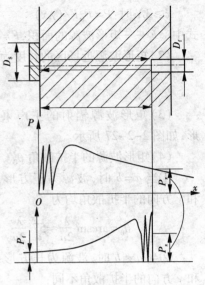

由式(2-2-9)可知，当检测条件(F_S, λ)一定时，平底孔缺陷的回波声压或波高与平底孔面积成正比，与距离平方成反比。任意两个距离直径不同的平底孔反射波声压之比为

$$\frac{H_{f1}}{H_{f2}} = \frac{P_{f1}}{P_{f2}} = \frac{x_2^2 D_{f1}^2}{x_1^2 D_{f2}^2}$$

二者回波分贝差为

$$\Delta_{12} = 20\lg \frac{P_{f1}}{P_{f2}} = 40 \frac{D_{f1}}{D_{f2}} \frac{x_2}{x_1}$$

图 2-2-28　平底孔回波声压

根据上述公式通过计算可以获知，平底孔直径一定，距离增加一倍，其回波下降 12 dB；平底孔距离一定，直径增加一倍，其回波升高 12 dB。

(二)长横孔回波声压

如图 2-2-29 所示，当 $x \geq 3N$，超声波垂直入射，全反射，长横孔直径较小，长度大于波束截面尺寸时，超声波在长横孔表面的反射就类似于球面波在柱面镜上的反射。从而得到长横孔回波声压 P_f 为

$$P_f = \frac{P_0 F_s}{2\lambda x} \sqrt{\frac{D_f}{2x}} \qquad (2-2-10)$$

式中　D_f——长横孔的直径。

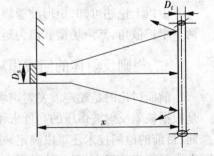

图 2-2-29　长横孔回波声压

由式(2-2-11)可知，探测条件(F_S, λ)一定时，长横孔回波声压与长横孔的直径平方根成正比，与距离的 $\frac{3}{2}$ 次方成反比。任意两个距离、直径不同的长横孔回波分贝差为

$$\Delta_{12} = 20\lg \frac{P_{f1}}{P_{f2}} = 10 \frac{D_{f1} x_2^3}{D_{f2} x_1^3} \qquad (2-2-11)$$

根据上述公式通过计算可以获知，长横孔直径一定，距离增加一倍，其回波下降 9 dB；长横孔距离一定，直径增加一倍，其回波升高 3 dB。

(三)短横孔回波声压

短横孔是长度明显小于波束截面尺寸的横孔，设短横孔直径为 D_f，长度为 l_f。当 $x \geq 3N$ 时，超声波在短横孔上的反射回波声压为

$$P_{\mathrm{f}}=\frac{P_0 F_\mathrm{S}}{\lambda x}\frac{l_\mathrm{f}}{2x}\sqrt{\frac{D_\mathrm{f}}{\lambda}} \tag{2-2-12}$$

由式(2-2-12)可知,当探测条件(F_S,λ)一定时,短横孔回波声压与短横孔的长度成正比,与直径的平方根成正比,与距离的平方成反比。任意两个距离、长度和直径不同的短横孔回波分贝差为

$$\Delta_{12}=20\lg\frac{P_{\mathrm{f1}}}{P_{\mathrm{f2}}}=10\lg\left(\frac{l_{\mathrm{f1}}^2}{l_{\mathrm{f2}}^2}\cdot\frac{x_2^4}{x_1^4}\cdot\frac{D_{\mathrm{f1}}}{D_{\mathrm{f2}}}\right) \tag{2-2-13}$$

根据式(2-2-13)通过计算可以获知,短横孔直径和长度一定,距离增加一倍,其回波下降 12 dB,与平底孔变化规律相同;短横孔直径和距离一定,长度增加一倍,其回波上升 6 dB;短横孔长度和距离一定,直径增加一倍,其回波升高 3 dB。

(四)大平底面回波声压

如图 2-2-30 所示,当 $x\geqslant 3N$ 时,超声波在与波束垂直、表面光洁的大平底面上的反射就是球面波在大平底面上的反射,其回波声压 P_B 为

$$P_B=\frac{P_0 F_\mathrm{S}}{2\lambda x} \tag{2-2-14}$$

由式(2-2-14)可知,当探测条件(F_S,λ)一定时,大平底面回波声压与距离成反比。两个不同距离的大平底面回波分贝差为

$$\Delta_{12}=20\lg\frac{P_{B1}}{P_{B2}}=20\lg\frac{x_2}{x_1} \tag{2-2-15}$$

根据式(2-2-15)通过计算可以获知,大平底面距离增加一倍,其回波下降 6 dB。

(五)圆柱曲底面反射波声压

1. 实心圆柱体

超声波径向检测 $x\geqslant 3N$ 的实心圆柱体,类似于球面波在凹柱曲底面上的反射。其回波声压为

$$P_B=\frac{P_0 F_\mathrm{S}}{2\lambda x} \tag{2-2-16}$$

这说明实心圆柱体反射波声压与大平底面回波声压相同。

2. 空心圆柱体

超声波外柱面径向检测空心圆柱体,$x\geqslant 3N$,类似于球面波在凸柱面上的反射,如图 2-2-31 探头 A 位置,其回波声压为

$$P_B=\frac{P_0 F_\mathrm{S}}{2\lambda x}\sqrt{\frac{d}{D}} \tag{2-2-17}$$

式(2-2-17)说明外圆检测空心圆柱体,其回波声压低于同距离大平底面回波声压。因为凸柱面反射波发散。

超声波内孔检测圆柱体,类似于在凹柱面上的反射。如图 2-2-31 探头 B 位置,其回波声压为

$$P_B=\frac{P_0 F_\mathrm{S}}{2\lambda x}\sqrt{\frac{D}{d}} \tag{2-2-18}$$

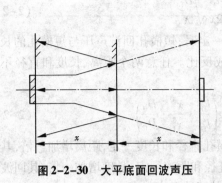

图 2-2-30　大平底面回波声压

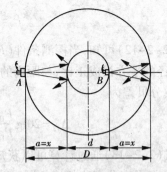

图 2-2-31　空心圆柱体回波声压

式(2-2-18)说明内孔检测圆柱体,其回波声压大于同距离大平底面回波声压。因为凹柱面反射波聚焦。

以上各种规则反射体的反射波声压公式均未考虑介质衰减,如果考虑介质衰减,则所有公式均应增加 $e^{\frac{-2ax}{8.68}}$。

第四节　超声波检测的设备和器材

一、概述

超声波探伤仪、探头和试块是超声波探伤的重要设备,了解这些设备的原理、构造和作用及其主要性能的测试方法是正确选用探伤设备进行有效探伤的保证。

(一)超声波检测仪的作用

超声波探伤仪的作用是产生电振荡并加于换能器(探头)上,激励探头发射超声波,同时将探头送回的电信号进行放大,通过一定方式显示出现,从而得到被探工件内部有无缺陷及缺陷位置和大小等信息。

(二)超声波检测仪的分类

超声探伤技术在现代工业中的应用日益广泛,由于探测对象、探测目的、探测场合、探测速度等方面的要求不同,因而有各种不同设计的超声波探伤仪,常见的有以下几种。

1.按波的连续性划分

1)脉冲式探伤仪

这种仪器通过探头向工件周期性地发射不连续且频率不变的超声波,根据超声波的传播时间及幅度判断工件中缺陷位置和大小,是目前使用最广泛的探伤仪。

2)连续波探伤仪

这种仪器通过探头向工件中发射连续且频率不变(或在小范围内周期性的变化)的超声波,根据透过工件的超声波强度变化判断工件中有无缺陷及缺陷大小。这种仪器灵敏度低,且不能确定缺陷位置,因而已大多被脉冲式探伤仪所代替,但在超声显像及超声共振测厚等方面仍有应用。

3)调频式探伤仪

这种仪器通过探伤向工件中发射连续的频率周期性变化的超声波,根据发射波与反射波的差频变化情况判断工件中有无缺陷。

机电类特种设备超声波检测常用脉冲式探伤仪。

2.按通道数划分

1)单通道探伤仪

这种仪器由一个或一对探头单独工作,是目前超声波探伤中应用最广泛的仪器。

2)多通道探伤仪

这种仪器由多个或多对探头交替工作,每一通道相当于一台单通道探伤仪,适用于自动化探伤。

3.按缺陷显示方式划分

1)A型显示探伤仪

A型显示是一种波形显示,探伤仪屏幕的横坐标代表声波的传播距离,纵坐标代表反射波的幅度。由反射波的位置可以确定缺陷位置,由反射波的幅度可以估算缺陷大小。

2)B型显示探伤仪

B型显示是一种图像显示,屏幕的横坐标代表探头的扫查轨迹,纵坐标代表声波的传播距离,因而可直观地显示出被探工件任一纵截面上缺陷的分布及缺陷的深度。

3)C型显示探伤仪

C型显示也是一种图像显示,屏幕的横坐标和纵坐标都代表探头在工件表面的位置,探头接收信号幅度以光点辉度表示,因而当探头在工件表面移动时,屏上显示出被探工件内部缺陷的平面图像,但不能显示缺陷的深度。

A型、B型和C型三种显示方式如图2-2-32所示。

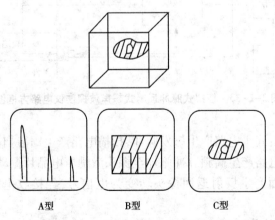

A型　　　　B型　　　　C型

图2-2-32　A型、B型和C型三种显示方式

目前还存在其他缺陷显示方式,如D型显示、P型显示等,目前已经推广使用的TOFD仪器即采用了D型显示。

4.按采用的信号处理技术划分

1)模拟式探伤仪

这种仪器将采集的信号经过放大、检波等模拟处理后加至示波管的垂直偏转板上,并在荧光器上显示。

2)数字式探伤仪

这种仪器将采集的信号经过放大、检波等模拟处置后,经过模拟/数字转换器转换成数字信号后,通过显示处理器将信号显示于显示器上。

目前,探伤中广泛使用的超声波仪器,如 PXUT-350 为脉冲反射式多通道 A 型显示数字式探伤仪。

二、超声波检测仪

(一)模拟式超声波检测仪

1.电路方框图

模拟式脉冲反射式超声波探伤仪相当于一种专用的示波器,尽管型号、外形、体积和功能各不相同,但它们的基本结构和原理都大同小异。概括来讲,各种探伤仪都由以下几个主要部分组成:同步电路、扫描电路、发射电路、接收电路、显示电路和电源电路等。电路方框图如图 2-2-33 所示。

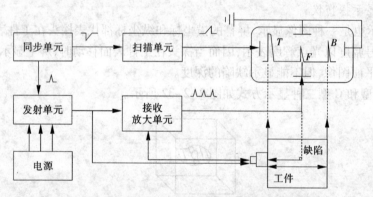

图 2-2-33　模拟式脉冲反射式超声波探伤仪电路方框图

仪器的工件原理:同步电路产生触发脉冲,扫描电路产生锯齿扫描电压加至示波管产生水平扫描线,发射电路产生高频脉冲施加至探头激励压电晶片振动,产生超声波并在工件传播,遇缺陷或底面产生反射返回探头转变为电信号,经接收电路放大和检波,然后显示。

2.主要组成部分的作用

1)同步电路

同步电路又称触发电路,它每秒钟产生数十至数千个脉冲,用来触发探伤仪扫描电路、发射电路等,使它们步调一致、有条不紊地工作。因此,同步电路是整个探伤仪的"中枢",同步电路出了故障,整个探伤仪便无法工作。

同步电路由射极耦合定时自激多谐振荡器构成,振荡频率可以调整,即脉冲重复频率 f(每秒钟扫描次数)。重复频率增大,探头移动快,探测深度降低,波变低;重复频率减小,探头移动慢,探测深度升高,波变高。

2)扫描电路

扫描电路又称时基电路,用来产生锯齿波电压,加在示波管水平偏转板上,使示波管荧光屏上的光点沿水平方向作等速移动,产生一条水平扫描时基线。

探伤仪面板上的深度粗调、微调、扫描延迟旋钮都是扫描电路的控制旋钮。探伤时,应根据被探工件的探测深度范围选择适当的深度档级,并配合微调旋钮调整,使刻度板水平轴上每一格代表一定的距离。

3)发射电路

发射电路是一个脉冲信号发生器,可产生 $100 \sim 400$ V 的高压电脉冲,施加到压电晶片上产生脉冲超声波。

发射电路利用闸流管或可控硅的开关特性,产生几百伏至上千伏的电脉冲。电脉冲加于发射探头,激励压电晶片振动,使它发射超声波。

仪器接收电路通常是宽带的。很多探头也是宽带的。因此,发射电路的频率特性对显示影响很大。新型数字仪通常有不同的频带设置,可以适应多种探头。

发射脉冲频带要包含探头自身的频带范围,频带越宽,发射脉冲越窄,可能达到的分辨力越高。

4)接收电路

接收电路由衰减器、射频放大器、检波器和视频放大器等组成。接收电路的作用是将来自探头的电信号进行放大、检波,最后加至示波管的垂直偏转板上,并在荧光屏上显示。

由于接收的电信号非常微弱,通常只有数百微伏到数伏,而示波管全调制所需电压要几百伏,所以接收电路必须具有约 10^5 的放大能力。

接收电路的性能对探伤仪性能影响极大,它直接影响到探伤仪的垂直线性、动态范围探伤灵敏度、分辨力等重要技术指标。一般把放大器的电压放大倍数用分贝来表示。

探伤仪面板上的增益、衰减器、抑制等旋钮是放大电路的控制旋钮。

5)显示电路

显示电路主要由示波管及外围电路组成。示波管用来显示探伤图形,示波管由电子枪、偏转系统和荧光屏等三部分组成。显示电路的作用是把时基线和反射波共同组成的波形显示出来。

探伤仪面板上的聚焦、水平、垂直、辉度等旋钮是显示电路的控制旋钮。

6)电源电路

电源电路的作用是给探伤仪各部分电路提供适当的电能,使整机电路工作。标准探伤仪一般用 220 V 或 110 V 交流市电,探伤仪内部有供各部分电路使用的变压、整流及稳压电路。便携式探伤仪多用蓄电池供电,用充电器供电给蓄电池充电。

蓄电池有镍镉电池、镍氢电池和锂电池三类,目前多用锂电池。

7)其他组成

除上述基本组成部分外,探伤仪还有各种辅助电路,如延迟电路、标距电路、闸门电路、深度补偿电路等辅助电路。

3. 仪器按钮与使用

模拟机面板上有许多开关和旋钮,用于调节探伤仪的功能和工作状态。图 2-2-34 是 CTS-22 型探伤仪的面板,以该型仪器为例,说明仪器主要开关的作用和调整方法。

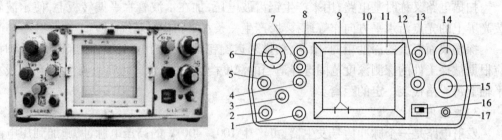

1—发射插座;2—接收插座;3—工作方式选择;4—发射强度;5—粗调衰减器;6—细调衰减器;7—抑制;
8—增益;9—定位游标;10—示波管;11—遮光罩;12—聚集;13—深度范围;14—深度细调;15—脉冲移位;
16—电源电压指示器;17—电源开关

图 2-2-34　　CTS-22 型探伤仪的面板及其示意图

1)工作方式与发射强度

工作方式选择旋钮的作用是选择探测方式,即"双探"或"单探"方式。当开关置于位置⊓∨⊓时,为双探头一发一收工作状态,可用一个双晶探头或两个单探头探伤,发射探头和接收探头分别连接到发射插座和接收插座 。当开关置于位置⊓⊤₁或⊓⊤₂时,为单探头发收工作状态,可用一个单探头探伤,此时发射插座和接收插座从内部连通,探头可插入任一插座。

当开关置于位置⊓⊤₁时,发射强度固定,发射强度旋钮不可调。当开关置于位置⊓⊤₂时,发射强度旋钮可调。发射强度旋钮的作用是改变仪器的发射脉冲功率,从而改变仪器的发射强度。增大发射强度时,可提高仪器灵敏度,但脉冲变宽,分辨力变差。因此,在探伤灵敏度能满足要求的情况下,发射强度旋钮应尽量放在较低的位置。

2)衰减器

衰减器的作用是调节探伤灵敏度和测量回波振幅。调节探伤灵敏度时,衰减读数大,灵敏度低;衰减读数小,灵敏度高。测量回波振幅时,衰减读数大,回波幅度高;衰减读数小,回波幅度低。

一般探伤仪的衰减器分粗调和细调两种,粗调每挡 10 dB 或 20 dB,细调每挡 2 dB 或 1 dB,总衰减量 80 dB 左右。

3)增益旋钮与抑制旋钮

增益旋钮也称增益细调旋钮,其作用是改变接收放大器的放大倍数,进而连续改变探伤仪的灵敏度。使用时将反射波高度精确地调节到某一指定高度,仪器灵敏度确定以后,探伤过程中一般不再调整增益旋钮。

抑制的作用是抑制荧光屏上幅度较低或认为不必要的杂乱反射波,使它不予显示,从而使荧光屏显示的波形清晰。

模拟仪使用抑制时,仪器垂直线性和动态范围将被改变。抑制作用越大,仪器动态范围越小,从而在实际探伤中有容易漏掉小缺陷的危险。因此,除非十分必要时,一般不使用抑制。

4)深度范围旋钮

深度范围旋钮分为深度粗调旋钮和深度细调旋钮,其作用是粗调荧光屏扫描线所代表的探测范围。调节深度粗调范围旋钮,可较大幅度地改变时间扫描线的扫描速度。从而使荧光屏上回波间距大幅度地压缩或扩展。

粗调旋钮一般都分为若干挡级,探伤时应视被探工件厚度选择合适的挡级。厚度大的工件,选择数值较大的挡级;厚度小的工件,选择数值较小的挡级。

深度细调旋钮的作用是精确调整探测范围。调节细调旋钮。可连续改变扫描线的扫描速度,从而使荧光屏上的回波间距在一定范围内连续变化。

调整探测范围时,先将深度粗调旋钮置于合适的挡级。然后调节细调旋钮,使反射波的间距与反射体的距离成一定比例。

5)延迟旋钮和水平旋钮

延迟旋钮(或称脉冲移位旋钮)用于调节开始发射脉冲时刻与开始扫描时刻之间的时间差。调节延迟旋钮可使扫描线上的回波位置大幅度左右移动,而不改变回波之间的距离。

调节探测范围时,用延迟旋钮可进行零位校正,即用深度粗调和细调旋钮调节好回波间距后,再用延迟旋钮将反射波调至正确位置,使声程原点与水平刻度的零点重合。水浸探伤中,用延迟旋钮可将不需要观察的图形(水中部分)调到荧光屏外,以充分利用荧光屏的有效观察范围。

水平旋钮也称零位调节旋钮,调节水平旋钮,可使扫描线连同扫描线上的回波一起左右移动一段距离,但不改变回波间距。调节探测范围时,用深度粗调和细调旋钮调好回波间距,用水平旋钮进行零位校正。

6)聚焦旋钮与辉度旋钮

聚焦旋钮的作用是调节电子束的聚焦程度,使荧光屏波形清晰。除聚焦旋钮外,许多仪器还有辅助聚焦旋钮。当调节聚焦旋钮不能使波形清晰时,可配合调节"聚焦"与"辅助聚焦",直至波形最清晰。

辉度旋钮用于调节波形的亮度。当波形亮度过高或过低时,可调节辉度旋钮,使亮度适中。但要兼顾聚焦性能。一般辉度调正后应重新调节"聚焦"与"辅助聚焦"等旋钮。

7)频率选择旋钮

宽频带探伤仪的放大器频率范围宽,覆盖了整个探伤所需的频率范围,探伤仪面板上没有频率选择旋钮。探伤频率由探头频率决定。

窄频带探伤仪没有频率选择开关,用以使发射电路与所用探头相匹配,并用以改变放大器的通带,使用时开关指示的频率范围应与所选用探头相一致。

8)重复频率旋钮

重复频率旋钮的作用是调节脉冲重复频率,即改变发射电路每秒钟发射脉冲的次数。重复频率低时,荧光屏图形较暗,仪器灵敏度有所提高;重复频率高时,荧光屏图形较亮,这对露天探伤观察波形是有利的。应该指出,重复频率要视被探工件厚度进行调节,厚度大,应使用较低的重复频率;厚度小,应使用较高的重复频率。但重复频率过高时,易出现幻像波。有些探伤仪的重复频率开关与深度范围旋钮联动,调节深度范围旋钮时,重复频率随着调节到适合于所探厚度的数值。

9)其他按钮

垂直旋钮用于调节扫描线的垂直位置。调节垂直旋钮,可使扫描线上下移动。

有些探伤仪设有深度补偿开关或"距离振幅校正"(DAC)旋钮,它们的作用是改变放大器的性能,使位于不同深度的相同尺寸缺陷的回波高度差异减小。

显示选择开关用于选择"检波"或"不检波"显示。开关置于"检波"位置时,荧光屏显示为检波信号显示(或称视频显示);开关置于"不检波"位置时,荧光屏显示为不检波信号显示(或称射频显示)。携带式探伤仪大多不具备这种开关。

(二)数字式超声波检测仪

随着科学技术的进步,计算机技术开始进入超声波探伤领域,在传统模拟式仪器的基础上,利用数字仪器的特点,增加了对超声波探伤来说极为重要的波形记录、存储和分析等功能,可对动态波形进行全程记录,并通过具有手动 B 扫描功能示意性地显示工件断面图像。这种仪器以高精度的运算、控制和逻辑判断功能来替代大量人的体力和脑力劳动,减少了人为因素造成的误差,提高了检测的可靠性,较好地解决了记录存档问题。

数字式的操作是以人机对话的方式来进行的,主要有菜单式和功能键方式。菜单式不受仪器按键限制,对话功能较强,但操作较烦琐,不易为探伤人员接受;功能键方式具有操作简便、快捷等特点,易为探伤人员所接受。

1.电路方框图及工作流程

数字式脉冲反射式超声波探伤仪具有模拟部分和数字部分,数字式仪器由中央微处理器、数字处理部分、存储部分、显示部分、通信部分、人机交互部分及模拟部分组成。

图 2-2-35、图 2-2-36 为脉冲反射式数字超声波探伤仪及其面板。

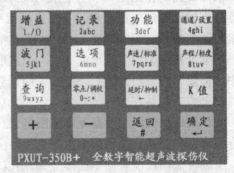

图 2-2-35　脉冲反射式数字超声波探伤仪　　图 2-2-36　脉冲反射式数字超声波探伤仪面板

数字式脉冲反射式超声波探伤仪电路方框图如图 2-2-37 所示。

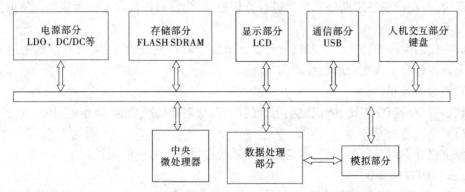

图 2-2-37　数字式脉冲反射式超声波探伤仪电路方框图

系统中模拟部分主要由发射电路、接收电路、缓冲电路、放大电路、检波滤波电路、A/D 转换电路组成,它完成激发信号的产生、发射和回波信号的接收、缓冲、可控放大、检波、滤波以及 A/D 转换一系列模拟信号到数字信号的处理过程。

系统中数字处理部分完成回波信号的数字检波、滤波、压缩等信号处理过程,同时它还具有显示缓存、激发脉冲产生、可控增益调节、AD 采样控制等其他功能;中央处理器对整个系统运行进行实时支配调度。

整个系统工作流程简述如下:当系统接收到开机信号后,系统便相继启动各路电源并对各路电源进行实时监测,若电源各部分监测数据正常,系统将进入正常工作状态,否则将立即进行关机保护;在系统正常工作状态下,系统按照设置的参数信息,由中央处理器对系统其他部分进行调度,发射电路产生高压脉冲,加至探头,激励压电晶片振动,在工件中产生超声波。超声波在工件中传播,遇到缺陷或底面发生反射,返回探头时,又被压电晶片转变成电信号,系统将采集的回波信号经过模拟部分处理后上传到数据处理部分,在数据处理部分进行编码、压缩等过程处理后,最终送显于 LCD 屏幕上。当系统接收到关机信号后,系统对当前仪器现场状态数据进行实时保护存储,最后关闭各路电源。

2.数字仪的优势

1)检测速度快

数字仪一般都可自动检测、计算、记录,部分仪器还具有深度补偿、自动设置灵敏度等功能,因此检测速度快、效率高。

2)检测精度高

数字仪能对模拟仪器进行高速采集、量化、计算和判别,其检测精度可高于传统模拟机。

3)可靠性高,稳定性好

数字仪可全面客观地采集存储数据,并对采集到的数据进行实时处理或后处理,对信号进行时域、频域或图像分析,还可通过模式工件质量进行分级,减少了人为因素的影响,提高了检测的可靠性和稳定性。

4)具有记录与存档功能

数字仪的计算机系统可存储和记录检测原始信号和检测结果,对工件质量进行自动综合评价,对在役设备定期检测结果进行分析处理,为材料评价和寿命预测提供依据。

5) 具有可编程性

数字仪的性能和功能的实现很大程度上取决于软件系统的支持,可方便地通过变更或扩充软件程序来改变或增加仪器的功能。

6) 更轻巧易用

数字仪与模拟仪相比,体积更小巧,而且有着众多的辅助功能,操作更简便。

7) 可实现全自动检测

数字仪有着以上众多优势,为自动检测系统提供了更方便的条件。

(三) TOFD 检测仪

TOFD 技术的英文全称是 Time of Flight Diffraction Technique,中文译名为衍射时差法超声检测技术。TOFD 技术于 20 世纪 70 年代由英国哈威尔的国家无损检测中心 Silk 博士首先提出,其原理源于 Silk 博士对裂纹尖端衍射信号的研究。

TOFD 技术要求探头接收微弱的衍射波时具有足够的信噪比,仪器可全程记录 A 扫波形、形成 D 扫描图谱,并且可用解三角形的方法将 A 扫时间值换算成深度值。从本质上来讲,TOFD 仪器仍是一种数字式超声波检测仪,但其信噪比、数据处理能力、数据存储、显示等均有很大的技术先进性,如图 2-2-38 所示。

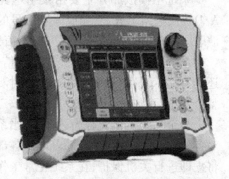

图 2-2-38　TOFD 检测仪主机

(四) 仪器的维护与保养

超声波检测仪是一种精密的电子仪器,为了保证仪器的技术性能、可靠性达到使用要求,应对仪器进行适当的维护与保养,才能避免或减少故障的发生,使仪器处于良好的工作状态。

仪器的维护与保养应注意以下几点:

(1) 使用仪器前,应仔细阅读仪器使用说明书,了解仪器的性能特点,熟悉仪器各控制开关、旋钮、面板按键、菜单的位置、操作方法和注意事项,严格按说明书要求操作。

(2) 搬动仪器时应防止强烈振动,现场探伤尤其高空作业时,应采取可靠的保护措施,防止仪器摔碰。

(3) 尽量避免在靠近强磁场、灰尘多、电源波动大、有强烈振动及温度过高或过低的场合使用仪器。

(4) 仪器工作时应防止雨、雪、水、机油等进入仪器内部,以免损坏线路和元件。

(5) 连接交流电源时,应仔细核对仪器额定电源电压和市电电压,防止错接电源,烧毁元件。使用蓄电池供电的仪器,应严格按说明书进行充电操作。放电后的蓄电池应及时充电,存放较久的蓄电池也应定期充电,否则会影响蓄电池容量甚至无法重新充电。

(6) 转动旋钮时不宜用力过猛,尤其是旋钮在极端位置时更应注意,否则会使旋钮错位甚至损坏;不要使用尖锐物接触显示屏、按钮和键盘。

(7) 拔接电源插头或探头插头时,应用手抓住插头壳体操作,不要抓住电缆线拔插。探头线和电源线应理顺,不要弯折扭曲。

（8）仪器每次用完后，应及时擦去表面灰尘、油污，放置在干燥地方。

（9）在气候潮湿地区或潮湿季节，仪器长期不用，每日要接通电源开机一次，开机时间约半小时，以驱除潮气，防止仪器内部短路或击穿。同时，也给电解电容充了电，以防变质。

（10）仪器出现故障，应立即关闭电源，请维修人员检查修理。千万不可随意乱动，以防故障扩大和发生事故。

（五）超声波测厚仪

超声波测厚仪（见图2-2-39）是根据超声波脉冲反射原理来进行厚度测量的，当探头发射的超声波脉冲通过被测物体到达材料分界面时，脉冲被反射回探头，通过精确测量超声波在材料中传播的时间来确定被测材料的厚度。它可以对各种材料的板材和加工零件作精确测量；可以对生产设备中各种管道和压力容器进行监测，检测它们在使用过程中受腐蚀后的减薄程度；也可以在不去除所涂油漆层的情况下，准确地测量板材厚度。

图2-2-39　超声波测厚仪

应用范围包括测量硬质材料的厚度，如：钢铁、不锈钢、铝、铜、铬合金等金属材料，及塑料、橡胶、陶瓷、玻璃等非金属材料。

三、超声波换能器（探头）

超声波的发射和接收是通过探头来实现的。下面介绍探头的工作原理、主要性能及其结构。以换能器为主要元件组装成具有一定特性的超声波发射、接收器件，常称为探头。超声波探头是组成超声检测系统的最重要组件之一，其性能直接影响超声检测能力和效果。

（一）压电效应

某些晶体等材料在交变拉压应力作用下，产生交变电场的效应称为正压电效应；反之，当晶体材料在交变电场作用下，产生伸缩变形的效应称为逆压电效应。正、逆压电效应统称为压电效应。

超声波探头中的压电晶片具有压电效应，当高频电脉冲激励压电晶片时，发生逆压电效应，将电能转换为声能（机械能），探头发射超声波。当探头接收超声波时，发生正压电效应，将声能转换为电能。不难看出超声波探头在工作时实现了电能和声能的相互转换，因此常把探头叫做换能器。

具有压电效应的材料称为压电材料，压电材料分单晶材料和多晶材料，常用的单晶材料有石英（SiO_2）、硫酸锂（Li_2SO_4）、铌酸锂（$LiNbO_3$）等。常用的多晶材料有钛酸钡（$BaTiO_3$）、锆钛酸铅（$PbZrTiO_3$，缩写为PZT）、钛酸铅（$PbTiO_3$）等，多晶材料又称压电陶瓷。单晶材料接收灵敏度较高，多晶材料发射灵敏度较高。

（二）探头的种类与结构

1. 探头的基本结构

探头一般由压电晶片、阻尼块、接头、电缆线、保护膜、外壳、楔块等组成，不同种类的探头结构略有区别。

压电晶片的作用是发射和接收超声波,实现电声换能。吸收块(阻尼块)紧贴压电晶片,对压电晶片的振动起阻尼作用,另外还可以吸收晶片背面的杂波,提高信噪比,并且支承晶片。

保护膜是保护压电晶片不致磨损,分为硬、软保护膜两类。前者用于表面光洁度较高的工件,后者用于表面光洁度较低的工件。

斜楔是斜探头中为了使超声波倾斜入射到检测面而装在晶片前面的楔块。斜楔使探头的晶片与工件表面形成一个严格的夹角,以保证晶片发射的超声波按设定的倾斜角斜入射到斜楔与工件的界面,从而能在界面处产生所需要的波形转换;斜探头不需要保护膜;斜楔中的纵波波速须小于工件中的纵波波速,具有适当的衰减系统,且耐磨、易加工,常用材料为有机玻璃,也有尼龙、聚合物等新材料。

探头与检测仪间的连接需要采用高频同轴电缆,这种电缆可消除外来电波对探头的激励脉冲及回波脉冲的影响,并防止这种高频脉冲以电波形式向外辐射。

外壳的作用在于将各部分组合在一起,并对内部起保护作用。

图 2-2-40 所示为各类探头的基本结构。

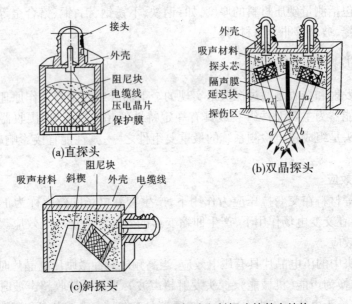

图 2-2-40　直探头、双晶探头和斜探头的基本结构

超声波探伤用探头的种类很多,根据波形不同分为纵波探头、横波探头、表面波探头等。根据耦合方式分为接触式探头和液(水)浸探头。根据波束分为聚焦探头与非聚焦探头。根据晶片数不同分为单晶探头、双晶探头等。此外,还有高温探头、微型探头等特殊用途探头。

2. 探头的种类

直探头主要用于发射垂直于探头表面传播的纵波,以探头直接接触于工件表面的方式进行垂直入射纵波检测,简称纵波探头。它主要用于探测与探测面平行或近似平行的缺陷,如板材、锻件检测等一般直探头上标有工作频率和晶片尺寸。

斜探头可分为纵波斜探头($\alpha_L < \alpha_I$),横波斜探头($\alpha_L = \alpha_I \sim \alpha_{II}$)和表面波斜探头($\alpha_L \geqslant \alpha_{II}$)。这里仅介绍横波斜探头。横波斜探头是利用横波探伤,主要用于探测与探测面垂直或成一定角度的缺陷,如焊缝探伤、汽轮机叶轮探伤等。横波斜探头实际上由直探头加透声斜楔组成。由于晶片不直接与工件接触,因此斜探头没有保护膜。透声斜楔的作用是实现波形转换,使被探工件中只存在折射横波。要求透声斜楔的纵波波速必须小于工件中的纵波波速,透声斜楔的衰减系数适当,且耐磨、易加工。一般透声斜楔用有机玻璃制成。(近年来有些探头用尼龙等其他新材料做斜楔,效果不错)。斜楔前面开槽,可以减少反射杂波,还可将斜楔做成牛角形,使反射波进入牛角出不来,从而减少杂波。

横波斜探头的标称方式有三种:一是以纵波入射角 α_L 来标称,常用 $\alpha_L = 30°$、$40°$、$45°$、$50°$ 等,如独联体国家和我国有些探头;二是以横波折射角 β_S 来标称,常用 $\beta_S = 40°$、$45°$、$50°$、$60°$、$70°$ 等,如西方国家和日本;三是以 $K = \tan\beta$ 来标称,常用 $K = 0.8$、1.0、1.5、2.0、2.5 等,这是我国提出来的,使缺陷定位计算大大简化。目前,国产横波斜探头大多采用 K 值系列。国产横波斜探头上常标有工作频率、晶片尺寸和 K 值。

当斜探头的入射角大于或等于第二临界角时,在工件中便产生表面波。因此,表面波探头是斜探头的一个特例。它用于产生和接收表面波。表面波探头的结构与横波斜探头一样,唯一的区别是斜楔块入射角不同。表面波探头一般标有工作频率和晶片尺寸,用于探测表面或近表面缺陷。

双晶探头有两块压电晶片:一块用于发射超声波,另一块用于接收超声波。根据入射角 α_L 不同,双晶探头分为双晶纵波探头($\alpha_L < \alpha_I$)和双晶横波探头($\alpha_L = \alpha_I \sim \alpha_{II}$)。

双晶探头具有以下优点:

(1)灵敏度高。双晶探头的两块晶片,一发一收。发射晶片用发射灵敏度高的压电材料制成,如PZT;接收晶片用接收灵敏度高的压电材料制成,如硫酸锂。这样探头发射和接收灵敏度都高,这是单晶探头无法比的。

(2)杂波少盲区小。双晶探头的发射与接收分开,消除了发射压电晶片与延迟块之间的反射杂波。同时由于始脉冲未进入放大器,克服了随塞现象,使盲区大大减小,为探伤近表面缺陷提供了有利条件。

(3)工件中近场区长度小。双晶探头采用了延迟块,缩短了工件中的近场区长度,这对探伤是有利的。

(4)探测范围可调。双晶探头探伤时,对于位于棱形 $abcd$ 内的缺陷灵敏度较高。而棱形 $abcd$ 是可调的,可以通过改变入射角 α_L 来调整。α_L 增大,棱形 $abcd$ 向表面移动,在水平方向变扁。α_L 减小,棱形向内部移动,在垂直方向变扁。

双晶探头主要用于探伤近表面缺陷。双晶探头上标有工作频率、晶片尺寸和探测深度。

聚焦探头种类较多。据焦点形状不同,聚焦探头分为点聚焦和线聚焦。点聚焦的理想焦点为一点,其声透镜为球面;线聚焦的理想焦点为一条线,其声透镜为柱面。据耦合情况不同,聚焦探头分为水浸聚焦与接触聚焦。水浸聚焦以水为耦合介质,探头不与工件直接接触。接触聚焦是探头通过薄层耦合介质与工件接触。据聚焦方式不同接触聚焦又分为透镜式聚焦、反射式聚焦和曲面晶片式聚焦。

可变角探头的入射角是可变的,转动压电晶片可使入射角连续变化,一般变化范围为 0°~70°,可实现纵波、横波、表面波和板波探伤。

常规探头只能用于探伤常温下的工件,然而实际生产中有时需要对高温工件进行探伤,如原子反应堆中的某些部件。这时必须采用高温探头来进行探伤。高温探头中的压电晶片需选用居里温度较高的铌酸锂(1 200 ℃)、石英(550 ℃)、钛酸铅(460 ℃)来制作,外壳与阻尼块为不锈钢,电缆为无机物绝缘体高温同轴电缆,前面壳体与晶片之间采用特殊钎焊使之形成高温耦合层。这种探头可在 400~700 ℃高温下进行探伤。

高温探头换能效率低,探伤灵敏度有限,且只能探测导电材料,因此目前应用较少。

爬波是指表面下纵波。当纵波以第一临界角 α_1 附近的角度入射到截面时,就会在第二介质中产生表面下纵波,即爬波。这时第二介质中除爬波外,还有其他波形,但速度均较爬波慢。爬波与表面波不同,表面波是入射角大于或等于第二临界角时产生的,是表面下的横波,波速较低。理论研究表明,爬波在自由表面的位移有垂直分量,不是纯粹的纵波。爬波探头的结构与横波斜探头类似,只是入射角不同。一般爬波探头的入射角 $\alpha = \alpha_1$,以改变 $f \cdot D$ 来改变 θ_{max},以便检测不同深度的缺陷。爬波衰减比表面波小,探测深度较表面波大,而且深度范围可以调整。常用于表面较粗糙的工件的表层缺陷探测。

(三)探头型号

1. 探头型号的组成项目

探头型号组成项目及排列顺序如下:

基本频率—晶片材料—晶片尺寸—探头种类—探头特征。

基本频率:用阿拉伯数字表示,单位为 MHz。

晶片材料:用化学元素缩写符号表示。

晶片尺寸:用阿拉伯数字表示,单位为 mm。其中圆晶片用直径表示;方晶片用长和宽表示;分割探头晶片用分割前的尺寸表示。

探头种类:用汉语拼音缩写字母表示。直探头也可不标出。

探头特征:斜探头钢中折射角正切值(K 值)用阿拉伯数字表示。钢中折射角用阿拉伯数字表示,单位为度。分割探头钢中声束交区深度用阿拉伯数字表示,单位为 mm。水浸探头水中焦距用阿拉伯数字表示,单位为 mm。DJ 表示点聚焦,XJ 表示线聚焦。

2. 举例

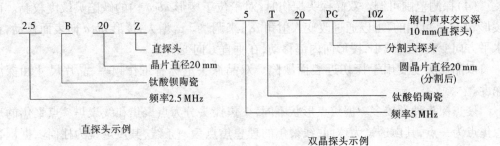

四、超声波试块

按一定用途设计制作的具有简单几何形状人工反射体的试样,通常称为试块。试块和仪器、探头一样,是超声波探伤中的重要工具。

(一)试块的作用

1. 确定探伤灵敏度

超声波探伤灵敏度太高或太低都不好,太高杂波多,判伤困难;太低会引起漏检。因此,在超声波探伤前,常用试块上某一特定的人工反射体来调整探伤灵敏度。

2. 测试仪器和探头的性能

超声波探伤仪和探头的一些重要性能,如放大线性、水平线性、动态范围、灵敏度余量、分辨力、盲区、探头的入射点、K 值等都是利用试块来测试的。

3. 调整扫描速度

利用试块可以调整仪器示波屏上水平刻度值与实际声程之间的比例关系,即扫描速度,以便对缺陷进行定位。

4. 评判缺陷的大小

利用某些试块绘出的距离—波幅—当量曲线(即实用 AVG)来对缺陷定量是目前常用的定量方法之一。特别是 $3N$ 以内的缺陷,采用试块比较法仍然是最有效的定量方法。

此外,还可利用试块来测量材料的声速、衰减性能等。

(二)试块的分类

1. 按试块用途划分

1)标准试块

标准试块是由权威机构制定的试块,试块材质、形状、尺寸及表面状态都由权威部门统一规定。如国际焊接学会ⅡW试块(见图2-2-41)和ⅡW2试块。

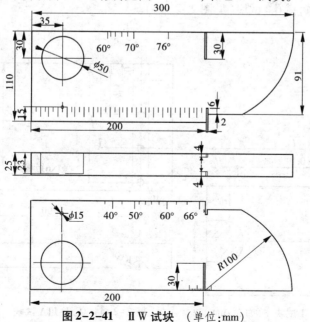

图2-2-41　ⅡW试块　(单位:mm)

2)参考试块

参考试块是由各部门按某些具体探伤对象制定的试块,如 CS-Ⅰ试块、CSK-ⅠA 试块(见图 2-2-42)等。

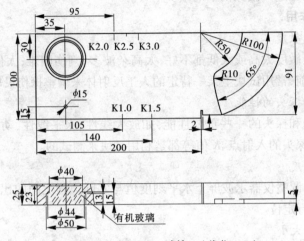

图 2-2-42　CSK-ⅠA 试块　（单位:mm）

2. 按试块上人工反射体划分

1)平底孔试块

一般平底孔试块上加工有底面为平面的平底孔,如钢板和锻件探伤用的 CS-Ⅰ试块(见图 2-2-43)、CS-Ⅱ试块。

2)横孔试块

横孔试块上加工有与探测面平行的长横孔或短横孔,如焊缝探伤中 CSK-ⅠA(长横孔)和 CSK-ⅢA(短横孔)试块(见图 2-2-44)。

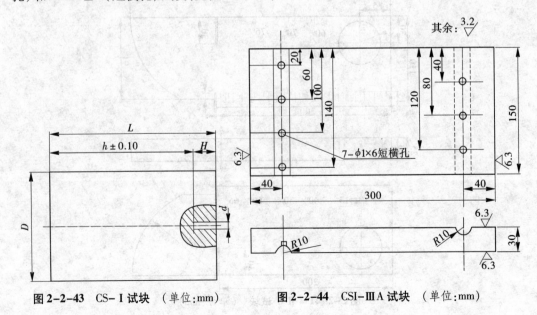

图 2-2-43　CS-Ⅰ试块　（单位:mm）　　　图 2-2-44　CSI-ⅢA 试块　（单位:mm）

3）槽形试块

槽形试块上加工有三角尖槽或矩形槽,如无缝钢管探伤中所用的试块,内、外圆表面就加工有三角尖槽。

此外,还有其他分类方法,这里不再赘述。

(三)试块的要求和维护

1.对试块的要求

试块材质应均匀,内部杂质少,无影响使用的缺陷。试块应加工容易,不易变形和锈蚀,具有良好的声学性能。试块的平行度、垂直度、光洁度和尺寸精度都要符合一定的要求。

标准试块要用平炉镇静钢或电炉软钢制作,如 20 号碳钢。对比试块材质尽可能与被探工件相同或相近。标准试块探测面光洁度一般不低于 μ6.3,尺寸公差±0.1 mm。对比试块光洁度和尺寸公差与被探工件相同或相近。

2.试块使用与维护

(1)试块应在适当部位编号,以防混淆。

(2)试块在使用和搬运过程中应注意保护,防止碰伤或擦伤。

(3)使用试块时应注意清除反射体内的油污和锈蚀。常用沾油细布将锈蚀部位抛光,或用合适的去锈剂处理。平底孔在清洗干燥后用尼龙塞或胶合剂封口。

(4)注意防止试块锈蚀,使用后停放时间较长,要涂敷防锈剂。

(5)注意防止试块变形,如避免火烤,平板试块尽可能立放防止重压。

五、设备器材的主要性能及其组合性能

仪器和探头的性能将直接影响超声波探伤结果的正确性,影响探伤的主要性能有如下几项。

(一)时基线性(水平线性)

时基线性是表示超声波探伤仪对距离不同的反射体所产生的一系列回波(通常是一组多次的底面回波)的显示距离和反射体距离之间能按比例方式显示的能力。时基线性的优劣以按时基线刻度测定值和实际值偏差大小来表示。按 JB/T 10061—1999 规定,时基线性误差不大于 2%。

(二)垂直线性

垂直线性是超声波仪的接收信号与示波屏所显示的反射波幅度之间能按比例方式显示的能力。垂直线性的优劣以测定的比值与理论比值的偏差大小来表示。按 JB/T 10061—1999 规定,垂直线性误差不大于 8%。

(三)动态范围

动态范围是在增益不变时,超声波探伤仪示波屏上能分辨的最大反射面积与最小反射面积波高之比,通常以分贝(dB)表示。JB/T 10061—1999 规定,仪器的动态范围不小于 26 dB。

(四)衰减器精度

衰减器精度是衰减器上 dB 刻度指示脉冲下降幅度的正确程度,以及组成衰减器各

同量级间的可换性能。JB/T 10061—1999 规定:衰减器总衰减量不得小于 60 dB。在探伤仪器规定的工作频率范围内,衰减器每 12 dB 的工作误差不超过±1 dB。

(五)灵敏度

灵敏度是超声波探伤仪与探头组合后所具有的探测最小缺陷的能力。可检出的缺陷愈小或检出同样大小缺陷的可探测距离愈大,表示仪器和探头组合后的灵敏度愈高。

(六)盲区

盲区是在正常探伤灵敏度下,从探伤表面到最近可探缺陷的距离。仪器的发射脉冲愈宽,盲区愈大。因此,盲区可近似地用显示器显示的发射脉冲所占宽度来表示。

(七)分辨力

分辨力表示超声波探伤仪和探头组合后,能够区分横向或深度方向相距最近的两个相邻缺陷的能力。分辨力的优劣,以能区分的两个缺陷的最小距离表示。

(八)回波频率

回波频率是指透入工件并经界面反射返回的超声波频率,通常与探头所标称的频率不同,其误差应限制在一定范围内。

(九)波束中心轴线偏斜角

波束中心轴线偏斜角是指发射超声波束中心轴线与晶片表面不垂直的程度。

(十)斜探头入射点

斜探头入射点是斜探头发射的超声波中心入射于工件探测面上的一点,即超声波透入工件材料的起始点,它是计算缺陷位置的相对参考点。

(十一)斜探头前沿距离

斜探头前沿距离是从斜探头入射点到探头底面前端的距离,此值在实际探测时可用来在工件表面上确定缺陷距探头前端的水平投影距离。

(十二)波束折射角(K 值)

波束折射角(K 值)表示折射透入工件的波束中心轴线与从入射点引出的工件表面法线之间的夹角(或折射角正切值),与探头上标称折射角有一定误差。K 值系列斜头用 K 值(折射角正切值)表示。

上述(一)~(四)项是与探头无关的仪器电气性能,其余各项是仪器与探头组合后的性能。

六、其他辅助器材

(一)耦合剂

1. 耦合剂的定义

耦合剂指为了提高耦合效果,在探头与工件表面之间施加的一层透声介质。其作用在于排除探头与工件表面之间的空气,使超声波能有效地传入工件,达到探伤的目的。此外,耦合剂还有减少摩擦的作用。

2. 耦合剂的要求

耦合剂要求能润湿工件和探头表面,流动性、黏度和附着力适当,不难清洗。要求声阻抗高,透声性能好,价格便宜,对工件无腐蚀,对人体无害,不污染环境。同时要求来源广、性能稳定,不易变质,能长期保存。

3.常用耦合剂及优缺点

常用耦合剂有水、甘油、机油和变压器油及化学糨糊等。

(1)水。来源方便,但容易流失,易使工件生锈;常用于液浸检测。

(2)甘油。耦合效果好,但要用水稀释,易使工件形成腐蚀坑,价格较贵。

(3)机油和变压器油。耦合效果较好,无腐蚀性,价格适中,最常用。

(4)化学糨糊。耦合效果较好,较常用。

(二)试块架

试块架顾名思义是放置试块的专用支架,以方便使用,常用的有 CSK-ⅠA(ⅡW)试块架(见图 2-2-45),及 CSK-ⅢA 试块架(见图 2-2-46)。

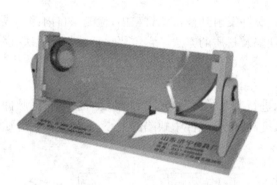 

图 2-2-45　CSI-ⅠA 试块架　　　　　　　图 2-2-46　CSI-ⅢA 试块架

(三)扫查架

在部分工件中,工件形状规则,且为了达到稳定扫查的目的,会采用工装来辅助扫查,比如 TOFD 扫查架(见图 2-2-47)、轮轴扫查架(见图 2-2-48)等。

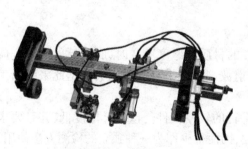 

图 2-2-47　TOFD 扫查架　　　　　　　图 2-2-48　轮轴扫查架

第五节　超声波检测工艺方法及通用技术

一、超声波检测方法分类及特点

(一)按原理分类的超声波检测方法

超声波检测方法依其原理,可分为脉冲反射法、穿透法和共振法。

机电类特种设备的超声波检测目前主要采用脉冲反射法,随着新技术的应用,TOFD检测技术呈快速发展趋势,因此本节重点介绍脉冲反射法,并对TOFD检测技术作一概要介绍。

1. 脉冲反射法

脉冲反射法简称反射法,它是把超声脉冲发射到被检测材料内,检测来自内部的或底面的反射波,根据反射波的情况来测定缺陷及材质的方法。它主要包括缺陷反射法、底波高度法、多次底波法等。

1)缺陷反射法

根据仪器示波屏上有否缺陷的显示进行判断的方法,称为缺陷反射法。它是脉冲反射法中的一个主要方法,应用广泛,灵敏度高,但受工件中缺陷的大小、方位及内含介质影响,如图2-2-49所示。

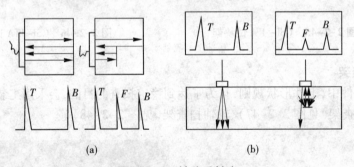

(a)　　　　　　　　　　　　　　　(b)

图2-2-49　缺陷反射法

2)底波高度法

这是纵波检测中常用的一种方法。当试件的材质和厚度不变时,底面反射波高度应是基本不变的。如果试件内存在缺陷,底面反射波高度会下降甚至消失。据此来判断工件质量好坏的超声波检测方法称底波高度法。

底波高度法主要适用于检测面与底面相平行的较厚工件。该法灵敏度低,并且要求耦合等操作条件一致,检出缺陷定位、定量不便,因而很少作为一种独立的检测方法使用,经常作为一种辅助手段配合缺陷反射波法发现某些倾斜的和小而密集的缺陷。

3)多次底波法

其原理与底波高度法基本相同。当超声波在较薄的均匀介质中传播时,在显示屏上将出现依一定规律衰减的多次底波 B_1,B_2,B_3,…。当工件中存在缺陷时,底面反射波的次数和幅度都将发生变化,这种将完好工件的与有缺陷工件的底面反射波次数和幅度进行比较来判断工件质量的方法称为多次底波法。

多次底波法适用于厚度较小、形状简单、检测面与底面相平行、表面粗糙度高的工件的检测,该方法灵敏度较低。

2. TOFD 检测技术

1)TOFD 技术的物理原理

衍射现象是 TOFD 技术采用的基本物理原理。衍射现象是指波遇到障碍物或小孔后通过散射继续传播的现象。根据惠更斯原理,媒质上波阵面上的各点都可以看成是发射子波的波源,其后任意时刻这些子波的包迹就是该时刻新的波阵面,如图 2-2-50 所示。

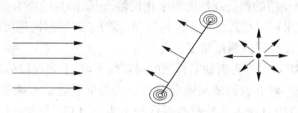

图 2-2-50 衍射现象示意图

与反射波相比,衍射波具有波幅低、方向性不明显(向各个方向传播)、端点越尖锐衍射特性越明显等特点。

在 TOFD 检测接收到的 A 型扫描波形中,包含了纵波、横波以及波形转换等信号,TOFD 图谱中对应存在纵波区、转换波形区等图像区域。一般以底面反射波为界,底面反射波之前的信号大部分属于纵波信号,而底面反射波之后开始出现波形转换波、横波等信号,如图 2-2-51 所示。

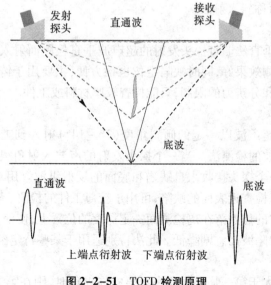

图 2-2-51 TOFD 检测原理

在纵波信号区域,缺陷上下端点衍射波、直通波、底波之间存在着鲜明的相位关系,即直通波相位与底面反射波相位相反,缺陷上端点信号相位与直通波相位相反,缺陷下端点信号相位与直通波相位相同。相位关系用于判断两个信号是否同属一个缺陷,以及图谱中缺陷的数量。

2)TOFD 技术的优点与局限性

(1)优点。可靠性好,由于利用的是波的衍射信号,不受声束角度的影响,缺陷的检出率比较高。定量精度高,对线性缺陷或面积型缺陷,TOFD 测高误差小于 1 mm。检测过程方便快捷,一般一人就可以完成 TOFD 检测,探头只需要沿焊缝两侧移动即可。拥有清晰可靠的 TOFD 扫查图像,与 A 型扫描信号比起来,TOFD 扫查图像更利于缺陷的识别和分析。TOFD 检测使用的都是高性能数字化仪器,记录信号的能力强,可以全程记录扫查信号,而且扫查记录可以长久保存并进行处理。除用于检测外,还可用于缺陷变化的监控,尤其是对裂纹高度扩展的测量精度很高。

(2)局限性。TOFD 对近表面缺陷检测的可靠性不够,上表面缺陷信号可能被埋藏在直通波下面而被漏检,而下表面缺陷则会因为被底面反射波信号掩盖而漏检。TOFD 对缺陷定性比较困难,TOFD 技术比较有把握区分上表面开口、下表面开口及埋藏缺陷,但难以准确判断缺陷性质。TOFD 图像的识别和判读比较难,数据分析需要丰富的经验。横向缺陷检测困难。对粗晶材料,例如奥氏体焊缝检测比较困难,其信噪比较低。复杂形状的缺陷检测比较难,需要制定专门工艺。点状缺陷的尺寸测量不够精确。

(二)按波形分类的超声波检测方法

根据检测采用的波形,超声波检测方法可分为纵波法、横波法、表面波法、板波法等。而机电类特种设备超声波检测最为常用的方法有两种,即纵波法和横波法。

1. 纵波法

纵波检测法,就是使用超声纵波进行检测的方法,包括垂直入射法和小角度的单、双斜探头的斜入射法(简称斜入射法)。

1)垂直入射法

垂直入射法简称垂直法。直探头发射的超声波垂直检测面射入被检工件,因而对与波束相垂直的缺陷检测效果好,同时缺陷定位也很方便,主要用于铸、锻、压、轧材料和工件的检测。但受盲区和分辨力的限制,只能检查较厚材料或工件。

2)斜入射法

斜入射法就是使超声波以一定的倾斜角度(3°~14°)射入到工件中,利用双斜探头分别发射和接收超声波的检测法。当一个探头发射的声波入射角很小时,在工件内主要产生折射纵波,用另一个探头接收来自缺陷和底面的反射纵波。用双斜探头检测时通常没有始波。因此,可以检查近表面的缺陷,可用于较薄工件的检测。根据两探头相互倾斜的角度,使发现和接收的焦点落在离检测面一定深度的位置上,使处于焦点处的缺陷波高最大,而其他位置的缺陷波高急剧降低。此法特别适用于某些特定条件下的检测。

2. 横波法

当纵波的入射角大于第一临界角而小于第二临界角时,则在第二种介质内只有折射横波。实际检测中,将纵波通过斜块、水等介质倾斜入射至试件检测面,利用波形转换得到横波进行检测的方法,称为横波法。由于透入试件的横波束与探测面成锐角,所以又称斜射法。

此方法主要用于管材、焊缝的检测。其他试件检测时,此方法则作为一种有效的辅助手段,用以发现垂直入射法不易发现的缺陷。

(三)按换能器(探头)数目分类的超声波检测方法

超声波检测方法按探头数目分类有单探头法、双探头法和多探头法。机电类特种设备的超声波检测中常用方法有单探头法和双探头法。

1. 单探头法

使用一个探头兼作发射和接收超声波的检测方法称为单探头法。单探头法操作方便,大多数缺陷可以检出,是目前最常用的一种方法。

单探头法检测,对于与波束轴线垂直的片状缺陷和立体型缺陷的检出效果最好。与波束轴线平行的片状缺陷难以检出,当缺陷与波束轴线倾斜时,则根据倾斜角度的大小,能够收到部分反射波或者因反射波束全部反射在探头之外而无法检出。

2. 双探头法

使用两个探头(一个发射,一个接收)进行检测的方法称为双探头法。它主要用于发现单探头法难以检出的缺陷。

双探头法又可根据两个探头排列方式进一步分为并列法、交叉法、V 形串列法、K 形串列法、前后串列法等。

1)并列法

两个探头并列放置,检测时两个探头作同步同向移动。但直探头作并列放置时,通常是一个探头固定,另一个探头移动,以便于检测与探测面倾斜的缺陷,如图 2-2-52(a)所示。分割式探头的原理,就是将两个并列的探头组合在一起,具有较高的分辨能力和信噪比,适用于薄试件、近表面缺陷的检测。

2)交叉法

两个探头轴线交叉,交叉点为要探测的部位,如图 2-2-52(b)所示。此种检测方法可用来发现与探测面垂直的片状缺陷,在焊缝检测中,常用此种检测方法来发现横向缺陷。

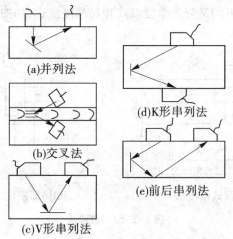

(a)并列法
(b)交叉法
(c)V形串列法
(d)K形串列法
(e)前后串列法

图 2-2-52 双探头的排列方式

3) V 形串列法

两个探头相对放置在同一平面上,一个探头发射的声波被缺陷反射,反射的回波刚好落在另一个探头的入射点上,如图 2-2-52(c)所示。此种检测方法主要用来发现与探测面平行的片状缺陷。

4) K 形串列法

两个探头以相同的方向分别放置于试件的上、下表面上。一个探头发射的声波被缺陷反射,反射的回波进入另一个探头,如图 2-2-52(d)所示。此种检测方法主要用来发现与探测面垂直的片状缺陷。

5) 前后串列法

两个探头一前一后,以相同的方向放置于试件的同一表面上。一个探头发射超声波被缺陷反射后的回波,经底面反射进入另一个探头,如图 2-2-52(e)所示。此种检测方法主要用来发现与探测面垂直的片状缺陷(如厚焊缝的中间未焊透)。两个探头在同一表面上移动,操作比较方便,是一种常用的检测方法。

(四)按换能器(探头)接触方式分类的超声波检测方法

根据检测时探头与试件的接触方式,超声波检测方法可以分为直接接触法与液浸法。而在机电类特种设备超声波检测最为常用的是直接接触法探伤。

1. 直接接触法

探头与试件检测面之间,涂有很薄的耦合剂层,因此可以看做两者直接接触,这种检测方法称为直接接触法。此方法操作方便,检测图形较简单,易于判断,缺陷检出灵敏度高,是实际检测中应用最多的方法。但是,直接接触法检测的试件要求检测面粗糙度较高。

2. 液浸法

将探头和工件浸入液体中以液体作耦合剂进行检测的方法,称为液浸法。耦合剂可以是水,也可以是油。当以水为耦合剂时,称为水浸法。液浸法检测,探头不直接接触试件,所以此方法适用于表面粗糙的试件,探头不易磨损,耦合稳定,检测结果重复性好,便于实现自动化检测。

液浸法按检测方式不同又分为全浸没式和局部浸没式,如图 2-2-53 所示。

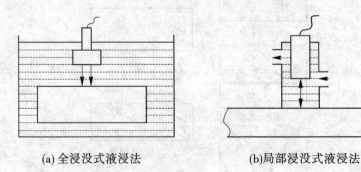

(a) 全浸没式液浸法　　　　　　(b)局部浸没式液浸法

图 2-2-53　液浸法

(五)按超声波操作方式分类

超声波检测方法按操作方式分有手工检测法和自动检测法,机电类特种设备的超声波检测一般采用手工检测法。

1.手工检测法

用手直接持探头进行检测的方法,叫手工检测法。显然,手工检测比较经济,简单易行,所用设备不多,是一种常用的主要检测法。但检测速度慢,劳动强度较大,检测结果受人为因素影响大,重复性差。

2.自动检测法

用机械装置持探头自动进行检测的方法,叫自动检测法。自动检测法检测速度快,灵敏度高,重复性好,人为因素影响小,是一种比较理想的检测方法。但自动检测比较复杂,成本高,设备笨重,不易随意移动,多用于生产线上的自动检测,并且只能检测形状规则的工件。

由上述可以看出,检测方法虽然很多,但应用最广泛、最主要、比较简单易行的方法是采用A型脉冲反射式超声波探伤仪、单探头接触法的手工检测。因此,本节重点介绍该种检测方法,欲进一步了解其他检测方法,可查阅无损检测专业相关资料。

二、脉冲反射法超声波检测通用技术

(一)检测面的选择和准备

检测面应根据有关标准及检测要求、工件的形状和表面状态等因素来选择。要使声束能扫查到整个检测部位,并且有利于缺陷的检出和显示。在此前提下,应选择光滑、平整、检测方便的工件表面。对于纵波检测,一般检测面就是被检测部位的表面;对于横波检测,检测面除是被检测部位的表面外,也可以是相邻近的表面。比如,对于轧制的方形工件,常选用相邻的两个表面做检测面;较大的锻轴,一般应选择圆周面和轴端面进行检测,以便能发现各个方向的缺陷。焊接工件,当焊缝有余高时,可以根据工件的厚度,从焊缝的两个表面的两侧或一个表面的两侧或一侧进行检测,也可以把焊缝余高磨平以后,直接在焊缝上进行检测。

按照JB/T 4730.3—2005和GB 11345—89规定,将钢制对接接头的超声波检测技术等级分A、B、C三个等级。针对不同的板厚,其相应检测面对应不同的板厚则分为单面单侧、单面双侧、双面双侧、双面单侧、单侧双面等。

(二)仪器与换能器(探头)的选择

1.探伤仪的选择

超声波探伤仪是超声波检测的主要设备。目前国内外检测仪种类繁多,性能各异,检测前应根据探测要求和现场条件来选择检测仪。一般根据以下情况来选择检测仪器。

(1)对于定位要求高的情况,应选择水平线性好、误差小的仪器。

(2)对于定量要求高的情况,应选择垂直线性好、衰减器精度高的仪器。

(3)对于大型零件的检测,应选择灵敏度余量高、信噪比高、功率大的仪器。

(4)为了有效地发现近表面缺陷和区分相邻缺陷,应选择盲区小、分辨率高的仪器。

（5）对于室外现场检测，应选择重量轻、示波屏亮度好、抗干扰能力强的便携式仪器。

（6）对于重要工件应选用可记录式探伤仪。

此外，要求选择性能稳定、重复性和可靠性好的仪器。

2. 探头的选择

超声波检测中，超声波的发射和接收都是通过探头来实现的。探头的种类很多，结构形式也不一样。检测前应根据被检对象的形状、超声波的衰减、技术要求等来选择探头。探头选择包括探头型式、频率、晶片尺寸和斜探头 K 值（或折射角）的选择等。

1）探头型式的选择

常用的探头型式有纵波直探头、横波斜探头、表面波探头、双晶探头、聚焦探头等。一般根据工件的形状和可能出现缺陷的部位、方向等条件来选择探头的型式，使声束轴线尽量与缺陷垂直。

纵波直探头只能发射和接收纵波，波束轴线垂直于探测面，主要用于探测与探测面平行的缺陷，如锻件、钢板中的夹层、折叠等缺陷。

横波斜探头是通过波形转换来实现横波检测的，主要用于探测与探测面垂直或成一定角度的缺陷，如焊缝中的未焊透、夹渣、未熔合等缺陷。

表面波探头用于探测工件表面缺陷，双晶探头用于探测工件近表面缺陷，聚焦探头用于水浸探测管材或板材等。

2）探头频率的选择

超声波检测频率为 0.5～10 MHz，选择范围大。一般选择频率时应考虑以下因素：

（1）由于波的绕射，使超声波检测极限灵敏度约为 $\frac{\lambda}{2}$，因此提高频率，有利于发现更小的缺陷。

（2）频率高，脉冲宽度小，分辨力高，有利于区分相邻缺陷。

（3）由 $\theta_0 = \arcsin 1.22\frac{\lambda}{D}$ 可知，频率高，波长短，则半扩散角小，声束指向性好，能量集中，有利于发现缺陷并对缺陷定位。

（4）由 $N = \frac{D^2}{4\lambda}$ 可知，频率高，波长短，近场区长度大，对检测不利。

（5）由 $a_s = C_2 F d^3 f^4$ 可知，频率增加，衰减急剧增加。

由以上分析可知，频率对检测有很大影响。频率高，灵敏度和分辨率高，指向性好，对检测有利。但频率高，近场区长度大，衰减大，又对检测不利。实际检测中要全面分析考虑各方面的因素，合理选择频率。一般在保证检测灵敏度的前提下尽可能选用较低的频率。

对于晶粒较细的锻件、轧制件和焊接件等，一般选用较高的频率，常用 2.5～5.0 MHz。对晶粒粗大铸件、奥氏体钢等宜选用较低的频率，常用 0.5～2.5 MHz。如果频率过高，就会引起严重衰减，示波屏上出现林状回波，信噪比下降，甚至无法检测。

3)探头晶片尺寸的选择

探头晶片尺寸一般为$\phi 10 \sim \phi 30$ mm,晶片大小对检测也有一定影响,选择晶片尺寸时要考虑以下因素:

(1)由$\theta_0 = \arcsin 1.22 \dfrac{\lambda}{D}$可知,晶片尺寸增加,半扩散角减小,波束指向性变好,超声波能量集中,对检测有利。

(2)由$N = \dfrac{D^2}{4\lambda}$可知,晶片尺寸增加,近场区长度迅速增加,对检测不利。

(3)晶片尺寸大,辐射的超声波能量大,探头未扩散区扫查范围大,远距离扫查范围相对变小,发现远距离缺陷能力增强。

以上分析说明晶片大小对声束指向性、近场区长度、近距离扫查范围和远距离缺陷检出能力有较大的影响。实际检测中,检测面积范围大的工件时,为了提高检测效率宜选用大晶片探头。检测厚度大的工件时,为了有效地发现远距离的缺陷宜选用大晶片探头。检测小型工件时,为了提高缺陷定位定量精度宜选用小晶片探头。检测表面不太平整、曲率较大的工件时,为了减少耦合损失宜选用小晶片探头。

4)横波斜探头K值(或折射角)的选择

在横波检测中,探头的K值(或折射角)对检测灵敏度、声束轴线的方向、一次波的声程(入射点至底面反射点的距离)有较大影响。对于用有机玻璃斜探头检测钢制工件,$\beta = 40°$($K = 0.84$)左右时,声压往复透射率最高,即检测灵敏度最高。由$K = \tan\beta_S$可知,K值大,β_S大,一次波的声程也大。因此,在实际检测中,当工件厚度较小时,应选用较大的K值,以便增加一次波的声程,避免近场区检测。当工件厚度较大时,应选用较小的K值,以减少声程过大引起的衰减,便于发现深度较大处的缺陷。在焊缝检测中,还要保证主声束能扫查整个焊缝截面。对于单面焊根部未焊透,还要考虑端角反射问题,应使$K = 0.7 \sim 1.5$,因为$K<0.7$或$K>1.5$,端角反射率很低,容易引起漏检。

(三)耦合剂的选用

1.耦合剂的作用

本章物理基础部分已经介绍过,频率高的超声波几乎不能在空气中传播,为了能使探头发射的超声波进入工件材料,并返回被探头接收,必须在探头与工件之间加入称为耦合剂的透声介质。此外,耦合剂还有减少摩擦的作用。

2.常用耦合剂

超声波探伤中常用耦合剂有机油、变压器油、甘油、水、水玻璃等。查表2-2-2可知,甘油声阻抗高,耦合性能好,常用于一些重要工件的精确探伤,但价格较贵,对工件有腐蚀作用;水玻璃的声阻抗较高,常用于表面粗糙的工件探伤,但清洗不太方便,且对工件有腐蚀作用;水的来源广,价格低,常用于水浸探伤,但易使工件生锈。机油和变压器油黏度、流动性、附着力适当,对工件无腐蚀,价格也不贵,因此是目前应用最广泛的耦合剂。

此外,近年来化学糨糊也常用来做耦合剂,耦合效果比较好。

3. 影响声波耦合的主要因素

影响声波耦合的主要因素有耦合层的厚度、工件表面粗糙度、耦合剂的声阻抗和工件表面形状。

1）耦合层厚度的影响

如图 2-2-54 所示，耦合层厚度对耦合有较大的影响。当耦合层厚度为 $\lambda/4$ 的奇数倍时，透声效果差，耦合不好，反射回波低。当耦合层厚度为 $\lambda/2$ 的整数倍或很薄时，透声效果好，反射回波高。

2）工件表面粗糙度的影响

由图 2-2-55 可知，工件表面粗糙度对声耦合有显著影响。对于同一种耦合剂，表面粗糙度高，耦合效果差，反射回波低。声阻抗低的耦合剂，随粗糙度的增大，耦合效果降低得更快。但粗糙度也不必太低，因为粗糙度太低，耦合效果无明显增加，而且使探头因吸附力大而移动困难。

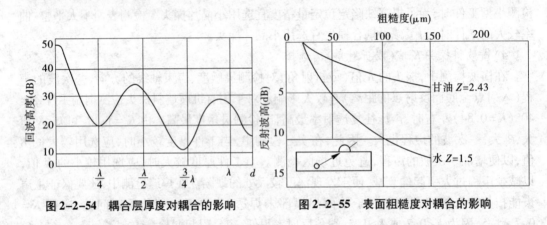

图 2-2-54　耦合层厚度对耦合的影响　　　图 2-2-55　表面粗糙度对耦合的影响

一般要求工件表面粗糙度不高于 6.3 μm。

3）耦合剂声阻抗的影响

耦合剂声阻抗对耦合效果也有较大的影响。对于同一探测面，即粗糙度一定时，耦合剂声阻抗大，耦合效果好，反射回波降低小。例如，表面粗糙度 $R_z = 100$ μm 时，$Z = 2.43$ 的甘油耦合回波比 $Z = 1.5$ 的水耦合回波高 6~7 dB。

4）工件表面形状的影响

工件表面形状不同，耦合效果不一样，其中平面耦合效果最好，凸曲面次之，凹曲面最差。因为常用探头表面为平面，与曲面接触为点接触或线接触，声强透射率低。特别是凹曲面，探头中心不接触，因此耦合效果更差。

不同曲率半径的耦合效果也不相同，曲率半径大，耦合效果好。

4. 表面耦合损耗的测定和补偿

在实际探伤中，当调节探伤灵敏度用的试块与工件表面光洁度、曲率半径不同时，往往由于工件耦合损耗大而使探伤灵敏度降低。为了弥补耦合损耗，必须增大仪器的输出来进行补偿。

1）耦合损耗的测定

为了恰当地补偿耦合损耗,应首先测定工件与试块表面耦合损耗的分贝差。

一般的测定耦合损耗差的方法为:在表面耦合状态不同,其他条件(如材质、反射体、探头和仪器等)相同的工件和试块上测定二者回波或穿透波高分贝差。

2）补偿方法

设测得的工件与试块表面耦合差补偿为 ΔdB,具体补偿方法如下:

先用"衰减器"衰减 ΔdB,将探头置于试块上调好探伤灵敏度,然后用"衰减器"增益 ΔdB(即减少 ΔdB 衰减量),这时耦合损耗恰好得到补偿,试块和工件上相同反射体回波高度相同。

(四)仪器探头系统的校准及检测灵敏度设定

在实际检测中,为了在规定的检测范围内发现规定大小的缺陷,并对缺陷定位和定量,就必须在检测前对仪器的扫描速度、探头的 K 值和入射点、仪器系统的灵敏度进行校准,并准确设定检测灵敏度。通用的 A 型脉冲反射式超声波检测方法,在测试处理中反射波必须找到最高点进行测量。

1. 扫描速度的校准

仪器扫描速度的校准通常称为仪器的校准。仪器显示屏上时基扫描线的水平刻度值 τ 与实际声程 χ(单程)的比例关系,即 $\tau : \chi = 1 : n$ 称为扫描速度或时基扫描线比例。仪器显示屏上时基扫描线的外观长度是固定的,一般长为 100 mm。那么,要探测一定深度范围内的缺陷,检测前必须根据探测范围来调节时基扫描线比例,以便在规定的范围内发现缺陷并对缺陷定位。

扫描速度(时基扫描线比例)调节的基本要求为:

(1)环境的一致性。即环境温度、检测所用仪器及探头、调试用的试件材质等。

(2)超声波在工件中的"入射零点"或称"计时零点"与仪器显示屏上时基扫描线"零点"的重合。

(3)校准时基扫描线的准确比例。

(4)扫描速度(时基扫描线比例)校准的基本原理。

2. 探头参数的校准

1）斜探头入射点

斜探头入射点是指其主声束轴线与探测面的交点。入射点至探头前沿的距离称为探头的前沿长度。测定探头的入射点和前沿长度是为了便于对缺陷定位和测定探头的 K 值。

2）斜探头 K 值和折射角 β_S

斜探头 K 值是指被检工件中横波折射角 β_S 的正切值, $K = \tan\beta_S$。斜探头的 K 值常用 ⅡW 试块或 CSK-ⅠA 试块上的 $\phi50$ 或 $\phi1.5$ 横孔来测定。

3. 检测灵敏度的校准

通用的 A 型脉冲反射式超声波检测方法,在反射波处理中的最基本要求:

(1)必须找到最高反射波后进行处理。

（2）测试前必须确定显示屏上的基准波高，一般以满屏的 20% ~ 80% 作为基准波高。

（3）必须记录反射体的几何位置参数。

（4）明确反射体的当量。一般超声波反射当量的表示方法有两种：一是以规则的反射体的实际几何尺寸来表示，如 $\phi_1 \times 6$、ϕ_2、ϕ_4 等；二是以规则的反射体的实际几何尺寸及与其反射量的分贝值差 ΔdB 的组合来表示。

1）检测灵敏度的基本概念

（1）基本定义。

检测灵敏度是指在确定的声程范围内发现规定大小缺陷的能力。实际工作中，一般根据产品技术要求或有关标准确定，可通过调整仪器上的相关灵敏度功能键来实现。

（2）基本要求。

检测灵敏度的基本要求在于发现工件中规定大小的缺陷，并对缺陷进行定位。也就是检出当量的最低要求。检测灵敏度太高或太低都对检测不利。灵敏度太高，示波屏上杂波多，判断困难。灵敏度太低，容易引起漏检。

实际检测中，在粗探时为了提高扫查速度而又不致引起漏检，常常将检测灵敏度适当提高，这种在检测灵敏度的基础上适当提高后的灵敏度叫做搜索灵敏度或扫查灵敏度。

（3）基本要素（灵敏度三要素）及表示方式。

根据灵敏度的基本定义和基本要求可知，要完整表示灵敏度必须具备三个基本要素，也就是我们通常所说的灵敏度三要素。即基准反射体的几何尺寸、基准反射体的最大探测距离、基准反射体的基准反射波高（一般设定为示波屏满幅度的 20% ~ 80%）。实际检测中，必须准确把握、正确记录灵敏度三要素。

2）检测灵敏度的校准

检测灵敏度的校准常用方法有波高比较法和曲线比较法两种。其中波高比较法又包括试块调整法和工件低波调整法，曲线比较法包括仪器面板曲线法和坐标低曲线法。

（1）波高比较法。

①试块调整法。

根据工件对灵敏度的要求选择相应的试块，将探头对准试块上的人工反射体，调整仪器上的有关灵敏度按钮，使显示屏上人工反射体的最高反射回波达基准高，并考虑灵敏度补偿后，这时灵敏度就调好了。

②工件底波调整法。

利用试件调整灵敏度，操作简单方便，但需要加工不同声程、不同当量尺寸的试块，成本高，携带不便。同时，还要考虑工件与试块因耦合和衰减不同进行补偿。如果利用工件底波来调整检测灵敏度，那么既不需要加工任何试块，又不需要进行任何补偿。

利用工件底波来调整检测灵敏度是根据工件底面回波与同深度的人工缺陷（如平底孔）回波分贝差为定值，这个定值可以由下述理论公式计算出来

$$\Delta dB = 20\lg \frac{P_B}{P_f} = 20\lg \frac{2\lambda x}{\pi D_f^2}(x \geq 3N)$$

式中　x——工件厚度；

D_f——$D_f = \phi 2$。

由于理论公式只适用于 $x \geq 3N$ 的情况,因此利用工件底波调节灵敏度的方法也只能用于厚度尺寸 $x \geq 3N$ 的工件,同时要求工件具有平行底面或圆柱曲底面,且底面光洁干净。当底面粗糙或有水油时,将使底面反射率降低,底波下降,这样调整的灵敏度将会偏高。

利用试块和底波调整检测灵敏度的方法应用条件不同。利用底波调整灵敏度的方法主要用于具有平底面或曲底面大型工件的检测,如锻件检测。利用试块调整灵敏度的方法主要应用于无底波的厚度尺寸小于 $3N$ 的工件检测,如焊缝检测、钢管检测等。

(2)曲线比较法。

波高比较法中的试块调整法和工件底波调整法在现场实际应用时,要经过较复杂的运算及携带很多试块,比较麻烦。因此,在实际应用中,逐步完善了曲线比较法。它是应用标准试块或其他形式的试块在示波屏上或坐标纸上作出距离—波幅曲线或距离(A)—增益(V)—缺陷大小(G)曲线。实际上,距离—波幅曲线和距离(A)—增益(V)—缺陷大小(G)曲线其本质完全相同,可以说就是一种曲线。曲线比较法依据曲线制作的位置可分为仪器面板曲线法和坐标纸曲线法;曲线比较法依据曲线的多少又可分为单曲线法和多曲线法。曲线比较法实际应用很方便,定量快速、准确。

①距离—波幅曲线法。

距离—波幅曲线的绘制方法较常用的有两种:一种是直接绘制在荧光屏面板上,其波幅用满屏波高的百分比来表示;另一种是直接绘制在坐标纸上,其波幅常用相对基准波高的仪器系统的分贝示值来表示,也可用满屏波高的百分比来表示。

②距离—波幅—当量曲线法。

使用此法时仪器必须具有较大的动态范围和良好的垂直线性,并且选择适当的频率、发射强度、增益、补偿等。纵坐标表示实际波高,横坐标表示探测距离。首先探测试块中最大距离和最小距离的人工缺陷,使其最大反射波高达 10% ～20% 和满幅 100% ,测出其他各孔的最大反射波,波峰各点予以标记,然后把各点连成圆滑曲线,即为该孔径的距离—波幅—当量曲线。重复上述步骤,再做其他孔径的曲线,这样就得到一组不同孔径的距离—波幅—当量曲线。以上是模拟超声波探伤仪绘制距离—波幅—当量曲线的基本方法,数字超声波探伤仪绘制距离—波幅—当量曲线因其先进的数字化功能而显得十分容易。目前常用的数字超声波探伤仪面板上生成的距离—波幅曲线实际上就是距离—波幅—当量曲线,如图 2-2-56 所示。距离—波幅—当量曲线的绘制方法较常用的有两种:一种是直接绘制在示波屏面板上,其波幅用满屏波高的百分比来表示,数字超声波探伤仪面板上绘制的距离—波幅—当量曲线;另一种是直接绘制在坐标纸上,其波幅常用相对基准波高的仪器系统的分贝示值来表示。

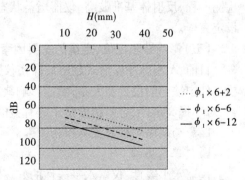

图 2-2-56　数字超声波距离—波幅坐标曲线

4. 检测灵敏度设定

实际检测准备过程中有三个校准:一是仪器系统的扫描速度校准,二是探头的 K 值(或折射角)及入射点校准,三是仪器系统基准灵敏度校准。仪器系统基准灵敏度的校准完成后,即可根据具体检测要求设定实际检测灵敏度。也就是说,实际检测准备过程中有三个校准和一个设定。实际检测灵敏度是依据被检工件具体参数结合无损检测验收标准等要求来设定的,一般根据实际工作过程中的目的不同而分为基准灵敏度或灵敏度基准线、扫查灵敏度或称检测灵敏度、评定线灵敏度、定量线灵敏度、判废线灵敏度等。

1)基准灵敏度

超声波检测灵敏度是一个相对的灵敏度,它必须采用一个标准的反射体作为基准,调试仪器系统对该基准反射体的反映信号,以便对仪器系统进行标定,这个标定后的灵敏度就称为基准灵敏度。基准灵敏度有时是一条曲线,称为灵敏度基准线。

2)扫查灵敏度

仪器系统基准灵敏度标定后,为确保检测结果的可靠性,一般须采用一个较高的灵敏度进行初始检测,这个初始检测的灵敏度即称为扫查灵敏度,通常也可称为检测灵敏度。

3)评定线灵敏度

在焊缝检测中,通常采用初始检测的扫查灵敏度进行粗扫查,其目的是对疑似缺陷显示信号进行分析判断,进而对缺陷进行定性。为保证缺陷不漏检,标准常规定一个较高的灵敏度作为最低限,要求对高于此灵敏度的缺陷信号均进行分析评定,且扫查灵敏度不得低于这个最低线灵敏度,该灵敏度在标准中常称为评定线灵敏度。

4)定量线灵敏度

在焊缝检测中,在初始检测的扫查灵敏度下进行粗扫查,当完成缺陷的定性分析评定后,则进入缺陷的定量检测阶段,此阶段所采用的灵敏度低于评定线灵敏度,称为定量线灵敏度。

5)判废线灵敏度

在焊缝检测中,标准设定了一个低于定量线的灵敏度,当缺陷反射达到和超过这个灵敏度时,该缺陷则判废。于是,称其为判废线灵敏度。

检测灵敏度的设定:针对某一特定的灵敏度均有其对应的基准反射体,该基准反射体的几何尺寸也叫做基准反射体的当量。那么,根据灵敏度的三要素,将在最大检测声程处该当量基准反射体的最高波调整到示波屏满幅度的20%～80%作为基准波高,保持仪器增益状态不变并记录此时仪器系统的分贝示值,此时应完整记录基准反射体当量、反射体检测声程、反射体基准波高、仪器增益状态分贝示值等灵敏度四参数,如此检测灵敏度即设定完毕。

(五)影响缺陷定位、定量的主要因素

目前,A型脉冲反射式超声波探伤仪是根据示波屏上缺陷波的位置和高度来评价被检工件中缺陷的位置和大小,然而影响缺陷波位置和高度的因素很多。了解这些影响因素,对于提高定位、定量精度是十分有益的。

1.影响缺陷定位的主要因素

1)仪器的影响

仪器水平线性:仪器水平线性的好坏对缺陷定位误差大小有一定的影响。当仪器水平线性不佳时,缺陷定位误差大。

2）探头的影响

（1）声束偏离。

无论是垂直入射检测还是倾斜入射检测，都假定波束轴线与探头晶片几何中心重合，而实际上这两者往往难以重合。当实际声束轴线偏离探头几何中心轴线较大时，缺陷定位精度将会下降。

（2）探头双峰。

一般探头发射的声场只有一个主声束，远场区轴线上声压最高。但有些探头性能不佳，存在两个主声束，发现缺陷时，不能判定是哪个主声束发现的，因此也就难以确定缺陷的实际位置。

（3）斜楔磨损。

横波探头在检测过程中，斜楔将会磨损。当操作者用力不均时，探头斜楔前后磨损不同。当斜楔后面磨损较大时，折射角增大，探头 K 值增大。当斜楔前面磨损较大时，折射角减小，K 值也减小。此外，探头磨损还会使探头入射点发生变化，影响缺陷定位。

（4）探头指向性。

探头半扩散角小，指向性好，缺陷定位误差小；反之，定位误差大。

3）工件的影响

（1）工件表面粗糙度。

工件表面粗糙，不仅耦合不良，而且由于表面凹凸不平，使声波进入工件的时间产生差异。当凹槽深度为 $\lambda/2$ 时，则进入工件的声波相位正好相反，这样就犹如一个正负交替变化的次声源作用在工件上，使进入工件的声波互相干扰形成分叉，从而使缺陷定位困难。

（2）工件材质。

工件材质对缺陷定位的影响可从声速和内应力两方面来讨论。当工件与试块的声速不同时，就会使探头的 K 值发生变化。另外，工件内应力较大时，将使声波的传播速度和方向发生变化。当应力方向与波的传播方向一致时，若应力为压缩应力，则应力作用使试件弹性增加，这时声速加快；反之，若应力为拉伸应力，则声速减慢。当应力方向与波的传播方向不一致时，波动过程中质点振动轨迹受应力干扰，使波的传播方向产生偏离，影响缺陷定位。

（3）工件表面形状。

探测曲面工件时，探头与工件接触有两种情况：一种是平面与曲面接触，这时为点或线接触，握持不当，探头折射角容易发生变化；另一种是将探头斜楔磨成曲面，探头与工件曲面接触，这时折射角和声束形状将发生变化，影响缺陷定位。

（4）工件边界。

当缺陷靠近工件边界时，由于侧壁反射波与直接入射波在缺陷处产生干涉，使声场声压分布发生变化，声束轴线发生偏离，使缺陷定位误差增加。

（5）工件温度。

探头的 K 值一般是在室温下测定的。当探测的工件温度发生变化时，工件中的声速发生变化，使探头的折射角随之发生变化。

（6）工件中缺陷情况影响。

工件内缺陷方向也会影响缺陷定位。缺陷倾斜时，扩散波束入射至缺陷时反射波较高，而定位时误认为缺陷在轴线上，从而导致定位不准。

4）操作人员的影响

（1）仪器时基线比例。

仪器时基线比例一般在对比试块上进行调节，当工件与试块的声速不同时，仪器的时基线比例发生变化，影响缺陷定位精度。另外，调节比例时，回波前沿没有对准相应水平刻度或读数不准，使缺陷定位误差增加。

（2）探头入射点及 K 值。

横波探测时，当测定探头的入射点、K 值误差较大时，也会影响缺陷定位。

（3）定位方法不当。

横波周向探测圆柱筒形工件时，缺陷定位与平板不同，若仍按平板工件处理，那么定位误差将会增加。要用曲面试块修正，否则定位误差大。

2. 影响缺陷定量的因素

1）仪器及探头性能的影响

仪器和探头性能的优劣对缺陷定量精度高低影响很大。仪器的垂直线性、衰减器精度、频率、探头形式、晶片尺寸、折射角等都直接影响回波高度。因此，在检测时，除要选择垂直线性好、衰减器精度高的仪器外，还要注意频率、探头形式、晶片尺寸、折射角的选择。

（1）频率的影响。

由 $\Delta_{Bf} = 20\lg \dfrac{2\lambda}{\pi} \dfrac{x_f^2}{D_f^2 x_B} = 20\lg \dfrac{2c}{\pi f} \dfrac{x_f^2}{D_f^2 x_B}$ 可知，超声波频率 f 对于大平底与平底孔回波高度的分贝差 Δ_{Bf} 有直接影响。f 增加，Δ_{Bf} 减少，f 减少，Δ_{Bf} 增加。因此，在实际检测中，频率 f 偏差不仅影响利用底波调节灵敏度，而且影响用当量计算法对缺陷定量。

（2）衰减器精度和垂直线性的影响。

A 型脉冲反射式超声波探伤仪是根据相对波高来对缺陷定量的。而相对波高常常用衰减器来度量。因此，衰减器精度直接影响缺陷定量，衰减器精度低，定量误差大。

当采用面板曲线对缺陷定量时，仪器的垂直线性好坏将会影响缺陷定量精度高低。垂直线性差，定量误差大。

（3）探头形式和晶片尺寸的影响。

不同部位、不同方向的缺陷，应采用不同形式的探头。如锻件、钢板中的缺陷大多平行于探测面，宜采用纵波直探头。焊缝中危险性大的缺陷大多垂直于探测面，宜采用横波探头。对于工件表面缺陷，宜采用表面波探头。对于近表面缺陷，宜采用分割式双晶探头。这样定量误差小。

晶片尺寸影响近场区长度和波束指向性，因此对定量也有一定的影响。

（4）探头 K 值的影响。

超声波倾斜入射时，声压往复透射率与入射角有关。对于横波 K 值斜探头而言，不同 K 值的探头灵敏度不同。因此，探头 K 值的偏差也会影响缺陷定量。特别是横波检测平板对接焊缝跟部未焊透等缺陷时，不同 K 值探头探测同一根部缺陷，其回波高度相差较大,当 $K=0.7\sim1.5(\beta_S=35°\sim55°)$ 时,回波较高,当 $K=1.5\sim2.0(\beta_S=55°\sim63°)$ 时,回波很低,容易引起漏检。

2)耦合与衰减的影响

(1)耦合的影响。

超声波检测中,耦合剂的声阻抗和耦合层厚度对回波高度有较大的影响。当耦合层厚度等于半波长的整数倍时,声强透射率与耦合剂性质无关。当耦合层厚度等于 $\lambda_2/4$ 的奇数倍,声阻抗为两侧介质声阻抗的几何平均值($Z_2=\sqrt{Z_1Z_3}$)时,超声波全透射。因此,实际检测中耦合剂的声阻抗,对探头施加的压力大小都会影响缺陷回波高度,进而影响缺陷定量。

此外,当探头与调灵敏度用的试块和被探工件表面耦合状态不同时,而又没有进行恰当的补偿,也会使定量误差增加,精度下降。

(2)衰减的影响。

实际工件是存在介质衰减的,由介质衰减引起的分贝差 $\Delta=2\alpha x$ 可知,当衰减系数 α 较大或距离 x 较大时,由此引起的衰减 Δ 也较大。这时如果仍不考虑介质衰减的影响,那么定量精度势必受到影响。因此,在检测晶粒较粗大和大型工件时,应测定材质的衰减系数 α ,并在定量计算时考虑介质衰减的影响,以便减小定量误差。

3)试件几何形状和尺寸的影响

试件底面形状不同,回波高度不一样,凸曲面使反射波发散,回波降低;凹曲面使反射波聚焦,回波升高。对于圆柱体而言,外圆径向探测实心圆柱体时,入射点处的回波声压理论上同平底面试件,但实际上由于圆柱面耦合不及平面,因而其回波低于平底面。实际检测中应综合考虑以上因素对定量的影响,否则会使定量误差增加。

试件底面与探测面的平行度以及底面的光洁度、干净程度也对缺陷定量有较大的影响。当试件底面与探测面不平行、底面粗糙或沾有水迹、油污时将会使底波下降,这样利用底波调节的灵敏度将会偏高,缺陷定量误差增加。

当探测试件侧壁附近的缺陷时,由于侧壁干涉的结果而使定量不准,误差增加。侧壁附近的缺陷,靠近侧壁探测回波低,原离侧壁探测反而回波高。为了减小侧壁的影响,宜选用频率高、晶片直径大、指向性好的探头探测或采用横波探测。必要时还可以采用试块比较法来定量,以便提高定量精度。

试件尺寸的大小对定量也有一定影响。当试件尺寸较小,缺陷位于 $3N$ 以内时,利用底波调灵敏度并定量,将会使定量误差增加。

4)缺陷的影响

(1)缺陷形状的影响。

试件中实际缺陷的形状是多种多样的,缺陷的形状对其回波的波高有很大影响。平面形缺陷波高与缺陷面积成正比,与波长的平方和距离的平方成反比;球形缺陷波高与缺陷直径成正比,与波长的一次方和距离的平方成反比,长圆柱形缺陷波高与缺陷直径的 $1/2$ 次方成正比,与波长的一次方和距离的 $3/2$ 次方成反比。

对于各种形状的点状缺陷,当尺寸很小时,缺陷形状对波高的影响就变得很小。当点状缺陷直径远小于波长时,缺陷波高正比于缺陷平均直径的 3 次方,即随缺陷大小的变化十分急剧。缺陷变小时,波高急剧下降,很容易下降到检测仪不能发现的程度。

(2)缺陷方位的影响。

前面谈到的情况都是假定超声波入射方向与缺陷表面是垂直的,但实际缺陷表面相对于超声波入射方向往往不垂直。因此,对缺陷尺寸估计偏小的可能性很大。

声波垂直缺陷表面时缺陷波最高。当有倾角时,缺陷波高随入射角的增大而急剧下降。

(3)缺陷波的指向性。

缺陷波高与缺陷波的指向性有关,缺陷波的指向性与缺陷大小有关,而且差别较大。

垂直入射于圆平面形缺陷时,当缺陷直径为波长的 2 ~ 3 倍以上时,具有较好的指向性,缺陷回波较高。当缺陷直径低于上述值时,缺陷波的指向性变坏,缺陷回波降低。

当缺陷直径大于波长的 3 倍时,不论是垂直入射还是倾斜入射,都可把缺陷对声波的反射看成是镜面反射。当缺陷直径小于波长的 3 倍时,缺陷反射不能看成是镜面反射,这时缺陷波能量呈球形分布。垂直入射和倾斜入射都有大致相同的反射指向性。表面光滑与否,对反射波指向性已无影响。因此,检测时倾斜入射也可能发现这种缺陷。

(4)缺陷表面粗糙度的影响。

缺陷表面光滑与否,用波长衡量。如果表面凹凸不平的高度差小于1/3 波长,就可认为该表面是平滑的,这样的表面反射声束类似镜子反射光束,否则就是粗糙表面。

对于表面粗糙的缺陷,当声波垂直入射时,声波被乱反射,同时各部分反射波由于有相位差而发生干涉,使缺陷回波波高随粗糙度的增大而下降。当声波倾斜入射时,缺陷回波波高随凹凸程度与波长的比值增大而增高。当凹凸程度接近波长时,即使入射角较大,也能接到回波。

(5)缺陷性质的影响。

缺陷回波波高受缺陷性质的影响。声波在界面的反射率是由界面两边介质的声阻抗决定的。当两边声阻抗差异较大时,近似地可认为是全反射,反射声波强。当差异较小时,就有一部分声波透射,反射声波变弱。所以,试件中缺陷性质不同、大小相同的缺陷波波高不同。

通常含气体的缺陷,如钢中的白点、气孔等,其声阻抗与钢声阻抗相差很大,可以近似地认为声波在缺陷表面是全反射。但是,对于非金属夹杂物等缺陷,缺陷与材料之间的声阻抗差异较小,透射的声波已不能忽略,缺陷波高相应降低。

另外,金属中非金属夹杂的反射与夹杂层厚度有关,一般地说,层度小于1/4 波长时,随层厚的增加反射相应增加。层厚超过 1/4 波长时,缺陷回波波高保持在一定水平上。

5)缺陷位置的影响

缺陷波高还与缺陷位置有关。缺陷位于近场区时,同样大小的缺陷随位置起伏变化,定量误差大。所以,实际检测中总是尽量避免在近场区检测定量。

超声波检测工艺是根据被检对象的实际情况,依据现行检测标准,结合本单位的实际情况,合理选择检测设备、器材和方法,在满足安全技术规范和标准要求的情况下,正确完成检测工作的书面文件。

三、超声波检测工艺文件

同射线检测一样,超声波检测工艺文件也包括两种,即通用工艺和专用工艺(工艺卡)。

(一)超声波检测通用工艺

超声波检测通用工艺与射线检测通用工艺的总体框架相同,编制要求和射线检测基本相同,只是具体技术要求有所不同,编制时根据工件检测特点选择相应设备器材,确定相应检测方法并提出对应的技术要求,在此不再赘述。

(二)超声波检测专用工艺

专用工艺内容包括下列部分:工艺卡编号、工件(设备)原始数据、规范标准数据、检测方法及技术要求、特殊的技术措施及说明、有关人员签字。

除检测方法及技术要求需要根据超声波检测特点选择确定,其他部分的要求与射线检测工艺卡基本一致。

检测方法及技术要求包括选定的超声波检测设备、探头种类规格参数、试块种类、辅助器材、检测方法、表面补偿、扫描线调节及说明、灵敏度调节及说明、扫查方式及说明、检测部位示意图等。

第六节 不同种类工件的超声波检测

机电类特种设备的超声波检测主要包括原材料(钢板、锻件)、焊接接头(对接、T形接头)的检测,因此本节重点介绍上述种类工件超声波检测的要点及技术要求。

一、原材料的超声波检测

(一)钢板超声波检测

根据板材的材质不同,将板材分为钢板、铝板、铜板等。实际生产中钢板应用最广,因此这里以钢板为例来说明板材的超声波探伤工艺。

1. 钢板加工及常见缺陷

钢板是由板胚轧制而成的,而板胚是由钢锭轧制而成的。

钢板中常见缺陷有分层、折叠、白点等,如图 2-2-57 所示。

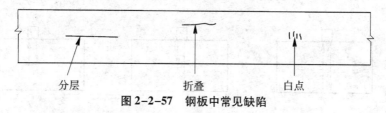

分层　　　　　　　　折叠　　　　　　白点

图 2-2-57　钢板中常见缺陷

分层是钢板中有明显分离层。分层是钢胚中的缩孔、夹渣等在轧制过程中未焊合(未压合)而形成的。分层破坏了钢板的整体连续性,影响钢板承受垂直于板面的拉应力作用的强度。

折叠是钢板表面局部形成互相折合的双层金属。

白点是钢板在轧制后的冷却过程中氢原子来不及扩散而形成的微小裂纹,其裂面呈白色,多出现在厚度大于 40 mm 的钢板中。

钢板中的分层、折叠等缺陷是在轧制过程中形成的,它们大都平行于板面。

根据钢板的厚度不同,将钢板分为薄板和中厚板。一般薄板厚度 $T<6$ mm,中厚板 $T\geqslant6$ mm(中厚板 $T=6\sim40$ mm,厚板 $T>40$ mm)。

2. 中厚板探伤

中厚板常用垂直于板面的纵波探伤法,简称垂直探伤法,薄板常用横波探伤法,因为薄板厚度多在盲区内,无法用垂直探伤法。这里只介绍中厚板的探伤。

1) 耦合方式

中厚板垂直探伤法的耦合方式有接触法和充水耦合法(水浸法),采用的探头有单晶直探头、双晶直探头和聚集探头。

探伤中厚板一般采用多次底波反射法,即在示波屏上显示多次底波。这样不仅可以根据缺陷波来判断缺陷情况,而且可以根据底波衰减情况来判定缺陷情况。只有当板厚很大时才采用一次或二次底波法。一次底波法示波屏上只出现钢板界面回波和一次底波,只计界面回波 S_1 与底波 B_1 之间的缺陷波。

机电类特种设备涉及的钢板超声波检测通常采用接触法探伤,所以在此仅对接触法加以介绍。

探头与工件探测面通过薄层耦合剂实现耦合的探伤方法,称为接触法。

如图 2-2-58 所示,探头位于完好区时,示波屏上显示多次等距离的底波。探头位于缺陷处时,如果缺陷较大,则缺陷波较高,并有多次反射,底波明显下降,次数减少,甚至消失;如果缺陷较小,缺陷波与底波共存,底波无明显变化。值得注意的是,当板厚较薄,板中缺陷较小时,各次底波之前的缺陷波开始几次逐渐升高,然后逐渐下降,这是由于不同反射路径声波互相叠加的结果,因此称为叠加效应,如图 2-2-59 所示。图中 F_1 只有一条路径,F_2 比 F_1 多 3 条路径,F_3 比 F_1 多 5 条路径。路径多,叠加能量多,缺陷回波高。但当路径进一步增加时,衰减也增加,增加到一定程度后衰减的影响比叠加效应更大,因此缺陷波升高到一定程度后又逐渐降低。在钢板探伤中,若出现叠加效应,一般应根据 F_1 来评价缺陷。只有当 $T<20$ mm 时,才以 F_2 来评价缺陷,这主要是为了减少近场区的影响。

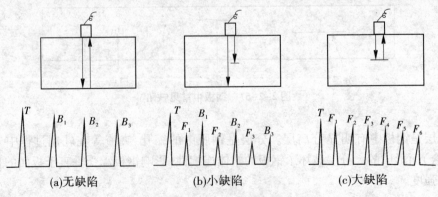

(a)无缺陷　　　　　　(b)小缺陷　　　　　　(c)大缺陷

图 2-2-58　多次反射法

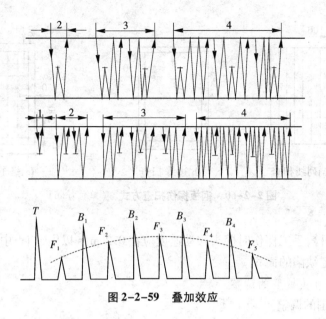

图 2-2-59　叠加效应

2) 探头与扫查方式的选择

(1) 探头的选择。

探头的选择包括探头频率、晶片直径和结构形式的选择。

由于钢板晶粒比较细,为了获得较高的分辨力,宜选用较高的频率,一般为 $2.5 \sim 5.0 \ MHz$。

钢板面积大,为了提高探伤效率,宜选用较大直径的探头。但对于厚度较小的钢板,探头直径不宜过大,因为大探头近场区长度大,对探伤不利。一般探头直径范围为 $\phi 10 \sim \phi 25 \ mm$。

探头的结构形式主要根据板厚来确定。板厚较大时,常选用单晶直探头。板厚较薄时可选用联合双晶直探头,因为联合双晶直探头盲区很小。双晶直探头主要用于探测厚度为 $6 \sim 20 \ mm$ 的钢板。

(2) 扫查方式的选择。

根据钢板用途和要求(标准、技术合同、协议书或图样的要求)不同,采用的主要扫查方式分为全面扫查、列线扫查、边缘扫查和格子扫查等几种。

①全面扫查。对钢板作 100% 的扫查,每相邻两次扫查应有 10% 重复扫查面,探头移动方向垂直于压延方向。全面扫查用于重要的要求高的钢板探伤。

②列线扫查。在钢板上画出等距离的平行列线,探头沿列线扫查,一般列线间距为 100 mm,并垂直于压延方向,如图 2-2-60(a) 所示。

③边缘扫查。在钢板边缘的一定范围内作全面扫查,例如某钢板四周 50 mm 范围内作全面扫查,如图 2-2-60(b) 所示。

④格子扫查。在钢板边缘 50 mm 范围内作全面扫查,其余按 200 mm×200 mm 的格子线扫查,如图 2-2-60(c) 所示。

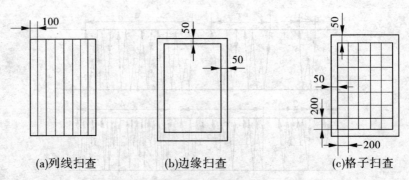

(a)列线扫查　　　　(b)边缘扫查　　　　(c)格子扫查

图 2-2-60　钢板探伤扫查方式　（单位：mm）

为了防止漏检，手工探伤时探头移动速度应在 0.2 m/s 以内，扫查中发现缺陷时应在其周围细探，确定缺陷的面积。

3）探测范围和灵敏度的调整

（1）探测范围的调整。

探测范围的调整一般根据板厚来确定。接触法探伤板厚 30 mm 以下时，应能看到 B_{10}，探测范围调至 300 mm 左右。板厚在 30～80 mm，应能看到 B_5，探测范围为 400 mm 左右。板厚大于 80 mm，可适当减少底波的次数，但探测范围仍保证在 400 mm 左右。

（2）灵敏度的调整。

钢板探伤中灵敏度的调整方法有以下几种：

①阶梯试块法。当板厚≤20 mm 时，用图 2-2-61 阶梯试块上与工件等厚的底面第一次底波达满幅度 50%，再提高 10 dB 作为探伤灵敏度。

②平底孔试块法。当厚板＞20 mm，使图 2-2-62 平底孔试块的 φ5 平底孔第一次回波达 50% 作为探伤灵敏度，试块尺寸见表 2-2-6。

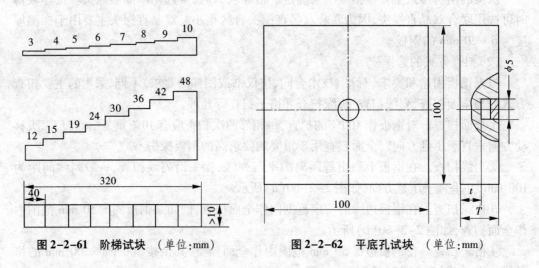

图 2-2-61　阶梯试块　（单位：mm）　　　　**图 2-2-62　平底孔试块**　（单位：mm）

③底波法。当板厚＜60 mm 时，也可取钢板无缺陷处的第一次底波达 50% 来校准灵

敏度。此外,还可利用多次底波来调节,例如要求示波屏上出现5次底波,底波B_5达50%即可。

表2-2-6　平底孔试块尺寸

试件编号	1	2	3	4	5
钢板厚度(mm)	>20~40	>40~60	>60~100	>100~160	>160~200
平底孔深度t(mm)	15	30	50	90	140
试块厚度T(mm)	≥20	≥40	≥65	≥110	≥170

4)缺陷的判别与测定

(1)缺陷的判别。

钢板探伤中,一般根据缺陷波和底波来判别钢板中的缺陷情况,JB/T 4730.3—2005标准规定以下几种情况作为缺陷:

①缺陷第一次反射波F_1≥50%。

②第一次底波B_1<100%,第一次缺陷波F_1与第一次底波B_1之比F_1/B_1≥50%。

③第一次底波B_1<50%。

(2)缺陷的测定。

探伤中发现缺陷以后,要测定缺陷的位置、大小,并估判缺陷的性质。

①缺陷位置的测定。缺陷位置的测定包括缺陷的深度和平面位置。前者可据示波屏上缺陷波所对的刻度来确定。后者根据发现缺陷的探头位置来确定,并在工件或记录纸上标出缺陷至工件相邻两边界的距离。

②缺陷定量。钢板中缺陷常采用测长法测定其指示长度和面积。

JB/T 4730—2005 规定:

当F_1≥50%或F_1/B_1≥50%(B_1<100%)时,使F_1达25%或F_1/B_1达50%时探头中心移动距离为缺陷指示长度,探头中心轨迹即为缺陷边界。需要注意的是,用双晶直探头测长时,探头的移动方向应与其声波分割面相垂直。

当B_1<50%时,使B_1达50%时探头中心移动距离为缺陷指示长度,探头中心轨迹即为缺陷边界。

③缺陷性质的估计。分层:缺陷波形陡直,底波明显下降或消失。折叠:不一定有缺陷波,但底波明显下降,次数减少甚至消失,始波加宽。白点:波形密集尖锐活跃,底波明显降低,次数减少,重复性差,移动探头,回波此起彼伏。

(3)钢板质量级别判定。

JB/T 4730—2005 根据缺陷指示长度、单个缺陷面积与缺陷指示面积占有率不同将钢板质量分为Ⅰ、Ⅱ、Ⅲ、Ⅳ等四级,Ⅰ级最高,Ⅳ级最低。具体分级方法见表2-2-7。

缺陷指示长度是指缺陷最大长度尺寸。缺陷指示面积是缺陷边界范围内的面积。对于间距小于100 mm或小于较小缺陷指示长度的多个缺陷,以各块缺陷面积之和作为单个缺陷指示面积。

探伤过程中,探伤人员确认钢板中有白点、裂纹等危害性缺陷存在,则应判废,不作评级。

表 2-2-7　钢板质量分级

等级	单个缺陷 指示长度 （mm）	单个缺陷 指示面积 （cm²）	在任一 1 m×1 m 检测面积内存在的 缺陷面积百分比（%）	以下单个缺陷 指示面积不计 （cm²）
Ⅰ	<80	<25	≤3	<9
Ⅱ	<100	<50	≤5	<15
Ⅲ	<120	<100	≤10	<25
Ⅳ	<150	<100	≤10	<25
Ⅴ	超过Ⅳ级者			

注:Ⅳ级钢板主要用于与承压设备有关的支承件和结构件的制造安装。

（二）锻件超声波检测

锻件在机电类特种设备中的应用在起重设备、客运索道、大型游乐设施方面,锻件,尤其是大型锻件处于高负荷、高速度下运行,使用条件苛刻,因此超声波探伤保障其质量显得更为重要。从原材料开始到成品,一直到在用锻件都要进行超声检测。

大多数锻件几何尺寸较大,缺陷分布取向多样,难于应用射线进行探伤,对锻件内部缺陷采用超声波探伤是当前唯一的较好方法。由于锻件的用途、形状、材质以及可能产生的缺陷种类等是多样化的,作为有针对性的最佳检测方法也各有差异,本章就一般的检测原理和检测方法加以叙述。

1. 锻件加工方法及常见缺陷

1) 锻件加工方法

锻件原材料为钢锭或型钢（轧材）。首先由不定型的原材料在热态下锻压成锻件胚料,然后进行机械加工成规定的几何尺寸。为了改变钢材的金相组织和机械性能,锻件胚料或在机械加工过程中还需要进行热处理。

由热态的原材料锻压成锻件胚料的方式有如下三种:

（1）墩粗。锻压力施加于钢锭或型钢的两端,形变发生在横截面上,主要用于饼形或碗形锻件胚料制作。

（2）拔长。锻压力施加于钢锭或型钢的外圆,形变发生在长度方向,主要用于轴类锻件的毛胚料制作。

（3）滚压。将已墩粗的胚件经冲孔并插入芯棒,在外圆施加锻压力。滚压既有纵向变形,又有横向变形,主要用于筒形锻件胚料制作。

锻件机械加工方法包括车削、精磨、镗孔、钻孔、铣槽、攻丝等工序。锻件热处理方式包括退火、回火、正火和淬火,其中淬火加回火称为调质处理。

2) 锻件常见缺陷

锻件按生产过程和使用过程可能产生的缺陷分为:

　　（1）原材料缺陷。即钢锭中的缺陷,属铸造缺陷,主要有缩孔、疏松、夹杂、裂纹等。缩孔是钢锭中形成的较大孔穴;疏松是指钢锭在凝固收缩时形成的不致密和微小孔穴,主要分布于钢锭的中心及头部;夹杂有非金属夹杂和金属夹杂,主要分布在钢锭的中心及头部,夹杂缺陷经锻压后由体积性缺陷变为面积性缺陷分布在成品之中;钢锭裂纹存在于内部或外表,合金钢材产生裂纹概率较高,奥氏体钢轴心裂纹就是铸造引起的裂纹,钢锭中的裂纹在锻件锻压和热处理过程中无法消除,存在于成品之中。

　　（2）锻造缺陷。锻件在锻压过程中可能产生的缺陷有裂纹、白点、折叠等。白点是锻件含氢量较高,锻后冷却过快,钢中溶解的氢来不及逸出,造成应力过大引起开裂而形成的。白点主要聚集在锻件大截面轴心,总是成群出现。合金总量超过 3.5% ~ 4.0% 和 Cr、Ni、Mn 的合金钢大型锻件容易产生白点。

　　（3）机加工中可能产生的缺陷为磨削裂纹。磨削裂纹同属裂纹,只不过是裂纹很浅,长度很短,非肉眼可见,对于某些合金材料锻件,在磨削加工时有可能出现。

　　（4）热处理缺陷,锻件在热处理过程中主要可能产生裂纹。

　　（5）在用锻件缺陷,即锻件运行后可能产生新的或发展的缺陷。主要为疲劳裂纹。多发生在应力集中处。

　　2.探伤方法概述

　　按探伤时间分类,锻件探伤可分为原材料探伤和制造过程中的探伤,产品检验及在用检验。

　　原材料探伤和制造过程中探伤的目的是及早发现缺陷,以便及时采取措施避免缺陷扩大造成报废。产品检验的目的是保证产品质量。在用检验的目的是监督运行后可能产生或发展的缺陷,主要是疲劳裂纹。

　　锻件接其形状分类,有轴类锻件、饼形锻件、碗形锻件和筒类锻件,按材质分类有碳素钢和合金钢锻件。机电类特种设备较多涉及碳钢轴类锻件,如主轴、曲轴、连杆等;而承压类特种设备较多涉及饼形锻件、碗形锻件、筒形锻件。在此重点介绍碳钢轴类锻件的超声波检测。

　　轴类锻件的锻造工艺主要以拔长为主,因而大部分缺陷的取向与轴线平行,此类缺陷的探测以纵波直探头从径向探测效果最佳。考虑到缺陷会有其他的分布及取向,因此轴类锻件探伤,还应辅以直探头轴向探测和斜探头周向探测及轴向探测。

　　1）直探头径向探测和轴向探测

　　如图 2-2-63 所示,直探头作径向探测时将探头置于轴的外缘,沿外缘作全面扫查,以发现轴类锻件常见的纵向缺陷。

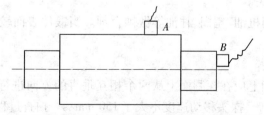

图 2-2-63　轴类锻件直探头径向探测和轴向探测

直探头作轴向探测时,探头置于轴的端头,并在轴端作全面扫查,以检出与轴线相垂直的横向缺陷。但当轴的长度太长或轴有多个直径时,会有声束扫查不到的死区,因而此方法有一定的局限性。

2)斜探头周向探测及轴向探测

锻件中若在片状轴向探测及径向探测或轴向探测都难以检出的,则必须使用斜探头在轴的外圆作周向探测及轴向探测。考虑到缺陷的取向,推测时探头应作正、反两个方向的全面扫查,如图2-2-64所示。

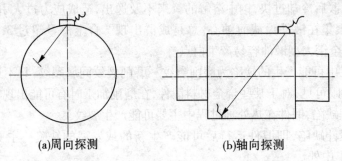

(a)周向探测　　　　　　　　　　　(b)轴向探测

图2-2-64　轴类锻件斜探头周向探测和轴向探测

3.探测条件的选择

1)探头的选择

锻件超声波探伤时,主要使用纵波直探头,晶片尺寸为 $\phi14 \sim \phi25$ mm,常用 $\phi20$ mm。对于较小的锻件,考虑近场区和耦合损耗原因,一般采用小晶片探头。有时为了探测与探测面成一定倾角的缺陷,也可采用一定 K 值的斜探头进行探测。对于近表面缺陷,由于直探头的盲区和近场区的影响,常采用双晶直探头探测。

锻件的晶粒一般比较细小,因此可选用较高的探伤频率,常用 $2.5 \sim 5.0$ MHz。对于少数材质晶粒粗大衰减严重的锻件,为了避免出现"林状回波",提高信噪比,应选用较低的频率,一般为 $0.5 \sim 2$ MHz。

对于横波检测,一般选择 K_1 的斜探头进行检测。

2)耦合选择

在锻件探伤时,为了实现较好的声耦合,一般要求探测面的表面粗糙度 R_a 不高于 6.3 μm,表面平整均匀,无划伤、油垢、污物、氧化皮、油漆等。

当在试块上调节探伤灵敏度时,要注意补偿试块与工件之间因曲率半径和表面粗糙度不同引起的耦合损失。

锻件探伤时,常用机油、糨糊、甘油等做耦合剂。当锻件表面较粗糙时也可用水玻璃做耦合剂。

3)扫查方法的选择

锻件探伤时,原则上应在探测面上从两个相互垂直的方向进行全面扫查。扫查覆盖面应为探头直径的15%,探头移动速度不大于 150 mm/s。扫查过程中要注意观察缺陷波的情况和底波的变化情况。

4)材质衰减系统的测定

当锻件尺寸较大时,材质的衰减对缺陷定量有一定的影响。特别是材质衰减严重时,影响更明显。因此,在锻件探伤中有时要测定材质的衰减系数 α。衰减系数可利用下式来计算:

$$\alpha = \frac{[B]_1 - [B]_2 - 6}{2x} \quad (\text{dB/mm})$$

式中 $[B]_1 - [B]_2$——无缺陷处第一、二次底波高的分贝差;

x——底波声程(单程)。

值得注意的是:测定衰减系数时,探头所对锻件底面应光洁干净,底面形状为大平底或圆柱面,$x \geq 3N$,测试处无缺陷。一般选取三处进行测试,最后取平均值。

5)试块选择

锻件探伤中,要根据探头和探测面的情况选择试块。

采用纵波直探头探伤时,常选用 CS-Ⅰ 和 CS-Ⅱ 试块来调节探伤灵敏度和对缺陷定量。采用纵波双晶直探头探伤时常选用图 2-2-65 所示的试块来调节探伤灵敏度和对缺陷定量。该试块的人工缺陷为平底孔,孔径有 φ2、φ3、φ4、φ6 等四种,距离 L 分别为 5 mm、10 mm、15 mm、25 mm、30 mm、35 mm、40 mm、45 mm。

当探测面为曲面时,应采用曲面对比试块来测定由于曲率不同引起的耦合损失。对比试块如图 2-2-66 所示。

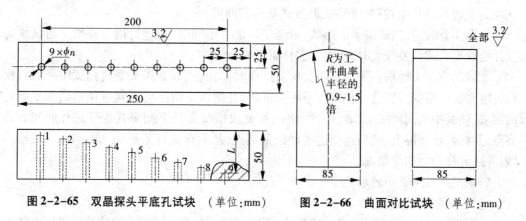

图 2-2-65 双晶探头平底孔试块 (单位:mm) 　 图 2-2-66 曲面对比试块 (单位:mm)

6)探伤时机

锻件超声波探伤应在热处理后进行,因为热处理可以细化晶粒,减少衰减。此外,还可以发现热处理中产生的缺陷。

对于带孔、槽和台阶的锻件,超声波探伤应在孔、槽、台阶加工前进行。因为孔、槽、台阶对探伤不利,容易产生各种非缺陷回波。

当热处理后材质衰减仍较大且对探测结果有较大影响时,应重新进行热处理。

4.扫描速度和灵敏度的调节

1)扫描速度的调节

锻件探伤前,一般根据锻件要求的探测范围来调节扫描速度,以便发现缺陷,并对缺陷定位。

扫描速度的调节可在试块上进行,也可在锻件上尺寸已知的部位上进行,在试块上调节扫描速度时,试块上的声速尽可能与工件相同或相近。

调节扫描速度时,一般要求第一次底波前沿位置不超过水平刻度极限的80%,以利观察一次底波之后的某些信号情况。

2)探伤灵敏度的调节

锻件探伤灵敏度是由锻件技术要求或有关标准确定的。一般不低于 φ2 平底孔当量直径。

调节锻件探伤灵敏度的方法有两种:一种是利用锻件底波来调节,另一种是利用试块来调节。

(1)底波调节法。

当锻件被探部位厚度 $x \geq 3N$,且锻件具有平行底面或圆柱曲底面时,常用底波来调节探伤灵敏度。

底波调节法,首先要计算或查 AVG 曲线求得底面回波与某平底回波的分贝差,然后再调节。

(2)试块调节法。

①单直探头探伤。当锻件的厚度 $x < 3N$ 或由于几何形状所限或底面粗糙时,应利用具有人工缺陷的试块来调节探伤灵敏度,如 CS-1 和 CS-2 试块。调节时将探头对准所需试块的平底孔,调"增益"使平底孔回波达基准高即可。

值得注意的是,当试块表面形状、粗糙度与锻件不同时,要进行耦合补偿。当试块与工件的材质衰减相差较大时,还要考虑材质衰减补偿。

②双晶直探头探伤。采用双晶直探头探伤时,要利用双晶探头平底孔试块来调节探伤灵敏度。先根据需要选择相应的平底孔试块,并测试一组距离不同直径相同的平底孔的回波,使其中最高回波达满刻度的80%,在此灵敏度条件下测出其他平底孔的回波最高点,并标在示波屏上,然后连接这些回波最高点,从而得到一条平底孔距离——波幅曲线,并以此作为探伤灵敏度。

5. 缺陷位置和大小的测定

1)缺陷位置的测定

在锻件探伤中,主要采用纵波直探头探伤,因此可根据示波屏上缺陷波前沿所对的水平刻度值 τ_f 和扫描速度 $1:n$ 来确定缺陷在锻件中的位置。缺陷至探头的距离 x_f 为

$$x_f = n\tau_f$$

2)缺陷大小的测定

在锻件探伤中,对于尺寸小于声束截面的缺陷一般用当量法定量。若缺陷位于 $x \geq 3N$ 区域时,常用当量法和当量 AVG 曲线法定量;若缺陷位于 $x < 3N$ 区域时,常用试块比较法定量。对于尺寸大于声束截面的缺陷一般采用测长法。必要时还可采用底波高度法来确定缺陷的相对大小。下面重点介绍当量计算法和 6 dB 测长法在锻件探伤中的应用。

(1)当量计算法。

当量计算法是利用各种规则反射体的回波声压公式和实际探伤中测得结果(缺陷的

位置和波高)来计算缺陷的当量大小。当量计算法是目前锻件探伤中应用最广泛的一种定量方法。用当量计算法定量时,要考虑调节探伤灵敏度的基准。

采用不同反射体调节灵敏度时,当量计算公式也不同。

(2)6 dB 测长法。

在平面探伤中,用 6 dB 测长法测定缺陷的长度时,探头的移动距离就是缺陷的指示长度,如图 2-2-67 所示。

然而,在对圆柱形锻件进行周向探伤时,探头的移动距离不再是缺陷的指示长度了,这时要按几何关系来确定缺陷的指示长度,如图 2-2-68 所示。

外孔周向探伤测长时,缺陷的指示长度 L_f 为

$$L_f = \frac{L}{R}(R - x_f)$$

式中　L——探头移动的外圆弧长;

　　　R——圆柱体外半径;

　　　x_f——缺陷的声程。

内孔周向探伤测长时,缺陷的指示长度 L_f 为

$$L_f = \frac{l}{r}(r + x_f)$$

式中　l——探头移动的内圆弧长;

　　　r——圆柱体内半径;

　　　x_f——缺陷的声程。

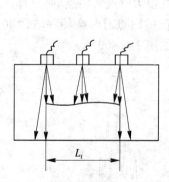

图 2-2-67　平面探伤 6 dB 测长法

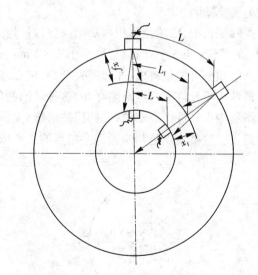

图 2-2-68　圆弧面探伤 6 dB 测长法

6. 缺陷回波的判断

在锻件探伤中,不同性质的缺陷回波是不同的,实际探伤时,可根据示波屏上的缺陷回波情况来分析缺陷的性质和类型。

1）单个缺陷回波

锻件探伤中，示波屏上单独出现的缺陷回波称为单个缺陷回波。一般单个缺陷是指与邻近缺陷间距大于 50 mm、回波高不小于 $\phi2$ mm。如锻件中单个的夹层、裂纹等。探伤中遇到单个缺陷时，要测定缺陷的位置和大小。当缺陷较小时，用当量法定量，当缺陷较大时，用 6 dB 法测定其面积范围。

2）分散缺陷回波

锻件探伤时，工件中的缺陷较多且较分散，缺陷彼此间距较大，这种缺陷回波称为分散缺陷回波。一般在边长为 50 mm 的立方体内少于 5 个，不小于 $\phi2$ mm。如分散性的夹层。分散缺陷一般不太大，因此常用当量法定量，同时还要测定分散缺陷的位置。

3）密集缺陷回波

锻件探伤中，示波屏上同时显示的缺陷回波甚多，波与波之间距离甚小，有时波的下沿连成一片，这种缺陷回波称为密集缺陷回波。

密集缺陷的划分，根据不同的验收标准有不完全相同的定义。

（1）以缺陷的间距划分，规定相邻缺陷间的间距小于某一值时为密集缺陷。

（2）以单位长度时基线内显示的缺陷回波数量划分，规定在相当于工件厚度值的基线内，当探头不动或稍作移动时，一定数量的缺陷回波连续或断续出现时为密集缺陷。

（3）以单位面积中的缺陷回波划分，规定在一定探测面积下，探出的缺陷回波数量超过某一值定为密集缺陷。

（4）以单位体积内缺陷回波数量划分，规定在一定体积内缺陷回波数量多于规定值时定为密集缺陷。

实际探伤中，以单位体积内缺陷回波数量划分较多。一般规定在边长 50 mm 的立方体内，数量不少于 5 个，当量直径不小于 $\phi2$ mm 的缺陷为密集缺陷。

密集缺陷可能是疏松、非金属夹杂物、白点或成群的裂纹等。

锻件内不允许有白点缺陷存在，这种缺陷的危险性很大。通常白点的分布范围较大，且基本集中于锻件中心部位，它的回波清晰、尖锐，成群的白点有时会使底波严重下降或完全消失。这些特点是判断锻件中白点的主要依据，如图 2-2-69 所示。

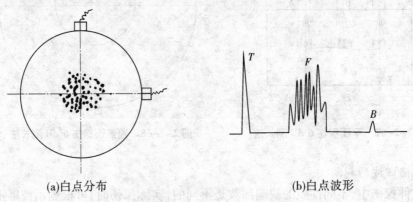

(a)白点分布　　　　　　　　(b)白点波形

图 2-2-69　白点的分布与波形

4）游动回波

在圆柱形轴类锻件探伤过程中,当探头沿着轴的外圆移动时,示波屏上的缺陷波会随着该缺陷探测声程的变化而游动,这种游动的动态波形称为游动回波。

游动回波的产生是由于不同波束射至缺陷产生反射引起的。波束轴线射至缺陷时,缺陷声程小、回波高。左右移动探头,扩散波束射至缺陷时,缺陷声程大、回波低。这样同一缺陷回波的位置和高度随探头移动发生游动,如图2-2-70所示。

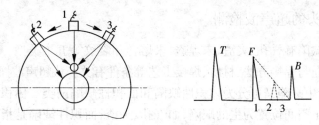

图 2-2-70　游动回波

不同的探测灵敏度,同一缺陷回波的游动情况不同。一般可根据探测灵敏度和回波的游动距离来鉴别游动回波。一般规定游动范围达25 mm时,才算游动回波。

根据缺陷游动回波包络线的形状,可粗略地判别缺陷的形状。

5）底面回波

在锻件探伤中,有时还可根据底波变化情况来判别锻件中的缺陷情况。

当缺陷回波很高,并有多次重复回波,而底波严重下降甚至消失时,说明锻件中存在平行于探测面的大面积缺陷。

当缺陷回波和底波都很低甚至消失时,说明锻件中存在大面积但倾斜的缺陷或在探测面附近有大缺陷。

当示波屏上出现密集的互相彼连的缺陷回波,底波明显下降或消失时,说明锻件中存在密集性缺陷。

7.非缺陷回波分析

锻件探伤中还会出现一些非缺陷回波影响对缺陷波的判别。常见的非缺陷回波有以下几种:

（1）三角反射波。

（2）迟到波。

（3）61°反射波。

（4）轮廓回波。

此外,在锻件探伤中还可能产生一些其他的非缺陷回波,这时应根据锻件的结构形状、材质和锻造工艺应用超声波反射、折射和波形转换理论来进行分析判别。

8.锻件质量级别的评定

锻件探伤中常见缺陷有单个缺陷和密集缺陷两大类,实际探伤中根据锻件中单个缺陷的当量尺寸、底波的降低情况和密集缺陷面积占探伤面积的百分比不同将锻件质量分Ⅰ、Ⅱ、Ⅲ、Ⅳ、Ⅴ等五种,其中Ⅰ级最高,Ⅴ级最低。质量级别评定按照单个缺陷情况、底波降低情况,密集性缺陷分别进行评定,以级别最低者作为最终级别。

如果某些缺陷波被检测人员判为危害性缺陷,那么可以不受上述条件的限制,一律评为最低级,不合格。

现行机电类特种设备的锻件超声波检测标准有锻轧钢棒超声检测方法(GB/T 4162—2008),相关规范及设计文件如未明确,可参照承压设备无损检测(JB/T 4730.3—2005)。

二、焊接接头的超声波检测

焊缝中常见缺陷有气孔、夹渣、未焊透、未熔合和裂纹等五个类型。缺陷形成及其在焊缝中的分布走向与焊接方法、材质、焊接工艺等条件有关。从超声波探伤和射线探伤特性分析出发,焊缝中缺陷又可分为体积性缺陷和面积性缺陷两类。体积性缺陷是指缺陷在焊缝中仅有一定空间位置为主的缺陷,如气孔、夹渣;面积性缺陷是指在焊缝中以较大面积展现在焊缝中,占据空间较小,如裂纹、未熔合和未焊透。这类缺陷危害性较大,对超声波反射比较敏感,检出率较高。

(一)对接接头的超声波检测

1. 对接接头超声检测技术等级及要求

1)超声检测技术等级

JB/T 4730.3—2005 中超声检测技术等级分为 A、B、C 三个检测级别。超声检测技术等级选择应符合制造、安装、在用等有关规范、标准及设计图样规定。

2)不同检测技术等级的要求

(1)A 级检测仅适用于母材厚度为 8~46 mm 的对接焊接接头。可用一种 K 值探头采用半波程法和全波程法在对接焊接接头的单面单侧进行检测。一般不要求进行横向缺陷的检测。

(2)B 级检测。

①母材厚度不小于 8~46 mm 时,一般用一种 K 值探头采用半波程法和全波程法在对接焊接接头的单面双侧进行检测,如图 2-2-71 所示。

②母材厚度大于 46~120 mm 时,一般用一种 K 值探头采用半波程法在焊接接头的双面双侧进行检测,如受几何条件限制,也可在焊接接头的双面单侧或单面双侧采用两种 K 值探头进行检测。

③母材厚度大于 120~400 mm 时,一般用两种 K 值探头采用半波程法在焊接接头的双面双侧进行检测。两种探头的折射角相差应不小于 10°,如图 2-2-72 所示。

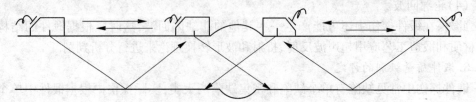

图 2-2-71　单面双侧检测示意

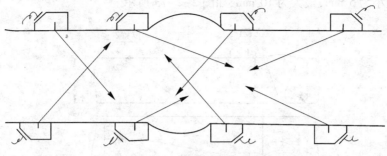

图 2-2-72　两面四侧检测示意

④应进行横向缺陷的检测。检测时,可在焊接接头两侧边缘使探头与焊接接头中心线成 10°～20°作两个方向的斜平行扫查。如焊接接头余高磨平,探头应在焊接接头及热影响区上沿着焊缝作两个方向的平行扫查。

(3)C 级检测。

采用 C 级检测时应将焊接接头的余高磨平。

①母材厚度为 8～46 mm 时,一般用两种 K 值探头采用半波程法和全波程法在焊接接头的单面双侧进行检测。两种探头的折射角相差应不小于 10°,其中一个折射角应为 45°。

②母材厚度大于 46～400 mm 时,一般用两种 K 值探头采用半波程法在焊接接头的双面双侧进行检测。两种探头的折射角相差应不小于 10°。对于单侧坡口角度小于 5°的窄间隙焊缝,如有可能应增加检测与坡口表面平行缺陷的有效检测方法。

③应进行横向缺陷的检测。检测时,将探头放在焊缝及热影响区上沿着焊缝作两个方向的平行扫查。

④对于 C 级检测,斜探头扫查声束通过的母材区域,应先用直探头检测,以便检测是否有影响斜探头检测结果的分层或其他种类缺陷存在。该项检测仅作记录,不属于对母材的验收检测。母材检测的要点如下:

检测方法。接触式脉冲反射法,采用频率 2～5 MHz 的直探头,晶片直径 10～25 mm。

检测灵敏度。将无缺陷处第二次底波调节为荧光屏满刻度的 100%。

凡缺陷信号幅度超过荧光屏满刻度 20% 的部位,应在工件表面作出标记,并予以记录。

3)起重机械焊缝超声波检测标准

JB/T 10559—2006 标准中,主要适用母材厚度为 8～100 mm 结构钢全焊透熔化焊接接头,焊缝等级分为 1、2、3 级。1 级指重要受拉结构件的焊接接头,2 级是指一般受拉结构件的焊接接头,3 级是指受压结构件的焊接接头。具体检测方法与 JB/T 4730.3—2005 类似。

2.检测条件的选择

1)检测区域的确定

检测区的宽度应是焊缝本身,再加上焊缝两侧各相当于母材厚度 30% 的一段区域,这个区域最小为 5 mm,最大为 10 mm,如图 2-2-73 所示。

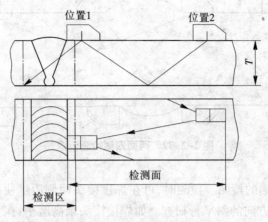

图 2-2-73　检测和探头移动区

2) 探头移动区域确定

探头移动区域应清除焊接飞溅、铁屑、油垢及其他杂质。检测表面应平整,便于探头的扫查,其表面粗糙度 R_a 值应小于或等于 6.3 μm,一般应进行打磨至光滑无棱。

(1) 采用一次反射法检测时,探头移动区应大于或等于 1.25P:

$$P = 2KT$$

或

$$P = 2T\tan\beta$$

式中　P——跨距,mm;

　　　T——母材厚度,mm;

　　　K——探头 K 值;

　　　β——探头折射角,(°)。

(2) 采用直射法时,探头移动区应大于或等于 0.75P。

3) 去除余高的焊缝

应将余高打磨到与邻近母材平齐。保留余高的焊缝,如果焊缝表面有咬边、较大的隆起和凹陷等也应进行适当的修磨,并作圆滑过渡,以免影响检测结果的评定。

4) 检测时机的确定

焊接接头区域的危害性缺陷,特别是延迟裂纹,是构件在焊后冷却到室温时所产生的裂纹,有的具有延迟现象,它并不是在构件焊后立即产生,通常是在焊后数小时或者更长时间产生。而检测必须在延迟裂纹产生后进行。因此,把握好焊后的检测时机,防止延迟裂纹的漏检是十分重要的。

对于一般材质的焊接接头,检测时间可以规定在焊后进行。但如果焊接接头很厚,刚度和焊接应力比较大,检测时间应适当延长。

低合金高强钢焊接构件,检测时间一般规定在焊完的 24 h 以后。

上述规定也适合于焊缝返修以后的检测。

5）耦合剂的选择

耦合剂一般有下列几种：甘油、机油、糨糊等。上述耦合剂都具有一定的黏度，有利于粗糙面和曲面的检测。从超声波传播特性来看，使用甘油效果比较好，机油和糨糊差别也不大。不过，后者有较好的黏性，可以用于任意姿势的检测，并且同甘油一样具有水洗性。但在检测过程中要防止其过快地干燥，以保证探头与被探测面之间始终有湿润的耦合剂，以便取得良好的声耦合。

3. 仪器与探头选择

1）仪器选择

（1）仪器的性能、仪器与探头的组合性能等，必须符合 JB/T 4730.3—2005 标准以及 JB/T 10061—1999 标准的规定。

（2）超声探伤仪的几个主要指标，如水平线性、垂直线性、动态范围等，应按标准进行定期校验，并经检定合格，发现故障要及时予以修理，使仪器始终保持良好的工作状态。

2）探头选择

（1）探头频率选择。

频率是超声检测中一个很重要的参数。焊接接头超声检测选用何种频率，需要考虑下述因素：被探测面的粗糙度、材质、晶粒大小、超声的穿透能力、分辨力、检测精确度、检测速度等。

关于焊接接头检测推荐表2-2-8所列频率供参考。

表2-2-8　探头频率推荐表

母材厚度（mm）	频率（MHz）
$t \leqslant 50$	5 或 2.5
$50 < t \leqslant 75$	5 或 2.5
$t > 75$	2.5
晶粒粗大的铸件和奥氏体钢焊缝	1.0、2.0、4.0

（2）探头晶片选择。

中厚板、厚板焊接接头检测，若被探测面很平整，使用大晶片探头进行检测也能达到良好的接触，在此种情况下，为了提高检测速度，可以使用晶片尺寸较大的探头。如果板较薄且变形较大，或者具有一定弧度的结构件焊接接头检测，为了使探头与被探测面之间很好地接触，以达到良好的耦合，应选择晶片尺寸较小的探头。

（3）探头 K 值选择。

探头 K 值的选择应遵循以下三方面原则：

①使声束能扫查到整个焊缝截面。

②使声束中心线尽量与主要缺陷垂直。

③保证有足够的灵敏度。

焊接接头超声检测要求探头声束具有良好的指向性、较高的灵敏度、始波占宽小、杂波少、探头的前沿尺寸(L_0值)小以及合适的 K 值。

K 值可根据工件的厚度来选择。薄板焊接接头超声检测为避免近场区的影响,提高定位定量精度,故一般采用大 K 值探头。大厚度焊接接头检测为缩短声程、减少衰减、提高检测灵敏度以及减少打磨宽度,故一般采用 K 值较小的探头。但大量实践证明,低合金高强钢大厚度焊缝中的裂纹,采用较大和较小的两种 K 值探头分别检测,尽管两者检测灵敏度完全相同,但 K 值较小的探头很难甚至根本发现不了此种裂纹,很容易漏检。因此,尽管焊缝母材很厚,但在条件允许的情况下,也应尽量采用 K 值大的探头,或者同时采用较大和较小的两种 K 值探头联合探测。表 2-2-9 所列为焊接接头检测探头 K 值的选择,供参考。

表 2-2-9　推荐采用的斜探头 K 值

板厚 T(mm)	K 值
6 ~ 25	3.0 ~ 2.0(72° ~ 60°)
>25 ~ 46	2.5 ~ 1.5(68° ~ 56°)
>46 ~ 120	2.0 ~ 1.0(60° ~ 45°)
>120 ~ 400	2.0 ~ 1.0(60° ~ 45°)

4. 试块的准备

超声仪器性能的测试、探头性能的测试、探头与仪器组合性能的测试以及距离—波幅曲线的绘制等,都离不开标准试块。不同标准都规定采用不同的标准试块和对比试块,JB/T 4730.3—2005 标准规定采用 CSK-ⅠA、CSK-ⅡA、CSK-ⅢA 以及 CSK-ⅣA 作为标准试块。具体采用哪种试块,视被检工件而定。若采用其他标准时,一定要用该标准指定的试块。

5. 仪器扫描速度的调整

众所周知,目前检测焊接接头的超声探伤仪,不管是模拟或是数字式仍然以 A 型脉冲显示为主。呈现在仪器时基扫描线上的回波,不仅有缺陷回波,而且还有各种干扰回波,比较复杂,判断较困难。因此,为了识别真伪缺陷,必须对探头进行校准;对仪器时机扫描线比例(扫描速度)的调整,以便对各种反射波的准确定位。

1)横波探头入射点、K 值的测定

(1)CSK-ⅠA 标准试块上测量。

(2)CSK-ⅢA 标准试块上测量。

2)仪器时基扫描线调整的方法

规范的调整方法,应该使用标准试块,因为在用标准试块调整时,会在荧光屏上同时呈现两个反射体回波,调整时既方便、快捷又准确,推荐采用该种调节方法。

6. 距离—波幅曲线的绘制

对于相同大小的缺陷而言,由于其声程不同,回波高度也不同,在检测时,要根据缺陷回波高度判定缺陷是否有害(或超标),必须按不同声程对回波高度进行修正。也就是说,荧光屏上回波高度的读线,在横轴上不是一条水平线,而是一条倾斜的曲线。这条曲线就称做距离—波幅曲线。不同的标准,对距离—波幅曲线的绘制方法有不同的规定。

距离—波幅曲线应按所用探头和仪器在试块上实测的数据绘制而成,该曲线族由评定线、定量线和判废线组成。评定线与定量线之间(包括评定线)为Ⅰ区,定量线与判废线之间(包括定量线)为Ⅱ区,判废线及其以上区域为Ⅲ区,如图2-2-74所示。如果距离—波幅曲线绘制在荧光屏上,则在检测范围内不低于荧光屏满刻度的20%。

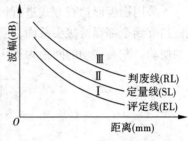

图2-2-74　距离—波幅曲线

1)距离—波幅曲线的灵敏度选择

距离—波幅曲线的灵敏度选择取决于实际检测中执行的标准、检测工件的厚度、曲线制作采用的试块种类等,在此不再赘述。

需要注意的是:

(1)检测面曲率半径 $R \leqslant W^2/4$ 时,距离—波幅曲线的绘制应在与检测面曲率相同的对比试块上进行。

(2)工件的表面耦合损失和材质衰减应与试块相同,否则应按标准规定进行传输损失补偿。

(3)扫查灵敏度不低于最大声程处的评定线灵敏度。

2)距离—波幅曲线的特点及应用情况

面板曲线可直接绘制在面板上,比较直观,绘制方法简单,使用方便,定量准确,目前获得了广泛的应用。

但是,在面板上无论是直接绘制还是分段绘制,由于起点高(一般是屏幕高度的80%～100%),所以在采用测长线灵敏度再加上一定的补偿量进行检测时,会在荧光屏上呈现较多、较高的杂信号,给检测带来了较大的困难。另外,要经常调节衰减器,变更灵敏度也比较麻烦。

7. 检探测面的准备

在超声检测探头移动部位必须要有良好的表面光洁度。对于粗糙的表面或者局部脱落的氧化皮,应采用机械打磨处理,直到露出金属光泽和平整光滑(新轧制的钢板氧化皮没有脱离,可以不用打磨)。通过耦合探头能平滑地移动。

探头移动区(打磨宽度)规定为:

(1)采用一次反射法检测时,探头移动区应大于或等于1.25P;

(2)采用直射法检测时,探头移动区应大于或等于0.75P;

$$P = 2\,KT$$

或

$$P = 2T\tan\beta$$

在此必须强调指出,不允许用提高补偿量而降低表面光洁度要求来达到检测的目的。另外,有了良好的表面光洁度,还要采用声阻抗较大、黏度较大的耦合剂,如甘油、机油等。当探头作任何姿势移动检测时,在探头与被探测面之间始终要有耦合剂存在。

8. 扫查方式

1）对接焊接接头纵向缺陷粗探伤扫查方式

采用锯齿形扫查方式进行扫查，如图 2-2-75 所示。探头在前后移动的范围内应保证扫查到全部焊接接头截面，在保证探头垂直焊缝作前后移动的同时，还应作 10°~15° 的摆动。左右移动的间距为 ≤D（D 为晶片直径）。

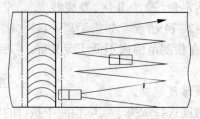

图 2-2-75　锯齿形扫查

（1）全面扫查。将探头前沿紧贴焊接接头边缘，采用锯齿形扫查方式将探头由焊接接头全部扫查完，如图 2-2-76 所示。

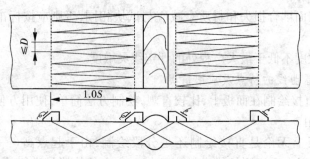

图 2-2-76　全面扫查示意

①扫查移动速度、移动压力。探头移动速度一般为 150 mm/s，移动压力：稍微用力能平滑地移动即可。

②扫查灵敏度。不得低于评定线。

③缺陷标记。在全面扫查过程中，发现缺陷要随时在焊缝上予以标记，以便于对其进行精确定量。

全面扫查是整个检测过程中一个极为重要的环节，它不仅要根据回波识别真伪缺陷，而且还要按标准规定的灵敏度把缺陷检测出来。

（2）粗检测在对接焊接接头同一面两侧或两面四侧扫查的重要原因。

①缺陷具有方向性，在焊接接头一侧检测不到，而在另一侧却能检测到。

②在焊接接头一侧扫查缺陷回波幅度很低，而在另一侧扫查缺陷回波幅度很高。

③高强钢焊接接头在其两侧热影响区的任何一侧都可能产生裂纹。

④在焊接接头两侧进行检测，可以避免焊角回波的干扰。

⑤有些缺陷如单个气孔、单个夹渣等，其回波重复性差，需要增加检测面或检测次数，以便提高检出率。

⑥焊接接头母材很厚时,为避免超声能量衰减太大,保证有足够的检测灵敏度等。

2) 对接焊接接头精确检测

用定量灵敏度针对全面发现的缺陷或异常部位,如图2-2-77所示,作如下扫查:

(1)垂直于焊接接头方向前后移动,用以判定真伪缺陷或缺陷的平面和深度位置。

(2)沿焊接接头方向左右移动扫查,测量缺陷的指示长度。

(3)根据需要作定点移动扫查,用以判定缺陷的形状和类型。

(4)根据需要作环绕扫查,也用以判定缺陷的形状和类型。

当声束轴线垂直于比较光滑的未焊透反射面时,如果探头的折射角较大,会得到比较强的回波,这种回波比较单一。当探头移动一定角度(如15°～20°)时,反射回波逐渐减小而折射掉的声能增多,造成回波很快消失。而当声束轴线垂直于表面非常粗糙(例如凹凸不平或具有锯齿形断裂面)的裂缝反射面时,不但能在荧光屏上呈现强烈的回波,而且回波形状多变。当探头转动较大的角度(如20°～45°)时,其界面仍能引起超声反射,但由于距离的增加能量逐渐降低,因而在荧光屏的较大范围内形成了回波逐渐降低的图形,其变化具有所谓"波浪"起伏那样的特点。由此可知,利用定点转动或环绕移动的扫查方式再结合其他有关因素,观察动态回波的变化,对判断上述的未焊透和裂缝还是比较容易的。

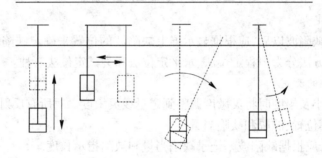

图 2-2-77　精检测的四种扫查方式

有些焊接接头在正反两面焊根交接处或焊缝边缘存在的一些缺陷,用射线透照法检查,很难发现,甚至根本发现不了。但超声检测时,其反向能量很强,回波形状多变,回波尖锐且振幅很高,具有裂纹动态回波的特点,又具有一定的或者较大的指示长度。这些缺陷实际上就是结合得很紧密的微裂纹,很多解剖实例说明了这一点。

3) 对接焊接接头横向缺陷的探测

(1)斜平行扫查。

将探头放置在对接焊接接头同一面的两侧并将探头平行于焊接接头或与焊缝轴线成15°～45°的角度前后移动扫查,如图2-2-78所示。探头在焊缝边缘顺着焊缝前后扫查,主要探测母材热影响区及其附近部位的横向裂纹。探头与焊缝轴线成15°～45°的扫查,主要是探测焊缝部位的横向裂纹。实践证明,只要扫查灵敏度和探头与焊缝轴线之间的角度合适,对接焊接接头中的横向裂纹是完全能够发现的。

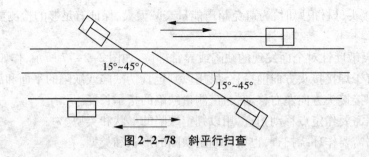

图 2-2-78　斜平行扫查

（2）焊缝上扫查。

此法是磨平焊缝余高，将探头放置在焊缝上并沿焊缝方向扫查，如图 2-2-79 所示。在此种情况下，焊缝的整个宽度和深度方向全部为声束所覆盖。声束轴线与裂纹界面垂直，探测能力最强。因而，此种扫查方式最为可靠。凡有可能最好采用此种方式扫查。

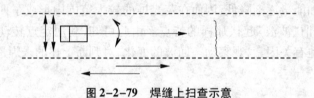

图 2-2-79　焊缝上扫查示意

9. 位置的测定

检测中发现缺陷波以后，应根据显示屏上缺陷波的位置来确定缺陷在实际焊缝中的位置。缺陷定位方法分为声程定位法、水平定位法和尝试定位法三种。

10. 缺陷大小的测定

测定缺陷大小及幅度时将灵敏度调整到定量线灵敏度。对所有反射波超过定量线的缺陷，均应记录其位置、波幅和缺陷当量。

缺陷定量时，应根据缺陷波幅记录缺陷当量和缺陷指示长度。

斜探头检测，确定缺陷的指示长度，一般采用下述两种方法。

1）相对灵敏度移动法

所谓相对灵敏度移动法，是以缺陷的最大回波为相对基准，沿缺陷的长度方向移动探头，直至缺陷回波幅度降低至一定的 dB 数。用探头移动的距离来表示缺陷的指示长度。

2）绝对灵敏度移动法

用一个规定的探测灵敏度（例如评定线灵敏度）扫查缺陷时，当探头移至缺陷的两端，其回波幅度降低至一定的高度，则两探头之间的移动距离，称为该缺陷的指示长度。

此法规定，缺陷回波降至一个绝对高度进行测长，所以称为绝对灵敏度移动法。用绝对灵敏度移动法测长，测得的指示长度取决于测长线灵敏度。对于小缺陷，所测得的值一般比实际尺寸要长得多。但对粗细不均匀两端很细的长缺陷（例如裂纹），则可测得与实际尺寸比较接近的值。

3）测长时应注意的几个问题

测长时一定要注意定量灵敏度（包括补偿量）的准确调整。

（1）在对接焊接接头两侧或四侧检测，缺陷回波的幅度或其指示长度的测定，应以呈现最高振幅或测得最大指示长度的焊缝那一侧为准。

（2）一次波和二次波探测，缺陷回波的幅度或其指示长度的测定，应以呈现最高振幅或测得最大指示长度的那一次波为准。

（3）在使用两种不同 K 值的探头分别对同一焊接接头探测时，缺陷回波的幅度或其指示长度的测定，应以呈现最高振幅或测得最大指示长度的那一 K 值探头为准。

11. 对接焊接接头超声检测真伪缺陷回波的识别

判断焊缝中有无缺陷，缺陷在焊缝中的部位及其性质，是以在荧光屏上是否呈现缺陷回波、回波位置、动态和静态回波的特点等为依据的。了解和掌握各种回波的来源（即回波源）、特点或其规律性，有助于对焊缝内部质量作出客观的评价。

焊接接头在检测过程中，常见的回波有缺陷回波和干扰回波两类。而干扰回波主要有下述几种：

1）仪器、探头、耦合剂等杂波

（1）仪器与探头的杂波。

仪器在制造过程中由于工艺因素的不良影响，或在使用过程中由于某一元件的毛病，会在荧光屏上产生杂波。该杂波一般在仪器灵敏度偏高时出现，随着灵敏度的提高，其幅度也增大，会对分辨力造成很大的影响。当灵敏度降低时，此种杂波就会降低或者消失。上述这种杂波当探头与仪器插座没有连接的情况下也可能会产生，因此它与缺陷回波是有明显区别的。

探头造成的杂波主要是由压电晶片和有机玻璃楔块引起的。当压电晶片在探头支架上松动时，会明显地使初始脉冲变宽，同时产生不稳定的跳动。由楔块设计不合理或磨损过大，导致探头内反射纵波不能被楔块全部衰减掉，仍有部分能量被晶片接收，形成单个或多个杂波。另外，当晶片发射的纵波直接作用于有机玻璃楔块前端下角时，会在荧光屏上形成一个固定的杂波。

这些杂波只有当探头与仪器插座连接后，才在始波后沿产生。无论探头与被测面接触与否，它都存在，而且位置保持不变。当探头与仪器脱离后，立即消失。因此，它与缺陷回波是很容易区分的。

（2）耦合剂干扰回波。

在探头扫查过程中，探头前端部可能堆积耦合剂而引起回波，若抹掉探头前端部耦合剂，则此波消失。

（3）表面波。

当 $\alpha_L > \alpha_1$ 时，折射纵波在工件表面传播，当它沿金属表面传播到边缘时就反射回来被探头接收，在显示屏上显示出来。这种表面波在显示屏上没有固定的位置，不稳定，波幅不高，探头稍有移动变化就很大。若用手指按在探头前面的探测面上，回波就立即降低或消失，手指移开回波又重新出现或升高。当手指敲打探头前沿耦合剂或焊缝边缘时，回波会上下跳动，所以它与缺陷回波也是比较容易区分的。

2）焊角等干扰回波

焊角、焊缝表面沟槽、焊瘤、金属突起、凹陷、咬边等都属于回波源。它们引起超声反射，形成回波干扰对焊缝内部缺陷的判断，故称它们为干扰回波。上述回波源就称为干扰回波源。干扰回波的幅度及其数量不仅与回波源的形状、大小、高低有关,而且与检测灵敏度的高低及选用的探头 K 值大小有关。区别方法:手指沾油敲打"源",回波跳动。

3)对接焊接接头焊角干扰回波产生的规律性

由于焊缝具有一定的余高,焊缝上、下焊角会对声束起会聚作用,从而造成反射,在显示屏上呈现焊角回波和由波形转换而产生的其他回波。

(1)远距探头一侧上、下焊角会产生干扰回波。

远距探头一侧的上、下焊角对超声波会产生会聚作用,因而在焊缝余高较高的情况下或过渡不圆滑,焊角会产生干扰回波,如图 2-2-80 所示。

(2)近距探头一侧上、下焊角无干扰回波。

近探头一侧的下、上焊角由于对超声波不能产生会聚作用,因而不会产生焊角回波,如图 2-2-81 所示。因此,为了避免焊角的干扰,对接焊接接头超声检测时,一般在焊接接头同一面的两侧或者两面四侧进行。

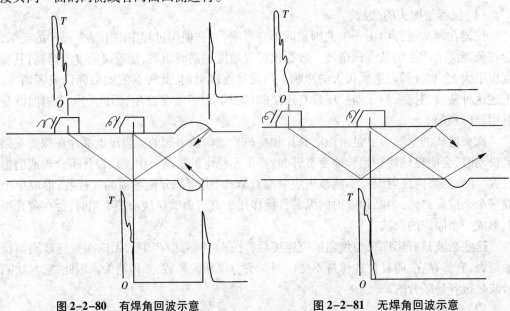

图 2-2-80　有焊角回波示意　　　　　　图 2-2-81　无焊角回波示意

12.焊接接头检测记录与等级分类、质量评级

1)缺陷有关数据的记录

缺陷有关数据的记录包括缺陷在焊缝方向的位置、指示长度、平面和深度位置、最大反射波幅度等,如图 2-2-82 所示。

2)等级分类

根据记录中缺陷的数量、缺陷的指示长度、最大回波幅度等,与验收等级中的数据进行比较,分出缺陷等级进行评定,合格或不合格。

3)质量评级

根据实际检测中执行的标准(如 JB/T 4730.3—2005 、JB/T 10559—2006)、检测工件的厚度等来进行质量等级评定。

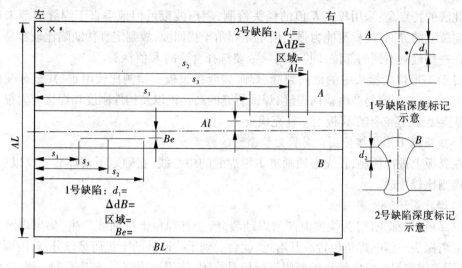

图2-2-82　缺陷有关数据记录草图示意

(二)T形焊接接头超声检测

1.T形焊接接头横波检测

1)以腹板为检测面无焊角干扰回波

它是在T形焊接接头的腹板上以半、全波程对接焊接接头整个截面进行扫查,如图2-2-83(a)所示。由于近探头一侧的上、下焊角对超声波无会聚作用,因而不会产生焊角干扰回波。但当探头K值较大时,翼缘板会产生干扰回波,不过此种干扰回波与焊缝部位的缺陷回波距离相差较远,比较容易区分。

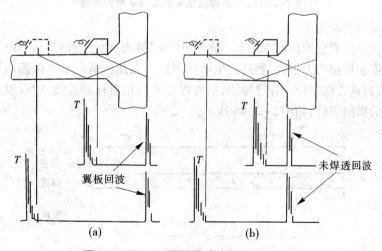

图2-2-83　T形焊接接头腹板上检测示意

如果在焊缝中存在着未焊透等缺陷,且时基扫描线按水平1∶1调整,则未焊透回波位于T形焊缝的根部,如图2-2-83(b)所示。

此法的特点是:采用较大 K 值的探头检测,超声波束近似地垂直于焊缝根部未焊透或纵向裂缝的界面,故检测能力强。由于无焊角干扰回波,故判定真伪缺陷比较容易。但也存在一些检测不到的部位,即"死区",故要选择合适的 K 值探头。

对于 T 形焊接接头中的横向裂缝、焊趾裂缝在腹板上检测比较困难,甚至有漏检的可能。因此,对于容易产生横向裂缝、焊趾裂缝的高强钢以及构件刚度和焊接应力很大的 T 形焊接接头,还必须在翼板上作补充检查。

2)高强钢 T 形焊接接头以翼板为检测面的特点

在翼板上进行检测,首先必须画出 T 形焊缝的中心线,在确定了其焊缝宽度以后,再进行检测比较合适。

3)焊趾裂缝的检测

以翼板(或称壳体)为检测面探测焊趾裂缝,会有焊角干扰回波产生,如果焊趾裂缝位于远离探头一侧的焊角位置或其附近,就会受到干扰回波的干扰而难以分辨,因而在此种情况下,应在焊缝纵向轴线的两侧进行相对检测,使焊趾裂缝位于近探头一侧,这样就避免了干扰,很容易将其检测出来,如图 2-2-84 所示。

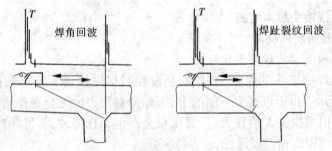

图 2-2-84　T 形焊接接头焊趾裂缝检测示意

4)横向裂缝的检测

对于低合金高强钢构件(产品)较厚的 T 形焊接接头,由于焊前预热、焊后保温不当,加上构件刚度和焊接应力很大,容易产生横向裂缝。在此种情况下将探测面选择在翼板一侧,将探头扫查方向平行于焊缝轴线,沿着焊缝方向相对移动检测,用以发现焊缝根部与母材之间的横向裂缝,如图 2-2-85 所示。

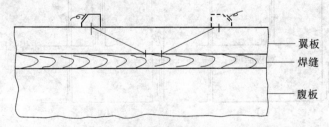

图 2-2-85　T 形焊接接头横向裂缝检测示意

实践证明,采用半波程对整个焊缝截面进行检测,声程短,衰减小,灵敏度高,检测较为容易,定位方便准确。可以对缺陷的各个方向进行扫查,有助于定量并对缺陷的形状作出较准确的判定。可以根据缺陷的取向选择最佳的扫查方向并对缺陷的整个宽度和深度进行扫查,因而对焊缝边缘的焊趾裂缝以及焊缝根部的横向裂缝的检测,具有独特的优点。但对根部未焊透的检测能力较低,故要用较高的灵敏度。

2.T形焊接接头纵波检测

采用纵波检测,不但比横波简单方便,而且由于其声束垂直于被焊面,对焊缝中可能存在的未焊透、纵向裂缝检测非常有利。但是,这里涉及一个近场区的问题。由于近场区声压变化相当复杂,虽然在该区能检测出缺陷,但因缺陷尺寸与反射波无一定规律,因而确定缺陷大小很困难。为此,在实际检测中应尽量避免近场区的影响。或者制作对比试块加以解决,也可以采用具有一定焦距的双晶探头进行检测。图 2-2-86 所示为角形、T形焊接接头采用纵波单直探头、双晶探头检测示意图。采用双晶探头其焦距最好等于或近似与翼板厚度相同,由于在此种情况下检测灵敏度较高,容易发现焊缝区域内的缺陷。

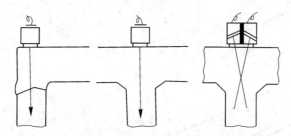

图 2-2-86　T形焊接接头单直探头及双晶探头检测示意

应用纵波在翼板上检测角形、T形焊接接头时,应将翼板中的层状撕裂与焊缝中的缺陷区分开来。在这里还应指出,高强钢焊接结构的角形或 T形焊接接头,若翼板(或壳体)很厚,刚度和焊接应力又十分大,在焊缝中或其边缘很有可能产生横向裂缝和焊趾裂缝,采用纵波检测最容易漏检,因此上述方法只适合于一般材质的角形、T形焊接接头的检测。

采用纵波检测,为了减少探头杂波对检测结果的影响,建议选用频率较高(例如 5 MHz)的探头。

3.T形焊接接头检测距离—波幅曲线的灵敏度

T形焊接接头采用斜探头检测时,其距离—波幅曲线灵敏度应以翼板厚度为准,距离—波幅曲线灵敏度按相应的执行标准确定,如本节前面距离—波幅曲线所述。

采用直探头检测时,灵敏度按表 2-2-10 所列。

表 2-2-10　T形焊接接头直探头距离—波幅曲线的灵敏度

评定线	定量线	判废线
$\phi 2$ mm 平底孔	$\phi 3$ mm 平底孔	$\phi 6$ mm 平底孔

4.扫查方式

直探头和斜探头的扫查按前面对接焊接接头扫查方式的有关规定进行。

对缺陷进行等级评定时,均以腹板厚度为准。

第七节　超声波检测在机电类特种设备中的应用

一、起重机械的超声波检测

冶金起重机是一种冶金行业专用起重设备,它的特点是工作环境差,起重质量大,一般起重质量在几十吨到几百吨,在使用过程中桥式起重机腹板受力较大,腹板与翼缘板 T 形焊接接头(见图 2-2-87)是一个薄弱环节,通常采用超声波检测方法对其质量进行检查。

下面以腹板与翼缘板 T 形焊接接头为例,介绍超声波检测在起重机械中的具体应用。

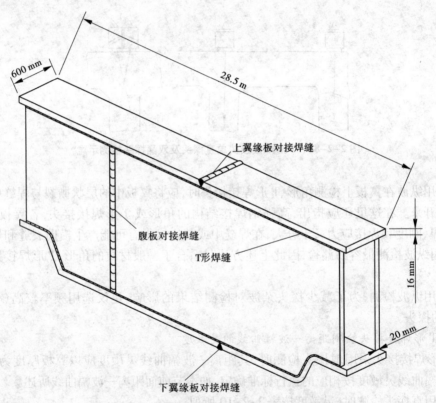

图 2-2-87　冶金起重机腹板与翼缘板 T 形焊接接头

腹板与翼缘板主体材质 Q235,规格尺寸如图 2-2-87 所示,焊接接头为 K 形坡口形式,焊接方法采用埋弧自动焊,腹板、翼板之间的 T 形接头进行超声波检测,执行标准 JB/T 4730.3—2005,检测技术等级为 B 级,检测比例 100%,合格级别 I 级。

具体检测方案及工艺如下。

(一)检测前的准备

1. 待检工件表面的清理

焊接接头检测区域的宽度应是焊缝本身再加上两侧各 10 mm 的区域。

如本章第六节所述,斜探头检测时,焊接接头采用一次反射法检测时,探头移动区应大于或等于 $1.25P$,采用直射法时,探头移动区应大于或等于 $0.75P$,为保证缺陷的检出,T 形接头的检测通常采用一次反射法和直射法相结合的方式,所以探头移动区按最大值确定,即大于或等于 $1.25P$;直探头检测时,其扫查区域为翼板 T 形接头(包括焊缝及热影响区)对应部位。

检测前应清除上述扫查区域内的飞溅、铁屑、油污及其他可能影响探头扫查的杂物。

2.设备器材的选择

本章第四中已介绍了超声波检测常用设备器材。

考虑到针对不同种类缺陷的检出要求,T 形接头的检测需采用直探头和斜探头相结合的方法,有些情况下还需要使用两种以上 K 值的斜探头,因此采用多通道数字式超声波检测仪可极大地提高检测的便捷性,加之数字超声波检测仪具有检测数据、波形存储功能,所以检测设备优先选择多通道数字式超声波检测仪(4 通道以上),如 PXUT-350 数字超声波检测仪。

探头方面,选择 K1(2.5P13×13K1)斜探头在腹板一侧和翼板外侧探测腹板、翼板侧热影响区裂纹类缺陷,此外对于腹板板厚 25 mm 以下的还应选择 K2.5 斜探头(2.5P13×13K2)分别在腹板一侧和翼板外侧探测;考虑板厚及近场区的影响因素,选择 5P10 双晶直探头在翼板外侧探测层状撕裂及翼板侧未熔合类缺陷。

斜探头检测试块选择 CSK-ⅠA、CSK-ⅢA 试块,双晶直探头检测采用 CB-Ⅰ阶梯试块(见表 2-2-11)。

(二)检测时机

焊缝外观检查合格后方可进行超声波检测,对裂纹敏感性材料,应在焊后 24 h 进行检测。

(三)检测方法和技术要求

根据该类构件的制作工序和结构特点,选择斜探头和双晶直探头组合检测的方法,双晶直探头在翼板对应的焊缝及热影响区部位采用直接接触法进行检测,斜探头分别在腹板和翼板外侧采用直射法和一次反射法进行检测。

腹板厚度 20 mm,翼板厚度为 16 mm,时基扫描按深度 1∶1 调节,根据工件特点,检测技术等级为 B 级,查标准 JB/T 4730.3—2005,板厚 15～46 mm,斜探头检测灵敏度 DAC-12 dB,扫查方式为锯齿形扫查;双晶直探头以翼板底波的 80% 波高降低 10 dB 作为检测灵敏度,进行区域 100% 扫查。

(四)其他技术要求

为便于探头扫查及缺陷的初步定位和分析,斜探头腹部外侧检测时可在腹部对应直射波及一次反射波位置画出扫查定位标记线,直探头翼板外侧检测时,在翼板对应焊接接头区域画出扫查定位标记线。

(五)缺陷部位的标识与返修复检

缺陷返修部位以记号笔加以清楚标注,返修部位按原文件规定的方法进行复检。

(六)检测记录和报告的出具

(1)采用的记录和报告要符合规范、标准的要求及检测单位质量体系文件的规定。

表 2-2-11　超声波检测工艺卡 1

检测工艺卡编号:HNAT-UT-2011-12

<table>
<tr><td rowspan="5">工件</td><td>设备名称</td><td>冶金起重机</td><td>型号</td><td>QDY5-2.85</td></tr>
<tr><td>部件名称</td><td>翼缘板与主腹板 T 形焊缝</td><td>规格(mm×mm)</td><td>28 500×600×16/20</td></tr>
<tr><td>表面状态</td><td>清洗除污垢</td><td>检件材质</td><td>Q235</td></tr>
<tr><td>检测部位</td><td colspan="3">T 形焊缝及热影响区</td></tr>
<tr><td colspan="4"></td></tr>
<tr><td rowspan="6">器材及参数</td><td>仪器型号</td><td>PXUT-350</td><td>检测方法</td><td>直接接触法</td></tr>
<tr><td>探头型号</td><td>2.5P13×13K2/5P10</td><td>评定灵敏度</td><td>DAC-12dB/50% B1-10dB</td></tr>
<tr><td>试块型号</td><td>CSK-ⅠA、CSK-ⅢA/ CB-Ⅰ</td><td>扫查方式</td><td>斜探头锯齿扫查/双晶直探头全区域扫查</td></tr>
<tr><td>耦合剂</td><td>机油■</td><td>表面补偿</td><td>+4 dB</td></tr>
<tr><td>扫描调节</td><td>深度1∶1</td><td>检 测 面</td><td>斜探头单面双侧/双晶单面</td></tr>
<tr><td colspan="4"></td></tr>
<tr><td rowspan="2">技术要求</td><td>检测比例</td><td>100%</td><td>合格级别</td><td>Ⅰ</td></tr>
<tr><td>检测标准</td><td colspan="3">JB/T 4730.3—2005</td></tr>
<tr><td>检测部位及扫查方式示意图</td><td colspan="4">
用斜探头在腹板外侧采用直接接触法,对 T 形接头进行扫查,如图位置 1、2、4 所示。
用双晶直探头在翼缘板采用直接接触法,在 T 形接头对应区域进行扫查,如图位置 3 所示。</td></tr>
<tr><td>技术要求及说明</td><td colspan="4"></td></tr>
</table>

（2）记录应至少包括下列主要内容：

工件技术特性（包括工件名称、编号、材质、规格、焊工号、焊缝代号、坡口形式、表面状态等）、检测设备器材（包括超声波探伤仪型号、探头种类规格、试块种类型号等）、检测方法（包括时基扫描调节、扫查方式、灵敏度等）、检测部位示意图、评定结果（缺陷种类、数量、评定级别等）、检测时间、检测人员/底片评定人员。

（3）报告的签发。报告填写要详细清楚，并由Ⅱ级或Ⅲ级检测人员（UT）审核、签发。检测报告至少一式两份，一份交委托方，一份检测单位存档。

（4）记录和报告的存档。相关记录、报告、射线底片应妥善保存，保存期不低于技术规范和标准的规定。

二、客运索道的超声波检测

客运索道是一种特种设备，它是一种在险要山崖地段安装具有高空承揽运送游客的特殊设备，一旦发生事故，后果不堪设想。空心轴是客运索道的主要驱动轴（见图2-2-88），是客运索道的关键部件。

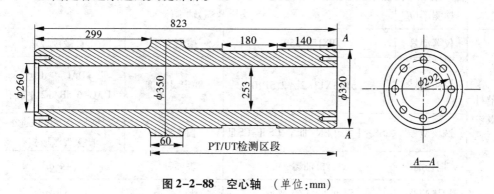

图 2-2-88　空心轴　（单位：mm）

空心轴材质通常选用中碳钢，表面通过淬火处理，硬度较高，在使用过程中受扭矩力较大，易产生疲劳裂纹，由于形状比较规则，通常采用超声波检测方法检查其内部缺陷，采用磁粉检测检查其表面及近表面缺陷。

下面以空心轴为例，介绍超声波检测在客运索道中的具体应用。

空心轴主体材质45#钢，采用锻件经机加工而成，规格尺寸如图2-2-88所示，采用超声波进行检测，执行标准JB/T 4730.3—2005，合格级别Ⅰ/Ⅲ级（见表2-2-12）。

具体检测方案及工艺如下。

（一）检测前的准备

1.待检工件表面的清理

检测前应清除空心轴表面铁屑、油污及其他可能影响探头扫查的杂物。

2.设备器材的选择

考虑到针对不同种类缺陷的检出要求，该空心轴的检测需采用直探头和斜探头相结合的方法。因此，采用多通道数字式超声波检测仪可同时存储直探头和斜探头对应的设定参数和距离波幅曲线，极大提高检测的便捷性，加之数字超声波检测仪具有检测数据、波形存储功能,所以检测设备优先选择多通道数字式超声波检测仪(4 通道以上),如 PXUT -350 数字超声波检测仪。

　　探头方面,用斜探头直接接触法在空心定轴表面轴向、环向进行扫查,以发现空心轴内部径向及轴向缺陷。考虑工件厚度及近场方面的因素,采用小晶片双晶直探头直接接触法在空心定轴表面全区域进行扫查,以发现工件内部缺陷。

　　考虑工件曲率半径较小,直探头和斜探头均选择小晶片尺寸,斜探头选择 K2 (2.5P9×9K2),直探头选择 2.5P10 在空心轴外侧探测。

表 2-2-12　超声波检测工艺卡 2

检测工艺卡编号:HNAT-UT-2011-09

工件	设备名称	客运索道	规格(mm×mm)	φ350×823
	部件名称	空心轴		
	表面状态	清洗除污垢	检件材质	45#钢
	检测部位	空心轴本体		
器材及参数	仪器型号	PXUT-350	检测方法	直接接触法
	探头型号	2.5P13X13K2 / 2.5P10	评定灵敏度	DAC-9 dB/ DAC-6 dB/φ2 平底孔
	试块型号	CSK-ⅠA　CSK-ⅢA　CSⅡ　CSⅢ	扫查方式	斜探头方齿扫查/ 直探头区域扫查
	耦合剂	机油■	表面补偿	+4 dB
	扫描调节	深度 1∶1/大平底	检 测 面	工件表面
技术要求	检测比例	100%	合格级别	Ⅰ/Ⅲ
	检测标准	JB/T 4730.3—2005		
检测部位及扫查方式示意图				
技术要求及说明	1.扫查过程应注意区分孔、槽反射。 2.直探头、斜探头扫查过程应保证有一定的扫查重叠区			

斜探头检测试块选择 CSK-ⅠA 和 CSK-ⅢA 试块,双晶直探头检测采用 CSⅡ标准试块。

(二)检测时机

表面清理完毕并外观检查合格后方可进行超声波检测。

(三)检测方法和技术要求

根据该类构件的制作工序和结构特点,选择斜探头和直探头组合检测的方法,直探头在轴外表面采用直接接触法进行检测,斜探头在轴外表面采用直射法和一次反射法进行检测。

斜探头检测时基扫描按深度 1∶1 调节,根据工件特点,检测技术等级为 B 级,查标准 JB/T 4730.3—2005,斜探头检测灵敏度 DAC-9 dB/DAC-6 dB,进行区域 100% 扫查;直探头以所测部位壁厚 $\phi2$ 平底孔 80% 波高作为检测灵敏度,进行区域 100% 扫查。

(四)其他要求

缺陷部位的标识、检测记录和报告的出具与焊接接头检测要求相同。

第三章　磁粉检测

第一节　概　述

一、引言

磁粉检测同射线检测、超声波检测一样,也是工业无损检测的一个重要专业门类,属常规无损检测方法之一。其最主要的应用是探测试件表面及近表面的宏观几何缺陷。

按照不同特征(使用的设备种类、磁化方法、磁粉类型、检测工艺和技术特点等)可将磁粉检测分为多种不同的方法,设备种类包括固定式、移动式、便携式等;磁粉类型包括干粉、湿粉、荧光磁粉等,而根据工艺和技术特点又包括原材料检测、焊接接头检测等。

二、磁粉检测原理

铁磁性材料工件被磁化后,由于不连续性(缺陷)的存在,使工件表面和近表面的磁力线发生局部畸变而产生漏磁场,吸附施加在工件表面的磁粉,在合适的光照下形成目视可见的磁痕,从而显示出不连续性(缺陷)的位置、大小、形状和严重程度。

磁粉检测适用于检测铁磁性材料表面和近表面缺陷,不适合检测埋藏较深的内部缺陷。适用于检测铁镍基铁磁性材料,不适用于检测非磁性材料。

磷粉检测优点是操作简单方便,检测成本低;缺点是对被检件的表面光洁度要求高,对检测人员的技术和经验要求高,检测范围小,检测速度慢。

第二节　磁粉检测的物理基础

一、磁现象和磁场

(一)磁的基本现象

磁铁能够吸引铁磁性材料的性质叫磁性,凡能够吸引其他铁磁性材料的物体都叫磁体,磁体是能够建立或有能力建立外磁场的物体。磁体分为永磁体、电磁体和超导磁体等,永磁体是不需要外力维持其磁场的磁体,电磁体是需要电源维持其磁场的磁体,超导磁体是用超导材料制成的磁体。

磁铁各部分的磁性强弱不同,靠近磁铁两端磁性特别强、吸附磁粉特别多的区域称为磁极。条形磁铁周围的磁场如图 2-3-1 所示。

条形磁铁被折断时,每段和破裂处即形成新的磁极,并成对出现。自然界没有单独的 N 极和 S 极存在。折断的条形磁铁新形成的磁极如图 2-3-2 所示。

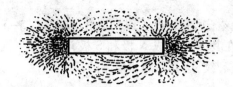

图 2-3-1 条形磁铁周围的磁场

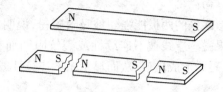

图 2-3-2 折断的条形磁体新形成的磁极

磁极间相互排斥和相互吸引的力称为磁力。磁力的大小和方向是可以测定的,同一个磁体两个磁极的磁力大小相等,但方向相反。把一个磁体靠近原来没有磁性的铁磁性物体时,该物体不仅能被磁体吸引,还能被磁体磁化,并具有了吸引其他铁磁性物体的性质。使原来没有磁性的物体得到磁性的过程叫磁化。

(二)磁场与磁感应线

磁体间的相互作用是通过磁场来实现的。所谓磁场,就是具有磁力作用的空间,磁场存在于被磁化物体或通电导体的内部和周围,它是由运动电荷形成的。磁场的特征是对运动电荷(或电流)具有作用力,在磁场变化的同时也产生电场。为了形象地表示磁场的大小、方向和分布情况,可以用假想的磁感应线来反映磁场中各点的磁场强度和方向,如图 2-3-3 所示。

可用磁感应线的疏密程度反映磁场的大小。磁感应线密的地方磁场大,磁感应线稀的地方磁场就小。

磁感应线具有以下特性:

(1)磁感应线是具有方向性的闭合曲线。在磁体内,磁感应线是由 S 极到 N 极;在磁体外,磁感应线是由 N 极出发,穿过空气进入 S 极的闭合曲线。

(2)磁感应线互不相交。

(3)磁感应线可描述磁场的大小和方向。

(4)磁感应线沿磁阻最小路径通过。

1. 圆周磁场

如图 2-3-4 所示,此时磁铁内既无磁极又不产生漏磁场,因而不能吸引铁磁性材料,但在磁铁内包容了一个圆周磁场或已被周向磁化。

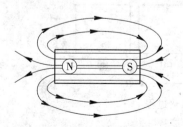

图 2-3-3 条形磁铁的磁感应线分布

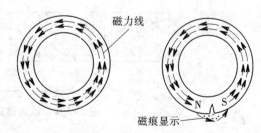

图 2-3-4 圆周磁场

如果已周向磁化的零件存在与磁感应线垂直的裂纹,则在裂纹两侧立即产生 N 极和 S 极,形成漏磁场,吸附磁粉形成磁痕,显示出裂纹缺陷,有裂纹处漏磁场分布及磁痕显示。

2. 纵向磁化

条形磁铁的两极能强烈地吸附磁粉,说明该条形磁铁已被纵向磁化,如图 2-3-5 所示。如果磁感应线被不连续性或裂纹阻断而在其两侧形成 N 极和 S 极,则会产生漏磁场,吸附磁粉形成磁痕,从而显示出不连续性或裂纹,这就是磁粉检测的基础。

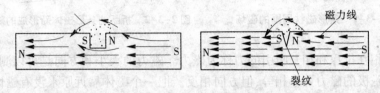

图 2-3-5　纵向磁化

(三)磁介质中的磁场

能够被磁场作用的物质称为磁介质。

试验研究证明,由于物质内部原子之间的排列和相互作用的不同,其外在表现为各种物质对磁场作用的反应是不一样的。

会轻微地被磁场所排斥的物质称为抗磁性物质,如铜、水、氯化钠等及大部分无机物和几乎所有的有机物。

能被吸向较强磁场区域的物质称为顺磁性物质,如铝、钠、硫酸镍、氯化铜等。

而像铁、钴、钢等能被磁场强烈地吸引的物质称为铁磁性物质。它们对磁场作用的反应很明显,是磁粉探伤的对象。

抗磁性物质和顺磁性物质统称为非铁磁性材料,不能进行磁粉探伤。铁磁性物质也称为铁磁性材料或铁磁质,可以进行磁粉探伤。

二、铁磁性材料

(一)磁畴

在铁磁质中,如果原子间的间距适当,相邻电子的静电交换作用较强,就会出现一些原子磁矩取向一致,排列整齐的小区域,并且具有相当的磁性。我们把这种不靠外磁场作用而自发磁化的小区域称为磁畴,如图 2-3-6(a)所示。

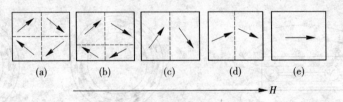

图 2-3-6　铁磁性材料的磁化过程

磁畴虽然极小,仅在显微镜下可见,但每个磁畴中含有 1 012 ~ 1 015 个原子。当无外磁场存在时,磁畴取向各异,为无序排列,磁性相互抵消,因此对外不显示磁性。当有外磁场存在,磁畴在外加磁场作用下发生偏移,最后趋向与外磁场方向一致,成为有序排列,磁场互相叠加,从而对外显示强磁性,如图2-3-6(b)所示。

(二)磁化过程

铁磁性材料的磁化过程如图2-3-6所示。

(1)未加外加磁场时,磁畴磁矩杂乱无章,对外不显示宏观磁性,如图2-3-6(a)所示。

(2)在较小的磁场作用下,磁矩方向与外加磁场方向一致或接近的磁畴体积增大,而磁矩方向与外加磁场方向相反的磁畴体积减小,畴壁发生位移,如图2-3-6(b)所示。

(3)增大外加磁场时,磁矩方向转动,畴壁继续位移,最后只剩下与外加磁场方向比较接近的磁畴,如图2-3-6(c)所示。

(4)继续增大外加磁场,磁矩方向转动,与外加磁场方向接近,如图2-3-6(d)所示。

(5)外加磁场增大到一定值时,所有磁畴的磁矩都沿外加磁场方向有序排列,达到磁化饱和,相当于一个微小磁铁,产生N极和S极,宏观上呈现磁性,如图2-3-6(e)所示。

(三)磁特性曲线

铁磁性材料磁化时,材料的磁感应强度与磁场强度有密切的关系,我们把描述材料磁感应强度随磁场强度变化的曲线称为磁化曲线,如图2-3-7所示。

不同铁磁性材料的初始磁化曲线是不一样的,软磁材料(如工业纯铁、低碳钢等)的磁化曲线比较陡峭,说明这种材料易于磁化;硬磁材料(如高碳钢、高合金钢等)的磁化曲线比较平坦,说明这种材料不易磁化。

(四)磁滞回线

铁磁质磁化时,如果它原来未被磁化,试验表明,当外磁场强度H从零起稳定增加到H_m,然后减小至零,在反方向再增加到H_m,然后减至零,再继续增加到H_m,变化一个周期时,磁感应强度B也变化一个周期,但B的变化总滞后于H的变化,如图2-3-8所示。我们把描述磁感应强度B的变化滞后于外磁场强度H变化的闭合曲线称为磁滞回线。它对称于坐标原点。

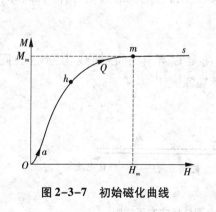

图2-3-7 初始磁化曲线

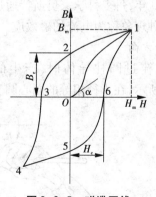

图2-3-8 磁滞回线

由图2-3-8可知,当H降低时,B并不按初始磁化曲线降低,而是沿曲线变化。当$H=0$时,$B=B_r$,即外磁场取消后材料内部仍保留一定的磁感应强度B_r,B_r称为剩余磁感应强度,简称剩磁或顽磁度。

为消除材料内的剩磁所需施加的反向磁场强度 H_c 称为矫顽力。它表示铁磁质保存剩磁的能力,是衡量铁磁质磁性稳定性的重要参数。

不同铁磁质的磁滞回线的面积形状不同。据此可以将铁磁质分为软磁性材料和硬磁性材料,如图 2-3-9、图 2-3-10 所示。

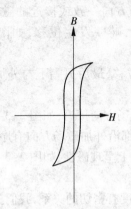
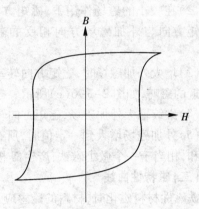

图 2-3-9　软磁性材料的磁滞回线　　　图 2-3-10　硬磁性材料的磁滞回线

软磁性材料的磁滞回线面积小,磁化耗能小,磁导率大,易磁化,剩磁 B_r 小,矫顽力 H_c 小,易退磁。一般用于制造变压器、继电器、电磁铁及其他电磁元件的铁芯和磁粉探伤中用的磁粉。

硬磁性材料的磁滞回线面积大,磁化耗能大,磁导率小,难磁化,剩磁 B_r 大,矫顽力 H_c 大,难退磁。一般的永久磁铁、高碳淬火钢属于硬磁性材料。

三、电流与磁场

(一)通电圆柱导体的磁场

在1820年,丹麦科学家奥斯特通过试验证明,有电流通过的导体内部和周围都存在着磁场,这种现象称为电流的磁效应。

1. 磁场方向

当电流流过圆柱导体时,产生的磁场是以导体中心轴线为圆心的同心圆,如图2-3-11所示,在半径相等的同心圆上,磁场强度相等。

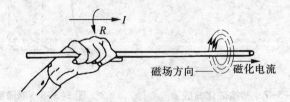

图 2-3-11　通电圆柱导体右手法则

通电长直圆柱体内外的磁场设通电长直圆柱体的半径为 R,通过圆柱体的电流为 I,

则圆柱体内外的磁场如图 2-3-12 所示。

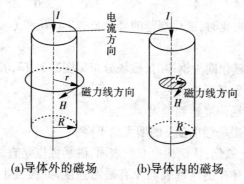

(a)导体外的磁场　　(b)导体内的磁场

图 2-3-12　通电圆柱导体的磁场

2. 磁场强度计算

通电圆柱导体表面的磁场强度可由安培环路定律沿圆周积分得：$H×2\pi R=I$，所以

$$H=\frac{I}{2\pi R} \tag{2-3-1}$$

式中　H——磁场强度，A/m；

　　　I——电流强度，A；

　　　R——圆柱导体半径，m。

通电圆柱导体内部($r<R$)的磁场强度可由安培环路定律推导计算出，它与圆柱导体中通过的电流 I 成正比，与至圆柱导体中心轴线的距离 r 成正比，而与圆柱导体半径 R 的平方成反比。

$$H=\frac{Ir}{2\pi R^2} \tag{2-3-2}$$

式中　H——磁场强度，A/m；

　　　R——圆柱导体半径，m；

　　　I——电流强度，A。

若将圆柱导体半径 R 用直径 D 代替，并将 D 的单位用 mm 表示，则得出以下两公式

$$I=\frac{HD}{4} \text{ 或 } I=\frac{HD}{320} \tag{2-3-3}$$

式中　H——磁场强度，A/m；

　　　D——圆柱导体直径，mm；

　　　I——电流强度，A。

在连续法检验时，一般要求工件表面的磁场强度至少达到 2 400 A/m(300 e)，据此得

$$I=\frac{HD}{4}=\frac{30D}{4}=7.5D\approx8D \text{ 或 } I=\frac{HD}{320}=\frac{2\,400D}{320}=7.5D\approx8D$$

在剩磁法检验时，一般要求工件表面的磁场强度至少达到 8 000 A/m(1 000 e)，据此得

$$I = \frac{HD}{4} = \frac{100D}{4} = 25D \quad 或 \quad I = \frac{HD}{320} = \frac{8\,000D}{320} = 25D$$

这就是对圆柱导体磁化时,磁化规范的经验公式 $I=8D$ 和 $I=25D$ 的来源。

3. 钢棒通电法磁化

用交流电和直流电磁化同一钢棒时,磁场分布见图2-3-13,其共同点是:

(1)在钢棒中心处,磁场强度为零。

(2)在钢棒表面,磁场强度达到最大。

(3)离开钢棒表面,磁场强度随 r 的增大而下降。

其不同点是:直流电磁化,从钢棒中心到表面,磁场强度是直线上升到最大值;交流电磁化,由于趋肤效应,只有在钢棒近表面才有磁场强度,并缓慢上升,而在接近钢棒表面时,迅速上升达到最大值。

用交流电和直流电磁化同一钢棒时,磁感应强度分布如图 2-3-14 所示,与图 2-3-13 的不同点是:

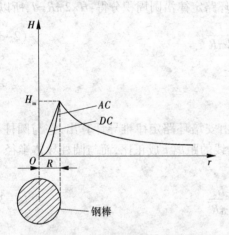

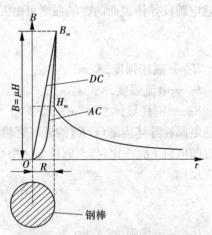

图 2-3-13　钢棒通交、直流电磁化的　　　图 2-3-14　钢棒通交、直流电磁化
　　　　　　磁场强度分布　　　　　　　　　　　　　　的磁感应强度分布

(1)由于钢棒的磁导率高,又因为 $B=\mu H$,所以 B 远大于 H,B_m 远大于 H_m。

(2)离开钢棒表面,在空气中,$\mu_r \approx 1$,$B \approx H$,所以磁感应强度突降后与磁场强度曲线重合。

(二)通电钢管的磁场

1. 钢管通电法的磁化

用交流电和直流电磁化同一钢管时,钢管磁场强度分布见图 2-3-15(a),磁感应强度分布如图 2-3-15(b)所示。从图上可以看出,钢管内壁 $H=0$,$B=0$,所以磁场分布不是由钢管中心轴线,而是从钢管内壁到表面逐渐上升到最大值。其余与钢棒通电法磁化磁场分布相同。

2. 钢管中心导体法磁化

用直流电中心导体法磁化同一钢管时,磁场强度和磁感应强度的分布如图 2-3-16 所示。从图中可以看出,在通电中心导体内、外磁场分布与图 2-3-13 相同。在钢管内是空气,由于铜棒$\mu_r \approx 1$,所以只存在磁场强度H。在钢管上由于$\mu_r \gg 1$,所以能感应产生较大的磁感应强度。因为$H = I/(2\pi r)$,钢管内半径r比外半径R小,因而钢管内壁较外壁磁场强度和磁感应强度都大,探伤灵敏度高。离开钢管外表面,在空气中,$\mu_r \approx 1$,$B \approx H$,所以磁感应强度突降后,与H曲线重合。

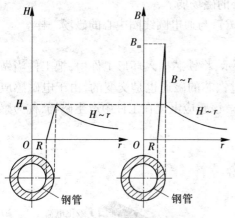

图2-3-15　钢管通直流电磁化的磁场强度分布和磁感应强度分布

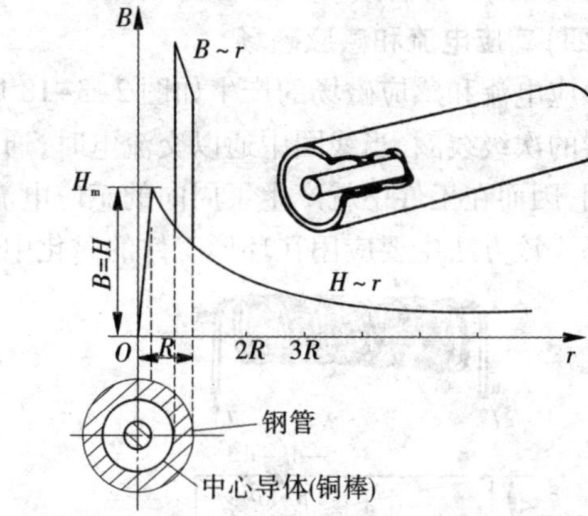

(a)磁场强度分布　(b)磁感应强度分布

图2-3-16　直流电中心导体法磁化钢管的磁场强度和磁感应强度分布

(三)通电线圈的磁场

如图2-3-17所示,设螺线管半径为R,通过每匝线圈的电流为I,螺线管上单位长度的线圈匝数为n($n = N/L$,N为线圈总匝数,L为线圈长度),则螺线管内P点的磁场强度为

$$H = \frac{nI}{2}(\cos\beta_1 - \cos\beta_2) \quad (A/m) \tag{2-3-4}$$

式中　n——线圈匝数,m^{-1};

　　　I——电流强度,A。

由式(2-3-4)可知,长直螺线管内磁场强度H与电流I及单位长度的线圈匝数n成正比,此外也与P点的位置有关。

(1)当螺线管无限长时,对于螺线管中部的P点,$\beta_1 = 0$,$\beta_2 = \pi$。这时磁场强度为

$$H_{中} = nI$$

可见,$H_{中}$与P点的具体位置关系不大,螺线管的磁场可看做是均匀磁场,磁场强度也最大。

(2)当螺线管足够长时,对于螺线管端部的P点,$\beta_1 = 0$,$\beta_2 = \pi/2$。这时磁场强度为

$$H = \frac{1}{2}nI$$

仅为长直螺线管中部磁场强度的一半。同理可知,随着离开螺线管端部的距离增加,磁场将越来越弱。

(3)当螺线管直径R较大,长度L较短时,对于螺线管端部的P点,$\beta_2 = \pi/2$,$\cos\beta_1 =$

$\dfrac{L}{\sqrt{R^2+L^2}}$。这时磁场强度为

$$H_{端} = \dfrac{NI}{2\sqrt{R^2+L^2}}$$

此时,螺线管内靠近螺线管壁的磁场强,中心的磁场弱。

若 $R \gg L$,N 可看成 1,L 可看成 0,则 $H = I/(2R)$,与通电圆线圈中心的磁场一样。

(四)感应电流和感应磁场

感应电流和感应磁场的产生如图 2-3-18 所示,将铁芯插入环形工件中,把工件当做变压器的次级线圈,当线圈中通以交流电时,通过铁芯的磁通也是交变的,由于电磁感应的作用,因而在工件中就产生了周向的感应电流。该感应电流在工件中产生磁场,称为感应磁场。该方法主要应用在环形工件的磁化中。

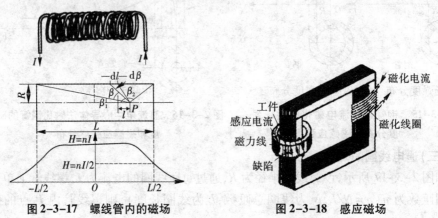

图 2-3-17　螺线管内的磁场　　　　　图 2-3-18　感应磁场

四、磁场的合成

当有多个磁场同时对工件进行多方向磁化时,对工件作用的磁场应是各磁场的矢量和,即合成磁场为各个磁场矢量的叠加。

交叉磁轭的磁场合成利用两相或多相磁场相互叠加而形成的合成磁场;摆动磁场的合成利用直流电磁轭进行纵向磁化,并同时用交流轴向通电法进行周向磁化。

对机电类特种设备的磁粉检测而言,较为常用是交叉磁轭的磁场合成,所以在此仅对该种磁场的合成加以介绍。

(一)交叉磁轭的工作原理

旋转磁化是利用交叉磁轭或交叉线圈产生的旋转磁场磁化工件的。

旋转磁化属于复合磁化(多向磁化)。它是利用两相或多相磁场相互叠加而形成的合成磁场对工件进行磁化的,如图 2-3-19 所示。

交叉磁轭可以形成旋转磁场。它的 4 个磁极分别由两相具有一定相位差的正弦交变电流激磁,如图 2-3-20 所示,于是就能在 4 个磁极所在平面形成与激磁电流频率相等的旋转着的(合成)磁场,旋转磁场因此而得名。

能形成旋转磁场的基本条件是:两相磁轭的几何夹角 α 与两相激磁电流的相位差 ϕ 均不等于 $0°$ 或 $180°$。

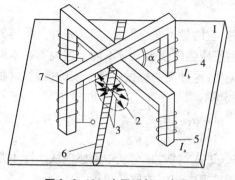

图 2-3-19　交叉磁轭示意图

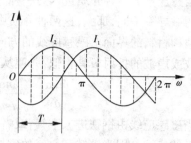

图 2-3-20　激磁电流波形图

当两相磁轭的几何夹角 α 与两相磁轭激磁电流的相位差 φ 均为 90°时,在磁极所在面的几何中心点将形成圆形旋转磁场,一周期内其合成磁场轨迹为圆,而且其幅值始终与 H_m 相等,这就是使用交叉磁轭一次磁化操作就能发现任何方向缺陷的原因。另外,由于交叉磁轭形成的旋转磁场,与交流电磁轭的磁场不同,它的磁场没有通过零点的瞬间,所以交叉磁轭的提升力也就远远高于交流电磁轭。

(二)影响旋转磁场形成的因素

产生旋转磁场的必要条件:一是两相正弦交变磁场必须形成一定的夹角,二是两相交流电必须具有一定的相位差。

评价旋转磁场,通常利用 4 个磁极所在平面的几何中心点形成的旋转磁场形状进行描述。比如,当两相磁轭的几何夹角 α=90°两相激磁电流的相位差中 φ=π/2 时,几何中心点就能形成圆形旋转磁场。当 α≠90°,φ≠π/2 时(但是 α≠0°,180°,φ≠0,π)将形成椭圆形旋转磁场。从使用角度来说,圆形旋转磁场对各方向缺陷的检测灵敏度趋于一致,而椭圆形旋转磁场则较差。只有在激磁规范足够大时才能确保各方向的检测灵敏度。

五、磁路与磁感应线

(一)磁路

在铁磁性材料内(包括气隙)磁感应线通过的闭合路径叫磁路。

铁磁性材料磁化后,不仅能产生附加磁场,而且还能够把绝大部分磁感应线约束在一定的闭合路径上,见图 2-3-21、图 2-3-22。

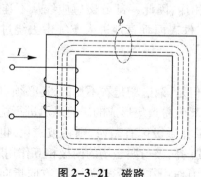

图 2-3-21　磁路

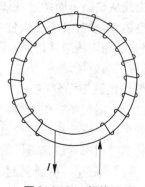

图 2-3-22　螺线环

（二）磁感应线

当磁通量从一种介质进入另一种介质时,它的量不变。但是,如果一种介质与另一种介质的磁导率不同,那么,这两种介质中的磁感应强度便会显著不同。这说明在不同磁导率的两种材料的界面上磁感应线的方向会突变,这种突变称做磁感应线的折射,这种折射与光波或声波的折射极其相似,并遵从折射定律:

$$\frac{\tan\alpha_1}{\mu_1} = \frac{\tan\alpha_2}{\mu_2} \qquad \frac{\tan\alpha_1}{\tan\alpha_2} = \frac{\mu_1}{\mu_2} = \frac{\mu_{r1}}{\mu_{r2}}$$

当磁感应线由钢铁进入空气,或者由空气进入钢铁,在空气中磁感应线实际上是与界面垂直的。这是因为钢铁和空气的磁导率相差 $10^2 \sim 10^3$ 的数量级。

六、漏磁场

（一）漏磁场的形成

所谓漏磁场,就是铁磁性材料磁化后,在不连续性处或磁路的截面变化处,磁感应线离开和进入表面时形成的磁场,如图 2-3-23 所示。

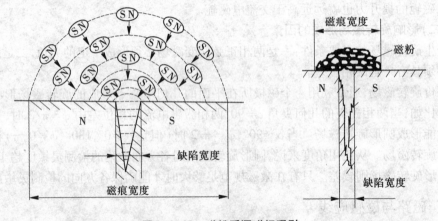

图 2-3-23　磁粉受漏磁场吸引

漏磁场形成的原因是空气的磁导率远远低于铁磁性材料的磁导率。如果在磁化了的铁磁性工件上存在着不连续性或裂纹,则磁感应线优先通过磁导率高的工件,这就迫使一部分磁感应线从缺陷下面绕过,形成磁感应线的压缩。但是,工件上这部分可容纳的磁感应线数目也是有限的,又由于同性磁感应线相斥,因此一部分磁感应线从不连续性中穿过,另一部分磁感应线遵从折射定律几乎从工件表面垂直地进入空气中去绕过缺陷又折回工件,形成了漏磁场。

（二）缺陷的漏磁场分布

缺陷处产生漏磁场是磁粉检测的基础。但是,漏磁场是看不见的,还必须有显示或检测漏磁场的手段。磁粉检测是通过漏磁场引起磁粉聚集形成的磁痕显示进行检测的。漏磁场对磁粉的吸引可看成是磁极的作用,如果在磁极区有磁粉,则将被磁化,也呈现出 N 极和 S 极,并沿着磁感应线排列起来。当磁粉的两极与漏磁场的两极相互作用时,磁粉就会被吸引并加速移到缺陷上去。漏磁场的磁力作用在磁粉微粒上,其方向指向磁感应线最大密度区,即指向缺陷处,见图2-3-23。

漏磁场的宽度要比缺陷的实际宽度大数倍至数十倍,所以磁痕对缺陷宽度具有放大作用,能将目视不可见的缺陷变成目视可见的磁痕,使它容易观察出来。

磁粉除受漏磁场的磁力外,还受重力、液体介质的悬浮力、摩擦力、磁粉微粒间的静电力与磁力的作用,磁粉在这些合力作用下,即漏磁场吸引力把磁粉吸引到缺陷处,见图2-3-24。

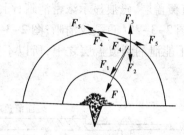

F_1—漏磁场磁力;F_2—重力;F_3—液体介质的悬浮力;F_4—磁力;F_5—静电力

图2-3-24 磁粉的受力分析

(三)影响缺陷漏磁场的因素

漏磁场的大小对检测缺陷的灵敏度至关重要。由于真实的缺陷具有复杂的几何形状,准确计算漏磁场的大小是难以实现的,测量又受试验条件的影响,所以定性地讨论影响漏磁场的规律和因素,具有很重要的意义。

1. 外加磁场强度的影响

缺陷的漏磁场大小与工件磁化程度有关,从铁磁性材料的磁化曲线得知,外加磁场大小和方向直接影响磁感应强度的变化,一般说来,外加磁场强度一定要大于$H_{\mu m}$,即选择在产生最大磁导率对应的H_{mm}点右侧的磁场强度值,此时磁导率减小,磁阻增大,漏磁场增大。当铁磁性材料的磁感应强度达到饱和值的80%左右时,漏磁场便会迅速增大。

2. 缺陷位置及形状的影响

1)缺陷埋藏深度的影响

缺陷的埋藏深度,即缺陷上端距工件表面的距离,对漏磁场产生有很大的影响。同样的缺陷位于工件表面时,产生的漏磁场大;若位于工件的近表面,则产生的漏磁场显著减小;若位于距工件表面很深的位置,则工件表面几乎没有漏磁场存在。

2)缺陷方向的影响

缺陷的可检出性取决于缺陷延伸方向与磁场方向的夹角,当缺陷垂直于磁场方向,漏磁场最大,也最有利于缺陷的检出,灵敏度最高,随着夹角由90°逐渐减小,灵敏度随之下降;若缺陷与磁场方向平行或夹角小于30°,则几乎不产生漏磁场,不能检出缺陷。

3)缺陷深宽比的影响

同样宽度的表面缺陷,如果深度不同,产生的漏磁场也不同。在一定范围内,漏磁场的增加与缺陷深度的增加几乎呈线性关系。当深度增大到一定值后,漏磁场增加变得缓慢。当缺陷的宽度很小时,漏磁场随着宽度的增加而增加,并在缺陷中心形成一条磁痕;当缺陷的宽度很大时,漏磁场反而下降,如表面划伤又浅又宽,产生的漏磁场很小,在缺陷两侧形成磁痕,而缺陷根部没有磁痕显示。

缺陷的深宽比是影响漏磁场的一个重要因素,缺陷的深宽比愈大,漏磁场愈大,缺陷愈容易检出。

3. 工件表面覆盖层的影响

工件表面的覆盖层会影响磁痕显示,图2-3-25揭示了工件表面覆盖层对漏磁场和磁痕显示的影响。图中有三个深宽比一样的横向裂纹,纵向磁化后产生同样大小的漏磁场,图2-3-25(a)裂纹上没有覆盖层,磁痕显示浓密清晰;图2-3-25(b)裂纹上覆盖着较薄的一层,有磁痕显示,不如图2-3-25(a)裂纹清晰;图2-3-25(c)裂纹上有较厚的表面覆盖层,如厚的漆层,漏磁场不能泄漏到覆盖层之上,所以不吸附磁粉,没有磁痕显示,磁粉检测就会漏检。

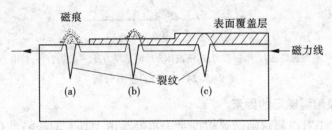

图2-3-25　表面覆盖层对磁痕显示的影响

4. 工件材料及状态的影响

根据化学成分的不同,钢材分为碳素钢和合金钢。碳素钢是铁和碳的合金,含碳量小于0.25%称为低碳钢,含碳量在0.25%~0.60%称为中碳钢,含碳量大于0.6%称为高碳钢。碳素钢的主要组织是铁素体、珠光体、渗碳体、马氏体和残余奥氏体。铁素体和马氏体呈铁磁性;渗碳体呈弱磁性;珠光体是铁素体与渗碳体的混合物,具有一定的磁性;奥氏体不呈现磁性。合金钢是在碳素钢里加入各种合金元素而成的。

钢的主要成分是铁,因而具有铁磁性。但1Cr18Ni9和1Cr18Ni9Ti室温下属奥氏体不锈钢,没有磁性,不能进行磁粉检测。高铬不锈钢如1Cr13、Cr17Ni2,室温下的主要成分为铁素体和马氏体,具有一定的磁性,能够进行磁粉检测。另外,沉淀硬化不锈钢也有磁性,能够进行磁粉检测。

钢铁材料的晶格结构不同,磁特性便有所变化。面心立方晶格的材料是非磁性材料。而体心立方晶格的材料是铁磁性材料。但体心立方晶格如果发生变形,其磁性也将发生很大变化。例如,当合金成分进入晶格以及冷加工或热处理使晶格发生畸变时,都会改变磁性。矫顽力与钢的硬度有着相对应的关系,即随着硬度的增大而增大,漏磁场也增大。

下面列举工件材料和状态对磁场的影响:

(1)晶粒大小的影响。晶粒愈大,磁导率愈大,矫顽力愈小,漏磁场就小;相反,晶粒愈小,磁导率愈小,矫顽力愈大,漏磁场也愈大。

(2)含碳量的影响。对碳钢来说,在热处理状态接近时,对磁性影响最大的合金成分是碳,随着含碳量的增加,矫顽力几乎呈线性增加,相对磁导率则随着含碳量的增加而下降,漏磁场也增大。

（3）热处理的影响。钢材处于退火与正火状态时，其磁性差别不很大，而退火与淬火状态的差别却是较大的。淬火可提高钢材的矫顽力和剩磁，而使漏磁场增大。但淬火后随着回火温度的升高，材料变软，矫顽力降低，漏磁场也降低。如40钢，在正火状态下矫顽力为580 A/m；在860 ℃水淬，300 ℃回火，矫顽力为1 520 A/m，提高回火温度到460 ℃时，矫顽力则降为720 A/m。

（4）合金元素的影响。由于合金元素的加入，材料硬度增加，矫顽力也增加，所以漏磁场也增加。如正火状态的40钢和40Cr钢，矫顽力分别为584 A/m和1 256 A/m。

（5）冷加工的影响。冷加工如冷拔、冷轧、冷校和冷挤压等加工工艺，将使材料表面硬度增加和矫顽力增大。

随着压缩变形率增加，矫顽力和剩磁均增加，漏磁场也增大。

七、退磁场

（一）退磁场的概念

把铁磁性材料磁化时，由材料中磁极所产生的磁场称为退磁场，也叫反磁场，它对外加磁场有削弱作用，用符号 ΔH 表示，见图2-3-26。

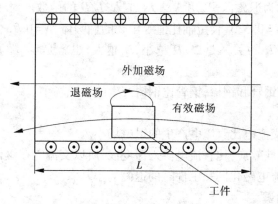

图 2-3-26　退磁场

退磁场与材料的磁极化强度 M 成正比。

$$\Delta H = NM\cdots$$

式中　ΔH——退磁场；

　　　M——磁极化强度；

　　　N——退磁因子。

（二）有效磁场

铁磁性材料磁化时，只要在工件上产生磁极，就会产生退磁场，它削弱了外加磁场。所以，工件上的有效磁场用 H 表示，等于外加磁场 H_0 减去退磁场 ΔH，即退磁场愈大，铁磁性材料愈不容易磁化，退磁场总是起着阻碍磁化的作用。

（三）影响退磁场大小的因素

退磁场使工件上的有效磁场减小，同样也使磁感应强度减小，直接影响工件的磁化效果。为了保证工件磁化结果,必须研究影响退磁场大小的因素,如用适当增大磁场强度或 L/D 值的方法,克服退磁的影响。

1. 外加磁场强度

外加磁场强度愈大,工件磁化得愈好,产生的 N 极和 S 极磁场愈强,因而退磁场也愈大。

2. 工件长径比(L/D)

工件 L/D 愈大,退磁场愈小。将两根长度相同而直径不同的钢棒分别放在同一线圈中,用相同的磁场强度磁化时,L/D 大的比 L/D 值小的钢棒表面磁场强度大,标准试片上磁痕清晰,说明退磁场小。

对于工件横截面为非圆柱形,设横截面面积为 A,计算 L/D,应该用有效直径 D_{eff} 代替直径 D,则

$$D_{\text{eff}} = 2\sqrt{\frac{A}{\pi}}$$

3. 工件几何形状

纵向磁化所需的磁场强度大小与工件的几何形状及 L/D 值有关。这种影响磁场强度的几何形状因素称为退磁因子,用 N 表示,它是 L/D 的函数。对于完整闭合的环形试样,$N=0$,对于球体,$N=0.333$,长短轴比值等于 2 的椭圆体,$N=0.73$,对于圆钢棒,N 与钢棒的长度和长径比 L/D 的关系是,L/D 越小,N 越大,也就是说,随着 L/D 的减小,N 增大,退磁场增大。

磁化尺寸相同的钢管和钢棒,钢管比钢棒产生的退磁场小。

4. 磁化电流种类

磁化同一工件,交流电比直流电产生的退磁场小。

因为交流电有趋肤效应,比直流电渗入深度浅,所以交流电在钢棒端头形成的磁极磁性小,故交流电比直流电磁化同一工件时的退磁场小。

(四)退磁场的计算

退磁场与工件的形状即 L/D 关系极大,N 随着 L/D 的增大而下降,退磁场影响也减小,磁化需要的外加磁场强度亦小得多;当 $L/D \leqslant 2$ 时,退磁场影响很大,工件磁化需要很大的外加磁场强度。只有外加磁场强度 H_0 远远大于有效磁场强度 H 时,才足以克服退磁场的影响,对工件进行有效磁化。实际上通电线圈很难产生上千奥斯特的外加磁场强度,所以在实际检测中对 $L/D \leqslant 2$ 的工件通常采用延长块将工件接长,以增大 L/D 值,减小退磁场的影响。

八、磁粉检测的光学基础

(一)光度量术语及单位

光是任何能够直接引起视觉的电磁辐射,光度学是有关视觉效应评价辐射量的学科。磁粉检测观察和评定磁痕显示,必须在可见光或黑光下进行,其光源的发光强度、光通量、[光]照度、辐[射]照度和[光]亮度都与检测结果直接有关。

(二)发光

1.光通量

光通量是指能引起眼睛视觉强度的辐射通量。用符号 Φ 表示,单位是流明(lm)。流明(lm)是发光强度为 1 cd 的均匀点光源在 1 sr 立体角内发出的光通量。

2.照度

照度也称[光]照度,是单位面积上接收的光通量。用 E 表示,单位是:勒[克斯](lx)。勒[克斯](lx)是 1 lm 的光通量均匀分布在 1 m^2 表面上产生的光照度,1 lx = 1 lm/m^2。

3.辐照度

辐照度又称辐[射]照度,是入射的辐射通量与该辐射面积之比。单位是 W/m^2。1 W/m^2 = 100 $\mu W/cm^2$。

(三)紫外线

紫外线是指波长为 100 ~ 400 nm 的不可见光,其波谱图位于可见光和 X 射线之间,如图 2-3-27 所示。不是所有的紫外线都可以用于荧光磁粉检测,只有波长为 320 ~ 400 nm 的黑光才能用于荧光磁粉检测。

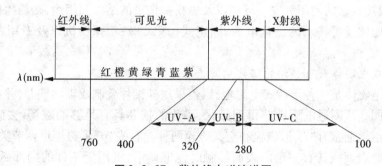

图 2-3-27 紫外线电磁波谱图

国际照明委员会把紫外线分成如下三种范围:

波长 320 ~ 400 nm 的紫外线称为 UV-A、黑光或长波紫外线,UV-A 波长的紫外线,适用于荧光磁粉检测,它的峰值波长约为 365 nm。

波长 280 ~ 320 nm 的紫外线称为 UV-B 或中波紫外线,又叫红斑紫外线。UV-B 具有使皮肤变红的作用,还可引起晒斑和雪盲,不能用于磁粉检测。

波长 100 ~ 280 nm 的紫外线称为 UV-C 或短波紫外线,UV-C 具有光化和杀菌作用,能引起猛烈的燃烧,还伤害眼睛,也不能用于磁粉检测,医院使用 UV-C 紫外线来杀菌。

磁粉检测人员佩戴眼镜观察磁痕有一定的影响,如光敏(光致变色)眼镜在黑光辐射时会变暗,变暗程度与辐射的入射量成正比,影响对荧光磁粉磁痕的观察和辨认,因此不允许使用。由于荧光磁粉检验区域的紫外线,不允许直接或间接地射入人的眼睛内,为避免人的眼睛不必要地暴露在紫外线辐射下,所以可佩戴吸收紫外线的护目眼镜,它能阻挡紫外线和大多数紫光与蓝光。但应注意,不得降低对黄绿色荧光磁粉磁痕的检出能力。

第三节　磁粉检测的设备和器材

一、概述

磁粉检测设备中最重主要的是磁粉探伤机,它是能在试件上产生磁场、分布磁粉和提供观察照明和对磁化试件实施退磁的装置。选择和使用磁粉探伤机时,应该根据检测工作的环境和被检查工件的可移动性及复杂情况进行。

二、磁粉探伤机

(一)磁粉探伤机的分类

按照我国标准,根据探伤机结构的不同,将磁粉探伤机按其结构分为一体型和分立型两大类。其中,一体型是由磁化电源,夹持、磁粉施加、观察、退磁等部分组成一体的磁粉探伤机;分立型是将探伤机的各组成部分,按功能制成单独的分立的装置,在探伤时组成系统使用,分立装置一般包括磁化电源、加持装置、退磁装置、断电相位控制器等。在通常使用中,一般按设备的使用和安装环境以及磁粉探伤机的结构和用途,磁粉探伤机一般分为便携式电磁体及可移动的磁化电源、固定式(床式)磁粉探伤机以及专用检测系统等三种。

1. 便携式电磁体及可移动的磁化电源

便携式电磁体是一种手持式电磁轭,磁轭采用硅钢片叠制成轭状铁芯,并在铁芯外面装有磁化线圈。线圈通电后铁芯得到磁化,磁化的铁芯具有足够的磁场,去感应磁化试件。便携式磁轭通常有"n"形磁轭和交叉磁轭两种。有些"n"形磁轭可调节关节,使得探头在与非规则表面或具有夹角的表面接触时能够调节,可用于工件的局部磁化检查,如图 2-3-28、图 2-3-29 所示。

图 2-3-28　便携式电磁体

交叉电磁轭如图 2-3-28 所示。这种交叉电磁轭可以对的纵环焊接接头进行磁粉检测,检测时不用进行两个垂直方向的检测,可以一次完成,很简单。

图 2-3-29 中两电磁轭探头适用于焊接接头周边空间狭小,没有足够的检测空间,可以检测纵、环焊接接头,检测时要在焊接接头两个垂直方向进行检测。

线圈适合对管线及轴类进行磁粉检测,结构如图 2-3-30 所示。

可移动的磁化电源实际上是一个中小功率的磁化电流发生器。它体积小、质量轻、有较大的灵活性和良好的适应性,能在许可范围内自由移动,适应不同检查要求。可移动的磁化电源通常配有支杆式触头、简易磁化线圈(或电磁轭)、软电缆等附件,并装有滚轮或配有移动小车,主要检查对象为不易移动的大型制件,如图 2-3-31 所示。

图 2-3-29　便携式角接接头电磁轭　　　图 2-3-30　磁化线圈　　　图 2-3-31　移动式磁化电源

2. 固定式磁粉探伤机

这是一种安装在固定场所的探伤装置,又叫做床式设备,体积和重量较大。结构形式可分为卧式(平放式)和立式两种,一般多用卧式,额定周向磁化电流从 1 000 ~ 15 000 A 不等。它能提供制件所需的磁化电流或磁化安匝数,能对试件实施周向、纵向或多向磁化。磁化电流可以是交流电流,也可以是整流电流。采用整流电流的设备多数是用低压大电流经过整流得到的,磁化安匝数由装在设备上的线圈或绕在专用铁芯上的线圈磁轭提供。探伤机上有夹持试件的磁化夹头(接触板)和放置试件的工作台及格栅,可对中小试件进行整体磁化和批量检查。检查速度较便携和可移动式快。固定式磁粉探伤机所能检测制件的最大截面受最大磁化电流的限制,探伤机的夹头距离可以调节,以适应不同长度制件的夹持和检查。固定式磁粉探伤机通常用于湿法检查。探伤机有储存磁悬液的容器、搅拌用的液压泵和可调节压力及流量的喷枪。同时固定式磁粉探伤机一般还安装有观察磁痕用的照明装置和退磁装置,还常常备有触头和电缆,以适应检查工作的需要。图 2-3-32 是一种交直流磁粉探伤机的外形图。

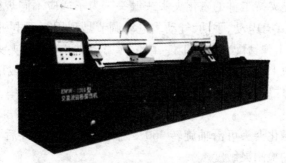

图 2-3-32　EMW-6000 型交直流磁粉探伤机

3.专用检测系统

专用检测系统通常用于半自动化或自动化检查,多用于特定试件的批量检查。系统是除人工观察缺陷磁痕外其余过程全部采用自动化,即工件的送入、传递、缓放、喷液、夹紧并充磁、送出等都是机械自动化处理,其特点是检查速度快,减轻了工人的体力劳动,适合于大批量生产的工件检查。但检查产品类型较单一,不能适用多种类型工作。专用检测系统多采用逻辑继电器及微机(单片机)可编程程序进行控制。图2-3-33所示为EMQ-1000型气门半自动磁粉探伤机。

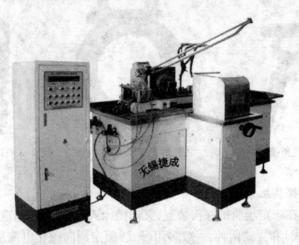

图2-3-33　EMQ-1000型气门半自动磁粉探伤机

(二)磁粉检测设备的组成

无论是一体机型,还是分离型磁粉探伤机,它们一般都包括以下几个主要部分:磁化电源、工件夹持装置、指示装置、磁粉或磁悬液喷洒装置、照明装置和退磁装置等。

1.磁化电源

磁化电源是磁粉探伤机的核心部分,它是通过调压器将不同大小的电压输送给主变压器,由主变压器提供一个低电压大电流输出,输出的交流电或整流电可直接通过工件或通过穿入工件内孔的中心导体,或通入线圈,对工件进行磁化。

2.工件夹持装置

工件夹持装置是夹持工件的磁化夹头或触头。为了适应不同规格的工件,夹头的间距是可调的,调节方式有电动、手动、气动。电动调节是利用行程电机和传动机构使夹头在导轨上来回移动,由弹簧配合夹紧工件,限位开关会使可动磁化夹头停止移动。手动调节是利用齿轮与导轨上的齿条啮合传动,使磁化夹头沿导轨移动,或用手推动磁化夹头在导轨上移动,夹紧工件后自锁。气动夹持是用压缩空气通入汽缸中,推动活塞带动夹紧工件。

有些探伤机的磁化夹头可沿轴旋转360°,磁化夹头夹紧工件后一起旋转,保证工件周向各部位有相同的检测灵敏度。

在磁化夹头上应加上铅垫或铜编织网,以利接触,防止打火和烧伤工件。

3. 指示装置

磁粉探伤机的指示装置主要指电流表和电压表、表示可控硅导通角的 ϕ 表、表示螺管线圈空载时中心磁场强度的 H 表。

电流表又称安培表，分为直流电流表和交流电流表。交流电流表与互感器连接，测量交流磁化电流的有效值。直流电流表与分流器连接，测量直流磁化电流的平均值。

一般对于额定周向磁化电流大于 2 000 A 的电流表，为了准确反映低安培电流值，刻度应分为两挡读数，一挡为 0 ~ 1 000 A；另一挡为 1 000 A 至额定周向磁化电流，数字电流表不需要分挡。

有些设备上装有表示可控硅导通角（移向角）的 ϕ 表，表示大致的磁化电流值。还有一些老设备上装有螺管线圈空载时中心磁场强度（用奥斯特 Oe 为单位）的 H 表。

4. 磁粉和磁悬液喷洒装置

磁悬液喷洒装置由磁悬液槽、电动泵、软管和喷嘴组成。磁悬液槽用于贮存磁悬液，并通过电动泵叶片将槽内磁悬液搅拌均匀，依靠泵的压力（一般为 0.02 ~ 0.03 MPa）使磁悬液通过喷嘴喷洒在工件上。

在磁悬液槽的上方装有格栅，用于摆放在工件和滴落回收磁悬液。为防止铁屑杂物进入磁悬液槽内，在回流口上装有过滤网。

5. 照明装置

照明装置主要有日光灯和黑光灯。

使用非荧光检测时，被检工件表面应有充足的自然光或日光灯照明，被检工件表面可见光照度应不小于 1 000 lx，并应避免强光和阴影。现场检测可用便携式手提灯照明，被检工件表面可见光照度应不低于 500 lx。

使用荧光检测时使用黑光灯，被检工件表面辐照度应大于或等于 1 000 $\mu W/cm^2$。

6. 退磁装置

退磁装置应保证被磁化工件上的剩磁减小到不防碍使用程度的要求。

（三）磁粉检测设备的选择

磁粉检测设备应能对试件完成磁化、施加磁悬液、提供观察条件和实现退磁等四道工序。但这些要求，并不一定要求在同一台设备上实现。应根据探伤的具体要求选择磁粉探伤机。一般说来，可以从下面几个方面进行考虑。

1. 工作环境

若探伤工作是在固定场所（工厂车间或实验室）进行，以选择固定式磁粉探伤机为宜。若在生产现场，且工件品种单一，检查数量较大，应考虑采用专用检测系统，或将磁化与退磁等功能分别设置，以提高检查速度；若在实验室内，以探伤试验为主时，则应考虑采用功能较为齐全的固定式磁粉探伤机，以适应试验工作的需要。当工作环境在野外、高空等现场条件不能采用固定式磁粉探伤机的地方，应选择移动式或便携式探伤机进行工作；若检验现场无电源，则可以考虑采用永久磁铁做成的磁轭进行探伤。

2. 试件情况

试件情况主要指被检查试件的可移动性与复杂情况，以及需要检查的数量（批量）。若被检件体积和重量不大，易于搬动，或形状复杂且检查数量多，则应选择具有合适磁化电流并且功能较全的固定式磁粉探伤机;若被检工件的外形尺寸较大、重量也较重而又不能搬动或不宜采用固定式磁粉探伤机,则应选择移动式或便携式磁粉探伤机进行分段局部磁化;若被检工件表面黑暗,与磁粉颜色反差小时,则最好采用荧光磁粉探伤机,或采用与工件颜色反差较大的其他磁粉。

3.设备的主要技术数据

选择设备时,考虑的主要技术数据是磁化能力与检测效率。磁化能力重点考虑在满足适当的检测灵敏度时,设备输出的最大电流与磁化安匝数。这里要注意的是,设备规定的最大输出是在采用专用试件时实现的,实际试件远低于这个数值。因此,在选择设备时应注意留有足够的余量。检测效率主要考虑设备使用的暂载率、夹持装置和缺陷观察,一般说来,暂载率越大,设备越不容易发热,过载能力较强;夹持装置对上下试件越方便,越有利于观察,检测速度越快。另外,采用固定磁化时要注意能否满足试件的长度和中心高,以及是否有利于磁化和观察。从安全考虑,设备的电气安装和绝缘应符合国家专业标准要求。

三、磁粉

磁粉是显示缺陷的重要手段,磁粉质量的优劣和选择是否恰当,将直接影响磁粉检测结果。所以,检测人员应全面了解和正确使用磁粉。

磁粉的种类很多,按磁痕观察,磁粉分为荧光磁粉和非荧光磁粉;按施加方式,磁粉分为湿式磁粉和干式磁粉。

(一)荧光磁粉

在黑光下观察磁痕显示磁粉为荧光磁粉。荧光磁粉是以磁性氧化铁粉、工业铁粉或羰基铁粉为核心,在铁粉外面用环氧树脂黏附一层荧光染料或将荧光染料化学处理在铁粉表面而制成。

磁粉的颜色、荧光亮度及与工件表面颜色的对比度,对磁粉检测灵敏度都有很大的影响。由于荧光磁粉在黑光照射下,能发出波长范围为 $510 \sim 550$ nm 对人眼接受最敏感的色泽鲜明的黄绿色荧光,与工件表面的对比度也高,适用于任何颜色的受检表面,容易观察,因而检测灵敏度高,还能提高检测速度。但荧光磁粉一般只适用于湿法检测。

(二)非荧光磁粉

在可见光下观察磁痕显示的磁粉称为非荧光磁粉。常用的有四氧化三铁(Fe_3O_4)黑磁粉和 γ-三氧化二铁(γ-Fe_2O_3)红褐色磁粉。这两种磁粉既适用于湿法也适用于干法。还以纯铁粉为原料,用黏合剂包覆制成的白磁粉,或经氧化处理的蓝磁粉等非荧光的彩色磁粉只适用于干法。

湿法用磁粉是将磁粉悬浮于油或水载液中喷洒到工件表面的磁粉,干法用磁粉是将磁粉在空气中吹成雾状喷洒到工件表面的磁粉。

空心球形磁粉是铁铬铝的复合氧化物,具有良好的移动性和分散性,磁化工件时,磁粉能不断地跳跃着向漏磁场处聚集,检测灵敏度高,且高温不氧化,在 400 ℃下仍能使用,可用于在高温条件下和高温部件的焊接过程中进行检测。但空心球形磁粉只适用于干粉检测。

在纯铁中添加铬、铝和硅制成的磁粉也可用于 300~400 ℃的高温焊接接头检测。

(三)磁粉的性能

磁粉检测是靠磁粉聚集在漏磁场处形成的磁痕显示缺陷的,磁痕显示程度不仅与缺陷性质、磁化方法、磁化规范、磁粉施加方式、工件表面状态和照明条件等有关,还与磁粉本身的性能如磁特性、粒度、形状、流动性、密度和识别度有关,在实际检测时需要选择性能好的磁粉是很重要的。

1. 磁特性

磁粉的磁特性与磁粉被漏磁场吸附形成磁痕的能力有关。磁粉应具有高磁导率、低矫顽力和低剩磁。高磁导率的磁粉容易被缺陷产生的微小漏磁场磁化和吸附,聚集起来便于识别。如果磁粉的矫顽力和剩磁大,磁化后,磁粉易形成磁极,彼此相互吸引聚集成团不容易分散开,磁粉也会被吸附到工件表面不易去除,形成过渡背景,甚至会掩盖相关显示。

2. 粒度

磁粉的粒度就是磁粉颗粒的大小,粒度的大小对磁粉的悬浮性和漏磁场对磁粉的吸附能力都有很大的影响。

选择适当的磁粉粒度时,应考虑缺陷的性质、尺寸、埋藏深度及磁粉的施加方式。

粒度细小的磁粉悬浮性好,容易被小缺陷产生的漏磁场磁化和吸附,形成的磁痕显示线条清晰,定位准确。因此,粒度小的磁粉适用于湿法检查工件表面微小的缺陷。

粒度粗大的磁粉磁导率高于较细的磁粉,分散性好,容易搭接跨过大缺陷,容易磁化和形成磁痕,并减少粉尘的影响。因此,粒度大的磁粉适用于干法检查工件的表面及近表面的大缺陷。干法用磁粉一般不用荧光磁粉,而用非荧光磁粉。

在实际检测中,要求发现各种大小不同的缺陷,也要发现工件表面及近表面的缺陷,所以应使用含有各种粒度的磁粉,这样对于各类缺陷可获得较均衡的灵敏度。对于干法用磁粉,粒度范围为 10~50 μm,最大不超过 150 μm。对于湿法用的黑磁粉和红磁粉粒度范围宜采用 5~10 μm,粒度大于 50 μm 的磁粉,不能用于湿法检验,因为它很难在磁悬液中悬浮,粗大磁粉在磁悬液流动过程中,还会滞留在工件表面干扰相关显示。而粒度过细的磁粉在使用中,它们会聚集在一起起作用。荧光磁粉因表面有覆盖层,所以粒度不可能太小,一般为 5~25 μm,但这并不意味着检测灵敏度的降低,因为荧光磁粉的可见度、对比度和分辨力高,所以能获得高的灵敏度。

在磁粉检测中,一般推荐干法用 80~160 目(0.18~0.09 mm)的粗磁粉,湿法用300~400 目(0.050~0.035 mm)的细磁粉。一般 45 μm 相当于 320 目。

3. 形状

磁粉有各种不同形状,有条形、椭圆形、球形或其他不规则的颗粒形状。条形磁粉容易磁化,形成磁痕,但分散性、流动性差,易于吸附,易于聚集降低灵敏度,对于干法用磁粉,条形磁粉相互吸引还会影响喷洒和磁痕显示。条形磁粉适用于检测大缺陷和近表面缺陷。

球形磁粉有良好的流动性,但由于退磁场的影响不容易被漏磁场磁化,但空心球形磁粉能跳跃着向漏磁场聚集。

为了使磁粉既有良好的吸附性,又有良好的流动性,理想的磁粉应由一定比例的条形、球形和其他形状的磁粉混合在一起使用。

4. 流动性

为了有效地检测缺陷,磁粉必须能在受检工件表面流动,以便被漏磁场吸附形成磁痕显示。

在湿法检验中,是利用磁悬液的流动带动磁粉向漏磁场处流动。在干法检验中,是利用微风吹动磁粉,并利用交流电不断换向使磁场也不断换向,或利用单相半波整流电产生的单相脉冲磁场带动磁粉变换方向促进磁粉流动的。由于直流电磁场方向不变,不能带动磁粉变换方向,所以直流电不能用于干法检验。

5. 密度

湿法用的黑磁粉和红磁粉的密度为 4.5 g/cm^3,干法用的纯铁粉的密度约为 8 g/cm^3,空心球形磁粉的密度为 $0.71 \sim 2.3 \text{ g/cm}^3$,荧光磁粉的密度除与采用的铁磁粉原料有关,还与磁粉、荧光染料和黏合剂的配方有关。

磁粉的密度对检测结果有一定的影响,湿法检验中,磁粉的密度大易沉淀,悬浮性差;在干法检验中,磁粉密度大则要求吸附磁粉的漏磁场要大。密度大小与材料的磁特性有关,所以应综合考虑。

6. 识别度

识别度是指磁粉的光学性能,包括磁粉的颜色、荧光亮度及与工件表面颜色的对比度。对于非荧光磁粉,只有磁粉的颜色与工件表面的颜色形成很大的对比度时磁痕才容易观察到,缺陷才容易发现;对于荧光磁粉,在黑光下观察时,工件表面呈紫色,只有微弱的可见光本底,磁痕呈黄绿色,色泽鲜明,能提供最大的对比度和亮度。由于工件表面覆盖一层荧光磁悬液,就会产生微弱的荧光本底,因此荧光磁悬液的浓度不宜太高,大约是非荧光磁悬液浓度的1/10。

影响磁粉使用性能的因素有以上六个方面,这些因素是相互关联、相互制约的。在选用磁粉时要综合考虑,不能单凭某个性能的好坏来确定磁粉的好坏,要根据综合试验的结果来衡量磁粉的性能。

(四)磁粉载液

对于湿法磁粉检测,用来悬浮磁粉的液体称为载液或载体,磁粉检测常用油基载液和水载液。

1. 油基载液

磁粉检测用油基载液具有高闪点、低黏度、无荧光和无嗅味的煤油。

油基载液优先用于如下场合:

(1)对腐蚀应严加防止的某些铁基合金(如精加工的某些轴承和轴承套)。

(2)水可能会引起电击的地方。

(3)在水中浸泡可引起氢脆的某些高强度钢。

2. 水载液

磁粉检测水载液是在水中添加润湿剂、防锈剂,必要时还要添加消泡剂,保证水载液具有合适的润湿性、分散性、防锈性、消泡性和稳定性。

四、标准试片和标准试块

(一)标准试片

1.用途

标准试片(以下简称试片)是磁粉检测必备的器材之一,具有以下用途:

(1)用于检验磁粉检测设备、磁粉和磁悬液的综合性能(系统灵敏度)。

(2)用于检测被检工件表面的磁场方向,有效磁化区和有效磁场强度。

(3)用于考察所用的检测工艺规程和操作方法是否妥当。

(4)几何形状复杂的工件磁化时,各部位的磁场强度分布不均匀,无法用经验公式计算磁化规范,磁场方向也难以估计时,将小而柔软的试片贴在复杂工件的不同部位,可大致确定较理想的磁化规范。

2.分类

在日本使用 A 型和 C 型,在美国使用的试片称为 QQI 质量定量指示器,在我国使用 A_1 型、C 型、D 型和 M_1 型四种试片。试片由 DT4A 超高纯低碳纯铁经轧制而成的薄片。用于试片的材料,包括退火处理和未经退火处理两种。试片分类用大写英文字母表示,热处理状态用阿拉伯数字表示,经退火处理的为 1 或空缺,未经退火处理的为 2。型号名称中的分数,分子表示缺陷槽深,分母表示试片厚度,单位为 μm。标准试片类型、名称和图形如表 2-3-1 所示。

表 2-3-1 标准试片类型、名称和图形

类 型	规格:缺陷槽深/试片厚度(μm)	图形和尺寸(mm)
A_1 型	$A_1-7/50$	
	$A_1-15/50$	
	$A_1-30/50$	
	$A_1-15/100$	
	$A_1-30/100$	
	$A_1-60/100$	
C 型	$C-8/50$	
	$C-15/50$	

续表 2-3-1

类　型	规格:缺陷槽深/试片厚度(μm)	图形和尺寸(mm)
D 型	D-7/50 D-15/50	
M₁ 型	φ 12 mm　　7/50	
	φ 9 mm　　15/50	
	φ 6 mm　　30/50	

注: C 型标准试片可剪成 5 个小试片分别使用。

3. 使用

(1)试片只适用于连续法检测,不适用于剩磁法检测。用连续法检测时,检测灵敏度几乎不受被检工件材质的影响,仅与被检工件表面磁场强度有关。特种设备检测时,一般应选用 A_1-30/100 的试片,检测灵敏度要求高时,可选用 A_1-15/100 的试片。

(2)根据工件检测面的大小和形状,选用合适的试片类型。检测面大时,可选用 A_1 型,检测面狭小或表面曲率半径小时,可选用 C 型或 D 型,C 型试片可以剪成 5 个小试片单独使用。

(3)根据工件检测所需的有效磁场强度,选用不同灵敏度的试片。需要有效磁场强度较小时,选用分数值较大的低灵敏度试片,需要有效磁场强度较大时,选用分数值较小的高灵敏度试片。

(4)试片表面锈蚀或有皱纹时,不得继续使用。

(5)使用前,应用溶剂清洗掉锈油。如果工件表面贴试片处凹凸不平,应打磨平,并除去油污。

(6)将试片有槽的一面与工件受检面接触,用透明胶靠试片边缘将试片贴紧(间隙应小于 0.1 mm),但透明胶不能盖住有槽的部位。

(7)也可选用多个试片,同时分别贴在工件的不同部位,可看出工件磁化后,被检表面不同部位的磁化状态或灵敏度的差异。

(8)M_1 型多功能试片,是将三个槽深各异而间隙相等的人工刻槽,以同心圆式做在同一试片上,其三种槽深分别与 A_1 型三种型号的槽深相同,这种试片可一片多用,观察磁痕显示差异直观,能更准确地推断出被检工件表面的磁化状态。

(9)用完试片后,可用溶剂清洗并擦干。干燥后涂上防锈油,放回原装片袋保存。

(二)标准试块

1.标准试块的类型

标准试块(以下简称试块)也是磁粉检测必备的器材之一。

试块有两种:一种是B型试块,一种是E型试块。B型试块用于直流电磁化,与美国的Betz环等效。E型试块用于交流电磁化,与日本和英国的同类试块接近。另外,还有磁场指示器、自然缺陷标准样件。

2.标准试块用途

标准试块主要适用于检验磁粉检测设备、磁粉和磁悬液的综合性能(系统灵敏度),也用于考查磁粉检测的试验条件和操作方法是否恰当,还可以用于检验各种磁化电流在大小不同时产生的磁场在标准试块上大致的渗入深度。

标准试块不适用于确定被检工件的磁化规范,也不能用于考查被检工件表面的磁场方向和有效磁化区。

3.B型标准试块

国家标准样品B型试块的形状和尺寸如图2-3-34所示。材料为经退火处理的9CrWMn钢锻件,其硬度为90~95HRB。

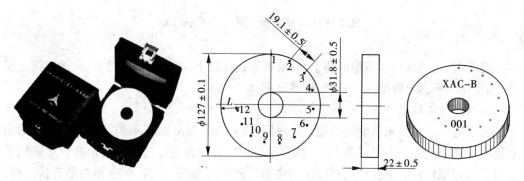

图2-3-34 国家标准样品B型试块的形状和尺寸 (单位:mm)

4.E型标准试块

国家标准样品E型试块的形状和尺寸如图2-3-35所示。材料为经退火处理的10#钢锻件。

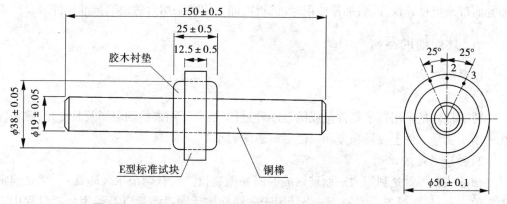

图2-3-35 国家标准样品E型试块的形状和尺寸 (单位:mm)

5. 磁场指示器

磁场指示器是用电炉铜焊条将 8 块低碳铜与铜片焊在一起构成的,有一个非磁性手柄,通常称为八角试块,如图 2-3-36 所示。由于这种试块钢性较大,不可能与工件表面(尤其曲面)很好贴合,难以模拟出真实工件表面状况,所以磁场指示器只能作为了解工件表面的磁场方向和有效磁化范围的粗略校验工具,而不能作为磁场强度和磁场分布的定量测试。比标准试片经久耐用,操作简便。

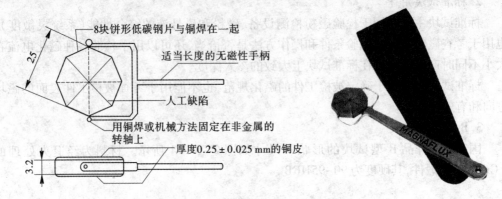

图 2-3-36　磁场指示器　（单位:mm）

使用时,将磁场指示器铜面朝上,八块低碳钢面朝下,紧贴被检工件表面,用连续法检验,给磁场指示器上施加磁粉,观察磁痕显示。

6. 自然缺陷标准样件

为了弄清磁粉检测系统是否能按照所期望的方式、所需要的灵敏度工作,最直接的途径是考核系统检测出一个或多个已知缺陷的能力,最理想的方法是选用带有自然缺陷的工件作为标准样件。该样件是在以往的磁粉检测中发现的,材料、状态和外形有代表性,并具有最小临界尺寸的常见缺陷(如发纹和磨削裂纹)。自然缺陷标准样件应做特殊的标记,以免混入被检工件中去。自然缺陷标准样件的使用应经过磁粉检测Ⅲ级人员的审查。

在特种设备行业,由于制作统一的自然缺陷标准样件极其困难,各单位自制的可能有差异而带来质量异议,因而推荐使用标准试片,而不提倡采用自然缺陷标准样件。

五、其他辅助器材

1. 磁场测量仪器

1）特斯拉计

特斯拉计是采用霍尔器件做成的是一种磁传感器,可用来检测磁场及其变化,磁粉探伤中用于测量工件上磁场强度和退磁后剩磁的大小。

2）袖珍式磁强计

袖珍式磁强计是利用力矩原理做成的简易测磁仪。它有两个永久磁铁:一个是固定调零的,一个是测量指示用的。磁强计用于磁粉探伤后剩磁测量以及使用加工过程中产生的磁测量。

2. 安培表

磁粉检测中安培表有两种：一种是装置在检测设备上的，用来监测磁化过程中的电流大小；一种是用来校验设备上的电流表的，通常称为标准电流表。标准电流表的精度应比设备上的电流表高一级以上，并且应经过国家计量部门的定期检定，使用中有交流和直流两种。

3. 光照度计

光照度计是用光敏器件制作的测光仪器，用于检验工件区域的可见光强度值。

4. UV-A 辐射照度计

UV-A 辐射照度计是用来测定紫外线 UV-A 段（波长范围 315～400 nm，中心波长为365 nm）辐射能量的仪器。

UV-A 辐射照度计用辐照度表示，单位：瓦/米^2（W/m^2）或微瓦/厘米^2（μW/cm^2）。

5. 黑光灯

黑光灯也称高压水银灯，主要用于荧光磁粉检测时磁痕的观察。因为可见光影响荧光磁粉磁痕的识别，中波和短波紫外光对人眼有伤害。因此，采用滤光片将不需要的光线滤掉，仅让波长 320～400 nm 的长波紫外线（UV-A 黑光）通过，所以又称黑光灯。

第四节　磁粉检测工艺方法及通用技术

一、磁化电流

在电场作用下，电荷有规则的运动形成了电流。电流通过的路径称为电路，它一般由电源、连接导线和负载组成。单位时间内流过导体某一截面的电量叫电流，用 I 表示，单位是安[培]（A）。

在磁粉检测中是用电流来产生磁场的，常用不同的电流对工件进行磁化。这种为在工件上形成磁化磁场而采用的电流叫做磁化电流。由于不同电流随时间变化的特性不同，在磁化时所表现出的性质也不一样，因此在选择磁化设备与确定工艺参数时，应该考虑不同电流种类的影响。磁粉检测采用的磁化电流有交流电、整流电（包括单相半波整流电、单相全波整流电、三相半波整流电和三相全波整流电）、直流电和冲击电流。

机电类特种设备的磁粉检测多采用交流电、直流电，这也是本节的介绍重点。

（一）交流电

1. 交流电流

大小和方向随时间按正弦规律变化的电流称为正弦交流电，简称交流电，用符号 AC 表示，如图 2-3-37 所示。

交流电在一个周期内的电流最大值叫峰值，用 I_m 表示。在工程上还应用有效值和平均值。从交流电流表上读出的电流值是有效值。交流电的峰值 I_m 和有效值 I 的换算关系为

$$I_m = \sqrt{2}I \approx 1.414I \text{ 或 } I = \frac{I_m}{\sqrt{2}} = 0.707I_m$$

交流电在半个周期($T/2$)范围内各瞬间的算术平均值称为交流电的平均值,用 I_d 表示,也可以用图解法求出,如图 2-3-37 矩形的高度代表交流电平均值。交流电峰值和平均值的换算关系为

$$I_d = (2/\pi)I_m \approx 0.637I_m$$

在一个周期内,交流电的平均值等于零。

2. 趋肤效应

交变电流通过导体时,导体表面电流密度较大而内部电流密度较小的现象称为趋肤效应(或集肤效应)。这是由于导体在变化着的磁场里因电磁感应而产生涡流,在导体表面附近,涡流方向与原来电流方向相同,使电流密度增大;而在导体轴线附近,涡流方向则与原来电流方向相反,使导体内部电流密度减弱,如图 2-3-38 所示。材料的电导率和相对磁导率增加时,或交流电的频率提高时,都会使趋肤效应更加明显。通常 50 Hz 交流电的趋肤深度,也称交流电的透入深度 δ,大约为 2 mm,透入深度 δ 可用下式表示

$$\delta = \frac{500}{\sqrt{f\sigma\mu_r}}$$

式中　δ——交流电趋肤深度,m;

　　　f——交流电频率,Hz;

　　　σ——材料电导率,S/m;

　　　μ_r——相对磁导率,H/m。

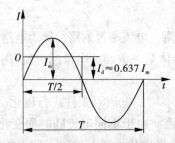

图 2-3-37　正弦交流电及在半个周期内平均值

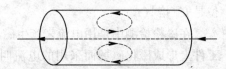

图 2-3-38　趋肤效应

3. 交流电的优点和局限性

1)交流电的优点

磁粉检测中,交流电被广泛应用,是由于它具有以下优点:

(1)对表面缺陷检测灵敏度高。由于趋肤效应在工件表面电流密度最大,所以磁通密度也最大,有助于表面缺陷产生漏磁场,从而提高了工件表面缺陷的检测灵敏度。

(2)容易退磁。因为交流电磁化的工件,磁场集中于工件表面,所以用交流电容易将工件上的剩磁退掉,还因为交流电本身不断地换方向,而使退磁方法变得简单又容易实现。

(3)电源易得,设备结构简单。由于电流电源能方便地输送到检测场所,交流探伤设

备也不需要可控硅整流装置,结构较简单。

(4)能够实现感应电流法磁化。根据电磁感应定律,交流电可以在磁路里产生交变磁通,而交变磁通又可以在回路产生感应电流,对环形件实现感应电流法磁化。

(5)能够实现多向磁化。多向磁化常用两个交流磁场相互叠加来产生旋转磁场或用一个直流磁场和一个交流磁场矢量合成来产生摆动磁场。

(6)磁化变截面工件磁场分布较均匀。当用固定式电磁轭磁化变截面工件时,可发现用交流电磁化,工件表面上磁场分布较均匀。若用直流电磁化,工件截面突变处有较多的泄漏磁场,会掩盖该部位的缺陷显示。

(7)有利于磁粉迁移。由于交流电的方向在不断地变化,所产生的磁场方向也不断地改变,它有利于搅动磁粉促使磁粉向漏磁场处迁移,使磁痕显示清晰可见。

(8)用于评价直流电(或整流电)磁化发现的磁痕显示。由于直流电磁化较交流电磁化发现的缺陷深,所以以直流电磁化发现的磁痕显示,若退磁后用交流电磁化发现不了,说明该缺陷不是表面缺陷,有一定的深度。

(9)适用于在役工件的检验。用交流电磁化,检验在役工件表面疲劳裂纹灵敏度高,设备简单轻便,有利于现场操作。

(10)交流电磁化时工序间可以不退磁。

2)交流电的局限性

(1)剩磁法检验受交流电断电相位影响。剩磁大小不稳定或偏小,易造成缺陷漏检,所以使用剩磁法检验的交流探伤设备应配备断电相位控制器。

(2)探测缺陷深度小。对于钢件 $\phi 1$ mm 人工孔,交流电的探测深度,剩磁法约为1 mm,连续法约为 2 mm。

(二)直流电

直流电是磁粉检测应用最早的磁化电流,它的大小和方向都不变,用符号 DC 表示。直流电是通过蓄电池组或直流发电机供电的。使用蓄电池组,需要经常充电,电流大小调节和使用也不方便,退磁又困难,所以现在磁粉检测很少使用。

直流电的平均值 I_d、峰值 I_m 和有效值 I 相等。

1. 直流电的优点

(1)磁场渗入深度大,在七种磁化电流中,检测缺陷的深度最大。

(2)剩磁稳定,剩磁能够有力地吸住磁粉,便于磁痕评定。

(3)适用于镀铬层下的裂纹、闪光电弧焊中的近表面裂纹和薄壁焊接件根部的未焊透和未熔合的检验。

2. 直流电的局限性

(1)退磁最困难。

(2)不适用于干法检验。

(3)退磁场大。

(4)工序间要退磁。

(三)各类磁化电流的特点

(1)用交流电磁化湿法检验,对工件表面微小缺陷检测灵敏度高。

（2）交流电的渗入深度不如整流电和直流电。

（3）交流电用于剩磁法检验时，应加装断电相位控制器。

（4）交流电磁化连续法检验主要与有效值电流有关，而剩磁检验主要与峰值电流有关。

（5）整流电流中包含的交流分量越大，检测近表面较深缺陷的能力越小。

（6）单相半波整流电磁化干法检验，对工件近表面缺陷检测灵敏度高。

（7）三相全波整流电可检测工件近表面较深的缺陷。

（8）直流电可检测工件近表面最深的缺陷。

（9）冲击电流只能用于剩磁法检验和专用设备。

二、磁化方法

（一）磁场方向与发现缺陷的关系

磁粉检测的能力取决于施加磁场的大小和缺陷的延伸方向，还与缺陷的位置、大小和形状等因素有关。工件磁化时，当磁场方向与缺陷延伸方向垂直时，缺陷处的漏磁场最大，检测灵敏度最高。当磁场方向与缺陷延伸方向夹角为45°时，缺陷可以显示，但灵敏度降低。当磁场方向与缺陷延伸方向平行时，不产生磁痕显示，发现不了缺陷。从图2-3-39可直观地看出磁场方向与显现缺陷方向的关系。由于工件中缺陷有各种取向，难以预知，故应结合工件尺寸、结构和外形等组合使用多种磁化方法，以发现所有方向的缺陷。

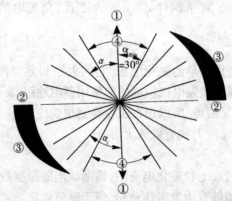

①—磁场方向；②—最佳灵敏度；③—灵敏度减小；④—灵敏度不足；
α—磁场和缺陷间夹角；α_{min}—最小角度；α_i—实例

图 2-3-39　显现缺陷方向的示意

选择磁化方法应考虑以下因素：

（1）工件的尺寸大小。

（2）工件的外形结构。

（3）工件的表面状态。

（4）根据工件过去断裂的情况和各部位的应力分布，分析可能产生缺陷部位和方向，选择合适的磁化方法。

（二）磁化方法的分类

根据工件的几何形状、尺寸、大小和欲发现缺陷的方向而在工件上建立的磁场方向，将磁化方法一般分为周向磁化、纵向磁化和多向磁化。所谓周向与纵向，是相对被检工件上的磁场方向而言的。

1. 周向磁化

周向磁化是指给工件直接通电，或者使电流通过贯穿空心工件孔中的导体，旨在工件中建立一个环绕工件的并与工件轴垂直的周向闭合磁场，用于发现与工件轴平行的纵向缺陷，如图 2-3-40 所示。

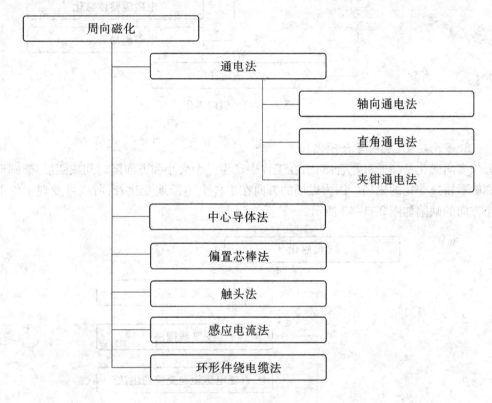

图 2-3-40 周向磁化

2. 纵向磁化

纵向磁化是指将电流通过环绕工件的线圈，沿工件纵长方向磁化，工件中的磁力线平行于线圈的中心轴线，用于发现与工件轴向垂直的周向缺陷（横向缺陷）。利用电磁轭和永久磁铁磁化，使磁力线平行于工件纵轴的磁化方法亦属于纵向磁化，如图 2-3-41 所示。

将工件置于线圈中进行纵向磁化，称为开路磁化，开路磁化在工件两端产生磁极，因而产生退磁场。

电磁轭整体磁化、电磁轭或永久磁铁的局部磁化，称为闭路磁化，闭路磁化不产生退磁场或退磁场很小。

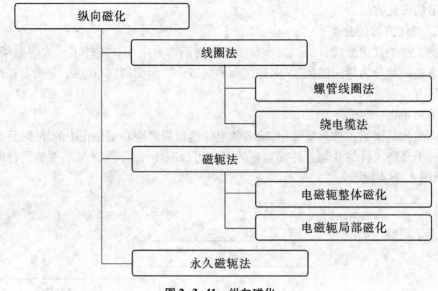

图 2-3-41　纵向磁化

3. 多向磁化(也叫复合磁化)

多向磁化是指通过复合磁化,在工件中产生一个大小和方向随时间成圆形、椭圆形或螺旋形轨迹变化的磁场。因为磁场的方向在工件上不断地变化着,所以可发现工件上多个方向的缺陷如图 2-3-42 所示。

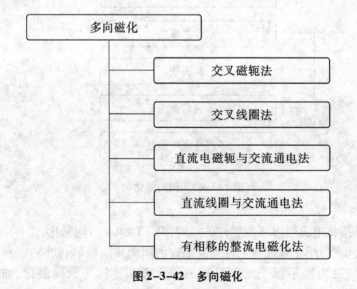

图 2-3-42　多向磁化

4. 辅助通电法

辅助通电法是指将通电导体置于工件受检部位而进行局部磁化的方法,如电缆平行磁化法和铜板磁化法,仅用于常规磁化方法难以磁化的工件和部位,一般情况下不推荐使用。

(三)各种磁化方法的特点

磁化工件的顺序,一般是先进行周向磁化,后进行纵向磁化;如果一个工件上横截面尺寸不等,周向磁化时,电流值分别计算,先磁化小直径,后磁化大直径。

磁粉检测磁化方法有12种:轴向通电法、中心导体法、偏置芯棒法、触头法、感应电流法、环形件绕电缆法、线圈法、磁轭法、永久磁轭法、交叉磁轭法、平行电缆磁化法、直流电磁轭与交流通电法复合磁化,根据工件特点、缺陷检出要求选择不同的磁化方法,每种磁化方法各有其优缺点。

机电类特种设备的磁粉检测常用磁化方法有轴向通电法、中心导体法、触头法、环形件绕电缆法、线圈法、磁轭法、交叉磁轭法,下面重点介绍这几类方法,如需了解其他方法可查阅专业无损检测资料。

1.轴向通电法

(1)轴向通电法是将工件夹于探伤机的两磁化夹头之间,使电流从被检工件上直接流过,在工件的表面和内部产生一个闭合的周向磁场,用于检查与磁场方向垂直、与电流方向平行的纵向缺陷,如图2-3-43所示,是最常用的磁化方法之一。

将磁化电流沿工件轴向通过的磁化方法称为轴向通电法,简称通电法;电流垂直于工件轴向通过的方法,称为直角通电法;若工件不便于夹持在探伤机两夹头之间,则可采用夹钳通电法,如图2-3-44所示,此法不适用大电流磁化。

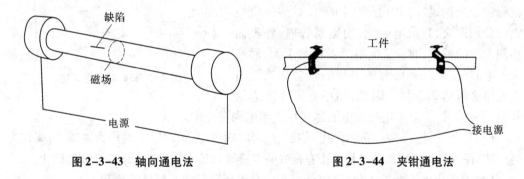

图2-3-43 轴向通电法　　　　　图2-3-44 夹钳通电法

(2)轴向通电法和触头法产生打火烧伤的原因有:①工件与两磁化夹头接触部位有铁锈、氧化皮及脏物;②磁化电流过大;③夹持压力不足;④在磁化夹头通电时夹持或松开工件。

(3)预防打火烧伤的措施:①清除掉与电极接触部位的铁锈、油漆和非导电覆盖层;②必要时应在电极上安装接触垫,如铅垫或铜编织垫,应当注意,铅蒸汽是有害的,使用时应注意通风,铜编织物仅适用于冶金上允许的场合;③磁化电流应在夹持压力足够时接通;④必须在磁化电流断电时夹持或松开工件;⑤用合适的磁化电流磁化。

(4)轴向通电法的优点、缺点和适用范围。

轴向通电法的优点:①无论简单或复杂工件,一次或数次通电都能方便地磁化;②在整个电流通路的周围产生周向磁场,磁场基本上都集中在工件的表面和近表面;③两端通电,即可对工件全长进行磁化,所需电流值与长度无关;④磁化规范容易计算;⑤工件端头无磁极,不会产生退磁场;⑥用大电流可在短时间内进行大面积磁化;⑦工艺方法简单,检测效率高;⑧有较高的检测灵敏度。

轴向通电法的缺点:①接触不良会产生电弧烧伤工件;②不能检测空心工件内表面的不连续性;③夹持细长工件时,容易使工件变形。

轴向通电法适用范围:特种设备实心和空心工件的焊接接头、机加工件、轴类、管子、铸钢件和锻钢件的磁粉检测。

2. 中心导体法

(1)中心导体法是将导体穿入空心工件的孔中,并置于孔的中心,电流从导体上通过,形成周向磁场,所以又叫电流贯通法、穿棒法和芯棒法。由于是感应磁化,可用于检查空心工件内、外表面与电流平行的纵向不连续性和端面的径向的不连续性,如图2-3-45所示。空心件用直接通电法不能检查内表面的不连续性,因为内表面的磁场强度为零。但用中心导体法能更清晰地发现工件内表面的缺陷,因为内表面比外表面具有更大的磁场强度。

(2)中心导体法用交流电进行外表面检测时,会在筒形工件内产生涡电流 i_e,因此工件的磁场是中心导体中的传感电流 i_t 和工件内的涡电流 i_e 产生的磁场叠加,由于涡电流有趋肤效应,因此导致工件内、外表面检测灵敏度相差很大,对磁化规范确定带来困难。国内有资料介绍,对某一规格钢管分别通交、直流电磁化,为达到管内、外表面相同大小的磁场,通直流电时二者相差不大,而通交流电时,检测外表面时的电流值将会是检测内表面电流值的2.7倍。因此,用中心导体法进行外表面检测时,一般不用交流电而尽使用直流电和整流电。

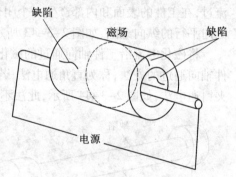

图2-3-45　中心导体法

(3)对于一端有封头(亦称盲孔)的工件,可将铜棒穿入盲孔中,铜棒为一端,封头作为另一端(保证封头内表面与铜棒端头有良好的电接触),被夹紧后进行中心导体法磁化。

(4)对于内孔弯曲的工件,可用软电缆代替铜棒进行中心导体法磁化。

(5)中心导体材料通常采用导电性能良好的铜棒,也可用铝棒。在没有铜棒采用钢棒做中心导体磁化时,应避免钢棒与工件接触产生磁写,所以最好在钢棒表面包上一层绝缘材料。

(6)中心导体法的优点、缺点和适用范围。

中心导体法的优点:①磁化电流不从工件上直接流过,不会产生电弧;②在空心工件的内、外表面及端面都会产生周向磁场;③重量轻的工件可用芯棒支承,许多小工件可穿在芯棒上一次磁化;④一次通电,工件全长都能得到周向磁化;⑤工艺方法简单,检测效率高;⑥有较高的检测灵敏度。因而,中心导体法是最有效、最常用的磁化方法之一。

中心导体法的缺点:①对于厚壁工件,外表面缺陷的检测灵敏度比内表面低很多;②检查大直径管子时,应采用偏置芯棒法,需转动工件,进行多次磁化和检验;③仅适用于有孔工件的检验。

中心导体法适用范围:特种设备的管子、管接头、空心焊接件和各种有孔的工件如轴承圈、空心圆柱、齿轮、螺帽及环形件的磁粉检测。

3. 触头法

（1）触头法是用两支杆触头接触工件表面，通电磁化，在平板工件上磁化能产生一个畸变的周向磁场，用于发现与两触头连线平行的缺陷，触头法设备分非固定触头间距和固定触头间距两种。如图 2-3-46 所示，触头法又叫支杆法、尖锥法、刺棒法和手持电极法。触头电极尖端材料宜用铅、钢或铝，最好不用铜，以防铜沉积被检工件表面，影响材料的性能。

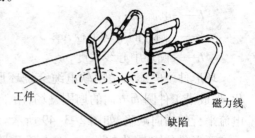

图 2-3-46　触头法的磁力线

（2）触头法用较小的磁化电流值就可在工件局部得到必要的磁场强度，灵敏度高，使用方便。最短不得小于 75 mm，因为在触头附近 25 mm 范围内，电流密度过大，产生过渡背景，有可能掩盖相关显示，如图 2-3-47 所示。如果触头间距过大，电流流过的区域就变宽，使磁场减弱，磁化电流必须随着间距的增大相应地增加。

（3）为了保证触头法磁化时不漏检，必须让两次磁化的有效磁化区相重叠不小于 10%，如图 2-3-48 所示。

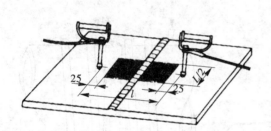

图 2-3-47　触头法磁化的有效磁化区
（阴影部分）　（单位:mm）

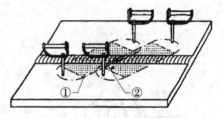

①—磁化范围；②—重叠区域

图 2-3-48　有效磁化区的重叠区

（4）触头法的优点、缺点及适用范围。

触头法的优点：①设备轻便，可携带到现场检验，灵活方便；②可将周向磁场集中在经常出现缺陷的局部区域进行检验；③检测灵敏度高。

触头法的缺点：①一次磁化只能检验较小的区域；②接触不良会引起工件过热和打火烧伤；③大面积检验时，要求分块累积检验，很费时。

触头法适用于：平板对接焊接接头、T 形焊接接头、管板焊接接头、角焊接接头以及大型铸件、锻件和板材的局部磁粉检测。

4. 环形件绕电缆法

在环形工件上，缠绕通电电缆，也称为螺线环，如图 2-3-49 所示。所产生的磁场沿着环的圆周方向，磁场大小可近似地用下式计算：

$$H = \frac{NI}{2\pi R} \text{ 或 } H = \frac{NI}{L}$$

式中　H——磁场强度,A/m;

N——线圈匝数；

I——电流，A；

R——圆环的平均半径，m；

L——圆环中心线长度，m。

环形件绕电缆法是用软电缆穿绕环形件，通电磁化，形成沿工件圆周方向的周围磁场，用于发现与磁化电流平行的横向缺陷，如图 2-3-49 所示。

环形件绕电缆法的优点：①由于磁路是闭合的，无退磁场产生，容易磁化；②非电接触，可避免烧伤工件。

缺点是：效率低，不适用于批量检验。

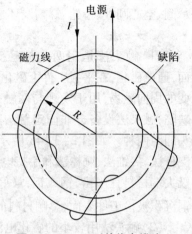

图 2-3-49　环形件绕电缆法

5.线圈法

（1）线圈法是将工件放在通电线圈中，或用软电缆缠绕在工件上通电磁化，形成纵向磁场，用于发现工件的周向（横向）缺陷。适用于纵长工件如焊接管件、轴、管子、棒材、铸件和锻件的磁粉检测。

（2）线圈法包括螺管线圈法和绕电缆法两种，如图 2-3-50 和图 2-3-51 所示。

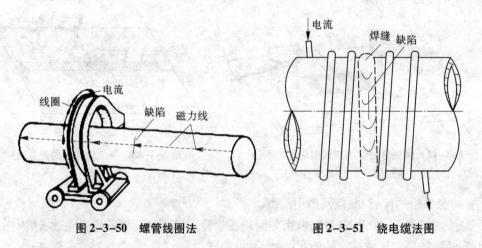

图 2-3-50　螺管线圈法　　　　　图 2-3-51　绕电缆法图

（3）线圈法纵向磁化的要求。

①线圈法纵向磁化，会在工件两端形成磁极，因而产生退磁场。工件在线圈中磁化与工件的长度 L 和直径 D 之比（L/D）有密切关系，L/D 愈小愈难磁化，所以 L/D 必须≥2，若 $L/D<2$，应采用与工件外径相似的铁磁性延长块将工件接长，使 $L/D≥2$。

②工件的纵轴应平行于线圈的轴线。

③可将工件紧贴线圈内壁放置进行磁化。

④对于长工件，应分段磁化，并应有 10% 的有效磁场重叠。

⑤工件置于线圈中开路磁化，能够获得满足磁粉检测磁场强度要求的区域称为线圈的有效磁化区。线圈的有效磁化区是从线圈端部向外延伸 150 mm 的范围内。超过 150 mm 以外区域，磁化强度应采用标准试片确定。ASTM E1444—94a 对于低和高充填因

数线圈的有效磁化区分别规定如下:对于低充填因数线圈,在线圈中心向两侧延伸的有效磁化区大约等于线圈的半径 R,如图 2-3-52 所示。对于高充填因数线圈和绕电缆法从线圈中心向两侧分别延伸 9 in(229 mm)为有效磁化区,如图 2-3-53 所示。可供试验和应用时参考。

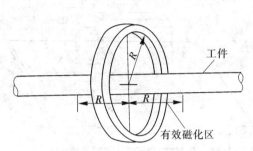

图 2-3-52　低填充因数线圈有效磁化区

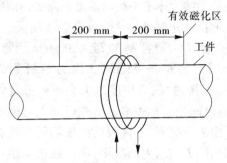

图 2-3-53　高填充因数线圈有效磁化区

对于不能放进螺管线圈的大型工件,可采用绕电缆法磁化。

(4)线圈法的优点、缺点及适用范围。

线圈法的优点:①非电接触;②方法简单;③大型工件用绕电缆法很容易得到纵向磁场;④有较高的检测灵敏度。

线圈法的缺点:①L/D 值对退磁场和灵敏度有很大的影响,决定安匝数时要加以考虑;②工件端面的缺陷检测灵敏度低;③为了将工件端部效应减至最小,应采用"决速断电"。

线圈法适用范围:特种设备对接焊接接头、角焊接接头、管板焊接接头以及纵长工件如曲轴、轴、管子、棒材、铸件和锻件的磁粉检测。

6.磁轭法

(1)磁轭法是用固定式电磁轭两磁极夹住工件进行整体磁化,或用便携式电磁轭两磁极接触工件表面进行局部磁化,用于发现与两磁极连线垂直的缺陷。在磁轭法中,工件是闭合磁路的一部分,用磁极间对工件感应磁化,所以磁轭法也称为极间法,属于闭路磁化,如图 2-3-54 和图 2-3-55 所示。

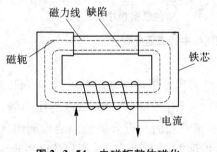

图 2-3-54　电磁轭整体磁化

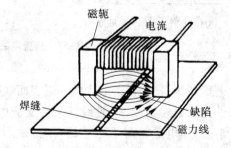

图 2-3-55　电磁轭局部磁化

(2)整体磁化。用固定式电磁轭整体磁化的要求是:①只有磁极截面大于工件截面时,才能获得好的探伤效果。相反,工件中便得不到足够的磁化,在使用直流电磁轭比交流电磁轭时更为严重。②应尽量避免工件与电磁轭之间的空气隙,因空气隙会降低磁化效果。③当极间距大于 1 m 时,工件便不能得到必要的磁化。④形状复杂而且较长的工件,不宜采用整体磁化。

(3)局部磁化。用便携式电磁轭的两磁极与工件接触,使工件得到局部磁化,两磁极间的磁力线大体上平行两磁极的连线,有利于发现与两磁极连线垂直的缺陷。

便携式电磁轭,一般做成带活动关节,磁极间距 L 一般控制在 75 ~ 200 mm 为宜,但最短不得小于 75 mm。因为磁极附近 25 mm 范围内,磁通密度过大会产生过渡背景,有可能掩盖相关显示。在磁路上总磁通量一定的情况下,工件表面的磁场强度随着两极间距 L 的增大而减小,所以磁极间距也不能太大,如图 2-3-56 所示。

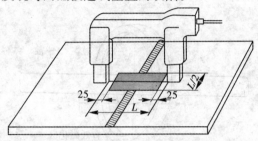

**图 2-3-56　便携式磁轭磁化的有效磁化区
(阴影部分)　(单位:mm)**

交流电具有趋肤效应,因此对表面缺陷有较高的灵敏度。又因交流电方向在不断地变化,使交流电磁轭产生的磁场方向也不断地变化,这种方向变化可搅动磁粉,有助于磁粉迁移,从而提高磁粉检测的灵敏度。而直流电磁轭产生的磁场能深入工件表面较深,有利于发现较深层的缺陷。因此,在同样的磁通量时,探测深度越大,磁通密度就越低,尤其在厚钢板中比在薄钢板中这种现象更明显,如图 2-3-57 所示。尽管直流电磁轭的提升力满足标准要求(>177 N),但测量工件表面的磁场强度和在 A 型试片上的磁痕显示都往往达不到要求,为此建议对厚度>6 mm 的工件不要使用直流电磁轭探伤。ASME 规范第 V 卷也特别强调"除了厚度小于等于 6 mm 的材料外,在相等的提升力条件下,对表面缺陷的探测使用交流电磁轭优于直流和永久磁轭"。

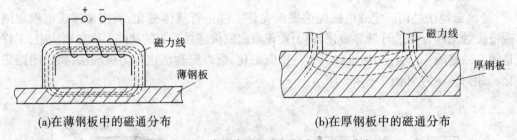

(a)在薄钢板中的磁通分布　　　　　　　　(b)在厚钢板中的磁通分布

图 2-3-57　直流电磁轭在钢板中的磁通分布

一般说来,特种设备的表面和近表面缺陷的危害程度较内部缺陷要大得多,所以对焊接接头进行磁粉检测,一般最好采用交流电磁轭。但对于薄壁(<6 mm)的压力管道来说,利用直流电磁轭既可发现较深层的缺陷,又可兼顾表面及近表面缺陷能检测出来,这样也弥补了交流电磁轭的不足,所以对于<6 mm 的薄壁压力管道应采用直流电磁轭。

(4)磁轭法的优点、缺点及适用范围。

磁轭法的优点:①非电接触;②改变磁轭方位,可发现任何方向的缺陷;③便携式磁轭可带到现场检测,灵活、方便;④可用于检测带漆层的工件(当漆层厚度允许时);⑤检测灵敏度较高。

磁轭法的缺点:①几何形状复杂的工件检验较困难;②磁轭必须放到有利于缺陷检出的方向;③用便携式磁轭一次磁化只能检验较小的区域,大面积检验时,要求分块累积,很费时;④磁轭磁化时应与工件接触好,尽量减小间隙的影响。

磁轭法适用于:特种设备平板对接焊接接头、T形焊接接头、管板焊接接头、角焊接接头以及大型铸件、锻件和板材的局部磁粉检测。整体磁化适用于零件横截面小于磁极横截面的纵长零件的磁粉检测。

7. 交叉磁轭法

电磁轭有两个磁极,进行磁化只能发现与两极连线垂直的和成一定角度的缺陷,对平行于两磁极连线方向缺陷则不能发现。使用交叉磁轭可在工件表面产生旋转磁场,如图 2-3-58 所示。国内外大量实践证明,这种多向磁化技术可以检测出非常小的缺陷,因为在磁化循环的每个周期都使磁场方向与缺陷延伸方向相垂直,所以一次磁化可检测出工件表面任何方向的缺陷,检测效率高。

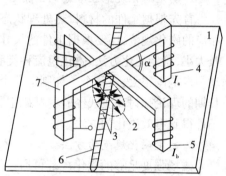

1—工件;2—旋转磁场;3—缺陷;
4、5—交流电;6—焊接接头;7—交叉磁轭

图 2-3-58 交叉磁轭法

(1)交叉磁轭的正确使用方法如下:

①交叉磁轭磁化检验只适用于连续法。必须采用连续移动方式进行工件磁化,且边移动交叉磁轭进行磁化,边施加磁悬液。最好不采用步进式的方法移动交叉磁轭。

②为了确保灵敏度和不会造成漏检,磁轭的移动速度不能过快,不能超过标准规定的 4 m/min 的移动速度,可通过标准试片磁痕显示来确定。当交叉磁轭移动速度过快时,对表面裂纹的检出影响不是很大,但是,对近表面裂纹,即使是埋藏深度只有零点几毫米,也难以形成缺陷磁痕。

③磁悬液的喷洒至关重要,必须在有效磁化场范围内始终保持润湿状态,以利于缺陷磁痕的形成。尤其对有埋藏深度的裂纹,由于磁悬液的喷洒不当,会使已经形成的缺陷磁痕被磁悬液冲刷掉,造成缺陷漏检。

④磁痕观察必须在交叉磁轭通过后立即进行,避免已形成的缺陷磁痕遭到破坏。

⑤交叉磁轭的外侧也存在有效磁化场,可以用来磁化工件,但必须通过标准试片确定有效磁化区的范围。

⑥交叉磁轭磁极必须与工件接触好,特别是磁极不能悬空,最大间隙不应超过 1.5 mm,否则会导致检测失效。

(2)交叉磁轭磁化的优点、缺点及适用范围。

交叉磁轭磁化的优点:一次磁化可检测出工件表面任何方向的缺陷,而且检测灵敏度和效率都高。

交叉磁轭磁化的缺点:不适用于剩磁法磁粉检测,操作要求严格。

交叉磁轭磁化的适用范围:平板对接焊接接头的磁粉检测。

三、磁化规范

(一)磁化规范及其制定

对工件磁化,选择磁化电流值或磁场强度值所遵循的规则称为磁化规范。磁粉检测应使用既能检测出所有的有害缺陷,又能区分磁痕显示的最小磁场强度进行检验。因磁场强度过大易产生过度背景,会掩盖相关显示;磁场强度过小,磁痕显示不清晰,难以发现缺陷。

1. 制定磁化规范应考虑的因素

首先根据工件的材料、热处理状态和磁特性,确定采用连续法还是剩磁法检验,制定相应的磁化规范;还要根据工件的尺寸、形状、表面状态和欲检出缺陷的种类、位置、形状及大小,确定磁化方法、磁化电流种类和有效磁化区,制定相应的磁化规范。显然这些变动因素范围很大,对每个工件制定一个精确的磁化规范进行磁化是困难的。但是人们在长期的理论探讨和实践经验的基础上,摸索出将磁场强度控制在一个较合理的范围内,使工件得到有效磁化的方法。

2. 制定磁化规范的方法

磁场强度足够的磁化规范可通过下述一种或综合三种方法来确定。

1)用经验公式计算

对于工件形状规则的,磁化规范可用经验公式计算,如 $I = (8 \sim 15)D$ 等,这些公式可提供一个大略的指导,使用时应与其他磁场强度监控方法结合使用。

2)用毫特斯拉计测量工件表面的切向磁场强度

国内外磁粉检测标准都公认:连续法检测时,2.4 ~ 4.8 kA/m,剩磁法检测时施加在工件表面的磁场强度为 14.4 kA/m 是恰当的。测量时,将磁强计的探头放在被检工件表面,确定切向磁场强度的最大值,连续法只要达到 2.4 ~ 4.8 kA/m 磁场强度所用的磁化电流,可以替代用经验公式计算出的电流值,这样制定的磁化规范比较可靠。

3)用标准试片确定

用标准试片上的磁痕显示程度确定磁化规范,尤其对于形状复杂的工件,难以用计算法求得磁化规范时,把标准试片贴在被磁化工件不同部位,可确定大致理想的磁化规范。这种方法是简单也是最常用的方法。

(二)轴向通电法和中心导体法磁化规范

轴向通电法和中心导体法的磁化规范按表 2-3-2 计算。

表 2-3-2　轴向通电法和中心导体法的磁化规范

磁化方法	磁化电流计算公式	
	AC	FWDC
连续法	$I = (8 \sim 15)D$	$I = (12 \sim 32)D$
剩磁法	$I = (25 \sim 45)D$	$I = (25 \sim 45)D$

注:1. I—磁化电流(A);圆柱体直径 D—工件直径(mm)。

2. 对于非圆柱形工件,D 为工件横截面积上最大尺寸(mm)。

3. 要精确计算时,D 用当量直径 D_d=周长/π(mm)代替。

中心导体法可用于检测工件内、外表面与电流平行的纵向缺陷和端面的径向缺陷。外表面检测时应尽量使用直流电或整流电。

(三)触头法磁化规范

触头法磁化时,触头间距 L 一般应控制在 75～200 mm。连续法检验的磁化规范 I 按表 2-3-3 计算。

表 2-3-3　触头法磁化电流值

工件厚度 T(mm)	电流值 I(A)
$T<19$	$I=(3.5\sim4.5)L$
$T\geqslant19$	$I=(4\sim5)L$

注:I—磁化电流(A);L—两触头间距(mm)。

(四)线圈法磁化规范

1.用连续法检测的线圈法磁化规范

1)低充填因数线圈

线圈横截面积与被检工件横截面积之比 $Y\geqslant10$ 时。

(1)当工件偏心放置线圈内壁放置时,线圈的安匝数为:

$$IN=\frac{45\,000}{L/D}\quad(\pm10\%)$$

(2)当工件正中放置于线圈中心时,线圈的安匝数为:

$$IN=\frac{1\,690R}{6(L/D)-5}\quad(\pm10\%)$$

2)高充填因数线圈

线圈横截面积与被检工件横截面积之比 $Y\leqslant2$ 时,线圈的安匝数为:

$$IN=\frac{35\,000}{(L/D)+2}\quad(\pm10\%)$$

以上各式中　I——施加在线圈上的磁化电流,A;

　　　　　　N——线圈匝数;

　　　　　　R——线圈半径,mm;

　　　　　　L——工件长度,mm;

　　　　　　D——工件直径或横截面上最大尺寸,mm。

3)中充填因数线圈

线圈横截面积与被检工件横截面积之比 $2<Y<10$ 时,线圈的安匝数为:

$$IN=(IN)_h\frac{10-Y}{8}+(IN)_l\frac{Y-2}{8}$$

式中　$(IN)_l$——由(1)或(2)计算出的安匝数;

　　　$(IN)_h$——由2)计算出的安匝数。

充填因数 Y 为线圈横截面积与被检工件横截面积之比。

$$Y = \frac{S}{S_1} = \frac{R^2}{r^2} = \frac{D_0^{\,2}}{D^2}$$

式中　Y——充填因数；

　　　S——线圈横截面积；

　　　S_1——被检工件横截面积；

　　　R——线圈横截面积半径；

　　　r——被检工件横截面积半径；

　　　D_0——线圈横截面积直径；

　　　D——被检工件横截面积直径(对于中空的非圆筒形工件和圆筒形工件的直径 D 应由有效直径 D_{eff} 代替)。

对于中空圆筒形工件：

$$D_{eff} = \sqrt{D_0^2 - D_i^2}$$

式中　D_0——圆筒外直径；

　　　D_i——圆筒内直径。

2. 检测中的注意事项

(1)上述公式在 $L/D>2$ 时有效。若 $L/D<2$，应在工件两端连接与被检工件材料接近的磁极块，使 $L/D>2$；若 $L/D \geqslant 15$，仍按 15 计算。

(2)当被检工件太长时，应进行分段磁化，且应有一定的重叠区。重叠区应不小于分段检测长度的 10%。检测时，磁化电流应根据标准试片实测结果来确定。

(3)若工件为空心件，则由 $D_{eff} = \sqrt{D_0^2 - D_i^2}$ 给出的有效直径。D_{eff} 代替公式中的工件直径 D 计算。

(4)公式中的电流 I 为放入工件后的电流值。

(5)对于中空的非圆筒形工件和圆筒形工件的 L/D 值计算时，此时工件直径 D 应由有效直径 D_{eff} 代替。

(五)磁轭法

1. 提升力

磁轭法的提升力是指通电电磁轭在最大磁极间距时(有的指磁极间距为 200 mm 时)，对铁磁性材料(或制件)的吸引力。磁轭的提升力大于反映了磁轭对磁化规范的要求，即当磁轭磁感应强度峰值 B_m 达到一定大小所对应的磁轭吸引力，对于一定的设备和工件，磁轭的吸引力与铁素体钢板的磁导率、磁极间距、磁极与钢板的间隙及移动情况都有关。当上述因素不变时，磁感应强度峰值 B_m 与磁轭吸引力有一定的对应关系。但当磁极间距 L 变化时，将使磁感应强度峰值 B_m 随之改变，这就是讲提升力大小时必须注明磁极间距 L 的原因。

2. 检测灵敏度

磁轭法磁化时，检测灵敏度可根据标准试片上的磁痕显示和电磁轭的提升力来确定。磁轭法磁化时，两磁极间距 L 一般应控制在 75～200 mm。当使用磁轭最大间距时，交流电磁轭至少有 45 N 的提升力，直流电磁轭至少应有 177 N 的提升力，交叉磁轭至少应有 118 N 的提升力(磁极与试件表面间隙为 0.5 mm)。采用便携式电磁轭磁化工件,其磁化规范应根据标准试片上的磁痕显示来验证;如果采用固定式磁轭磁化工件,应根据标准试片上的磁痕显示来校验灵敏度是否满足要求。

(六)直径 D、当量直径 D_d 与有效直径 D_m 的关系

(1)D 代表圆柱形直径(外径),单位 mm,适用于轴向通电法计算磁化规范用。

(2)所谓当量直径 D_d,是指将非圆柱形横截面换算成相当圆柱形横截面的直径。当量直径 D_d=周长/π,单位 mm,适用于非圆柱形工件计算周向磁化规范用。

下面几种圆柱形和非圆柱形横截面的当量直径 D_d 与横截面最大尺寸求法,见表 2-3-4。

表 2-3-4 当量直径 D_d 与横截面最大尺寸求法 (单位:mm)

横截面	圆形横截面	长方形横截面	方形横截面	复杂形状横截面
图示	100	100／20	100／100	20／20
当量直径 D_d	100	76	127	178
横截面最大尺寸	100	102	141	141

轴向通电法磁化规范与直径有关,$I=(8\sim15)D$、$I=\pi D$,因为直径与外表面大小成正比,因而也与施加的磁化电流、磁场强度成正比。

由表 2-3-4 可看出,按当量直径 D_d 比按横截面最大尺寸计算出的磁化规范更精确。

(3)所谓有效直径 D_{eff},是指将圆筒形工件和中空非圆筒形工件的实心部分横截面积减去空心部分横截面积后计算出的,对纵向磁化起作用的有效直径 D_{eff} 以下分三种情况:

①适用于圆筒形工件线圈法计算磁化规范的有效直径 $D_{\text{eff}}=\sqrt{D_O^2-D_i^2}$。

②适用于中空的非圆筒形工件线圈法计算磁化规范的有效直径 $D_{\text{eff}}=2\sqrt{\dfrac{A_t-A_h}{\pi}}$。

③适用于非圆筒形工件线圈法计算磁化规范的有效直径 $D_{\text{eff}}=2\sqrt{\dfrac{A}{\pi}}$。

四、磁粉检测通用技术

(一)预处理

对受检工件进行预处理是为了提高检测灵敏度、减少工件表面的杂乱显示,使工件表面状况符合检测的要求,同时延长磁悬液的使用寿命。

预处理主要有以下内容:

(1)清除工件表面的杂物,如油污、涂料、铁锈、毛刺、氧化皮、金属屑等。清除的方法根据工件表面质量确定。可以采用机械的或化学的方法进行清除。如采用溶剂清洗、喷砂或钢刷、砂轮打磨和超声清洗等方法,部分焊接接头还可以采用手提式砂轮机修整。清

除杂物时特别要注意如螺纹凹处、工件曲面变化较大部位淤积的污垢。用溶剂清洗或擦除时,注意不要用棉纱或带绒毛的布擦拭,防止磁粉滞留在棉纱头上造成假显示影响观察。

(2)清除通电部位的非导电层和毛刺。通电部位的非导电层(如漆层及磷化层等)及毛刺不仅会隔断磁化电流,还会在通电时产生电弧烧伤工件。可采用溶剂清洗或在不损伤工件表面的情况下用细砂纸打磨,使通电部位导电良好。

(3)分解组合装配件。组合装配件的形状和结构一般比较复杂,难以进行适当的磁化,而且在其交界处易产生漏磁场形成杂乱显示,因此最好分解后进行检测,以利于磁化操作、观察、退磁及清洗。对那些在检测时可能流进磁悬液而又难以清除,以致工件运动时会造成磨损的装配件(如轴承、衬套等),更应该加以分解后再进行检测。

(4)对工件上不需要检查的孔、穴等,最好用软木、塑料或布将其堵上,以免清除磁粉困难。但在维修检查时不能封堵上述的孔、穴,以免掩盖孔穴周围的疲劳裂纹。

(5)干法检测的工件表面应充分干燥,以免影响磁粉的运动。湿法检测的工件,应根据使用的磁悬液的不同,用油磁悬液的工件表面应不能有水分,而用水磁悬液的工件表面则要认真除油,否则会影响工件表面的磁悬液湿润。

(6)有些工件在磁化前带有较大的剩磁,有可能影响检测的效果。对这类工件应先进行退磁,然后再进行磁化。

(7)如果磁痕和工件表面颜色对比度小,可在检测前先给工件表面涂敷一层反差增强剂。

经过预处理的工件,应尽快安排检测,并注意防止其锈蚀、损伤和再次污染。

(二)磁化、施加磁粉

1.磁化电流的调节

在磁粉检测中,磁化磁场的产生主要靠磁化电流来完成,认真调节好磁化电流是磁化操作的基本要求。

由于磁粉检测中通电磁化时电流较大,为防止开关接触不良时产生电弧火花烧伤电触头,通常电压调整和电流检查是分别进行的,即将电压开路调整到一定位置再接通磁化电流,一般不在磁化过程中调整电流。调整时,电压也是从低到高进行调节,以避免工件过度磁化。

电流的调整应在工件置入探伤机形成通电回路后才能进行。对通电法或中心导体法磁化,电流调整好后不能随意更换不同类型工件。必须更换时,应重新核对电流,不合要求的应重新调整。

线圈磁化时应注意交直流线圈电流调整的差异。对于直流线圈,线圈中有无工件电流变化不是很大;但对于交流线圈,线圈中的工件将影响电流的调整。

2.综合性能鉴定

磁粉检测系统的综合性能是指利用自然或人工缺陷试块上的磁痕来衡量磁粉检测设备、磁粉和磁悬液的系统组合特性。综合性能又叫综合灵敏度,利用它可以反映出设备工作是否正常及磁介质的好坏。

鉴定工作在每班检测开始前进行。用带自然缺陷的试块鉴定时,缺陷应能代表同类工件中常见的缺陷类型,并具有不同的严重程度。当按规定的方法和磁化规范检查时,若能清晰地显现试块上的全部缺陷,则认为该系统的综合性能合格。当采用人工缺陷试块(环形试块或灵敏度试片)时,用规定的方法和电流进行磁化,试块或试片上应清晰显现出适当大小和数量的人工缺陷磁痕,这些磁痕即表示了该系统的综合性能。在磁粉检测工艺图表中应规定对设备器材综合性能的要求。

3. 磁粉介质的施加

1)干法操作的要求

干法检测常与触头支杆、Π形磁轭等便携式设备并用,主要用来检查大型毛坯件、结构件以及不便于用湿法检查的地方。

干法检测必须在工件表面和磁粉完全干燥的条件下进行,否则表面会黏附磁粉,使衬底变差,影响缺陷观察。同时,干法检测在整个磁化过程中要一直保持通电磁化,只有观察磁痕结束后才能撤除磁化磁场。施加磁粉时,干粉应呈均匀雾状分布于工件表面,形成一层薄而均匀的磁粉覆盖层。然后用压缩空气轻轻吹去多余磁粉。吹粉时,要有顺序地移动风具,从一个方向吹向另一个方向,注意:不要干扰缺陷形成的磁痕,特别是磁场吸附的磁粉。

磁痕的观察、分析在施加干磁粉和去除多余磁粉的同时进行。

2)湿法操作的要求

湿法有油、水两种磁悬液。它们常与固定式检测设备配合使用,也可以与其他设备并用。

湿法的施加方式有浇淋和浸渍。所谓浇淋,是通过软管和喷嘴将液槽中的磁悬液均匀施加到工件表面,或者用毛刷或喷壶将搅拌均匀的磁悬液涂洒在工件表面。浸渍是将已被磁化的工件浸入搅拌均匀的磁悬液槽中,在工件被湿润后再慢慢从槽中取出来。浇淋法多用于连续磁化以及尺寸较大的工件。浸渍法则多用于剩磁法检测时尺寸较小的工件。采用浇淋法时,要注意液流不要过大,以免冲掉已经形成的磁痕;采用浸渍法时,要注意在液槽中的浸放时间和取出方法的正确性,浸放时间过长或取出太快都将影响磁痕的生成。

使用水磁悬液时,载液中应含有足够的润湿剂,否则会造成工件表面的不湿润现象(水断现象)。一般来说,当水磁悬液漫过工件时,工件表面液膜断开,形成许多小水点,就不能进行检测,还应加入更多的湿润剂。工件表面的粗糙度越低,所需要的湿润剂也越多。

在半自动化检查中使用多喷嘴对工件进行磁悬液喷洒时,应注意调节各喷嘴的位置,使磁悬液能均匀地覆盖整个检查面。注意各喷嘴磁悬液的流量大小,防止液流过大,影响磁痕形成。

4. 连续法操作要点

机电类特种设备的磁粉检测基本都是采用连续法,其操作的要点如下:

(1)采用湿法时在工件通电的同时施加磁悬液,至少通电两次,每次时间不得少于0.5 s,磁悬液均匀湿润后再通电几次,每次 1~3 s,检验可在通电的同时或断电之后进行。

(2)采用干法检测时应先通电,通电过程中再均匀喷撒磁粉和干燥空气吹去多余的磁粉,在完成磁粉施加并观察磁痕后才能切断电源。

　　5.磁化操作技术

　　工件磁化方法有周向磁化、纵向磁化及多向磁化。磁化方法不同时应注意其对磁化操作的要求。

　　当采用通电法周向磁化时,由于磁化电流数值较大,在通电时要注意防止工件过热或因工件与磁化夹头接触不良造成端部烧伤。在探伤机夹头上应有完善的接触保护装置,如覆盖铜网或铅垫,以减少工件和夹头间的接触电阻。另外在夹持工件时应有一定的接触压力和接触面积,使接触处有良好的导电性能。在磁化时还应注意施加激磁电流的时间不宜过长,以防止工件温度升高超过许可范围,特别是直流磁化时更是如此。在采用触头与工件间的接触不好,则容易在触头电极处烧伤工件或使工件局部过热。因此,在检测时,触头与工件间的接触压力足够,与工件接触或离开工件时要断电操作,防止接触处打火烧伤工件的现象发生。并且一般不用触头法检查表面光洁度要求较高的工件。触头法检查时应根据需要进行多次移动磁化,每次磁化应按规定有一定的有效检测的范围,并注意有效范围边缘应相互重叠。检测用触头的电极一般不用铜制作,因为铜在接触不良打火时可能渗入钢铁中,影响材料的使用性能。

　　在采用中心导体法磁化时,芯棒的材料可用铁磁性材料也可不用铁磁性材料。为了减少芯棒导体的通电电阻,常常采用导电良好并具有一定强度的铜棒(铜管)或铝棒。当芯棒位于管形工件中心时,工件表面的磁场是均匀的,但当工件直径较大,探伤设备又不能提供足够的电流时,也可采用偏置芯棒法检查。偏置芯棒应靠近工件内表面,检测时应不断转动工件(或移动工件)进行检测,这时工件需注意圆弧面的分段磁化并且相邻区域要有一定的重叠面。

　　采用线圈法进行纵向磁化时,应注意交直流线圈的区别。在线圈中磁化时,工件应平行于线圈轴线放置。不允许手持工件放入线圈的同时通电,特别是采用直流电线圈磁化时,更应该防止强磁力吸引工件造成对人的伤害。若工件较短($L/D<2$)时,可以将数个短工件串联在一起进行检测,或在单个工件上加接接长杆检测。若工件长度远大于线圈直径,由于线圈有效磁化范围的影响,应对长工件进行分段磁化。分段时每段不应超出线圈直径的一半,且磁化时要注意各段之间的覆盖。线圈直流磁化时,工件两端头部分的磁力线是发散的,端头面上的横向缺陷不易得到显示,检测灵敏度不高。

　　用磁轭法进行直流纵向磁化时,磁极与工件间的接触要好,否则在接触处将产生很大的磁阻,影响检测灵敏度。极间磁轭法磁化时,如果工件截面大于铁芯截面,工件中的磁感应强度将低于铁芯中的磁感应强度。工件得不到必要的磁化;而工件截面若是大于铁芯截面,工件两端由于截面突变在接触部位产生很强的漏磁场,使工件端部检测灵敏度降低。为避免以上情况,工件截面最好与铁芯截面接近。极间磁轭法磁化时还应注意工件长度的影响,长度一般应在0.5 m以下,最长不超过1 m,过长时工件中部将得不到必要的磁化。此时只有在中间部位移动线圈进行磁化,才能保证工件各部位检测灵敏度的一致。

　　在使用便携式磁轭及交叉磁轭旋转磁场检测时,应注意磁极端面与工件表面的间隙不能过大,如果有较大的间隙存在,接触处将有很强的漏磁场吸引磁粉,形成检测盲区并将降低工件表面上的检测灵敏度。检测平面工件时,还应注意磁轭在工件上的行走速度要适宜,并保持一定的覆盖面。

对于其他的磁化方法,也应注意其使用的范围及有效磁化区。注意操作的正确性,防止因失误影响检测工作的进行。不管是采用何种检测方法,在通电时是不允许装卸工件的,特别是采用通电法和触头法时更是如此。这一方面是为了操作安全,另一方面也是防止工件端部受到电烧伤而影响产品使用。

6. 交叉磁轭对检测灵敏度的影响因素

1) 磁化场方向对检测灵敏度的影响

为了能检出各个方向的缺陷,通常对同一部位需要进行互相垂直的两个方向磁化。一是要有足够的磁场强度,二是要尽量使磁场方向与缺陷方向垂直,这样才能获得最大的缺陷漏磁场,易于形成磁痕,从而确保缺陷不漏检。而对旋转磁化来说,由于其合成磁场方向是不断地随时间旋转着的,任何方向的缺陷都有机会与某瞬时的合成磁场垂直,从而产生较大的缺陷漏磁场而形成磁痕。但是,只有当旋转磁场的长轴方向与缺陷方向垂直时才有利于形成磁痕。因此,不能认为只要使用旋转磁场,不管如何操作就一定能发现任何方向的缺陷,这种认识是错误的。

2) 交叉磁轭磁极与工件间隙大小的影响

磁轭式磁粉探伤仪和交叉磁轭的工作原理是通过磁轭把磁通导入被检测工件来达到磁化工件的目的。而磁极与工件之间的间隙越大,等于磁阻越大,从而降低了有效磁通。当然也就会降低工件的磁化程度,结果必然造成检测灵敏度的下降。此外,由于间隙的存在,将会在磁极附近产生漏磁场,间隙越大所产生的漏磁场就越严重。由于间隙产生的漏磁场会干扰磁极附近由缺陷产生的漏磁场,有可能形成过度背景或以至于无法形成缺陷磁痕。因此,为了确保检测灵敏度和有效检测范围必须限制间隙,而且越小越好。

对于特种设备,由于其结构特点,当被检工件表面为一曲面时,它的四个磁极不能很好地与工件表面相接触,会产生某一磁极悬空(在球面上时),或产生四个磁极以线接触方式与工件表面相接触(在柱面上时),这样就在某一对磁极间产生很大的磁阻,从而降低了某些方向上的检测灵敏度。因此,在进行特种设备磁粉检测时,使用交叉磁轭旋转磁场探伤仪应随时注意各磁极与工件表面之间的接触是否良好,当接触不良时应停止使用,以避免产生漏检。所以,标准规定最大间隙不应超过 1.5 mm。

3) 交叉磁轭移动方式的影响

交叉磁轭磁场分布无论在四个磁极的内侧还是外侧,磁场分布是极不均匀的。只有在几何中心点附近很小的范围内,其旋转磁场的椭圆度变化不大,而离开中心点较远的其他位置,其椭圆度变化很大,甚至不形成旋转磁场。因此,使用交叉磁轭进行探伤时,必须连续移动磁轭,边行走磁化边施加磁悬液。只有这样操作才能使任何方向的缺陷都能经受不同方向和大小磁场的作用,从而形成磁痕。

若采用步进式将交叉磁轭固定位置分段磁化,只要在交流电一个周期(0.02 s)内,仍可形成圆形或椭圆形磁场进行磁化和检测,但这样不仅检测效率低,而且有效磁化区重叠不到位时,就会造成漏检。

4) 行走速度与磁化时间的影响

交叉磁轭的行走速度对检测灵敏度至关重要,因为行走速度的快慢决定着磁化时间。

而磁化时间是有要求的,磁化时间过短缺陷磁痕就无法形成。所以,标准规定,速度不能超过4 m/min,这也是为了保证不漏检必须控制的工艺参数。

5)喷洒磁悬液方式的影响

用交流电磁轭探伤时,必须先停止喷洒磁悬液,然后断电。为的是避免已经形成的缺陷磁痕被流动的磁悬液破坏掉。当采用交叉磁轭旋转磁场磁粉探伤仪进行检测时,是边移动磁化边喷洒磁悬液,就更应该避免由于磁悬液的流动破坏已经形成的缺陷磁痕。这就需要掌握磁悬液的喷洒应在保证有效磁化场被全部润湿的情况下,与交叉磁轭的移动速度良好地配合,才能把细微的缺陷磁痕显现出来,对这种配合的要求是:在移动的有效磁化范围内,有可供缺陷漏磁场吸引的磁粉,同时又不允许因磁悬液的流动而破坏已经形成了的缺陷磁痕,如果配合不好,即使有缺陷磁痕形成也会遭到破坏,因此使用交叉磁轭最难掌握的环节是喷洒磁悬液,需要根据交叉磁轭的移动速度、被检部位的空间位置等情况来调整喷洒手法。旋转磁轭探伤时最好选用能形成雾状磁悬液的喷壶,但是压力不要太高。

为了提高磁粉的附着力,可在水磁悬液中加入少量的水溶性胶水,用以保护已经形成的缺陷磁痕,经试验证明效果很好。

目前,复合磁化技术在国内外的应用已非常广泛,而采用交叉磁轭旋转磁场进行磁粉检测,虽然国内应用很广,但在国外应用并不多,其主要原因就是用交叉磁轭检测时,其操作手法必须十分严格,否则容易造成漏检。尤其是有埋藏深度的较小缺陷,漏检概率会更高。

6)综合性能试验的影响

既然是综合性能试验(系统灵敏度试验),就应该按照既定的工艺条件(尤其是移动速度)把试片贴在焊接接头的热影响区进行试验,在静止的状态下把试片贴在四个磁极的中心位置进行综合性能试验是不规范的,因为静止状态不包含由于交叉磁轭的移动对检测灵敏度的影响。

7. 交叉磁轭的提升力

1)磁轭的结构尺寸及激磁规范对提升力的影响

磁轭提升力的表达式为:

$$F = 1.99 \times 10^5 \phi_m B_m$$

式中　　F——磁轭的提升力,N;

　　　　ϕ_m——磁通的峰值,Wb;

　　　　B_m——磁感应强度的峰值,T。

不难看出,磁轭的提升力F与磁通ϕ成正比,而$\phi = \mu HS$。由此可见,磁轭的提升力F的大小取决于磁轭的铁芯截面面积S、铁芯材料的磁性能以及激磁规范的大小。

测试提升力的根本目的就在于检验磁轭导入工件有效磁通的多少。这只是一种手段,以此来衡量磁轭性能的优劣。

2)磁极与工件表面间隙对提升力的影响

由于磁路(铁芯)中的相对磁导率μ_r远远大于空气中的相对磁导率μ_r,因此由于间隙的存在必将损耗磁势,降低导入工件的磁通量,从而也降低了被磁化工件的有效磁化场强度和范围的大小。

而间隙的存在所损耗的磁势将产生大量的泄漏磁场,且通过空气形成磁回路。它的存在降低了磁轭的提升力,同时也降低了检测灵敏度,还会在间隙附近产生漏磁场。因此,即使在磁极间隙附近有缺陷,也将被间隙产生的漏磁场所湮没,根本无法形成磁痕。通常把这个区域称为盲区。

3)旋转磁场的自身质量对提升力的影响

旋转磁场是由两个或多个具有一定相位差的正弦交变磁场相互叠加而形成的。所谓旋转磁场的自身质量,是指在不同瞬间其合成磁场幅值大小的变化情况。正如通常所说"椭圆形旋转磁场"或"圆形旋转磁场",而"圆形旋转磁场"比"椭圆形旋转磁场"的自身质量要高,提升力也大。

(三)磁痕观察、记录与缺陷评级

1.磁痕观测的环境

磁痕是磁粉在工件表面形成的图像,又叫做磁粉显示。观察磁粉显示要在标准规定的光照条件下进行。采用白光检查非荧光磁粉或磁悬液显示的工作时,应能清晰地观测到工件表面的微细缺陷。此时工件表面的白光强度至少应达到 1 000 lx。若使用荧光磁悬液,必须采用黑光灯,并在有合适的暗室或暗区的环境中进行观察。采用普通的黑光灯时,暗室或暗区内的白光强度不应大于 20 lx,工件表面上的黑光波长和强度也应符合标准规定。刚开始在黑光灯下观察时,检查人员应有暗场适应时间,一般不应少于 3 min,以使眼睛适应在暗光下进行观察。

2.磁痕观测的方法

对工件上形成的磁痕应及时观察和评定。通常观察在施加磁粉结束后进行,在用连续法检验时,也可以在进行磁化的同时检查工件,观察磁痕。

观察磁痕时,首先要对整个检测面进行检查,对磁粉显示的分布大致了解。对一些体积太大或太长的工件,可以划定区域分片观察。对一些旋转体的工件,可画出观察起始位置再进行磁痕检查。在观察可能受到妨碍的场合,可将工件从探伤机上取下仔细检查。取下工件时,应注意不要擦掉已形成的磁粉显示或使其模糊。

观察时,要仔细辨认磁痕的形态特征,了解其分布状况,结合其加工过程,正确进行识别。对一些不清楚的缺陷磁痕,可以重复进行磁化,必要时还可加大磁化电流进行磁化,也可以采用放大镜对磁痕进行观察。

3.材料不连续性的认识与评定

材料的均匀状态(致密性)受到破坏,自然结构发生突然变异叫做不连续性。这种受到破坏的均匀状态可能是材料中固有的,也可能是人为制造的。而通常影响材料使用的不连续性就叫做缺陷。

并非所有的磁粉显示都是缺陷磁痕。除缺陷磁痕能产生磁粉显示外,工件几何形状和截面的变化、表面预清理不当、过饱和磁化、金相组织结构变化等都可能产生磁粉显示。应当根据工件的工艺特点、磁粉的不同显示分析磁痕产生的原因,确定磁痕的性质。

磁粉检测只能发现工作表面和近表面(表层)上的缺陷。这两种显示的特征不完全相同。表明缺陷磁痕一般形象清晰、轮廓分明、线条纤细并牢固地吸附在工件表面上,而近表面缺陷磁粉显示清晰程度较表面差,轮廓也比较模糊成弥散状。在擦去磁粉后,表面缺陷可用放大镜看到缺陷开口处的痕迹,而近表面缺陷则很难观察到缺陷的露头。

对于缺陷及非缺陷产生的磁粉显示以及假显示也应该正确识别。缺陷的磁痕又叫相关显示,有一定的重复性,即擦掉后重新磁化又将出现。同时,不同工件上的缺陷磁痕出现的部位和形态也不一定相同,即使同为裂痕,也都有不同的形态。而几何形状等引起的磁痕(非相关显示)一般都有一定规律,假显示没有重复性或重复性很差。

对工件来说,不是有了缺陷就要报废。因此,对有缺陷磁痕的工件,应该按照验收技术条件(标准)对工件上的磁痕进行评定。不同产品有不同的验收标准,同一产品在不同的使用地方也有不同的要求。比如发纹在某些产品上是不允许的,但在另一些产品上则是允许的。因此,严格按照验收标准评定缺陷磁痕是必不可少的工作。

4. 磁痕的记录与保存

磁粉检测主要是靠磁痕图像来显示缺陷的。应该对磁痕情况进行记录,对一些重要的磁痕还应该复制和保存,以作评定和使用的参考。

磁痕记录有几种方式:

(1)绘制磁痕草图。在草图上标明磁痕的形态、大小及尺寸。

(2)在磁痕上喷涂一层可剥离的薄膜,将磁痕粘在上面取下薄膜。

(3)用橡胶铸型法对一些难以观察的重要孔穴内的磁痕进行保存。

(4)照相复制。对带磁痕的工件或其磁痕复制品进行照相复制,用照片反映磁痕原貌。照相时,应注意放置比例尺,以便确定缺陷的大小。

(5)用记录表格的方式记下磁痕的位置、长度和数量。

对记录下的磁痕图像,应按规定加以保存。对一些典型缺陷的磁痕,最好能够作永久性记录。

5. 试验记录与检测报告

试验记录应由检测人员填写。记录上应真实准确记录下工件检测时的有关技术数据并反映检测过程是否符合工艺说明书(图表)的要求,并且具有可追踪性。主要应包括以下内容:

(1)工件:记录其名称、尺寸、材质、热处理状态及表面状态。

(2)检测条件:包括检测装置、磁粉种类(含磁悬液情况)、检验方法、磁化电流、磁化方法、标准试块、磁化规范等。

(3)磁痕记录:应按要求对缺陷磁痕大小、位置、磁痕等级等进行记录。在采用有关标准评定时,还应记录下标准的名称及要求。

(4)其他:如检测时间、检测地点以及检测人员姓名和技术资格等。

检测报告是关于检测结论的正式文件,应根据委托检测单位要求作出,并由检测负责人等签字。检测报告可按有关要求制定。

(四)退磁

1. 铁磁材料的退磁原理

铁磁材料磁化后都不同程度地存在剩余磁场,特别是经剩磁法检测的工件,其剩余磁性就更强。在工业生产中,除了有特殊要求的地方,一般不希望工件上的残留磁场过大。

因为具有剩磁的工件,在加工过程中会加速工具的磨损,可能干扰下道工序的进行以及影响仪表和精密设备的使用等。退磁就是消除材料磁化后的剩余磁场,使其达到无磁状态的过程。

退磁的目的是打乱由于工件磁化引起的磁畴方向排列的一致,让磁畴恢复到磁化前的那种杂乱无章的磁中性状态,亦即 $B_r=0$。退磁是磁化的逆过程。

反转磁场退磁有两个必需的条件,即退磁的磁场方向一定不断地正反变化,与此同时,退磁的磁场强度一定要从大到小(足以克服矫顽力)不断地减少。

2. 影响退磁效果的因素

以下几种情况应当进行退磁:

(1)当连续进行检测、磁化,估计上一次磁化将会给下一次磁化带来不良影响时;

(2)工件剩磁将会对以后的加工工艺产生不良影响时;

(3)工件剩磁将会对测试装置产生不良影响时;

(4)用于摩擦或近于摩擦部位,因磁粉或铁屑吸附在摩擦部位会增大摩擦损耗时;

(5)其他必要的场合。

另外,一些工件虽然有剩磁,但不会影响工件的使用或继续加工,也可以不进行退磁。如:高磁导率电磁软铁制作的工件;将在强磁区使用的工件;后道工序是热处理,加热温度高于居里点的工件;还要继续磁化,磁化磁场大于剩磁的工件;以及有剩磁不影响使用的工件,如锅炉压力容器等。

由于磁粉检测时用到了周向和纵向磁化,于是剩磁也有周向和纵向剩磁之分。周向磁场由于磁力线包含在工件中,有时可能保留很强的剩磁而不显露。而纵向磁化由于工件有磁极的影响,剩磁显示较为明显。为此,对纵向磁化可以直接采用磁场方向反转强度不断衰减的方法退磁。而对于周向磁化的工件,最好是再进行一次纵向磁化后退磁,这样可较好地校验退磁后的剩磁存在。当然,在一种形式的磁场被另一种形式的磁场代替时,采用的退磁磁场强度至少应等于和大于磁化时所用的磁场强度。

退磁的难易程度取决于材料的类别、磁化电流类型和工件的形状因素。一般来说,难以磁化的材料也较难退磁,高矫顽力的硬磁材料最不容易退磁;而易于磁化的软磁及中软磁材料较容易退磁。直流磁化比交流磁化磁场渗入要深,经过直流磁化的工件一般很难用交流退磁的方法使其退尽,有时表面上退尽了,过一段时间又会出现剩磁。退磁效果还与工件的形状因素有关,退磁因子越小(即长径比越大)的材料较易退磁,而对于一些长径比较小的工件,往往采用串联或增加长度的方法来实行较好的退磁。

3. 实现退磁的方法

如前所述,如果磁场不断反向并且逐步减少强度到零,则剩余磁场也会降低到零。磁场的方向和强度的下降可以用多种方法实现。

1)工件中磁场的换向方法

(1)不断反转磁化场中的工件;

(2)不断改变磁化场磁化电流的方向,使磁场不断改变方向;

(3)将磁化装置不断地进行180°旋转,使磁场反复换向。

2）磁场强度的减少方法

（1）不断减少退磁场电流；

（2）使工件逐步远离退磁磁场；

（3）使退磁磁场逐渐远离工件。

在退磁过程中，磁场方向反转的速率叫退磁频率。方向每转变一次，退磁的磁场强度也应该减少一部分。其需要的减小量和换向的次数，取决于工件材料的磁导率和工件形状及剩磁的保存深度。材料磁导率低（剩磁大）及直流磁化后，退磁磁场换向的次数（退磁频率）应较多，每次下降的磁场值应较少，且每次停留的时间（周期）要略长。这样可以较好地打乱磁畴的排布。而对于磁导率高及退磁因子小的材料经交流磁化的工件，由于剩磁较低，退磁磁场则可以比较大的阶跃下降。

退磁时的初时磁场值应大于工件磁化时的磁场，每次换向时磁场值的降低不宜过大或过小且应停留一定时间，这样才能有效地打乱工件中磁畴排布。但在交流退磁中，由于换向频率是固定的，所以其退磁效果远不如超低频电流。

在实际的退磁方法中，以上的方法都有可能采用。如交流衰退退磁、交流线圈退磁及超低频电流退磁等。

一般来说，进行了周向磁化的工件退磁，应先进行一次纵向磁化。这时因为周向磁化时工件上的磁力线完全被包含在闭合磁路中，没有自由磁极。若先在磁化的工件中建立一个纵向磁场，使周向剩余磁场合成一个沿工件轴向螺旋状多项磁场，然后再施加反转磁场使其退磁，这时退磁效果较好。

纵向磁化的工件退磁时，应当注意退磁磁场反向交变减少过程的频率。当退磁频率过高时，剩磁不容易退得干净，当交替变化的电流以超低频率运行时，退磁的效果较好。

利用交流线圈退磁时，工件应缓慢通过线圈中心并移出线圈 1.5 m 以外；若有可能，应将工件在线圈中转动数次后移出有效磁场区，退磁效果会更好。但应注意，不宜将过多工件堆放在一起通过线圈退磁，由于交流电的集肤效应，堆放在中部的工件可能会退磁不足。最好的办法是将工件单一成排通过退磁线圈，以加强退磁效果。

采用扁平线圈或"Ⅱ"形交流磁轭退磁时，应将工件表面贴近线圈平面或"Ⅱ"形交流磁轭的磁极处，并让工件和退磁装置做相对运动。工件的每一个部分都要经过扁平线圈的中心或"Ⅱ"形磁轭的磁极，将工件远离它们后才能切断电源。操作时，最好像电熨斗一样来回"熨"过几次，并注意一定的覆盖区，可以取得较好的效果。

长工件在线圈中退磁时，为了减少地磁的影响，退磁线圈最好东西方向放置，使线圈轴与地磁方向成直角。

退磁效果用专门的仪器检查，应达到规定的要求。一般要求不大于 0.3 mT，简便方法可采用大头针来检查，方法是用退磁后的工件磁极部位吸引大头针，以吸引不上为符合退磁要求。

（五）后处理

包括对退磁后工件的清洗和分类标记，对有必要保留的磁痕还应用合适的方法进行保留。

经过退磁的工件，如果附着的磁粉不影响使用，可不进行清理。但如果残留的磁粉影响以后的加工和使用,则在检查后必须清理。清理主要是除去表面残留磁粉和油漆,可以用溶剂冲洗或磁粉烘干后清除。使用水磁悬液检测的工件为防止表面生锈,可以用脱水除锈油进行处理。

经磁粉检测检查并已确定合格的工件应作出明显标记,标记的方法有打钢印、腐蚀、刻印、着色、盖胶印、拴标签、铅封及分类存放等。严禁将合格品和不合格品混放。标记的方法和部位应由设计或工艺部门确定,应不能被后续加工去掉,并不影响工件的以后检验和使用。

(六)复验

当出现下列情况之一时,应进行复验:

(1)检测结束时,用标准试片验证检测灵敏度不符合要求时;

(2)发现检测过程中操作方法有误或技术条件改变时;

(3)磁痕显示难以定性时;

(4)供需双方有争议或认为有其他需要时。

若产品技术条件允许,可通过局部打磨减小或排除被拒收的缺陷。进行复验时和打磨排除缺陷后,仍应按原检测工艺要求重新进行磁粉检测和磁痕评定。

五、影响磁粉检测灵敏度的主要因素

磁粉检测灵敏度,从定量方面来说,是指有效地检出工件表面或近表面某一规定尺寸大小缺陷的能力。从定性方面说,是指检测最小缺陷的能力,可检出的缺陷越小,检测灵敏度就越高。所以,磁粉检测灵敏度是指绝对灵敏度,认真分析影响磁粉检测灵敏度的主要因素,对于防止缺陷的漏检或误判,提高检测灵敏度具有重要意义。

影响磁粉检测灵敏度的因素有:外加磁场强度,磁化方法,磁化电流类型,磁粉性能,磁悬液的类型和浓度,设备性能,工件材质、形状尺寸和表面状态,缺陷的方向、性质、形状和埋藏深度,工艺操作,检测人员素质及检测环境等。

(一)外加磁场强度

采用磁粉检测方法时,检出缺陷必不可少的条件是磁化的工件表面应具有适当的有效磁场强度,使缺陷处能够产生足够的漏磁场吸附磁粉,从而产生磁痕显示。磁粉检测灵敏度与工件的磁化程度密切相关。从铁磁性材料的磁化曲线得知,外加磁场大小和方向直接影响磁感应强度的变化,一般来说,外加磁场强度一定要大于 H_{μ_m},即选择在产生最大磁导率 μ_m 对应的 H_{μ_m} 点右侧的磁场强度值,此时磁导率减小,磁阻增大。漏磁场增大,当铁磁性材料的磁感应强度达到饱和值的80%左右时,漏磁场便会迅速增大。因此,磁粉检测应使用既能检测出所有的有害缺陷,又能区分磁痕显示的最小磁场强度进行检验。因为磁场强度过大易产生过度背景,掩盖相关显示;磁场强度过小,缺陷产生的漏磁场强度就小,磁痕显示不清晰,难以发现缺陷。

(二)磁化方法

为了能检出各个方向的缺陷,通常对同一部位需要进行互相垂直的两个方向的磁化。不同的磁化方法对不同方向缺陷的检出能力有所不同,周向磁化对纵向缺陷的检测灵敏度较高,纵向磁化对横向缺陷的检测灵敏度较高。同一种磁化方法,对不同部位缺陷的检测灵敏度也不一致。如用中心导体法采用交流电磁化,由于涡电流的影响,其对工件内表面缺陷的检测灵敏度要比外表面高得多。另外,对于厚壁工件,由于内表面比外表面具有更大的磁场强度,因此其内表面缺陷的检测灵敏度也比外表面的要高。线圈法纵向磁化时,长度 L 和直径 D 之比(L/D)不同的工件产生的退磁场不一样,对检测灵敏度的影响也不同。L/D 越小越难磁化,$L/D<2$ 的工件应采用与工件外径相似的铁磁性延长块,将工件接长,才能保证检测灵敏度。交叉磁轭检测时,磁轭的移动速度、磁极与工件间隙的大小、工件表面的平整度、缺陷相对磁极的位置都会对检测灵敏度造成不同程度的影响。

(三)磁化电流类型

磁化电流类型对磁粉检测灵敏度的影响,主要是因为不同的磁化电流具有不同的渗入性和脉动性,交流电具有集肤效应,其渗入性很小,因此对表面缺陷有较高的灵敏度,但对近表面的检测灵敏度大大降低。另外,由于交流电方向在不断地变化,使交流电产生的磁场方向也不断地变化,这种方向变化可搅动磁粉,具有很好的脉动性,有助于磁粉迁移,从而提高磁粉检测的灵敏度。直流电具有最大的渗入性,产生的磁场能较深地进入工件表面,有利于发现埋藏较深的缺陷,但对表面缺陷的检测灵敏度不如交流电。另外,直流电由于电流强度和方向始终恒定,没有脉动性,在干法检验时灵敏度很低,因此干法检验不宜采用直流电。当采用直流电磁轭检测厚壁工件时,由于直流电渗入深度较大,在同样的磁通量时,渗入深度越大,磁通密度就越低。尽管电磁轭的提升力满足标准要求。但工件表面的检测灵敏度达不到标准的要求,因此对厚壁工件检测不宜采用直流电磁轭。单相半波整流电兼有直流的渗入性和交流的脉动性,对工件近表面缺陷和表面缺陷具有一定的检测灵敏度。三相全波整流电具有很大的渗入性和较小的脉动性,对近表面检测灵敏度较高。冲击电流输出的磁化电流很大,但通电时间很短,只能适用于剩磁法,为保证磁化效果,往往需要反复通电三次,否则会导致检测灵敏度降低。

(四)磁粉性能

磁粉检测是靠磁粉聚集在漏磁场处形成的磁痕显示缺陷的。因此,磁粉检测灵敏度与磁粉本身的性能如磁特性、粒度、形状、流动性、密度和识别度有关。

高磁导率的磁粉容易被缺陷产生的微小漏磁场磁化和吸附,聚集起来便于识别,因此检测灵敏度高。如果磁粉的矫顽力和剩磁大,则磁化后,磁粉会形成磁极,彼此吸引聚集成团不容易分散开,磁粉也会被吸附到工件表面不易去除,形成过度背景,甚至会掩盖相关显示。

粒度的大小对磁粉的悬浮性和漏磁场吸附磁粉的能力有很大的影响,从而对检测灵敏度产生影响。粒度细的磁粉,悬浮性好,容易被小缺陷产生的微小漏磁场磁化和吸附,形成的磁痕显示线条清晰,对细小缺陷的检测灵敏度高。粒度较粗的磁粉,在空气中容易分散开,也容易搭接跨过大缺陷,磁导率又较细磁粉的高,因而搭接起来容易磁化和形成磁痕显示,常用于干法检测中,对大裂纹的检测灵敏度高。实际应用中,因要发现大小不同的各种缺陷,故宜选用含有各种粒度的磁粉。

条形磁粉容易磁化并形成磁极,因而较容易被漏磁场吸附,对检测大缺陷和近表面缺陷灵敏度高,但其流动性不好,磁粉严重聚集还会导致灵敏度下降。球形磁粉能提供良好的流动性,但由于退磁场的影响不容易被漏磁场磁化。综合磁吸附性能和流动性两方面的因素,为保证检测灵敏度,理想的磁粉应由一定比例的条形、球形和其他形状的磁粉混合在一起使用。

磁粉的密度对检测灵敏度有一定的影响:在湿法检验中,磁粉的密度大、易沉淀,悬浮性差;在干法检验中,密度大,则要求吸附磁粉的漏磁场要大。但密度大小与材料磁特性也有关,所以应综合考虑磁粉密度对检测灵敏度的影响。

磁粉检测灵敏度与磁粉的识别度密切相关。对于非荧光磁粉,磁粉的颜色与工件表面的颜色形成的对比度大,检测灵敏度高;对于荧光磁粉,在黑光下观察时,工件表面呈紫色,只有微弱的可见光本底,磁痕呈黄绿色,色泽鲜明,能提供最大的对比度和亮度,因此检测灵敏度较非荧光磁粉要高得多。

以上六方面的影响因素是互相关联的,不能片面追求某一方面,最终应以综合性能(系统灵敏度)试验结果来衡量磁粉的性能。

(五)磁悬液的类型和浓度

常用的磁悬液有水磁悬液和油磁悬液两种类型,两种磁悬液的黏度值不同,其流动性也不一致,导致检测灵敏度有所差异。油磁悬液在温度较低时黏度值较高,导致流动性变差和灵敏度下降,因此磁粉检测标准一般都规定某一温度范围内油磁悬液的最大黏度值,以保证油磁悬液的流动性和检测灵敏度。然而,磁悬液黏度过小,虽然能使磁悬液的流动性变好,但在施加过程中,大部分磁粉会随磁悬液流失,也会引起检测灵敏度的下降,特别是在仰视面和垂直位置进行检测时,灵敏度下降尤其严重。此外,检测灵敏度还与磁悬液对工件表面的润湿作用相关,为提高检测灵敏度,要求磁悬液能充分润湿工件表面,水磁悬液要形成无水断表面,以便使磁悬液能均匀分布在工件表面上,防止缺陷漏检。

磁悬液浓度对磁粉检测的灵敏度影响很大。浓度太低,影响漏磁场对磁粉的吸附量,磁痕不清晰,导致缺陷漏检;浓度太高,会在工件表面滞留很多磁粉,形成过度背景,甚至会掩盖相关显示。所以,国内外标准都对磁悬液浓度作了严格的控制。

(六)设备性能

应保证磁粉检测设备在完好状态下使用,如果设备某一方面的功能缺失,不但导致检测灵敏度降低,严重时会导致整个检测失效。如磁粉探伤机上的电流表精度不够,导致磁化规范的选择产生偏差,过大或过小的磁化规范都会导致检测灵敏度降低。磁粉检测设备如果出现内部短路,会造成磁粉检测时工件的成批漏检,后果极其严重;电磁轭的提升力不够,会导致工件表面有效磁场强度不足,也会引起检测灵敏度的下降;交叉磁轭设备的相位控制误差,会导致旋转磁场的自身质量下降,使"圆形旋转磁场"变成"椭圆形旋转磁场",导致各个方向缺陷的检测灵敏度存在差异。因此,设备的性能直接关系到磁粉检测灵敏度。

(七)工件材质、形状尺寸和表面状态

工件材质对检测灵敏度的影响主要表现在工件磁特性对灵敏度的影响上,工件的磁特性包括工件的磁导率、剩磁和矫顽力。工件本身的晶粒大小、含碳量的多少、热处理及冷加工都会对其磁特性产生影响。剩磁法检验时,工件的剩磁越大,矫顽力就越大,缺陷检出的灵敏度就越高。因此,剩磁法检验要求工件具有一定的剩磁和矫顽力。$B_r \leqslant 0.8$ T 和 $H_c \leqslant 1\ 000$ A/m 的工件一般不能采用剩磁法检验。

　　工件的形状尺寸影响到磁化方法的选择和检测灵敏度。一般来说,形状复杂的工件,磁化规范的选择、磁化操作、施加磁粉和磁悬液都比较困难,从而对检测灵敏度造成一定的影响。线圈法纵向磁化时,退磁场的大小与工件的长度 L 和直径 D 之比(L/D)有密切关系,L/D 越小越难磁化。磁轭法检验时工件的曲率大小影响磁极与工件表面的接触状况,从而对检测灵敏度产生影响。

　　工件表面粗糙度、氧化皮、油污、铁锈等对磁粉检测灵敏度都有一定影响。工件表面较粗糙或存在氧化皮、铁锈时,会增加磁粉的波动阻力,影响缺陷处漏磁场对磁粉的吸附,使检测灵敏度下降,工件表面的凹坑和油污处会出现磁粉聚集,引起非相关显示。工件表面的油漆和镀层会削弱缺陷漏磁场对磁粉的吸附作用,使检测灵敏度降低。当相应的涂层较厚时,甚至可能会引起缺陷的漏检。因此,为了提高磁粉检测灵敏度,磁粉检测前必须清除工件表面的油污、水滴、氧化皮、铁锈,提高工件表面的粗糙度。对于涂层较厚的工件,应在镀层以前进行检测。

(八)缺陷的方向、性质、形状和埋藏深度

　　缺陷的检测灵敏度取决于缺陷延伸方向与磁场方向的夹角,当缺陷垂直于磁场方向时,漏磁场最大,吸附的磁粉最多,也最有利于缺陷的检出,灵敏度最高。随着夹角由 90°减小,灵敏度下降;若缺陷与磁场方向平行或夹角小于 30°,则几乎不产生漏磁场,不能检出缺陷。

　　漏磁场形成的原因是缺陷的磁导率远远低于铁磁性材料的磁导率。如果铁磁性工件表面存在着不同性质的缺陷,则其磁导率不同,检出的效率也就不同。缺陷磁导率越低,越容易检出,例如,裂纹就比金属夹杂容易被发现。

　　缺陷的形状不同,阻挡磁感应线的程度也不同。例如,面状缺陷比点状缺陷能够阻挡更多的磁感应线,其检测灵敏度相应比点状缺陷要高。另外,缺陷的深宽比也是影响磁粉检测灵敏度的一个重要因素,同样宽度的表面缺陷,深度不同,产生的漏磁场也不同,相应地检测灵敏度也随之不同。当缺陷的宽度很小时,检测灵敏度随着宽度的增加而增加;当缺陷的宽度很大时,漏磁场反而下降,如表面划伤又长又宽,产生的漏磁场很小,导致检测灵敏度降低。

　　缺陷的埋藏深度对检测灵敏度有很大的影响。同样的缺陷,位于工件表面时,产生的漏磁场大,灵敏度高;位于工件的近表面时,产生的漏磁场将显著减小,检测灵敏度降低;若位于距工件表面很深的位置,则工件表面几乎没有漏磁场存在,缺陷就无法检出。

(九)工艺操作

　　磁粉检测的工艺操作主要有清理工件表面、磁化工件、施加磁粉或磁悬液、观察分析等。不管是哪一步操作不当,都会影响缺陷的检出。

　　工件表面清理不干净,不但会增大磁粉的流动阻力,影响缺陷磁痕的形成,而且会产生非相关显示,影响对缺陷的判别。

　　磁化工件是磁粉检测中关键的工序,对检测灵敏度影响很大。磁化规范的选择、磁化时间、磁化操作和施加磁粉与磁悬液的协调性都会影响到检测灵敏度。

　　磁化操作首先要选择一个合适的磁化规范,实验证明,只有当工件表面的磁感应强度达到饱和磁感应强度的 80% 时,才能有效地检出规定大小的缺陷,磁化不足和磁化过剩

都会引起检测灵敏度的下降。另外,磁化效果还与磁化时间与磁化次数有关,检测时,为了不致烧伤工件,需要对工件进行多次磁化。多次磁化要持续一定的时间,磁化时间太短或磁化次数太少,会使工件内部的磁畴来不及转向,从而导致磁化效果变差,检测灵敏度降低。

磁化操作时还应注意磁粉与磁悬液施加的协调性。湿连续法要先用磁悬液润湿工件表面,在通电磁化的同时浇磁悬液,停止浇磁悬液后再通电数次,待磁痕形成并滞留下来时方可停止通电。干连续法应在工件通电磁化后开始喷洒磁粉,并在通电的同时吹去多余的磁粉,待磁痕形成和检验完后再停止通电。通电磁化和施加磁粉与磁悬液的时机掌握不好,会造成缺陷磁痕无法形成,或者形成的磁痕被后来施加的磁粉或磁悬液冲刷掉,影响缺陷的检出。

当采用交叉磁轭旋转磁场磁粉探伤仪进行检测时,是边移动磁化边喷洒磁悬液的,所以更应该避免由于磁悬液的流动破坏已经形成的缺陷磁痕,检测时,磁悬液的喷洒应在保证有效磁化场被全部润湿的情况下,与交叉磁轭的移动速度良好地配合,只有这样才能保证检测灵敏度。因此,使用交叉磁轭检测时,其操作手法必须十分严格,否则检测就容易造成漏检。

在磁化工件时,磁化方向的布置也至关重要。触头法和磁轭法磁化时应注意两次磁化时方向应大致垂直,并保证合适的触头或磁极间距。间距太小,触头或磁极附近产生的过度背景有可能影响缺陷检出;间距过大,则会使有效磁场强度减弱,检测灵敏度降低。触头和磁极与工件表面的接触状况、交叉磁轭的移动速度、磁极与工件表面的间隙等操作因素都会影响到检测灵敏度。

在观察分析时,观察环境条件会影响缺陷的检出。磁粉检测人员佩戴眼镜对观察磁痕也有一定的影响,如光敏(先致变色)眼镜在黑光辐射时会变暗,变暗程度与辐射的入射量成正比,影响对荧光磁粉磁痕的观察和辨认。

(十)检测人员素质及检测环境

由于磁痕显示主要靠目视观察,因此对缺陷的识别与人的视觉特性相关,即与人眼对识别对象的亮度、反差(对比度)、色泽等感觉方式相关,检测人员的视力和辨色能力也直接会影响到缺陷的检出能力。同时,检测人员的实践经验、操作技能和工作责任心都对检测结果有直接的影响。

人的视觉灵敏度在不同光线强度下有所不同,在强光下对光强度的微小差别不敏感,而对颜色和对比度的差别的辨别能力很高;而在暗光下,人的眼睛辨别颜色和对比度的本领很差,却能看出微弱的发光物体或光源。因此,采用非荧光磁粉检测时,检测地点应有充足的自然光或白光,如果光照度不足,人眼辨别颜色和对比度的本领就会变差,从而导致检测灵敏度下降。采用荧光磁粉检测时,要有合适的暗区或暗室,如果光照度比较大,影响人眼对缺陷在黑光灯照射下发出的黄绿色荧光的观察,就会导致检测灵敏度的下降;另外,如果到达工件表面的黑光辐照度不足,则会影响缺陷处磁痕发出的黄绿色荧光的强度,从而影响到对缺陷的检出。因此,标准中对非荧光磁粉检验时被检工件表面的可见光照度以及荧光磁粉检验时工件表面的黑光辐照度、暗区或暗室的环境光照度均有要求。

六、磁粉检测工艺文件

同射线检测、超声波检测一样,磁粉检测工艺文件也包括两种:通用工艺和专用工艺(工艺卡)。

(一)磁粉检测通用工艺

其基本要求和编制方法与射线检测、超声波检测相同,在此不再赘述。

(二)磁粉检测专用工艺

专用工艺内容包括下列部分:工艺卡编号、工件(设备)原始数据、规范标准数据、检测方法及技术要求、特殊的技术措施及说明、有关人员签字。

除检测方法及技术要求需要根据磁粉检测特点选择确定,其他部分的要求和射线检测工艺卡基本一致。

检测方法及技术要求包括选定的检测设备名称、型号、试块名称、检测附件、检测材料、磁化方法、磁化电流,磁悬液施加方法、通电(磁化)时间、检测部位示意图。

第五节　磁痕分析与质量评定

一、磁痕分析

磁粉检测是利用磁粉聚集形成的磁痕来显示工件上的不连续性和缺陷的。通常把磁粉检测时磁粉聚集形成的图像称为磁痕,磁痕的宽度为不连续性(缺陷)宽度的数倍,说明磁痕对缺陷的宽度具有放大作用,所以磁粉检测能将目视不可见的缺陷显示出来,具有很高的检测灵敏度。

能够形成磁痕显示的原因很多,由缺陷产生的漏磁场形成的磁痕显示称为相关显示,又叫缺陷显示;由于工件截面突变和材料磁导率差异产生的漏磁场形成的磁痕显示称为非相关显示;不是由漏磁场形成的磁痕显示称为伪显示。虽然都是磁痕显示但其区别是:①相关显示与非相关显示是由漏磁场形成的磁痕显示,而伪显示不是由漏磁场形成的磁痕;②只有相关显示影响工件的使用性能,而非相关显示和伪显示都不影响工件的使用性能。因此,磁粉检测人员应具有丰富的实践经验,并能结合工件的材料、形状和加工工艺,熟练掌握各种磁痕显示的特征、产生原因及鉴别方法,必要时用其他无损检测方法进行验证,做到去伪存真是至关重要的,所以磁痕分析在磁粉检测中具有重要意义。

二、伪显示

伪显示(也叫假缺陷显示)的产生原因、磁痕特征和鉴别方法是:

(1)工件表面粗糙(例如焊接接头两侧的凹陷,粗糙的工件表面)滞留磁粉形成磁痕显示,磁粉堆积松散,磁痕轮廓不清晰,在载液中漂洗磁痕可漂洗掉。

(2)工件表面有油污或不清洁,黏附磁粉形成的磁痕显示,尤其在干法中最常见,磁粉堆集松散,清洗并干燥工件后重新检验,该显示不再出现。

(3)湿法检验中,磁悬液中的纤维物线头黏附磁粉滞留在工件表面,容易误认为磁痕显示,仔细观察即可辨认。

(4)工件表面的氧化皮、油漆斑点的边缘上滞留磁粉形成的磁痕显示,通过仔细观察或漂洗工件即可鉴别。

(5)工件上形成排液沟的外形滞留磁粉形成的磁痕显示,尤其沟槽底部磁痕显示有的类似缺陷显示,但漂洗后磁痕不再出现。

(6)磁悬液浓度过大,或施加不当会形成过度背景,磁粉松散,磁痕轮廓不清晰,漂洗后磁痕不再出现。

所谓过度背景,是指妨碍磁痕分析和评定的磁痕背景。过度背景是由于工件表面粗糙、工件表面污染、过高的磁场强度或过高的磁悬液浓度产生的。磁粉堆集多而松散,容易掩盖相关显示。

三、非相关显示

非相关显示不是来源于缺陷,但却是由漏磁场吸附磁粉产生的。其形成原因很复杂,一般与工件本身材料、工件的外形结构、采用的磁化规范和工件的制造工艺等因素有关。有非相关显示的工件,其强度和使用性能并不受影响,对工件不构成危害,但是它与相关显示容易混淆,也不像伪显示那样容易识别。

非相关显示的产生原因、磁痕特征和鉴别方法如下。

(一)磁极和电极附近

产生原因:采用电磁轭检验时,由于磁极与工件接触处,磁力线离开工件表面和进入工件表面都产生漏磁场,而磁极附近磁通密度大。同样采用触头法检验时,由于电极附近电流密度大,产生的磁通密度也大。所以,在磁极和电极附近的工件表面上会产生一些磁痕显示。

磁痕特征:磁极和电极附近的磁痕多而松散,与缺陷产生的相关显示磁痕特征不同,但在该处容易形成过度背景,掩盖相关显示。

鉴别方法:退磁后,改变磁极和电极的位置,重新进行检验,该处磁痕显示重复出现者可能是相关显示,不再出现者为非相关显示。

(二)工件截面突变

产生原因:工件内键槽等部位,由于截面缩小,在这一部分金属截面内所能容纳的磁力线有限,由于磁饱和,迫使一部分磁力线离开和进入工件表面,形成漏磁场,吸附磁粉,形成非相关显示,如图2-3-59所示。

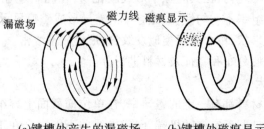

(a)键槽处产生的漏磁场　　　(b)键槽处磁痕显示

图2-3-59　工件截面突变处磁痕显示

磁痕特征:磁痕松散,有一定的宽度。

鉴别方法:这类磁痕显示都是有规律地出现在同类工件的同一部位。根据工件的几何形状,容易找到磁痕显示形成的原因。

(三)磁写

产生原因:当两个已磁化的工件互相接触或用一钢块在一个已磁化的工件上划一下,在接触部位便会产生磁性变化,产生的磁痕显示称为磁写,如图 2-3-60 所示。

磁痕特征:磁痕松散,线条不清晰,像乱画的样子。

鉴别方法:将工件退磁后,重新进行磁化和检验,如果磁痕不重复出现,则原显示为磁写磁痕显示。但严重者应仔细进行多方向退磁后,磁痕将不再出现。

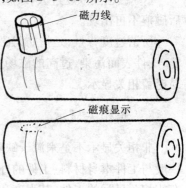

图 2-3-60　磁写磁痕显示

(四)两种材料交界处

产生原因:在焊接过程中,将两种磁导率不同的材料焊接在一起,或母材与焊条的磁导率相差很大,如用奥氏体焊条焊接铁磁性材料,在焊接接头与母材交界处就会产生磁痕显示。如冷凿的头部经过淬火,而柄部未淬火,在其连接处由于磁导率不同,而产生的磁痕显示如图 2-3-61 所示。

磁痕特征:磁痕有的松散,有的浓密清晰,类似裂纹磁痕显示,在整条焊接接头都出现同样的磁痕显示。

鉴别方法:结合焊接工艺、母材与焊条材料进行分析。

图 2-3-61　冷凿材料软、硬连接处磁痕显示

(五)金相组织不均匀

产生原因:工件在淬火时有时可能产生组织不均匀,如高频淬火,由于冷却速度不均匀而导致的组织差异,在淬硬层形成有规律的间距;马氏体不锈钢的金相组织为铁素体和马氏体,由于二者的磁导率差异,高碳钢和高碳合金钢的钢锭凝固时,所产生的树枝状偏析,导致钢的化学成分不均匀,在其间隙中形成碳化物,在轧制过程中沿压延方向被拉成带状,带状组织导致的组织不均匀性,因磁导率的差异形成磁痕显示。

磁痕特征:磁痕呈带状,单个磁痕类似发纹,磁痕松散不浓密。

鉴别方法:根据磁痕分布和特征及材料进行分析。

(六)磁化电流过大

产生原因:每一种材料都有一定的磁导率,在单位横截面上容纳的磁力线是有限的,当磁化电流过大,在工件截面突变的极端处,磁力线并不能完全在工件内闭合,在棱角处磁力线容纳不下时会逸出工件表面,产生漏磁场,吸附磁粉形成磁痕,如图 2-3-62 所示。

此外,过大的磁化电流还会把金属流线显示出来,流线的磁痕特征是成群出现的,而且呈平行状态分布。

磁痕特征:磁痕松散,沿工件棱角处分布,或者沿金属流线分布,形成过度背景。

鉴别方法:退磁后,用合适的磁化规范,磁痕不再出现。

四、相关显示

(一)原材料缺陷磁痕显示

原材料缺陷指钢材冶炼在铸锭结晶时产生的缩孔、气孔、金属非金属夹杂物及钢锭上的裂纹等。在热处理如锻造、铸造、焊接、轧制和热处理时,在冷加工如磨削、矫正时,以及在使用后,这些原材料缺陷有可能被扩展,或成为疲劳源,并产生新的缺陷,如夹杂物被轧制拉长成为发纹,在钢板中被轧制成为分层等,这些缺陷存在于工件内部,在机械加工后暴露在工件表面和近表面时,才能被磁粉检测发现。原材料裂纹如图2-3-63所示。

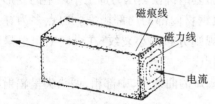 

图2-3-62 磁化电流过大磁痕显示　　图2-3-63 原材料裂纹

(二)热加工产生的缺陷磁痕显示

热加工产生的缺陷是指钢材需热加工处理,如锻造、轧制、铸造、焊接和热处理后产生的缺陷,是由于原材料中的缺陷在加热时扩张或新产生的缺陷。

1.锻钢件缺陷磁痕显示

1)锻造裂纹

产生原因:属于锻造本身的原因有加热不当、操作不正确、终锻温度太低、冷却速度太快等,如加热速度过快因热应力而产生裂纹,锻造温度过低因金属塑性变差而导致撕裂。锻造裂纹一般都比较严重,具有尖锐的根部或边缘。

磁痕特征:磁痕浓密清晰,呈直线或弯曲线状。如图2-3-64所示。

鉴别方法:磁痕堆集紧密,擦去磁痕再重新磁化,磁痕重新出现。

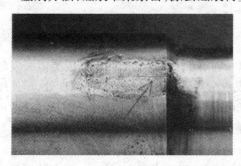 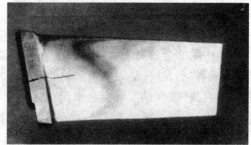

图2-3-64 锻造裂纹

2）锻造折叠

锻造折叠是一部分金属被卷折或重叠在另一部分金属上，即金属间被紧紧挤压在一起但仍未熔合的区域，可发生在工件表面的任何部位，并与工件表面成一定的角度。产生原因如下：

（1）由于模具设计不合理，金属流动受阻，被挤压后形成折叠，多发生在倒角部位，磁痕呈纵向直线状。

（2）预锻时打击过猛，在滚光过程中嵌入金属，磁痕呈纵向弧形线。锻件拔长过度，入型槽终锻时，两端金属向中间对挤形成横向折叠，多分布在金属流动较差的部位，磁痕不是直线形，多呈圆弧形。锻造折叠缺陷磁痕一般不浓密清晰，但在对表面打磨后，磁痕往往更加清晰。经金相解剖，折叠两侧有脱碳，与表面成一定角度。

3）白点

白点是钢材在锻压或轧制加工时，在冷却过程中未逸出的氢原子聚集在显微空隙中并结合成分子状态，对钢材产生较大的内应力，再加上钢材在热压力加工中产生的变形力和冷却过程相变产生的组织应力的共同作用，导致钢材内部的局部撕裂。白点多为穿晶裂纹。在横向断口上表现为由内部向外辐射状不规则分布的小裂纹，在纵向断口上呈弯曲线状裂纹或银白色的圆形或椭圆形斑点，故叫白点。

磁痕特征是：在横断面上，白点磁痕呈锯齿状或短的曲线状，中部粗，两头尖呈辐射状分布，如图 2-3-65（a）所示。

在纵向剖面上，磁痕沿轴向分布，呈弯曲状或分叉，磁痕浓密清晰，如图 2-3-65（b）所示。

(a)横断面　　　　　　　　　　　　　　　　　　(b)纵向剖面

图 2-3-65　白点

2. 轧制件缺陷磁痕显示

1）发纹

钢锭中的非金属夹杂物（和气孔）在轧制拉长时，随着金属变形伸长形成类似头发丝细小的缺陷称为发纹，是钢中最常见的缺陷。发纹分布在工件截面的不同深度处，呈连续或断续的直线（锻件的发纹沿金属流动方向分布，有直线和弯曲线状），长短不等，长者可达数十毫米，磁痕清晰而不浓密，两头是圆角，擦掉磁痕，目视发纹不可见。

2）分层

分层是板材中的常见缺陷。如果钢锭中存在缩孔、疏松或密集的气泡，而在轧制时又没有熔合在一起,或钢锭内的非金属夹杂物轧制时被轧扁,当钢板被剪切后,从侧面可发现金属分为两层,称为分层或夹层。分层的特点是与轧制面平行,磁痕清晰,呈连续或断续的线状。

3)拉痕

由于模具表面粗糙、残留有氧化皮或润滑条件不良等,在钢材通过轧制设备时,便会产生拉痕,也叫划痕。划痕呈直线沟状,肉眼可见到沟底,分布于钢材的局部或全长。宽而浅的拉痕探伤时不吸附磁粉,但较深者会吸附磁粉。

鉴别时应转动工件观察磁痕,若沟底明亮不吸附磁粉,即为划痕。

3.焊接缺陷

1)焊接热裂纹

热裂纹是指高温时产生于焊缝金属和热影响区的各种裂纹,热裂纹一般产生在1 100～1 300 ℃高温范围内的焊缝熔化金属内,焊接完毕即出现,沿晶扩展,有纵向、横向或弧坑裂纹,露出工件表面的热裂纹断口有氧化色。热裂纹浅而细小,磁痕清晰而不浓密。

(1)热裂纹分为中心线附近热裂纹,呈纵向,位于焊道截面的中心线部位,系熔池逐渐凝固,焊缝沉积时始发于表面。

(2)另一种是弧坑熔池凝固时产生的裂纹,它在弧坑内产生于焊道收弧处,典型的弧坑裂纹在焊缝表面呈星形,是由于弧坑凝固产生的三维收缩应力引起的。

2)焊接冷裂纹

冷裂纹一般产生在100～300 ℃低温范围内的热影响区(也有在焊缝区的),主要是由于接头的含氢量和拉应力产生的,可能在焊接完毕即出现,也可能在焊完数日后才产生,故又称延迟裂纹。冷裂纹可能是沿晶开裂、穿晶开裂或两者混合出现,断口未氧化,发亮。冷裂纹多数是纵向的,裂纹尖锐明显,一般深而粗大,磁痕浓密清晰。近表面裂纹显示清晰与否或能否检出,一般由其深度决定。熔焊裂纹如图2-3-66所示 。容易引起脆断,危害最大。磁粉检测一般应安排在焊后24 h或36 h后进行。

 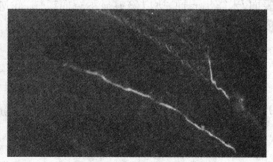

(a)焊缝裂纹　　　　　　　　(b)焊缝和母材裂纹(荧光磁粉)

图2-3-66　裂纹

3)表面气孔

焊缝上的气孔是在焊接过程中,气体在熔化金属冷却之前来不及逸出而保留在焊缝中的孔穴,多呈圆形或椭圆形。它是由于母材金属含气体过多,焊条药皮或焊剂潮湿等原因产生的。有的单独出现,有的成群出现,其典型磁痕显示的近表面气孔比较淡薄,且不大清晰明显,然而,即使是很小的表面气孔的显示也比较明显。

4)表面夹渣

夹渣是在焊接过程中熔池内未来得及浮出而残留在焊接金属内的焊渣。夹渣总是残留在熔敷焊道金属表面,多呈点状(椭圆形)或粗短的条状,磁痕宽而不浓密。

5)咬边

咬边是由于焊缝的焊趾处母材厚度减小而形成的。实际上,咬边是焊缝边缘狭窄的沟槽,大致平行于焊趾,能直接看出。由于咬边减小了母材厚度,显然对接头强度有所损失;同时咬边也会产生应力集中,降低焊缝性能。由咬边形成的磁痕比坡口未熔合稍微清晰,目视也容易检验出来。

(三)使用过程产生的缺陷磁痕显示

疲劳裂纹在机电类特种设备中较为常见。

工件在使用过程反复受到交变应力的作用,工件内原有的小缺陷和带有表面划伤、缺口及内部孔洞的结构都可能形成疲劳源,产生的疲劳裂缝称为疲劳裂纹。疲劳裂纹一般都产生在应力集中部位,其方向与受力方向垂直,中间粗,两头尖,磁痕浓密清晰。

(四)常见缺陷磁痕显示比较

1. 发纹和裂纹缺陷

发纹和裂纹缺陷虽然都是磁粉检测中最常见的线形缺陷,但对工件使用性能的影响却完全不同,发纹缺陷对工件使用性能影响较小,而裂纹的危害极大,一般都不允许存在。

2. 表面缺陷和近表面缺陷

表面缺陷是指由热加工、冷加工和工件使用后产生的表面缺陷或经过机械加工才暴露在工件表面的缺陷,如裂纹等,有一定的深宽比,磁痕显示浓密清晰、细直、轮廓清晰,呈直线状、弯曲线状或网状,磁痕显示重复性好。

近表面缺陷是指工件表面下的气孔、夹杂物、发纹和未焊透等缺陷,因缺陷处于工件近表面,未露出表面,所以磁痕显示宽而模糊,轮廓不清晰。磁痕显示与缺陷性质和埋藏深度有关。

五、磁粉检测相关标准及质量分级

目前机电类特种设备的磁粉检测常用标准包括 JB/T 6061—2007、JB/T 4730.4—2005 等,上述两个标准都适用于焊接接头的磁粉检测,JB/T 4730.4—2005 除焊接接头外,还可作为轴类或其他锻件类工件的检测标准。

(一)不允许存在的缺陷

下列缺陷不允许存在:

(1)不允许存在任何裂纹和白点;

(2)紧固件和轴类零件不允许任何横向缺陷显示。

(二)其他种类缺陷的质量分级

1. 缺陷的分类

按照缺陷的形状和尺寸,可分为线状缺陷和圆形缺陷两大类。从宏观表现尺寸来界定,长宽比大于3的线形显示缺陷定义为线状缺陷,其他的为圆形缺陷。

2. 缺陷的评级

线状缺陷和圆形缺陷的评级按照设计文件注明的检测标准。

3. 综合评级

在圆形缺陷评定区内同时存在多种缺陷时,应进行综合评级。对各类缺陷分别评定级别,取质量级别最低的级别作为综合评级的级别;当各类缺陷的级别相同时,则降低一级作为综合评级的级别。

第六节　磁粉检测在机电类特种设备中的应用

一、客运索道的磁粉检测

客运索道是特种设备一种,它是在险要山崖地段安装具有高空承揽运送游客的一种特殊设备,一旦发生事故后果不堪设想。

空心轴是客运索道的主要驱动轴(见图2-3-67),是客运索道的关键部件。空心轴材质通常选用中碳钢,表面通过淬火处理,硬度较高,在使用过程中受扭矩较大,易产生疲劳裂纹,由于形状比较规则,通常采用磁粉检测的方法检查其表面及近表面缺陷。

下面以空心轴为例,介绍磁粉检测在客运索道中的具体应用。

空心轴主体材质Q235,规格尺寸如图2-3-67所示,检测方法选择磁粉检测,执行标准JB/T 4730.4—2005,检测比例20%,合格级别Ⅰ级。

具体检测方案及工艺如下。

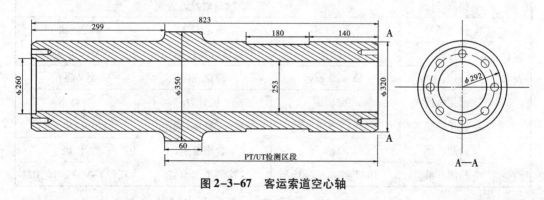

图2-3-67　客运索道空心轴

(一)检测前的准备

1. 待检工件表面的清理

检测前应清除空心轴表面区域内的铁屑、油污及其他可能影响磁化和观察的杂物。

2. 设备器材的选择

本章第二、三节中已介绍了磁粉检测常用设备器材。

考虑工件具有一定尺寸并且表面存在孔、槽等,加之考虑现场检测的便捷性,磁化设备选用交流便携磁轭。

灵敏度试片选择中等灵敏度试片 A_1–30/100。

(二)检测时机

待检工件表面清理完毕且外观检查合格后方可进行检测。

(三)检测方法和技术要求

根据该类构件的结构特点,尺寸较大且表面存在空槽等,轴向磁化时,由于工件曲率半径较小,所以磁轭间距控制在 100 mm 左右范围,纵向磁化时,按标准推荐,磁轭间距控制在 200 mm 左右范围。磁悬液浓度控制在 15～20 g/L,磁化时间(1～3)×3 s。

磁轭提升力不小于 45 N,轴向及纵向磁化过程中,每次磁化的重叠区域不小于 25%。

(四)缺陷部位的标识与返修复检

缺陷返修部位以记号笔加以清楚标注,返修部位按原文件规定的方法进行复检。

(五)检测记录和报告的出具

(1)采用的记录和报告要符合规范、标准的要求及检测单位质量体系文件的规定。

(2)记录应至少包括下列主要内容。工件技术特性(包括工件名称、编号、材质、规格、表面状态等)、检测设备器材(包括磁粉探伤仪型号、灵敏度试块种类型号等)、检测方法(包括磁化方法、磁化规范、灵敏度等)、检测部位示意图、评定结果(缺陷种类、数量、评定级别等)、检测时间、检测人员。客运索道空心轴磁粉检测工艺卡见表 2-3-5。

表 2-3-5　客运索道空心轴磁粉检测工艺卡

工件	设备名称	空心轴	检件材质	碳钢
	设备编号	/	表面状态	清洗除油
	检测部位	空心轴表面及近表面		
器材及参数	仪器型号	SJE-212E	磁化方法	磁轭法
	磁粉种类	红磁膏	灵敏度试片型号	A_1-30/100
	磁悬液浓度	15～20 g/L	磁化方向	交叉磁化
	磁化电流	交流	提升力	≥45 N
	磁化时间	1～3 s	触头(磁轭)间距	120～150 mm
技术要求	检测比例	100%	合格级别	Ⅰ级
	检测标准	JB/T 4730—2005	检测工艺编号	HNAT-MT-2010-024

(3)报告的签发。报告填写要详细清楚,并由Ⅱ级或Ⅲ级检测人员(MT)审核、签发。检测报告至少一式两份,一份交委托方,一份检测单位存档。

(4)记录和报告的存档。相关记录、报告应妥善保存,保存期不低于技术规范和标准的规定。

二、游乐设施的磁粉检测

自控飞机是高空旋转设备的一种,它能把人们带到距地面十几米高的空中体验驾驶飞机的乐趣,但也给人们带来高空的危险,自控飞机大臂液压缸销轴是该类设备较为重要的构件,通常采用磁粉检测的方法检查其表面及近表面缺陷。

下面以自控飞机大臂液压缸销轴为例,介绍磁粉检测在游乐设施中的具体应用。

因工件表面长期腐蚀,表面光洁度较差,影响缺陷的识别,在受检工件表面喷涂反差增强剂(见图2-3-68)。

图 2-3-68　自控飞机大臂液压缸销轴磁粉检测

该构件主体材质45#钢,采用锻件经机加工而成,检测方法选择磁粉检测,执行标准 JB/T 4730.4—2005,检测比例20%,合格级别Ⅰ级。

具体检测方案及工艺如下。

(一)检测前的准备

1.待检工件表面的清理

检测前应清除销轴表面铁屑、油污及其他可能影响磁化、观察的杂物。

2.设备器材的选择

考虑到工件的结构特点及缺陷的检出要求,该工件的检测方法应为两种磁化方法的组合,即线圈法和直接通电法,所以磁化设备选择 CJX-3000 移动式磁粉探伤机,配套附件包括磁化线圈。

灵敏度试片选择中等灵敏度试片 A_1-30/100。

(二)检测时机

待检工件表面清理完毕且经外观检查合格后方可进行检测。

（三）检测方法和技术要求

根据该类构件的制作工序和结构特点,先周向磁化,后纵向分两段磁化;周向磁化后用触头法从空心轴两端通电,安装接触垫,以防打火烧伤工件,用连续法检测 $I_1 = 15D = 1\ 200$ A。

纵向绕电缆法, $N = 5$, $L/D = 5$;使用高充填因数公式: $NI = 35\ 000/[(L/D) + 2]$ 计算, $I = 1\ 100$ A。

（四）其他技术要求

缺陷部位的标识、检测记录和报告的出具与焊接接头检测要求相同。自控飞机大臂液压缸销轴磁粉检测工艺卡见表2-3-6。

表2-3-6　自控飞机大臂液压缸销轴磁粉检测工艺卡

检测工艺编号:HNAT-MT-2011-06

<table>
<tr><td colspan="2">产　品　名　称</td><td>自控飞机</td><td>规　格</td><td>Φ60×320 mm</td></tr>
<tr><td rowspan="4">工
件</td><td>部　件　编　号</td><td></td><td>材　料　牌　号</td><td>45#钢</td></tr>
<tr><td>部　件　名　称</td><td>吊钩</td><td>表　面　状　态</td><td>清洗除油/打磨除锈</td></tr>
<tr><td>检　测　部　位</td><td>大臂液压缸销轴表面</td><td>光线及检测环境</td><td>白光</td></tr>
<tr><td>检　测　阶　段</td><td>使用后</td><td>缺陷记录方法</td><td>照像或草图</td></tr>
<tr><td rowspan="8">检
测
器
材
及
参
数</td><td>仪　器　型　号</td><td>CJX-3000</td><td>磁悬液施加方法</td><td>浇或喷</td></tr>
<tr><td>磁　　　粉</td><td colspan="3">磁粉浓度0.5～3 g/L　　湿法水悬液</td></tr>
<tr><td>磁　化　方　法</td><td colspan="3">周向磁化和线圈法</td></tr>
<tr><td>磁　化　电　流</td><td colspan="3">AC 周向磁化 $I_1 = 1\ 200$ A,纵向磁化 $N = 5$ 匝, $I_2 = 1\ 100$ A</td></tr>
<tr><td>磁　化　时　间</td><td>(1～3)×3 s</td><td>提　升　力</td><td>≥ 45 N</td></tr>
<tr><td>灵敏度试片型号</td><td>A1-30/100</td><td>磁　轭　间　距</td><td>/　　mm</td></tr>
<tr><td rowspan="2">技术
要求</td><td>检　测　标　准</td><td>JB/T 4730.4—2005</td><td>检　测　比　例</td><td>100%</td></tr>
<tr><td>合　格　级　别</td><td>Ⅰ</td><td></td><td></td></tr>
<tr><td rowspan="2">评定
要求</td><td colspan="4">1.不允许存在任何裂纹和白点、任何横向缺陷显示、线性缺陷显示。</td></tr>
<tr><td colspan="4">2.圆形缺陷磁痕(评定框尺寸为2 500 mm², 其中一条矩形边长最大为150 mm)长径 $d \le$ 2.0 mm,且在评定框内不大于1个。</td></tr>
<tr><td colspan="5">检测部位示意图及说明:
1.先周向磁化,后纵向分两段磁化。
2.周向磁化后用触头法从吊钩两端通电,安装接触垫,以防打火烧伤工件,用连续法检测 $I_1 = 15\ D = 1\ 200$ A。
3.受力区A和B用连续法检测,纵向绕电缆法, $N = 5$, $L/D = 5$, $Y < 2$;使用高充填因数公式: $NI = 35\ 000/[(L/D) + 2]$ 计算, $I = 1\ 100$ A。</td></tr>
<tr><td colspan="3">编制(资格):　　　×××(Ⅱ)　　年　月　日</td><td colspan="2">审核(资格):　　×××(Ⅲ)　　年　月　日</td></tr>
</table>

第四章　渗透检测

第一节　概　述

一、渗透检测的概念

渗透检测同射线检测、超声波检测、磁粉检测一样,也是工业无损检测的一个重要专业门类,属常规无损检测方法之一。其最主要的应用是探测试件表面开口的宏观几何缺陷。

按照不同特征(使用的设备种类、渗透剂类型、检测工艺和技术特点等)可将渗透检测分为多种不同的方法。设备种类包括固定式、便携式等;渗透剂类型包括荧光渗透剂、着色渗透剂及荧光着色渗透剂;渗透剂去除方法分为水洗、后乳化、溶剂清洗;显像剂类型包括干式、湿式等;而根据工艺和技术特点又包括原材料检测、焊接接头检测等。

着色法是机电类特种设备中应用较多的渗透检测方法,而锻件、焊接接头是涉及较多的检测对象。

二、渗透检测原理

将一种含有染料的着色或荧光的渗透剂涂覆在零件表面上,在毛细作用下,由于液体的润湿与毛细管作用使渗透剂渗入表面开口缺陷中去。然后去除掉零件表面上多余的渗透剂,再在零件表面涂上一层薄层显像剂。缺陷中的渗透剂在毛细作用下重新被吸附到零件表面上来而形成放大了的缺陷图像显示,在黑光灯(荧光检验法)或白光灯(着色检验法)下观察缺陷显示。

渗透检测可广泛应用于检测大部分的非吸收性物料的表面开口缺陷,如钢铁、有色金属、陶瓷及塑料等,对于形状复杂的缺陷也可一次性全面检测。无需额外设备,便于现场使用。其局限性在于,检测程序烦琐,速度慢,试剂成本较高,灵敏度低于磁粉检测,对于埋藏缺陷或闭合性表面缺陷无法测出。

第二节　渗透检测的物理化学基础

渗透检测主要利用了渗透检测试剂(液体)的化学特性以及接触物体表面时的物理特性,所以首先来了解液体一些基本的物理特性和化学特性。

一、表面张力

(一)基本概念

在液体表面上存在这样一种力,它恰好抵消在反方向使液体表面积增加的外拉力,我们把这个力叫做液体的表面张力,如碗中装满水时,当水面高于碗边时,水并不溢出,放在水里的毛笔毛是蓬松的,但毛笔一出水面就很自然地拢在一起,这些现象,都是表面张力作用的结果。表面张力总是力图使液体表面积收缩到可能达到的最小程度。

(二)产生机理

液体分子间的平均距离比气体小,但比固体大,分子的动能不足以克服分子之间的引力,但液体内部存在分子移动的"空位",因此液体具有一定的体积,但没有一定的形状,可以流动。液体渗透检测就是利用液体流动的特性来进行的。

在气液界面,存在一个液体的表面层,它是由一个距液面的距离小于分子作用半径的分子组成的。所有液体表面层的分子都受到内聚力的作用,这种作用力就是表面层对整个液体施加的压力,方向总是指向液体内部,垂直于液面,在该力的作用下,有如在液体表面形成一层紧缩的弹性薄膜,这层弹性薄膜总是使液面自由收缩,有使其表面积减小的趋势,这就是表面张力产生的原因。

二、渗透检测过程的物理化学现象

(一)润湿现象

1. 润湿现象

自然界物质有三态,物质的相与相之间的分界面叫界面。液体与固体接触时,会出现不同的情况。把水滴滴在光洁的玻璃板上,水滴会沿着玻璃面慢慢散开,即液体在与固体接触时表面有扩散的趋势,且能相互附着,这就是玻璃表面的气体(空气)被水(液体)所取代,这种现象说明水能润湿玻璃。相反的另一种现象就如水银滴在玻璃板上,水银收缩成球形,即液体在固体表面有收缩的趋势,且相互不能附着,这种现象说明,这种液体不润湿固体表面。

润湿作用是一种表面及界面过程,表面上一种流体被另一种流体所取代的过程就是润湿。因此,润湿作用必然涉及三相,而至少其中两项为流体。润湿现象是固体表面上的气体被液体取代的表面及界面现象,有时是一种液体被另一种液体所取代的表面及界面过程。

因为水或水溶液是特别常见的取代气体的液体,所以一般就把能增强水或水溶液取代固体表面空气的物质称为润湿剂。

2. 接触角和润湿方程

将一滴液滴洒在固体表面上,我们把在液—固界面与界面处液体表面的切线所夹的角叫接触角,常用 θ 表示。固体表面上的液滴可有三种界面,即液—气、固—气、固—液界面。与三种界面一一对应,存在三种界面张力,如图2-4-1所示,这三种界面张力分别是:液—气界面上液体表面张力,它使液滴表面收缩,用 f_L 表示;固—气界面存在固体与气体的界面张力,它力图使液滴表面铺展开,用 f_S 表示;固—液界面上的固体与液体的界面张力,它力图使液滴收缩,用f_{SL}表示。气、液、固三相公共点A处,同时存在上述三种界面张力,当液滴停留在固体平面并处于平衡状态时,三种界面张力相平衡,各界面张力与接触角的关系为:

$$f_S - f_{SL} = f_L \cos\theta$$

式中　f_S——固体与气体的界面张力;

　　　　f_{SL}——固体与液体的界面张力;

　　　　f_L——液体的表面张力;

　　　　θ——接触角。

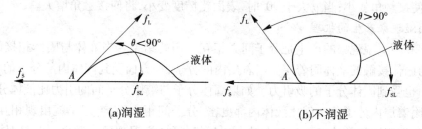

(a)润湿　　　　　　　　　(b)不润湿

图2-4-1　固体表面上液滴

界面张力与接触角的关系可变为:

$$\cos\theta = \frac{f_S - f_{SL}}{f_L}$$

此式是润湿的基本公式,常称为润湿方程。

接触角θ可用于表示液体的润湿性能,即可用于判定润湿以何种方式进行。习惯上将$\theta=90°$时作为判定润湿与否的标准。

(1)当$\theta>90°$时,$\cos\theta<0$,$f_S - f_{SL}<0$,液体呈球形,产生不润湿现象,如图2-4-2(a)所示。

(2)当$0<\theta<90°$时,$0<\cos\theta<1$,$f_L>f_S - f_{SL}>0$,液体不呈球形,且能覆盖固体表面,产生润湿现象,如图2-4-2(b)所示。

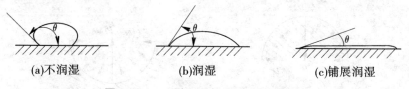

(a)不润湿　　　　　　(b)润湿　　　　　　(c)铺展润湿

图2-4-2　三种不同的润湿形式示意图

(3)当$0<\theta<5°$时,$\cos\theta\approx1$,$f_L=f_S - f_{SL}$,这时产生完全润湿现象,习惯上将这种现象称为铺展润湿现象,如图2-4-2(c)所示。

接触角θ越小,说明润湿性能越好。液体的表面张力系数α对润湿性能好坏有较大的影响,表面张力系数α大,f_L大,$\cos\theta$小,θ大,则润湿效果差;反之,表面张力系数α小,f_L小,$\cos\theta$大,θ小,则润湿效果好。

渗透检测中,渗透剂对工件表面的良好润湿是进行渗透检测的先决条件。只有当渗透检液能充分地润湿工件表面时,渗透剂才能向狭窄的缺陷内渗透。此外,还要求渗透剂能润湿显像剂,以便将缺陷内的渗透剂吸出,显示缺陷。因此,渗透剂的润湿性能是渗透剂的重要指标,它是表面张力和接触角两种物理性能的综合反映。

对于固体而言,不同的液体与其接触时,接触角 θ 不同,如水能润湿玻璃,但水银与玻璃却产生不润湿现象。同一种液体,对不同的固体而言,它的接触角 θ 也不同,它可能是润湿的,也可能是不润湿的。例如水能润湿干净的玻璃,却不能润湿石蜡。同种固体和液体相接触,固体材料表面的粗糙度也会导致接触角 θ 发生变化,当 θ 小于 90°时,表面粗糙度大,将使接触角变小;当 θ 大于 90°时,表面粗糙度变小,将使接触角增大。

3. 润湿现象产生的机理

润湿和不润湿现象的产生是分子间力相互作用的结果。当液体与固体相接触时,形成一层与固体接触的液体附着层。附着层内的分子,一方面受到液体内部分子的吸引力,另一方面也受到固体分子的吸引力。如果固体分子与液体分子间的引力比液体分子间的引力强,附着层内分子分布就比液体内部更密,分子间距小,附着层里就出现相互推斥的力,这时液体跟固体的接触面积就有扩大的趋势,形成润湿现象。反之,如果固体分子间的引力比液体分子间的引力弱,附着层内分子的分布就比液体内部稀疏,附着层里就出现使表面收缩的表面张力,使液体与固体接触的面积趋于缩小,形成不润湿现象。

(二)毛细现象

1. 弯曲液面的附加压强

放入小容器内液体表面会产生弯曲现象,形成凹液面或凸液面。弯曲液面的面积比平液面大,在表面张力的作用下,力图使弯曲液面缩小为平液面,从而使凸液面对液体内部产生压应力,凹液面对液体内部产生拉应力,这种弯曲液面单位面积对液体内部产生的拉应力或压应力称为附加压强,附加压强的方向总是指向弯曲液面的曲率中心。如图 2-4-3 所示。

凸液面对液体的附加压强指向液体内部,为正值;凹液面对液体的附加压强指向外部,为负值;平液面对液体的附加压强为零。

图 2-4-3　弯曲液面附加压强

2. 毛细现象和毛细管

1)毛细现象和毛细管的定义

把润湿液体装在容器里,靠近器壁处的液面呈上弯的形状,把不润湿液体装在容器里,靠近器壁的液面呈向下弯曲的形状。如果把内径小于 1 mm 的玻璃管插入盛有水的容器中,由于水能润湿玻璃,水在管内形成凹液面,对内部液体产生拉应力,故水会沿着管内壁上升,使玻璃管内的液面高出容器的液面。管子的内径越小,它里面上升的水面也越高,如图2-4-4(a)所示。

如果把这根细玻璃管插入水银的容器里,则所发生的现象正好相反,由于水银不能润湿玻璃,管内的水银面形成凸液面,对内部液体产生压应力,使玻璃管内的水银液面低于容器里的液面。管子的内径越小,它里面的水银面就越低,如图2-4-4(b)所示。

润湿的液体在毛细管中呈凹面并且上升,不润湿的液体在毛细管中呈凸面并且下降的现象,称为毛细现象。能够发生毛细现象的管子叫毛细管。毛细现象也发生在形状如两平板夹缝、棒状空隙和各种形状的开口缺陷处。

2) 毛细管中液体上升高度

毛细管插在润湿液体中,由于润湿作用,靠近管壁的液面就会上升,形成表面凹下,从而扩大液体表面。在弯曲液面的附加压强的作用下,液体表面向上收缩,而又成为平面。随后,润湿作用又起主导作用,靠近管壁的液面又向上升,重新形成表面凹下,而弯曲液面的附加压强又使其收缩成平面。如此,使毛细管的液面逐渐上升,一直到向上的拉力 F_U 与毛细管内升高的液柱重量 F_D 相等时,达到平衡,才停止上升,如图2-4-5所示。

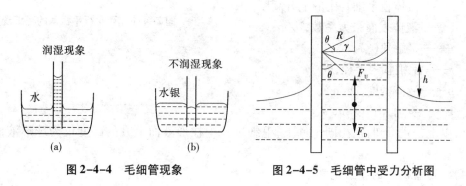

图 2-4-4　毛细管现象　　　　　图 2-4-5　毛细管中受力分析图

毛细管中管内液面上升的高度计算式如下:

$$h = \frac{2\alpha\cos\theta}{r\rho g}$$

式中　h——液体在毛细管中的上升高度,m;

　　　α——液体表面张力系数,N/m;

　　　θ——接触角(°);

　　　r——毛细管内半径,m;

　　　ρ——液体密度,kg/m^3;

　　　g——重力加速度,m/s^2。

上式为润湿液体在毛细管中上升高度的计算公式,由此式可知,液体在毛细管中上升的高度与表面张力系数和接触角的余弦的乘积成正比,与毛细管的内径和液体的密度成反比。也就是说,毛细管曲率半径越小,管子越细,则上升高度越高,即润湿液体在很细的管子里上升特别显著。若毛细管曲率半径一定,则表面张力越大,润湿作用越强,液体密度越小,液体上升越高。在实际渗透检测过程中,表面张力系数 α 增大,润湿效果差,接

触角 θ 变大,$\cos\theta$ 减小;反之,表面张力系数 α 减小,$\cos\theta$ 增大。所以,渗透检测时,要求渗透剂的 α 值适当,太大太小都不利。

若液体能完全润湿管壁,即属于铺展润湿,此时 $\cos\theta\approx1$,则前述公式可简化为:

$$h=\frac{2\alpha}{r\rho g}$$

如果液体不润湿管壁,则管内液面是凸出的弯月面。管内液面将低于管外液面,所下降的高度同样可以用上述公式进行计算。

3）两平行平板间的液面高度

润湿的液体在间距很小的两平行板间也会产生毛细现象,如图 2-4-6 所示,该润湿液体的液面为柱形凹液面,产生拉力,管内液面上升。若两平行板间的间距为 $2r$,用与上述相同方法,可推导出液面升高的公式为:

$$h=\frac{\alpha\cos\theta}{r\rho g}$$

式中　　h——液体在毛细管中的上升高度,m;

　　　　α——液体表面张力系数,N/m;

　　　　θ——接触角(°);

　　　　r——毛细管内半径,m;

　　　　ρ——液体密度,kg/m^3;

　　　　g——重力加速度,m/s^2。

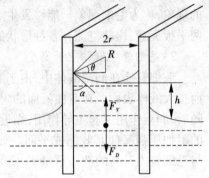

图 2-4-6　两平行平板间的毛细现象

由以上公式可知,在相同条件下,毛细现象中柱形液面上升的高度仅为球形液面的 $1/2$。

4）渗透检测中的毛细现象

渗透过程中,渗透剂对受检测表面开口缺陷的渗透作用;显像过程中,渗透剂从缺陷中回渗到显像剂中形成缺陷显示迹痕等,实质上都是液体的毛细现象。例如渗透剂对表面点状缺陷(如气孔、砂眼)的渗透,就类似于渗透剂在毛细管内的毛细作用;渗透剂对表面条状缺陷(如裂纹、夹渣和分层)的渗透,就类似于渗透剂在间距很小的两平行平板间的毛细作用。

以上讨论的毛细管内液面上升高度的计算公式只适用于贯穿型缺陷,但实际检测过程中,工件中的贯穿型缺陷是不常见的,常见的是非贯穿型缺陷,这类缺陷的一端是封闭的,缺陷内液面高度是不能简单用上面公式计算的。

如图 2-4-7 所示,工件上一个下端封闭的槽型开口缺陷,当渗透剂润湿工件缺陷表面时,就会形成柱形液面,产生附加压强,使渗透剂渗入缺陷内。

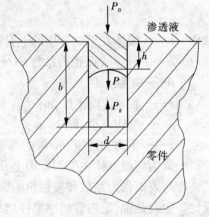

图 2-4-7　渗透剂在裂纹模型中的渗透

当渗透剂达到一定深度时,缺陷内的气体和渗透剂所产生的气体被压缩将产生反向的压力,使液面的渗入深度受到限制,当渗透达到平衡时,若不计液体自重,则缺陷内受压的气体产生的反压强 P_g 等于大气压强 P_0 与柱形液面产生的附加压强 P 之和。即 $P_g = P_0 + P$。

要使渗透剂完全占有裂纹空间,就必须减小气体的反压强,最好将裂纹内气体完全排除。如果裂纹较长,渗透剂未完全封闭整条裂纹表面,裂纹内气体就有可能排除。另外,通过某种外界原因,裂纹内气体能以气泡形式溢出,这样,裂纹内气体反压强将有所减少,渗透剂对裂纹的渗透作用就会增强。实际渗透检测过程中,我们可以采用敲击振动或超声振动等方法来使气体溢出,达到提高渗透检测灵敏度的目的。

(三)吸附现象

吸附现象在各种界面上皆可发生,除上述固—液界面外,尚可在液—液界面、固—气界面及液—气界面上发生。

1.固体表面的吸附现象

当固体和液体或气体接触时,凡能把液体或气体中的某些成分聚集到固体表面上来的现象,就是固体表面上发生的吸附现象。能起吸附作用的固体称为吸附剂,例如显像剂粉末、活性炭、硅胶、分子筛等;被吸附在固体表面上的液体或气体称为吸附质。例如在显像过程中,显像剂粉末吸附缺陷中回渗的渗透剂,显像剂粉末是吸附剂,渗透剂是吸附质。衡量吸附剂的吸附能力,常用吸附量这个技术参数,它是指单位质量的吸附剂所吸附的吸附质质量,有时也是指吸附剂单位表面积上所吸附的吸附质质量。吸附量数值越大,吸附剂吸附能力越强。

一些固体被用做吸附剂,是因为它们有很大的表面积,有很大的比表面(cm^2/g),所以具有很强的吸附能力。

2.液体表面的吸附现象

当一种液体与另一种液体(或气体)接触时,凡能把被接触的另一种液体(或气体)中的某些成分吸附到这一种液体上来的现象,就是液体表面的吸附现象。起吸附作用的这一种液体是吸附剂,被吸附的另一种液体是吸附质。

在溶液吸附中(溶液是吸附剂),作为吸附质使用最广的是能降低表面张力和界面张力的表面活性剂。优良的润湿剂、乳化剂、起泡剂和矿物浮选剂都是在此基础上发展起来的。

表面活性剂吸附在水表面(液—气界面)上,能降低水表面的表面张力,吸附示意图见图2-4-8(a)。表面活性剂吸附在油—水界面(液—液界面)上,能降低油—水界面的界面张力,其吸附示意图见图2-4-8(b)。

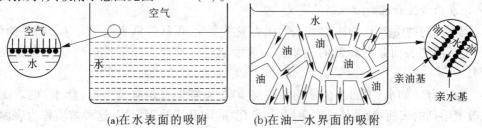

(a)在水表面的吸附　　(b)在油—水界面的吸附

图2-4-8　表面活性剂的吸附示意图

3. 渗透检测中的吸附现象

显像过程中,显像剂粉末吸附从缺陷中回渗的渗透剂,从而形成缺陷显示。此吸附现象属于固体表面(固—液界面)的吸附,显像剂粉末是吸附剂,回渗的渗透剂是吸附质。显像剂粉末越细,比表面积越大,吸附量越多,缺陷显示越清晰。另外,由于吸附为放热过程,所以如果显像剂中含有常温下易挥发的溶剂,当溶剂在显像表面迅速挥发时,能大量吸热,从而促进了显像剂粉末对缺陷中回渗的渗透剂的吸附,加快并且加剧了吸附现象,可提高显像灵敏度。

渗透剂在渗透过程中,受检工件及其中的缺陷(固体)与渗透剂接触时,也有吸附现象发生。渗透过程中,提高缺陷表面对渗透剂的吸附,有利于提高检测灵敏度。

(四)溶解现象

1. 溶解现象及溶解度

大部分渗透剂都是溶液,其中着色(荧光)染料是溶质,煤油、苯、二甲苯等是溶剂。当染料加入到可以溶解它的溶剂中时,染料表面的粒子(分子或离子),由于它们本身的运动和溶剂分子的吸引,就离开了染料的表面进入溶剂中,以后由于扩散作用,这些染料粒子均匀分布到溶剂的各部分,这个过程叫溶解。溶解了的染料粒子在渗透剂中不断地运动,当它撞击着尚未溶解的染料表面时,又可能重新被吸引住,回到染料上来,这个过程叫结晶。显然开始时结晶作用不显著,但是随着染料的溶解,渗透剂的浓度增大,结晶速度渐渐增大。如果渗透剂的浓度增加到一定程度后,结晶的速度等于溶解的速度,渗透剂中就建立了如下的动态平衡:

$$未溶解的染料 \Longleftrightarrow 渗透剂中的染料$$

这时渗透剂的浓度不再改变(假定温度不变),我们说这时的渗透剂已经达到了饱和状态。饱和渗透剂中所含染料的量,就是该染料在该温度下的溶解度。所谓溶解度,是指在一定温度下,一定数量溶剂中,染料溶解达到饱和状态时,已溶解了的染料数量。

研制渗透剂配方时,选择理想的着色(荧光)染料及溶解该染料理想的溶剂,使其染料在溶剂中的溶解度较高,对提高渗透检测灵敏度有重要意义。

2. 渗透剂的浓度

渗透剂的浓度是指一定量渗透剂里所含着色(荧光)染料的量,也就是所含染料在不超过它的溶解度的范围内,在量的方面,渗透剂中染料和溶剂的组成关系。因此,对渗透剂浓度的变化来说,只能在未达到饱和时的范围内才具有可变的意义。

表示渗透剂浓度的方法很多,但主要是质量百分比浓度和摩尔浓度两种。

(五)表面活性和表面活性剂

1. 表面活性和表面活性剂的定义

把不同的物质溶于水中,会使表面张力发生变化,仅从降低表面张力这一特性而言,我们把凡能使表面张力降低的性质称为表面活性。具有表面活性的物质称为表面活性剂。

当在溶剂(如水)中加入少量的某些溶质时,就能明显地降低溶剂(如水)的表面张力,改变溶剂的表面状态,从而产生润湿、乳化、起泡及增溶等作用,这种溶质称为表面活性剂。

2. 表面活性剂的种类和结构特点

从表面活性剂的化学结构特点可把表面活性剂分为离子型表面活性剂和非离子型表面活性剂。表面活性剂溶于水时,凡能电离生成离子的叫离子型表面活性剂;凡不能电离成离子的称为非离子型表面活性剂。由于非离子型表面活性剂在水溶液中不电离,所以稳定性高,不易受强电解质无机盐类的影响,也不易受酸和碱的影响,与其他类型的表面活性剂的相溶性好,能很好地混合使用,在水和有机溶剂中,均具有较好的溶解性能;由于在溶液中不电离,故在一般固体表面上亦不易发生强烈吸附。因此,渗透检测中,通常都采用非离子型的表面活性剂。

3. 表面活性剂的性质

1) 表面活性剂的亲水性

表面活性剂是否溶于水,即所谓亲水性大小是衡量表面活性的一项重要指标。非离子型表面活性剂的亲水性用亲憎平衡值来表示。其大小用非离子型表面活性剂中的亲水基分子量占表面活性剂的总分子量的比例来衡量,其计算式如下:

$$H.L.B = \frac{亲水基部分的相对分子量}{表面活性剂的相对分子量} \times \frac{100}{5}$$

表面活性剂的 H.L.B 值除可按上式计算外,也可以根据表面活性剂在水中的分散情况来估算,详见表 2-4-1。

表 2-4-1 从表面活性剂在水中分散的情况来估计的 H.L.B 值

表面活性剂在水中分散的情况	H.L.B 值
在水中不分散	1 ~ 4
在水中分散不好	3 ~ 6
强烈搅拌后呈乳状分散	6 ~ 8
搅拌后呈稳定的乳状分散	8 ~ 10
搅拌后呈透明至半透明的分散	10 ~ 13
透明溶液	>13

H.L.B 值越高,亲水性越好;反之,H.L.B 值越低,亲油性越好。

将几种不同 H.L.B 值的表面活性剂按一定的比例混合在一起,可得到一种新 H.L.B 值的表面活性剂,其物理化学性能有明显变化。为得到合适的 H.L.B 值,常在表面活性剂中添加另一种表面活性剂,混合后的表面活性剂比单一的表面活性剂性能好,使用效果更佳。在渗透检测中,经常使用工业生产的表面活性剂,而没有必要使用很纯的表面活性剂。

2) 表面活性剂的胶团化作用

表面活性剂在溶液中的浓度超过一定值时,会从单体(单个分子或离子)缔合成胶态聚集物,即形成胶团。胶团是由许多表面活性剂分子(离子)缔合而成的,形成胶团时,亲油基聚集于胶团之内,而亲水基朝外,这一过程也称为胶团化作用。

形成胶团时所需的最低浓度称为胶团浓度。临界胶团浓度是衡量表面活性剂活性的重要指标。表面活性剂的临界胶团浓度越低,表示此种活性剂形成胶团所需的浓度越低,因而改变表面和界面性质,起到润湿、乳化、增溶及起泡等作用时所需的活性剂浓度也越低,表面活性剂的表面活性越强。

3) 表面活性剂在界面上的吸附作用

物质自一相内部富集于界面的现象即为吸附现象。吸附现象可发生在固—液界面、液—液界面和液—气界面等各种界面上。

当表面活性剂溶于水时,其亲水基有力图进入溶液中去的倾向,而疏水基则趋向离开水而伸向空气中的倾向,结果使表面活性分子在二相界面上发生相对聚集,这种现象称为吸附。

例如加入表面活性剂,就可以使本来不相混合的油和水混溶在一起,形成稳定的乳状液。这是因为表面活性剂分子能从水溶液内部迁移并吸附于油—水界面,并在界面上富集,且形成定向排列,极性亲水基朝向水,非极性亲油基朝向油,使界面性质发生改变,从而起到乳化和洗涤的作用。油基渗透剂可以用水去除,就是利用这一原理。

当一种液体和另一种液体(或气体)接触时,凡能把被接触的另一种液体(或气体)中的某些成分吸附到这一种液体上来的现象就是液体表面的吸附现象。起吸附作用的一种液体是吸附剂,被吸附的另一种液体是吸附质。

当固体和液体或气体接触时,凡能把液体或气体中的某些成分聚集到固体表面上来的现象,就是固体表面的吸附。能起吸附作用的固体称为吸附剂,被吸附在固体表面上液体或气体中的某些成分称为吸附质。显像过程中,显像剂粉末吸附从缺陷中回渗的渗透剂,从而形成缺陷显示。这就是固体表面的吸附,显像剂粉末是吸附剂,回渗的渗透剂是吸附质。吸附是放热过程,所以显像剂中含有常温下易挥发的溶剂,当溶剂在显像表面迅速挥发时,能大量放热,从而促进了显像剂粉末对缺陷中回渗的渗透剂的吸附,加快并且加剧了吸附现象,可提高显像灵敏度。显像过程中吸附作用大于毛细作用。在渗透剂的渗透过程中,受检工件及其中的缺陷与渗透剂接触时,也有吸附现象发生,提高缺陷表面对渗透剂的吸附,有利于提高渗透检测灵敏度。渗透过程中主要作用是毛细作用。

4) 表面活性剂的增溶作用

水溶液中表面活性剂的存在能使原来不溶于水的有机化合物溶解度显著增加,这就是表面活性剂的增溶作用。增溶作用与溶液中胶团的形成有密切的关系。在未达到临界胶团浓度前,并没有增溶作用,只有当表面活性剂在溶液中的浓度超过临界胶团浓度以后,增溶作用才明显地表现出来。胶团形成是微溶物溶解度增加的原因。表面活性剂在溶液中浓度越大,胶团形成越多,增溶作用越显著。

(六) 乳化作用

1. 乳化现象和乳化剂

众所周知,当衣服被油污弄脏后,放在水中,无论怎样洗刷都难以洗净,但是用肥皂或洗衣粉对衣服浸泡后再洗,很快就可以把油污洗掉。这是肥皂或洗衣粉溶液与衣服上的油污产生乳化作用所致。

把两种互不混溶的油和水同时注入一个容器中,无论如何搅拌,若静置一段时间以后,分散在水中的油滴会逐渐聚集,出现油水分层,上层是油,下层是水,在分界面上形成明显的接触膜,如在容器中注入一些表面活性剂并加以搅拌,油就会分成无数微小的液珠球,稳定地分散在水中形成乳白色的液体,即使静置以后也很难分层,这种液体称为乳状液。这种由于表面活性剂作用,使本来不能混合到一起的两种液体能够混合在一起的现象称为乳化现象,具有乳化作用的表面活性剂称为乳化剂。

2. 乳化形式

乳化剂的乳化形式一般分为两种类型。H.L.B 值在 8 ~ 18 的表面活性剂的乳化形式为水包油型(O/W),这种乳化剂能将与水不相混溶的油状液呈细小的油滴分散在水中,所形成的乳状液称为水包油型乳状液(如牛奶),因而这种乳化剂也称为亲水性乳化剂。后乳化型渗透剂的去除,多采用这种乳化剂,其 H.L.B 值在 11 ~ 15,所形成的乳化液可以直接用水冲洗。H.L.B 值在 3.6 ~ 6 的表面活性剂的乳化形式为油包水型(W/O),这种乳化剂能将水以很细小的水滴分散在油中(如原油),故称为亲油性乳化剂。后乳化型渗透剂有时也采用这类乳化剂去除。

3. 渗透检测时的乳化现象

渗透检测时,使用后乳化性渗透剂,去除表面多余的渗透剂,一般使用水包油型乳状液进行乳化清洗,典型的乳化清洗过程见图 2-4-9。

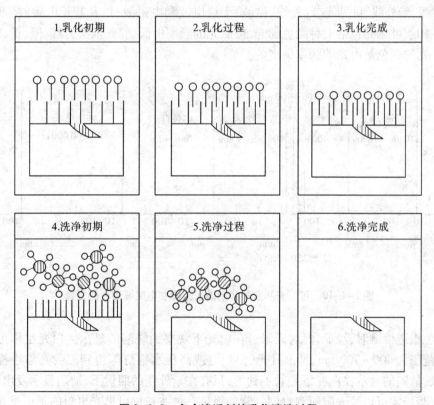

图 2-4-9 多余渗透剂的乳化清洗过程

4. 非离子型表面活性剂的凝胶现象

非离子型乳化剂与水混合时,其混合物的黏度随含水量的变化而变化,当乳化剂与水的混合物的含水量在某一范围时,混合物的黏度有极大值,此范围称为凝胶区。这种现象称为凝胶现象。

在渗透检测中,用水清洗工件表面多余渗透剂时,需接触大量的水,乳化剂的含水量超过凝胶区,黏度变小而易被水冲洗掉;而在缺陷处,由于缝隙开口小,所接触的水量少,乳化剂中的含水量在凝胶区范围内,形成凝胶,黏度很大,如同软塞子封住缺陷开口处,使缺陷内的渗透剂不易被水冲洗掉,能较好地保留在缺陷中,从而提高检测的灵敏度。

不同种类的物质对凝胶作用的影响不同,如煤油、汽油、二甲苯和二甲基萘等具有促进凝胶的作用,因此在渗透剂中常适当加入这类物质。而丙酮、乙醇等物质具有破坏凝胶的作用,因此常在显像剂中加入此类物质,以利于使缺陷中的渗透剂被显像剂吸附出来,扩展成像。采用上述两种方法,均有利于提高检测灵敏度。

三、渗透检测的光学基础

(一)光的本质

"光"是一种电磁波,通常指的是与人的视觉有关的那一类辐射电磁波。它具有电磁波的性质。按照电磁波谱的频率(或波长)的大小排列形成电磁波谱,它们分别为 γ 射线、X 射线、紫外线、可见光、红外线、微波、无线电波和电磁波,以及甚长电磁波。可参见图 2-4-10。可见光包括七种颜色的光,按照光的频率由低到高,依次为红、橙、黄、绿、蓝、青、紫。光的颜色是由光的频率决定的。

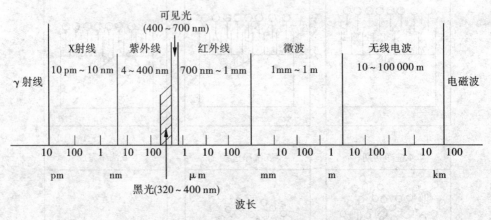

图 2-4-10　可见光和紫外线的波长范围在电磁波谱中的位置

着色渗透检测时,经显像后,人眼可在白光下观察到缺陷的显示。白光也称可见光,其波长范围为 400 ~ 700 nm,可由日光、白炽灯或高压水银灯等得到。荧光渗透检测时,经显像后缺陷的显示在白光下是看不到的,只有在紫外线的照射下,缺陷显示发出明亮的荧光,在暗场才可以被人眼所观察到。紫外线是一种波长比可见光更短的不可见光,荧光检验所用紫外线的波长在 330 ~ 390 nm 范围内,其中心波长约 365 nm。紫外线也称黑光,荧光渗透检测时所用的紫外线灯也称黑光灯。

(二)光致发光

许多原来在白光下不发光的物质在紫外线照射下能够发光,这种被紫外线激发而发光的现象,称为光致发光。能产生光致发光现象的物质,称为光致发光物质。光致发光物质常分为两类,一种是磷光物质,另一种是荧光物质,两者之间的区别在于:在外界光源停止照射后,仍能持续发光的,称为磷光物质;在外界光源停止照射后,立刻停止发光的,称为荧光物质。

荧光渗透剂中的荧光染料属于荧光物质,它能吸收紫外线的能量,发出荧光,不同的荧光物质发出的荧光颜色不同,波长也不同,它们的波长一般在 510 ~ 550 nm 的范围内。因为人的眼睛对黄绿色光较为敏感,故在荧光渗透检测中,常使用能发波长为 550 nm 左右的黄绿色荧光的荧光物质。

(三)对比度与可见度

1. 对比度

某个显示与围绕这个显示的背景之间的亮度和颜色之差,称为对比度。对比度可用两者间的反射光或发射光的相对量来表示,这个相对量称为对比率。

试验测量结果表明,从纯白色表面上反射的最大光强度约为入射白光强度的98%,从最黑的表面上反射的最小光强度约为入射白光强度的3%,这表明黑白之间以得到最大的对比率为33∶1。实际上要达到这个比值是极不容易的,试验测量结果表明,黑色染料显示与白色显像剂背景之间的对比率为9∶1,而红色染料显示与白色显像剂背景之间的对比率只有6∶1。

荧光染料显示与不发荧光的背景之间的对比率值却很高,即使周围环境有微弱的白光存在,这个对比率值仍可达 300∶1,有时可达 1 000∶1,在完全暗的情况下,对比率值甚至可达无穷大。因为这是荧光染料发光显示与不发荧光的背景之间的对比率。荧光渗透检测灵敏度较高,这是其中原因之一。

着色渗透检测时,红色染料显示与白色显像剂背景之间可形成鲜明的色差。荧光渗透检测时,背景的亮度必须低于要求显示的荧光亮度,某些很淡的背景的存在,就是适度乳化和适度清洗的最好标志。

由于着色渗透检测时的对比率远小于荧光检测时的对比率,因此荧光渗透检测有较高的灵敏度。

2. 可见度

渗透检测最终能否检查出缺陷,依赖于缺陷的显示能否被观察到,而缺陷显示能否被观察到,用可见度来衡量,可见度高,缺陷的检出能力越强。可见度是观察者相对于背景、外部光等条件下能看到显示的一种特征,可见度与显示的对比度是密切相关的。

第三节 渗透检测的设备和器材

一、渗透检测设备

渗透检测设备包括便携式和固定式两大类,机电类特种设备的渗透检测涉及较多的是便携式设备,极少涉及固定式设备,所以本节重点介绍便携式设备。

(一)便携式设备

便携式设备,一般是一个小箱子,里面装有渗透剂、去除剂和显像剂喷罐,以及清理擦拭工件用的金属刷、毛刷。如果采用荧光法,还要装有紫外线灯。这种设备多用于现场检查。

渗透检测剂(包括渗透剂、去除剂和显像剂),通常装在密闭的喷罐内使用。喷罐一般由盛装容器和喷射机构两部分组成。典型结构如图2-4-11所示,罐内装有气雾剂和渗透检测剂。

气雾剂采用乙烷或氟利昂等,通常在液态时装入罐内,常温下气化,形成高压。使用时压下头部的阀门,检测剂就会成雾状从头部的喷嘴自动喷出。喷灌内部的压力随渗透检测剂的种类和温度的不同而不同,温度越高,压力越大。

使用喷罐应注意的事项:喷嘴应与工件表面保持一定的距离,太近会使检测剂施加不均匀;喷罐不宜放在靠近火源、热源处,以防爆炸;处置空罐前,应先破坏其密封性。

(二)固定式设备

工作场所相对固定,工件数量较多,要求布置流水线作业时,一般采用固定式检测装置,基本上是采用水洗型或后乳化型渗透检测方法,主要的装置有预清洗装置、渗透剂施加装置、乳化剂施加装置、水洗装置、干燥装置、显像剂施加装置、后清洗装置。图2-4-12所示为渗透剂施加装置。

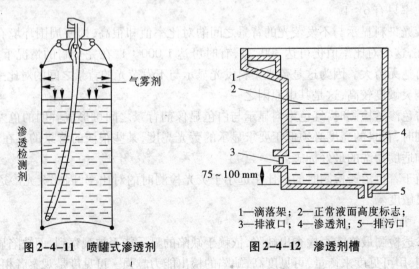

图2-4-11　喷罐式渗透剂　　　　　图2-4-12　渗透剂槽

1—滴落架;2—正常液面高度标志;
3—排液口;4—渗透剂;5—排污口

二、渗透检测场地

检验室必须为目视评价渗透检测结果提供一个很好的环境。着色检测时,检验室内白光照明应使被检工件表面照度大于或等于1 000 lx;荧光检测时,应有暗室。暗室里的白光照度应不大于20 lx。暗室内装有标准黑光源,备有便携式黑光灯,以便检查工件的深孔等部位。暗室内黑光强度不低于1 000 μW/cm²。暗室内还应备有白光照亮装置,作为一般照明和在白光下评定缺陷用。

检验场地应设置料架,供存放合格和报废的工件用。合格与报废工件应作相应的标记,分区放置。

三、渗透检测照明装置

照明对渗透检测有重要意义,直接影响检测灵敏度。

(一)白光灯

着色检测用日光或白光照明,光的照度应不低于 1 000 lx。在没有照度计量的情况下,可用 160 W 日光灯在 1 m 远处的照度为 1 000 lx 作为参考。

(二)黑光灯

黑光灯是荧光检测必备的照明装置,在磁粉检测章节中已有详细介绍,在此不再赘述。

四、渗透检测试块

(一)试块及其作用

试块是指带有人工缺陷或自然缺陷的试件,它是用于衡量渗透检测灵敏度的器材,故也称灵敏度试块。渗透检测灵敏度是指在工件或试块表面上发现微细裂纹的能力。

在渗透检测中,试块的主要作用表现在下述三个方面:

(1)灵敏度试验:用于评价所使用的渗透检测系统和工艺的灵敏度及其渗透剂的等级。

(2)工艺性试验:用以确定渗透检测的工艺参数,如渗透时间、温度,乳化时间、温度,干燥时间、温度等。

(3)渗透检测系统的比较试验:在给定的检测条件下,通过使用不同类型的检测材料和工艺的比较,以确定不同渗透检测系统的相对优劣。

应当指出的是,并非所有的试块都具有上述所有的功能,试块不同,其作用也不同。

(二)常用试块分类

渗透检测中,试块种类包括铝合金试块、不锈钢镀铬裂纹试块、黄铜板镀镍铬层裂纹试块、自然缺陷试块,每种试块或试片均有其优缺点,前两种为机电类特种设备渗透检测常用试块,下面作一详细介绍。

1. 铝合金试块

铝合金试块(A 型对比试块)亦称铝合金淬火裂纹试块。试块由同一试块剖开后具有相同大小的两部分组成,并打上相同的序号,分别标以 A、B 记号,A、B 试块上均应具有细密相对称的裂纹图形。铝合金试块的其他要求应符合 JB/T 9213 的相关规定。其推荐的形状和尺寸如图 2-4-13 所示。

这种试块的作用:铝合金试块上的试块检测面一分为二,这样,便于在互不污染的情况下进行对比试验,可在同一工艺条件下,比较两种不同的渗透检测系统的灵敏度。也可使用同类渗透检测剂,在不同的工艺条件下进行工艺灵敏度试验。从理论上讲,试块上分开两侧上的裂纹形状和分布应是对称的,但在某些情况下仍会有所不同,因此在进行对比试验时,应注意这一现象。

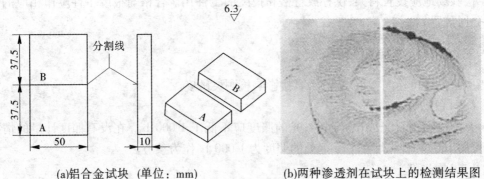

(a)铝合金试块 (单位：mm)   (b)两种渗透剂在试块上的检测结果图

图 2-4-13　铝合金试块（A 型对比试块）

这种试块的优点是制作简单,在同一试块上可提供各种尺寸的裂纹,且形状类似于自然裂纹。其缺点是所产生的裂纹尺寸不能控制,而且裂纹的尺寸较大,不适于渗透检测剂的灵敏度鉴别,多次使用后,重现性较差。

这种试块经使用后,渗透检测剂会残留在裂纹内,清洗较为困难,重复使用时会影响裂纹的重现性,严重时会因为裂纹被堵塞而失效。因此,试块经使用后应及时清洗,具体清洗方法是:先将试块表面用丙酮清洗干净,用水煮沸 30 min,清除缺陷内残留的渗透剂,然后在 110 ℃下干燥 15 min,使裂纹中的水分蒸发干净,然后浸泡在 50% 甲苯和 50% 三氯乙烯混合液中,以备下次使用。另外也可将表面清洗干净的试块置于丙酮中浸泡 24 h以上,干燥后放在干燥器中保存备用。虽然有多种清洗方法,但效果都不能令人满意。在一般情况下,铝合金淬火裂纹试块的使用次数不多于 3 次,因为在大气中,铝表面会氧化。

铝合金试块主要用于以下两种情况:

(1)在正常使用情况下,检验渗透检测剂能否满足要求,以及比较两种渗透检测剂性能的优劣;

(2)对用于非标准温度下的渗透检测方法作出鉴定。

2. 不锈钢镀铬裂纹试块

这种试块又称 B 型试块。将一块尺寸为 130 mm×40 mm×4 mm、材料为 0Cr18Ni9Ti或其他不锈钢材料的试块上单面镀铬,用布氏硬度法在其背面施加不同负荷形成 3 个辐射状裂纹区,按大小顺序排列区位号分别为 1、2、3,其位置、间隔及其他要求应符合 JB/T6064—2006 中 B 型试块相关规定。裂纹尺寸分别对应 JB/T 6064—2006 中 B 型试块上的裂纹区位号 2、3、4。图 2-4-14 是这种试块的示意图。这种试块由单面镀铬的不锈钢制成,不锈钢材料可采用 1Cr18Ni9Ti。推荐的尺寸为 130 mm×40 mm×4 mm。

B 型试块主要用于校验操作方法与工艺系统的灵敏度。B 型试块不像 A 型试块可分成两半进行比较试验,只能与标准工艺的照片或塑件复制品对照使用。即在 B 型试块上,按预先规定的工艺程序进行渗透检测,再把实际的显示图像与标准工艺图像的复制品或照片相比较,从而评定操作方法正确与否和确定工艺系统的灵敏度。

这种试块的特点是:裂纹深度尺寸可控,一般不超过镀铬层厚度。同一试块上具有不同尺寸的裂纹,压痕小处的裂纹小。试块制作工艺简单,重复性好,使用方便。由于这种试块检测面没有分开,故不便于比较不同渗透检测剂或不同工艺方法灵敏度的优劣。

该试块清洗和保存方法同 A 型试块。

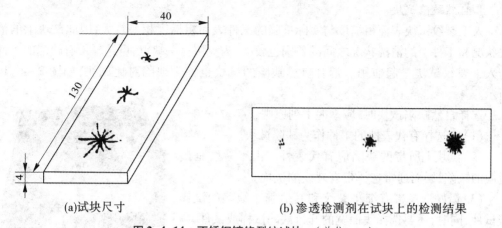

(a)试块尺寸　　　　　　　　(b) 渗透检测剂在试块上的检测结果

图 2-4-14　不锈钢镀铬裂纹试块 （单位:mm）

3.黄铜板镀镍铬层裂纹试块

黄铜板镀镍铬层裂纹试块又称 C 型试块,其形状如图 2-4-15 所示。推荐的尺寸为 100 mm×70 mm×4 mm。试块上疲劳裂纹通过反复弯曲而成,这些裂纹呈接近于平行条状分布,在垂直于裂纹的方向上开一切槽,使其分成两半,两半的裂纹互相对应。

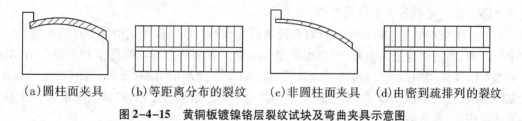

(a)圆柱面夹具　　(b)等距离分布的裂纹　　(c)非圆柱面夹具　　(d)由密到疏排列的裂纹

图 2-4-15　黄铜板镀镍铬层裂纹试块及弯曲夹具示意图

这种试块的特点是:试块的裂纹尺寸量值范围与渗透检测显示的裂纹极限比较接近。因而它是渗透检测系统性能检验和确定灵敏度的有效工具。它的裂纹尺寸小,可用于高灵敏度渗透检测剂性能测定;也可用于某一渗透检测系统性能的对比试验和校验,也能进行两个渗透检测系统的性能比较;也可将试块一分为二而形成两块相匹配的试块(或划分为 A、B 二区),使比较不同的渗透检测工艺成为可能;进行对比试验时,不仅要评价缺陷条纹的完整性,还要评价试块上显示的亮度、清晰度和灵敏度。这种试块的裂纹较浅,故易于清洗,不易被堵塞,可多次重复使用。其缺点是:试块的镀层表面光洁如镜,使表面多余的渗透剂易于清洗,与实际工件的检验情况差异较大,因而所得出的结论不能认为可等同于在工业检测工件上所获得的结果,试块的制作也比较困难,特别是裂纹尺寸的有效控制更为困难,且在制造过程中,不会有两块完全相同裂纹尺寸的试块,因此在比较两种渗透检测系统时,应予以注意。由于该试块精度要求较高,所以在 JB/T 4730.5—2005 标准中未列出。

这种试块与 ISO 3452-3 标准所规定 Ⅱ 型试块相类似。

试块使用完毕后,应清洗干净,清洗和保存的方法参照 A 型试块。

4. 自然缺陷试块

人工裂纹试块表面粗糙度与实际检验的工件表面粗糙度相差较大,因此试块上的清洗状况和工件上的清洗状况之间的差别也较大,为克服这一缺点,可选择带有缺陷的工件与人工裂纹试块一起使用。带有自然缺陷的试块也称为缺陷对比试块,如图 2-4-16 所示。

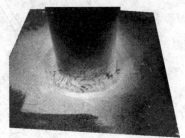

选择自然缺陷试块时,应掌握下列原则:

(1)应选择有代表性的工件作为缺陷试块。

(2)试块上所带的缺陷应有代表性。由于裂纹是最危险的缺陷,因而通常选择带有裂纹的试块。

(3)最好选择带有细小裂纹和其他细小缺陷的试样或试件,同时,还要选择浅而宽的开口缺陷试样或试件。

选择好缺陷试件,应用草图或照相的方法记录好缺陷的位置和大小,以备校验时对照。

图 2-4-16　自然缺陷试块

五、渗透检测试剂

(一)渗透剂

1. 渗透剂的分类

1)按溶解染料的基本溶剂分类

按溶解染料的基本溶剂分类可将渗透剂分为水基与油基渗透剂两类。水基渗透剂以水作溶剂,水的渗透能力很差,但在水中加入适量的表面活性剂以降低水的表面张力,增加水对固体的润湿能力,渗透能力大大提高。油基渗透剂中基本溶剂是"油"类物质,如航空煤油、灯用煤油、$200^{\#}$溶剂汽油等,油基渗透剂的渗透能力很高,检测灵敏度高。水基与油基相比,水基渗透能力低,灵敏度低。

机电类特种设备渗透检测常用的渗透剂为油基渗透剂。

2)按多余渗透剂的去除方法分类

按多余渗透剂的去除方法分类,可将渗透剂分为自乳化型、后乳化型与溶剂去除型三类。自乳化型渗透剂中含有一定量的乳化剂,多余的渗透剂可直接用水去除掉。后乳化型中不含乳化剂,多余的渗透剂需要用乳化剂乳化后,才能用水去除掉。溶剂去除型是用有机溶剂去除多余的渗透剂。

机电类特种设备渗透检测常用的渗透剂为溶剂去除型渗透剂。

3)按染料成分分类

按渗透剂所含染料成分分类,可将渗透剂分为荧光液、着色液、着色荧光液三大类。荧光液中含有荧光染料,只有在黑光照射下,缺陷图像才能被激发出黄绿色荧光,观察缺陷图像在暗室内黑光下进行。着色液中含有红色染料,缺陷显示为红色,在白光或日光照射下观察。着色荧光液在白光或日光照射下缺陷显示为红色,在黑光照射下缺陷显示为黄绿色(或其他颜色)荧光。

机电类特种设备渗透检测常用的渗透剂为着色液。

4)按灵敏度水平分类

按灵敏度水平分类分为低、中、高与超高等四类。

水洗型荧光液:具有低、中、高灵敏度。

后乳化型荧光液:具有中、高、超高灵敏度。

着色液:具有低、中灵敏度。

5)按与受检材料的相容性分类

按与受检材料的相容性分类分为与液氧相容渗透剂和低硫低氯低氟渗透剂。

与液氧相容渗透剂用于氧气或液态氧接触工件的渗透检测,在液态氧存在的情况下,该类渗透剂与其不发生反应,成为惰性。低硫低氯低氟渗透剂专门用于镍基合金、钛合金及奥氏体材料的渗透检测,可以防止渗透剂对此类合金材料的破坏作用。

2.渗透剂的组成

1)红色染料

着色液中所用染料多为红色染料,因为红染料能与显像剂的白色背景形成鲜明的对比,产生较好的反差,以引起人们的注意。着色液中的染料应满足色泽鲜艳、易溶解、易清洗、杂质少、无腐蚀和对人体基本无毒的要求。

2)荧光染料

荧光染料是荧光液的关键材料之一。荧光染料应具有很强的荧光,由于人们的视觉对黄绿色最敏感,所以要求荧光染料发出黄绿色的荧光。同时,应耐黑光、耐热和对金属无腐蚀等。

3)溶剂

溶剂有两个作用:一是溶解染料,二是起渗透作用。因此,渗透剂中所用溶剂应具有渗透能力强、对染料溶解性能好、挥发性小、毒性小、对金属无腐蚀等性能,且经济易得。多数情况下,渗透剂都是将几种溶剂组合使用。使各成分的特点达到平衡。溶剂大致可以分为基本溶剂和起稀释作用的溶剂两大类。基本溶剂必须具有充分溶解染料,使渗透剂鲜明地发出红色色泽或黄绿色荧光光亮等条件。稀释剂除具有适当的调节黏度与流动性的目的外,还起降低材料费用的作用。基本溶剂与稀释溶剂能否配合的平衡,将直接影响渗透剂特性(黏度、表面张力、润湿性等),是决定性能好坏的重要因素。

煤油是一种最常用的溶剂。它具有表面张力小、润湿能力强等优点,但它有一定的毒性,挥发性也较大。

乙二醇单丁醚常作耦合剂。使渗透剂具有较好的乳化性、清洗性和互溶性。

渗透力强的溶剂对染料在其中的溶解度不一定高,或者染料溶解在其中不一定能得到理想的颜色或荧光强度,有时常需要采用一种中间溶剂来溶解染料,然后再与渗透性能好的溶剂互溶,得到清澈的混合液。这种中间溶剂称互溶剂。

选择合适的溶剂对提高着色强度或荧光强度是至关重要的。

染料在溶剂中的溶解度与温度有关,使染料在低温下不从溶剂中分离出来,还需在渗透剂中加进一定量的稳定剂(或称助溶剂、耦合剂)。

4）乳化剂

在水洗型着色液与水洗型荧光液中,表面活性剂作为乳化剂加到渗透剂内,使渗透剂容易被水洗。乳化剂应与溶剂互溶,不应影响红色染料的红色色泽,不应影响荧光染料的荧光光亮,也不应腐蚀金属。

一种表面活性剂往往达不到良好的乳化效果,常常需要选择两种以上的表面活性剂组合使用。表面活性剂及乳化剂已在第二节有关内容中作了较为详细的介绍,在此不再作叙述。

3.渗透剂的性能

1）渗透剂的综合性能

(1)渗透能力强,容易渗入工件的表面缺陷。

(2)荧光液应具有鲜明的荧光,着色液应具有鲜艳的色泽。

(3)清洗性好,容易从工件表面清洗掉。

(4)润湿显像剂的性能好,容易从缺陷中被吸附到显像剂表面,而将缺陷显示出来。

(5)无腐蚀,对工件和设备无腐蚀性。

(6)稳定性好,在光与热作用下,材料成分和荧光亮度或色泽能维持较长时间。

(7)毒性小,尽可能不污染环境。

其他:检查钛合金与奥氏体钢材料时,要求渗透剂低氯低氟;检查镍合金材料时,要求渗透剂低硫;检查与氧、液氧接触的工件时,要求渗透剂与氧不发生反应,成为惰性。

2）渗透剂的物理性能

a.表面张力与接触角

表面张力用表面张力系数表示。接触角则表征渗透剂对工件表面或缺陷的润湿能力。表面张力与接触角是确定渗透剂是否具有高的渗透能力的两个最主要参数。渗透剂的渗透能力用渗透剂在毛细管中上升的高度来衡量。从液体在毛细管中上升的高度的公式 $h = \dfrac{2\alpha\cos\theta}{r\rho g}$ 中可以看出,渗透剂渗透能力与表面张力和接触角的余弦的乘积成正比,即 $\alpha\cos\theta$。当接触角小于等于5°时,渗透剂的表面张力取适当值时,渗透剂的渗透能力最强。

b.黏度

渗透剂的黏度与液体的流动性有关,它是流体的一种液体特性,是流体分子间存在摩擦力而互相牵制的表现。渗透剂性能用运动黏度来表示,运动黏度的国际单位为 m^2/S,各种渗透剂的黏度一般在 $(4 \sim 10)\times10^{-6} m^2/S$($38\ ℃$)时较为适宜。

液体具有良好渗透性能时,其黏度并不影响静态渗透参量,即不影响液体渗入缺陷的能力。例如水的黏度较低,20 ℃时为 $1.004\times10^{-6} m^2/S$,但不是一种好的渗透剂。煤油的黏度很高,20 ℃时为 $1.65\times10^{-6} m^2/S$,却是一种好的渗透剂。液体的黏度对动态渗透参量影响大,例如黏度高的液体渗进表面开口缺陷的时间长。

黏度高的渗透剂由于渗进表面开口缺陷所需时间长,从被检表面上滴落时间也较长,故被拖带走的渗透剂损耗较大。后乳化型渗透剂由于拖带多而严重污染乳化剂,使乳化剂使用寿命缩短。黏度低的渗透剂则完全相反。去除受检表面多余的低黏度渗透剂时,浅而宽的缺陷中的渗透剂容易被清洗掉,而直接降低灵敏度。因此,渗透剂黏度太高或太低都不好,渗透剂的黏度一般控制在$(4\sim10)\times10^{-6}$ $m^2/S(38\ ℃)$时较为适宜。

c. 密度

密度是单位体积内所含物质的质量。从液体在毛细管中上升高度的公式可以看出,液体的密度越小,上升高度值越高,渗透能力越强。由于渗透剂中主要液体是煤油和其他有机溶剂,因此渗透剂的密度一般小于1。密度小于1的后乳化型渗透剂使用时,水进入渗透剂中能沉于槽底,不会对渗透剂产生污染;水洗时,也可漂在水面上,容易溢流掉。

液体的密度与温度成反比,温度越高密度值越小,渗透能力也随之增强。

水洗型渗透剂被水污染后,由于乳化剂的作用,使水分散在渗透剂中,使渗透剂的密度值增大,渗透能力下降。

d. 挥发性

挥发性可用液体的沸点或液体的蒸气压来表征。沸点越低,挥发性越强。易挥发的渗透剂在滴落过程中易干在工件表面上,给水洗带来困难;也容易干在缺陷中而不易回渗到工件表面,严重时会导致难以形成缺陷显示,使检测失败。另外,易挥发的渗透剂在敞口槽中使用时,挥发损耗大;渗透剂的挥发性越大,着火的危险性也越大,对于毒性材料,挥发性越大,所构成的安全威胁也越大。综上所述,渗透剂应以不易挥发为好。

但是,渗透剂也必须具有一定的挥发性,一般在不易挥发的渗透剂中加进一定量的挥发性液体。这样,一方面渗透剂在工件表面滴落时,易挥发的成分挥发掉,使染料的浓度得以提高,有利于提高缺陷显示的着色强度或荧光强度;另一方面渗透剂从缺陷中渗出时,易挥发的成分挥发掉,从而限制了渗透剂在缺陷处的扩散面积,使缺陷迹痕显示轮廓清晰。此外,渗透剂中加进易挥发的成分以后,还可以降低渗透剂的黏度,提高渗透速度。上述均有利于缺陷的检出,提高检测灵敏度。

e. 闪点和燃点

对同一液体而言,燃点高于闪点。闪点低,燃点也低,着火的危险性也大。液体的可燃性,一般资料指的就是该液体的闪点。从安全方面考虑,渗透剂的闪点愈高,则愈安全。

闪点有开口闪点和闭口闪点之分,对于渗透剂来说,闭口更为合适,因为闭口的重复性较好,而且测出的数值偏低,不会超出使用安全值。

对水洗型渗透剂,原则上要求闭口闪点大于50 ℃;而对后乳化型渗透剂,闭口闪点一般为60~70 ℃。

有些压力喷罐的渗透剂具有较低的闪点,使用时应特别注意避免接触烟火,室内操作时,应具有良好的通风条件。

f. 电导性

手工静电喷涂渗透剂时,喷枪提供负电荷给渗透剂,试件保持零位,故要求渗透剂具有高电阻,避免产生逆弧传给操作者。

3) 渗透剂的化学性能

a. 化学惰性

渗透剂对被检材料和盛装容器应尽可能是惰性的或不腐蚀的。油基渗透剂在大部分情况下是符合这一要求的。水洗型渗透剂中乳化剂可能是微碱性的,渗透剂被水污染后,水与乳化剂结合而形成微碱性溶液并保留在渗透剂中。这时,渗透剂将腐蚀铝或镁合金的工件,还可能与盛装容器上的涂料或其他保护层起反应。

渗透剂中硫、钠等元素的存在,在高温下会对镍基合金的工件产生热腐蚀(也叫热脆)。渗透剂中的卤族元素如氟、氯等很容易与钛合金及奥氏体钢材料作用,在应力存在情况下,产生应力腐蚀裂纹。氧气管道及氧气罐、液体染料火箭或其他盛液氧的装置,渗透剂与氧及液氧不应起反应,油基的或类似的渗透剂不能满足这一要求,需要使用特殊的渗透剂。用来检验橡胶塑料等工件的渗透剂也应不与其反应,也应采用特殊配制的渗透剂。标准要求将硫含量限制在1%,将氯、氟含量限制在1%。

b. 清洗性

渗透剂的清洗性是十分重要的,如果清洗困难,工件上则会造成不良背景,影响检查效果,水洗型渗透剂(自乳化)与后乳化型渗透剂应在规定的水洗温度、压力、时间等条件下,使用粗水柱冲洗干净,达到不残留明显的荧光背景或着色底色。溶剂去除型渗透剂必须采用有机溶剂去除工件表面多余的渗透剂,要求渗透剂能被起去除作用的溶剂溶解。

c. 含水量和容水量

渗透剂中水含量与渗透剂总量之比的百分数称为含水量。渗透剂的容水量是指渗透剂出现分离、混浊、凝胶或灵敏度下降等现象时的渗透剂含水量的极限值,这一含水量的极限值称为渗透剂的容水量。它是衡量渗透剂抗水污染能力的指标。

渗透剂含水量越小越好。渗透剂的容水量指标越高,抗水污染性能越好。

d. 毒性

渗透剂应是无毒的,与其接触,不得引起皮肤炎症,渗透剂挥发出来的气体,其气味不得引起操作者恶心。任何有毒的材料及有异味的材料不得用来配制渗透剂。即使这些要求都能达到,还需要通过实际观察来对渗透剂的毒性进行评定。为保证无毒,制造厂不仅应对配制渗透剂的各种材料进行毒性试验,还应对配制渗透剂进行毒性试验。目前,生产的大部分渗透剂是安全的,对人体健康并无严重的影响。尽管如此,操作者仍应避免自己的皮肤长时间地接触渗透剂,应避免吸进渗透剂的蒸气。

e. 溶解性

渗透剂是将染料溶解到溶剂中而配制成的,溶剂对染料的溶解能力高,就可得到染料浓度高的渗透剂,可提高渗透剂的发光强度,提高检验灵敏度。渗透剂中的各种溶剂都应该是染料的良好溶剂,在高温或低温条件下,它们应能使染料都溶解在其中并保持在渗透剂中,在贮存或运输中不发生分离。因为一旦发生分离,要使其重新结合是相当困难的。

f. 腐蚀性能

应当注意的是,水的污染,不仅可能使渗透剂产生凝胶、分离、云状物或凝聚现象,并且可与水洗型渗透剂中乳化剂结合而形成微碱性溶液,这种微碱性渗透剂对铝、镁合金工件会产生腐蚀。

4)渗透剂的特殊性能——稳定性

渗透剂的稳定性是指渗透剂对光和温度的耐受能力。

荧光液对黑光的稳定性是很重要的。稳定性可用照射前的荧光亮度值与照射后的荧光亮度值的百分比表示。荧光液在 $1\ 000\ \mu W/cm^2$ 的黑光下照射 $1\ h$,稳定性应在85%以上。着色液在强白光照射下不应退色。

对温度的稳定性包括冷、热稳定性,即在高温和低温下,渗透剂都应保持良好的溶解度。不发生变质、分解、混浊和沉淀等现象。

综上所述,上述各项物理化学性能中,黏度、表面张力、接触角与清洗性能等影响渗透剂的灵敏度;闪点、燃点、电导性与化学惰性等涉及操作者的安全与工件和设备的腐蚀;稳定性、挥发性属于经济指标;含水量与密度等属于材料成分的均一性试验。任何一种渗透剂,不可能具备一切优良性能,也不能只用某一项性能来评价渗透剂的优劣。

(二)去除剂与乳化剂

1. 去除剂与乳化剂的分类及特点

1)去除剂

渗透检测中,用来去除工件表面多余渗透剂的溶剂叫去除剂。

水洗型渗透剂,直接用水去除,水就是一种去除剂。

溶剂去除型渗透剂采用有机溶剂去除,这种去除溶剂应对渗透剂中的染料(红色染料、荧光染料)有较大的溶解度,对渗透剂中溶解染料的溶剂有良好的互溶性,并有一定的挥发性,应不与荧光液起化学反应,应不熄灭荧光。通常采用的去除溶剂有煤油、乙醇、丙酮、酒精、三氯乙烯等。

后乳化型渗透剂是在乳化后再用水去除,它的去除剂就是乳化剂和水。

a. 溶剂去除剂的分类

按照溶剂去除剂与受检材料的相容性,可将其分为卤化型溶剂去除剂、非卤化型溶剂去除剂及特殊用途溶剂去除剂。非卤化型溶剂去除剂中,卤族元素例如氯、氟元素含量受到严格控制(<1%),主要用于奥氏体钢及钛合金材料的检测。

b. 溶剂去除剂的性能

溶剂去除剂与溶剂去除型着色或荧光渗透剂配合使用。性能要求是:溶解渗透剂适度;去除时挥发适度;贮存保管中稳定;不使金属腐蚀与变色;无不良气味;毒性小等。

2)乳化剂

乳化剂以表面活性剂为主体,为调节黏度,调整与渗透剂的配比性,降低材料费用等,还应添加其他溶剂。

选择乳化剂时,除应考虑 H.L.B 值外,还应考虑后乳化型渗透剂的具体情况。后乳化型渗透剂与乳化剂的亲油基化学结构相似时,乳化效果好。同时,由于乳化的目的是将渗透剂去除掉,故乳化剂还应具备良好的洗涤作用,H.L.B 值在 11～15 范围内的乳化剂,既有乳化作用又有洗涤作用,是比较理想的去除剂。

a. 乳化剂的分类

乳化剂可分为亲水型乳化剂和亲油型乳化剂。

亲水型乳化剂的黏度一般比较高,通常都是用水稀释后再使用的。应根据被检工件的大小、数量、表面光洁度等情况,通过试验来选择最佳浓度,或按乳化剂制造厂推荐的浓度使用。

亲油型乳化剂不加水使用,应能与后乳化型渗透剂产生足够的相互作用,而起一种溶剂的作用,使工件表面多余的渗透剂能被去除。

b.乳化剂的性能

对乳化剂的基本要求是能够很容易地乳化并去除表面多余的后乳化型渗透剂,因此要求乳化剂的性能具备如下特点:

(1)外观(色泽、荧光颜色)上能与渗透剂明显地区别开。

(2)受少量水或渗透剂的污染时,而不降低乳化去除性能。表面活性与黏度或浓度适中,使乳化时间合理,乳化操作不困难。

(3)贮存保管中,温度稳定性好,性能不变。

(4)对金属及盛装容器不腐蚀变色。

(5)对操作者的健康无害,无毒及无不良气味。

(6)闪点高,挥发性低,废液及去除污水的处理简便等。

(三)显像剂

1.显像剂的分类

显像剂分为干式显像剂与湿式显像剂两大类。自显像是不使用显像剂的。干式显像剂实际就是微细白色粉末。湿式显像剂有水悬浮湿式显像剂(白色显像剂粉末悬浮于水中)、水溶性湿式显像剂(白色显像剂粉末溶解于水中)、溶剂悬浮湿式显像剂(白色显像剂粉末悬浮于有机溶剂中)。

机电类特种设备的渗透检测常用显像剂为溶剂悬浮湿式显像剂。

1)干式显像剂——干粉显像剂

干粉显像剂适用于螺纹及粗糙表面工件的荧光检验。干粉显像剂为白色无机物粉末,如氧化镁、碳酸钠、氧化锌、氧化钛粉末等。干粉显像剂一般与荧光液配合使用。

干粉显像剂应有较好的吸水吸油性能,容易被缺陷处微量的渗透剂润湿,能把微量的渗透剂吸附出。

干粉显像剂应吸附在干燥的工件表面上,并仅形成一薄层显像剂粉膜。

干粉显像剂在黑光下不应发荧光,对工件和存放容器不应腐蚀,且无毒。

2)湿式显像剂

湿式显像剂包括水悬浮湿式显像剂、水溶性湿式显像剂、溶剂悬浮湿式显像剂,下面重点介绍机电类特种设备渗透检测常用的溶剂悬浮湿式显像剂。

溶剂悬浮湿式显像剂是将显像剂结晶粉末加在挥发性的有机溶剂中配制而成的。常用有机溶剂有丙酮、苯及二甲苯等。该类显像剂中也加有限制剂及稀释剂等。常用的限制剂有火棉胶、醋酸纤维素、过氯乙烯树脂等;稀释剂是用以调整显像剂的黏度,并溶解限制剂的。

该类显像剂通常装在喷罐中使用,而且与着色渗透剂配合使用。

就显像方法而论,该类显像剂灵敏度较高,因为显像剂中有机溶剂有较强的渗透能力,能渗入到缺陷中去,挥发过程中把缺陷中渗透剂带回到工件表面,故显像灵敏度高。另外,有机溶剂挥发快,缺陷显示扩散小,显示轮廓清晰,分辨力高。

由于着色检测显像需要足够厚但又不至于掩盖显示的均匀覆盖层,以提供白色的对比背景,所以用于着色检测的显像剂粉末应是白色微粒。荧光检测时,由于在黑光灯下不可能看见有多少显像剂已涂附在试件上,所以显像剂粉末可以是无色透明微粒,不用施加溶剂悬浮显像剂,而只用干粉显像剂。

2.显像剂的性能

显像剂的作用是将缺陷中的渗透剂吸附到工件表面上来,加以放大,显像是渗透检测中的一个重要环节。

1)显像剂的综合性能

(1)吸湿能力要强,吸湿速度要快,能很容易被缺陷处的渗透剂所润湿并吸出足量渗透剂。

(2)显像剂粉末颗粒细微,对工件表面有一定的黏附力,能在表面形成均匀的薄覆盖层,将缺陷显示的宽度扩展到足以用眼看到。

(3)用于荧光法的显像剂应不发荧光,也不应有任何减弱荧光的成分,而且不应吸收黑光。

(4)用于着色法的显像剂应与缺陷显示形成较大的色差,以保证最佳对比度。对着色染料无消色作用。

(5)对被检工件和存放容器不腐蚀,对人体无害。

(6)使用方便,易于清除,价格便宜。

2)显像剂的物理性能

a.颗粒度

显像剂的颗粒应研磨得很细。如果颗粒过大,微小的显示就显现不出来。这是由于渗透剂只能润湿粒度较细的球状颗粒。显像剂颗粒如果不能被渗透剂所润湿,则从检验表面就观察不到缺陷显示。显像剂的粒度不应大于 $3~\mu m$。

b.密度

松散状态的干粉显像剂的密度应小于 $0.075~g/cm^3$,包装状态下的密度应小于 $0.13~g/cm^3$。

c.水悬浮型或溶剂悬浮型湿显像剂的沉降率

显像剂粉末在水(或溶剂)中的沉降速率称为沉降率。细小的粉末悬浮后,沉淀速度慢,粗的显像剂粉末不易悬浮,悬浮后沉淀速度快,粗细不均匀的显像剂粉末沉降速率不均匀,为确保显像剂有较好的悬浮性能,必须选用轻质细微且均匀的显像粉。

d.分散性

分散性是指显像剂粉末沉淀后,经再次搅拌,显像剂粉末重新分散到溶剂中去的能力。分散性好的显像剂,经搅拌后能全部重新分散到溶剂中去,而不残留任何结块。

e.显像剂润湿能力

显像剂润湿能力包括两个方面:其一是显像剂的颗粒被渗透剂润湿的能力,如果显像剂的颗粒不能被渗透液所润湿,就不可能形成缺陷显示;其二是湿式显像剂润湿工件表面的能力,如果润湿能力差,则在显像溶剂挥发以后,会出现显像剂流痕或卷曲、剥落等现象。

3)显像剂的化学性能

a.毒性

显像剂应是无毒的。有毒、异味的材料不能用来配制显像剂。应避免使用二氧化硅干粉显像剂,因为长期吸入这类显像剂会对人的肺部产生有害的影响,因此干粉显像时,一定要在通风条件好的地方进行。

　　b. 腐蚀性

显像剂不应腐蚀盛装的容器,也不应使被检工件在渗透检测及以后的使用期间产生腐蚀,应控制显像剂中硫、钠等元素的含量,因为上述元素会使镍基合金产生热腐蚀,而显像剂的氟、氯等卤族元素会与不锈钢、钛合金起反应而产生应力腐蚀裂纹,因此原子能工业和航空航天等工业用的显像剂,必须严格控制其含量。

　　c. 温度稳定性

现场使用的水悬浮显像剂或水溶性显像剂,不应在冰冻情况下使用。为此,显像前,应对受检工件加热,防止显像剂在使用中产生冻结。另外,高温或相对湿度特别低的环境会使显像剂液体成分过分蒸发,所以在上述环境下使用的显像剂应经常检查显像剂槽液的浓度。

　　d. 污染

渗透液的污染将引起虚假显示。油及水的污染,将使工件表面粘上过多显像剂遮盖显示。

(四)渗透检测剂系统

1. 渗透检测剂的定义

渗透检测剂系统指由渗透剂、去除剂和显像剂所构成的特定组合系统。系统中每种材料不仅需要满足各自特定的要求,而且作为一个整体,还需要做到系统内部相互兼容,最终要满足达到整个系统的目标——检测表面开口缺陷。

所谓"同族组",是指完成一个特定的渗透检测过程所必需的完整的一系列材料,含渗透剂、去除剂及显像剂。

由渗透剂、去除剂和显像剂所构成的渗透检测剂系统,原则上必须采用同一厂家提供的、同族组的产品,不同族组的产品不能混用。否则,可能出现渗透剂、去除剂和显像剂等材料各自都符合规定要求,但它们之间不兼容,最终使渗透检测无法进行。如确需混用,则必须通过验证,确保它们能相互兼容且有所要求的检测灵敏度。

2. 渗透检测剂的选择原则

同族组要求:渗透检测剂系统应同族组。

灵敏度应满足检测要求,不同的渗透检测材料组合系统,其灵敏度不同,一般后乳化型灵敏度比水洗型高,荧光渗透剂灵敏度比着色渗透剂高。在检测中,应按被检工件灵敏度要求来选择渗透检测材料组合系统。当灵敏度要求高时,例如疲劳裂纹、磨削裂纹或其他细微裂纹的检测,可选用后乳化型荧光渗透检测系统。当灵敏度要求不高时,例如铸件,可选用水洗型着色渗透检测系统。应当注意的是,检测灵敏度越高,其检测费用也越高。因此,从经济上考虑,不能片面追求高灵敏度检测,只要灵敏度能满足检测要求即可。

根据被检工件状态进行选择,对表面光洁的工件,可选用后乳化型渗透检测系统;对表面粗糙的工件,可选用水洗型渗透检测系统。对大工件的局部检测,可选用溶剂去除型着色渗透检测系统。

在灵敏度应满足检测要求的条件下,应尽量选用价格低、毒性小、易清洗的渗透检测材料组合系统。

　　渗透检测材料组合系统对被检工件应无腐蚀,如铝、镁合金不宜选用碱性渗透检测材料,奥氏体不锈钢、钛合金等不宜选用含氟、氯等卤族元素的渗透检测材料。

　　此外,还要求其化学稳定性好,能长期使用,受到阳光或遇高温时不易分解和变质。使用安全,不易着火。如盛装液氧的容器不能选用油溶性渗透剂,而只能选用水基型渗透剂,因为液氧遇油容易引起爆炸。

　　3.国内渗透检测剂简介

　　目前国内渗透检测剂主要有 HD 系列,DPT-3、4、5、5A、8 系列,H-ST 系列,YP-VT 系列等,均属溶剂去除型着色剂,以喷罐形式成套出售。国内渗透检测剂的性能基本达到国外某些同类产品的水平,有些性能还有待发展和进一步提高。

第四节　渗透检测的工艺方法及通用技术

一、渗透检测方法

　　渗透检测方法较为常用的有三种:水洗型渗透检测法、后乳化渗透检测法及溶剂去除型渗透检测法。本节重点介绍机电类特种设备涉及的两种,即水洗型渗透检测法和溶剂去除型渗透检测法。

(一)水洗型渗透检测法

　　1.水洗型渗透检测方法的操作程序

　　水洗型渗透检测方法是目前广泛使用的方法之一,工件表面多余的渗透剂可直接用水冲洗掉。它包括水洗型着色法(ⅡA)和水洗型荧光法(ⅠA)。荧光法的显像方式有干式、非水基湿式、湿式和自显像等几种。着色法的显像方式有非水基湿式、湿式两种,一般不用干式和自显像,因为这两种方法均不能形成白色背景,对比度低,灵敏度也低。

　　水洗型渗透检测操作程序如图 2-4-17 所示。

　　水洗型渗透检测法适用于灵敏度要求不高、工件表面粗糙度较大、带有键槽或盲孔的工件和大面积工件的检测,如锻件、铸件毛坯阶段和焊接件等的检验。工件的状态不同,预检测的缺陷种类不同,

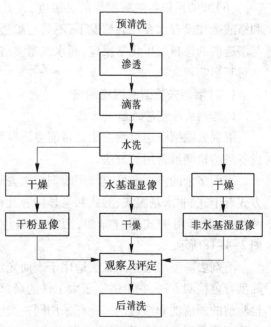

图 2-4-17　水洗型渗透检测操作程序

所需渗透时间也不同。实际渗透检测时,需要根据所使用的渗透剂类型、检测灵敏度要求等具体制定,或根据制造厂推荐的渗透时间来具体确定。不同的材料和不同的缺陷,渗透

时间不同,显像时间也不同,所以渗透检测实际操作过程中,显像时间也要区别对待。

2. 水洗型渗透检测法的优点

(1)对荧光渗透检测,在黑光灯下,缺陷显示有明亮的荧光和高的可见度;对着色渗透检测,在白光下,缺陷显示出鲜艳的颜色。

(2)表面多余的渗透剂可以直接用水去除,相对于后乳化型渗透检测方法,具有操作简便、检测费用低等特点。

(3)检测周期较其他方法短。能适应绝大多数类型的缺陷检测。如使用高灵敏度荧光渗透剂,可检出很细微的缺陷。

(4)较适用于表面粗糙的工件检测,也适用于螺纹类工件、窄缝和工件上有键槽、盲孔内缺陷等的检测。

3. 水洗型渗透检测的缺点

(1)灵敏度相对较低,对浅而宽的缺陷容易漏检。

(2)重复检验时,重复性差,故不宜在复检的场合使用。

(3)如清洗方法不当,易造成过清洗,例如水洗时间过长、水温高、水压大,都可能会将缺陷中的渗透剂清洗掉,降低缺陷的检出率。

(4)渗透剂的配方复杂。

(5)抗水污染的能力弱。特别是渗透剂中的含水量超过容水量时,会出现混浊、分离、沉淀及灵敏度下降等现象。

(6)酸的污染将影响检验的灵敏度,尤其是铬酸和铬酸盐的影响很大。这是因为酸和铬酸盐在没有水存在的情况下,不易与渗透剂的染料发生化学反应,但当水存在时,易与渗透剂的染料发生化学反应,而水洗型渗透剂中含有乳化剂,易与水混溶,故酸和铬酸盐对其影响较大。

(二)溶剂去除型渗透检测法

1. 溶剂去除型渗透检测方法

溶剂去除型渗透检测方法是目前渗透检测中应用最为广泛的方法,也是机电类特种设备渗透检测最常用的方法。

表面多余的渗透剂可直接用溶剂擦拭去除。它包括荧光法和着色法。荧光法的显像方式有干式、非水基湿式、湿式和自显像等几种。着色法的显像方式有非水基湿式、湿式两种,一般不用干式和自显像,因为这两种显像方法的灵敏度太低。其操作程序如图2-4-18所示。

溶剂去除型渗透检测方法适用于表面光洁的工件和焊接接头的检验,特别是溶剂去除型着色检测方法,它更适应于大工件的局部检验、非批量工件的检验和现场检验。工件检验前的预清洗和渗透剂去除都采用同一类溶剂。工件表面多余渗透剂的去除采用擦拭去除而不采用喷洗或浸洗,这是因为喷洗或浸洗时,清洗用的溶剂能很快渗入到表面开口的缺陷中去,从而将缺陷中的渗透剂溶解掉,造成过清洗,降低检验灵敏度。

溶剂去除型渗透检测多采用非水基湿显像(即采用溶剂悬浮显像剂),因而它具有较高的检测灵敏度,渗透剂的渗透速度快,故常采用较短的渗透时间。

2. 溶剂去除型着色渗透检测法的优点

（1）设备简单。渗透剂、清洗剂和显像剂一般都装在喷罐中使用，故携带方便，且不需要暗室和黑光灯。

（2）操作方便，对单个工件检测速度快。

（3）适合于外场和大工件的局部检测，配合返修或对有怀疑的部位，可随时进行局部检测。

（4）可在没有水、电的场合下进行检测。

（5）缺陷污染对渗透检测灵敏度的影响不像对荧光渗透检测的影响那样严重，工件上残留的酸或碱对着色渗透检测的破坏不明显。

（6）与溶剂悬浮显像剂配合使用，能检出非常细小的开口缺陷。

3. 溶剂去除型着色渗透检测的缺点

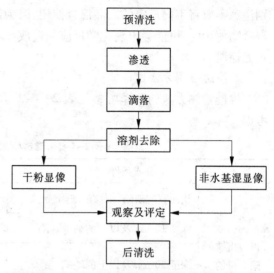

图 2-4-18　溶剂去除型渗透检测操作程序

（1）所用的材料多数是易燃和易挥发的，故不宜在开口槽中使用。

（2）相对于水洗型和后乳化型而言，不太适合于批量工件的连续检测。

（3）不太适合于表面粗糙的工件的检验，特别是对吹砂的工件表面更难应用。

（4）擦拭去除表面多余渗透剂时要细心，否则易将浅而宽的缺陷中的渗透剂擦掉，造成漏检。

（三）渗透检测方法选择

1. 渗透检测方法选择的一般要求

各种渗透检测方法均有自己的优缺点，具体选择检测方法，首先应考虑检测灵敏度的要求，预期检出的缺陷类型和尺寸，还应根据工件的大小、形状、数量、表面粗糙度，以及现场的水、电、气的供应情况，检验场地的大小和检测费用等因素综合考虑。在上述因素中，以灵敏度和检测费用的考虑最为重要。只要有足够的灵敏度才能确保产品的质量，但这并不意味着在任何情况下都选择高灵敏度的检测方法，例如，对表面粗糙的工件采用高灵敏度的渗透剂，会使清洗困难，造成背景过深，甚至会造成虚假显示和掩盖显示，以致达不到检测的目的。而且灵敏度高的检测，其检测费用也很高，因此灵敏度要与检测技术要求和检测费用等综合考虑。

此外，在满足灵敏度要求的前提下，应优先选择对检测人员、工件和环境无损害或损害较小的渗透检测剂与渗透检测工艺方法。应优先选用易于生物降解的材料，优先选择水基材料，优先选择水洗法，优先选择亲水性后乳化法。

对给定的工件，采用合适的显像方法，对保证检测灵敏度非常重要。比如光洁的工件表面，干粉显像剂不能有效地吸附在工件表面上，因而不利于形成显示，故采用湿式显像比干粉显像好；相反，粗糙的工件表面则适于采用干粉显像。采用湿式显像时，显像剂会在拐角、孔洞、空腔、螺纹根部等部位聚集而掩盖显示。溶剂悬浮显像剂对细微裂纹的显示很有效,但对浅而宽的缺陷显示效果较差。

在进行某一项渗透检测时,所用的渗透检测剂应选用同一制造厂家生产的产品,应特别注意不要将不同厂家的产品混合使用,因为制造厂家不同,检测材料的成分也不同,若混合物使用时,可能会出现化学反应而造成灵敏度下降。经过着色检测的工件,不能进行荧光检测。

2.渗透检测方法选择

渗透检测方法的选择可参见表 2-4-2,具体选择时,需根据被检对象的特点,综合考虑。

表 2-4-2　渗透检测方法的选择指南

对象或条件		渗透剂	显像剂
以检出缺陷为目的	浅而宽的缺陷、细微的缺陷	后乳化型荧光渗透剂	水基湿式、非水基湿式、干式 (缺陷长度几毫米以上)
	深度 10 μm 及以下的细微缺陷		
	深度 30 μm 及以上的缺陷	水洗型渗透剂和溶剂去除型渗透剂	水基湿式、非水基湿式和干式(只用于荧光)
	靠近或聚集的缺陷以及需观察表面形状的缺陷	水洗型荧光剂、后乳化型荧光剂	干式
以被检工件为目的	小工件批量连续检验	水洗型和后乳化型荧光剂	湿式、干式
	少量工件不定期检验及大工件局部检验	溶剂去除型渗透剂	非水基湿式
考虑工件表面粗糙程度	表面粗糙的锻、铸件	水洗型渗透剂	干式(荧光检测)、水基湿式和非水基湿式
	螺钉及键槽的拐角处		
	车削、刨削加工表面	水洗型渗透剂、溶剂去除型渗透剂	
	磨削、抛光加工表面	后乳化型荧光渗透剂	
	焊接接头和其他缓慢起伏的凹凸面	水洗型渗透剂、溶剂去除型渗透剂	
考虑设备条件	有场地、水、电和暗室	水洗型、后乳化型、溶剂去除型荧光渗透剂	水基和非水基湿式
	无水、电或在现场高空作业	溶剂去除型渗透剂	非水基湿式
其他因素	要求重复检验	溶剂去除型、后乳化荧光渗透剂	非水基湿式、干式
	泄漏检验	水洗荧光、后乳化荧光渗透剂	自显像、非水基湿式、干式

二、渗透检测通用技术

(一)表面清洗和预清洗

1. 预清洗的意义及清洗范围

渗透检测操作中,最重要的要求之一是使渗透剂能以最大限度渗入工件表面开口缺陷中去,以使显示更加清晰,更容易识别,工件表面的污物将严重影响这一过程。所以,在施加渗透剂之前,必须对被检工件的表面进行预清洗,以除去工件表面的污染物;对局部检测的工件,清洗的范围应比要求检测的范围大。总之,预清洗是渗透检测的第一道工序。在渗透检测器材合乎标准要求的条件下,预清洗是保证检测成功的关键。

2. 污染物的种类

被检工件常见的污染物有:①铁锈、氧化皮和腐蚀产物;②焊接飞溅、焊渣、铁屑和毛刺;③油漆及其涂层;④防锈油、机油、润湿油和含有有机成分的液体;⑤水和水蒸发后留下的化合物;⑥酸和碱以及化学残留物。

3. 清除污物的目的

(1)污染物会妨碍渗透剂对工件的润湿,妨碍渗透剂渗入缺陷,严重时甚至会完全堵塞缺陷开口,使渗透剂无法渗入。

(2)缺陷中的油污会污染渗透剂,从而降低显示的荧光亮度或颜色强度。

(3)在荧光检测时,最后显像在紫蓝色的背景下显现黄绿色的缺陷影像,而大多数油类在黑光灯照射下都会发光(如煤油、矿物油发浅蓝色光),从而干扰真正的缺陷显示。

(4)渗透剂易保留在工件表面有油污的地方,从而有可能会把这些部位的缺陷显示掩盖掉。

(5)渗透剂容易保留在工件表面毛刺、氧化物等部位,从而产生不相关显示。

(6)工件表面上的油污被带进渗透剂槽中,会污染渗透剂,降低渗透剂的渗透能力、荧光强度(颜色强度)和使用寿命。

在实际检测过程中,对同一工件,应先进行渗透检测后再进行磁粉检测,若进行磁粉检测后再进行渗透检测时磁粉会紧密地堵住缺陷。而且这些磁粉的去除是比较困难的,对于渗透检测来说,湿磁粉也是一种污染物,只有在强磁场的作用下,才能有效地去除。同样,如工件同时需要进行渗透检测和超声波检测,也应先进行渗透检测后再进行超声波检测。因为超声检测所用的耦合剂,对渗透检测来说也是一种污染物。

4. 清除污物的方法

表面准备时,应视污染物的种类和性质,选择不同的方法去除,常用的方法有机械清洗、化学清洗、溶剂清洗等。

1)机械清洗

a. 机械清洗的适应性和方法

当工件表面有严重的锈蚀、飞溅、毛刺、涂料等一类的覆盖物时,应首先考虑采用机械清洗的方法,常用的方法包括振动光饰、抛光、干吹砂、湿吹砂、钢丝刷、砂轮磨和超声波清洗等。

振动光饰适于去除轻微的氧化物、毛刺、锈蚀、铸件型砂或模料等,但不适用于铝、镁和钛等软金属材料。

抛光适用于去除表面的积碳、毛刺等。

干吹砂适用于去除氧化物、焊渣、模料、喷涂层和积碳等。

湿吹砂可用于清除比较轻微的沉积物。

砂轮磨和钢丝刷适用于去除氧化物、焊剂、铁屑、焊接飞溅和毛刺等。

超声波清洗是利用超声波的机械振动,去除工件表面油污,它常与洗涤剂或有机溶剂配合使用。适用于小批量工件的清洗。

应注意的是,涂层必须用化学方法去除,不能用打磨方法去除。

b. 机械清洗应注意的事项

采用机械清洗时,对喷丸、吹砂、钢丝刷及砂轮磨等方法的选用应特别注意。一方面,这些方法易对工件表面造成损坏,特别是表面经研磨过的工件及软金属材料(如铜、铝、钛合金等)更易受损,同时,这类机械方法还有可能使工件表面层变形,如变形发生在缺陷开口处,很可能造成开口闭塞,渗透剂难以涌入;另一方面,采用这些机械方法清理污物时,所产生的金属粉末、砂末等也可能堵塞缺陷,从而造成漏检。所以,经机械处理的工件,一般在渗透检测前应进行酸洗或碱洗。焊接件和铸件吹砂后,可不进行酸洗或碱洗而进行渗透检测,精密铸件的关键部件如涡轮叶片,吹砂后必须酸洗方能进行渗透检测。

2) 化学清洗

a. 化学清洗的适应性和方法

化学清洗主要包括酸洗和碱洗,酸洗是用硫酸、硝酸或盐酸来清洗工件表面的铁锈(氧化物);碱洗是用氢氧化钠、氢氧化钾来清洗工件表面的油污、抛光剂、积碳等,碱洗多用于铝合金。对某些在役的工件,其表面往往会有较厚的结垢、油污锈蚀等,如采用溶剂清洗,不但不经济而且还往往难以清洗干净。所以,可以先将污物用机械方法清除后,再进行酸洗或碱洗。还有那些经机械加工的软金属工件,其表面的缺陷很可能因塑性变形而被封闭,这时,也可以用酸碱侵蚀而使缺陷开口重新打开。

机电类特种设备涉及最多的钢工件通常采用硫酸、铬酐、氢氟酸加水配制成的侵蚀剂来处理。

b. 化学清洗的程序及应注意事项

化学清洗的程序如下:

$$酸洗(或碱洗) \longrightarrow 水淋洗 \longrightarrow 烘干$$

酸洗(或碱洗)要根据被检金属材料、污染物的种类和工作环境来选择。同时,由于酸、碱对某些金属有强烈的腐蚀作用,所以在使用时,对清洗液的浓度、清洗的时间都应严格控制,以防止工件表面的过腐蚀。高强度钢酸洗时,容易吸进氢,产生氢脆现象。因此,在清洗完毕后,应立即在合适的温度下烘烤一定的时间,以去除氢。另外,无论酸洗或碱洗,都应对工件进行彻底的水淋洗,以清除残留的酸或碱。否则,残留的酸或碱不但会腐蚀工件,而且还能与渗透剂产生化学反应而降低渗透剂的颜色强度或荧光亮度。清洗后还要烘干,以除去工件表面和可能渗入缺陷中的水分。

3) 溶剂清洗

溶剂清洗包括溶剂液体清洗和溶剂蒸汽除油等方法。它主要用于清除各类油、油脂及某些油漆。

溶剂液体清洗通常采用汽油、醇类(甲醇、乙醇)、苯、甲苯、三氯乙烷、三氯乙烯等溶剂清洗或擦洗,常应用于大工件局部区域的清洗。近几年来,从节约能源及减小环境污染出发,国内外均已研制出一些新型清洗剂和洗洁剂等,例如金属清洗剂。这些清洗剂对油、脂类物质有明显的清洗效果,并且在短时间内可保持工件不生锈。

溶剂蒸汽除油通常是采用三氯乙烯蒸汽除油,它是一种最有效又最方便的除油方法。这种除油方法操作简便,只需将工件放入蒸汽区中,三氯乙烯蒸汽便迅速在工件表面冷凝,从而将工件表面的油污溶解掉。在除油过程中,工件表面浓度不断上升,当达到温度时,除油也就结束了。

三氯乙烯蒸汽除油法不仅能有效地去除油污,还能加热工件,保证工件表面和缺陷中水分蒸发干净,有利于渗透剂的渗入。

(二)施加渗透剂

1.渗透剂的施加方法

施加渗透剂的常用方法有浸涂法、喷涂法、刷涂法和浇涂法等。可根据工件的大小、形状、数量和检查的部位来选择。

(1)浸涂法:把整个工件全部浸入渗透剂中进行渗透,这种方法渗透充分,渗透速度快,效率高,它适用于大批量的小工件的全面检查。

(2)喷涂法:可采用喷罐喷涂、静电喷涂、低压循环泵喷涂等方法,将渗透剂喷涂在被检部位的表面上。喷涂法操作简单,喷洒均匀,机动灵活,它适于大工件的局部检测或全面检测。

(3)刷涂法:采用软毛刷或棉纱布、抹布等将渗透剂刷涂在工件表面上。刷涂法机动灵活,适用于各种工件,但效率低,常用于大型工件的局部检测和焊接接头检测,也适用中小工件小批量检测。

(4)浇涂法:也称流涂法,是将渗透剂直接浇在工件表面上,适于大工件的局部检测。

2.渗透时间及温度控制

渗透时间是指施加渗透剂到开始乳化处理或清洗处理之间的时间。它包括滴落(采用浸涂法时)的时间,具体是指施加渗透剂的时间和滴落时间的总和。采用浸涂法施加渗透剂后需要进行滴落,以减少渗透剂的损耗,也减少渗透剂对乳化剂的污染。因为渗透剂在滴落的过程中仍继续保留渗透作用,所以滴落时间是渗透时间的一部分,渗透时间又称接触时间或停留时间。

渗透时间的长短应根据工件和渗透剂的温度、渗透剂的种类、工件种类、工件的表面状态、预期检出的缺陷大小和缺陷的种类来确定。渗透时间要适当,不能过短,也不宜太长,时间过短,渗透剂渗入不充分,缺陷不易检出;如果时间过长,渗透剂易于干涸,清洗困难,灵敏度低,工作效率也低。一般规定:温度在 $10 \sim 50 \, ℃$ 范围时,渗透时间大于 $10 \, \text{min}$。对于某些微小的缺陷,例如腐蚀裂纹,所需的渗透时间较长,有时可以达到几小时。

渗透温度一般控制在 $10 \sim 50 \, ℃$ 范围内,温度过高,渗透剂容易干在工件表面上,给清洗带来困难,同时,渗透剂受热后,某些成分蒸发,会使其性能下降;温度太低,将会使渗透剂变稠,使动态渗透参量受到影响,因而必须根据具体情况适当增加渗透时间,或把工件和渗透剂预热至 10 ~ 50 ℃的范围,然后再进行渗透。当温度条件不能满足上述条件时,应按标准对操作方法进行鉴定。

(三)去除多余的渗透剂

这一操作步骤是将被检工件表面多余的渗透剂去除干净,达到改善背景、提高信噪比的目的。在理想状态下,应当全部去除工件表面多余的渗透剂而保留已渗入缺陷内的渗透剂,但实际上这是较难做到的,故检验人员应根据检查的对象,尽力改善工件表面的信噪比,提高检验的可靠性,多余渗透剂去除的关键是保证不过洗而又不能清洗不足,这一步骤在一定程度上需要凭操作者所掌握的经验。

1. 水洗型渗透剂的去除

水洗型渗透剂的去除主要有四种方法,即手工水喷洗、手工水擦洗、自动水喷洗和空气搅拌水浸洗。空气搅拌水浸洗法仅适于对灵敏度要求不高的检测。

水洗型荧光渗透剂用水喷洗,应由下往上进行,以避免留下一层难以去除的荧光薄膜,水洗型渗透剂中含有乳化剂,所以如水洗时间长、水洗温度高、水压过高都有可能把缺陷中的渗透剂清洗掉,造成过清洗。水洗时间得到合格背景前提下,越短越好。水洗时应在白光(着色渗透剂)或黑光(荧光渗透剂)下监视进行。采用手工水擦洗时,首先用清洁而不起毛的擦拭物(棉纱、纸等)擦去大部分多余的渗透剂,然后用被水润湿的擦拭物擦拭。应当注意的是,擦拭物只能用水润湿,不能过饱和,以免造成过清洗。最后将工件表面用清洁而干燥的擦拭物擦干,或者自然风干。

2. 溶剂去除型渗透剂的去除

先用不脱毛的布或纸巾擦拭去除工件表面多余的渗透剂,然后再用沾有去除剂的干净不脱毛的布或纸巾擦拭,直到将被检表面上多余的渗透剂全部擦净。擦拭时必须注意:应按一个方向擦拭,不得往复擦拭;擦拭用的布或纸巾只能用去除剂润湿,不能过饱和,更不能用清洗剂直接在被检面上冲洗,因为流动的溶剂会冲掉缺陷中的渗透剂,造成过清洗;去除时应在白光(着色渗透检测)或黑光(荧光渗透检测)下监视去除的效果。

3. 去除表面多余渗透剂的方法与从缺陷中去除渗透剂的可能性的关系

图 2-4-19 表示采用不同的去除表面多余渗透剂的方法与从缺陷中去除渗透剂的可能性的关系。可以看出,用不沾有有机溶剂的干布擦拭时,缺陷内的渗透剂保留最好;后乳化型渗透剂的乳化去除法较好;水洗型渗透剂的水洗去除法较差;有机溶剂冲洗去除法最差,缺陷中的渗透剂被有机溶剂洗掉最多。

在去除操作过程中,如果出现欠洗现象,则应采取适当措施,增加清洗去除,使荧光背景或着色底色降低到允许水准上;或重新处理,即从预清洗开始,按顺序重新操作,渗透、乳化、清洗去除及显像过程。如果出现过乳化过清洗现象,则必须进行重新处理。

(四)干燥

1. 干燥的目的和时机

干燥处理的目的是除去工件表面的水分,使渗透剂能充分地渗入缺陷或被回渗到显像剂上。

干燥的时机与表面多余渗透剂的清除方法和所使用的显像剂密切相关。当采用溶剂去除工件表面多余的透液时,不必进行专门的干燥处理,只需自然干燥 5 ~ 10 min。用水

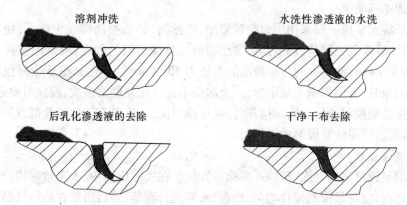

图 2-4-19　去除方法与缺陷中渗透剂被去除掉可能性的关系示意图

清洗的工件,如采用干粉显像或非水基湿显像剂(如溶剂悬浮型湿显像剂),则在显像之前必须进行干燥处理。若采用水基湿显像剂(如水悬浮型显像剂),水洗后直接显像,然后再进行干燥处理。

2.干燥的常用方法

干燥的方法可用干净的布擦干、压缩空气吹干、热风吹干、热空气循环烘干装置烘干等方法。实际应用中,常将多种干燥方法结合起来使用。例如,对于单件或小批量工件,经水洗后,可用干净的布擦去表面明显的水分,再用经过过滤的清洁干燥的压缩空气吹去工件表面的水分,尤其要吹去盲孔、凹槽、内腔部位及可能积水部位的水分,然后再放进热空气循环干燥装置中干燥,这样做不但效果好,而且效率高。

3.干燥的时间和温度控制

干燥时要注意温度不要过高,时间也不宜过长,否则会将缺陷中的渗透剂烘干,造成施加显像剂后,缺陷中的渗透剂不能回渗到工件表面上来,从而不能形成缺陷显示,使检测失败。允许的最高干燥温度与工件的材料和所用的渗透剂有关。正确的干燥温度应通过实验确定,干燥时间越短越好,干燥时间与工件材料、尺寸、表面粗糙度、工件表面水分的多少、工件的初始温度和烘干装置的温度有关,不与干燥的工件数量有关。干燥温度一般不得超过 50 ℃,干燥时间不得超过 10 min。

4.注意事项

干燥时,还应注意工作筐、吊具上的渗透检测剂以及操作者手上油污等对工件的污染,以免产生虚假的显示或掩盖显示。为防止污染,应将干燥前的操作和干燥后的操作隔离开来。

(五)显像

显像过程是指在工件表面施加显像剂,利用吸附作用和毛细作用原理将缺陷中的渗透剂回渗到工件表面,从而形成清晰可见的缺陷显示图像的过程。

1.显像方法

常用的显像方法有干式显像、非水基湿式显像、湿式显像和自显像等,其中非水基湿式显像在机电类特种设备的渗透检测中最为常用,干式显像和自显像基本不采用。

1）非水基湿显像

非水基湿式显像一般采用压力喷罐喷涂，喷涂前，必须摇动喷罐中珠子，使显像剂搅拌均匀，喷涂时要预先调节，调节到边喷涂边形成显像薄膜的程度；喷嘴距被检表面的距离为 300~400 mm，喷洒方向与被检面的夹角为 30°~40°。非水基湿显像时也采用刷涂和浸涂。刷涂时，所用的刷笔要干净，一个部位不允许往复刷涂多次；浸涂时要迅速，以免缺陷内的渗透剂被侵蚀掉。实际操作时，喷显像剂前，一定要在工件检验部以外试好后再喷到受检部位，以保证显像剂喷洒均匀。

2）水基湿显像

水基湿显像可采用浸涂、流涂或喷涂等方法。在实际应用中，大多数采用浸涂。在施加显像剂之前，应将显像剂搅拌均匀，涂覆后，要进行滴落，然后再放在热空气循环干燥装置中干燥。干燥的过程就是显像的过程。对悬浮型水基湿显像剂，为防止显像剂粉末沉淀，在浸涂过程中，还应不定时地搅拌。

2. 显像的时间和温度控制

显像时间和温度应控制在规范规定的范围内，显像时间不能太长，也不能太短。显像时间太长，会造成缺陷显示被过度放大，使缺陷图像失真，降低分辨力；而时间过短，缺陷内渗透剂还没有被回渗出来形成缺陷显示，将造成缺陷漏检。所谓显像时间，在干粉显像中，是指从施加显像剂到开始观察的时间；在湿式显像法中，是指从显像剂干燥到开始观察的时间。显像时间必须严加控制。显像时间取决于渗透剂和显像剂的种类、缺陷大小以及被检件的温度。显像时间一般不少于 7 min。

3. 显像剂覆盖层的控制

施加显像剂时，应使显像剂在工件表面上形成圆滑均匀的薄层，并以能覆盖工件底色为度。

应注意不要使显像剂覆盖层过厚。如太厚，会把显示掩盖起来，降低检测灵敏度；如覆盖层太薄，则不能形成显示。

4. 干粉显像和湿式显像比较

干粉显像和湿式显像相比，干粉显像只附着在缺陷部位，即使经过一段时间后，缺陷轮廓图形也不散开，仍能显示出清晰的图像，所以使用干粉显像时，可以分辨出相互接近的缺陷。另外，通过缺陷的轮廓图形进行等级分类时，误差也较小。相反，湿式显像后，如放置时间较长，缺陷显示图形会扩展开来，使形状和大小都发生变化，但湿式显像易于吸附在工件表面上形成覆盖层，有利于形成缺陷显示并提供良好的背景，对比度较高。

5. 显像剂的选择原则

渗透剂不同，工件表面状态不同，所选用的显像剂也不同。就荧光渗透剂而言，光洁表面应优先选用溶剂悬浮显像剂，粗糙表面应优先选用干式显像剂，其他表面优先选用溶剂悬浮显像剂，然后是干式显像剂，最后考虑水悬浮显像剂。就着色渗透剂而言，任何表面状态，都应优先选用溶剂悬浮显像剂，然后是水悬浮显像剂。

（六）观察和评定

1. 对观察时机的要求

缺陷显示的观察应在施加显像剂之后 7~60 min 时间内进行。如显示的大小不发生变化,则可超过上述时间,甚至可达到几小时。为确保任何缺陷显示在其未被扩展得太大之前得到检查,可在 7 min 前进行观察,对缺陷进行准确定性。

2.观察时对光源的要求

检验时,工作场地应保持足够的照度,这对于提高工作效率,使细微的缺陷能被观察到,确保检测灵敏度是非常重要的。

着色检测应在白光下进行,显示为红色图像。通常工件被检面白光照度应大于或等于 1 000 lx;当现场采用便携式设备检测,由于条件所限无法满足时,可见光照度可以适当降低,但不得低于 500 lx。试验测定:80 W 荧光灯管在距光源 1 m 处照度约为 500 lx。

荧光检测应在暗室内的紫外线灯下进行观察,显示为明亮的黄绿色图像。为确保足够的对比率,要求暗室应足够暗,暗室内白光照度不应超过 20 lx。被检工件表面的黑光照度应不低于 1 000 $\mu W/cm^2$。如采用自显像工艺,则应不低于 3 000 $\mu W/cm^2$。检验台上应避免放置荧光物质,因在黑光灯下,荧光物质发光会增加白光的强度,影响检测灵敏度。

3.注意事项

(1)检验人员在观察过程中,当发现的显示需要判断其真伪时,可用干净的布或棉球沾一些酒精,擦拭显示部位,如果被擦去的是真实的缺陷显示,则擦拭后,显示能再现,若在擦拭后撒上少许的显像粉末,可放大缺陷显示,提高微小缺陷的重现性;如果擦去后显示不再重现,一般是虚假显示,但一定要重新进行渗透检测操作,确定其真伪。对于特别细小或仍有怀疑的显示,可用 5～10 倍放大镜进行放大辨认。但不能戴影响观察的有色眼镜。若因操作不当,真伪缺陷实在难以辨认时,应重复全过程进行重新检测。确定为缺陷显示后,还要确定缺陷的性质、长度和位置。

(2)检验后,工件表面上残留的渗透剂和显像剂,都应去除。钢制工件只需用压缩空气吹去显像粉末即可,但对铝、镁、钛合金工件,则应保护好表面,不能腐蚀工件,可在煤油中清洗。

(3)渗透检测一般不能确定缺陷的深度,但因为深的缺陷所回渗的渗透剂多,故有时可根据这一现象粗略地估计缺陷的深浅。检验完毕后,对受检工件应加以标识。标识的方式和位置对受检工件没有影响。实际考核时一定记录下缺陷的位置、长度和条数。

(七)后清洗和复验

1.后清洗的目的

工件检测完毕后,应进行后清洗,以去除对以后使用或对工件材料有害的残留物。去除这些渗透检测残留物越早越容易去除,影响越小。

显像剂层会吸收或容纳促进腐蚀的潮气,可能造成腐蚀,并且影响后续处理工序。对于要求返修的焊接接头,渗透检测残留物会对焊接区域造成危害。

2.后清洗操作方法

(1)溶剂悬浮显像剂的去除,可先用湿毛巾擦,然后用干布擦,也可直接用清洁干布或硬毛刷擦,对于螺纹、裂缝或表面凹陷,可用加有洗涤剂的热水喷洗,超声清洗效果更好。

(2)碳钢渗透检测清洗时,水中应添加硝酸钠或铬酸钠化合物等防腐剂,清洗后还应用防锈油防锈。

三、渗透检测工艺文件

同射线检测、超声波检测一样,渗透检测工艺文件也包括两种:通用工艺规范和专用工艺(工艺卡)。

(一)渗透检测通用工艺

其基本要求和编制方法与射线检测、超声波检测、磁粉检测相同,在此不再赘述。

(二)渗透检测专用工艺

专用工艺内容包括下列部分:工艺卡编号、工件(设备)原始数据、规范标准数据、检测方法及技术要求、特殊的技术措施及说明、有关人员签字。

除检测方法及技术要求需要根据磁粉检测特点选择确定,其他部分的要求和射线检测工艺卡基本一致。

检测方法及技术要求包括选定的渗透检测设备名称和型号、选用的灵敏度试块种类型号、渗透剂种类、渗透剂去除方法、显像剂种类及施加方法、各个工序的控制时间、检测部位示意图。

渗透检测工艺示例见第六节。

第五节　显示的解释和缺陷的评定

一、显示的分类和解释

(一)显示的解释

渗透检测显示(又称为迹痕、迹痕显示)的解释是对肉眼所见的着色或荧光痕迹显示进行观察和分析,确定产生这些痕迹显示原因的过程。即通过渗透检测工艺方法显示迹痕的解释,确定出肉眼所见的痕迹显示究竟是由真实缺陷引起的,还是由工件结构等原因所引起的,或仅是由于表面未清洗干净而残留的渗透剂所引起的。渗透检测后,对于观察到的所有显示均应作出解释,对有疑问不能作出明确解释的显示,应擦去显像剂直接观察,或重新显像、检查,必要且允许时,可从预处理开始重新实施检测过程。也就是说,显示的解释是判断显示是否属于缺陷显示的一个过程。

(二)显示的分类

渗透检测显示一般可分为三种类型:由真实缺陷引起的相关显示、由于工件的结构等原因所引起的非相关显示、由于表面未清洗干净而残留的渗透剂等所引起的虚假显示。

1. 相关显示

相关显示(真实显示)又称为缺陷迹痕显示、缺陷迹痕和缺陷显示,是指从裂纹、气孔、夹杂、折叠、分层等缺陷中渗出的渗透剂所形成的迹痕显示,它是缺陷存在的标志。

2. 非相关显示

非相关显示(不相关显示)又称为无关迹痕显示,是指不是由缺陷引起的与缺陷无关的、外部因素所形成的渗透剂迹痕显示,通常不能作为渗透检测评定的依据。其形成原因可以归纳为三种情况：

（1）加工工艺过程中所造成的显示，例如装配压印、铆接印和电阻焊时不焊接的部分等所引起的显示，这类迹痕显示在一定范围内是允许存在的，甚至是不可避免的。

（2）由工件的结构外形等所引起的显示，例如键槽、花键、装配结合的缝隙等引起的显示，这类迹痕显示常发生在工件的几何不连续处。

（3）由工件表面的外观（表面）缺陷引起的显示，包括机械损伤、划伤、刻痕、凹坑、毛刺、焊接接头表面状态或铸件上松散的氧化皮等，由于这些外观（表面）缺陷经肉眼目视检验可以发现，通常不是渗透检测的对象，故该类显示通常也被视为非相关显示。

非相关显示引起的原因通常可以通过肉眼目视检验来证实，故对其的解释并不困难。通常不将这类显示作为渗透检测质量验收的依据。表2-4-3列出常见非相关显示的种类、位置和特征，仅供参考。

表2-4-3 渗透检测常见的非相关显示

种 类	位 置	特 征
焊接飞溅、焊接接头表面波纹	电弧焊的基体金属上	表面上的球状物、表面夹沟
电阻焊接接头上不焊接的边缘部分	电阻焊接接头的边缘	沿整个焊接接头长度、渗透剂严重渗出
装配压印	压配合处	压配合轮廓
铆接印	铆接处	锤击印
刻痕、凹坑、划伤	各种工件	目视可见
毛刺	机加工工件	目视可见

3. 虚假显示

虚假显示是由于不适当的方法或处理产生的显示，或称为操作不当引起的显示，其不是由缺陷引起的，也不是由工件结构或外形等原因所引起的，有可能被错误地解释为由缺陷引起的，故也称为伪显示。产生虚假显示（指对工件检测时形成）的常见原因包括：

（1）工作者手上的渗透剂污染；

（2）检测工作台上的渗透剂污染；

（3）显像剂受到渗透剂的污染；

（4）清洗时，渗透剂飞溅到干净的工件上；

（5）擦布或棉花纤维上的渗透剂污染；

（6）工件筐、吊具上残存的渗透剂与清洗干净的工件接触造成的污染；

（7）工件上缺陷处渗出的渗透剂污染了邻近的工件等。

渗透检测时，由于工件表面粗糙、焊接接头表面凹凸、清洗不足等而产生的局部过度背景也属于虚假显示，它容易掩盖相关显示。从迹痕显示特征上来分析，虚假显示是能够很容易识别的。若用沾湿少量清洗剂的棉布擦拭这类显示，很容易擦掉，且不重新显示。

渗透检测时，应尽量避免引起虚假显示。一般应注意，渗透检测操作者的手应保持干净，应无渗透剂污染；工件筐、吊具和工作台应始终保持洁净；应使用干净不脱毛的无丝绒布擦洗工件;荧光渗透时应在黑光灯下清洗等。

4. 不同迹痕显示的区别

虽然相关显示、非相关显示和虚假显示都是迹痕显示,但其区别在于:相关显示和非相关显示均是由某种缺陷或工件结构等原因引起的、由渗透剂回渗形成的渗透检测过程中的出现重复性迹痕显示;而虚假显示不是重复性显示。相关显示影响工件的使用性能,需要进行评定;而非相关显示和虚假显示都不是由缺陷引起的,并不影响工件使用性能,故不必进行评定。

二、缺陷的评定

(一)缺陷显示的分类

缺陷迹痕显示的分类一般是根据其形状、尺寸和分布状况进行的。渗透检测的质量验收标准不同,对缺陷显示的分类也不尽相同。通常应根据受检工件所使用的渗透检测质量验收标准进行具体分类。

仅仅依据缺陷迹痕显示的图形来对缺陷进行评定,通常是困难的、片面的。所以,渗透检测标准等对缺陷迹痕显示进行等级分类时,一般将其分为线状缺陷迹痕显示、圆形缺陷迹痕显示和分散状缺陷迹痕显示等类型。显示分类示意图如图 2-4-20 所示。

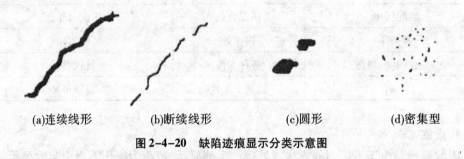

(a)连续线形　　　　(b)断续线形　　　　(c)圆形　　　　(d)密集型

图 2-4-20　缺陷迹痕显示分类示意图

对于承压类特种设备的渗透检测而言,通常将缺陷迹痕分为线形、圆形、密集型,根据设备或试件的位置分为纵、横向显示等类型。

1. 线形缺陷迹痕显示

线形(也称为线状)缺陷迹痕显示通常是指长度(L)与宽度(B)之比(L/B)大于 3 的缺陷迹痕显示。裂纹、冷隔或锻造折叠等缺陷通常产生典型的连续线形缺陷迹痕显示。

线形缺陷迹痕显示包括连续线形和断续线形缺陷迹痕显示两类。断续线形缺陷迹痕显示可能是排列在一条直线或曲线上的相邻很近的多个缺陷引起的,也可能是单个缺陷引起的。当工件进行磨削、喷丸、吹沙、锻造或机加工,原来表面上的连续线形缺陷部分地堵塞住了,渗透检测时也会呈现为断续的线状迹痕显示。对于这类缺陷显示,应作为一个连续的长缺陷处理,即按一条线形缺陷进行评定。

2. 圆形缺陷迹痕显示

圆形缺陷迹痕显示通常是指长度(L)与宽度(B)之比(L/B)不大于 3 的缺陷迹痕显示。即除线形缺陷迹痕显示外的其他缺陷迹痕显示,均属于圆形缺陷迹痕显示。圆形缺陷迹痕显示通常是由工件表面的气孔、针孔、缩孔或疏松等缺陷产生的。较深的表面裂纹在显像时能渗出大量的渗透剂(回渗现象),也可能在缺陷处扩散成圆形缺陷迹痕。小点状显示是由针孔、显微疏松产生的,由于这类缺陷较为细微,深度较小,故可能显示较弱。

3. 密集缺陷迹痕显示

对于在一定区域内存在多个圆形缺陷迹痕显示,通常称为密集缺陷迹痕显示。由于不同类型、不同用途的工件其质量验收等级要求不同,要求的区域的大小规定也不同,缺陷迹痕大小和数量的规定也不同。

4. 纵(横)向缺陷迹痕显示

对于轴类、棒类、焊接接头等工件的缺陷显示,当其迹痕显示的长轴方向与工件轴线或母线存在一定的夹角(一般为大于等于30°)时,通常按横向缺陷迹痕显示处理,其他则可按纵向缺陷迹痕显示处理。

(二)缺陷的分类

按照形成缺陷的不同阶段,渗透检测的缺陷一般可分为原材料缺陷、制造工艺缺陷和在役使用缺陷。

1. 原材料缺陷

原材料缺陷也称为冶金缺陷、原材料的固有缺陷,它是金属在冶炼过程中,金属材料由液态凝固成固态时产生的缩管、夹杂物、气孔、钢锭裂纹等缺陷。例如:钢锭等经过开坯、冷热加工变形后,这些缺陷的形状、名称可能会发生改变,但仍然属于原材料缺陷。原钢锭中的夹杂或气孔,在棒材上的发纹;原钢锭中的气孔、缩孔或夹杂等经轧制后,在板材上的分层;钢锭中的裂纹残留在棒坯中经变形而产生的缝隙缺陷等。

2. 制造工艺缺陷

工艺缺陷是与工件制造的各种工艺因素有关的缺陷,这些制造工艺包括铸造、冲压、锻造、挤压、滚轧、机加工、焊接、表面处理和热处理等。制造工艺缺陷多数又称为加工缺陷,通常有下列几种情况:

第一种情况是钢锭等原材料经过一定的变形加工后,在棒材、板材、丝材、管材或带材上,由于变形加工工艺上的原因而形成的工艺缺陷。这些变形加工工艺有锻造、挤压、滚轧、拉拔、冲压、弯曲等,产生的缺陷有锻造裂纹、折叠、缝隙、冲压裂纹、弯曲裂纹等。

第二种情况是在焊接和铸造时产生的缺陷,例如裂纹、气孔、疏松、夹杂、冷隔、未焊透、未熔合等。对于铸造工件中的铸造缺陷,尽管在性质上与钢锭中的铸造缺陷相同,但由于铸造是工件的一种制造工艺,故铸件中的缺陷通常被纳入制造工艺缺陷。

第三种情况是工件在车、铣、磨等机械加工,电解腐蚀加工、化学腐蚀加工,热处理、表面处理等工艺过程中产生的缺陷。如磨削裂纹、镀铬层裂纹、淬火裂纹、金属喷涂层裂纹等。

3. 在役使用缺陷

在役使用缺陷是工件在使用、运行过程中产生的新生缺陷,如针孔腐蚀、疲劳裂纹、应力腐蚀裂纹和磨损裂纹等。

（三）常见缺陷及其特征

1. 焊接气孔

气孔是一种常见的缺陷。气孔的存在使工件的有效截面积减少,从而降低其抗外载的能力,特别是对弯曲和冲击韧性的影响较大,是导致工件破断的原因之一。

焊接气孔是指焊接时,熔池中的气体未在金属凝固前逸出,残存于焊接接头之中所形成的空穴(见图 2-4-21)。其气体可能是熔池从外界吸收的,也可能是焊接冶金过程中反应生成的。焊接气孔是焊接件一种常见的缺陷,可分为表面气孔(工件外部气孔)和埋藏气孔(工件内部气孔)。根据分布情况不同,又可分为分散气孔、密集气孔和连续气孔等。气孔的大小差异也很大。

渗透检测主要以表面气孔为检出对象。

2. 裂纹

裂纹的种类很多,渗透检测中,以表面裂纹为检出对象,常见的裂纹有下列几种。

1）焊接裂纹

焊接裂纹是指在焊接过程中或焊接以后,在焊接接头出现的金属局部破裂现象。焊接裂纹除降低接头强度外,还由于裂纹端有尖锐的缺口,将引起较高的应力集中,因而使裂缝继续扩展,由此导致整个结构件的破坏。特别是承受动载荷时,这种缺陷是很危险的。因此,焊接裂纹是焊接接头中不能允许的缺陷。

焊接裂纹按其产生的部位不同,可分为纵向裂纹(见图 2-4-22)、横向裂纹(见图 2-4-23、图 2-4-24)、熔合区裂纹、根部裂纹、火口裂纹及热影响区裂纹等。按裂纹产生的温度和时间不同,可分为热裂纹和冷裂纹。

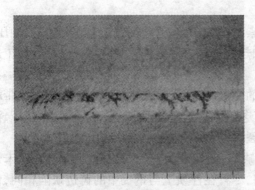 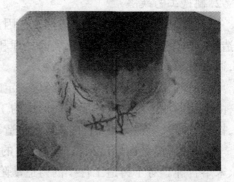

图 2-4-21　焊接接头上焊接气孔的迹痕显示　　　图 2-4-22　焊接接头纵向裂纹迹痕显示

a. 热裂纹

金属从结晶开始,一直到相变以前所产生的裂纹都称为热裂纹,又称为结晶裂纹。它沿晶开裂,具有晶间破坏性质。当它与外界空气接触时,表面呈氧化色彩(蓝色、蓝黑色)。热裂纹常产生在焊接接头中心(纵向),或垂直于焊接接头,呈鱼鳞波纹状或不规则锯齿状;也有产生在断弧的弧坑(火口)处的,呈放射状。微小的弧坑裂纹(见图 2-4-25),用肉眼观察往往是不容易发现的。

 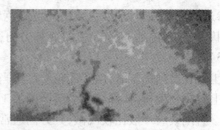

图 2-4-23　焊接接头横向裂纹迹痕显示　　图 2-4-24　焊接接头横向裂纹迹痕显示

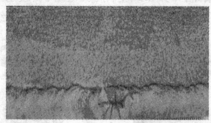

图 2-4-25　焊接接头弧坑裂纹迹痕显示

渗透检测时,热裂纹迹痕显示一般呈略带曲折的波浪状或锯齿状红色细条线或黄绿色(荧光渗透时)细条状。但弧坑裂纹呈星状,较深的弧坑裂纹有时因渗透剂回渗较多使其迹痕扩展而呈圆形,但如用沾有清洗剂的棉球擦去显示后,裂纹的特征可清楚地显示出来。

b.冷裂纹

冷裂纹是指在相变温度下的冷却过程中和冷却以后出现的裂纹。这类裂纹多出现在有淬火倾向的高强钢中。一般低碳钢工件,在刚性不大时不易产生这类裂纹。冷裂纹通常产生在焊接接头的热影响区,有时也在焊接接头金属中出现。冷裂纹的特征是穿晶开裂。冷裂纹不一定在焊接时产生,它可以延迟几个小时甚至更长的时间以后才发生,所以又称延迟裂纹。由于其延迟特性和快速脆断特性,它具有很大的危害性。它常产生于焊层下紧靠熔合线处,并与熔合线平行;有时焊根处也可能产生冷裂纹,这主要是由于缺口处造成了应力集中,如果此时钢材淬火倾向较大,则可能产生冷裂纹。

c.层状撕裂

焊接具有丁字接头或角接头的厚大工件时,沿钢板的轧制方向分层出现的阶梯状裂纹,属冷裂纹,其产生原因主要是钢材在轧制过程中,非金属夹杂物沿杂质方向形成各向异性。在焊接应力或外加约束应力的作用下形成开裂。

d.再热裂纹

沉淀强化的材料工件的焊接接头冷却后再加热至 500～700 ℃时,一般会产生从熔合线向热影响区的粗晶区发展,呈晶间开裂特征的再热裂纹。

渗透检测时,冷裂纹的形状一般呈直线状红色或明亮黄绿色(荧光渗透时)细线条,中部稍宽,两端尖细,颜色或亮度逐渐减淡,直到最后消失。

2)淬火裂纹

淬火裂纹是工件在热处理淬火过程中产生的裂纹,一般起源于刻槽、尖角等应力集中区,渗透检测时,通常呈红色或明亮黄绿色(荧光渗透时)的细线条显示,呈线状、树枝状或网状,裂纹起源处宽度较宽,沿延伸方向逐渐变细(见图2-4-26)。

3)磨削裂纹

工件在磨削加工时,由于砂轮粒度不当、砂轮太钝、磨削进刀量太大、冷却条件不好或工件上碳化物偏析等,都可能引起磨削加工表面局部过热,在加工应力作用下而产生磨削裂纹。磨削裂纹一般比较浅微,其方向通常垂直于磨削方向,由热处理不当产生的磨削裂纹有的与磨削方向平行,并沿晶界分布或呈网状、鱼鳞状、放射状或平行线状分布。渗透检测时磨削裂纹显示呈红色断续条纹,有时呈现为红色网状条纹或黄绿色(荧光渗透时)亮网状条纹(见图2-4-27)。

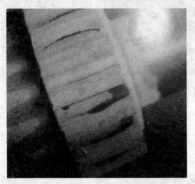 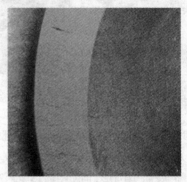

图2-4-26 齿轮淬火裂纹迹痕显示(热处理)　　图2-4-27 磨削裂纹迹痕显示(机加工)

4)疲劳裂纹

工件在使用过程中,长期受到交变应力或脉动应力作用,可能在应力集中区产生疲劳裂纹。疲劳裂纹往往从工件上划伤、刻槽、陡的内凹拐角及表面缺陷处开始,开口于工件表面,其方向与受力方向垂直,中间粗,两头尖。渗透检测时,迹痕显示呈红色光滑线条或黄绿色(荧光渗透时)亮线条(见图2-4-28)。

5)应力腐蚀裂纹

应力腐蚀裂纹是处于特定腐蚀介质中的金属材料在拉应力作用下产生的裂纹(见图2-4-29)。由于工件金属材料受到外部介质(雨水、酸、碱、盐等)的化学作用产生腐蚀坑,起到缺口作用造成应力集中,成为疲劳源,进一步在交变应力作用下不断扩展,最终导致腐蚀开裂。应力腐蚀裂纹通常与拉应力方向垂直。

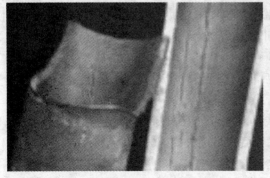 

图2-4-28 疲劳裂纹　　　　　　　图2-4-29 应力腐蚀裂纹

6）晶间腐蚀

奥氏体不锈钢的晶间析出铬的碳化物导致晶间贫铬，在介质的作用下晶界发生腐蚀，产生连续性的破坏，称为晶间腐蚀。

7）白点

白点是钢材在锻压或轧制加工时，在冷却过程中未逸出的氢原子聚集在显微空隙中并结合成分子状态，对钢材产生较大的内应力，再加上钢材在热压力加工中产生的变形力和冷却过程相变产生的组织应力的共同作用下，导致钢材内部的局部撕裂。白点多为穿晶裂纹。在横向断口上表现为由内部向外辐射状不规则分布的小裂纹，在纵向断口上呈弯曲线状裂纹或银白色的圆形或椭圆形斑点，故称为白点（见图2-4-30）。

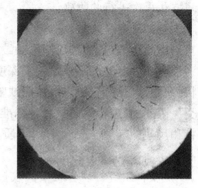

图2-4-30　白点（横断面）迹痕显示（原材料）

2. 其他缺陷

焊接表面夹渣、表面气孔均为常见缺陷，缺陷形状多种多样，很不规则，夹渣、气孔露出表面时，渗透检测可以发现。

缝隙是滚、轧、拉制棒材时，由于金属表面存在局部凹陷，滚轧后产生的沿棒材纵长方向分布且长而直的缺陷。拉制丝材时也可能产生这种缺陷。渗透检测容易发现这种缺陷。

（四）缺陷显示的评定

1. 缺陷迹痕显示等级评定的一般原则

渗透检测缺陷迹痕显示等级评定是对渗透检测显示作出解释之后，确定其是否符合规定的验收标准的过程。其目的是对渗透检测得到的迹痕显示，通过观察、解释和分析，确定为缺陷迹痕显示的，按照相关标准或技术文件等的要求进行分类和质量等级评定，并在此基础上进行质量验收，判定受检工件质量是否合格。

评定时，对缺陷显示均应进行定位、定量及定性。由于渗透剂的扩展，渗透检测缺陷迹痕显示尺寸通常均远远大于缺陷实际尺寸，显像时间对缺陷评定的准确性有明显影响，这在定量评定中应特别注意。当显像时间太短时，缺陷迹痕显示甚至不会出现。而在湿式显像中，随着显像时间的延长，缺陷迹痕显示呈不断扩散、放射状；相邻缺陷的迹痕显示图形，可能就好像一个缺陷一样。随着显像时间的延长，不断地观察缺陷迹痕显示的形貌的变化，才能够比较准确地评价缺陷大小和种类。因此，在进行缺陷迹痕显示的等级分类和评定时，按照渗透检测标准或技术说明书上所规定的渗透检测显像时间进行观察和评定是十分必要的。

缺陷迹痕显示的等级评定均只针对由缺陷引起的迹痕显示进行，即只针对相关显示进行。当能够确认迹痕显示是由外界因素或操作不当等因素造成时，不必进行迹痕显示的记录和评定。缺陷迹痕显示评定等级后，需按指定的质量验收等级验收，对受检工件作出合格与否的结论。对于明显超出质量验收标准的超标缺陷迹痕显示，可立即作出不合格的结论。对于那些尺寸接近质量验收标准的缺陷迹痕显示,需在适当的观察条件下(必要时借助放大镜)进一步仔细观察,测出缺陷迹痕显示的尺寸和确定缺陷的性质后,才能作出结论。发现超标缺陷而又允许打磨或补焊的工件,应在打磨后再次进行渗透检测,确认缺陷已经被消除后,然后进行补焊。补焊后还需要再次进行渗透检测或采用其他无损检测方法再次进行验收确认。

2. 渗透检测质量验收标准

应当指出的是,渗透检测所给出的缺陷迹痕显示图形,只给出了呈现在表面的二维平面形状和长度、宽度尺寸,既缺乏关于深度方向的尺寸、缺陷尖端形状等信息,也缺乏缺陷内部形状、缺陷性质等信息,难以按照缺陷对工件结构安全性、完整性的影响大小来进行等级分类。因此,渗透检测质量验收标准规定的质量等级分类,仅仅是针对工件表面上缺陷的形状和尺寸(长、宽)进行的,属于质量控制范畴。渗透检测质量验收标准通常按以下方法制定:

(1)引用类似工件的现有质量验收标准,这些现有标准都是经过长时间的实际使用考核后,被证明是可靠的。

(2)按一定的工艺试生产一批工件,进行渗透检测,对渗透检测发现存在缺陷的工件进行破坏性试验,如强度试验、疲劳试验等,根据试验结果制定出合适的质量验收标准。

(3)根据经验或理论的应力分析,制定出质量验收标准;还可通过对存在典型类型缺陷的工件进行模拟实际工况的试验,然后制定出质量验收标准。

对于特种设备工件,渗透检测标准、缺陷迹痕显示的质量验收标准通常由相关标准或技术规范给予规定。

3. 缺陷迹痕显示评定的一般要求

对能够确定为是由裂纹类缺陷(如裂纹、白点等)引起的缺陷迹痕显示,由于其严重影响工件结构的安全性、完整性,是最危险的缺陷类型,绝大多数渗透检测标准均不对其进行质量等级分类,而直接评定为不允许的缺陷显示迹痕。

对于小于人眼所能够观察的极限值尺寸的渗透检测迹痕显示,难以进行定量测定和性质判断,一般可以忽略不计。

进行渗透检测缺陷显示迹痕的评定时,长度与宽度之比大于 3 的,一般按线形缺陷处理;长度与宽度之比小于或等于 3 的缺陷显示迹痕,一般按圆形缺陷评定、处理。圆形缺陷显示迹痕的直径一般是指其在任何方向上的最大尺寸。

对于线形缺陷显示的长轴方向与工件(轴类、管类或焊接接头)轴线或母线的夹角大于或等于 30°时,一般按横向缺陷进行评定、处理,其他按纵向缺陷进行评定、处理。

对于两条或两条以上线形缺陷显示迹痕,当在同一条直线上且间距不大于 2 mm 时,应合并为一条缺陷显示迹痕进行评定、处理,其长度为两条缺陷显示迹痕之和加间距。

4. 质量验收标准实例

《承压设备无损检测 第 5 部分:渗透检测》(JB/T 4730.5—2005)是较为常用的特种设备渗透检测方法标准和质量验收标准,相关规定要求按照其对缺陷迹痕显示进行分类、记录和分级评定。

《无损检测焊缝渗透检测》(JB/T 6062—2006)规定了采用渗透检测方法检测金属焊

缝中表面开口缺欠的基本规则,也规定了渗透检测显示的验收水平。

机电类特种设备的渗透检测具体执行标准以相关规范和设计文件规定为准。

三、渗透检测记录和报告

(一)缺陷的记录

非相关显示和虚假显示不必记录和评定。

对缺陷显示迹痕进行评定后,有时需要将发现的缺陷形貌记录下来,缺陷记录方式一般有如下几种。

1. 草图记录

画出工件草图,在草图上标注出缺陷的相应位置、形状和大小,并说明缺陷的性质。这是最常见的缺陷迹痕显示的记录方式。

2. 照相记录

在适当光照条件下,用照相机直接把显示的迹痕缺陷拍照下来。着色渗透显示在白光下拍照,最好用数码照相机,这样记录的缺陷迹痕显示图像更真实、方便。荧光渗透检测显示需在紫外线灯下拍照,拍照时,镜头上要加黄色滤光片,且采用较长的曝光时间。可采用在白光下极短时间曝光以产生工件的外形,再在不变的曝光条件下,继续在紫外线下进行曝光,这样可得到在清楚的工件背景上的缺陷迹痕显示图像的荧光显示。

3. 可剥性塑料薄膜等方式记录

采用溶剂蒸发后会留下一层带有显示的可剥离薄膜层(或称可剥性塑料薄膜)的液体显像剂显像后,将其剥落下来,贴到玻璃板上保存起来。剥下的显像剂薄膜包含有缺陷迹痕显示图像,着色渗透检测时在白光下、荧光渗透检测时在紫外线灯下,可看见缺陷迹痕显示图像。

4. 录像记录

对于渗透检测过程和缺陷,也可以在适当的光照条件下,采用模拟或数字式录像机完整记录缺陷迹痕显示的形成过程和最终形貌。

(二)检测记录和报告

渗透检测时应作好检测原始记录,渗透检测完成后应在原始记录的基础上出具渗透检测报告。按照无损检测质量管理的一般要求,通常检测记录的信息量应不少于检测报告的信息量。渗透检测原始记录及报告应包括如下内容:

(1)受检工件状态:委托单位;被检工件名称、编号、规格、形状、坡口型式、焊接方式和热处理状态。

(2)检测方法及条件:检测设备、渗透检测剂名称和牌号;检测规范、检测比例、检测灵敏度校验及试块名称、预清洗方法、渗透剂施加方法、乳化剂施加方法、去除方法、干燥方法、显像剂施加方法、观察方法和后清洗方法,渗透温度、渗透时间、乳化时间、水压及水温、干燥温度和时间、显像时间。

(3)检测结论:缺陷名称、大小及等级,检测结果及质量分级、检测标准名称和验收等级。

(4)示意图:渗透检测部位、缺陷迹痕显示记录及工件草图(或示意图)。

(5)其他:检测和审核人员签字及其技术资格;检测日期等。

第六节　渗透检测在机电类特种设备中的应用

一、客运索道的渗透检测

客运索道是特种设备的一种,它是在险要山崖地段安装具有高空承揽运送游客的一种特殊设备,一旦发生事故,后果不堪设想。

抱索器是客运索道的主要构件之一,也是最关键的构件(见图2-4-31、图2-4-32),抱索器属锻件,形状不规则,在使用过程中,受交变频率较强的拉力和扭矩力,易产生疲劳裂纹,通常采用渗透检测的方法检查其表面开口缺陷。

图2-4-31　抱索器　　　　　　图2-4-32　抱索器结构图

下面以在用客运索道抱索器为例,介绍渗透检测在客运索道中的具体应用。

该构件主体材质为20#钢,采用锻件经机加工而成,结构如图2-4-32所示,采用渗透检测,检测标准JB/T 4730.5—2005。

具体检测方案及工艺确定如下。

(一)检测前的准备

1.待检工件表面的清理

检测前应清除工件表面的铁屑、油污及其他可能影响磁化和观察的杂物,必要的情况下采用清洗剂进行清洗。

2.设备器材的选择

本章第二、三节中已介绍了渗透检测常用设备器材。

考虑到该类构件的现状较为复杂,加之现场检测,所以采用溶剂去除着色法,以便于现场操作,并且可以一次检出各个方向的缺陷,相应的检测器材较为简单,包括着色剂、清洗剂及显像剂,通常上述试剂为市售套装。

(二)检测时机

工件表面清理完毕并经外观检查合格后,如果工件表面油污较多,还应采用清洗剂进行预清洗,清洗后当工件表面达到干燥状态后方可进行检测。

(三)检测方法和技术要求

基本操作程序包括预清洗、着色剂的施加、多余着色剂的去除、显像剂的施加,观察、后处理。

　　渗透时间应根据检测时的环境温度及工件表面状况进行控制,通常情况下渗透时间控制在 10～15 min。

(四)其他技术要求

采用清洗剂去除工件表面多余着色剂时,应根据工件表面状况掌握,避免过清洗。

(五)缺陷部位的标识

缺陷部位以记号笔加以清楚标注。

(六)检测记录和报告的出具

(1)采用的记录和报告要符合规范、标准的要求及检测单位质量体系文件的规定。

(2)记录应至少包括下列主要内容:工件技术特性(包括工件名称、编号、材质、规格、表面状态等)、检测设备器材(包括渗透剂型号、灵敏度试片的种类型号等)、检测方法(包括渗透时间、显像时间等)、检测部位示意图、评定结果(缺陷种类、数量、评定级别等)、检测时间、检测人员。客运索道抱索器渗透检测工艺卡见表2-4-4。

表2-4-4　客运索道抱索器渗透检测工艺卡

工艺卡编号:HNAT-PT-2011-05

工　件	设备名称	抱索器	检件材质	20#钢
	设备编号	1～8吊箱(抱索器)	表面状态	清洗除油/打磨除锈
	检测部位	抱索器内抱卡、外抱卡表面		
器材及参数	渗透剂种类	H-ST	检测方法	ⅡC-d
	渗透剂	HP-ST	渗透时间	>10 min
	清洗剂	HD-ST	显像时间	>10 min
	显像剂	HR-ST	对比试块类型	□铝合金 ■镀铬
	渗透剂施加方法	■喷□刷□浸□浇	环境温度	15 ℃
	显像剂施加方法	■喷□刷□浸□浇		
技术要求	检测比例	≥20%	合格级别	Ⅰ级
	检测标准	JB/T 4730.5—2005		

　　(3)报告的签发。报告填写要详细清楚,并由Ⅱ级或Ⅲ级检测人员(PT)审核、签发。检测报告至少一式两份,一份交委托方,一份检测单位存档。

　　(4)记录和报告的存档。相关记录、报告、射线底片应妥善保存,保存期不低于技术规范和标准的规定。

　　检测完毕后清理检测现场,做好环境保护工作。

　　某旅游地索道检测中 1#、2#吊箱抱索器发现表面裂纹(见图2-4-33)。

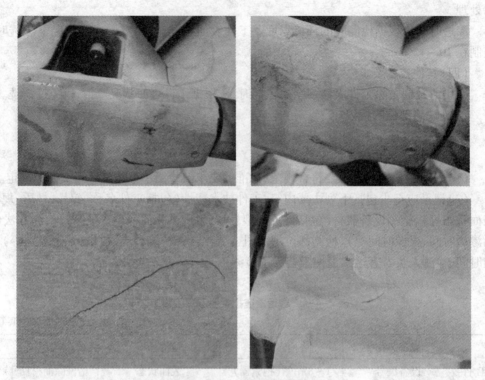

图 2-4-33　抱索器表面裂纹

二、游乐设施的渗透检测

太空漫步车架是承载的重要构件,通常采用不锈钢材料制作(见图 2-4-34)。

图 2-4-34　太空漫步车架

下面以太空漫步车架为例,介绍渗透检测在游乐设施中的具体应用。

具体检测方案和工艺的确定方法同前述客运索道,基本操作程序如下:

(1)用清洗剂清洗工件表面。

(2)清洗剂晾干后在检测部位喷涂渗透剂。

(3)喷涂渗透剂完成 10 min 后用清洗剂清洗检测部位多余的渗透剂,注意不要过清洗。

（4）清洗剂晾干后在检测部位喷涂显像剂。

（5）喷涂显像剂完成后 10 min，观察工件检测部位表面是否有缺陷痕迹显示，并做好记录，出具报告。

（6）清理检测现场，做好环境保护工作。

太空漫步车架渗透检测工艺卡见表 2-4-5。

表 2-4-5　太空漫步车架渗透检测工艺卡

工艺卡编号：HNAT-PT-2011-11

	设备名称	太空漫步	检件材质	不锈钢
工件	设备编号	AF810、AF801	表面状态	脱脂除垢
	检测部位	车架对接及角接焊缝		
器材及参数	渗透剂种类	H-ST	检测方法	ⅡC-d
	渗透剂	HP-ST	渗透时间	>10 min
	清洗剂	HD-ST	显像时间	>10 min
	显像剂	HR-ST	对比试块类型	□铝合金 ■镀铬
	渗透剂施加方法	■喷 □刷 □浸 □浇	环境温度	25 ℃
	显像剂施加方法	■喷 □刷 □浸 □浇		
技术要求	检测比例	≥20%	合格级别	Ⅰ级
	检测标准	JB/T 4730.5—2005		

第三篇　机电类特种设备专用无损检测技术

第一章　概　述

第一节　无损检测技术的发展历程

　　无损检测是建立在现代科学技术基础上的一门应用型技术学科,无损检测技术是利用物质的某些物理性质因存在缺陷或组织结构上的差异使其物理量发生变化这一现象,在不损伤被检物使用性能及形态的前提下,通过测量这些变化来了解和评价被检测的材料、产品和设备构件的性质、状态、质量或内部结构等的一种特殊的检测技术。无损检测学科涉及物理科学中的光学、电磁学、声学、原子物理学以及计算机、数据通信等学科,在冶金、机械、石油、化工、航空、航天各个领域均有广泛的应用。无损检测作为现代工业的基础技术之一,在保证产品质量和工程质量上发挥着愈来愈重要的作用,其"质量卫士"的美誉已得到工业界的普遍认同。

　　一、无损检测技术的发展历程回顾

　　以德国科学家伦琴 1895 年发现 X 射线为标志(见图 3-1-1),无损检测作为应用型技术性学科已有 100 多年的历史,无损检测作为一门多学科的综合技术正式开始进入工业化大生产的实际应用领域。

  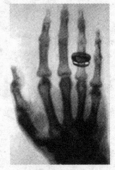

伦琴(1845～1923)德国物理学家　　伦琴《新射线的初步报告》手稿　　伦琴夫人的手骨——世界上第一张 X 光底片

图 3-1-1

1900 年法国海关开始应用 X 射线检验物品,1922 年美国建立了世界第一个工业射线实验室,用 X 射线检查铸件质量,以后在军事工业和机械制造业等领域得到广泛的应用,射线检测至今仍然是许多工业产品质量控制的重要手段。

1912 年超声波探测技术最早在航海中用于探查海面上的冰山,1929 年超声波技术用于产品缺陷的检验,至今仍是航空航天、石化、船舶、冶金等领域诸多产品的主要检测手段。

早在我国春秋时期《吕氏春秋》就有"慈(磁)石召铁"的说法,但磁力检测真正用于工业产品检测还是 20 世纪初的事。20 世纪 30 年代用磁粉检测方法来检测车辆的曲柄等关键部件,以后在钢结构件上广泛应用磁粉探伤方法,使磁粉检测得以普及到各种铁磁性材料的表面及近表面检测。

毛细管现象是土壤水分蒸发的一种常见现象,随着工业化大生产的出现,将"毛细管现象"的原理成功地应用于金属和非金属材料开口缺陷的检验,形成渗透检测方法,其灵敏度与磁粉检测相当,它的最大特点是可以检测非铁磁性物质。

经典的电磁感应定律和涡流电荷集肤效应的发现,促进了现代导电材料涡流检测方法的产生。1935 年第一台涡流探测仪器研究成功,20 世纪 50 年代初,德国科学家霍斯特发表了一系列有关电磁感应的论文,开创了现代涡流检测的新篇章。

到了 20 世纪中期,在现代化工业大生产促进下,建立了以射线检测(RT)、超声检测(UT)、磁粉检测(MT)、渗透检测(PT)和涡流检测(ET)五大常规检测方法为代表的无损检测体系。

二、无损检测技术的发展现状和展望

随着现代科学技术的不断发展和相互间的渗透,新的无损检测方法和技术不断涌现,建立起一套较完整的无损检测体系,覆盖了工业化大生产的大部分领域。

(一)传统方法不断进步

(1)进入 20 世纪后期,以计算机和新材料为代表的新技术,促进无损检测技术的快速发展,射线实时成像检测技术,使射线检测不断拓宽其应用领域。射线实时成像系统,被成功应用于许多钢管和石油液化气钢瓶制造厂的焊缝快速检测。

虽然传统的射线胶片照相检测技术在检测灵敏度、图像清晰度等方面已日臻完美,然而射线检测引进计算机数字图像处理技术后,得到的数字处理图像质量可以与胶片图像质量相媲美,DR(Digital Radiography)和 CR(Computed Radiography)技术的出现,使射线检测的成像、存储发生了重大变革,大大提高了射线检测的效率。

γ 射线的应用和高能加速器的出现,增大了射线的检测厚度,使原来不易被低能射线穿透构件的检测变为可能,例如在海关对集装箱物品的检验。随着纳米技术的发展,纳米材料制成图像采集器件比现在的图像增强器体积更小,容量更大,分辨率更高,图像更加清晰。可以预想,纳米技术将会进一步推动射线成像技术的发展。

(2)超声检测以检测灵敏度高、声束指向性好、对裂纹等危害性缺陷检出率高、适用性广泛等优点至今在无损检测领域中占有重要的地位。由于计算机技术的介入,超声成像技术异军突起,使超声检测技术向数字成像自动化方向发展。

TOFD(Time of Flight Diffraction Technique)是一种基于衍射信号实施检测的技术,即衍射时差法超声检测技术。TOFD 技术在实现更为精准检测的同时,检测效率也得以长足提高,近年来获得了日益广泛的应用。近年来已得到快速发展和应用。

超声导波(Ultrasonic Guided Wave)检测技术利用低频扭曲波(Torsinal Wave)或纵波(Longitudinal Wave)可对管路、管道进行长距离检测,包括对于地下埋管不开挖状态下的长距离检测。不同的超声波模式(导波技术中使用的三种主要波型为纵向波、扭转波和弯曲波)对管道的腐蚀缺陷特征有不同的灵敏度,因此新发展的超声导波技术采用多模式(多探头模块)检测,例如可同时进行纵向波和扭转波操作,可以收集到被检测管道更全面的信息而不致发生漏检。

基于惠更斯原理而发展起来的超声相控阵检测技术与传统超声检测技术相比,实现整个体积或所关心区域的多角度多方向扫查,成为解决常规超声可达性差和空间限制问题的有效手段。超声相控阵技术已有 20 多年的发展历史,初期主要应用于军事和医疗领域,然而随着电子技术和计算机技术的快速发展,超声相控阵技术逐渐应用于工业无损检测,特别是在核工业及航空工业等领域。

(3)涡流检测正向着数字成像、自动检测和远场检测方向发展。

远场效应是 20 世纪 40 年代发现的。1951 年 W. R. Maclean 获得了此项技术的美国专利。20 世纪 50 年代壳牌公司的 T. R. Schmidt 独立地发明了远场涡流无损检测技术,在世界上首次研制成功检测井下套管的探头,并用来检测井下套管的腐蚀情况,1961 年他将此项技术命名为远场涡流检测,以区别于普通涡流检测。传统涡流检测当钢管经过通以交流电的线圈时,钢管表面或近表面有缺陷部位的涡流将发生变化,导致线圈的阻抗或感应电压产生变化,从而得到关于缺陷的信号,并以信号的幅值及相位等对缺陷进行判断。利用传统涡流检测,可以测定钢管被测表面的蚀坑、孔洞、裂纹等缺陷。但它仍局限于非铁磁材料和弱铁磁材料的检测。而远场涡流技术由于其相位信号正比于缺陷深度,并且是由磁场两次穿越管壁,能正确地反映管壁的缺损特征,能重复地测量出缺损的深度等。因此,对于铁磁材料管道来讲,远场涡流技术是最可行的一种无损检测技术。

脉冲涡流检测技术是近年来由国外引进的新技术。2005 年,CSEI 从荷兰 RTD 公司进口了首台 INCOTEST 脉冲涡流检测仪,用于对带保温层钢质压力容器和管道腐蚀的检测。该设备最大可穿透 150 mm 厚的保温层,可对 6 ~ 65 mm 厚的钢板进行剩余厚度测量,测量灵敏度达壁厚的 10%。

(二)新方法、新技术不断出现

(1)声发射检测技术是 1950 年由德国人凯泽(J. Kaiser)开始研究的,1964 年美国首先将声发射检测技术应用于火箭发动机壳体的质量检验并取得成功。此后,声发射检测方法获得迅速发展。已用于锅炉、压力容器、压力管道、起重机械等大型构件的检测,评定缺陷的危险性等级,作出实时报警。在生产过程中,用声发射技术可以连续监视高压容器、核反应堆容器和海底采油装置等构件的完整性。声发射技术还应用于检测渗漏、研究岩石的断裂、监视矿井的崩塌,并预报矿井的安全性。

(2)利用铁磁性部件缺陷在外部强磁场的作用下产生漏磁现象来检测部件缺陷的漏磁检测法,已作为常规检测技术应用于各种铁磁部件的质量检验中。在此基础上又出现了一种先进的无损检测技术——金属磁记忆诊断技术,它能有效地应用于在役设备早期损伤检测。金属的磁记忆方法不需要对设备表面进行预处理,能够快速、准确地对设备进行诊断,从而达到设备疲劳损伤早期预警控制的目的。

(3)红外检测就是利用红外辐射原理对设备或材料及其他物体的表面进行检验和测量的专门技术,也是采集物体表面温度信息的一种手段,常用于无接触温度测量、气体成分分析和无损检测,在医学、军事、空间技术、电力和环境工程等领域得到广泛应用。

(4)激光技术用于检测主要是利用激光的优异特性,将它作为光源,配以相应的光电元件来实现的。它具有精度高、测量范围大、检测时间短、非接触式等优点,常用于测量长度、位移、速度、振动等参数。由于其自身的优势,正在逐步深入信息处理、通信、生物、医疗、制造业等各个领域。随着超精密加工、强激光、光电技术和半导体工业的发展,出现了超光滑或有超精细结构的表面,高精度的激光检测技术已应用于对该领域的微观形貌的非接触测量。目前,利用激光检测关键技术(激光干涉测量技术、激光共焦测量技术、激光三角测量技术)实现的激光干涉仪、激光位移传感器等,可以完成纳米级非接触测量。可以说,超精密加工技术将随着高精密激光检测技术的发展而发展。

(5)微波是介于红外线与无线电波之间的电磁辐射,由于它的波长短、频带宽,以及它与物质的相互作用,由此发展了微波无损检测技术。近年来,微波无损检测的理论、技术和硬件系统都有了长足进展,大量的实验研究业已证明该项技术的先进性和实用性,它是无损检测新技术的重要组成部分。在航天航空工业中,国外对复合材料、蜂窝结构、轮胎和有机纤维增强塑料的检测,具有独到之处,解决了用其他技术无法解决的问题。在探地方面,微波断层扫描成为地质及地下工程的得力助手。

(6)电磁超声检测技术也称为涡流—声检测(英文缩写 EMAT),是近年来国际上快速发展的一项新的检测手段,也是超声检测发展的前沿技术之一,它属于非接触超声检测,可方便地在被检测工作中激发出各种形式的超声波,能实时有效地检测金属的表面及内部缺陷,而且电磁超声对各种不同钢材的导磁率比较敏感,以及对钢材组织比晶粒度更敏感的特点用于钢材分选。因此,电磁超声检测技术已经广泛应用于各种锻件、钢棒、钢板、钢管(包括无缝钢管、石油大管、焊管等)的手动、半自动和全自动无损检测以及火车轮的动态检查、火车车轮踏面和轧辊的表面及近表面探伤等众多领域,特别是可以用在高温状态下金属坯料的非接触在线自动化超声检测(如轧钢生产线上的在线高温自动化超声检测),这是电磁超声法所拥有的特殊优势,目前常用的压电换能器是无法承担这样的检测任务的。电磁超声检测还可用于金属监察结构的胶接质量(例如未黏合、分层等)以及导电层压制品或例如硼纤维或石墨纤维增强的复合材料、金属复合板等的未黏合等缺陷的检测。

(三)无损检测技术正向无损评价方向发展

随着无损检测(Non-Destructive Testing,NDT)技术的飞速发展。从 1993 年 9 月第 7 届亚太地区无损检测会议(APCNDT)和 1996 年 12 月第 14 届世界无损检测大会(WCNDT)可以明显地看到,这种发展的一个最显著特征是无损评价(Non-Destructive Evaluation,NDE)技术的应用已成为 NDT 技术发展的必然趋势,在材料评价,工件检测和动态监控,结构的安全性、可靠性及其寿命预测等诸多方面扮演起越来越重要的角色。

NDE 是一门综合性的应用科学技术,它依据相关的标准, 在不破坏、不影响被评价对象使用性能的前提下,借助于无损检测、测量、试验、计算和模拟等手段,对被评价对象固有属性、功能、状态、潜力及其发展趋势进行分析、验证和预测,从而作出综合性评价结论。

NDE 的综合性、复杂程度、技术难度及其导向性,都远远超过了 NDT。NDE 需要 NDT 的结果作为支撑,却又超越了 NDT 的范畴。

尽管 NDT 也具有综合性、实证性以及公证性等内涵,其目的、要求、范围及能力却与 NDE 有相当的区别。在 NDE 过程中, NDT 只是获取实证性信息数据的手段之一。NDT 只需判明工件中是否有缺陷以及缺陷的性质、大小、位置和分布等信息, 但 NDE 必须从不同视角对被评价对象的固有属性、功能、状态、潜能及其趋势等作出完整、准确的综合评价和预测。

比如,在对缺陷的记录与处理上, NDT 总是严格按照标准的要求进行。通常,尺寸小于下门槛值的缺陷(按标准规定),NDT 将不予理会, 当然也不作记录;而对于尺寸大于上门槛值的超标缺陷,NDT 将予以拒收,工件则需要返工、返修或者报废。然而,NDE 却更多地表现出它的严密性和灵活性。考虑到构件运行过程中缺陷的扩散与长大倾向,NDE 对尺寸小于下门槛值的缺陷也是十分重视的,且予以记录。通过数次检测,对缺陷的生长速率、扩展方向等进行研究,有助于对其进行更加全面、准确的判断。对于尺寸大于上门槛值的超标缺陷,根据缺陷形状、大小、方向、所在部位以及生长速率等多方面实际情况,通过对结构的安全性、可靠性综合分析和预测,可能对该缺陷不作返工、返修等处理,而是在受监控的前提下继续使用。这里, NDE 的立足点是通过全面深入的 NDT、客观科学的评价替代原先保守的假设。

随着科学技术的迅猛发展和全球经济一体化时代的到来,市场经济的竞争将变得愈加激烈,而竞争的焦点是科技与质量。无损检测自诞生之日起就与质量结下了不解之缘,无损检测是现代工业生产中质量控制和质量保证的重要方法,在当今社会质量竞争已经逐渐取代原先的价格的竞争,质量已不再是一种奢侈品,追求完美的质量已是永恒的主题。无损检测以它坚实的理论基础和精湛的技艺,忠实地履行着"质量卫士"的职责。

第二节　机电类特种设备无损检测技术

无论是常规五大类无损检测方法,还是广义的无损检测方法,对不同的检测对象都存在一定针对性和局限性,各类检测方法既存在互补性,也存在不可替代性。

对机电类特种设备同样存在适用于自己的专用无损检测技术和方法,本篇将重点介绍适用于电梯、起重机械、客运索道、大型游乐设施、场(厂)内机动车辆的专用无损检测技术,由于常规五大类无损检测方法在机电类特种设备中的应用在第二篇已作了专门介绍,所以本篇不再赘述。

一、电梯无损检测技术

垂直升降的电梯占总量的大多数,且各种无损检测技术在电梯中的应用在垂直升降的电梯中也得到了集中体现,因此下面将以垂直升降的电梯为主来阐述电梯的无损检测技术。

垂直升降电梯的检验主要包括技术资料的审查、机房或机器设备区间检验、井道检验、轿厢与对重检验、曳引绳检验与补偿绳(链)检验、层站层门与轿厢检验、底坑检验和功能试验等项目。其检测方法主要是目视检验,同时辅以必要的仪器设备,进行必要的测量、检验和试验。而超声、射线和磁粉等常用无损检测技术在电梯检验中几乎不使用。

(一)电梯导轨的无损检测技术

电梯导轨是供电梯轿厢和对重运行的导向部件,导轨的直线度和扭曲度直接影响电梯运行的舒适度,因此电梯导轨在生产与安装过程中都需要对它的直线度和扭曲度进行检测。常用的导轨检测方法有线锤法和激光测试法两种。

1.线锤法

该方法是采用5 m磁力线锤,沿导轨侧面和顶面测量,对每5 m铅垂线分段连续测量,每面分段数不少于3段。检查每列导轨工作面每5 m铅垂线测量值间的相对最大偏差是否满足规定要求。

2.激光测试法

如图3-1-2所示,该方法运用了激光良好发集束和直线传播的特性,在检测过程中,将装有十字激光器的主机固定在导轨的一端,将光靶安装在导轨上,使得光靶靶面面向主机发光孔,在导轨上移动光靶,并将光靶上的激光测距仪测量的距离信号传送到电脑中,经计算处理后转化为导轨的直线度和扭曲度。

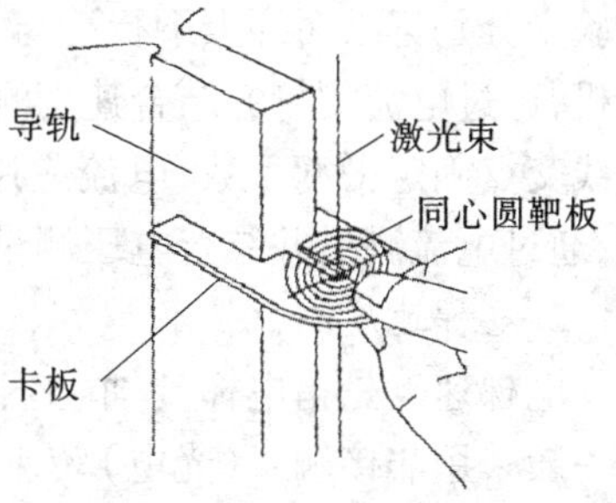

图3-1-2 激光测试导轨直线度

(二)电梯曳引钢丝绳的漏磁检测技术

电梯曳引钢丝绳承受着电梯全部的悬挂重量,在运转过程中绕曳引轮、导向轮或反绳轮呈单向或交变弯曲状态,钢丝在绳槽中承受着较高的挤压应力,因此电梯曳引绳应具有较高的强度、挠性和耐磨性。钢丝绳使用过程中,由于各种应力、摩擦和腐蚀等,使钢丝产生疲劳、断丝和磨损。当强度降低到一定程度,不能安全地承受负荷时应报废。

早期的仪器主要是检测钢丝绳的局部缺陷即LF检验法(主要是断丝定性和定量检测)。进入20世纪80年代,国内外开始出现金属截面积损失(LMA)检测法,此法弥补了LF检测不能检测磨损和锈蚀的不足,但对局部缺陷(小断口断丝和变形)检测灵敏度低。为弥补该两种方法检测时的不足,出现了LF和LMA双功能检测仪器,满足对LF和LMA两条曲线的同时检测并与距离对应。

目前,国内外生产电梯钢丝绳检测仪器的型号有我国的MTC、TCK和KST系列,波兰的MD系列,美国LMA系列,以及俄罗斯的INTROS系列等。

(三)功能试验中的无损检验技术

功能试验是检测电梯各种功能和安全装置的可靠性,多是带载荷和超载荷的试验。在功能试验中需采用不同的检测技术进行各项测试。

1.电梯平衡系数的测试

电梯平衡系数是关系电梯安全、可靠、舒适和节能运行的一项重要参数。曳引驱动的曳引力是由轿厢和对重的重力共同通过钢丝绳作用于曳引轮绳槽而产生的。对重是曳引绳与曳引轮绳槽产生摩擦力的必要条件,曳引驱动的理想状态是对重侧与轿厢的重量相等,此时曳引轮两侧钢丝绳的张力相等,若不考虑钢丝绳重量的变化,曳引机只要克服各种摩擦阻力就能轻松地运行。但实际上轿厢侧的重量是个变量,随着载荷的变化而变化,固定的对重不可能在各种载荷情况下都完全平衡轿厢侧的重量。因此,对重只能取中间值,按标准规定只平衡 0.4～0.5 倍的额定载荷,故对重侧的总重量应等于轿厢自重加上 0.4～0.5 倍的额定载重量。该倍数即为平衡系数 K,即 $K = 0.4～0.5$。当 $K = 0.5$ 时,电梯在半载的情况下其负载转矩将近似为零,电梯处于最佳运行状态。电梯在空载和满载时,其负载转矩绝对值相等而方向相反。在采用对重装置平衡后,电梯负载在零(空载)与额定值(满载)之间变化时,反映在曳引轮上的转矩变化只有 ±50%,减轻了曳引机的负担,减少了能量消耗。

电梯平衡系数测试时,交流拖动的电梯采用电流法,直流拖动的电梯采用电流—电压法。测量时,轿厢分别承载 0、25%、50%、75% 和 100% 的额定载荷,进行沿全程直驶运行试验。分别记录轿厢上下行至与对重同一水平面时的电流、电压或速度值。对于交流电动机,通过电流测量并结合速度测量,作电流—载荷曲线或速度—载荷曲线,以上、下运行曲线交点确定平衡系数,电流应用钳型电流表从交流电动机输入端测量;对于直流电动机,通过电流测量并结合电压测量,作电流—载荷曲线或电压—载荷曲线,确定平衡系数。

2. 电梯速度测试技术

电梯速度是指电梯 Z 轴(上下方向)位移的变化率,由电梯运行控制引起,监督检验时一般采用非接触式(光电)转速表测量。其基本原理是采用反射式光电转速传感器,使用时无需与被测物体接触,在待测转速的转盘上固定一个反光面,黑色转盘作为非反光面,两者具有不同的反射率,当转轴转动时,反光与不反光交替出现,光电器件间接地接收光的反射信号,转换成电脉冲信号。经处理后即可得到速度值。

3. 电梯起、制动加速度和振动加速度测试技术

电梯起、制动加速度是指 Z 轴速度的变化率,由电梯运行控制引起,振动是指当大于或小于一个参考级的加速度值交替出现时,加速度值随时间的变化。电梯运行过程中的加速度及其变化率是影响电梯运行舒适性的主要因素,主要表现在:一是电梯起动和制动过程中加速度变化引起的起重感和失重感;二是电梯在稳速运行时的振动。电梯振动产生的原因很多,如电梯安装时导轨安装质量不高、电梯曳引机齿轮啮合不良、变频器的控制参数调整不当、电梯轿厢的固有振动频率与主机重合产生共振等。

加速度的测试主要采用位移微分法。测试时,使用电梯加、减速度测试仪,将传感器安放在轿厢地面的正中,紧贴轿底,分别检测轻载和重载单层、多层及全程各工况的加、减速度值与振动加速度值。

4. 电梯噪声测试技术

噪声测试采用了测量声压的传感器,取 10 倍实测声压的平方与基准声压的平方之比的常用对数(基准声压级为 20 μPa)为噪声值。

当电梯以正常运行速度运行时,声级计在距地面高 1.5 m,距声源 1 m 处进行测量,测试点不少于 3 点,取噪声测量值中的最大值。

轿厢内噪声测试：电梯运行过程中，声级计置于轿厢内中央，距地面高1.5 m测试，取噪声测量值的最大值。

开、关门噪声测试：声级计置于层门轿厢门宽度的中央，距门0.24 m，距地面高1.5 m，测试开、关门过程中的噪声，取噪声测量值中的最大值。

（四）电梯综合性能测试技术

电梯综合性能测试技术是近几年发展起来的，通过一台便携式设备实现多种性能测试。电梯在运行中，利用专用电子传感器采集信号，经专用软件的分析处理，能够得到电梯安全参数的测试结果。

德国检验机构TÜV开发的ADIASYSTEM电梯诊断系统以专用电子传感器、数据记录仪及PC机获取与在线电梯安全相关的参数，是一种测量、存档有关行程、压力、质量、速度或加速度，钢丝绳曳引力和平衡力，电梯门特征及安全钳设置的综合测试设备。可快速准确地测量和处理相关安全数据，测量结果可方便地进行存储并与特定准则进行比较。

二、起重机械无损检验技术

起重机械根据载荷运载形式的不同，有不同的主体结构。主体结构由各种钢结构件连接构成，操作、控制和驱动等电气结构安装在钢结构的各个功能部件中。起重机械的金属结构主要有焊接和螺栓连接。

根据起重机械材料、焊缝及易出现的缺陷类型，可选用相应的无损检测方法，如对整机的金属结构、电气控制和安全防护装置等可用目视检测方法；对零部件和机构，如母材或焊缝内部缺陷主要用射线和超声方法；表面裂纹等缺陷主要用磁粉或渗透方法，也可采用漏磁裂纹检测装置；壁厚减薄可用卡尺等度量工具测量，也可以用超声测厚仪进行测量；漆层厚度可用涡流膜层厚度测量仪测量；金属磁记忆检测仪可对钢结构的应力状况进行检测；声发射技术可检测起重机械材料内部因腐蚀、裂纹等缺陷产生的声发射（应力波）情况；应力应变测试可对整机静态和运动等状态下的应力分布及变化情况进行测试；振动测试可对整机的自振频率和振型分析进行测试。随着无损检测技术的发展，可用于起重机械上的无损检测方法技术和方法也将越来越多。

起重机械种类繁多，不同的起重机械应按设计、制造、检验、试验和验收等技术条件进行检测。主要针对不同部件和特殊结构易产生缺陷的类型而采用相应的无损检测方法，并以相应的检测工艺和标准进行探伤与评价。

起重机械的所有零部件，如吊钩、电磁铁、真空吸盘、集装箱吊具及高强螺栓、钢丝绳套管、吊链、滑轮、卷筒、齿轮、制动器、车轮、锚链和安全钩等，以及金属结构的本体和焊缝，如主梁腹板、盖板和翼缘板等对接焊缝等，均不允许存在裂纹等损伤，各机构在试验后也不允许出现裂纹和永久变形等损伤；大部分摩擦部件，如抓斗铰轴和衬套、吊具、钢丝绳、吊链环、滑轮、卷筒、齿轮、车轮等表面磨损量也都有严格的规定；某些部件及其焊缝，如吊钩、真空吸盘、集装箱吊挂金属结构、金属结构原料钢板、各机构焊接接头等内部缺陷的当量尺寸也有明确规定；某些专用零部件，如钢丝绳等，也有专用的质量要求；有的对表面防腐涂层厚度也有规定。具体要求可参考各种起重机械及零部件的技术规范，必须根据相应的技术要求针对不同的检测对象采用适当的检测方法和检测工艺。

　　起重机械的检测方法如下：目视检测、电磁检测（包括涡流膜层测厚、漏磁裂纹检测和钢丝绳探伤等）、金属磁记忆检测、声发射检测、应力应变测试和振动测试主要在安装和定期检验中采用，射线检测主要在制造和安装中采用，超声、磁粉和渗透检测在制造、安装及定检中都有应用。

（一）电磁检测

1. 涡流膜层测厚

　　起重机械的表面漆层厚度测量主要利用涡流的提离效应，即涡流检测线圈与被检金属表面之间的漆层厚度（提离）值会影响检测阻抗值，对于频率一定的检测线圈，通过测量检测线圈阻抗（或电压）的变化就可以精确测量出膜层（提离）的厚度值。涡流膜层测厚受基体金属材料（电导率）和板厚（与涡流的有效穿透深度相关）影响，为克服其影响，一般选用较高的涡流频率，当频率>5 MHz 时，不同电导率基体材料和板厚对检测线圈阻抗的影响差异将变得很小。涡流是空间电磁耦合，一般无须对检测表面进行处理，但为使膜层厚度的测量更加精确，建议对测量表面进行适当的清理，以去除可能对检测精度有影响的油漆防护层上的杂质。

2. 裂纹检测

　　电磁法检测裂纹时，用一交变磁场对金属试件进行局部磁化，试件在交变磁场作用下，也会产生感应电流，并生成附加的感应磁场。当试件有缺陷时，其表面会产生泄漏磁场梯度异常，用磁敏元件拾取泄漏复合磁场的畸变就能获得缺陷信息，如裂纹的位置和深度等。此种裂纹检测方法快速准确，并能对裂纹进行定性和半定量评估。受集肤效应影响，波形幅度与裂纹深度呈非线性关系，在工程应用中，可用人工对比试样来得到更加准确的深度信息。相关标准有《焊缝无损检测——用复平面分析的焊缝涡流检测》（EN 1711—2000）。探伤结果与裂纹的走向有关，为防止漏检，按标准推荐的操作方法，应以至少两次相互垂直的扫查方向进行探伤。

　　裂纹检测的空间电磁耦合，一般无须对检测表面进行处理，并可穿透非导体防护涂层和铁锈，甚至较薄的非铁磁性金属覆盖层，可用于对钢结构母材及焊缝的裂纹检测，检测精度与常规磁粉相当，适合对起重机械进行快速裂纹扫查。但该方法依据磁场信号进行判定，若磁粉检测后未进行有效的退磁操作，将对检测部位的磁场信号产生干扰，故检测时机应选在磁粉检测之前。

3. 钢丝绳检测

　　起重机械用钢丝绳属易损件，钢丝绳运行的安全与否，直接关系到起吊重物和设备的安全。因此，为了保证钢丝绳的安全运行，国家标准《起重机械安全规程 第 1 部分：总则》（GB 6067.1—2010）、《起重机 钢丝绳保养、维护、安装、检验和报废》（GB/T 5972—2009）中对钢丝绳检验和报废都作出了明确规定。

　　钢丝绳检测仪根据缺陷引起的磁场特征参数（如磁场强度和磁通量等）的变化情况对钢丝绳的缺陷情况进行判别，并可进行定性（断丝或腐蚀等）和定量（断丝数或横截面积损失量）分析。

　　钢丝绳检测时一般无须对不影响钢丝绳在检测上正常行走的油污和灰垢进行清理，但对于因钢丝绳与滑轮和卷筒等构件摩擦而使钢丝绳股间夹杂大量铁磁性颗粒的情况，应对钢丝绳进行清洗或对检测结果进行适当修正。

(二)金属磁记忆检测

金属磁记忆是对金属结构的应力集中状况进行检测的。通过测量金属构件处磁场切向分量 $Hp(x)$ 的极值点和法向分量 $Hp(y)$ 的过零点来判断应力集中区域,并对缺陷的进一步发生和发展进行监控与预测。

磁记忆是一种弱磁检测方法,无需对工件进行磁化,其应力集中部位在地磁场的作用下即可显示出磁记忆信号。但是一旦对工件进行了磁粉检测而又未进行有效的退磁操作,则微弱的磁记忆信号将被磁化后的剩余磁场信号湮没,所以检测时机应放在磁粉检测之前。

(三)声发射检测

起重机械声发射检测时,在设备的关键部位,一般选择设计上的应力值较大或易发生腐蚀、裂纹或实际使用过程中曾出现过缺陷(如裂纹)的部位布置传感器。对起重设备施加额定载荷(动载)和试验载荷(静载),起重机械则正常运行或保持静止,此时材料内部的腐蚀、裂纹等缺陷源会产生声发射(应力波)信号,信号处理后将显示出产生声发射信号的包含严重结构缺陷的区域,频谱分析等手段还可为起重机械的整体安全性分析提供支持。声发射检测相对于其他无损检测技术而言,具有动态、实时、整体连续等特点,声发射技术不仅可对是否存在缺陷进行检测,还可对缺陷的活度进行判断,进而为起重机械的有效安全监测提供准确的依据。

(四)应力测试

应力测试是型式结构试验的主要项目,通过测试起重机械结构件的应力和变形,来确定结构件是否满足起重性能和工作要求。

静态应力测试在加载后机构应制动或锁死,动态应力测试一般在额定载荷下按测试工况运行,各部件的最大应力不超过设计规定值。测试前由结构分析确定按危险应力区类型,即均匀高应力区、应力集中区和弹性挠曲区,并据此来确定测试点和应变片的位置与种类,制订测试方案。根据应力状态和类型选择电阻应变片,一般单向应力单向应片,二向应力,扭转应力和应力集中区等必须用由三个应变片组成的应变花,应变片标距为 $1\sim30$ mm,以尽量小为宜,灵敏系数必须明确。各测点部位需磨光并用丙酮清洗,再粘贴应变片,粘贴前后电阻值相差 $\leqslant2\%$,应变片与被测件绝缘电阻要求 $>100\sim200$ $M\Omega$,将电阻应变仪调整到零应力状态后加载,卸载后必须回零。并应再多次加载和卸载,使电阻应变片达到稳定,因自重无法消除而得不到零应力状态时,在测试中加进计算的自重应力。超载工况时的应力值仅作结构完整性考核用,不作为安全判断依据;额定载荷时的结构最大应力按危险应力区的类型作为安全判断的依据。

(五)振动测试

振动特性(动钢度)是指起重机的消振能力,通常以主梁自振周期(频率)或衰减时间来衡量。自振频率(特别是基频)和振型是综合分析与评价结构刚度的重要指标。主梁在载荷起升离地或下降突然制动时,会产生低频率大振幅的振动,影响司机的心理和正常的作业,对电动桥门式起重机,当小车位于跨中时的满载自振频率要求 $\geqslant2$ Hz。

振动测试时,在主梁跨中上(或中下)盖板处任选一点作为垂直方向振动检测点,小车位于跨中位置,把应变片粘贴在检测点上,并将引线接到动态应变仪输入端,输出端接示波器,起升额定载荷到 2/3 的额定起升高度处,稳定后全速下降,在接近地面处紧急制动,从示波器记录的时间曲线和振动曲线上可测得频率,即为起重机的动钢度(自振频率)。

三、客运架空索道无损检测技术

客运索道主要通过抱索器将吊具安装在钢丝绳上,钢丝绳架高在支架上,经由机电设备驱动钢丝绳运动来运输人员。支架和吊架的金属结构常用壁厚≥5 mm 的开口型材或壁厚≥2.5 mm 的钢管材及闭口型材制成,环境温度<−20 ℃时,主要承载构件应用镇静钢。一般支架为高度在 6 ~ 12 m 的塔柱或塔架式、四边形桁架结构式或四边形封闭式等结构。由于制造中金属结构大都采用焊接连接,故常规检查焊缝的无损检测方法在生产和安装及运行的检验中都可应用,抱索器需要用在低温下有良好冲击韧性的优质钢制造,内、外抱卡通常用锻造方法制造,不得采用铸造方法,其检测通常采用磁粉方法。

客运索道的零部件一般在车间制造或直接外购,然后在现场根据设计要求进行组装。因为现有客运索道的标准规范中除对抱索器磁粉检测和钢丝绳检测的要求外,没有对无损检测方法进行详细规定,主要由检验人员根据设计要求对重点部件,如支架、吊架、钢丝绳和抱索器等,选择适当的无损检测方法。一般制造检验常采用射线、超声、磁粉、渗透和涡流检测等方法;安装检验常采用射线、超声、磁粉、渗透、涡流和漏磁检测等方法;在用定期检验常采用超声、磁粉、渗透、涡流、漏磁、磁记忆、声发射和振动测试等方法。下面就对这些无损检测方法的运用时机和技术要领逐一进行介绍。

1. 涡流检验

涡流检测主要用于制造检验中对于原材料钢管检验及安装检验和在用定期检验时对母材或焊缝的表面裂纹进行检测。

钢管进料检验时,应按管材壁厚和外径选择合适的外穿式探头,因为客运索道通常采用铁磁性钢管制作支架和吊架,所以宜选磁饱和装置或远场涡流探头,根据标准在标样管上制作相应规格的人工缺陷调整检测灵敏度,同时按检测信号幅度和相位作缺陷性质、当量和位置的判定依据。

利用涡流方法进行裂纹检测,采用的是空间电磁耦合方法,一般无需对检测表面进行处理,并可穿透非导体防护涂层、铁锈甚至较薄的非铁磁性金属覆盖层,可用于对钢结构母材及焊缝的裂纹检测,检测精度与常规磁粉相当,适合进行快速裂纹扫查。但该方法依据磁场信号进行判定,若磁粉检测后未进行有效的退磁操作,将对检测部位的磁场信号产生干扰,故检测时机应在磁粉检测之前。检测时,依据 EN 1711—2000 标准,应以至少两次相互垂直的扫查方向进行探伤作业。在工程应用中,可用人工对比试样来得到更准确的深度信息。

2. 钢丝绳漏磁检测

钢丝绳是客运索道的关键部件之一,是安装和在用定期检验中必不可少的检验项目。

检测时,根据钢丝绳的类型和外径选择合适的探头,既保证钢丝绳能顺利通过探头,又要保证相对较大的填充系数。以相对均匀的速率使钢丝绳在探头中通过,钢丝绳上断丝、磨损和腐蚀等缺陷情况将引起磁场特征参数(如磁场强度和磁通量等)的变化,根据磁场参数的变化情况可以对钢丝绳的缺陷情况进行判别,并可进行定性(断丝或腐蚀等)和定量(断丝数或横截面积损失量)分析。检测时一般无需对不影响钢丝绳在检测仪上正常行走的油污和灰垢进行清理,但对于因钢丝绳与滑轮或卷筒等构件摩擦而使钢丝绳股间夹杂大量铁磁性颗粒的情况,应进行清洗或对检测结果进行适当修正。

钢丝绳检测仪一般都采用钢丝绳通过式,无法对有鞍座支承的密封钢丝绳进行一次性检测,一般都必须分段检测。

3.金属磁记忆检测

金属磁记忆效应可对金属结构的应力集中状况进行检测。并对缺陷的进一步发生和发展进行监控与预测。主要用于对支架和吊架端部长期经受疲劳载荷与扭矩作用的部位进行测试,是在用定期检验中一个很好的辅助检测手段。

磁记忆是一种弱磁检测方法,无须对工件进行磁化,其应力集中部位在地磁场的作用下即可显示出磁记忆信号。但是一旦对工件进行了磁粉检验而又未进行有效退磁操作,则微弱的磁记忆信号将被磁化后的剩余磁场信号湮没,所以检测时机应放在磁粉检测之前。

4.声发射检验和振动检测

声发射检测和振动检测主要用于在用定期检验时对客运架空索道设备中的重要旋转机械零部件进行状态监测和故障诊断。例如滚动轴承和齿轮等部件,运行负荷大且长期经受连续交变载荷易产生疲劳损坏。用该方法可以早期发现故障征兆,并及时采取适当措施防患于未然。声发射技术作为一种无损检测技术的特点是可以监测到裂纹产生及扩展等信号,从而能早期、及时发现故障,还可判断出其位置和评价其危害程度;振动技术的特点是振动特征可与旋转机械的多种故障现象相对应,并且反应比较快,能迅速作出诊断,诊断的故障范围较宽。结合二者优势的声发射振动检测诊断技术对提高监测诊断的灵敏性、准确性、可靠性具有重要意义。

进行声发射和振动测试时,将带有磁性座的声发射传感器在轴承座等关键测点上,能同时检验多个通道的声发射、振动和转速等信号,并能对声发射和振动信号进行自动诊断。在设置声发射信号采样参数时,应选择适当的偏置电平、放大倍数、采样点和采样频率,在采集滚动轴承和齿轮箱振动信号时,一般选择的采用频率>8 kHz,截止频率取最高值2.8 kHz,采样点数为2 048。

四、游乐设施的无损检测技术

游乐设施主要由钢结构、行走线路、动力、机械传动、乘人设备、电器和安全防护装置七大部分组成。金属部件一般以轧制件、焊接件、锻件和铸件作坯件,经机械加工制成。轧制件、焊接件和锻件主要采用碳素结构钢、优质碳素结构钢或低合金结构钢。使用的主要材料为型钢、钢棒、钢管、钢板和钢锻件,常用的钢材主要是普通碳素钢Q235,需减轻结构自重时可采用15 Mn或15 MnTi,轴类使用的常用材料为45 Cr和40 Cr等。游乐设施金属结构的连接方式主要为焊接和螺栓连接。而无损检测技术在游乐设施的制造、安装和检验过程中得到广泛使用,对质量控制起到十分关键的作用。

目前,对游乐设施在制造、安装和运行后的检验过程中要求进行无损检测的法规为国家质量监督检验检疫总局颁布的《游乐设施安全技术监察规程(试行)》和《游乐设施监督检验规程(试行)》,在 GB 8408 和 GB 18158～18170 十三类游艺机通用技术条件的标准中也给出了游乐设施制造和安装过程中无损检测的具体要求。目前,在游乐设施制造和安装过程中,只采用上述法规标准规定的射线、超声、磁粉和渗透四种常规检测方法,没有技术难点。但在实际开展游乐设施定期检验过程中,根据游乐设施的失效特点,还采用一些新的快速检测方法,如采用电磁方法来快速检验钢部件的表面裂纹和钢丝绳的断丝,采用磁记忆检测方法来快速检测铁磁性金属受力部件的疲劳损伤和高应力集中部位,采用应力测试方法测试结构件的应力和变形等。

另外,一些游乐设施的大轴或中心轴,一旦安装投入使用很难进行拆卸,因此十分需要有对这些大轴进行不拆卸的无损检测与评价方法。

(一)电磁检测

1. 铁磁性材料表面裂纹电磁检测

如上所述,在定期检验中检测铁磁性表面和近表面裂纹最常用的无损检测方法为磁粉和渗透检测,该方法灵敏度高,但在检测过程中必须对检测区域的表面进行打磨处理,去除表面的油漆、喷涂等防腐层和氧化物。考虑到检测所需的时间和费用,目前一般进行20%的抽查。然而,在实际的定期检验中,有90%以上的游乐设施在经过焊缝表面打磨和磁粉或渗透检测后未发现任何表面裂纹,即使发现表面裂纹,一般也是只存在几处,占焊缝总长的1%以下,因此大量的打磨大大增加了游乐设施停止运行的时间和油漆的费用。

近几年发展起来的基于复平面分析的金属材料焊缝涡流(电磁)检测技术,在有防腐层的情况下,也可采用特殊的点式探头对焊缝表面进行快速扫描检测,可以快速检测铁磁性材料存在的表面和近表面裂纹,并可对裂纹深度进行测量。该方法快速准确,并能对裂纹进行定性和半定量评估。受集肤效应影响,波形幅度与裂纹深度呈非线性关系,在工程应用中,可用人工对比试样来得到更准确的深度信息。该方法检测结果与裂纹的走向有关,为防止漏检,按标准推荐的操作方法,应以至少两次相互垂直的扫查方向进行探伤扫查。

裂纹检测的空间电磁耦合,一般无须对检测表面进行处理,并可穿透非导体防护涂层、铁锈甚至较薄的非铁磁性金属覆盖层,可用于对钢结构母材及焊缝的裂纹检测,检测精度与常规磁粉相当,适合对游乐设施进行快速裂纹扫查。但该方法依据磁场信号进行判定,若磁粉检测后未进行有效的退磁操作,将对检测部位的磁场信号产生干扰,故检测时机应在磁粉检测之前。

2. 钢丝绳检测

钢丝绳是游乐设施常用部件,对其一般采用漏磁方法进行检测,探头对进入其中的钢丝绳进行局部饱和和磁化技术磁化,根据缺陷引起的磁场特征参数(如磁场强度和磁通量等)的变化情况对钢丝绳的缺陷情况进行判别,并可进行定性(断丝或腐蚀等)和定量(断丝数或横截面积损失量)分析。

钢丝绳检测时一般无须对不影响钢丝绳在检测仪上正常行走的油污和灰垢进行清

理,但对于因钢丝绳与滑轮和卷筒等构件摩擦而使钢丝绳股间夹杂大量铁磁性颗粒的情况,应对钢丝绳进行清洗或检测结果进行适当修正。

(二)金属磁记忆检测

金属磁记忆检测(MMMT)技术是俄罗斯杜波夫教授于 20 世纪 90 年代初提出于 90 年代后期发展起来的一种检测材料应力集中和疲劳损伤的无损检测与诊断的新方法。鉴于许多在用游乐设施零部件的失效由疲劳裂纹引起,因此该技术特别适用于游乐设施铁磁性金属重要焊缝和轴类零部件的快速检测。

磁记忆是一种弱磁检测方法,无须对工件进行磁化,其应力集中部位在地磁场的作用下即可显示出磁记忆信号。但是一旦对工件进行了磁粉检测而未进行有效退磁操作,则微弱的磁记忆信号将被剩余磁场信号湮没,所以检测时机应放在磁粉检测之前。

五、场(厂)内专用机动车辆无损检测技术

《厂内机动车辆监督检验规程》规定,场(厂)车的检验主要包括整车检验、动力系统检验、灯光电气检验、传动系统检验、行驶系统检验、转向系统检验、制动系统检验、工作装置检验和专用机械检验等项目。其检测方法主要是目视检验,同时辅之以必要的仪器设备,进行必要的测量、检测和试验。必要时,也采用超声检验(UT)、磁粉检测(MT)和渗透检测(PT)等无损检测方法。检测过程中使用的检验仪器设备、计量器和相应的检测工具,属于法定计量检定范畴的,必须经检定合格,且在有效期内。

(一)噪声测试技术

噪声测试采用了测量声压级的传感器,取 10 倍实测声压的平方与基准声压的平方之比的常用对数(基准声压级为 20 μPa(2×10^{-5}Pa)),即为噪声值。

场(厂)车的噪声一般采用声级计测试。声级计是一种便携式测量噪声的仪器。它包括测量传感器、放大器、计权网络、衰减器、检波器和指示电表等几个部分,一般不包括带通滤波器。但近代精密声级计还常和倍频带甚至 1/3 倍频带滤波器相联结,构成较完整的频率分析系统,这样便可测出对应于中心频率所代表的各频段的声压级。

声级计一般都有 A、B、C 三种计权网络,其显示计数通常称之为声级,单位为 dB,但要标明所用的计权网络名称,如85 dB(A)即 A 声级为 85 dB。近年来,C 声声级主要用于测定可闻声频范围内的总声压读数。B 声级已很少使用,最常用的是 A 声级。在噪声测量中,利用 A、B、C 三挡声级计数可大致地估计出所测噪声的频谱特性,如果 B、C 声级计数相近但小于 A 声级计数,则 $L_A>L_B>L_C$ 则表明噪声中的高频较突出;如果 $L_B>L_C>L_A$ 则表明中频成分略强;如果 $L_C>L_B>L_A$ 则表明噪声呈低频特性。

场(厂)车的噪声测试结果应当满足:①车辆的车外最大允许噪声应符合 GB 1495 标准的规定;②车辆应安装喇叭,且灵敏有效,音量≤105 dB(A)。

(二)转向测试技术

转向轻便性是场(厂)内专用机动车辆比较重要的测试项目之一,它直接关系到车辆的操纵性和稳定性。在转向测试时,通过一台以微电脑为核心的智能化测试仪器实现,该仪器由力矩传感器、转向编码器、微电脑和打印机组成。在测试过程中,计算机自动完成数据采集、贮存、显示、运算、分析和输出,能够实现对转向力矩和转角的自动判向,对测量

开始和结束能自动判别。

(三) 速度测试技术

监督检验时,一般采用非接触式测速仪。该仪器在主要由非接触式光电速度传感器、跟踪滤波器和主机三个部分组成。如 FC-1 非接触式测速仪,其传感器采用大面积梳状硅光器作敏感元件。使用时将其安装在车辆上,用灯照明地面,当车辆行驶时,地面杂乱花纹经光学系统成像到光电器件上并相应运动,经光电转换和空间滤波后,探测头输出一个接近正弦波的随机窄带信号,信号频率随转速变化,正弦波的每一周期严格对应地面上走过的一段距离,经过测频可知其行驶速度。如果将信号经跟踪带通滤波器和整形电路转换为脉冲输出,经计数和微机处理后可实时显示速度、距离和时间。

(四) 应力应变测试技术

在检测测试中,通过应变和应力的测量可以分析、研究零部件与结构的受力情况及工作状态,验证设计计算结果的正确性,确定整机工作过程中的负载谱和某些物理现象的机理,确保整机安全作业。

应用电阻应变片和应变仪器测定构件的表面应变,然后再根据应变与应力的关系式,确定构件表面应力状态是最常见的一种实际应力分析方法。应变仪一般由电桥、放大器、相敏检波器、滤波器、振荡器、稳压电源和指示表等主要单元组成。

根据被测应变的性质和工作频率不同,所用的应变仪可分为静态电阻应变仪和动态电阻应变仪。静态电阻应变仪用以测量静载作用下的应变,其应变信号一般变化十分缓慢或变化后能很快静止下来;动态电阻应变仪与光线示波器、磁带记录仪配合,用于 0 ~ 2 000 Hz 的动态过程测试及爆炸、冲击等瞬态变化过程测试。

(五) 负荷测量技术

负荷测量是场(厂)车检验的一个重要指标之一。负荷测量车是在室外测定场(厂)车的牵引性能的重要设备。在牵引性能试验时,它由被测车辆牵引前进,用来施加平衡的阻力,并能测量和记录表征被测车辆牵引性能的有关参量。

目前,负荷测量车大多用拖拉机或汽车底盘改装。它主要由加载装置、各种传感器和相应的电测量仪器、记录仪器、自走驱动装置等组成。

当负荷测量车由被测车辆牵引等速前进时,动力传递的情况恰与车辆正常工作的情况相反。由驱动轮与路面间的附着所产生的切向驱动力 P_q 在驱动轮上将造成一个驱动力矩,通过相应的传动系统,该力矩最后传到加载装置的轴上,并与加载装置的阻力矩 M_B 相平衡。因此可以说,加载装置的作用就是在负荷测量车的轮上造成一个阻力矩 M_{Bq},调节 M_{Bq} 就能对牵引它的车辆造成不同的牵引阻力。

(六) 液压系统综合测试技术

液压传动系统已成为场(厂)车的重要组成部分,因此液体压力和流量是两个主要的被测参数。液压系统综合测试技术主要用于液压系统的原位检测和车辆作业中的监测,能在不拆卸管路的情况下测试液压系统各回路的流量、压力和泵的转速,用以进行故障诊断和技术状况检查。

第二章　ADIASYSTEM 电梯检测系统

第一节　ADIASYSTEM 电梯检测系统的用途与特点

ADIASYSTEM(Advanced Diagnosis System for Elevators)电梯检测系统由德国 TÜV 研发,已有 20 多年历史,迄今为止在全世界 40 多个国家得到推广和应用,2002 年,第一套 ADIASYSTEM 电梯检测系统引进我国开始使用并逐步在电梯检验中发挥重要的作用。

ADIASYSTEM 是一个专门的软件系统程序,被安装在笔记本电脑上,与专用的电子传感器和测量装置一起应用而成为一种智能的检测工具,全部的部件被安装在一个重约 8 kg 的设备上(见图 3-2-1)。

图 3-2-1　ADIASYSTEM 电梯检测系统

一、ADIASYSTEM 电梯检测系统的用途

ADIASYSTEM 电梯检测系统主要适用于曳引电梯、液压电梯、升降机、扶梯检验,可以对电梯的多项特性参数进行测量,如距离、速度、曳引力、平衡系数、加(减)速度、安全钳特性、电梯门关门动能及速度、液压电梯压力等,而且测得的数据可以保存并由计算机处理以曲线图显示。

二、ADIASYSTEM 电梯检测系统的特点

（1）ADIASYSTEM 用测量手段替代了传统的靠加载检测的方法,得到的结果可以很清楚地与所需要的规范标准值相比较。

加载检测通常是检测运行电梯在极端情况下的安全性。在电梯上装载上 125% 或 150% 的设计载荷,试验时要搬运沉重的砝码,一方面费时费力,另一方面这种检测只是简单地表明合格或不合格。ADIASYSTEM 用一种精确的测量手段替代了以前那种靠加载检测的方法,得到的结果可以很清楚地与所需要的规范标准值相比较,传统的安全检测方法中有一些不能确定的东西,而现在可以由 ADIASYSTEM 检测出来。

（2）专用软件可把测试结果转化为数字和图表,把得到的全部信息储存在硬盘中。第二次检测的结果也可以很容易地与第一次的记录相比较。

（3）ADIASYSTEM 是在总结了许多在电梯检测这个特殊的领域中专家的大量经验和专业知识的基础上开发研制的全面检测电梯的数字化产品。检测过程快速、准确,劳动强度低。

（4）数据采集、存储、分析全部由计算机进行,实现全数字化检测。

（5）配置有距离/速度测量仪、数字测力计、压力传感器、测力称重仪、电梯门测试仪等专用测量传感器和装置,可以快速测量多项电梯特性参数,并可以不断开发、增加、改善传感器和装置的功能。

第二节　ADIASYSTEM 电梯检测系统的工作原理和性能

一、ADIASYSTEM 电梯检测系统的配置与性能

（一）ADIASYSTEM 电梯检测系统的配置与结构

由装有专用软件的电脑和一组测量用传感器和装置组成(见图 3-2-2)。

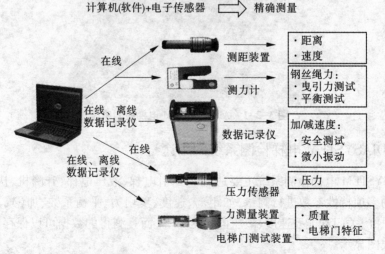

图 3-2-2　ADIASYSTEM 配置图

(二)检测项目

检测项目包括速度、液压电梯压力测试、加/减速度、液压电梯平层测试、距离、轿厢质量、时间、卷帘门闭合力、振动、电梯门闭合力、安全钳测试、电梯门撞击速度与动能、曳引力测试、平衡测试、微小位移等。

(三)各项参数的技术指标

各项参数的技术指标如表3-2-1所示。

表3-2-1　ADIASYSTEM主要技术指标

类别		精度
距离测量	运行	0.1 m
	制动	0.001 m
	测距	0.001 m
速度测量	触发键盘	550 m/min
	转化信号	5 m/min
	最大速度	>50 m/s(与PC机有关)
曳引力测试	拉伸	<3 000 N
	硬弹簧	<6 750 N
加/减速度	测量范围	±10 g
	线性误差	<1%(在0~50 ℃范围内)
	记录时间	6 s(5 000 Hz时)
	存储容量	524 kB
	测量分辨率	8位时0.04 g,12位时0.005 g
压力测试	探头范围	0~100 bar/0~250 bar
	分辨率	0.01 bar
	线性误差	<0.5%
	采样率	100 Hz
测力/称重	测量范围	2 000 N(电梯门操作力) 40 000 N/4 000 kg(力/质量)
	采样率	1 000 Hz,100 Hz,10 Hz
电梯门测试装置	测量范围	0~1 000 N(冲击力和恒定闭合力) 0~10 J(动能) 0~2 m/s(电梯门闭合速度)
	采样率	1 000 Hz,100 Hz,10 Hz

(四)传感器和测量装置

主要包括距离/速度测量仪、测力计、电子压力传感器、测力称重仪、电梯门测试仪等。

1. 距离/速度测量仪

距离/速度测量仪(见图 3-2-3)可以应用在所有种类的距离和速度测量上,它有一个传感器放在一个方形塑料盒子里,盒子的一侧伸出一个滚轴,滚轴外覆盖软胶垫。这个软胶垫在指定的检测点被挤压在运动的钢丝绳上,并由此传递速度和位移,由盒子里的传感器产生脉冲信号,通过线缆传送到计算机上进行分析而得出具体的速度或者位移。

图 3-2-3　距离/速度测量仪

2. 测力计

测力计(见图 3-2-4)用来测量钢丝绳拉力,可以做曳引力试验、平衡试验。老的测力计包括以下几部分:一个弹簧秤、一套板簧、一个数字刻度尺。弹簧秤由两个彼此由螺栓连接的 U 形的铝质材料组成,在 U 形材料中间距连接螺栓规定距离处安装有一套金属板弹簧。金属板弹簧有两套可供调换:普通弹簧(N)和硬度弹簧(H)。在数字刻度尺内部有一个均匀的塑料圆盘,圆盘通过两个光栅产生增加或减少的脉冲信号,然后由集成的电子系统对这些信号处理而得出距离和方向。该数字刻度尺的分辨率为 200 pulses/cm。通过有效的杠杆关系:着力点—弹簧—数字刻度尺,高强度的拉力可以通过一根小的

图 3-2-4　测力计

弹簧传送到刻度尺一段小的滑移上。图 3-2-4 是最新的 USB 测力计,比起老的测力计,新的测力计使用更方便。

3. 电子压力传感器

电子压力传感器(见图 3-2-5)可以用来测量液压电梯系统的压力。传感器安装在一个专门的钢容器内(履行 IP65 保护要求),通过一个完整的 O 形环来进行密封。传感器的标准测量范围是 0～100 bar,另外也可以使用 250 bar 范围的传感器。传感器的最大测量速率是 100 Hz,制造商保证 0.5% 的精确度,通常的精确性明显比这要好。因此,压力传感器是一种适合检测液压电梯各个领域的理想工具。

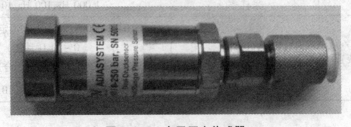

图 3-2-5　电子压力传感器

4．测力称重仪

测力称重仪(见图 3-2-6)用于测量电梯门的关门力或电梯附件的重量。最大测量范围可到 40 000 N 或 4 000 kg。

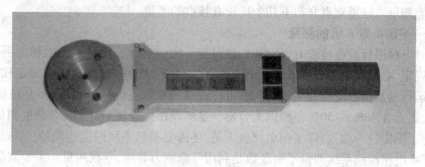

图 3-2-6　测力称重仪

5．电梯门测试仪

电梯门测试仪(见图 3-2-7)用来验证电梯门闭合的动力学参量是否符合适用标准中的要求,标准规定了电梯门闭合时可允许的最大的动能值和最大持久闭合力。这些参数也和电梯门关闭速度有关。只要把装置的两端都放置在正在关闭中的一侧门板边缘和另一侧门板中间的滑动结构之间,就可以很容易地测量到所有这些数据。电梯门测试仪包括两个独立的传感器。力学传感器为按压式,在仪器右侧,它的最大测试范围可达到 1 000 N。左边的位移传感器用于速度的测量。速度确定以后,力学传感器会自动以 200 Hz 的采样频率进行 5 s 的数据记录,测量之后结果立即显示。非易失性内存可以存储 27 组测量值。

(五)数据记录仪 ADILOG

数据记录仪(见图 3-2-8)用于测试电梯系统的加/减速度。它是独立的,由微处理器控制,带有加速度传感器,可用来对 ±10g 范围内的加速度或减速度进行测量,提供 12 位全刻度的分辨率,是具有很高灵敏度的高科技测量仪器。数据记录仪可以选择不同的采样频率,最高可达 5 000 Hz,所以能快速和高精度地记录和评价。数据记录仪几乎适用于所有日常的工作领域,并且坚固耐用,操作简单又准确,使用该设备还可以对电梯做安全钳、乘坐舒适性等方面的测试。

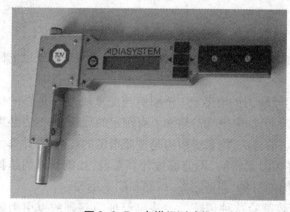

图 3-2-7　电梯门测试仪

图 3-2-8　数据记录仪

二、ADIASYSTEM 电梯检测系统的工作原理

ADIASYSTEM 电梯检测系统检测中主要是通过计算机连接不同的传感器来实现不同的功能测量。这里重点介绍下几个比较有特点的测量。

(一)平衡系数 K 值的测量

在对电梯进行验收检验时,最费时,也最费人力、物力的,便是检测电梯的平衡系数。按检验规定,必须在轿厢分别承载 0、25%、40%、50%、75%、100%、110% 额定载荷下,测定电梯运行的载荷—电流曲线,取其上、下行曲线的交汇点的载荷系数,便是该梯的平衡系数,交汇点在 40% ~50% 范围内为合格。虽然现在检验规定对平衡系数的测量有所减轻,但为了测定这一参数,除了两名检验人员,还需要多名来回搬运砝码的工人。而 ADI-ASYSTEM 电梯检测系统测量平衡系数是利用一套测力装置,空载测量。主要测量原理是把测力装置如图 3-2-9 所示装在轿厢测,测量时松开抱闸,用人力在手盘轮上感觉曳引轮两侧的力矩平衡与否。

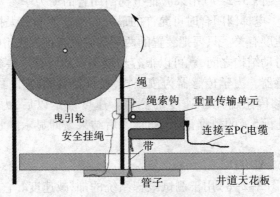

图 3-2-9　主要测量原理

该方法的优点是:①无需加载砝码,空载测量,测试简便、快捷,调整迅速,节省人力、物力;②电梯处于静止状态,避免因轿厢运动而造成的阻力矩误差;③对于电梯验收,以既定的平衡系数设置值为载荷,直接验证或调整对重达到要求,避免盲目性,保证 K 值符合设计要求。

(二)曳引力测试

曳引力是牵引电梯的能力,即驱动轮槽的摩擦力驱动钢丝绳能力,安全规范规定电梯安全操作曳引力最小和最大的值。

测量牵引系数,依靠牵引轮两侧钢丝绳力的有效比(轿厢侧与配重块侧),足够的曳引力防止钢丝绳在牵引轮上滑动。原理上,如果电梯的轿厢上有额定的载荷,摩擦力必须足够防止钢丝绳在牵引轮上滑动。通用的方法,测量曳引力是按照指定的规范,以计算为基础。然而,实际上有效的曳引力受许多因素影响,不能够被计算覆盖,如钢丝绳的结构和类型、润滑剂的数量、驱动轮和钢丝绳的材料、制造公差、轿厢和配重块等。

因此,电梯在服役过程中,采用过载试验这种传统的方法已经证明基础的曳引力要

求。规定轿厢过载的百分比的要求,可适应电梯安全规范或标准。

ADIASYSTEM 曳引力测试的概念,是测量附加在钢丝绳上的力,相当于加载的电梯轿厢,检查该力是否在牵引轮上产生滑移。试验仅在一根钢丝绳上,故在配重块侧的绳的张力小,曳引力也小。因此,该试验程序对于电梯的组件是绝对没有任何过载的风险。实践中,增加钢丝绳的力非常容易,跨过 125% 的载荷标准,直到足够高的曳引力。典型情况,TÜV 检验员总是使曳引力系数至少达到 200%。这将极大地增加了接收的程度,不仅补偿单根绳上的简单测试程序和避开激烈的争论,而且比指定的安全规范具有更高的信任度。到目前为止,传统的过载测试不能提供任何具体的量化的测试结果,仅仅给出一个抽象的是/否结论,从来不能辨别任何存在的安全余量。需要特别注意的是,使用该方法的一个重要性是能够很容易地知道那些安全性能不足的特点。

ADIASYSTEM 不仅检验是否满足 125% 载荷标准,而且能够量化超过曳引力的余量、钢丝绳的结构、润滑剂的数量、牵引轮和绳的材料或制造公差。对于严格的文档,决定实际的测量是适合的。

(三)安全钳测试

安全钳是电梯最后的安全装置,在电梯投放市场和投入运行之前,EN81 过载试验的目的是检查安装、设置和装配的正确性,组装轿厢、安全钳、导轨以及将它们固定在建筑物上,当轿厢向下、装载 125% 的额定载荷、以额定速度运行时进行试验。

此外,轿厢盛装额定载荷,在自由落体情况下,规范规定优质的安全钳的平均减速度应该在 $0.2 \sim 1.0g$。规定了这两个极限,一方面确保最小的刹车力使满载荷的轿厢在合理的停止距离内完全停止;另一方面最大的减速度防止轿厢中的乘客由于从自由落体状态停止受到伤害。

没有任何的规范规定空轿厢和 125% 额定载荷的轿厢的减速度,另外如果满足规定的允许的减速度的范围在 $0.2 \sim 1.0g$,规范也没有明确定义如何验证验收试验,很难从 125% 的额定载荷到自由落体的试验中得出结论。

从法律的观点看,安全钳在被允许作为电梯的安全部件之前,必须通过强制的形式试验。然而,现场的安全钳的正确作用,不仅依赖于制造厂的适当调节弹簧力,而且也受现场各种参数的影响,如导轨的机械加工、润滑油等,因此无论形式认可的程序怎样,都覆盖了安全和可靠性的问题,最初的验收试验中,验证正确的设置是必要的。

通常,当安全钳停止空轿厢时,减速度大于 $1g$。在这种情况下,配重块通过地球引力 ($1g$) 减速。电梯轿厢与配重块不同的停止速度,在短时间内其间的绳产生松弛,直到轿厢停止。在此瞬间,只影响轿厢的力是安全钳的刹车力,因此空轿厢通常在自由落体状态停止。为满足该假设,对于安全钳的测试,所有与快速刹车有关的装置(机械制动、断绳等)必须解除。

准自由落体的减速度测试,记录对导轨摩擦有影响的所有的不同系数,如润滑油、速度等。该评估基于有效的平均减速度,时间从安全钳完全启动到轿厢完全停止,EN81 标准中要求的允许减速度,也是在整个停止距离中减速度的平均值。

ADIASYSTEM 电梯检测系统是通过数据记录器用于记录空轿厢的减速度,将该记录的信息下载到电脑上,转换成图表后,通过 ADIASYSTEM 分析、计算实际测量的减速度的平均值。另外程序预测额定载荷下的减速度,假设安全钳有同样的刹车力制动轿厢质量加上额定的载荷。所以,预测额定载荷的减速度,是基于一般的物理条件,测量空轿厢和额定载荷的减速度都是通过程序(见图3-2-10)显示,另外下面的不可变的信息与测试值存在一起:测量日期、测量时间、使用测量装置的系列号码、测量率、探头的测量范围和被测电梯的质量参数。这些数据像测量的指纹一样,是真实文件的一部分。

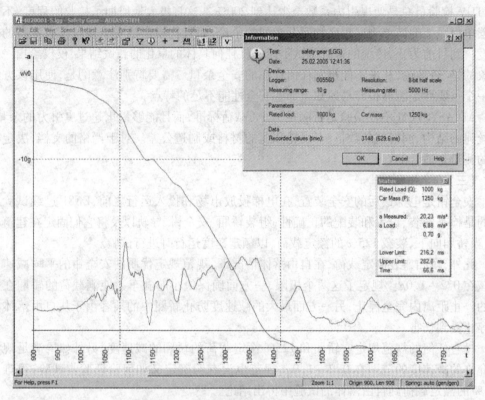

图 3-2-10 ADIASYSTEM 电梯检测系统程序

额定载荷的轿厢的自由落体是最坏的情况,因此对于该非常的情况,EN81 规范规定为强制的减速度要求;在交工测试时,验证安全钳的正确设置是非常重要的。

在试验中,安全钳的制动力远远独立于速度,ADIASYSTEM 的运算方法允许安全钳测试以低于额定速度情况预测等值的制动力。在实践中,使用该方法,以额定速度通常运行空轿厢进行安全钳测试。然而,对于额定速度大于 2 m/s 时,建议降低测试速度,以防止配重块弹起。

第三节 ADIASYSTEM 电梯检测系统在电梯检测中的应用

一、曳引电梯检测中的应用

ADIASYSTEM 可以测量电梯的多项参数,下面介绍几种测量方法的具体应用。

图 3-2-11 是使用距离/速度测量仪和 DBX 对一台交流双速电梯的一个运行周期测量得到的速度曲线图。从图中可以看出,在上行阶段和下行阶段,明显有两种速度,并可以得到两种速度的值。而且同时也可以由分析软件帮助计算得到电梯上行和下行段的加速度值以及运行的时间和距离。可以方便检验人员对电梯的运行特性进行分析研究。

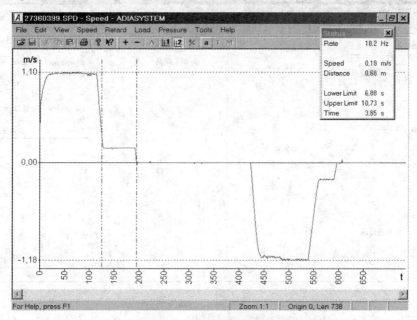

图 3-2-11 电梯一个周期速度曲线图

图 3-2-12 是电梯整个上行的速度曲线图。从图中可以清楚地看到电梯速度从零加速到最大速度 2.037 m/s,然后以 2.037 m/s 恒定速度上行到降速最终停止的过程。两条虚线可以随意移动,可以随意查看分析每个时刻或每个时间段的速度情况。

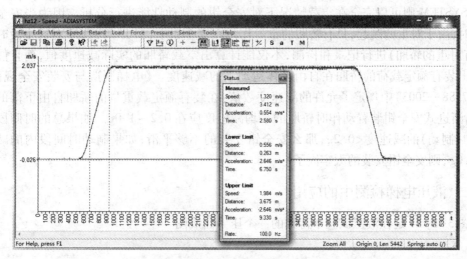

图 3-2-12 上行速度曲线图

图 3-2-13 是空载轿厢的安全钳制动试验曲线,图中显示有速度和减速度曲线,并标出了拉伸段和制动段。

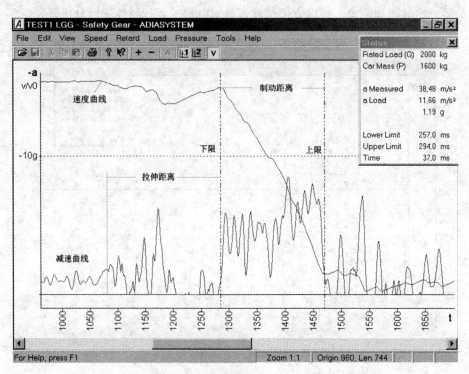

图 3-2-13　安全钳制动试验曲线图

传统方法中,对安全钳进行制动试验需要在轿厢装有额定载荷的情况下进行,而使用 ADIASYSTEM 则可以完全在空载情况下对安全钳的制动性能进行分析。因为当安全钳动作时,由于对重的跳起,只有轿厢的重量作用在安全钳上,ADIASYSTEM 对这小段时间(没有对重的轿厢)进行记录和检测,不仅能计算出空载轿厢的实际减速度值,而且能够计算出装有额定载荷的轿厢在自由落体运动下的减速度。《电梯制造与安装安全规范》(GB 7588—2003)中规定了允许的减速度数值:在装有额定载重量的轿厢自由下落的情况下,渐进式安全钳装置动作时轿厢的平均减速度应在 $0.2 \sim 1.0g$。如果总的时间段内(拉伸+制动)的减速度<$0.2g$,那么安全钳安装的不够平滑;如果制动时间段内的减速度>$1.0g$,则安全钳安装的太牢固了。

二、液压电梯检测中的应用

图 3-2-14 是在液压试验中得到的一个压力曲线图。

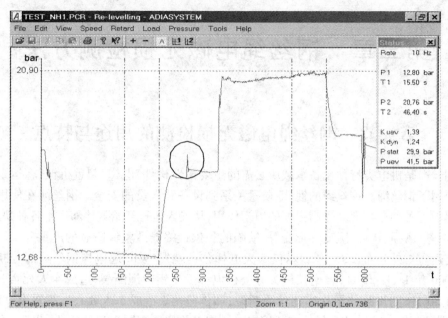

图 3-2-14　液压试验压力曲线

　　从图中可以看出,在提升轿厢的过程中,压力出现了一个异常峰值,经过分析发现,其产生的原因是两条轿厢导轨之间的距离超差,比设计的导轨间距小,由此可以制定出相应的解决措施。但如果不进行检测,就不会发现这种缺陷,而最终会造成高度磨损并导致电梯故障。

第三章　钢丝绳电磁无损检测方法

第一节　钢丝绳电磁无损检测的用途与特点

钢丝绳是机电类特种设备承载所必需的主要柔性构件,电梯、起重机械、客运索道均大量使用了钢丝绳。钢丝绳的性能、质量关系到设备和人员的安全。钢丝绳在使用过程中主要因为各种载荷而承受高强度的力学作用,从投入运行开始就伴随产生各种缺陷,如疲劳、断丝、磨损、锈蚀、脆变和形变等,缺陷的积累最终导致整绳断裂的严重后果。日本国土交通省对外公布,2006 年日本仅 5 大电梯公司就发生 42 起电梯钢丝绳部分断裂事故。2006 年 11 月 26 日,云南某机关办公楼电梯发生钢丝绳断裂,造成 4 人死亡。2007年 5 月 30 日,四川某公司货梯钢丝绳断裂,厢体坠落,造成 3 人死亡。2008 年 11 月 7日,云南昆明市官渡区子君村经济适用房工地施工单位云南同兴建筑实业(集团)有限公司在起吊钢筋时钢丝绳断裂,将地面的 3 名工人砸死,1 人轻伤。2009 年 5 月 24 日,武汉市东西湖区一建筑工地提升机钢丝绳突然断裂,吊笼坠落,两名正在作业的工人当场死亡。1976 年 3 月 9 日,意大利北部塞尔米斯运动场索道因钢丝绳断裂死亡 42 人。2006年 10 月 16 日,我国广西梧州市某自制缆车因钢丝绳断裂死亡 5 人。

钢丝绳结构的复杂性、运行环境的多样性以及检测方法的局限性,使得对钢丝绳缺陷的检测非常困难,并因此导致了钢丝绳在使用过程中"隐患、浪费、低效"的问题。整整一个世纪以来,世界各国科技工作者一直在探索检验钢丝绳的各种方法,努力使钢丝绳既延长寿命,又要确保在发生断裂之前被及时地更换下来。

从 20 世纪初南非研制出世界上第一台钢丝绳探伤仪至今,已有 100 多年的历史。国内外已有的钢丝绳无损检测技术方法包括了磁或电磁检测法、超声波检测法、声发射检测法、电涡流检测法、射线检测法、光学检测法等。直到近年,除电磁检测技术外,其余无损检测技术依然限于实验室研究。1986 ~ 1996 年期间,以加拿大矿业能源技术中心为主的研究小组通过强磁励磁技术条件下的电磁检测探头,实现了对钢丝绳显著缺陷的定性及半定量检测,并通过对钢丝绳断绳事故的深层原因连续深入分析以及对检测仪器的机理研究,定义了目前普遍采用的钢丝绳性能检测指标:LF(即钢丝绳局部缺陷)和 LMA(即钢丝绳金属截面积损失)。以此为原型的检测仪器近年在国内外一些技术服务机构和工业现场得到了推广与应用。

一、电磁法钢丝绳无损检测的用途

采用电磁、磁通、漏磁、剩磁或不同方法组合的仪器来检测铁磁性钢丝绳的状态,检测钢丝绳内外部断丝、磨损、锈蚀、疲劳、变形、松股、跳丝等各种损伤,评估被测钢丝绳的剩余承载能力、安全系数和使用寿命。可广泛应用于机电类特种设备、矿山、海运等领域。

图 3-3-1 为 MD20 钢丝绳无损检测仪。

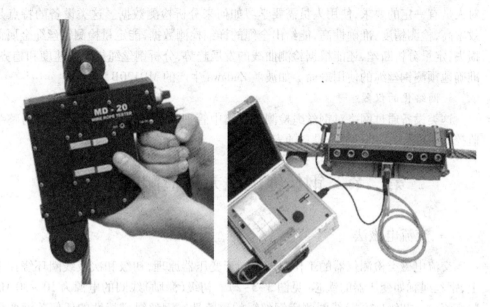

图 3-3-1　MD20 钢丝绳无损检测仪

二、电磁法钢丝绳无损检测的特点

目前,已提出的钢丝绳无损检测方法有超声波检测法、渗透检测法、射线检测法、声发射检测法、涡流检测法、电磁检测法等。但除电磁检测技术在实践中得以应用外,其他检测方法依然仅限于实验室研究,电磁检测法是目前公认的最可靠的钢丝绳检测方法。

(一)电磁检测法的特点

(1)能够检测出钢丝绳内部缺陷,并能定量检测钢丝绳金属截面积。

(2)可实时在线全绳检测,检测效率高,基本不受人为因素的影响。

(3)结合人工检查和检测数据定量分析可评估钢丝绳损伤程度及强度损伤情况。

(4)还不能完全定量检测断丝数量和断丝截面积减少量,还很难仅通过检测数据,分析出各种缺陷的性质和程度。

(二)电磁法钢丝绳检测仪的特点

1. 简单化的仪器

这类设备操作简单,对人员基本没有太高要求,比较适合现场检测人员使用。设备检测效率高,但不能给出全绳的详细检测数据,只能给出简单的损伤或缺陷统计数据,协助检测人员发现可疑的损伤,不能准确定量和分析损伤性质。这种设备只能提示检测人员注意,最终钢丝绳损伤到何种程度需要人工核查确认。如波兰 Zadawa 生产的 MD20/25。

2. 多功能仪器

这类设备采用多种传感器和多种方式,尽可能多地反映钢丝绳损伤状况信息,通过不同方法和不同传感器优势互补、取长补短,尽可能全面地反映钢丝绳损伤状况,从而达到对钢丝绳科学而准确的检测。这类设备因为可以存储和事后对检测数据进行分析,所以对人员有一定的要求,使用人员需要学习如何来分析检测数据。这类设备的特点是检测效率高,检测精度、准确性高,能给出全绳的详细检测数据,能定量检测钢丝绳金属截面积损失,定量分析断丝,还能根据检测曲线的发展趋势,分析钢丝绳损伤的速度和趋势,进而准确地预测钢丝绳的使用寿命。如波兰 Zadawa 生产的 MD120B。

3. 网络化的仪器

这类设备通过网络对钢丝绳检测远程集中管理和检测,将钢丝绳检测作为整个设备监控的一部分,提供了整个设备的安全性。

第二节　钢丝绳电磁无损检测的工作原理

一、交流电磁法

交流电磁类检测仪器的工作原理类同于变压器原理,初级和次级线圈环绕在钢丝绳上,钢丝绳犹如变压器的铁芯(见图 3-3-2)。初级(激励)线圈的电源为 10 ~ 30 Hz 的低频交流电。初级(探测)线圈测定钢丝绳的磁特性。钢丝绳磁特性的任何关键变化会通过次级线圈的电压变化(幅度和相位)反映出来。电磁类仪器通常在较低磁场强度的条件下工作,因此在开始检测前,有必要将钢丝绳彻底退磁。此类仪器主要用于检测金属横截面积变化。

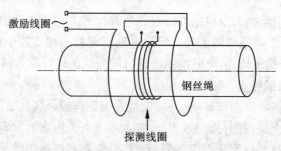

图 3-3-2　交流电磁法工作原理示意图

二、直流和永磁(磁通)法

直流和永磁类仪器提供恒定磁通,通过传感器头(磁回路)磁化一段钢丝绳。钢丝绳中的轴向总磁通,能通过霍尔效应传感器、环绕(感应)线圈(见图 3-3-3 和图 3-3-4),或其他能有效测定磁场或稳恒磁场变化的适当装置来测定。传感器输出的是电信号,在磁回路和感应范围内,其输出的电压与钢含量或金属横截面积变化成正比。此类仪器用于测定金属横截面积变化。

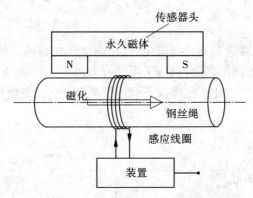

图 3-3-3　通过环绕(感应)线圈测量永磁法工作原理示意图

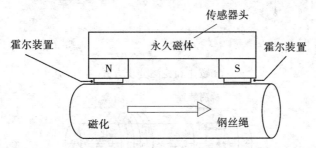

图 3-3-4　通过霍尔效应传感器测量永磁法工作原理示意图

三、漏磁法

直流或永磁类仪器提供恒定磁通,通过传感器头(磁回路)来磁化一段钢丝绳(见图 3-3-5)。钢丝绳中不连续(例如断丝)所引起的漏磁,能用不通传感器(例如霍尔效应传感器、感应线圈或其他适当装置)来检测。传感器输出的是电信号,并被记录。此类仪器用于测定 LF。但它不能明确给出有关损伤的确切数量方面的信息,只能给出钢丝绳中断丝、内腐蚀和磨损等是否存在的提示性信息。

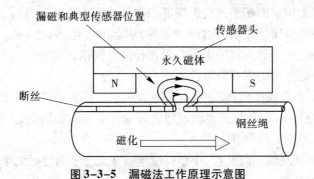

图 3-3-5　漏磁法工作原理示意图

四、剩磁法

直流或永磁类磁化装置对钢丝绳磁化后,在确保外加磁场已移去或无外磁场影响的情况下,利用铁磁性钢丝绳的剩磁特性,采用能有效测定剩余磁场变化的适当检测装置,来测定钢丝绳内剩磁场的变化。此类仪器能用于测定金属横截面积的变化和局部损伤的存在(见图3-3-6)。

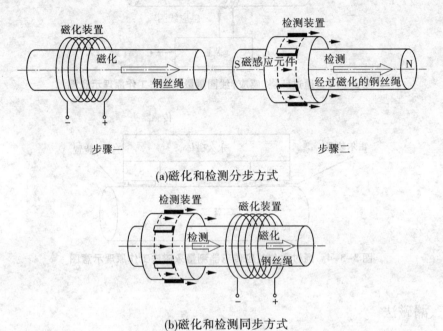

图 3-3-6　剩磁法工作原理示意图

五、电磁法钢丝绳无损检测存在的局限性

(1)仅限于检测铁磁性钢丝绳。

(2)较难检测出钢丝绳端部或接近端部和铁磁性钢连接处的损伤。

(3)不易辨别纯金属学性质(脆性、疲劳等)引起的退化。

(4)给定大小的传感器头仅适用于有限直径范围的钢丝绳。

(5)电磁和磁通方法的固有局限性:

①仪器所测得的金属横截面积变化,只能表示这是相对于仪器校准基准点处的变化。

②这些方法的灵敏度,随损伤离钢丝绳表面的深度增大和断丝处断口的减小而降低。

(6)漏磁方法的固有局限性:

①不大可能辨别出较细的断丝、小断口断丝或接近于多断丝处的单根断丝,不大可能辨别出带有蚀坑的断丝。

②由于纯金属学性质引起的退化不易辨别,当钢丝绳是否报废是基于断丝增加的百分率时,在检测发现有断丝后,有必要增加检测的频次。

（7）剩磁方法的固有局限性：

①仪器所测得的金属横截面积变化，只能表示这是相对于仪器校准基准点处的变化。

②对于引起金属横截面积变化程度较小的磨损和锈蚀，剩磁类仪器可能不易辨别。

③由于剩磁通常比较微弱，在有外磁场干扰下进行检查可能失效。

④剩磁的大小通常随时间而有所变化，不同时间段的检查结果可能会不同。

⑤剩磁方法不适用于相对磁导率很低的铁磁性材料。

六、国内外主要的钢丝绳无损检测研究单位和仪器厂商

国内外主要的钢丝绳无损检测研究单位和仪器厂商见表3-3-1。

表3-3-1 国内外主要的钢丝绳无损检测研究单位和仪器厂商

制造商和国家	探头类型和技术		记录和数据处理	设备描述
Zawada/波兰	磨损/断丝缺陷	霍尔/感应线圈	全数字,PCMICA	MD120 和 GP 系列测试头
AATS/南非	磨损/断丝缺陷	霍尔效应探头	专用计算机	AATS Model 817
英国煤炭/英国	磨损/断丝缺陷	感应线圈/积分	曲线记录仪	Ropescan
DMT/德国	磨损/断丝缺陷	带积分的感应线圈	内置曲线记录仪	RTI 1
Brandt 博士/德国	磨损/断丝缺陷	带积分的感应线圈	内置曲线记录仪	SPM-1,SPM-20 SPR
Druk Pak 公司/瑞士	断丝缺陷	霍尔效应探头	纸记录仪 WK-150	便携式"Cable Spy"
E Kevndig 公司/瑞士	断丝缺陷	感应线圈	记录仪	PMK 75 和其他
Halec 公司/法国	断丝缺陷	线圈	记录仪	Cable Test Halec SA
Heath & Sherwood	磨损/断丝缺陷	霍尔效应探头	数字、计算机	Magnograph Ⅱ
Hitachi 建筑/日本	磨损	交流线圈	Prototype	AC Elevator Rope Tester
Hitachi 建筑/日本	断丝	直流电路,线圈	Prototype	Mangnetic Defect Sensor
Intron Plus 公司	磨损/断丝缺陷	霍尔效应	内置记录仪,计算机	INTROS,MH&F 系列
Kanatop 机电厂	磨损缺陷	直流电磁	外接曲线记录仪	ⅡSK-5
NDT 技术公司	磨损/断丝缺陷	感应线圈/积分	DSP 和内置曲线记录仪	LMA-125,175,250,LMA-test
RAU 公司	磨损/断丝缺陷	线圈,霍尔反向通量	记录仪	RAU
Rotesco 公司	磨损/断丝缺陷	磁通量门/感应线圈	记录仪/计算机驱动	Rotescoggraph 2D,2 C-TAG88M
TEUV 英国公司	断丝	线圈	曲线记录仪	Wire Rope Test 德国
VVUU/捷克	磨损/断丝缺陷	霍尔效应探头	全数字	MID 系列
Wire Rope Tester	断丝	感应线圈	数字,计算机,W	Wire Rope Tester /美国
ZEG-Tychy	磨损/断丝缺陷	霍尔/感应线圈	模拟,记录仪	DLS(无产品)

续表 3-3-1

制造商和国家	探头类型和技术		记录和数据处理	设备描述
上海海运大学	磨损	磁通量量门槛	Prototype	
洛阳 TCK	磨损/断丝缺陷	窦氏元件	计算机	TCK 系列/中国
北京杰安泰	磨损/断丝缺陷	霍尔/感应线圈	计算机	EMT 系列/中国
华中理工大学	磨损/断丝缺陷	霍尔/感应线圈	计算机	MTC 系列/中国

第三节　钢丝绳电磁法无损检测在机电类特种设备检验中的应用

一、电磁法钢丝绳无损检测在电梯检验中的应用

曳引钢丝绳是电梯重要的悬挂装置,承受着轿厢和对重的全部重量,并依靠曳引轮槽的摩擦力驱动轿厢升降。在电梯运行过程中,曳引钢丝绳绕着曳引轮、导向轮或反绳轮单向或交变弯曲,会产生拉应力。所以,要求曳引钢丝绳有较高的强度和耐磨性,其抗拉强度、延伸率、柔性等均应符合《电梯用钢丝绳》(GB 8903—2005)的规定。正是由于曳引钢丝绳的损伤程度及承载能力直接关系到人的生命和财产的安全,在使用过程中如何对其进行正确的定期检验和润滑维护显得尤为关键。

曳引钢丝绳为一组,检测时,可以布置单探头,也可采用成组专用探头检测(见图 3-3-7)。

图 3-3-7　曳引钢丝绳检测

　　钢丝绳检测前应制备与检测钢丝绳一致的标准试样来校准检测仪器,并可得到仪器相应的校准曲线。图3-3-8是某电梯钢丝绳断丝检测曲线图,图3-3-9是某电梯钢丝绳断丝图。通过滤波后,可以比较直观地与标准试样的曲线图形进行对比分析。

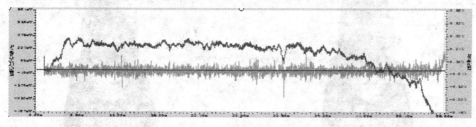

图 3-3-8　电梯钢丝绳断丝检测曲线图

图 3-3-9　电梯钢丝绳断丝图

二、电磁法钢丝绳无损检测在起重机械检验中的应用

　　起重机械用钢丝绳属易损件,钢丝绳运行的安全与否,直接关系到起吊重物和设备的安全。因此,为了保证钢丝绳的安全运行,国家标准《起重机械安全规程》(GB 6067—85)、《起重机钢丝绳保养、维护、安装、检验和报废》(GB/T 5972—2009)中对钢丝绳检验和报废都作出了明确规定。

　　下面是用波兰 Zawada 公司生产的 MD20 检测起重机械的案例。要想在各种情况下正确操作起重机,安全地搬运货物,就需要定期检查钢丝绳,以便在问题发生之前修正或更换。

　　MD20 是一款简单化的仪器(见图 3-3-10),电池供电,以声光报警的方式指示缺陷的存在,且携带操作都很简单,只需要设置报警门槛(断丝数或截面损伤量)就可快速检测整条钢丝绳的整体状况,特别适合起重机使用前的快速检测。使用 MD20 检测时,只需把开关打到 ON 位置,然后调节灵敏度开关到预设门槛值即可。当被检钢丝绳无缺陷时,只有 OK 灯亮绿色,其他三个灯不亮,当钢丝绳中有超过预设门

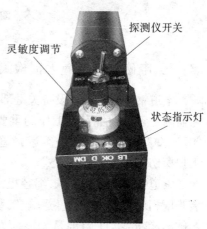

图 3-3-10　MD20 图片

槛值的缺陷时,D 灯以黄色闪烁,并伴有报警声,且 MD 等以红颜色灯亮起(见图 3-3-11)。

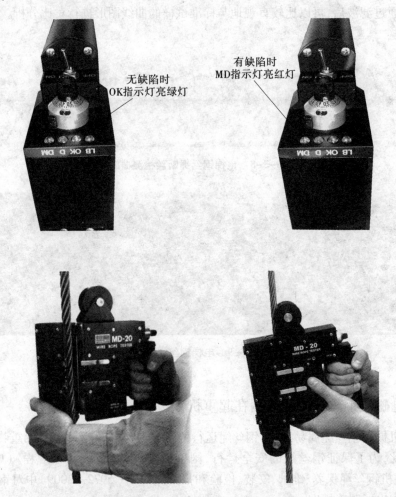

图 3-3-11　MD20 检测图

三、电磁法钢丝绳无损检测在客运索道检验中的应用

　　索道钢丝绳是索道设备关键部件,是索道设备的生命线。索道钢丝绳技术状态检查与监测是索道设备安全工作的重要一环,按照《索道用钢丝绳检验和报废规范》(GB/T 9075—2008)的要求,架空客运索道钢绳技术状态检查与监测采用人工目测检查和仪器无损探伤相结合的检查方式。

　　索道钢丝绳比较特殊,绳径粗,长度多达数千米,受客观条件的限制,其制造、运输、安装难度相对较大,在制造、运输、安装过程中,钢丝绳难免会出现缺陷与损伤,其中绝大多数缺陷诊断靠人工目测是无能为力的,特别是对于索道钢丝绳的致命缺陷(如锈蚀、磨损、断丝、断面缩小和变形等)的诊断。因此,利用仪器对钢丝绳进行无损探伤显得尤其重要。

下面是国内某检验单位利用波兰 Zawada 公司生产的 MD120B(见图 3-3-12)检测缆车索道,MD120B 采用的是永磁体磁化钢丝绳进行在线检测的方法,结构上采用的是主机+探头的配置模式,用户可以根据不同的需要选配不同的探头。其特点是:应用范围广,检测钢丝绳直径可从 8~90 mm,根据不同的钢丝绳直径可以选择合适的传感器;检测信息显示多样化,既可以现场实时打印波形数据,直观初步判断结果,又可以把检测数据存储到内存卡,把数据传输到计算机中用专用软件进行分析;检测结果可靠,重复性好。

主机和探头

探头

现场直接打印检测数据

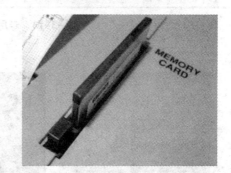
数据内存卡

图 3-3-12　MD120B 钢丝绳检测仪

如该设备配上 GP 系列探头就是一台多功能钢丝绳检测仪。一般使用的 GP 系列探头具有 4 个测量记录通道,其中通道 1 和 2 是感应传感器(内置和外置线圈),用来探测断丝和点腐蚀局部损伤,两个通道的记录值之间的关系可以揭示钢丝绳内部缺陷的深度;通道 3 是霍尔效应传感器信号通道,用来探测金属横断面上的面腐蚀、磨损和擦伤;通道 4 是感应传感器(内置线圈)信号积分通道,用来探测沿钢丝绳长规定范围的局部损伤总量(见图 3-3-13)。图 3-3-14 为客运索道检测现场。

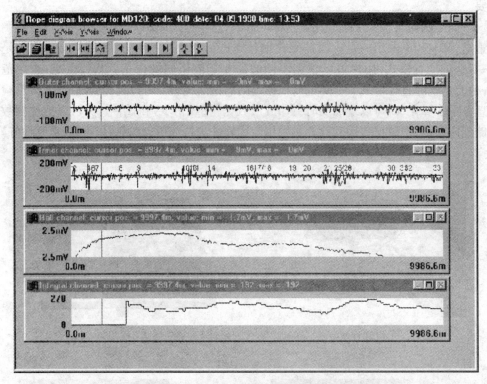

图 3-3-13　专用软件分析检测数据

图 3-3-14　客运索道检测现场图片

　　索道钢丝绳接头有绳股断头和股对接头、钢丝绳横截面积的增大和减小,均类似为断丝性缺陷类型和腐蚀性缺陷类型。另外在编结钢丝绳接头过程中容易产生断丝性缺陷。

　　图 3-3-15 为某客运索道钢丝绳检测记录曲线。

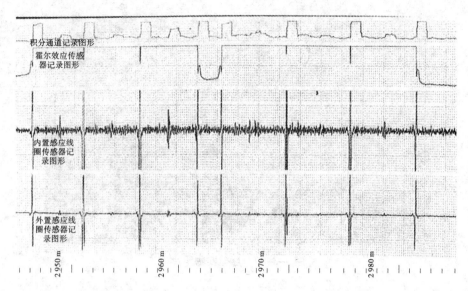

图 3-3-15　实际检测的客运索道钢丝绳检测记录曲线

（1）积分通道记录曲线：积分范围长度为 1 m，记录了各个 1 m 长度范围内局部损伤的总量。

（2）霍尔效应传感器记录曲线：完整记录了钢丝绳横截断面积的增大和减小的变化情况，对小的断丝性缺陷无记录。

（3）内置和外置感应线圈传感器记录曲线：从第一钢丝绳接头绳股断头到最后一个绳股断头，完整记录了 8 个钢丝绳接头的绳股断头和股对接头。

中间有 5 个小的断丝性缺陷。

图 3-3-16 为检出的抱索器夹伤曲线图。

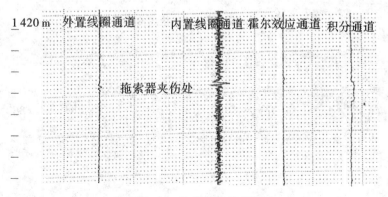

图 3-3-16　抱索器夹伤曲线图

图 3-3-17、图 3-3-18 为断丝缺陷的实物和检测曲线图。

图 3-3-19 多个断丝性缺陷的检测曲线图。

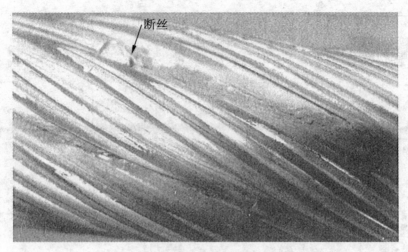

图 3-3-17　断丝实物照片

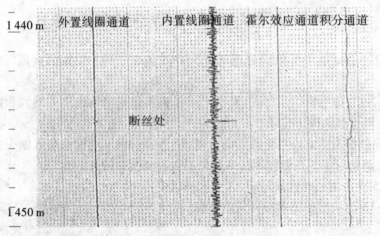

图 3-3-18　断丝缺陷检测曲线图

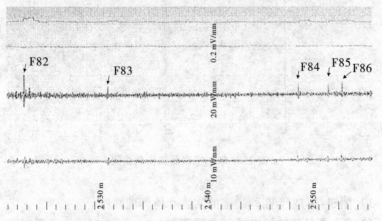

图 3-3-19　多个断丝性缺陷的检测曲线图

第四章　声发射检测方法在起重机械检验中的运用

声发射检测方法在起重机械检验中的研究与应用实现了对机电类特种设备结构缺陷进行实时、整体、快速检测,对安全隐患预知、事故预防具有重要意义。

第一节　声发射方法原理与特点

一、声发射方法原理

声发射(Acoustic Emission,简称 AE)又称为应力波发射,是材料受外力或内力作用产生变形或断裂,以弹性波形式释放出应力应变能的现象,大多数材料变形和断裂时都有声发射发生。用仪器探测、记录、分析声发射信号,并利用声发射信号对声发射源的状态作出正确判断的技术称为声发射检测技术。

声发射检测技术是利用探测仪器接收声发射源发出的弹性波引起的表面振动信号,并转换为电信号,然后再被放大、记录和处理,分析与推断材料产生的声发射机制,以此来判断材料是否完整可靠。

一般声发射检测主要包括以下几个部分,即声发射源、传感器、信号放大器、信号采集处理和记录系统。引起声发射的材料局部变化称为声发射事件,而声发射源是指声发射事件的物理源点或发生声发射波的机制源。如图 3-4-1 所示。

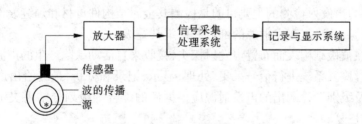

图 3-4-1　声发射检测原理图

二、声发射检测方法的特点

相比较常规无损检测方法,其优点主要有:

(1)安全性好。声发射检测中仅需布置有限的几个测点,减少了检验的辅助工作,且对结构的损伤较小。

(2)整体快速检测/监测。声发射对构件的几何形状不敏感,可以检测其他检测方法受限制的检测对象,在一次试验中,声发射检测能够探测和评价整个结构中活性缺陷的状态。

（3）缩短检验时间。声发射检测可以实现缺陷的在线监测，减少停机带来的损失，也可以缩短检验周期。

（4）对活性缺陷的检测。活性缺陷的存在是设备安全运行的重要隐患，声发射技术是一种动态无损检验方法，即在构件或材料内部结构出现缺陷或潜在缺陷处于运动变化的过程中进行检测。

（5）抗干扰强。通过声发射传感器采集的信号频率高，不易受周围环境噪声的干扰，能早期、及时发现异常并诊断出故障。

（6）可定量分析。采用声发射技术不但能定性地分析威胁完整性的裂纹等缺陷，同时也可以进行定量分析。

第二节　声发射技术在起重机械结构裂纹检测中的应用与研究

围绕起重机声发射检测中需要解决的热点和难点问题，中国特种设备检测研究院主持开展起重机声发射检测技术的研究，研究起重机械中存在的声发射源及其特性，研究起重机声发射检测结果评价方法，在国际上首次提出声发射源等级分级、有缺陷声发射源严重度级别评定等多项创新方法，制定《桥式/门式起重机声发射检测结果及评价方法》国家标准（草案），并制定起重机声发射检测作业指导书。项目研究对推动声发射技术在起重机行业的应用开展、提高检验效率和可靠性、保障起重机械的安全运行具有重要意义和实用价值，建立的在线检测源性质识别新方法达到了国际领先水平。

一、起重机械声发射检测方法概述

起重机械的声发射检测的主要目的是检测其金属结构件母材和焊缝表面及内部缺陷产生的声发射源，并确定声发射源的部位并评定其等级。

检测中，在被检结构表面布置声发射探头，接收来自活动缺陷产生的声波并将其转换成电信号，通过检测系统进行信号采集、处理、显示、记录和分析，最终给出声发射源的特性参数、位置及级别。检测出的声发射源应根据源的综合等级划分结果决定是否采用其他无损检测方法复验。

起重机械声发射检测过程主要包括以下几个方面。

（一）资料审查

在检测前，应对被检对象的技术参数、运行情况和历次检验情况等进行审查。

（二）技术准备

主要包括：现场勘测，尽可能设法排除噪声源；确定加载程序和传感器布置阵列等。

（三）仪器调试

主要内容有：灵敏度测量、衰减测量、定位调试与验证。

灵敏度测量是指在检测开始之前采用断铅或其他模拟源对每个通道进行灵敏度的测量。模拟源发射部位距探头 100 mm 左右，表面打磨漏出金属光泽或防腐层致密完好无锈蚀,每个通道响应的幅度值与所有通道的平均幅度值之差要求不大于4 dB。

衰减测量主要是指试验前应进行与声发射检测条件相同的衰减特性测量。如果已有检测条件相同的衰减特性数据,可不再进行衰减特性测量。

定位调试与验证是指在试验前应对被检测区域内传感器阵列的定位性能进行验证,声发射模拟源的信号应能被接收并定位结果唯一。

图3-4-2所示试验设备,是采用了目前世界上最先进的德国Vallen公司全数字式6通道AMSY-5声发射系统。该系统可以实现6个通道同时进行声发射特征参数的实时采集和3个通道的波形实时采集。该系统附件主要包括传感器、计算机、电缆等。传感器选用德国Vallen公司的VS150-RIC和VS900-RIC型高灵敏度声发射传感器,频带范围分别为100～450 kHz和100～900 kHz,内置放大器,增益为34 dB。

图3-4-2　全数字式6通道AMSY-5声发射检测系统

(四)检测

主要包括背景噪声测定、加载过程、声发射源部位的确定和检测记录。

1.背景噪声测定

加载检测前,应进行背景噪声的测量,建议检测背景噪声的时间不少于15 min。如果背景噪声大于所设定的门槛值时,应设法消除背景噪声的干扰或中止检测。加载过程中,应注意下列因素对检测结果的影响:加载速率过高、机械振动、机械摩擦、电磁干扰和天气情况,如风、雨的干扰。

2.加载过程

(1)应根据有关特种机械安全技术规范、制造标准及实际使用现状与用户协商确定最高试验载荷和加载程序。加载时,空载小车停放在跨度中间,缓慢起吊载荷离地100～200 mm,悬空保持载荷时间一般应不小于10 min。

(2)一般应进行两次加载循环过程,每次加载均应在设计载荷与试验载荷下进行保载,第二次加载循环最高试验载荷应不超过第一次加载循环的最高试验载荷的97%。

（3）新制造起重机检测，一般试验载荷不小于额定载荷的 1.25 倍；在役起重机检测，一般试验载荷不小于额定载荷或最大工作载荷的 1.1 倍；当工艺条件限制声发射检测所要求的试验载荷时，其试验载荷也应不低于额定载荷或最大工作载荷。

检测时应观察声发射撞击数随载荷或时间的变化趋势，声发射撞击数随载荷或时间的增加呈快速增加时，应及时停止加载，在未查出声发射撞击数增加的原因时，禁止继续加载。检测中如遇到强噪声干扰，应暂停检测，排除强噪声干扰后再进行检测。

3. 声发射源部位的确定

需进一步确认的声发射源都应通过模拟源定位来确定声发射源的具体部位。确定方法是在起重机金属机构表面上某位置发射一个模拟源，若得到的定位显示与检测到的声发射源部位显示一致，则该模拟源的位置为检测到的声发射源部位的位置。

4. 检测记录

应详细记录设备的有关技术参数、加载史、缺陷情况、整个检测过程、源的结果分析和评价等。

二、起重机械声发射源的结果评定方法

起重机械声发射检测后，需要对检测结果进行评价，其目的是划分声发射源的级别，确定需要采用其他无损检测手段进行复检的危险源。其主要内容包括：声发射源区的确定，源的活度、强度的划分，源综合等级的评定和声发射源的复检。

（一）声发射源区的确定

采用时差定位时，以声发射源定位比较密集的部位为中心来划定声发射定位源区，间距在探头间距 10% 以内的定位源可被划在同一个源区。采用区域定位时，声发射定位源区按实际区域来划分。

（二）声发射源的活度划分

（1）如果源区的事件数随着加载或保载快速增加时，则认为该部位的声发射源为强活性。

（2）如果源区的事件数随着加载或保载连续增加时，则认为该部位的声发射源为活性。

（3）如果源区的事件数随着加载或保载断续出现，则声发射源的活度等级评定按表 3-4-1 进行。

表 3-4-1　断续出现声发射源的活度等级划分方法

序号	声发射源区的描述	活度等级
1	在整个加载和保载阶段出现的定位源数不超过 5 个	非活性
2	在所有加载阶段出现总数不超过 10 个的定位源，所有保载阶段未出现定位源	非活性
3	只在所有加载阶段出现 10～20 个定位源，所有保载阶段未出现定位源	弱活性

续表 3-4-1

序号	声发射源区的描述	活度等级
4	在所有加载阶段未出现定位源,在所有保载阶段出现定位源 5~10 个定位源	弱活性
5	在所有加载和保载阶段均出现定位源,总数不超过 20 个	弱活性
6	超过上述范围的	活性

(三)声发射源的强度划分

源的强度 Q 可用能量、幅度或计数参数来表示。源的强度计算取源区前 5 个最大的能量、幅度或计数参数的平均值(幅度参数应根据衰减测量结果加以修正)。源的强度划分按表 3-4-2 进行。表 3-4-2 中的 a、b 值应由试验来确定,表 3-4-3 是 Q235 钢采用幅度参数划分源的强度的推荐值。

表 3-4-2　源的强度划分

源的强度级别	源强度
弱强度	$Q<a$
中强度	$a \leq Q \leq b$
高强度	$Q>b$

表 3-4-3　Q235 钢采用幅度参数划分源的强度

源的强度级别	幅度(dB)
弱强度	$Q<55$
中强度	$55 \leq Q \leq 75$
高强度	$Q>75$

注:表 3-4-3 中的数据是经衰减修正后的数据。探头输出 1 μV 为 0 dB。

(四)声发射源的综合等级评定

根据声发射源的活度和强度,其综合等级评定分为四级,按表 3-4-4 进行。

表 3-4-4　声发射源的综合等级评定

强度级别	强活性	活性	弱活性	非活性
高强度	F	E	D	B
中强度	E	D	C	A
弱强度	D	C	B	A

(五)声发射源的复检

A 级声发射源不需要复检,B、C 级声发射源由检验人员根据源部位的实际结构决定是否需要采用其他无损检测方法复检,其他级别的声发射源应采用常规无损检测方法进行复检。

三、表面裂纹扩展与塑性变形定位声发射信号的频谱特征

图 3-4-3 和图 3-4-4 分别为表面裂纹信号和塑性变形信号的声发射时域波形及频

谱分布图。由图3-4-3可知,表面裂纹扩展声发射信号为突发型信号,其主要频带在100~500 kHz,并且在130 kHz、350 kHz、460 kHz处有峰值。

由图3-4-4可知,塑性变形区域的定位信号为既有突发型,也有突发型和连续型混合的信号,其主频带亦在50~200 kHz,在140 kHz处有峰值。

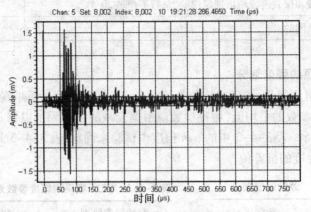

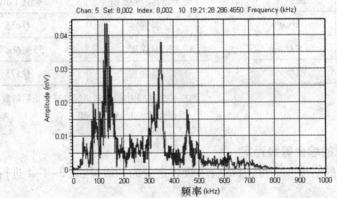

图3-4-3　表面裂纹扩展的声发射信号波形图和频谱图

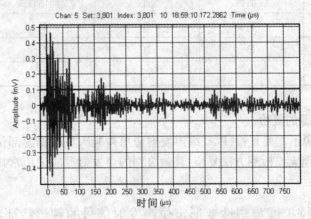

图3-4-4　塑性变形声发射信号的波形图和频谱图

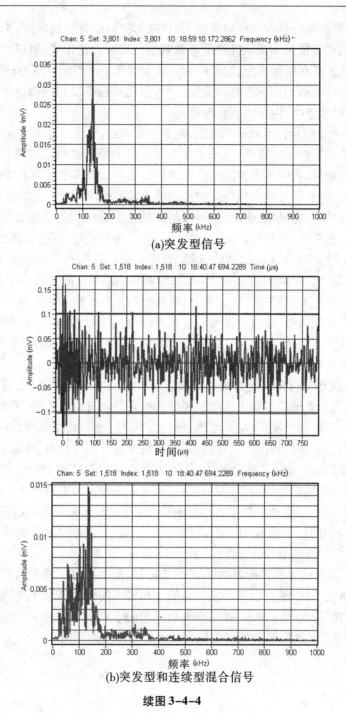

(a)突发型信号

(b)突发型和连续型混合信号

续图 3-4-4

四、研究内容及成果

（1）研究了 Q235 钢母材和焊缝试件拉伸过程的声发射特征，并对两种试件进行了对比分析，结果表明，试件拉伸过程中会产生声发射定位事件，定位信号为突发型信号，频率分布范围广,主要能量分布在 200 kHz 以下,且在 150 kHz 有明显峰值;采用声发射有效值电压(RMS)曲线和能量率曲线能够清晰地观察到屈服点的出现,可以观测到焊缝试件拉伸过程中出现了多次屈服现象,这是应力—应变曲线中所不能发现的;母材试件屈服过程中出现了大量幅度低于 45 dB 的声发射信号,但比其他阶段相同幅度下的声发射信号能量更大,持续时间更长,但焊缝试件没有。

(2)通过在大型结构件上制造真实的焊接表面裂纹,研究了起重机箱形梁破坏性试验过程中裂纹扩展的声发射特性,克服了在小型试样上模拟试验结果与起重机工作现场上采集到数据的差异,获取了大型结构件中表面裂纹扩展和塑性变形的典型声发射信号数据。试验结果表明,箱形梁破坏性试验过程的声发射现象与应力测试结果、挠度检测结果基本对应,但声发射更灵敏,能动态监测;起重机箱形梁结构上表面裂纹的扩展过程会出现大量的声发射信号,并且可以采用线形定位方法进行正确的定位,裂纹扩展的声发射定位事件 85% 以上产生于第一次加载过程,表面裂纹扩展的声发射信号为突发型信号,其主要频带为 100 ~ 500 kHz,且在 130 kHz、350 kHz、460 kHz 附近有峰值;箱形梁结构塑性变形过程中会产生大量的声发射信号,材料屈服后塑性变形的声发射信号可以被定位,定位信号既有突发型信号,也有突发型和连续型混合的信号,其频带主要集中在 200 kHz 以下,在 140 kHz 处有峰值;表面裂纹扩展和塑性变形声发射信号的参数关联特征相似,不能从参数关联图将二者区分开来。

(3)通过在现场进行多台起重机的声发射检测和针对性试验研究,首次系统获取并分析了桥/门式起重机试验过程中可能出现的各种典型声发射源数据,主要有:小车/大车移动噪声、起升/下降制动噪声、结构摩擦、氧化皮/漆皮剥落、雨滴噪声、电器设备噪声等,并对各种声发射源的定位特征、参数特征和频谱特征进行了分析与总结。

(4)通过起重机现场声发射检测,研究了起重机箱形梁结构中声发射线形定位方法的可行性,获取了现场起重机箱形梁和桁架结构主梁的声发射衰减特性,提出了基于时差线定位的桥式和门式起重机检测方法。现场检验表明,该方法可以确定起重机械关键结构部件上在加载期间产生活性声发射源的部位,定位声速的设定影响到定位结果的准确性。

(5)研究了起重机声发射检测的结果评定问题,首次提出了桥式与门式起重机声发射检测结果的评定方法,通过引入声发射源活度和强度的概念,提出将起重机械声发射源的综合等级总共划分为六个级别,并最终提出了《桥式/门式起重机声发射检测结果及评价方法》国家标准(草案),制定了起重机声发射检测作业指导书。

第五章　振动检测方法在大型游乐设施检验中的运用

第一节　振动检测方法原理与特点

一、振动检测方法原理

振动是自然界中的一种很普遍的运动,机械振动是指物体在一定位置附近所做的周期性往复运动。机械振动信号中包含了丰富的机器状态信息,它是机械设备故障特征信息的良好载体。机械设备故障的产生原因主要是由旋转件的不平衡、负载的不均匀、间隙、润滑不良、支撑松动等形成的。

振动检测就是通过对正在运行的机械设备所表现出的外部振动信号,通过各种振动传感器方便地获得振动信号,并采用分析仪器对信号进行分析、处理,提取机械故障的特征信息,从而判断机械内部磨损、松动、老化、碰撞、破坏等故障现象,并预测其寿命。

振动检测系统包括测振传感器、信号调理器、信号记录仪、信号分析与处理、故障判断、预测和决策。振动测量部分:检测并放大被测系统的输出信号,并将信号转换成一定的形式(通常为电信号),它主要由传感器、放大器组成。分析记录部分:将拾振部分传来的信号记录下来供分析处理并记下处理结果,它主要由各种记录设备和频谱分析设备(或计算机)组成。

二、振动检测方法特点

振动检测方法主要适用于:连续作业和流程作业中设备、停机或存在故障会造成很大损失的设备、故障发生后会造成环境污染的设备、维修费用高的设备、没有备用机组的关键设备、价格昂贵的大型精密和成套设备、容易造成人身安全事故的设备、容易发生故障的设备。

其主要特点有:

(1)方便性。利用各种振动传感器及分析仪器,可以很方便地获得振动信号。

(2)在线性。振动监测可在现场不停机的情况下进行。在线监测技术能对机械设备运行状态作监测及分析,通过实时监测和分析机械设备的故障状态以及随后的发展,不仅可以随时反映机械设备的故障及故障程度,而且可以预示今后什么时间机器的故障达到不可接受的程度而应停机维修,从而能对机械设备履行先进的预知维护,代替传统的以时间为基础的预防性维护,为安全生产提供科学保障。

(3)无损性。在振动监测过程中,不会对被测对象造成损伤。

(4)追溯性。通过数据记录和信号分析,在事故发生后为事故分析提供有力的证据,能够减少判断故障的时间,减少事故停机造成的损失。

(5)状态识别。根据理论分析结合故障案例,采用数据库技术所建立起来的故障档案库为基准模式,把待检模式与基准模式进行比较和分类,即可区别设备的正常与异常。通过趋势分析和对异常信号的检测,能够早期发现设备潜在的故障,及时采取预防措施,避免或减少事故的发生,延长使用期限,提高设备可用率。

(6)预报决策。经过判别,对属于正常状态的设备可继续监视;对属于异常状态的设备则要查明故障情况,作出趋势分析,估计其发展和可继续运行的时间及提出控制措施和维修决策。

(7)动态诊断。就是在设备运行中或基本不拆卸设备的情况下,监测设备运行的状态,预测故障的部位和原因以及其对设备未来运行的影响,从而找出对策的一门技术。

第二节　典型故障振动信号特征

一、齿轮典型故障振动信号特征

造成齿轮异常的原因很多,主要包括制造原因、装配原因以及齿轮本身的损伤等。在制造方面,在加工过程中由于工艺等原因导致偏心、齿形误差以及齿距偏差等;齿轮装配不当,比如有些装配不能很好地、平稳地传递动力,装配不平行,与轴的装配不良等均可能产生齿轮的异常现象;而齿轮本身的损伤情况很复杂,包括设计不当、制造误差、装配不良等都可能造成齿轮的齿面烧伤、色变、点蚀、剥落、塑性变形、磨损、胶合、波纹、隆起、断裂等损伤情况发生。而其中的某一方面结果也会导致其他的异常现象。

齿轮故障特征在很大程度上直接或间接地在振动和噪声信号中体现出来,这些振动和噪声信号我们可以通过相关的测量仪器采集,包括传感器、放大器等,然后对这些信号进行处理、分析,提取我们感兴趣的特性信息。虽然频域分析与识别是目前最为有效的方法,但在许多情况下,可以从齿轮的啮合波形直接观察出故障。

(1)正常齿轮的振动由于受刚度的影响,在波形表现为周期性的衰减的,而且低频信号具有近似正弦波的啮合波形,在图 3-5-1 所示频谱图上的主要成分为啮合频率及其谐波分量。

(2)当齿轮发生均匀磨损时,在运行过程中不会有明显的冲击现象,由于齿侧间隙增加,啮合频率和谐波分量不会有太大的变化,但幅值会受到影响。

发生此均匀磨损,会使齿侧间隙增大,所以本来就近似的正弦波形发生变形,但是其啮合频率和谐波分量保持不变,但其幅值改变会相对较大。图 3-5-2 所示是齿轮发生磨损后其啮合频率及其谐波值的一些情况。

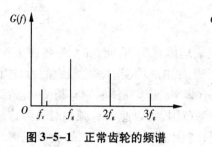

图 3-5-1　正常齿轮的频谱

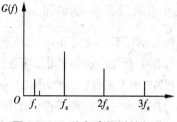

图 3-5-2　均匀磨损时的频谱

（3）当齿轮磨损比较严重时，有可能会导致出现分数谐波，而且很容易在转速发生变化的情况下出现振动跳跃，如图 3-5-3 所示，这种跳跃呈非线性并没有一定的规律特征。

（4）齿轮出现偏心时，其振动波形由于偏心的影响被调制，产生调幅振动。由于几何偏心，前面详细地分析到以齿轮的旋转频率为特征的附加脉冲幅值加剧，导致以齿轮旋转周期的载荷波动，从而引发调幅现象，这时的调制频率为齿轮轴旋转频率，但比所调制的啮合频率相对小得多，如图 3-5-4 所示。

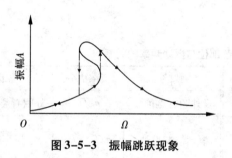

图 3-5-3　振幅跳跃现象

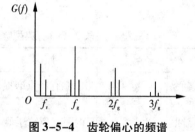

图 3-5-4　齿轮偏心的频谱

（5）局部异常也是以齿轮轴旋转频率为基本频率，通常的局部异常包括裂纹、折断和齿形误差等，还包括一些磨损，通常这些都会影响频率结构以及该频率处的振幅情况，如图 3-5-5 所示。

（6）当齿轮由于存在质量不平衡问题时，在不平衡力的作用下，会产生相应的不平衡振动，这些振动以调幅为主、调频为辅。在频域特征表现为啮合频率及其谐波的边频族，而且在相应的旋转频率及其谐波处的幅值也增加，如图 3-5-6 所示。

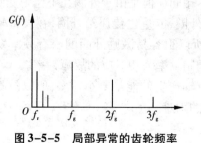

图 3-5-5　局部异常的齿轮频率

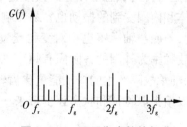

图 3-5-6　不平衡齿轮的频谱

二、滚动轴承故障振动特征

当滚动轴承的内环（圈）、外环（圈）或滚动体有损伤，而此时，设备在工作时，零部件在接触运转过程中会发生机械冲击，导致产生冲击脉冲变动幅度较大的力，这种冲击会激起轴承内环（圈）、外环（圈）或滚动体的固有频率，而滚动体的固有频率一般都非常高，超过一般的振动加速度传感器能够测量的频率范围，所以此固有频率对故障诊断方面不能提供有效的信息。而轴承的内环和外环固有频率附近出现边频带，也就是时域信号反映出的调制现象。

设备中滚动轴承发生故障时其能量相对于齿轮产生的振动能量要小得多，因而也是诊断的难点。

引起滚动轴承振动，除其本身固有振动外，构造、加工工艺原因引起的波纹、损伤等都可能引发其振动。并且又由于滚道与滚动体的弹性接触来承载，所以两者之间弹性和刚度都相对较高，当润滑出现问题时会导致非线性的振动。所以，引起滚动轴承振动的原因也相对复杂，这里不详细研究。表 3-5-1 为典型缺陷部位与振动频率的关系，常见轴承故障主要出现在内圈、外圈和滚动体。

表 3-5-1　典型缺陷部位与振动频率的关系

缺陷	频率成分	原因	缺陷	频率成分	原因
轴承有偏心	nf_r	内圈有严重磨损	外圈有点蚀	nZf_o	外圈有裂纹剥落
内圈有点蚀	$nZf_i \pm f_r$ $nZf_i \pm f_c$	内圈有裂纹压痕	滚动体有点蚀	$nZf_b \pm f_c$	滚珠磨损压痕

当滚动轴承出现故障时，比如内、外圈及滚动体等出现疲劳剥落和点蚀，在频谱图上表现为在外圈固有频率处出现调制现象，它是以固有频率为载波，轴承故障频率为调制频率，该振动产生的能量相对于齿轮振动产生的能量较小，解调谱中调制幅值较小，一般只出现 1 阶。

滚动轴承中激励内圈的固有频率需要较大能量，一方面是由于内圈和轴的过盈配合，另一方面是与自由状态下计算的频率也不尽相同。但是由于外圈在工作中受到的载荷较大，滚动体和内圈受到的振动也容易影响到外圈，能量也传递给外圈，在设备轴系工作一段时间后，外圈与轴承座也相对变得松动，所以很容易激励外圈的固有频率发生调制现象，其载波频率为外圈的各阶固有频率，而调制频率为相对应的故障频率。

滚动轴承故障产生的振动能量比齿轮或轴产生的能量要小得多，所以故障的特征不明显，所以给提取特征和状态评价带来一定的困难。

第三节　大型游乐设施振动检测应用案例

一、概况

大型游乐设施是指用于经营目的,在封闭的区域内运行,承载游客游乐的载体。随着科学的发展和社会的进步,现代大型游乐设施充分运用机械、电、光、声、水、力等先进技术,集知识性、趣味性、科学性、惊险性于一体,深受广大青少年、儿童的普遍喜爱。对丰富人们的娱乐生活,锻炼人们的体魄,陶冶人们的情操,美化城市环境,发挥了积极的作用。近年来大型游乐设施在为人们带来娱乐的同时,其追求高速、惊险、刺激的运动特点也决定了大型游乐设施并不是"有惊无险"的机电设备,事故时有发生,并引发不同数量的人员伤亡。事故发生的直接原因在于设备运行时出现故障或者部件失效,而间接原因是缺少有效的诊断技术和针对性的维护保养措施。为了解决这个技术难题,对大型游乐设施进行在线监测和故障诊断技术研究是十分迫切而必要的。

二、测试流程图

图 3-5-7 所示为大型游乐设施的测试流程图,并按设备情况制定工艺卡进行操作。

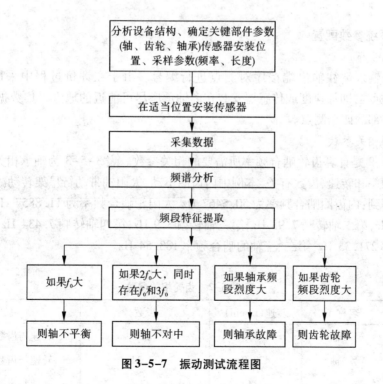

图 3-5-7　振动测试流程图

三、状态评价方法

一般大型游乐设施设备为多轴系系统,结构相对比较复杂,在工作过程中由于存在多对齿轮和滚动轴承同时工作,频率成分多而且复杂,各种干扰较大,项目中关于健康状态的评价都是基于振动信号处理分析的。下面以图3-5-8所示的某大型游乐设施变速箱为例,来说明状态评价方法。

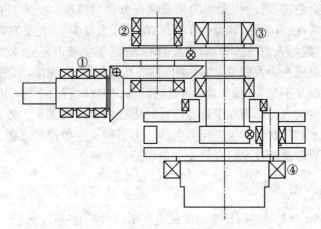

图3-5-8　设备测点分布示意图

(一) 系统参数配置

1. 测点分布

从设备输入端往输出端按序对测点进行编号。由于在评价过程中采用的标准为ANST分类标准,即加速度或传感器安装在离轴承座尽可能近的地方采集数据,图中只布置了设备外部的四个测点。

2. 设备相关参数

表3-5-2是计算齿轮啮合频率所需要的相关参数。表3-5-3为轴承相关信息。

啮合频率和转速、齿数有关,本例中内齿圈不动,太阳轴带动行星架转动减速器,通过计算分别得到:内齿圈啮合频率为50.5467 Hz,太阳轮啮合频率为11.8857 Hz,第一轴转频24.667 Hz,第二轴转频7.98 Hz,第三轴转频3.9 Hz,第四轴转频7.434 Hz,第一、二轴的啮合频率271.33 Hz,第二、三轴的啮合频率183.54 Hz。

表3-5-2　齿轮相关参数

序号	名称	转速(r/min)	齿数	备注
1	第一轴	1 480	11	转速与齿数需对应
2	第二轴	478.8	23、34	转速与齿数需对应
3	第三轴	234	47	转速与齿数需对应
4	第四轴	44.6	16、25、68	

3. 采样参数设置

根据所有测点所需的最高分析频率和最小频率分辨率以及最低转速等设置采样频率、采样点数。如对于齿轮减速箱,最小频率分辨率应小于输出轴转速的1/4(以便于识别低速轴的保持架频率,大约为0.4倍的轴转速),最高分析频率应大于高速轴3.25倍的GMF(啮合频率)。

4. 报警设置

设备故障关注点主要为齿轮故障和滚动轴承故障,考虑到现场采集到的一次信号为宽带信号,既包含了齿轮信息也包含了滚动轴承信号和其他信息,考虑到滚动轴承与齿轮故障的频率特性,拟采用分频带的方式进行报警,以提高报警的可靠性及灵敏性。

表 3-5-3 轴承型号表

序号	名称	型号	内圈外径(mm)	外圈内径(mm)	滚动体直径(mm)	滚珠个数	厚度(mm)
1	第一轴	NU2324EC	120	260	70	13	55
		QJ324N2	120	260	70	12	55
		22324CC/W33	120	260	70	14	86
2	第二轴	QJ326N2	130	280	75	12	58
		NU326EC	130	280	75	14	58/93
		23128CC/W33	140	225	42.5	23	68
3	第三轴	23944CC/W33	220	300	40	36	60
		23138CC/W33	190	320	65	22	104
4	第四轴	SL18-1864	320	400	40	26	38
		NJ2316ECMA	80	170	45	13	58
		23964CAC/W33	320	440	60	36	90

（二）状态评价方法

一些新兴的学科如模糊数学、人工神经网络技术以及灰色系统理论等已经引入到综合评价的研究中来,项目综合现代评价方法,结合设备结构特点,建立了设备的状态评价模型。如图3-5-9所示。

由于影响设备健康状况的因素很多,单从某个轴或者轴承的某一参数不能全面反映其健康状况,项目采用了模糊评价方法模型。该模型全面评价转轴、轴承、齿轮等因素对设备健康造成的影响。当然任何一种评价方法,都要依据一定的权数对各单项指标评判结果进行综合,权数比例的改变会变更综合评价的结果。另外,非数量性评判因素的评判,主要依赖于投票者对评价对象的主观感受。对同一评判对象,不同评价者的主观感受是不一样的。所以说,综合评价设备本身也是一件主观性很强的工作。项目中是参照层次分析法(The Analytic Hierarchy Process, AHP)建立的模型。AHP原本是将决策问题的有关元素分解成目标、准则、方案等层次,在此基础上进行定性和定量分析的一种决策方法,形成一个多层次的分析结构模型,并最终把评价健康状况归结为最底层(各频段的报警情况)相对于最高层(最终健康状况)的相对重要性权值的确定或相对优劣次序的排序问题。

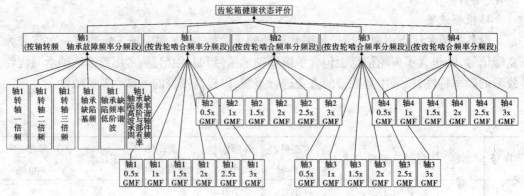

图 3-5-9　设备状态评价模型

(三)评价过程

一般情况下,评价过程中要分析各测点的振动速度的时域信号特征值(均方根值、峰值、峭度和峰值指标)。均方根值反映平均振动能量和冲击成分的振动能量,其峰值、峭度和峰值指标在一定程度上反映出振动信号是否含有冲击成分和振动冲击信号的尖锐程度。在一般情况下,如果有任意指标超过了界限值,都可认为设备可能存在健康问题,要进行后面的信号分析。当然如果所有的指标都正常,可认为设备健康状态良好。

由于 ANSI 设备频段报警是按功率来划分等级极限的,所以我们要求的设备维护振动极限为第二挡。将某一时刻各测点总振动速度均方根(振动烈度)值列于表 3-5-4 中。

表 3-5-4　各测点振动烈度

测点	1	2	3	4
振动烈度(mm/s)	5.314	7.358	5.132	4.617

表 3-5-4 各测点分布如图 3-5-8 所示,其中包括了设备输入轴、输出轴以及在另外两轴轴承座尽可能近的地方。因此,各测点总振动速度均方根值都达到了该设备维护振动极限。

四、检测情况

先后对"阿拉伯飞毯"、"侠胆豪情"、"观览车"、"空中飞舞"、"天旋地转"等设备进行了现场测试。如在对"阿拉伯飞毯"的测试中,图 3-5-10 是现场传感器的布置情况。

图 3-5-10　现场传感器布置

　　从图 3-5-11 的测试图谱中可以得出:测点 1(电动机输出端)从水平方向的波形频谱看,波形相对于 X 轴对称,频谱主要表现为 1 倍频;而竖直方向的波形也相对于 Y 轴对称,但是频谱则以 2 倍频最明显,还有明显的 3~8 倍频等高次谐波分量,而 1 倍频则不明显;轴向则以 1 倍频最明显,伴有明显的 2 倍频以及其他高次谐波分量。测点 2(减速器高速轴)水平方向波形表现出明显的不对称性,其频谱以 2 倍频为主,伴有明显的 1 倍频和 3 倍频及其他高次谐波分量;竖直方向波形对称,但是频谱与水平方向相似。测点 3(减速器低速轴)的情况与测点 2 情况类似。根据 3 个测点的测试结果,我们看到,测点 1 的振动最大,已经远远超过国家标准关于壳体振动烈度标准的危险值,电动机处于危险工作状态;其次是电动机底座的振动,而减速器的径向振动相对较小,而轴向振动与电动机相差不多。这说明,振源应在电动机这边。从振动方向上看,电动机水平方向振动最大,而底座是竖直方向大于水平方向。

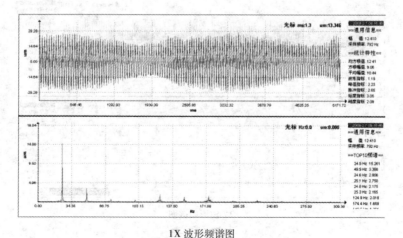

1X 波形频谱图

图 3-5-11　阿拉伯飞毯测试图谱

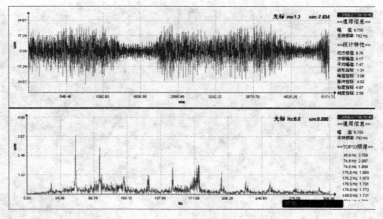

1Y 波形频谱图

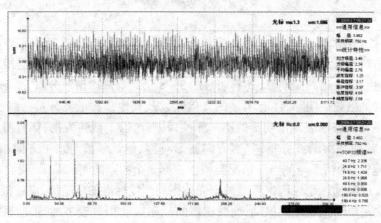

2X 波形频谱图

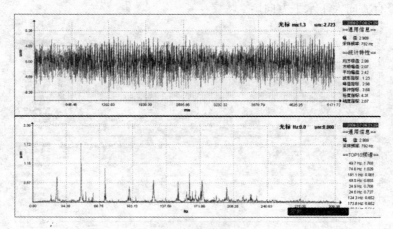

2Y 波形频谱图

续图 3-5-11

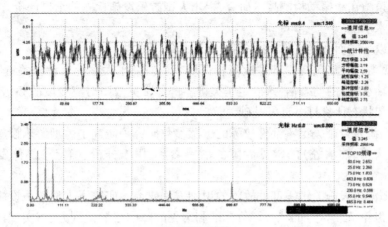

3X 波形频谱图

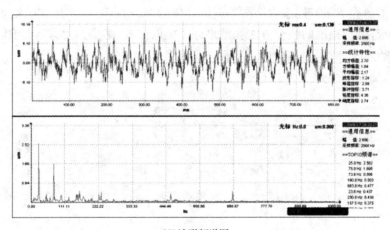

3Y 波形频谱图

续图 3-5-11

综合以上振动特征,并结合该机组以往情况,诊断如下:

(1)电机基础刚度具有明显的不足,特别是水平方向的刚度更弱,而在竖直方向的单向支承刚度不足,导致电动机底座表现出松动的振动特征。

(2)根据现场信号表现出的超低频振动现象,经分析可能是减速器大齿轮的旋转频率,齿轮轻微磨损。

(3)由于本机组长期带病工作,轴承滚动体严重磨损。

根据以上诊断结论,作出以下建议:①首先应增加电机底座的刚度,可以通过多加支承的方式来增加底座刚度;②检查齿轮磨损情况,看是否存在点蚀或断齿;③更换滚动轴承。

五、项目意义

该项目研究目标是针对国内大型游乐设施的故障诊断现状、存在的问题和需求开展的大型游乐设施在线振动检测技术研究,提出大型游乐设施检测的结果评价方法,提高故障预警的技术水平。

主要从以下方面开展工作,并取得了相关的研究成果:

(1)大型游乐设施关键零部件故障特征研究。研究了大型游乐设施关键零部件(关键轴、齿轮、轴承等)的动态信号,确定了关键零部件常见故障对应频段的频谱特征,为准确识别故障和状态评价打下良好基础。

(2)大型游乐设施关键零部件故障的敏感参数研究。研究了大型游乐设施关键零部件(关键轴、齿轮、轴承等)的常见故障的敏感参数,用于分析、确定零部件发生故障的原因。

(3)大型游乐设施关键零部件故障的识别方法研究。研究了大型游乐设施关键零部件(关键轴、齿轮、轴承等)的状态评价标准和常见故障的智能识别方法,实现设备状态和故障的智能评价与诊断,预防和避免重大事故发生。

该项目的研究成果有助于大型游乐设施故障的全面认识,已在形成的工程示范基地进行了成功应用,所提出的检验方法和结果评定可以推广,必将大大提高大型游乐设施的安全可靠运行水平,对构建和谐社会起着重要作用。

参 考 文 献

[1] 中国特种设备检验协会.特种设备安全监察条例[M].北京:中国法制出版社,2009.

[2] 宋崇民,李玉军,党林贵,等.锅炉压力容器无损检测[M].郑州:黄河水利出版社,2003.

[3] 李向东.大型游乐设施安全技术[M].北京:中国计划出版社,2010.

[4] 强天鹏.射线检测[M].北京:中国劳动社会保障出版社,2007.

[5] 郑晖,林树青.超声检测[M].北京:中国劳动社会保障出版社,2008.

[6] 宋志哲.磁粉检测[M].北京:中国劳动社会保障出版社,2007.

[7] 胡学知.渗透检测[M].北京:中国劳动社会保障出版社,2007.

[8] 刘遂宪,薛晓金.无损检测文化与技术发展概论[J].粮食流通技术,2004(4):40-42.

[9] 程志虎,王怡之,陈伯真.无损评价的概念与内涵[J].中国机械工程,1998(9):74-78.

[10] 姚泽华,沈功田.电梯无损检测技术[J].无损检测,2006(6):310-313.

[11] 吴彦,沈功田,葛森.起重机械无损检测技术[J].无损检测,2006(7):367-372.

[12] 吴彦,沈功田,丁克勤.客运索道无损检测技术[J].无损检测,2006(9):471-474.

[13] 姚泽华,沈功田.场(厂)内机动车辆无损检测技术[J].无损检测,2006(11):595-601.

[14] 沈功田,姚泽华,吴彦.游乐设施无损检测技术[J].无损检测,2006(12):652-655.

[15] Alfons Petry.首次电梯验收的过载测试方法与时代同步吗?[R].段庆儒,译.德国 TUV 南部集团, TUV 工业服务公司.

[16] Alfons Petry.当今 ADIASYSTEM 电梯检测方法的特色[R].段庆儒,译.德国 TUV 南部集团,TUV 工业服务公司.

[17] 英国健康与安全执行局.海洋技术报告-0T02000 064. Health & Safety Executive,OFFSHORE TECH-NOLOGY REPORT - OTO 2000 064, Wire Rope Non - Destructive Testing - Survey of Instrument Manufacturers[R]. Date of Issue:September 2000,Project number 3560.

[18] 杨辉.机电类特种设备钢丝绳安全检验技术的发展与创新[J].科技创新导报,2010(5).

[19] 吴占稳,沈功田,王少梅,等.声发射技术在起重机无损检测中的现状分析[J].起重运输机械, 2007(10):1-4.